U0322191

冻融区规模化农业开发生态环境效应

郝芳华　欧阳威　著

科学出版社
北　京

内 容 简 介

本书针对冻融区规模化农业开发过程，从不同尺度生态环境效应入手，将现场观测、田间及室内实验与模型模拟相结合，探讨了规模化农业开发对区域生态环境的影响。从农业非点源污染发生角度，重点研究了农田氮磷平衡及其优化调整、土壤质量对土地利用变化响应、田间水文特征及氮磷运移等内容；从流域/区域生态环境角度，重点探讨了流域非点源污染效应、农业开发下气温时空变化及全球变暖潜势，并针对区域特点开展了生态安全研究。本书系统地介绍了冻融区农业生态环境的变化特征、基本原理及研究方法，并有针对性地提出了相应控制措施。

本书可供高等院校生态、环境、农田水利、水文水资源等相关专业的科研人员、管理人员、师生阅读参考。

图书在版编目(CIP)数据

冻融区规模化农业开发生态环境效应/郝芳华，欧阳威著. —北京：科学出版社，2013.6

ISBN 978-7-03-037947-4

Ⅰ.①冻… Ⅱ.①郝…②欧… Ⅲ.①三江平原-农业生态-生态环境-研究 Ⅳ.①X322.2

中国版本图书馆 CIP 数据核字(2013)第 135472 号

责任编辑：朱 丽 杨新改 / 责任校对：宣 慧

责任印制：钱玉芬 / 封面设计：耕者设计工作室

科学出版社 出版

北京东黄城根北街 16 号

邮政编码：100717

http://www.sciencep.com

源海印刷有限责任公司 印刷

科学出版社发行 各地新华书店经销

*

2013 年 6 月第 一 版 开本：787×1092 1/16

2013 年 6 月第一次印刷 印张：26

字数：600 000

定价：128.00 元

（如有印装质量问题，我社负责调换）

前　　言

近年来，农业发展带来的生态与环境问题逐渐引起人类的重视。在规模化农业开发过程中，因过度垦殖和农用化学品过量施用引起的生态环境问题日益突出，农业生产目标与生态环境目标之间的矛盾逐渐显现。我国是农业大国，人口众多、耕地非常有限，大规模的农业开发过程成为我国经济与农业发展的必由之路。如何实现生产与环境共赢、促进农业体系的可持续发展成为了重要研究课题。

冻融区农业开发活动具有其特殊性。在农业垦殖活动中，土壤冻结和融化的循环过程会影响土壤结构及水分含量，进而影响氮磷等营养物质的循环及流失特征，使区域生态、水文及环境过程特征有别于其他地区。大规模农业开发改变了下垫面条件，土地利用迅速转变使区域气候及环境发生了较大改变。针对冻融区农业开发的生态环境问题，系统的研究还非常有限。本书针对冻融农区，从生态环境主体角度，探讨其在大规模农业开发中的变化特征、基本原理及研究方法，是较新的尝试。

三江平原作为我国纬度最高的商品粮生产基地，是研究冻融区农业与生态环境问题的典型地区。在党的十七届三中全会提出“加快落实全国新增千亿斤粮食生产能力建设规划”后，三江平原的农业可持续发展对于保障我国的粮食安全有着举足轻重的作用。研究该地区农业开发过程中的区域生态环境效应，探讨冻融区大规模农业种植带来的生态环境问题，对我国农业系统的健康发展具有重要的理论和现实意义。

新中国成立以后，三江平原大规模农业开发带来了剧烈的土地利用/覆被和景观格局变化，湿地向农田的转变及水旱田转变成为区域下垫面变化的主要特征，昔日“北大荒”已变为今日的“北大仓”，成为我国最大的农垦区。然而，长期大规模的农业开发进程也带来了日益严重的区域生态与环境问题。农业活动改变了环境和水文条件，导致水土流失严重、土壤肥力明显下降；农用化学品的大量施用导致了区域及流域的生态安全危机。如何在大规模的农业发展中保护区域生态环境，促进冻融区农业系统健康稳定，成为实现我国农业可持续发展的关键。

本书针对冻融区规模化农业开发过程，以三江平原作为主要的研究区域，从不同尺度生态环境效应入手，将现场观测、田间及室内实验与模型模拟相结合，探讨了规模化农业开发对区域生态环境的影响。从农业非点源污染发生角度，重点研究了农田氮磷平衡及其优化调整、土壤质量对土地利用变化响应、田间水文特征及氮磷运移等内容；从流域/区域生态环境角度，重点探讨了流域非点源污染效应、农业开发下气温时空变化及全球变暖潜势，并针对区域特点开展了生态安全研究。本书系统地介绍了冻融区农业生态环境的变化特征、基本原理及研究方法，并有针对性地提出了相应控制措施。

全书共包括 8 章，第 1、第 2 章由郝芳华、欧阳威编写；第 3 章由王雪蕾、卫新锋、郝芳华编写；第 4 章由单玉书、来雪慧、郝芳华编写；第 5 章由陈思杨、欧阳威编写；第 6 章由欧阳威、宋凯宇、郝芳华编写；第 7 章由郝芳华、齐莎莎、周晔编写；第 8 章由来雪慧，郝芳华、欧阳威编写。全书由欧阳威副教授统稿，由郝芳华教授审定。

本书是作者在对所主持的国家自然科学重点基金项目[40930740]“三江平原农业活动胁迫下的区域生态环境过程及安全调控研究”的成果进行综合提炼整合基础上完成的。本书成果是研究团队集体智慧的结晶，来源于团队成员踏实、团结的学术作风及活跃的学术思想，更得益于北京师范大学环境学院求实创新的学术氛围。研究过程中得到水利部水利水电规划设计总院、国土资源部土地整理中心的大力协助，保障了研究的顺利进行。黑龙江农垦总局建三江分局八五九农场作为项目的主要实验基地，提供了非常珍贵的历史数据，更在现场考察、样品采集、室内外实验等各方面给予无私的支持与帮助。同时，本书的出版得到了国家自然科学基金委员会的资助。在此一并表示衷心感谢！

农业开发带来的区域生态环境变化非常复杂，本书涉及环境科学、生态学、农业科学和水文学等诸多学科，结合了农业生态环境领域研究的科学前沿和热点问题，可作为高等院校环境科学及相关专业的研究生参考书，也可供研究农业环境问题的技术与管理人员参考阅读。希望我们的研究成果能够推动冻融区农业生态环境系统研究，提升冻融农区生态环境管理水平，并引起社会各界对相关科学问题的关注与探索，为区域的科学管理决策提供依据。在冻融区开展研究难度较大，涉及知识面也更为广泛，并且由于著者水平有限，书中难免有不妥之处，恳请读者批评指正。

编　者

2013年6月

目　　录

第1章　绪　　论

大规模农业开发所引发的生态与环境问题已在世界范围内引起高度重视。冻融农区受气候及自然环境影响，其生态环境具有特殊性。本书以三江平原为研究对象，以农业发展扩张过程为背景，从田间、农场、流域及区域尺度探讨了农业开发在冻融农区所引起的生态环境效应，主要内容包括规模化农业开发及农业政策、农田土壤氮磷平衡及其优化调整、土地利用变化对土壤质量的影响、田间水文特征及氮磷运移研究、流域尺度农业活动胁迫下的非点源污染效应研究、农田管理措施对全球变暖潜势的影响及农业开发胁迫下的区域生态安全研究等。

1.1　冻融区农业研究意义

由于我国人口众多而耕地有限，单位面积的土地开发强度大，因过度垦殖和农用化学品过量施用所引起的生态与环境问题尤为突出。

粮食安全事关国家前途，为满足巨大的粮食需求，党的十七届三中全会提出，要"加快落实全国新增千亿斤粮食生产能力建设规划，以县为单位，集中投入、整体开发"。"全国大粮仓，拜托黑龙江"，是温家宝总理对黑龙江粮食生产提出的殷切希望，而黑龙江的粮食增产潜力集中在三江平原。为配合国家新增千亿斤粮食计划而制定的《黑龙江省千亿斤粮食生产能力战略工程规划》把加快推进水利化、农机化、水稻大棚育秧、科技和社会服务支撑、中低产田改造、耕地保护与土地整理等专项工程建设作为主要手段，并计划到2015年在三江平原地区续建共30个大中型灌区，新增水田灌溉面积为2780.1km^2。在区域可垦面积有限、土地开发强度较高的局面下，现有的农业开发模式把提高化学品投入、改善灌溉条件等作为其主要手段，这将进一步加大对三江平原黑土资源的开发力度，改变区域生态系统结构，从而引发一系列生态与环境问题。

位于中高纬度温带地区的三江平原，自20世纪50年代以来已经经历了4次开发高潮：第一次是1949～1960年，12年间开垦耕地7270km^2，耕地总面积由建国前的7870km^2增至15 140km^2；第二次从20世纪60年代初至1977年，"开垦北大荒"运动使全区耕地面积迅速增至21 200km^2；第三次是1978～1985年，在此期间区内耕地迅猛增至29 730km^2；第四次是从20世纪80年代中期到2000年，区域通过农业综合开发实行"以稻治涝"，新开垦耕地17 330km^2，使全区耕地总面积达到47 330km^2，土地垦殖率增至43.7％。这4次开发均以增加粮食产量为目的，通过耕地开垦对土地进行大规模改造，在灌区内形成生态开发、经济开发和传统开发等多种开发模式。大量的沼泽湿地经排水开地、毁林毁草种粮等耕作措施被改造为良田，在灌区内形成错综复杂的廊道网络系统，构成了以人工灌溉为基础的独立地域单元，形成了自然生态和人工生态单元相互竞争的局面。

区域农业开发通过水资源的人工配置、土地利用结构的改变和人工植被的扩展打破了区域自然生态系统的植被演替过程，改变了区域生态系统的结构和功能。此外，大规模垦荒使区域下垫面发生了明显的阶段性变化。农业开发所形成的灌区是一个完整的自然地理单元，下垫面条件是影响灌区生态系统的决定因素，影响着水量平衡，进而影响水文循环过程及土壤中物质能量的转化与迁移过程，最终制约着以水、土为依托的生态系统演变。三江平原有世界上难得的天然湿地，在生物多样性保护方面具有重要地位和作用，然而该地区的历次掠夺式开发已使其自然生态系统受到巨大影响。据调查，区域天然湿地面积因大规模的垦殖已从 1932 年的 54 300km^{2}下降到 2000 年的 9069km^2，整体功能退化，自然灾害频发；伴随农业开发，原始植被被破坏，区域生态系统结构趋于单一化，原有的湿地-草地-森林结构被打破，湿地景观破碎化并为农田包围，一些珍稀野生动植物种群数量逐渐减少，濒临灭绝；由于农业开垦和水文条件的改变，加之黑土土壤疏松、抗蚀能力弱，区内水土流失的发生已不局限于坡地，平原土地退化状况也十分严重，并出现不同程度的次生盐渍化和土壤僵化现象。春季土壤风蚀严重、土壤理化性质恶化、肥力下降，三江平原珍贵黑土资源的土层平均厚度与初垦时的 60～100cm 相比，目前仅为 16～72cm，并且还在以平均每年 3～3.5mm 的速度流失，土壤有机质(腐殖质)含量也已由 12%下降到 1%～2%，对黑土资源的保护已经到了刻不容缓的地步。农业垦殖不仅引发一系列生态与环境问题，而且农药化肥投入和耕作方式改变也打破了三江平原在长期自然地理过程中所形成的物质平衡，加快了土壤养分在土水界面的迁移速率，例如，以氮(N)、磷(P)为主的营养物质进入水体，带来了严重的环境污染问题，区内长期历史条件下形成的优质水资源遭受严重威胁。近年来，因旱地改为水田需要，区域内井灌水稻发展迅速，地下水位快速下降。根据黑龙江垦区 1997～2002 年观测资料，地下水位已下降1～3m；区内河流水质在 20 世纪 80 年代初期大多优于Ⅲ类，而目前高锰酸盐指数、氨氮、挥发酚和总铁等指标严重超标，部分河流枯水期水质甚至为劣Ⅴ类，水环境问题日益凸显。

上述生态与环境问题的核心在于：在以耕地垦殖为主要形式的大规模农业开发胁迫下，区域原有的景观生态结构被改变。因季节性冻土形成隔水板，加上地势平坦致使泄水不畅、高水位久不消退而汛期较长的区域径流过程，在灌排控制和治涝工程作用下发生了剧烈改变。区域生态水文过程的改变破坏了长期历史条件下形成的土壤养分平衡，加快了营养物质输移过程，是三江平原土地退化的主要原因。而以 N、P 为代表的污染物在流域内的迁移过程是区域水环境恶化的源头，区域生态系统在水和土两个基本要素的胁迫下发生演变，进而威胁区域生态环境安全。围绕三江平原的生态与环境问题，近年来在国家自然科学基金的支持下，先后开展了土壤侵蚀机理、农业结构演变、排水渠网对湿地生态系统影响、农田水分养分循环与生产力关系等方面的研究，这些工作为认识区域生态系统中水土间的作用关系、土壤养分的流失规律等方面积累了丰富的经验。然而，已有的研究主要以提高农业生产力为目的，多从水资源配置和水土流失两方面着手，以湿地、农田、沟渠等为主要研究单元，分析土壤养分的迁移及其空间分布。尚不能揭示不同类型农业开发活动引发的生态环境效应，进而须解决区域生态功能退化、水环境质量下降等方面的问题。值得关注的是，因缺乏生态景观单元物质循环与区域生态水文过程耦合研究，以及从宏观层面上研究自然过程和人类活动对生态水文过程的作用机制，从而探讨农业活动与生态环境演变的响应，所以难以掌握人工生态单元改变与自然生态单元变化间的耦合关系。如何在深刻认识中高纬温带地区自然过程和农业活动对区域生态水文过程作用机理的基础上，把握农业活动对区域生态和环境的影响，进而实现对区域生态安全的调控，是解决三江平原生态与环境问题的关键。

1.2 冻融区农业研究特色

1.2.1 中高纬温带-冻融条件下的生态水文过程研究

季节性融雪是温带地区生态水文过程中重要的内容，特别是在中高纬度地区，冻土的渗透性是其中重要的因素。前苏联、加拿大、美国和北欧等国家和地区的学者通过模拟冻土影响，分析不同冻结深度对下渗的影响，提出冻结指数等指标来识别土壤状况，并围绕风、地形和植被等要素，分析其水文循环和径流过程(Komarov and Makarova，1973)。但从系统的观点看，早期研究局限于对小尺度和单个水文系统研究，并未考虑区域尺度下生态水文过程。随着对系统间物质与能量交换认识不断深化，人们认识到水从一个系统向另外一个系统过渡的界面过程最能有效反映开放系统间的物质与能量交换信息，因此界面过程被视为水循环研究的关键问题(刘昌明，1994)。

除对界面过程的研究外，对于界面本身能量与物质运移规律的研究也日益受到人们的重视。由于全球变化、社会经济发展，水资源问题越来越突出，对陆地水循环演化格局、过程和机理研究备受挑战。其中，环境变化下的水文循环及其时空演化规律研究，是国内外地学领域所积极鼓励的创新研究课题(夏军，2002)。结合土地利用/土地覆被变化与陆地碳循环过程的生态水文研究是一个新的交叉方向，人类活动对生态水文过程的影响也是一个热点问题。

以水文过程、生态过程和生物功能间关系为对象的生态水文学(ecohydrology)在这一时期得以迅速发展(赵文智和程国栋，2008)。其早期的核心是流域水文过程变化下的生态系统过程响应，重在分析流域水利工程措施是如何作用和影响流域内的生态系统的(黄奕龙等，2003)，研究发现片面强调河流生态系统中某一种群或生境的保护并不利于河流系统的健康。因此，自20世纪90年代开始，相关学者开始探讨构成生态系统完整性的内在机制——生态水文联系。其中，以全球变化和人类活动共同作用下的水文过程变化及其水资源的时空再分配对全球淡水生态系统的影响，人类由此从淡水生态系统中丧失的生态服务功能及其未来变化趋势，以及土水界面间物质与能量传输与变化及其对陆地生态系统的影响研究尤为重要(王根绪等，2005)。

农业灌溉作为主要的农业活动之一，其对生态水文过程的影响直接而且复杂。在中高纬度地区，特别是三江平原，因其地势平坦，形成了沼泽与沼泽化草甸大面积连续分布、水系交织成网、小型湖泊星罗棋布、流域边界与灌区边界不统一的现状，区内水文循环包括从田间到流域的多尺度层次，其界面过程涵盖农田到湿地、湿地到河道等多种类型，而有关三江平原灌区的生态水文过程研究却鲜有报道。农业灌区水平衡机制是极其复杂的动态过程，具有很强的时空变异性，因此，部分研究者尝试在农业灌区使用流域水文模型分析生态水文过程。但大多数流域水文模型更适用于自然流域，因此在现有条件下，大型农业灌区直接套用流域水文模型仍然存在很大的困难。其原因在于传统的流域水文模型把降水-产汇流分析作为核心任务，而农业灌区的自然-人工复合型生态水文过程体系与天然流域存在很大的差别，尤其对于三江平原地区，季节性冻土常在降水未来得及排出时就被冻结，从而形成隔水板，造成地表积水和雪水不能下渗，这与主要由降水所形成径流的水文过程存在很大差异，加之渠系和田间工程还可能形成与天然流域相反的逆汇流过程。当前绝大多数农业灌区的资料水平还远远满足不了建模数据需求，这也在一定程度上阻碍了农业灌区水文模型的发展。在研究方法上，一些干旱和半干旱地区灌区水文循环研究可以提供借鉴和参考(郝芳华等，2008b)。杨胜天和郝芳华等(2006b)构建了 Eco-HAT 框架，并应用于我国的不同地区，且该模型在流域尺度上表现出了很好的稳定性。在上述基础上，笔者在冻融农业区开展实验及模拟研究，探讨了中高纬温带-冻融条件下的生态水文过程。

1.2.2 冻融农灌区非点源污染模拟与控制研究

农业活动导致的水体污染及富营养化现象是当今世界亟待解决的难题之一。近年来，农业非点源污染的研究已经逐渐成为水污染控制研究的重点。大量研究表明，农业生产对非点源污染的贡献显著，并对水质恶化起到了主要的推动作用，这是因为水体富营养化过程与农业生产的氮磷流失有着密切关系。调查显示，在农业生产中，化肥的利用率仅为 35%～40%，大部分残留在土壤、水体中，其主要成分氮(N)、磷(P)随着农业灌溉用水和地表径流进入河流、湖泊和水库，成为富营养化的重要污染源。农药利用率也仅为 30%左右，70%的农药随灌溉水、降水进入农业生产环境中，是流域另一污染源(王春生等，2007)。农田径流是我国 64%受污染河流和 57%受污染湖泊的主要污染源(全为民和严力蛟，2002)。

农业污染物迁移转化过程按照发生途径或介质可分为地表溶出过程和土壤溶质渗漏过程。地表溶出过程是表层土壤与地表径流的相互作用过程，受径流期间水文循环、土壤性质、土地利用和污染物存在形态等多重因素的影响(Granlund et al.，2000；Whitehead et al.，2002)。大量研究表明，降雨强度、耕作状况、作物生长季节、气象因子、土地利用、表层土壤污染物含量、地形坡度及施肥与污染物随地表径流的流失密切相关(Holloway et al.，2001)。土壤溶质渗漏过程是指污染物在降雨或灌溉作用下以溶解态的形式向下层土壤的垂向迁移，是土壤中溶质在对流、扩散和化学反应耦合作用下的运移过程。这些下渗的溶质(污染物)不但对所在区域的地下水水质构成了潜在威胁，而且影响着与所在区域地下水有水文循环关系的其他水体。土壤特性、作物生长、土壤微生物及灌溉模式和肥料施用状况是影响土壤渗漏的主要因素(Refsgaard et al.，1999)。

农业区非点源污染研究对象主要包括施入区内的化肥等植物养分、农药、重金属及盐类等，其中 N、P 是研究较多的两种营养元素。磷元素易于被土壤吸附不易淋失，且一般施入量不大，因此使氮元素成为农业非点源污染研究的主要对象，在三江平原湿地和农田均有相关研究(陆琦等，2007)。

在农业灌区，灌溉模式改变了其天然水循环路径和过程，使残留在土壤中的污染物易于流失，进入水环境的概率大大增加，因此，灌排模式对农业灌区的非点源污染影响巨大(Kengni et al.，1994)。但是有关这方面的研究成果较少。Hadas 等(1999)研究了不同灌溉方式下土壤养分流失情况，发现一般按下列顺序递增：喷灌、淹灌、沟灌。相对于传统的沟灌，波涌灌溉和滴灌可以在不同程度上节约用水，提高化肥利用率(Schepers et al.，1995)。Granlund 等(2000)发现，少量多次的滴灌施肥灌溉方式可以减少氮素流失对环境的污染。郝芳华等(2008a)在内蒙古灌区以试验为基础，数学模拟为手段，研究了不同灌水方式下水分和溶质运动规律。本书以冻融农灌区为研究对象，充分考虑其水文特征及排灌方式，开展非点源污染模拟与控制研究，在识别污染负荷时空分布特征基础上，探讨有效的控制措施。

1.2.3　农业区域生态安全研究

生态安全研究的基础是生态风险评价和管理，早期的研究集中在有毒物质所引起的风险上，侧重在个体和种群水平上的生态毒理学，而针对区域生态环境问题的生态学研究相对较少。目前，生态安全研究开始注重生态系统及其以上水平，力求以宏观生态学理论为指导，进行区域生态风险的综合评价，强调格局与过程安全及整体集成，并着重实施基于功能过程的生态系统管理，从更加宏观、系统的角度寻求解决区域生态环境问题的对策，并通过区域生态安全格局的规划设计具体实施(王耕等，2007)。

在研究内容上，分析怎样的人类活动才不会造成环境退化而威胁人类自身的生存安全。一方面从区域入手，分析生态系统提供给人类生存的基本条件，定量评价这些条件逆转变化对人类生存的威胁；另一方面从全球变化入手，研究宏观环境变化给人类生存环境带来的威胁。在研究方法上，探索微观取样分析与宏观监测评价相结合，应用现代空间信息技术手段，进行区域空间分析，针对不同的研究对象建立一般性和特殊性的生态安全模型和科学方法，包括生态安全评价指标体系、评价和验证方法。在实践应用方面，研究建立经过实践检验的系统模型，如以微观样本数据与宏观监测信息支持的、相互反馈修正的预警决策支持模型，探索区域生态安全底线预警指标，为人类行为决策提供科学依据。

农业活动通过增加化学品输入和改变区域土地利用结构从而为区域生态系统带来风险，改变区域生态格局与过程。如何评价区域生态系统在这种胁迫下的变化，以及利用监测和预警来有效地指导生态系统管理是当前区域生态安全研究的一个趋势和方向。对生态系统变化的标志可以通过生态系统的健康、完整性和可持续性来反映，许多学者从系统论、系统自组织理论、生态系统能量原理、生态系统功能等方面开展相关研究。肖笃宁等(2002)认为，生态安全研究在选择生态终点(ecological end points)时，除了要考虑关键性的生态系统要素外，更要从系统的功能出发，选择那些具有重要生态意义的受胁迫的生态过程(如流域中的水文过程)。

在人类活动占优势的景观(如灌区等)内，不同土地利用方式和强度产生的生态影响具有区域性和累积性特征，并可直观地反映在生态系统的组成和结构上。因此，生态安全分析可从区域生态系统的结构出发，综合评估各种潜在生态影响类型及其累积性后果。一些学者从评价指标体系构建和评价指标值的确定两个方面开展生态安全评价。在该领域压力-状态-响应(PSR)指标框架以及由此扩展的驱动力-状态-响应(DSR)指标框架框架和驱动力-压力-状态-影响-响应(DPSIR)指标框架,因其能够反映生态系统对人类活动的响应关系,从而获得了广泛的应用。

在日益剧烈的人类活动影响下,区域生态环境系统表现出不同于自然条件下的演变规律,特别是对开发历史较短,且正处于急剧变化时期的区域。农业活动是该区域人类活动作用于生态水文过程的主要方式。已有研究或是仅关注田间尺度土壤养分输移,或是把视线局限于农业生产能力水平研究,或是侧重湿地生态效应的某一方面等,其最大问题在于将生态与环境问题割裂开来考虑,不能深刻阐释区域生态与环境演变的动力机制。本书将针对冻融农区,用统一的区域生态水文过程揭示区域独特的生态和环境在人类活动胁迫下的响应机制,并开展区域生态安全研究,从而指导农业开发过程,减少其对生态系统结构功能的破坏,减轻农业活动对环境造成的污染。

1.3 农田国内外研究进展

1.3.1 农田土壤氮磷平衡及其优化调整

1. 农田土壤氮磷平衡

用养分平衡来评价含养分流系统已经有100多年的历史,且当下仍然被广泛应用。国外有关农田土壤氮磷平衡的研究已经有较为成熟的体系,建立的氮磷平衡模型主要有三种(图1-1):

(1) 农场门平衡模型或黑箱模型。该模型将农场看做养分存储系统,所有养分的输入输出都通过农场的"农场门"这个假定的端口进行养分流动的核算,使用原始农业统计数据。该模型的代表便是荷兰的MINAS养分管理系统(Oenema et al., 1998)。

(2) 土壤表观氮平衡模型。该模型将根层深度的土壤看做氮存储系统,输入量包括化肥、有机肥、生物固氮、大气沉降等,输出量主要是作物收获后带走的氮量,使用原始农业统计数据和现场估测数据。该模型的代表便是OECD的土壤表观氮平衡模型(Secretariat, 2001)。

(3) 土壤系统养分平衡模型。该模型也将土壤系统视做养分存储系统,对土壤中养分的输入输出划分较土壤表观养分平衡模型更为仔细,同时还考虑了养分在土壤内部的循环转化,多用在科学研究中来确定盈余养分的迁移转化,使用农业统计数据、现场估测数据和实验室模拟实验数据。该系统相对前两个更为复杂,研究者依据各自研究的实际情况确定输入输出项,且参数选取和使用策略多、不确定性大,故无统一的核算体系。

这些模型在国外多被用来评价氮磷平衡对区域地下水和地表水的影响。如Oenema等(1998)使用氮的农场门平衡模型研究了荷兰化肥减量化政策对国家地下水带来的影响,发现该政策使荷兰地下水氮盈余量减少。Bouwman等(2005)研究了1970~2030年全球氮平衡状态,发现高效的氮肥利用率跟土壤表观氮亏损有关,发展中国家由氮亏损状态转为氮盈余状态,未来30年氮肥使用强度将增大,这将给地表水和地下水带来更大的威胁。同时,人类关注的影响因素开始扩大,能够考察社会经济活动对土壤氮磷平衡影响的模型开始建立。例如,Dijk等(1996)介绍了一种养分平衡的模型(nutrient flow model,

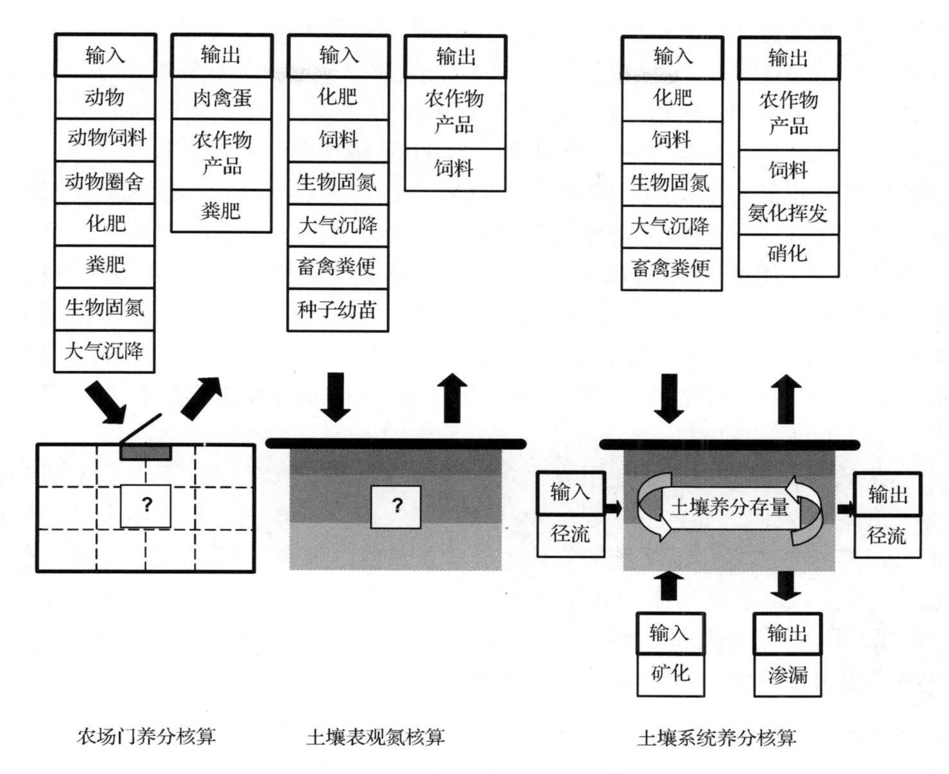

图 1-1　养分平衡核算体系示意图

NFM),可用来研究国家、区域和田间尺度的养分流,同时可考察经济活动对养分循环带来的影响。

随着研究的深入,学者对三种模型的认识也开始更加客观、全面,特别是土壤氮磷平衡核算中较大的不确定性得到重视。例如,Oenema 等(2003)讨论了养分平衡的计算方法和不确定性,三个方法的不确定性依次增加,不确定性来源于认知偏差、采样偏差和误差、测试偏差和误差、数据处理偏差和欺诈行为。另外,水稻田由于水土共存的特殊性使得反硝化量特别大,因此受到了特别的关注。例如,Yoshikawa 和 Shiozawa(2008)对热带爪哇岛以水稻为主的种植结构地区氮平衡进行了研究,发现氮的反硝化输出为很重要的一项氮输出源。

我国早期(20 世纪 90 年代)对农田氮磷平衡的研究则多关注于农田化肥的利用效率,多从提高农业生产力的角度进行研究。例如,严红等(1996)对黑龙江农田生态系统营养平衡状态的研究发现,绝大多数地区氮、钾亏损,磷盈余,故应针对本地实际情况来增减施肥的种类。但此时也有学者将氮平衡概念应用到氮对地下水污染的研究中,如梅成瑞(1991)初步研究了宁夏平原农田氮素平衡和地下水氮污染,估算出该地区氮肥淋溶率在16%左右。

进入 21 世纪以来,国内非点源污染的问题日益得到关注,我国学者开始将农田氮磷平衡的研究拓展到氮磷流失带来的非点源污染问题。例如,彭奎等(2004)以四川盆地盐亭县林山乡为对象研究了农林复合系统氮平衡和非点源污染特征,发现化肥施用的增加导致农田气态氮释放以及地表水地下水非点源污染风险的增加。曹宁等(2006)采用农田生态系统氮、磷平衡计算方法对东北地区土壤氮、磷养分平衡状况及其对非点源污染的贡献进行了研究，结果表明，东北三省农田当前处于盈余状态，化肥用量逐年增大且其用量是造成空间差异的直接因素，近年进入水体环境的氮、磷负荷均有所增加。

2006年开始将氮磷平衡的时空尺度扩大研究，并利用GIS技术实现对氮磷平衡的空间分布研究，开始关注氮磷输入输出的贡献源。例如，许朋柱等(2006)研究了长兴县地区1949～2002年农业用地长期氮、磷的剩余量变化，发现这期间，单位农业用地面积的氮、磷剩余量具有显著地增加趋势。方玉东等(2007)详细研究了中国2000多个县域单元农田氮素养分的收支平衡状况，发现化学氮肥在所有氮肥总投入中占有绝对优势，黑龙江省农田氮素生物产出占全部氮素生物产出的比例最高(85%)，并通过GIS技术实现空间差异表达。

同时，氮磷平衡的研究开始使用或建立标准化的农田氮磷营养模型，使研究更趋于规范化、系统化和深入化。如方玉东等(2007)建立了农田生态系统氮素平衡模型并使用该模型对2004年中国农业生态系统氮素输入输出以及养分盈余进行了研究，发现单位面积耕地氮素负荷高风险地区均集中在中国的东南沿海和部分中部地区。陈敏鹏和陈吉宁(2007)使用OECD土壤表观氮平衡模型研究了中国2003年土壤表观氮磷平衡情况，结果表明，中国土壤氮磷输入主要是化肥和畜禽粪便，且区域分布不严重不均。

2. *农田氮磷流失控制措施*

进行农田土壤氮磷平衡的研究是为了对其平衡状态进行合理调控，兼顾农业生产和生态环境，故农田氮磷控制措施的研究是农田土壤氮磷平衡研究的重要内容。国外关于氮磷的控制和管理始于20世纪70年代后期，发展于20世纪80年代初，成形于20世纪80年代中后期，20世纪90年代后有了较大发展，并以美国的“最佳管理措施”(Best Management Practices，BMPs)最具代表性。

BMPs是指任何能够减少或预防水资源污染的方法、措施或操作程序，包括工程、非工程措施的操作和维护程序。目的是用来控制农业的水土流失和养分损失，减少农业非点源污染的影响。具体来说，BMPs包括工程措施、耕种措施、管理措施等类型，现在已提出的最佳管理措施主要有：少耕法、免耕法、限量施肥、综合病虫害防治、防护林、草地过滤带、人工水塘、灌溉水的生态化、地下水位控制和湿地等方法。BMPs通过有机结合这些措施作用于农业非点源污染的控制，其实质就是依据实地情况，挑选组合经济、技术可行的最优方案，故而具有高效、低成本的优点，是在传统处理措施上的一种优选组合概念。BMPs一般可用两种方法进行：①调整法，即对地块管理利用措施进行实际调整后观测其流域水土和养分流失效应，经多次实验后确定优选方案；②模拟法，即利用流域模型对各地块或地块组合进行调整后，经数学模型模拟运算出其效果，来比较各方案的优劣。在实践中，常常以模拟法为主，同时结合调整法。

英、美等国是最早进行BMPs的国家，于20世纪70年代起开始实行BMPs管理方式，以有效控制非点源氮、磷素对水生环境的危害。1972年美国联邦水污染控制法(FWPCA)首次明确提出控制非点源污染，倡导以土地利用方式合理化为基础的“最佳管理措施”；1977 年的清洁水法（CWA）进一步强调非点源污染控制的重要性；1987 年的水质法案（WQA）则明确要求各州对非点源污染进行系统的识别和管理并给予资金支持。BMPs 主要就是针对这些被识别出的区域的管理措施。国外对 BMPs 的研究多集中在对各种控制措施的效果评估上。评估方法可分为实地监测数据验证和模型模拟两类。

实地监测研究，如 Dillaha 等（1986）对植物过滤带的长期效果进行了评估，发现空间布置是过滤带普遍存在的问题，地表径流没有完全通过过滤带，使过滤带利用率降低。Gutezeit（2004）研究了不同灌溉策略对植物氮平衡的影响，发现氮淋溶量几乎不受灌溉策略的影响。Köhler 等（2006）研究了施肥对沙质土壤耕地氮渗漏的影响，发现闲作物、增加区域草地和森林面积是降低地下水硝酸盐含量的最有效方法。

模型模拟研究，如 Oenema 等使用农场门平衡模型预测了荷兰政府自 1998 年实施的旨在控制氮磷渗漏对地下水影响的 MINAS 方案，结果指出 MINAS 方案将是有效的，但仍须增加一些其他措施。Köhler 等（2006）使用 SWAT 模型模拟了工程型 BMPs 对水体的长期影响，结果显示当前条件下 BMPs 对流域泥沙和磷的输出削减量很低。Jeon 等（2006）开发了一种能够模拟稻田水质的模型，并用该模型评价了 BMPs 的效应。

初期国内对氮磷的控制研究集中在各种控制措施上，这些措施可分为源头控制、过程截留、末端处理三种。源头控制如农田管理措施——免耕、少耕耕作方式的实施，化肥和农药的使用量、使用方式、使用季节控制；灌溉的方式——沟灌、淹灌和喷灌的调整（陈利顶和傅伯杰，2000）。过程截留如利用农村多水塘系统对地块氮磷流失的截留等。末端处理如利用人工湿地进行农业面源污染控制等。

2000 年有学者引入了国外最佳管理措施的概念，之后人们开始综合运用各种氮磷控制措施，努力实现控制方案最优化。随后，开始有针对 BMPs 措施中各个措施的进一步研究。如倪九派和傅涛（2002）指出缓冲带能有效地控制土壤与土壤氮磷的流失，其建设与管理在整个生态环境建设中具有重要地位。段永惠等（2004）研究表明，合理而有效的施肥方法可降低径流中氮、磷的流失量，不同改性肥料配方可以调控农田径流氮、磷的污染负荷。唐政等（2010）研究发现，水肥减量管理较常规水肥管理氮素淋溶量明显降低，能有效地维持蔬菜种植系统氮素平衡。

2007 年以来，国内又有学者依据各自的防治理念提出了与 BMPs 相似的综合控制措施概念。胡梅等（2007）提出了“源-流-汇”逐级控制理念，对污染物的源头削减、中途拦截和末端处理的技术措施进行了综述，提出应根据污染物的产生和迁移路线，结合地质地貌和景观生态，选择相应的技术措施，辅以生态工程手段，实现对农业非点源污染的有效控制。然而，由于目前国内外氮磷控制措施实施的时间较短，最长的约 30 年，氮磷控制措施的长期运行效果如何，尚不是很明确，故针对控制措施长期运行效果的后评估研究开始出现。焦凤红和于海明（2005）研究表明，BMPs 的使用寿命是有限的，在流域规划治理中应明确地考虑这一点。王晓燕等（2009）针对北京市密云水库上游设计了 BMPs，同时，尝试从经济学角度预测 8 种不同非点源污染措施在控制氮、磷和泥沙流失的效果及所获得的环境效益、经济效益，并将各单项措施的控制效率进行了比较分析。

从上述分析可以看出，国内对氮磷控制措施的研究，主要经历了如下过程：各种控制措施的研究→综合运用各种控制措施的研究→后评估各种控制措施的效果。同时也经历了初步认知，到综合运用，再到长效评估的过程。

3. 农田土壤氮磷平衡核算不确定性

不确定性是相对于确定性的概念，是对确定性的否定。不确定现象是客观事物的本质属性，而确定现象是人们认识上或观念上的产物，是包含了不确定性的确定性。可将不确定性理解为是一种广义的误差，它包含数值和概念的误差，也包含可度量和不可度量的误差。不同行业和领域对"不确定性"的定义和理解略有区别，但大体上是一致的。

氮磷平衡核算是一种对自然现象简化了的描述方式，具有简单易用、灵活可调整的优点，所使用数据也较易收集，并发展成为一种表征环境和农业可持续发展性的重要指标(Oecd，2001)。同时，也由于这些特点，使得该方法对自然简化力度大、方法统一性差、数据源差异大，给计算过程和结果带来了较大的不确定性。其所核算的农田生态系统极其复杂，农作种植结构、耕作管理方式、气候条件、水土条件时空差异较大，而对氮磷核算的研究尺度放大带来的不确定性问题更加复杂多样。这些都使得氮磷平衡核算的不确定性研究成为当前的重要课题之一。

氮磷平衡核算的不确定性可能由偏差和误差两种因素引起(Oenema et al.，2003)。Smaling 等(1999)将氮磷平衡核算中引起偏差分为 5 种，误差分为 2 种，如下所述：个人偏差，由不同研究者对氮磷平衡核算体系的概化、理解不同引发；采样偏差，不同的样点布置方案以及相同方案下不同的采样策略都有可能带来不同的结果；测量偏差，实验设备、实验环境、操作流程等的不规范带来测量偏差；数据处理偏差，平行样数据的均化处理以及数据的尺度扩展均可能引发偏差；欺诈偏差，当氮磷平衡核算结果对不同人群利益分配带来影响时，其核算结果就有可能被利益群体所操纵，从而造成偏差；采样误差，土壤、水、农作物等时空分布的变异性决定了采样误差的必然存在；测量误差，由测量过程中环境条件、设备状态、操作等因素的随机性引发，但这种误差较采样误差小的多。

虽然目前已经有了较多的不确定性分析的方法，但关于氮磷平衡核算的不确定性的量化研究尚且较少。Smaling 等(1999)基于氮磷平衡核算中不确定性的相对大小将核算中的不确定性来源分为三类：一类是不确定性小于 5%，包括通过市场的化肥输入、畜禽产品输出等氮磷输入输出项；二类是不确定性为 5%～20%，包括畜禽粪便、大气沉降、作物收割等氮磷输入项；三类是不确定性为大于 20%，包括通过渗漏、径流、挥发、反硝化等氮磷损失项。从以上三类可看出，从一类到三类，数据可获得性逐渐变差、时空变异性逐渐变大，这也说明了为什么农场门核算、表观土壤氮核算、土壤系统养分核算不确定性依次变大，即所用数据的不确定性变大。报告 OECD(2001)中土壤表观氮核算和 OSPARCOM 农场门养分核算的比较也印证了这点。

针对上述不确定性，在进行氮平衡核算时，研究者有四种策略供选择(Oenema et al.，2003)：①忽略氮磷核算中的不确定项；②考虑不确定项但忽略其不确定性；③基于一定的假设和安全系数对不确定性进行定性评估；④找准不确定性，分析其意义并进行量化评估。

当不确定性很大且对其进行评估会有较大问题时，或者几乎没有观测数据时，选择策略①；策略②在目前的氮磷管理中经常用到，因为进行不确定性评估比较困难；策略③也较常用到，相对前两个策略能够得到更为安全的结论；策略④有助于精确权衡不确定性因素并增强决策的支持度，但到目前为止氮磷管理决策还少见考虑不确定性因素的报道。

目前国内关于氮磷平衡核算的研究已经有很多，但这些研究基本上均为确定性的研究，忽略了不确定性因素的考察。有些研究中虽然有提到不确定性，但不确定性是作为确定性研究的一个补充而添加进去的，并未对不确定性进行深入的探讨。可见，国内氮磷平衡核算的不确定性研究还处于定性研究阶段。

1.3.2　土地利用变化对土壤质量的影响

1. 农业活动影响下的土壤养分变化

农业活动是影响土壤养分的主要原因之一。土壤耕作会影响土壤的物理及生物化学功能，使土壤碳氮等养分发生动态变化。土地利用转变(Celik，2005)、施肥(Shah et al.，2003)、秸秆还田(Ferreras et al.，2006)及作物轮作(Al-Kaisi et al.，2005)等因素常常在长时间内相互作用，共同对土壤养分产生影响。一般来讲，在同一地区耕种土壤有机质含量比未耕种土壤要低得多。而土壤有机质、氮、磷含量之间并不是独立存在的，而是有一定的相关关系。大量资料分析结果表明，土壤有机质含量与土壤全氮量之间呈正相关性，土壤中磷除了受土壤母质、成土作用和耕作施肥的影响很大外，与土壤质地和有机质含量也有关系。

我国东北地区雨水充足，有利于植物生长，且冬季漫长，不仅土壤冻层深度可达1.1～2.0m，而且冻结时间可达100～150天，季节性冻层非常明显。在漫长的土壤冻结期，每年遗留于土壤中的有机物质得不到充分的分解，而以腐殖质的形态积累于土壤中，形成了深厚的腐殖质层，有利于土壤有机质的积累。近几十年来，由于耕作所导致的东北地区土壤退化一直是重点关注的课题。尤其是近十几年来，东北区农田生物产量、耕作栽培方式以及肥料投入结构等都有了很大的改变，导致东北区耕地质量随之发生了很大的变化。由于长期的耕作管理不善，致使大面积耕地黑土有机质含量下降，腐殖质层厚度变薄，土壤理化性质恶化，养分含量降低，即黑土不同程度地发生着土壤退化，土壤生产潜力也随之降低。

三江平原农业种植结构剧烈转变，即大规模的水稻种植给土壤的物理及化学性质带来了深刻的变化。为了便于水稻栽培，人为的平整土地和修筑田埂，改变了原有土壤的形成条件；季节性的灌溉导致了土壤的氧化还原交替过程，而氧化还原状况是土壤中元素迁移和积累的重要前提。有研究者指出，在水稻土形成过程中，除有机土外，与母土相比，种植水稻后，土壤的有机质含量增加，但组成变得简单(彭福泉和吴介华，1965)。关于农业耕作对三江平原土壤理化性质的影响已有不少报道。孙志高等(2008)发现，三江平原湿地经过初期农田化的过程，全氮含量及储量均呈骤减变化，在8～12年的长期耕作后，土壤全氮含量才趋于相对稳定。张金波和宋长春(2004)探讨了不同土地利用方式对三江平原土壤碳氮含量的影响，指出地上生物量，地上碳、氮库，土壤碳、氮库分别递增顺序为耕地＜弃耕地＜沼泽化草甸。之后秦胜金等(2007)对三江平原不同土地利用类型下土壤磷形态的变化进行了研究，结果显示土壤全磷含量表现为：湿地＞林地＞旱田＞弃耕地＞水田，且湿地的有机磷含量显著高于农田。综上所述，三江平原农业垦殖对土壤养分变化产生的影响，主要围绕着湿地农田化过程中土壤养分元素含量的变化展开，大部分都局限于田间尺度或以湿地为主要研究对象。以农场为单位探讨区域土壤质量变化的研究还不多见。

2. 中小尺度土壤质量因子时空变异

土壤中养分及微量金属作为陆生生态系统的动态组成元素，在土壤中的分布是不均匀的，而是具有高度的空间异质性。即在相同的区域内，同一时刻不同的空间位置，其含量存在明显的差异。前人对此的研究主要集中在环境因子和土壤养分的关系上，例如温度、降水量、土壤质地、地形、pH 等(Spain, 1990; McKenzie and Ryan, 1999)。在田间尺度上，对土壤质量因子的时空变化也有较为深入的探讨(Raghubanshi, 1992; Ryel et al. ,1996)。

在区域尺度上，大多数研究都将有机质及氮磷元素作为主要的土壤质量因子进行了详细的探讨。Cambardella 等(1994)研究了美国爱荷华州农田土壤有机质和全氮的空间变异特征；Mishra 和 Banerjee(1995)对红壤地区农田土壤有机质和 pH 的空间变异进行了研究。在国内，土壤有机质的时空变异特征在华北冲积平原区(张世熔等，2002)、内蒙古干旱荒漠区(黄元仿等，2004)、广西丘陵红壤蔗区(黄智刚等，2006)和北京城乡交错带(孔祥斌等，2003)中都得到了深入探讨。Huang 等(2007a)以三个年份(1982 年/1997 年/2002 年)的土壤采样数据为支撑，研究了中国江苏省如皋市某典型农业区 20 年中土壤有机质和全氮的时空演变，并探讨了秸秆还田和有机肥施用等管理措施对有机质和全氮累积的影响；Wang 等(2009)以中国黄土高原一个农业小流域为研究对象，研究了不同土地利用类型下土壤全氮和全磷的空间变化特征，指出不同类型土地土壤中全氮和全磷的含量有显著的差异。

地理信息系统的发展使得土壤养分及污染物的空间变化得到更为精确的分析和表达。为了进一步了解土壤质量变化与其相关因素的关系，并定量分析土壤质量因子的空间变化，传统的统计学方法和地统计学方法得到了广泛的应用。将两种方法结合使用也成为了研究土壤质量因子空间变化规律的一种有效手段。近年来，国内外研究者用地统计学方法对土壤有机质和全氮的空间变异性进行了大量的研究，范围从单一尺度下的空间变异性深入到多尺度中。Cheng 等(2004)利用 GIS 技术，对土壤有机碳空间分布进行了估算，并取得了较好的效果；王淑英等(2008)采用 400m×400m 和 100m×100m 方形格网采样，比较了土壤有机质和全氮的空间分布特征差异。结果表明不同研究尺度下土壤有机质和全氮空间异质性既有共性又有不同。除有机质外，氮也成为研究者非常关注的一个土壤质量指标；刘付程等(2004)运用地统计学方法，对太湖流域典型地区耕层土壤全氮的空间变异特征进行研究，绘制了研究区域土壤全氮含量分布图。

这些研究结果表明，土壤质量因子在不同空间位置上存在明显差异，大都属于中等变异强度，并具有明显的空间自相关结构。气候、成土母质、土壤类型、地形、土地利用类型以及人类活动等都是影响土壤质量因子空间变异的因素。

3. 农田土壤的有机质长期变化模拟

土壤有机质数学模型已经在模拟土壤有机质动态变化中得到了广泛应用,这为大的时间尺度上研究土壤碳库变化提供了一种有效的手段。同时,土壤有机质模拟可估计土壤碳库损失,在全球气候变化和全球碳循环研究中也起到了重要的作用。

20世纪80年代中期,由于对全球变化研究的兴起,人们曾一度将碳循环的研究重点放到全球尺度的问题上。碳循环研究范围也从生物群落或生态系统转向区域或整个陆地生态系统、整个海洋生态系统、整个生物圈甚至到全球。大量的生物地理模型和生物地球化学模型应运而生。而几乎每个模型都包含有模拟碳循环的子模型,如BIOME-BGC、TEM、DNDC、CENTURY等。这些生物地球化学模型模拟了陆地生态系统的水、碳及营养元素的循环,并讨论了这些循环对于温度、降水、太阳辐射、土壤质地、土壤水分、大气CO_2浓度及人类活动(如草地开垦、放牧等)的反映。

在当前众多土壤有机质模型中,CENTURY模型(Parton, 1996)是应用比较广泛的表征土壤有机质动态的模型。它接纳了土壤有机质可分为3个库的理论,是从模拟草地生态系统发展而来的,已通过许多学者的检验。Parton和Schimel(1987)将CENTURY模型用于模拟美国俄勒冈州的一块小麦-休闲-秸秆还田的轮作长期实验田的土壤有机碳演变,其模拟值与实测值具有极高的相关性。Monreal等(1997)利用CENTURY模型对加拿大连作小麦长期定位实验土壤有机碳和有机氮数十年的变化进行了模拟,得出了变化量在10%以内、受土壤管理措施和侵蚀影响后土壤碳达到新的平衡状态所需要的时间。

20世纪90年代中期起,国内学者开始探索CENTURY模型在我国一些地区的应用。肖向(1996)利用CENTURY模型对内蒙古锡林河流域典型草原初级生产力和有机质的动态进行了模拟,之后李凌浩等(1998)对同一地点的碳素循环进行了模拟,结果表明实测值与模拟值均显著吻合。进入21世纪,多数学者尝试利用CENTURY模型对森林生态系统土壤碳演变进行了预测。黄忠良(2000)运用CENTURY模型模拟管理措施对鼎湖山森林土壤碳氮的影响,结果表明模型可用于森林演替的模拟。但是,国内将CENTURY模型应用到农田生态系统上的研究还比较有限,高鲁鹏等(2004)对典型黑土区的土壤有机碳动态变化进行了模拟,研究结果与已发表的实测结果比较接近。而对于农田土壤水、旱田不同种植模式中土壤有机碳库的长时间序列动态变化的相关研究还比较少见。

4. 农业系统中的土壤质量评价研究

农业系统的可持续发展与土壤质量息息相关,对土壤质量的评价及其演变成为了可持续农业的一个重要指标。土壤质量的评价体系构建一直是土壤研究的热点问题。Karlen等(1997)提出了一个以土壤的四个功能为基础的土壤质量指标,即持水能力、向植物供水能力、抗侵蚀能力和植物生长支持能力,每一个功能都细化为一系列的指标。Glover等(2000)也建立过相似的评价框架。Harris等(1996)提出了基于三种土壤功能的质量评价体系,即抗侵蚀能力、为植物提供营养能力和提供良好根部环境的能力。

Hussain 等(1999)将这些指标体系进行了修正并验证了其对农业管理措施的敏感性。Andrews 等(2004)设计了一个“土壤管理评价体系”(soil management assessment framework,SMAF)来进行土壤质量评价,建议从营养物循环、水分关系、物理稳定性及支撑、过滤缓冲作用、抵抗和恢复能力、生物多样性及生境六个方面来评价。

影响土壤质量的土壤属性很多,土壤的每个理化性状、生物属性都可能是最终的评价指标,但对于特定区域,考虑到土壤属性的时空变异性、数据获取的成本及因子间的相关性等因素,显然不可能获取所有因子的数据,而只能从候选参数数据集中选出一个能最大限度地代表所有候选参数的最小数据集(MDS)。刘世梁等(2006)提出使用频率最高,且具有稳定性的评价耕作土壤肥力的因子共有 10 项:有机质、全氮、全磷、全钾、速效磷、速效钾、pH、CEC、质地、耕层厚度。然而,土壤肥力的高低是诸多因素影响的结果,且这些因素之间在很大程度上存在相关性。如何在评价中确定各因子权重是定量准确评价土壤肥力质量的关键。大量研究表明,主成分分析法(PCA)是土壤质量定量评价中应用比较广泛的数理统计方法,能够客观准确地定义评价因子权重。

土壤肥力、数量和演变规律与其分布地区的自然环境和社会经济条件有关,地理信息系统(GIS)对空间数据的分析能力使土壤质量评价进入到了一个新的阶段。应用 GIS 进行国家或省区级的土壤肥力质量空间变化已有报道,但在中小尺度农业系统中的土壤质量的研究工作仍然有待于进一步开展。以农场为尺度的土壤质量时空变异研究还处于起步阶段,可参考的成果非常有限。

1.3.3 田间水文过程及氮磷迁移

1. 农田生态系统的水分分配及水平衡研究

灌溉模式对农田水平衡和氮磷的运移有重要影响,不合理的用水灌溉将改变农田水平衡过程,增加农田氮磷营养物质进入水环境的概率。国内外已有许多基于农业水资源利用进行农田灌溉模式研究的成果(Hurst et al., 2004)。尹春梅和谢小立(2010)在灌溉模式对江南红壤稻田土壤系统生产力的影响研究中指出淹水灌溉模式有助于提高土壤系统生产力。另外在漳河灌区,对“间歇”灌溉和“薄浅湿晒”灌溉模式下对不同尺度的作物产量分布进行了相关研究,结果表明“薄浅湿晒”模式比“间歇”模式节约灌溉水量 19%,灌溉水分生产率提高 $1kg/m^3$(谢先红和崔远来,2009)。这些都是考虑作物产量的灌溉模式研究,同时在研究尺度上也有了一定的拓展。

灌溉模式对农田氮磷营养物的迁移也有很大影响。水肥异区交替灌溉的硝氮流失量低于传统灌溉,且可节水一半(Sanchez-Martin et al.,2010);少量多次的滴灌施肥灌溉模式可以减少氮素流失,从而降低农田非点源污染的概率(Granlund et al.,2000)。灌溉模式的研究方法存在多样性,且大部分通过田间监测,贴近实际生产及生态环境,也可借助室内模拟实验,为田间尺度研究提供基础信息。党丽娟等(2010)通过室内土柱试验分析了不同灌溉水平条件下土层中氮素淋失,研究发现土壤氮流失率与灌水量呈正相关,当灌水量大于 229.3mm 时,51cm 深度土壤的氮流失率大于 37.18%。

三江平原水田中不同灌溉模式对水分利用效率的影响也有相关的研究,灌水量的合理分配是灌溉模式的研究重点之一。朱士江等(2009)研究指出孕穗期是水稻需水量最大的时期,控制灌溉的节水效果好,湿润灌溉产量高,但最终没有实现节水与产量的综合目标选择。对控制灌溉不同灌水量的处理研究发现水稻分蘖期的耗水量最大,控制灌溉节能节水也能提高产量(聂晓等,2011)。

水平衡是指水量平衡,实际上是水量收入与支出的平衡(图 1-2)。农田水量平衡是一定时段内水分进入、储存或迁移出土体的状态,即加入到一定容积土体的水量与迁移出的水量之差,等于这一时段土体的储水量变化(陈志雄,1985)。一般情况下,土体储水量的变化是土壤内部水分与土壤外部水分进行交换的结果,实现水量在一定区域内的平衡要遵循水循环规律,统筹考虑各相关因素。水量平衡主要是农田蒸散量与降水量(灌溉量)的平衡。灌溉量和降水量易于通过实测获得,而蒸散量的测算相对较难,因为气象条件、土壤水分状况和作物生物学特性共同决定农田蒸散的差异(Lapitan and Parton,1996)。目前多利用气象资料计算潜在蒸散量,所用的蒸散发公式包括国内外普遍认可和推广的一些主要公式,如Penman 公式、Thomthwaite 公式、空气饱和差公式,以及以空气动力学为基础的经验公式等,但公式本身存在适用性。

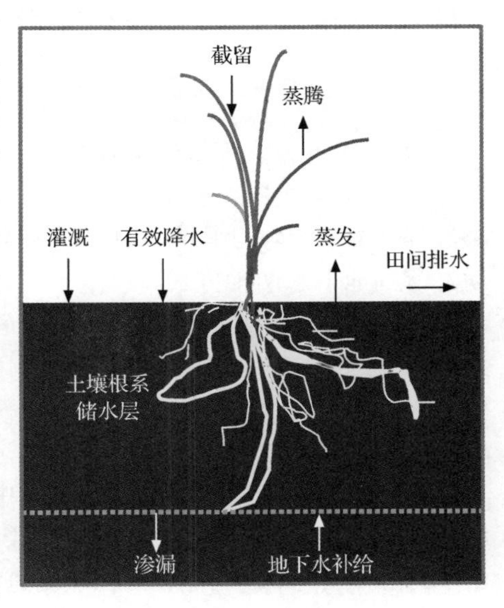

图 1-2 田间水平衡过程示意图

对于农田生态系统,如图 1-2 所示,存储于土体中的土壤水是植物根系吸收水分的源泉,土壤水来自于降水、灌溉和地下水补给,同时土壤水又可补给地下水,所以对土壤水的研究又是分析农田水平衡过程的一个重要因素。土壤水在消耗有两种途径,通过植物蒸腾和土表蒸发到大气中。早期以土壤为中心对降水、灌溉水、土壤水在不同地学条件下的水平衡进行了系统定量的研究(石元春和李韵珠,1979)。随后在干旱内陆区开展了基于降水-土壤水-地表水-地下水的"四水"水平衡问题和水分管理的研究(雷志栋,1999)。近年来,围绕农田水平衡开展了大量研究,如以农田土壤水为中心,研究土壤水含量动态变化,分析农田水平衡过程(Moroizumi et al.,2009;郝芳华等,2008b);以土地利用变化为基础,指出土地利用类型的改变对景观单元的水平衡有一定影响(Bormann et al.,2007)。Nestroy(2008)指出了不饱和土壤层对水平衡的重要性,因此水平衡要素中土壤水的研究至关重要。此外,还有研究气候变化及灌溉条件下的水平衡过程,这些研究综合考虑了农田各环境因素和水平衡要素之间的关联作用(Chen et al.,2010)。

在对水平衡的研究中逐渐引入 SPAC(soil-plant-atmosphere continuum)系统理论,探讨了以土壤水和作物响应为中心的田间水分运移转化机理。由于水平衡过程的复杂性和交叉性,根据水平衡原理和 SPAC 系统理论建立的田间水平衡模型是水平衡研究的一个新阶段。农田水平衡模型研究可分为两类:①农田水平衡法;②建立在水动力学基础上的农田水文模型。前者是在特定的时空条件下,研究水平衡各要素的变动关系,避开了一些土壤特性参数，但是由于某些水平衡要素难以准确确定，因此也成为一个难点；后者是将农田在不同状态下的水分作为一个统一的系统，采用水文学方法建立模型，通过研究其各种要素确定系统特征，但由于田间土壤物理性质和其他影响因子的空间变异性，该方法也仅能用于特定条件下的土壤水转化过程。田间水分管理从定性走向定量，及至建立水文模型对农田水平衡研究提出了方向。

2. 农田生态系统氮磷迁移研究

1）农田生态系统氮迁移研究

氮迁移过程主要包括降雨径流过程、土壤侵蚀过程、地表溶质溶出过程和地表溶质渗漏过程。氮从土壤迁移到水体的途径包括通过地表径流到达受纳水体和通过土壤水分运动淋溶到地下水两种方式。

降雨过程主要考虑产流条件的空间差异，对降雨产流特征的分析有助于揭示农田非点源污染的形成。国内外已有很多利用人工模拟降雨实验研究农田氮随径流的流失，主要分析近地表的土壤水分条件（张玉斌等，2009）、降雨地表径流、土壤水产流等（Diaz et al.，2010；王涛等，2008）。

农田土壤水分运动是水分在土壤中的再分配与水循环的一个重要环节，包括垂直下渗和水平侧渗，大多研究在田间建立实验小区（Aparicio et al.，2008；李金文等，2009）；但由于野外条件等因素所限，可在室内进行土柱模拟，分别收集侧渗和下渗土壤水（单艳红等，2005）。有研究表明随土壤水分运动输入的氮是湖泊富营养化的营养物质来源之一（Hagerthey and Kerfoot，1998），也是农田硝酸盐损失的主要途径（Verchot et al.，1997）。针对冻融区，区自清等（1999）指出冻融和干湿交替均可使土壤产生大孔隙和优势流，这对土壤水分的运动提供了一定的条件。

通过径流流失的氮主要是溶解于径流的矿质氮，或吸附于泥沙颗粒表面的无机和有机态氮（李志博等，2002）。不同形态氮素随降雨径流的流失规律存在差异，土壤水分运动对硝态氮流失有主要影响（魏林宏等，2007），通过降水在土壤中的侧渗，硝态氮随水分运动进入地表径流（Petry et al.， 2002）。氮素通过径流迁移入农田，以农田土壤水为载体继续随水分运动，其迁移转化主要发生在土壤表层和土壤根际的还原层（李金文等，2009）。有研究表明，农田土壤水携带的溶解态和吸附态养分是农业非点源污染的最大来源之一，土壤水分中养分的主要形式为氨氮和硝氮（Baker and Laflen，1983），氨氮迁移的主要机理是扩散，而硝氮主要以质流方式迁移。

氮的迁移受降雨过程（降雨持续的时间和降雨量）和下垫面因素（地形地貌、土壤理化性质、植被或作物特征，以及耕作措施等）的综合影响（Gburek and Sharpley，1998）。降雨和灌溉水可携带部分氮素，基于不同地区的生产特点和城市规划，随降雨和灌溉水输入的氮含量差异较大。降雨和灌溉水既可是农田氮来源之一，也是农田氮素迁移的载体。作物对土壤氮的迁移也有影响，其根系可改变土壤的物理结构特征，易于土壤水的内部导流，也由于根系的吸水能力，促使水分在其周围的聚集，减缓流动。

氮素在农田土壤、植物、水体和大气之间进行的各种迁移转化和能量交换也会影响氮的迁移。土壤作物系统中氮的分布受气候、土壤性质和农艺因素变化的影响。控释肥的施用可增加耕层(0～20cm)土壤的氮素累积,减少氮素向深层土壤的迁移(于淑芳等,2010)。不同的施肥方式显著影响土壤中的氨挥发和氧化亚氮的排放,撒施后灌水可促进氮挥发(李鑫等,2008),优化施肥能明显降低稻-麦轮作系统中的氨挥发损失(邓美华等,2006)。进入大气中的氨又可随降雨等重新进入农田,过量的氨将引起土壤氮素富营养化、土壤酸化(Suprayogo et al.,2002)。适时适量的施入氮肥,可提高氮素利用率,并从源头上降低氮迁移流失的概率。

在实际研究过程中,基于氮污染的复杂性,针对区域特征选择合适的研究点至关重要。在农田氮循环中,氮素平衡处于盈余还是亏损的状态需要适量权衡,土壤中盈余的氮素虽有利于使用,但也可能造成了肥料的浪费,而且也存在对环境的潜在威胁。目前,对施肥后尤其是分次施氮肥后,土壤中氮素淋失、渗漏过程及定量研究仍是氮迁移转化中的薄弱环节。

2) 农田生态系统磷迁移研究

磷易于被土壤中土壤颗粒表层的黏粒或有机颗粒物吸附而固定,作物吸收可溶性形态的磷酸盐,当作物分解磷重复循环时,磷又可以从作物体内释放到土壤中。尽管如此,水文条件还是磷迁移的一个重要因素(Haygarth and Jarvis, 1997)。但由于磷易于被土壤吸附固定,所以普遍认为磷主要通过地表径流流失,大量研究也集中在磷的地表径流迁移动态(Rodríguez-Blanco et al.,2013)。土壤水运动和地表径流对磷迁移影响的研究表明,在中到大雨条件下,土壤水累积输出的径流量都低于地表径流,地表径流中的磷迁移量是土壤水流的3～5倍(高扬等,2008)。实际上,在施肥过量的沙质土壤中,磷素随土壤水分的迁移也可能发生;干湿交替过程中也易造成磷的释放。有研究推断土壤水流对磷的迁移作用不可忽视,而且很有可能是稻田磷迁移流失的一个重要途径(Sánchez and Boll, 2005)。稻田土壤水磷素流失的研究表明,随着土壤磷含量的提高,磷素随土壤水流失潜能增加(张志剑等,2003)。

磷通过施肥进入土壤环境,只有极小部分呈离子态的磷酸盐可被作物吸收,大部分磷残留于土壤中。磷的迁移受土壤性质、土壤结构、植被覆盖度、水文条件、农事管理等因素的影响(Correll, 1998)。磷的产生及输出主要集中在土壤表层0～5cm,与表层土壤性状有较好的相关性(Sharpley et al.,1996)。

随土壤水迁移的磷形态主要由土壤的生物化学过程决定,土壤水中的溶解性磷占总磷的比例较高,说明土壤内部磷迁移主要以溶解性磷为主(Zang et al.,2013)。磷在土壤水中迁移的量主要取决于土壤水运动过程中与土壤的接触时间。此外,由于磷主要集中在土壤浅层,那么随土壤水迁移的磷最终能否进入水环境主要取决于磷随土壤水流向下迁移的深度,这与土壤水流强度及流量相关。水田中排水、灌溉和降雨影响磷的迁移,张志剑等(2001)对水田磷迁移的研究结果发现,水田首次排水的磷流失占总流失量的45%,旱田磷的迁移主要受农事活动和降雨的影响(王鹏等,2006)。水田土壤由于长期渍水,土壤与水作用持久使得土壤固着磷的释放潜力比旱田土壤大(Young et al.,2001);但也有研究指出,水田土壤在淹水耕作时比旱作时的固磷能力高(高超等,2001)。

3. 冻融过程对农田生态系统水分分配及氮磷的影响研究

冻融和干湿交替易于产生大孔隙流和土壤优先流,为土壤水分的运移提供了先决条件。反言之，土壤冻结时间和地热状况又受土壤含水量和土壤性质的影响（Nagare et al.，2012）。对季节性冻土层或永久性冻土冻融过程的研究，可以控制管理冻融造成的地表径流（Wright et al.，2009），也就是说冻土面的空间变异性可部分控制冻土的侧向水流。对于土体内部的水分分配，研究发现冻结开始时，土壤温度梯度使得深层土壤的水分向上迁移（Nagare et al.，2012）；随后，冻土层的水分在土壤温度降至冰点前向冻融锋面迁移再分配（Dirksen and Miller，1966）。因为土壤温度在零度以下即可形成冻土中冷热区域之间的高毛管压力梯度（Philip and de Vries，1957），促使水分向冻结锋面运移（Dirksen and Miller，1966），使得水分再分配。土壤含水量相对较低的情况下的冻结深度比土壤湿润的水分条件下的冻结深度更深（Wright et al.，2009），从而导致土壤水分在冻土中的分配差异。早在1982年，有研究推断融雪后的土壤水分运动是氮快速迁移的机制（Mosley，1982）。此外，冻融循环会影响土壤的物理性质（Viklander，1998），从而影响土壤水文特征（Spaans and Baker，1996）。

冻融循环会影响土壤的渗透能力和聚集稳定性，改变土壤结构和土壤含水量分布，从而引起土壤侵蚀；土壤结构和含水量的变化会促进土壤微生物活性及有机质的矿化，从而引起营养物质的流失（Deelstra et al.，2009）。秋季长时间降雨后，冬季的冻结至初春的融雪水使得近地表层的土壤含水量达到饱和，从而容易引发地表径流（Lundekvam and Skoien，1998），使土壤营养物质的流失成为可能。大量研究表明，冻土的渗透性可引发营养物质在地下环境中的持续迁移（Johnsson and Lundin，1991）。

自早期起对于冻融条件下生态环境问题的研究主要集中在水盐运动（Hansson et al.，2004）、温室气体（N_2O、CH_4）排放（于君宝等，2009）和道路物理冻胀；然而对氮磷营养物流失的研究也逐渐突显出来，成为研究热点。在欧洲四个小农田流域冻融期采集的水样分析显示，冻融期农田渗漏水携带的氮占全年氮流失量的5%～35%（Deelstra et al.，2009）。美国Hubbard Brook森林生态站的研究结果表明，土壤冻融后磷的年流失量达15～32mol/hm^2（Fitzhugh et al.，2001）。在北欧和波罗的海诸国土壤冻结期的农田集水区也发现了大量氮磷流失（Deelstra et al.，2009）。Su等（2011）在多年连续对加拿大东部农业集水区磷含量的观测中发现2008年融雪后河流中的总磷、可溶性磷和颗粒态磷含量比2007年和2009年的含量高，颗粒态磷和可溶性磷对总磷的流失贡献同等重要；同时，土壤的状态（如冻结状态）对融雪期磷的流失也有影响。

4. 农田生态水文模型研究

精确量化田间水平衡和土壤水分再分配是进行作物生长和灌溉管理的基本要求。尽管土壤水分仅代表地球水圈中的很小一部分，但却是SPAC系统的重要组分。土壤水分是土壤系统养分循环运移的载体，而且在很大程度上影响着地表水平衡和能量平衡过程，是综合气候、土壤以及作物对水分平衡的响应和水分平衡对作物影响的关键水平衡因素。在作物整个生长过程中，田间水分处于连续的动态变化中，作物水、土壤水、降水、灌溉水和地下水紧密相连。蒸散量是SPAC系统水量平衡的重要水文要素之一，不仅影响农田土壤水分的动态调节，还影响着田间氮磷营养物质的流失过程（Kang et al.，2006），因此掌握其季节变化特征，具有十分重要的意义。

目前对于水平衡的模拟主要利用Richards方程(Richards，1931)来描述土壤中的水分渗漏迁移和水分再分配，如SWAP(Kroes et al.，2008)、CropSyst(Stöckle and Nelson，2005)、Hydrus(Šimnek et al.，2005)、RZWQM(Ahuja et al.，2000)、MACRO(Larsbo and Jarvis，2003)模型。虽然这些模型的结果都是基于Richards方程的数值解，但是在赋予同样土壤数据、气象数据和农事管理措施的条件下，不同模型模拟的结果也会有所差异(Vanderborght et al.，2005)。但无论如何，模型方法仍旧是一个细化田间水分分配，补充田间试验不足的最佳方法，可以为农业环境保护和农业可持续生产管理提供决策信息基础。郝芳华等(2008b)运用Hydrus-1D模型对河套灌区灌水系统的水文特征进行了模拟研究，研究中利用Hydrus模型模拟所得的土壤含水量值与实测值的分布趋势基本一致。在研究过程中，学者也对模型之间的模拟结果进行了比较分析，SWAP、WOFOST(Supit et al.，1994)和CERES(Ritchie，1998)模拟的冬小麦-春大麦系统中土壤含水量和作物产量效果都比较好，其中SWAP和CERES模型表现更佳(Eitzinger et al.，2004)。

SWAP(soil-water-atmosphere-plant)模型由荷兰Wageningen农业大学等单位开发，在充分吸收国际上SPAC水分运移的最新成果的基础上，适用于田间宏观量化分析的土壤-水分-大气-作物系统模拟(Kroes et al.，2008)。SWAP模型利用WOFOST(world food studies)模型来模拟植物的生长过程，提供简单作物模型、详细植物模型与草地模型三种选择。作物水分响应模型的研究对于量化和预测农业管理措施对作物生长及土壤水分再分配的影响具有重要作用。SWAP模型是SPAC系统水分运移的完整宏观模型，可描述农田水平衡各要素复杂过程的运动规律，考虑了土壤水分运动与地表水之间的关系，并以水平衡各要素按日为单位作为模型输出，可计算缺水条件下作物用水量。发展至今，SWAP模型相对于其他同类型模型具有表征作物生长、灵活的边界条件、土壤水与地下水/地表水相互关联等特点(Van Dam et al.，2008)。大部分描述田间水文过程的模型都是基于著名的Richards方程表征田间尺度的水分再分配。相比于CropSyst和MACRO模型，SWAP模型的运行效果更佳，尤其是对表层渗漏和干旱过程的模拟。

近年来，国内外学者运用SWAP模型对田间尺度下的灌溉进行了相关模拟应用，Ben-Asher等(2006)、Wang等(2009)运用SWAP模拟了灌溉制度对作物生长的影响；另外大部分研究都是围绕水盐展开的，比如咸水灌溉下的水盐平衡(Su et al.，2005)，咸水灌溉的水-土环境效应(杨树青，2008)。SWAP模型还可通过将点的数据和分布式区域数据结合作为分布式农田水文模型，这在土耳其西部1985～1996年农田灌水系统的水平衡研究中进行了应用(Droogers et al.，2000)。在中国甘肃民勤县也有关于农田灌溉系统的土壤水模拟的应用(Singh et al.，2010)。除此之外，SWAP模型也可与别的模型联合应用于模拟研究，如与MODFLOW(the modular finite-difference groundwater flow model)耦合预测咸水灌溉后土壤盐分的累积，模拟效果较好(杨树青，2008)。

农田生态水文模型中作物与水分的响应关系复杂，与其他诸多因素有关，如土壤、气候、作物种类和田间管理等。尽管国内外研究者提出了各种可表征作物生长的田间尺度的水文模型，但由于地域及时间变化特征，根据具体田间尺度特征完善建立适宜的作物水分响应的农田生态水文模型仍是研究难点。

1.3.4 农业非点源污染研究

从20世纪中叶起，一些发达国家就开始关注非点源污染。到20世纪70年代，开始对其进行系统研究。土壤侵蚀的定量化研究在这一时期已相当成熟，美国水土保持局用几十年时间现场观测调查得出通用土壤流失方程(universal soil loss equation，USLE)，随之这个方程也广泛应用于各类非点源污染负荷定量计算中。20世纪70年代初直接模拟非点源污染发生、发展及影响的数学模型也开始出现(郑一和王学军，2002)。

我国农村非点源污染研究始于20世纪80年代初，先后在于桥水库、滇池、太湖、鄱阳湖、巢湖、三峡库区等湖泊、水库流域及沱江内江段、晋江流域、淮河淮南段、辽河铁岭段进行了探索性的研究，从整体上了解了非点源污染发生状况、非点源污染的特点，以及非点源污染负荷的大致数量级，由此为区域水资源规划提供了科学依据，也为非点源污染治理和管理提供了借鉴经验(李贵宝和尹澄清，2001)。

1. 农业非点源污染

美国《清洁水法修正案》对面源(非点源)污染的定义是：污染物质以广域面状和微量分散的形式随水循环路径汇入地表及地下水体(原杰辉，2009)。非点源是相对于点源来说的，非点源污染具有污染源呈面状的特征。非点源污染按其发生方式和发生区域的不同可划分为：农业非点源污染、城市非点源污染、林地非点源污染以及大气沉降引起的非点源污染等，其中又以农业非点源因其污染范围大而成为非点源污染的重点(郑一和王学军，2002)。

农业非点源污染是指在农田耕作等农业生产活动中，化肥、农药、土壤流失与农业废弃物等(陈文英等，2005)。农业非点源污染主要来源于土壤侵蚀、化肥农药施放、畜禽粪便、农村生活垃圾及污水灌溉等(史伟达和崔远来，2009)。在降水(灌溉)过程中，随着地表径流和地下渗漏等水文过程，携带污染物质流入水体，进而发生污染(曾阿妍等，2008)。

从全球范围来看，30%～50%的地球表面已受非点源污染的影响，并且在全世界不同程度退化的12亿公顷耕地中，约12%由农业非点源污染引起(Corwin et al.，1998)。荷兰的农业非点源污染产生的氮、磷各占水环境污染物中氮、磷总量的60%和40%～50%(Boers，1996)。在20世纪80年代，美国地表水污染中有87%的总磷和58%的总氮是由非点源污染输入的(Gilliland and Baxter，1987)。

我国农业非点源污染的局面也不容乐观。到2005年，大理洱海流域非点源氮、磷污染负荷分别占流域污染负荷的97.1%和92.5%；滇池外海流域的污染负荷中，来自农业非点源污染的总氮、总磷和化学需氧量分别占污染总负荷的60%～70%、50%～60%和30%～40%(刘瑞民等，2006a)。调查显示，农田、农村畜禽养殖、没有污水管网和污水处理设施的城乡结合部城区非点源是造成流域水体富营养化的最主要原因(张维理等，2004)。在太湖流域，根据太湖污染源调查发现来自农业非点源的总氮排放量达27 679.4t，占该区总氮排放量的36.1%，贡献率超过来自工业和城市生活的点源污染。由此可见，农业非点源的防治措施研究对解决我国日益恶化的水环境状况意义重大。

农业非点源污染对生态环境有严重危害：严重危害地表水体，使区域地表水水质下降,易导致水体富营养化,恶化水生生物的生活环境,危害水生生物生长;同时,雨水径流中的可溶性污染物也会下渗,引起地下水污染;此外,农业非点源污染直接影响农村饮用水安全,危害人们身体健康,进而影响社会经济可持续发展。又由于农业非点源污染受降雨的影响,因而具有随机性、广泛性、不确定性、时空差异性的特点,从而造成农业非点源的控制和治理难度较大(郝芳华等,2006a)。

2. 农业非点源污染研究方法

非点源污染把生态水文过程系统和地貌系统紧密联系起来,以人类活动和水质响应为核心,对这一关系的定量化研究越来越受到重视。在早期的非点源研究工作中,所需的资料和数据几乎全部来源于野外实地监测。由于非点源污染间歇性、随机性、突发性的特点,造成数据收集的工作量非常大,成本高,工作的周期也很长,数据获取困难,使得研究资料缺乏,最终影响研究结果的准确性,造成非点源污染研究范围的局限性(吕唤春,2002)。在非点源污染模型普遍应用以后,野外监测一般只作为非点源污染研究的辅助手段,用于非点源污染模型参数的率定和验证。

1) 农田尺度非点源污染模型

最早出现的非点源污染模型是集总模型,如CREAMS(chemicals runoff and erosion from agricultural management systems)模型、GLEAMS(groundwater loading effects on agricultural management systems)模型、EPIC(erosion productivity impact calculator)模型、ANSWERS(areal non-point source watershed environment response simulation)模型、WEPP(water erosion prediction project)模型等(于维坤等,2008)。

CREAMS模型由土壤侵蚀子模型、水文子模型、化学物质子模型组成。其中,预测径流使用的是SCS法(美国农业部土壤保持局曲线),产沙子模型采用经验公式USLE,预测污染物负荷采用的是概念模型(张建,1995)。GLEAMS模型是美国农业局开发的用来预测和模拟农业管理措施对土壤侵蚀、地表径流、氮磷渗漏淋失等所产生影响的一维确定性机理性模型(王吉苹等,2007)。ANSWERS模型采用概念模型模拟水文,用泥沙连续性方程模拟侵蚀,用方形网格划分研究区域,可供水质规划者或其他用户模拟土地利用方式对水文和侵蚀响应的影响,对控制非点源污染进行规划(潘沛等,2008)。WEPP模型是建立在水文学与侵蚀科学基础之上的连续模拟模型,模型将整个流域划分为3个部分:坡面、渠道和拦蓄设施,从WEPP模型的适用范围来看,它适用于田块尺度范围(刘宝元和史培军,1998)。土壤侵蚀和生产力影响估算模型EPIC(erosion-productivity impact calculator)(Williams et al.,1984)是美国研制的一种基于"气候-土壤-作物-管理"综合连续系统的动力学模型,可以评价土壤侵蚀对土壤生产力的影响,用来估计农业生产和水土资源管理策略的效果。

2) 流域尺度非点源污染模型

随着非点源污染模型的发展和实际研究的需要,在一个流域系统中可以考虑不同土地利用类型的综合流域非点源的模型随之产生,如AGNPS(agricultural non-point source)模型、HSPF(hydrological simulation program-fortran)模型、SWAT(soil and water assessment tool)模型(王玲杰,2005)。

AGNPS模型采用方形网格对流域划分模拟单元，模型包含水文、侵蚀和泥沙输送、氮磷和COD的输移等内容(黄志霖等，2008)。HSPF模型能模拟陆地表面、亚表面和地下水的水文路线以及污染物的输移，主要包含两部分：PERLAND模型和RCHRES模型(薛亦峰和王晓燕，2009)。SWAT模型是由美国农业部和马里兰大学共同开发的分布式水文模型，适用于面积较大流域的水文水质模拟(王中根等，2003)。另外，我国学者郝芳华等构建了对大面积流域(面积大于10 000km²)非点源污染负荷进行估算的大尺度模型，并对黄河流域非点源污染负荷进行了估算(程红光等，2006；郝芳华等，2006a)，此外还有基于统计的输出系数法等模拟方法，且其所需参数少，操作与相对简单方便(刘瑞民等，2006b)。

与以往非点源污染模型相比，新一代分布式非点源污染模型能够将研究区域离散为更小的单元。该领域的学术前沿问题包括：

(1) 非点源污染发生机制研究，把水文过程、污染物在土壤中的运移过程、污染物土水界面交换过程等统一于一个理论框架中，阐明其相互作用机理、降雨及人工灌溉等的驱动机制，重视水文过程与污染物迁移转化过程的耦合关系；

(2) 在GIS技术和分布式水文模型发展的支持下，流域尺度下的非点源污染负荷估算模型研究，从经验模型逐渐向机理模型过渡，并将水质模型、地下水模型纳入到非点源污染模型中，使之成为研究陆地表面过程的有力工具；

(3) 非点源污染控制与管理研究继续深入，如生态修复技术、BMPs、景观生态学研究等被大量关注，同时一些风险预警研究也在非点源污染模型的支持下得以开展，并应用于管理实践；

(4) 大尺度非点源污染模拟与控制研究越来越受到重视，从20世纪70年代开始的田间尺度，到90年代中小流域尺度，逐步向以大河流域的非点源污染研究为重点转移；

(5) 开发和采用新的室内试验和野外观测技术、示踪试验技术、3S技术逐渐成熟。

1.3.5 全球变暖潜势及温室气体排放研究

1. 土壤有机碳模型的研究进展

长期试验对于了解土壤碳循环极其重要，但是并不能解决当前土地使用者及决策者在短期内了解耕作及气候变化对农业影响的要求，且基于土壤有机碳库静态基础上的研究并不能反映其动态变化(苑韶峰和杨丽霞，2010)。土壤有机质模型是能够实现决策需要和了解土壤有机碳库动态变化的唯一可用方法。

《联合国气候变化框架公约》通过《蒙特利尔议定书》指出各个国家应当定期更新和公布国家由于人类活动释放和汇聚的温室气体。为此联合国政府间气候变化专门委员会(IPCC)组织专家组开发和定期更新不同国家温室气体清单的方法。IPCC的方法是经验模型，基于全球参数，通过分析已经发表的一些研究，进行简单的线性分析发展而来。在这些方法中，每种活动(如氮肥施用)都有一个量纲(例如，t·N/a)和释放速率(例如，农田土壤的1.25%以N_2O的直接释放到大气中)。目前，很多国家应用IPCC方法进行温室气体清单的核算，但是该方法存在一定的缺陷。例如IPCC既不考虑氮循环中不同部分任何潜在的关系或者反馈，也不考虑除总的 N 输入之外的农田管理措施（如耕作、灌溉、施肥的类型和时间等）。该方法致力于广泛的应用，但并不能很好地预测某个点位的情况（Li et al.，2001）。

为了提高模拟效果，近年来机理模型得到了较好的发展，比较成熟的有 CANDY（carbon and nitrogen dynamics）、RothC（rothamsted C model）、SOMM（soil organic matter model）、DNDC（deNitrification-deComposition）和 DAISY 等。

CANDY 模型主要用于计算耕地中氮转化的短期动态和有机物转化的长期动态。日步长模型模拟土壤水和温度动态，计算考虑生物活跃时间（BAT）的转化活动的逐日数据。年际步长模型通过微分方程假设生物活性时间是一个平均值，产生的年均有机物是一个常数。该模型允许使用者根据数据和需要解决的问题选择不同的模型参数（杨丽霞和潘剑君，2003）。

RothC 模型由 Jenkinson 等建立，基于洛桑实验站的大量长期田间实验数据。有机碳分为可降解植物、抗分解植物、生物有机碳、物理稳定有机碳、化学稳定有机碳 5 类（肖潇和段建南，2008）。该模型中每个部分有机物成指数分解，一系列的指数模型被转换成一个连续的形式，近似一阶微分方程系统。其中，一系列指数模型的速度常数与近似一阶微分方程系统相同。

SOMM 模型是从 20 世纪开始用于森林科学的“腐殖质组成”概念的数学公式。该模型由三个部分组成（未分解的残留物、部分腐殖化的残留物、表层矿物的腐殖质）和六个矿化和腐殖化过程，受残留氮和灰分含量、土壤 C/N 比、温度和湿度影响。SOMM 有额外的动力学参数反映其他分解者的活动，例如微生物、节肢动物和寡毛类动物。

DAISY 模型以温带地区旱作土壤为基础，被广泛应用于土壤碳变化的评价。该模型是一个模拟农业生态系统农作物生产，土壤水和 C、N 动态的半机理过程模型。模型能够较好地模拟大部分耕地总的土壤碳水平，但是只能在假设植物碳输入的基础上模拟草地土壤碳变化。模型参数的初始校准基于有机物的有限输入和不变的分解速率，因此模型不能模拟生长期的植物碳输入。

DNDC 模型由美国新罕布什尔大学开发的基于过程的生物地球化学模型，最初用于模拟美国农田土壤碳固定和微量气体的排放（Li et al.，1994；Li et al.，1997）。后来该模型经过许多研究组织使用和修正，已经被用于模拟许多国家的不同农田、草地和森林等生态系统系统。DNDC 模型不仅允许在国家或者全球水平农业温室气体排放的模拟，而且能够评估不同的农田管理措施下温室气体的减排情况。表 1-1 列出了发表的一些应用 DNDC 进行的研究成果。在这些研究中模拟值和实测值之间的拟合程度有所不同，其中，有几个研究的拟合度比较差。

随着实验数据的累积，DNDC 模型在不断地进行优化和修正，早期版本发现的一些问题在后面的版本中进行了修改，目前已经衍生出针对不同生态系统的不同版本，例如 Wetland-DNDC 针对湿地生态系统，Forest-DNDC 针对森林生态系统等。Fumoto 等（2008）修改了 DNDC 模型，使它更明确地模拟作物生长和土壤过程，提高了在不同气候和农田管理措施条件下估算水田 CH_4 排放的能力。另外，DNDC 模型最初并没有考虑土壤冻融作用对土壤 N_2O 排放的影响。Li 等（2000）在模型 PnET-N-DNDC 的开发过程中

表 1-1　已发表的应用 DNDC 进行的相关研究

参考文献	模拟的生态系统	预测内容	国家	版本
(Follador et al., 2011)	Crops	N_2O, N leaching	Europe	DNDC-EUROPE
(de Bruijin et al., 2011)	Forests	N_2O, NO	Europe	PnET-N-DNDC
(Bernard et al., 2011)	Crops	N_2O	Germany	version 9.3
(Abdalla et al., 2011)	Pasture and arable fields	CO_2	Irish	version 8.9
(Ngonidzashe et al., 2011)	Winter wheat	N_2O, CO_2		MoBiLE-DNDC
(Qiu et al., 2009)	Crops	SOC, N_2O, CH_4	China	
(Li et al., 2009)	Winter wheat-maize	CO_2, N_2O	China	
(Zhang et al., 2009)	Wetland	GWP	China	version 9.1
(Lu et al., 2008)	Forest (Abies fabric)	Soil CO_2	China	Forest-DNDC
(Smith et al., 2008)	Crops	Soil temperature, NO_3, NH_4^+, moisture content, N_2O	Canada	DNDC 7.1
(Wang et al., 2008)	Upland crops	SOC	China	
(Saggar et al., 2007)	Sheep-grazed pasture	N_2O, CH_4	New Zealand	NZ-DNDC
(Miehle et al., 2006)	Eucalyptus	Above ground C	Australia	Forest-DNDC
(Babu et al., 2005)	Rice	Grain yield; CH_4 emission	India	
(Pathak et al., 2005)	Rice	Grain yield, total biomass, crop N uptake, CH_4, N_2O	India	
(Stange et al., 2000)	Temperate forest	N_2O, NO, soil WFPS	New Zealand	NZ-DNDC

改进了模型的原有常规算法，针对冻融过程对氮的分解速率和土壤中有效氮含量的影响，对硝化作用子模型进行了改进。在冻融期，当土壤温度低于－1℃时，N_2O 停止排放，地表积雪融化时，空气与地表的热量的传输停止；当土壤被积雪覆盖或土壤表层上冻时，假定约占 3%产生量的 N_2O 释放到大气中。

同时，也有研究将 DNDC 模型与其他相似的模型进行了比较。如 Frolking 等比较了 DNDC 模型和 ExpertN 模型、CENTURY 模型、CASA 模型的 NASA-Ames 版本的 N_2O 模拟值，并用 3 个国家 5 个温带农业区的田间实测值对模拟进行了验证，结果表明除 DNDC 模型外科罗拉多旱田 N_2O 的模拟值都偏低。对于农业生态系统中土壤 N 动态一般模式，几个模型的结果是相似的，但是由于嵌入模型的不同过程，模拟的微量气体 NO、N_2O、NH_3通量相当不同(Frolking et al., 1998)。

2. 土地利用变化和管理措施对温室气体排放的影响

陆地生态系统是大气温室气体的重要源汇，并与人类的生产活动密切相关，其中土地利用的改变土地管理措施是影响温室气体排放的重要因素(刘惠和赵平，2009)。对土地利用变化和农田管理措施对温室气体排放的影响研究已经广泛展开，并积累一定的研究结果。据 Houghton 等(1995)估算，在 1850～1990 年间，由于土地利用变化造成的全球 CO_2排放约为 1.24×10^{11}t。Liou 等(2003)的研究表明由旱地向水稻田的转变可能导致

全球大气 CH_4 在未来10年增加20%左右。

众多研究表明，土地利用类型是影响温室气体排放的主要因素。Ishizuka 等(2009)实测了印度尼西亚占碑省27个临时田间实验点6种不同土地利用类型3种温室气体(N_2O、CO_2 和 CH_4)的通量，结果表明 CO_2 和 CH_4 通量与其他热带森林已有的报道相似，然而 N_2O 通量与之前的报道相比较低。刘惠等(2008)采用静态箱-气相色谱法对华南丘陵区马尾松林和果园地表 CH_4 和 N_2O 通量及其主要影响因子进行了观测，研究发现不同土地利用方式对土壤 CH_4 影响较小，而对 N_2O 通量影响较大，果园 N_2O 通量显著大于马尾松林。Li 等(2006)利用 DNDC 模型模拟的方法，分析了不同的减排措施，如水管理、施用化肥、秸秆还田对净温室气体(CO_2、CH_4 和 N_2O)产量和水利用的影响，结果发现水管理措施可能是最有希望的减少温室气体的方法。Jiang 等(2009)通过野外实验调查了中国湿地土地利用变化对 CH_4 和 N_2O 排放的影响，结果发现土地利用变化是影响湿地和大气温室气体交换的一个重要影响因子，湿地转变为旱地使 CH_4 从源变成汇，增加了 N_2O 的排放，湿地变为水田大大减少了 CH_4 和 N_2O 排放。Qiu 等(2009)探讨了增加还田率和施用传统有机肥对碳固定及 CH_4 和 N_2O 的排放的影响，结果表明减少化肥施用加上农田管理措施可以减少排放，同时维持现有作物产量和碳固定。

目前，人们对土地利用和管理措施影响陆地生态系统温室气体的规律性认识存在不足，土地利用和管理措施引起的温室气体源汇功能的评估仍存在极大的不确定性(刘惠等，2007)。因此加强对温室气体发生机理的研究，进行多点长期、区域性测量，以获得代表性较强的数据，同时开发基于过程模型，结合模型模拟的方法进行研究，将为准确评价土地利用方式变化和农田管理措施对大气温室气体的影响，对于人类社会制定、实施和评价应对气候变化的政策和措施更具有针对性和有效性。

不同的温室气体具有不同的辐射强迫和大气寿命，且在这些温室气体进入大气后，造成的增温效果也不相同(王长科等，2013)。1990年的 IPCC 报告指出全球变暖潜势(GWP)表示温室气体在不同时间内在大气中保持综合影响及其吸收外逸热红外辐射的相对作用，为瞬间释放1kg温室气体在一段时间内产生的辐射强迫与相对应的1kgCO_2 辐射强迫的比值(Ritson，2000)。GWP 把温室气体(除了 CO_2)释放量转化为 CO_2-当量，用来全面评价温室效应(Frolking et al.，2004)。每种情景的 GWP 值计算如下：

$$\mathrm{GWP}_i = (\mathrm{CO_2} - C_i) \times 44/12 + N_i \times 44/28 \times 330 + (\mathrm{CH_4} - C_i) \times 16/12 \times 21 \tag{1-1}$$

式中，GWP_i 代表情景 i 产生的 GWP 值；$(\mathrm{CO_2}-C_i)$，$(\mathrm{CH_4}-C_i)$ 和 N_i 分别代表情景 i 产生的 CO_2、CH_4 和 N_2O 的通量。

3. 土地利用变化和管理措施对土壤有机碳的影响

土壤有机碳作为营养物质的储存库，是反映土壤质量的一个主要属性，它不仅能够增强土壤的保肥和供肥能力、提高土壤养分的有效性，而且具有驱动营养物质循环，维持土壤结构稳定，改善土壤的透水性、蓄水能力及通气性，提高土壤保水能力，减少土壤营养物质流失的生态功能(Li et al.，2009)。

科学的土地利用模式可以改善土壤结构，使土壤性质保持相对稳定，而不科学的土地利用可能会引起土壤质量下降(Solomon et al., 2000)、土壤有机质减少(Guggenberger et al., 1994),同时,土地利用模式会影响农田管理措施。土地利用的变化和管理措施不仅直接影响土壤有机碳的含量和分布,还通过影响与土壤有机碳形成和转化有关的因子而间接影响土壤有机碳(张廷龙等,2010)。

一些学者在研究过程中发现,一些原本有机质含量较高的土地(如林地、湿地)在经历了开垦之后,土壤内的有机质含量呈现减少的趋势。Solomon 等(2002)发现热带森林被转化成玉米地之后土壤内的有机质含量大量减少,同样,Lemenih 和 Itanna(2004)也发现相比于草地和林地土壤,农用土壤中的有机质含量要低。史衍玺和唐克丽(1996)对黄土高原林地开垦后土壤养分的变化研究表明:林地开垦 20 年之后,土壤有机质含量的下降与开垦年限呈指数关系,土壤腐殖质组成也随着开垦年限而发生变化。

退耕还林(草)的政策同样能够引起土壤性质的变化。傅伯杰和郭旭东(2001)对河北省遵化县近 20 年土地利用研究结果为旱地转换为林地土壤后有机质提高 21%,这是由于林地凋落物量和质量均较高且易分解,将养分有效的归还到土壤中。然而,Li 等(2009)在中国西北原本土壤有机质含量较低的荒漠土地上研究得出其耕地的有机质含量较之荒漠土壤有较大的增加,其结果表明有机碳库的增加量和营养物的积累状况除了土地利用类型之外,与当地的农业管理措施也是有关的(如灌溉和施肥)。

土壤有机碳可能在经历了土地开垦后可能由于土地利用变化和有效的农业开垦措施诸如灌溉、施用肥料和农药而呈现增加的趋势(Kong et al., 2006)。Reijneveld 等(2009)证明荷兰农用地和草地中的有机质含量在最近的 20 年间呈现增加 0.08～0.10g/(kg·a)的趋势。已有研究表明农田管理措施可以提高土壤有机碳储量(李小涵等,2008)。Wang 等(2008)报道了关于现有不同农田管理措施对土壤有机碳动态的长期影响,模拟的结果表明在现有农田管理措施下我国北部主要为旱田的三个研究点比我国南部主要为水田的三个研究点土壤有机碳变动更大,改变农田管理措施,增加还田率和添加有机肥可以使大部分的研究点转变为大气环境碳的汇。田慎重等(2010)的研究表明在不同管理措施下小麦不同生育时期 0～20cm 土层有机碳含量呈明显的动态变化:秸秆还田处理后各处的有机碳含量都高于无秸秆还田处理处;保护性耕作措施下的农田土壤有机碳增加量显著高于传统翻耕模式下的农田。

由于碳循环可能对提高土壤质量、保证粮食产量和全球气候变化产生影响,故一些研究着重探究土地利用变化和农田管理措施给土壤有机碳带来的变化。大部分研究证实原生自然林地、草地或湿地被开垦成农田后将会造成土壤有机碳的减少,同时也有部分研究认为某些地区在经历长时间农业开垦和有机肥料施用等管理措施后土壤有机质的含量将有较小的增加趋势(张东辉等,2000)。

1.3.6　生态安全研究

关于生态安全的研究最早起源于 20 世纪 40 年代。生态系统和环境安全的研究是在土地健康的基础上开展的(Rapport, 1993)。到 20 世纪 80 年代,国外学者已经开始从不同的角度进行生态安全问题探讨,如建立区域尺度上的安全评价指标体系(Quigley et al., 2001)、构建生态风险评估模型(Bartell et al., 1999),以及生态系统健康评价等方面(Whitford et al.，1999)。事实上，是在环境安全概念提出后，生态安全研究才开始起步的。首次提到环境安全的概念是在1988年的“阿佩尔(Apell)计划”中，并在1992年通过《21世纪议程》，由此环境安全问题引起世界范围的关注。在针对生态安全研究的众多国家中，美国走在了世界前列。1993年，美国国防部成立了环境安全办公室(Brown and Lugo，1994)，在1999年美国环保局展开了环境安全与国家安全之间的讨论(曲格平，2002)。与此同时，其他国家对生态安全研究也给予了高度的重视。俄罗斯通过分析生态状况，论述了自然资源枯竭和生态环境恶化对国家的威胁(Russian Federation Security Council，2000)。英国在2001年针对环境压力、环境安全与冲突预防议题，召开了环境安全与冲突预防国际研讨会。

1. 生态安全的研究内容

20世纪90年代末期，诸多学者意识到环境对国家安全的影响，并开始探讨生态安全的研究内容(Gleick，1999)。国外大部分研究逐渐从宏观、微观角度扩展到与系统生态安全评价有关的生态环境监测和预警、生态安全政策方面。

从宏观角度，生态安全研究主要围绕其概念以及生态安全与国家安全、民族问题、军事战略、可持续发展等展开(Westing，1989)。Mark Halle(2000)将人类安全系统划分为人口、政治、文化和生态安全子系统，并指出生态安全需要建立在人类与自然环境平衡的基础上进行研究。有学者认为，生态安全的定义是由生态威胁、生态风险等概念演变而来，而人类是造成生态威胁的主要责任者。从微观角度，生态安全的研究主要集中在两个方面：一是基因工程生物的生态风险与生态安全；二是化学品对农业生态系统健康及生态安全的影响(崔胜辉等，2005)。从系统安全评价的角度看，生态安全评价的研究是随着生态风险评价和生态系统健康评价发展起来的。生态风险评价是环境风险评价的重要组成部分(Veronica，1993)，主要包括危害评价、暴露分析、受体分析和风险表征(Henriques et al.，1997)。Bertollo(2001)针对意大利东北海岸地区生态风险问题，构建了水生态系统和陆地生态系统的生态风险评价指标。Villa和McLeod等(2002)针对区域风险评价的生态脆弱性问题，在综合全球范围内有关环境风险、生态脆弱性研究基础上，建立了可以用于不同国家之间的生态脆弱性对比的指标体系。Marshall等(1993)提出评价大尺度国家和区域生态系统健康的指标体系，可用于全球尺度的生态系统长期监测。

国内生态安全研究集中在理论方面。1999年之前，生态安全的研究范围仅限于工程、植物保护(瓦，1990)等方面；1999年之后，随着对生态安全意识的增强(吕光辉，2005)，在针对生态安全的特点、实践等方面获得了更多的研究成果。由于生态安全概念的成熟，国内学者提出了生态安全调控的战略措施(曲格平，2002)，以及区域生态安全格局的研究方法(赵丽惠，2000)。

关于生态安全现状的研究主要集中在自然生态系统及半自然生态系统的生态安全评价及指标体系构建。生态安全的预测与预警分析，既是近年来生态安全的主要内容之一，也是生态安全研究的主要手段。邵东国等(1996)对干旱内陆河流域生态环境预警进行了分析研究，建立了基于神经网络的生态安全预警模型，给出了生态环境质量化与预警分析方法。同时，有学者认为生态安全预警是一种社会公益性的服务，应该由国家组织实施

(郭中伟,2001)。在自然保护区的评价方面,我国的研究工作起步较晚。有学者在自然保护区生态安全设计,以及生态系统的景观生态安全格局进行了深层次的研究(徐海根,2000)。生态安全格局概念的提出,为生态安全研究提供了理论基础(马克明等,2004)。针对具体的安全问题,如农业生态安全(周上游,2004)、水资源安全与发展(张济世等,2004)、土地资源安全(刘勇等,2004)和林业生态安全(任兰增,2003)等,提出了相关的对策措施。部分学者还针对区域生态安全,提出预警的框架和模型(曾勇等,2005)。

2. 生态安全评价研究

生态安全是针对生态环境因子及生态整体所进行的生态环境状况评估(刘红等,2005)。生态安全评价最早起源于对系统健康诊断(Boughton et al.,1999)与风险评估(Rapport et al.,1998)的研究,由于数学模型、生态模型等有效工具的发展,使生态安全评价进入深层次的内在关系研究(Stevens et al.,2007)。合理地开展生态安全评价可以为区域生态环境管理和决策提供科学依据,也是资源、环境、经济社会可持续发展的必然要求。目前,生态安全评价方法较多,但应用最为广泛的方法主要有四类,包括生态模型、景观生态模型、数学模型和数字地面模型(刘红等,2005)。生态模型由于其操作简单、方法明确,正逐渐成为评价和管理区域生态安全的有效工具(Gong et al.,2009)。生态足迹法是生态模型中定量评估生态安全最简单、最明确的方法。以生态足迹为工具,可分析区域生态安全情况(Scotti et al.,2009),并探索经济的发展对生态安全的影响(Rees,1992)。景观生态学模型从生态系统结构的角度,对各种潜在的生态影响进行了综合评估。这种方法具有较好的空间适应性,因此它着眼于相对宏观的生态安全要求。同时,景观生态学方法通过分析空间结构、功能与格局,能够有效的将生态环境变化过程和状态良好的结合,从而达到生态安全评价的定量和定位研究(肖笃宁等,2002)。有学者探讨了快速城市化地区的景观生态安全评价研究(Li et al.,2010);并以切萨皮克湾流域的景观生态情况为例,对其生态安全进行定量评价(Weber,2004);宋豫秦等(2010)构建了景观生态安全评价指标体系,对北京市景观生态安全程度及其时空分布规律进行了分析。目前该方法虽然比较新颖,但它在国家甚至是全球尺度上具有良好的发展趋势(Zhao et al.,2006)。数学模型应用最多的是综合指数法,该法使评价过程定量化并广泛用于典型区域的生态安全问题及可持续发展研究中。数字地面模型利用 GIS 技术对区域环境因素系统化,通过模型构成完整的分析体系。数字地面模型已经被广泛应用于区域生态安全评价中(Zeng et al.,2007),并逐渐成为生态安全研究中应用前景最为广阔的理想工具。

第 2 章　三江平原冻融农区规模化农业开发

三江平原是我国“新增千亿斤粮食建设规划”的核心区域，因此了解该地区的开发过程，明晰其规模化农业开发和农业政策，对于区域生态环境研究具有重要的理论和现实意义。

2.1　研究区概况

三江平原位于我国黑龙江省东部(图 2-1)，处于 129°27′E～135°05′E 和 44°50′N～48°24′N之间，面积为 1099 万公顷。本书以研究区域内的 5 个行政市，包括鹤岗、鸡西、佳木斯、双鸭山、七台河；4 个农垦局，包括宝泉岭、建三江、红兴隆、牡丹江，为核算对象。年均降水量、年均气温分别为 519mm、4.1℃，主要土壤类型有黑土、暗棕壤、沼泽土、白浆土、草甸土和水稻土。在 20 世纪 50 年代前，主要土地利用类型为沼泽和森林，50 年代以后本地区农业得到大发展，截至 2008 年，农业用地面积已达 404 万公顷，主要种植水稻、玉米和大豆。

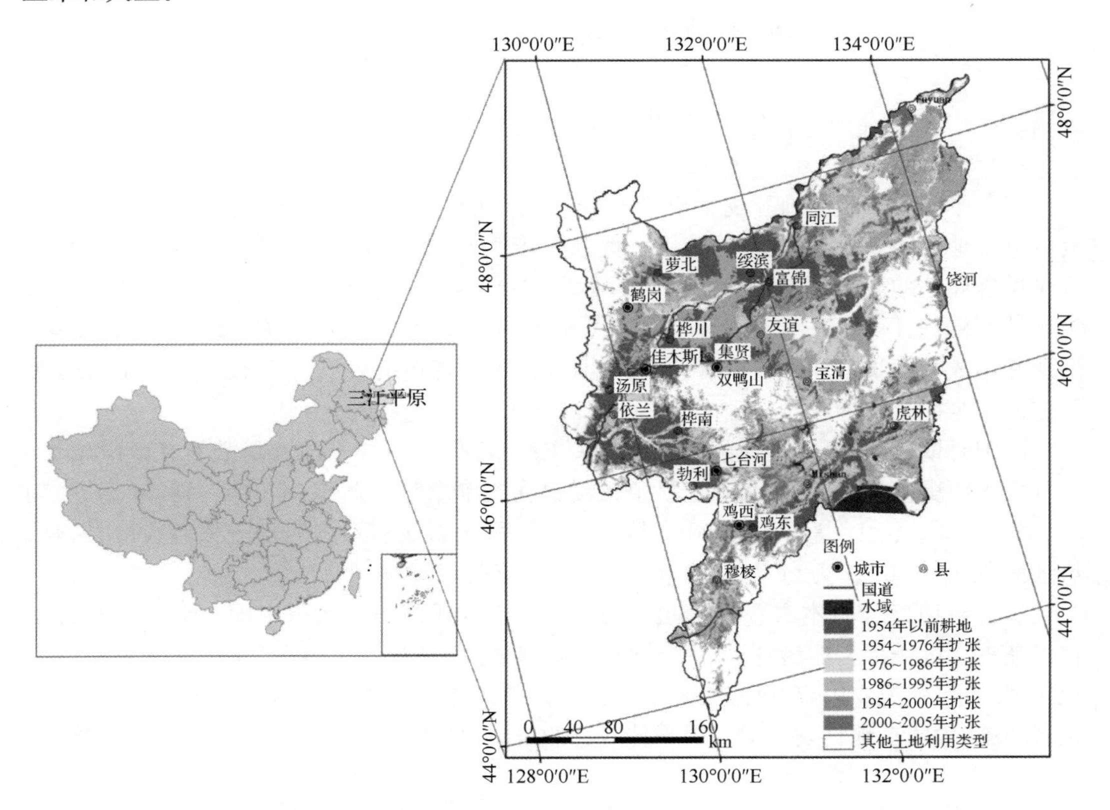

图 2-1　三江平原区位及其规模化农业开发历史

三江平原挠力河流域的八五九农场，是我国自主建立、属于传统开发型的国营农场，其开发模式和发展历程在三江平原农场群中有较强的代表性和典型性。与三江平原其他几十个农场相似，八五九农场从 20 世纪 50 年代起，经过四次农业开发高潮，大面积的湿地向耕地转化，当地的土地利用变化非常剧烈。经过四期遥感图像解译，研究区 1979 年、1992 年、1999 年及 2009 年的土地利用如图 2-2 所示。

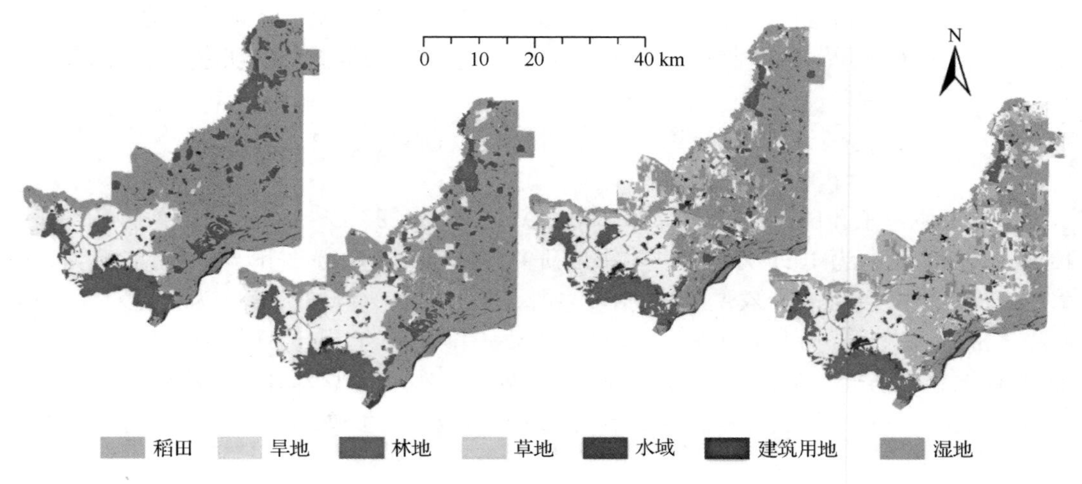

图 2-2 研究区土地利用变化(1979～2009 年)

2.2 三江平原开发的历史进程

三江平原大规模土地开发始于清光绪年间。在此之前，除依兰、桦南、密山、穆棱等地有少量土地用于农耕外，大部分地区依然森林茂密、沃野茫茫、人迹稀疏、无人垦殖，只有少量世居此地的赫哲族人“以渔猎为生，不事农耕”。自光绪七年(1881 年)始，清政府为抵御外敌侵扰，解除禁令，向三江平原移民实边，同时陆续成立汤旺河、蜂密山等招垦局，勘测并出放大面积荒原供移民垦种。自此，三江平原各地结束了土地无人耕种的历史，先后进入了全面垦荒的阶段。

民国时期，三江平原土地放荒垦殖势头未减，不但各市县土地开垦数量在继续增大，而且垦殖历史稍晚的县市，其土地垦殖强度也在逐渐增加。截至 1930 年，穆棱、汤原、勃利、饶河、桦南、密山、虎林、富锦 8 个县的耕地面积达 400 多万亩①，加上依兰、桦川二县，耕地面积已达 660 多万亩，垦殖指数 7.41%(张苗苗，2007)。

1931～1945 年日本入侵时期，虽然占领者组建“开拓团”，组织中国当地农民和日本移民在占领区进行土地垦种，但由于入侵者对垦发进行“集团部落”式集中管理和实施土地斥夺政策，强迫农民离开原有耕地，致使大片耕地重新沦为荒芜。至日伪后期，虽然占领者实施“紧急造地计划”，但效果不佳。总的来看，伪满后期除恢复前期荒芜土地外，耕

① 亩为非法定单位，1 亩≈666.7m^2。

地无大量增加。

1945 年日本投降以后，三江平原各县市相继解放，并开始实施土地改革。党和政府先后颁发了“谁开荒谁有，第一年免征，第二年少征三分之二，第三年少征三分之一”，“开荒地五年不纳农业税，不要征购粮，所收全部归自己（或集体）”等一系列奖励政策，号召农民在加强现有耕地管理的同时，大力开发未开垦荒地，使三江平原耕地面积迅速增加。据资料统计，1949 年三江平原已共有耕地约 1180 多万亩，平均垦殖指数为 7.22%（张苗苗，2007）。

建国以后，三江平原土地开发开始真正进入迅速发展阶段，根据土地开发的组织形式和阶段开发强度，三江平原土地开发大体分为 4 个阶段（图 2-3）：

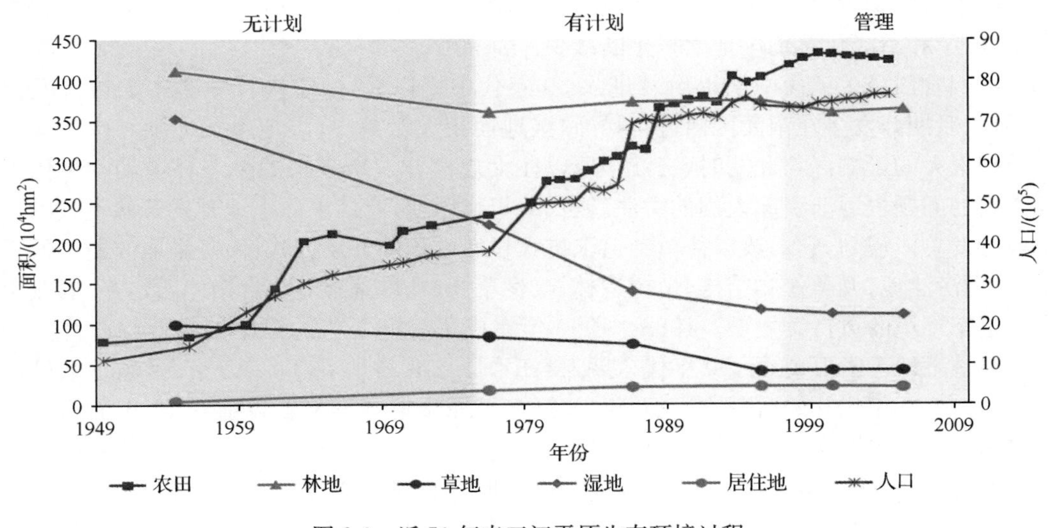

图 2-3　近 50 年来三江平原生态环境过程

第一阶段（建国初期至 50 年代末，1949～1960 年）。这一阶段是建国后三江平原经历的第一个土地高速开发阶段，一方面是大批当地和外地农民受政府垦荒政策的鼓舞，在互助组和合作社的组织下，纷纷前来开垦新荒；另一方面是数万部队官兵就地转业组建大批国营农场，在此安营扎寨，开垦土地，12 年间就新开耕地 1090 万亩，使耕地总面积增至 2270 万亩。土地垦殖率提高到 1960 年的 13.9%（张苗苗，2007）。特别是由于国营农场的大规模开发，仅 1955 年后的短短 5 年之间，三江平原就新增耕地 670 万亩，约年增耕地 130 多万亩。这一阶段的土地开发主要集中于三江平原地势较高，开发历史较久的南部、西部和西北地区。但由于机械化程度低、开发速度较慢，且开发地区多为岗坡及平原地带，对湿地影响较小。

第二阶段（60 年代初至 1977 年末）：这一阶段开始的两年由于受自然灾害影响，农业生产受损，三江平原耕地面积曾一度大规模回落，总数降至 1900 万亩。此后，耕地面积再次呈逐年增长势头。1965 年时耕地面积已基本恢复到历史最高水平。特别是进入 60 年代中期以后，由于数十万城市知青到此地农场落户，三江平原土地开发再次掀起新的高潮，至 1972 年时，三江平原耕地面积已达 3060 万亩，10 年间净增耕地约等于建国前的总面积。1972 年以后，三江平原耕地面积没有明显增加，至本阶段末期，三江平原耕地面积总数达到 3180 万亩，土地垦殖指数已为 19.5%（张苗苗，2007）。这一阶段三江平原土地开发重心已逐渐向三江平原辽阔低湿的东部、北部和中部地区转移。70 年代中期，三江平原基本上保持着沼泽连片、雁鸭成群的原始湿地景观，“棒打狍子瓢舀鱼，野鸡飞到饭锅里”就是当时环境的真实写照。

第三阶段（1978 年初至 80 年代中）：这一阶段始于“十年动乱”结束之后，我国农村经济体制开始逐步发生根本性的变革，曾一度迟缓下来的三江平原土地开发也再度掀起热潮，据有关资料统计，至 1985 年末，三江平原耕地面积已达 4460 万亩，土地垦殖指数已提高到 27.3%（张苗苗，2007）。统计数字表明，这一阶段不但是建国以来三江平原土地开发速度最快的阶段，而且也是开发范围最广的阶段，三江平原各地耕地面积均有不同程度增长，沼泽和沼泽化草甸湿地面积不断减少。

第四阶段（80 年代中期以后）：进入 80 年代中期以后，由于岗坡地基本上被开发出来，所以后期开发多在沼泽区内进行，导致湿地面积大量减少，湿地生态环境和生物多样性受到很大的影响。与此同时，三江平原以往大规模开发所带来的生态环境和物种保护等方面的问题也逐渐引起人们的关注。自 80 年代后期，三江平原土地开发开始正式纳入土地开发总体规划，它一改以往单纯追求扩大耕地面积的开发方式，而是采取改造中低产田、治理涝洼地、调整作物结构、植树造林、改良草场、开垦荒地等综合措施，致力于农业生产和生态环境的可持续发展。1988～1990 年完成了为期 3 年的第一期农业综合开发工程并开垦荒地 187 万亩；至 80 年代末期，三江平原已有耕地 5280 多万亩，垦殖指数已达 32.3%，自 90 年代开始，特别是近两年来，三江平原土地开发又较以前升温，大面积不宜放牧的原始荒原正在逐年开垦为耕地，仅 1996 年一年新开荒地 200 多万亩，使目前耕地面积至少超过 5480 多万亩，约占三江平原总土地面积的三分之一。

三江平原由开发之始，历经自由开发、掠夺开发、计划开发等多个阶段，已由昔日渺无人烟的茫茫荒原发展为目前实有耕地 5480 多万亩的全国重点粮豆生产基地。特别是建国后 40 多年，三江平原耕地面积扩大 3.6 倍以上，占全省耕地比例由 1949 年的 13.7%增至目前至少 31.3%以上；由于耕地面积的迅速增长，使三江平原土地垦殖指数也由低于全省平均指数（12.6%）的 7.22%，提高到目前高于全省平均指数（25.6%）的 33.5%。可见建国以来三江平原土地开发规模之大、速度之快。

2.3　三江平原规模化农业开发

三江平原土地垦殖历来以扩大耕地面积、增加粮食产量为主要目的，而且三江平原适宜的自然条件也为发展粮食种植提供了充分的保证。由于建国以前三江平原耕地多粗放经营，土地轮荒现象严重、土地开发不能用养结合，加之外敌入侵、战乱不断，以及对自然灾害的抗御能力较弱，使三江平原粮食总产、单产均不稳定，增产幅度较低。特别是日本侵占时期，由于入侵者对粮食产品大肆掠夺，对农民的残酷迫害，以及对耕地的弃荒，使粮食产量非但没有增加，反而大幅度下降，使农村呈现一片荒凉景象。

建国以后，三江平原土地开发加速，同时新的农业生产技术、现代化农业生产设备以及优良作物品种得到大力推广，使种植业得到迅速恢复与发展，粮食单产和总产也开始稳步提高，逐步形成了我国重要的粮豆生产基地；随着种植业的发展，畜牧业生产也有了一定程度的发展。1995年与1949年相比，三江平原粮豆单产平均增加1.8倍，总产量增加9.5倍。牲畜年末存栏头只数大牲畜增加3.8倍多，猪羊增加8.1倍以上，种植业和畜牧业产值分别增加1400倍和2300倍以上。

从三江平原建国后40年粮豆生产历年变化情况来看，粮豆播种面积、总产、单产均呈波动式增长，波动的原因包括自然灾害影响、农业生产政策变动、农业生产结构调整等；粮豆商品也大体在30%～40%徘徊；但粮豆上交量则至少增加20倍以上。特别是国营农场，虽然粮豆单产较地方农业略低，但粮豆商品率较高，一般可达50%以上。

三江平原自进入80年代末以来，土地开发已由以往的单纯粮食开发转变为现在的农业综合开发，在重视发展粮食生产的同时，也重视发展林业和草原牧业，仅1988年开始的为期3年三江平原农业综合开发项目的一期工程，就改造低产田780万亩、开荒187万亩、改良农场73万亩、造林142万亩。1987年三江平原粮食总产55.8亿千克，开发后的第二、第三年，粮食总产就分别增至61.7亿千克和81亿千克，而两年中上交国家商品粮数量就分别比1987～1995年都有所增长，三江平原粮豆总产占全国粮豆总产比例也由1949年的13.9%增至26.8%。在粮食取得巨大丰收的同时，林业和牧业也发展迅速，森林覆盖率上升，林业发展势头呈上升趋势，草原牧业也均衡发展，牛羊成群，一片碧绿祥和的景象。

可见，改革开放带来的巨大效应在三江平原地区也突出的表现出来，同时随着社会经济和科学技术的进一步发展，在农业上广泛应用现代科学技术、现代工业提供生产资料，采用现代科学管理方法，积极努力的向现代农业的发展模式转变。现代农业不再像传统农业那样单纯依靠直接经验操作的农业，而是在各个领域和环节普遍应用现代科学技术、现代管理并不断创新的科学技术。增加大量外部投入，用现代工业装备和现代物质投入武装起来形成开放式的高效农业，实现了大幅度的增产增收。同时也不再局限于狭窄的产中活动，而是产前、产中、产后紧密结合，产供销实现一体化的综合发展。

总体来看，三江平原在100多年开发中，历经沧桑变化，耕地面积不断增加，粮食产量不断提高并确立了其在全国粮食生产中的重要的基地地位，但同时也在不断改变着其土地利用的结构，森林、草场、沼泽面积都受到了相应的影响。虽然目前森林面积下降趋势已得到了控制，但草场、沼泽面积仍面临着继续开发的威胁。由于大规模开发引起的气候变化、土壤退化、物种消失等环境问题，受到国内外越来越多的政府官员和各界学者的关注。

2.4　三江平原规模化农业开发对环境的影响

三江平原经过四十多年的开发，虽起到了积极的作用并取得了丰硕的经济成果，但同时也不可避免的破坏了当地的生态环境。由于三江平原的开发，尤其是前三次的开发，是基于“以粮为纲”的目的，体现了人类战胜自然、改造自然的能力与决心，客观地讲，推动了当地经济的进步，为国家的经济建设做出了巨大的贡献；同样不可否认的是这种掠夺式的开发使三江平原的生态环境遭受到巨大的破坏。由于普遍采用排水开地、毁林毁草种粮食及广种薄收，导致湿地、草地和森林资源锐减，严重破坏了三江平原生态环境的可持续发展。

2.4.1　三江平原的传统农业开发模式

迄今为止，三江平原已经经历了100多年的农业开发，农业虽在一定从程度上取得了优异的成绩和长足的发展，但其农业发展依旧延续着传统的农业开发模式。传统农业也称经验农业，指从铁器农具出现开始一直到用机械取代手工劳动之前这一时期的农业，又可分为古代农业和近代农业两个阶段(曾昭顺，1989)。它是单纯依靠直接经验操作的农业，单纯依靠内部物质循环，维持简单再生产，进行封闭式的低效生产。它局限于狭窄的产中活动，产业结构单一，为自身需要而进行生产，为自给和半自给性的农业。

迄今存在的落后生产手段不是传统农业本身所带来的，而是历史和现实两大类型因素综合作用的产物。三江平原位于黑龙江东北部，在过去黑龙江省生产力落后，农业中普遍使用人力资源、畜力资源，致使该地区农业发展缓慢。从原始农业到现代农业大致经历了几个阶段：从石器时代和铁器时代交替时期到19世纪后期，是农业的早期阶段，使用铁木农具，凭借或主要凭借直接经验从事生产活动，这种早期阶段的农业也叫古代农业。之后就到了传统农业的发展阶段，即使用历史上沿袭下来的耕作方法和农业技术，采用手工工具和畜力农具从事自给自足生产活动的农业。也有人把这两个时期即原始农业与传统农业统称为传统农业。所以在当时三江平原的农业在一定程度上发展缓慢，也没带来多大的农业收益和经济效益。随着经济的发展，农业由使用手工工具和畜力工具慢慢向半机械化、机械化农具转变，由依靠直接经验向依靠近代科学技术转变，由自给自足生产向商品化生产转变，这就是所谓的近代农业阶段。

随着社会经济和科学技术的进一步发展，在农业上广泛应用现代科学技术、现代工业提供生产资料，采用现代科学管理方法，实现农产品生产、加工、销售一体化经营的市场化农业时，近代农业就转变为现代农业。现代农业的特征有：开始形成现代农业机器体系、现代农业科学技术体系、高效能的生态系统和现代管理方法；农业生产专业化、社会化、集中化和商品化程度日益提高，农业产前、产中、产后相结合，呈现出农工商一体化的经济组织系统；农产品商品率、劳动生产率、农业生产经济效果都得到大幅度的提高。

可见随着生产力水平的提高和科学技术的发展，建国后三江平原的农业开发，逐渐摒弃了单纯依靠手工工具的极其传统的农业开发模式，开发工具逐步实现机械化，但部分开发地区仅仅在一定程度上实现了科学管理和机械化操作，离现代高科技所要求的完全现代化的农业操作相差甚远。

无论是先前古老、纯粹使用手工工具的农业开发，还是现在带有半机械化意味的农业开发，其在一定程度上都还属于传统农业的开发模式，还没完全跳出传统农业的开发模式范畴。正因为传统开发模式长期统治着三江平原的农业开发，致使三江平原农业开发在取得巨大农业成就的同时也伴随着极其消极的影响，即三江平原的自然资源被人为大量的破坏，生态系统失去平衡。如不积极的加以重视，对将来三江平原的开发进程会起到极大的阻碍作用，影响三江平原农业的发展和经济的增长。

2.4.2　三江平原农业开发对区域环境的影响

1. 对湿地的影响

湿地面积大量减少。三江平原经过近50年的开发利用，湿地面积由建国初期的443万公顷，减少到目前的151万公顷。50年来，湿地面积减少了292万公顷，年减少5.84万公顷。三江平原的水利工程项目多以防洪除涝为目的，70年代以来为开垦耕地修建了大量的堤防和排水干渠工程，极大地改变了湿地的水文条件，湿地被疏干，面积萎缩。至今已开垦耕地占三江平原总面积的36.9%以上，而湿地由原来占总面积的40.68%减少到目前的18.1%。此外，纵横交错的公路，也切割了大面积湿地间地表水和地下水的相互补给，湿地面积锐减。现在湿地仍以每年80万亩的速度减少，原有的湿地环境受到了严重的破坏。

湿地污染日趋严重。水是维持湿地最重要的生境因子，水体受到污染，湿地就受到不同程度的污染。三江平原有100多条河流均不同程度的受到污染，每天有大量的污水排放到松花江水系中，在同江处占总流量的27.2%为污水。近几年来，特别是大面积发展水田后，农药、化肥的用量大幅度增加，对湿地环境的破坏更是雪上加霜，鱼类体内污染不断增加，致使以鱼类为食的水禽，由于生物的富集作用，使有毒有害物质在鸟类体内大量积累，从而造成鸟类慢性中毒而死亡，或导致繁殖率下降。

湿地生态系统恶化。湿地生态环境的恶化改变了三江平原地区的自然条件，导致区域性生态环境的恶化。大量的沼泽湿地被开垦成耕地，大大地削弱了湿地对洪水的减缓作用，尽管加强了堤防工程的建设，仍然抵御不了频繁的洪水灾害。水文条件的改变导致大面积沼泽缺水干涸、地下水位下降、空气湿度减小、地表蒸发力加大、降水量减小、地表植被破坏、风力加大、土壤出现沙化、水土流失严重，使区域生态系统恶化、质量下降。

2. 对水资源的影响

水资源减少，水土流失严重。砍伐森林和大面积开垦沼泽与草地，影响了大气湿度和地表蒸发量，进而年降水量减少。三江平原大规模开发以来，降水量年际间变化大，通过图解、滑动平均值和经验函数拟和等方法分析，三江平原降水量直线趋势递减差180mm左右。随着农业生产的发展，每年从江河引取大量水用于农业生产，并且引水量呈逐年上升趋势，如宝泉岭、江兴隆分局1993年引松花江流域水2964万m^3，1997年达到5557万m^3，加之降水量逐年减少，河流大气补给水源大大降低，平原中、小型河流流量大幅度减少，汛期易出现山洪，枯水期接近断流，直接影响流域农业生产，农业生产出现不稳定因素。地下水补经水源的减少，造成平原地区地下水位比1960年下降5～6m（何永祺，1980）。

涝旱灾害频繁发生。由于大面积开发被誉为“自然之肾”的湿地，使其均化洪水的功能下降，洪涝灾害频率加大，危害加剧。在1949～1969年的21年间，三江平原的旱灾发生频率为23.8%，涝灾发生频率为33.3%；而在1970～1990年间，旱涝灾害发生的频率分别涨到33.3%和47.9%（孟凡光等，1999）。1960年和1981年同为大涝年，造成粮食单产不高，总产不稳的后果，引起粮食的大量减产，严重影响了农业生产的发展。水污染导致湿地污染严重。伴随着工业化、城市化和农业的大规模开发，废水排放、农药和化肥的大量施用，引起点源和非点源污染的不断加剧，湿地水质受到不同程度的影响，表现在河流、水库、沼泽的不同反映上。松花江水系每天容纳污水量为 863 万 m^3，污水流量为 99.9m^3/s，在同江口江水总流量为 33.3m^3/s，污水约占 27.19%。

3. 对森林草场资源的影响

森林草地是地球生态系统的重要组成部分，是以多种乔灌、草共生植物为主体，与土、气、水、森林动物和微生物等相统一于特定环境空间的综合生态系统，更是三江平原的重要自然资源，对三江平原生态环境的平衡起到了重要的作用。但是尤其三江平原大面积的开发，致使三江平原森林草场资源大面积锐减，森林覆盖率下降，森林质量日益下降。三江平原森林草场面积在逐年减少，生产量也在逐渐下降，木材的消耗量大于生长量 1.5 倍以上。据统计资料表明，自 1932～1987 年的 56 年间，森林面积由 5911.9 万亩减少到 2784 万亩，年均减少 38.7 万亩；森林蓄积量由 72 738.9 万 m^3 减少到 19 681 万 m^3，林木蓄积量年均下降 967 万 m^3；草原面积由建国初期的 4000 多万亩减少到现在的 1000 多万亩，产草量也在急剧下降。

森林草地的减少造成三江平原自然生态环境日趋恶化，自然灾害频繁，农业生产条件脆弱。近些年来，人们逐渐认识到了大规模开发所造成的对森林资源的破坏，之后森林草场资源在一定程度上得到了一定的保护，递减率有所降低。但为了农业发展，大规模开荒、毁林造地，大面积采伐森林，火烧迹地面积大量增加，再加上黑龙江造林工程进展缓慢，森林草场资源仍在迅速减少。据统计黑龙江省 1989～1995 年的 7 年间人工造林和封山育林面积 145.4 万公顷，平均每年完成 20.8 万公顷。就三江平原地区而言，该区人工林面积 76.8 万公顷，其中已成人工林 35.1 万公顷，占全区有林地面积 14%。有林地年递减面积为 3.6 万公顷，而每年进入成林的人工林面积仅为 1.7 万公顷。这不仅说明采育比例严重失调，而且也揭示了重采轻育的现象十分严重，以致造成垦建失调。

2.5 三江平原农业政策

化肥的大量投入带来了粮食增产，但化肥过量投入也使农业成本增加以及引发了一系列生态环境问题。2000 年世界范围的平均肥料用量约 145kg/hm^2，欧洲肥料用量达到 400kg/hm^2，发展中国家的化肥用量也在不断增加。这种增加是在利用率低下的情况下的不利增加，在欧洲只有 50%～70%的施用化肥被作物利用，中国的利用率则更低，一般是 15%～35%(陈同斌等，2002)，剩余的则通过挥发、反硝化或淋溶而损失。过量施用化肥和灌溉方式的不当，使土壤中残存的硝态氮很难以有机氮的形式固定，导致土壤的蓄水保肥能力降低，农田排水、径流及渗漏损失增大，不仅使土壤肥效作用下降、农业成本加大，而且对地下水和周围的生态环境造成的污染日益严峻。

农田氮磷的流失给地下水和地表水环境带来了较大的压力。农田流失的氮磷在横向上迁移进入湖泊、水库等静止受纳水体，氮磷的过量输入导致富营养化问题，甚至诱发水华爆发，给供水安全和水体景观带来巨大威胁。例如，上海郊区化肥年消耗量在80万吨左右（实物），其中80%是氮肥，而农作物对氮肥的利用率只有25%左右，每年有几十万吨化肥流失，使农村湖泊等水体富营养化严重（丁长春等，2001）。在我国太湖和滇池等重要湖泊，农业氮流失已成为水质恶化的主要原因之一。农田淋溶氮素在纵向上迁移进入地下水，特别是硝态氮不易被土壤吸附，容易随水分迁移渗漏至地下水，尤其是当大量硝态氮或铵态氮肥施用于作物生长期或降雨量大、作物被过量灌溉时，氮的淋溶更为严重，导致地下水硝酸盐污染重，而地下水恢复的难度大、成本高，一旦污染将严重威胁该地区的用水安全。据张玉良估计，全世界施入土壤中的肥料大约有30%～50%经土壤淋溶进入地下水（张玉良，1979）。孙绍荣（1992）研究表明施氮量与土壤下渗水中氮的量呈直线相关关系。

农田氮磷的不平衡有亏损和盈余两个状态。过少的投入易使农田氮磷亏损，导致氮磷不足，农业生产力下降，粮食供应能力降低；过多的氮磷投入使得氮盈，导致氮磷肥浪费，投资成本无谓的加大，例如，中国单位面积投入化肥量从1978～2008年增长了6.69倍，但单位面积粮食产量却只增加了1.96倍，同时过多的氮磷通过淋溶、迁移进入水环境，给水环境带来巨大威胁。同时，我国人口众多，进行大规模农业开发是维护我国粮食安全的保证。在进行农业开发时，应关注农业活动带来的环境问题。故而，对土壤氮磷平衡状态进行核算与评价，并通过一定的氮磷控制措施维持农田氮的平衡，使之位于合理的水平上，减少流失，协调人与环境的关系，在保证粮食安全的同时维持生态环境安全，对于保证粮食生产、降低生产成本、保护水环境具有重要意义，也是科学发展观的要求。

三江平原是我国重要的粮食生产基地，被称为“北大仓”。大量农药化肥投入和耕作方式改变打破了三江平原在长期自然地理过程中所形成的物质平衡，加快了土壤养分在土水界面的迁移速率，以氮（N）、磷（P）为主的营养物质进入水体，带来了严重的环境污染问题，区内长期历史条件下形成的优质水资源遭受严重威胁。为配合国家新增千亿斤粮食计划而制定的《黑龙江省千亿斤粮食生产能力战略工程规划》中把加快推进水利化、农机化、水稻大棚育秧、科技和社会服务支撑、中低产田改造、耕地保护与土地整理等专项工程建设作为主要手段，并计划到2015年在三江平原地区续建共30个大中型灌区，新增水田灌溉面积2780.1km^2。在区域可垦面积有限、土地开发强度较高的局面下，现有农业开发模式把提高化学品投入、改善灌溉条件等作为其主要手段，这将进一步加大对三江平原黑土资源的开发力度，改变区域生态系统结构，从而引发一系列生态与环境问题。在此背景下，本地区水、氮、磷等变化规律和优化控制措施的研究显得格外重要。

第3章　农田土壤氮磷平衡及其优化调整

本章内容以三江平原农田土壤氮磷为研究对象，建立了土壤氮磷平衡核算方法，分析了1993～2008年氮磷平衡状态，探讨了土壤氮磷失衡原因并提出优化调整方案。研究目标包括：①揭示三江平原1993～2008年农田土壤氮磷平衡状态；②探讨农场模式和家庭承包模式对区域农田土壤氮磷平衡的影响；③提出三江平原农田土壤氮磷优化调整方案。

3.1　土壤氮磷平衡核算方法构建

3.1.1　氮磷平衡

以农田表层土壤为研究对象，核算土壤氮磷的输入项和输出项，参考OECD的土壤表观氮磷平衡核算方法，完善其中的氮磷损失输出项，建立土壤氮磷平衡核算方法，核算的氮磷流如图3-1所示。

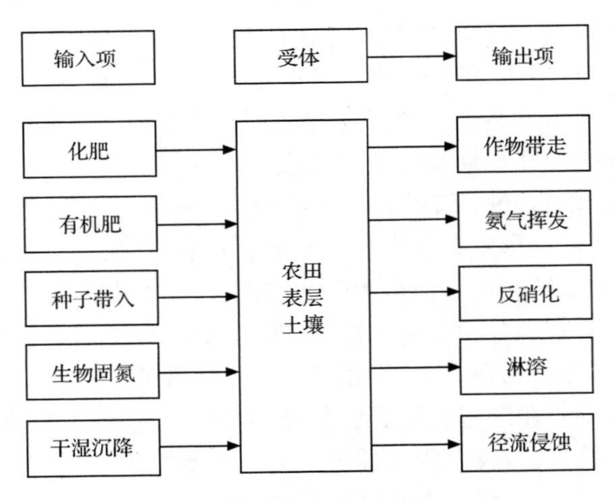

图3-1　土壤氮磷平衡核算的氮磷流

土壤氮磷平衡定义为氮磷输入量与输出项之差，当平衡量为负值时表示土壤养分输出大于输入，处于亏损状态，亏损的氮磷来自土壤本身所含有的氮磷，导致土壤氮磷浓度降低；当平衡量为正值时，表示土壤养分输入大于输出，处于盈余状态，盈余的氮磷存留在土壤中，导致土壤氮磷浓度升高。农田土壤氮磷平衡有绝对量和单位面积量两种表达方式，绝对量的计算如下：

$$\text{Balance}=\text{Input}-\text{Output} \tag{3-1}$$

$$\text{Input}=\text{Ftlz}+\text{Mnr}+\text{Seed}+\text{Dpzt}+\text{Bnf} \tag{3-2}$$

$$\text{Output}=\text{Hvst}+\text{GNH}_3+\text{GNO}_x+\text{Runoff}+\text{Leach} \tag{3-3}$$

式中，Balance为氮磷平衡量，t；Input为氮磷输入量，t；Output为氮磷输出量，t；Ftlz为化肥氮磷输入量，t；Mnr为有机肥氮磷输入量，t；Seed为种子氮磷输入量，t；Dpzt为干湿沉降氮磷输入量，t；Bnf为生物固氮氮输入量，t；Hvst为作物带走氮磷输出量，t；GNH_3为氨气挥发氮输出量，t；GNO_x为反硝化氮输出量，t；Runoff为径流侵蚀氮磷输出量，t；Leach为淋溶氮磷输出量，t。

单位面积氮磷平衡量、单位面积氮磷输入量、单位面积氮磷输出量计算如下：

$$Per_{bln}=Balance/area\times 1000 \tag{3-4}$$

$$Per_{in}=Onput/area\times 1000 \tag{3-5}$$

$$Per_{out}=Output/area\times 1000 \tag{3-6}$$

式中，Per_{bln}为单位面积氮磷平衡量，kg/hm^2；Per_{in}为单位面积氮磷输入量，kg/hm^2；Per_{out}为单位面积氮磷输出量，kg/hm^2；area为耕地面积和园地面积之和，hm^2；1000为单位转换系数。

3.1.2　氮磷输入项

1. 化肥

化肥包含氮(磷)化肥和复合肥中的氮(磷)素输入，使用统计数据中的折纯量计算。其中，复合肥还需进一步折算其中的含氮(磷)量。计算公式如下：

$$Ftlz=Ftlz_{np}\times 0.4366+Ftlz_{cmpd}\times fcnt_{cmpd} \tag{3-7}$$

式中，Ftlz表示通过化肥输入的氮(磷)量，$Ftlz_{np}$为氮(磷)化肥折纯量，$Ftlz_{cmpd}$为复合肥折纯量，$fcnt_{cmpd}$为复合肥的含氮(磷)量；0.4366为P_2O_5折算成P的系数，氮计算时不乘该系数。

折纯复合肥氮磷含量参考文献(李庆逵等，1998；傅靖，2007)取值，即参照复合肥(包括混配肥)中N、P数量按历年进口和国产复合肥的实际氮磷量百分比计算，含氮量为30%，含磷量为28.4%。

2. 有机肥

有机肥的种类较多，成分复杂，其中的含氮(磷)量变异范围也很大，且当前统计数据中关于有机肥的记录数据也不完整，精确计算有机肥的输入量几乎不可能。有机肥的输入项有畜禽和人粪尿、秸秆、饼肥，一般估计有机肥氮(磷)输入量的方法有两种：一种是根据畜禽、人口、作物产量等统计数据估算出有机肥产量，再结合收集率和还田率来计算输入量；另一种是氮磷循环法，通过农产品收获的氮磷量和氮磷循环率计算氮(磷)输入量(傅靖，2007)。本书采用第一种方法计算。

本书计算的有机肥包含粪尿、秸秆和饼肥，计算公式如下：

$$Mnr=Mnr_{anm}+Mnr_{hum}+Mnr_{str}+Mnr_{ckf} \tag{3-8}$$

式中，Mnr为有机肥氮(磷)输入量，t；Mnr_{anm}为畜禽粪便氮(磷)输入量，t；Mnr_{hum}为农村人口粪便氮(磷)输入量，t；Mnr_{str}为秸秆氮(磷)输入量，t；Mnr_{ckf}为饼肥氮(磷)输入量，t。

3. 种子带入

种子带入的氮(磷)量很少,且一般不进入土壤,而是直接供作物生长发育,收获作物时并没有去除该部分,故作为氮(磷)输入源计算。计算公式如下:

$$\mathrm{Seed}=\sum \mathrm{sow}_i \times \mathrm{sarea}_i \times 0.001 \tag{3-9}$$

式中,Seed 为 i 品种种子输入氮(磷)量,t;sow_i 为 i 品种作物单位面积种子氮磷输入量,$\mathrm{kg/hm^2}$;sarea_i 为 i 品种作物播种面积,$\mathrm{hm^2}$;0.001 为单位转换系数。

种子的种类繁多,且其输入量一般很少,详细计算其输入量较为复杂且没有必要,因此在本书的研究中计算并考虑了水稻、小麦、玉米、大豆、花生、油菜 5 种农作物种子带入氮磷,参考文献见(鲁如坤和史陶均,1982;鲁如坤等,1996a),各品种种子单位面积氮(磷)输入量见表 3-1。

表 3-1 种子单位面积输入氮磷量

种子	单位面积氮输入量/($\mathrm{kg/hm^2}$)	单位面积磷输入量/($\mathrm{kg/hm^2}$)
水稻	2.25	0.6
小麦	3.15	0.6
玉米	0.75	0.15
大豆	3.92	0.31
油菜	0.045	0.015

4. 干湿沉降

大多数的沉降为氮沉降,其氮源有自然源、工业源和农业源。欧洲国家的年沉降量为 20～50kg/$\mathrm{hm^2}$,在人口密度相对较低的国家则该值相对较小,亚洲国家估计为 4～5kg/$\mathrm{hm^2}$(Sheldrick et al., 2002)。

沉降有干沉降和湿沉降两种:干沉降为大气中的 NH_3 直接进入土地,湿沉降为大气中的 NH_3 和闪电产生的 N_2O 随降水进入土地。干湿沉降为干沉降和湿沉降之和,其计算公式如下:

$$\mathrm{Dpzt}=\mathrm{Dpzt}_{\mathrm{dry}}+\mathrm{Dpzt}_{\mathrm{mst}} \tag{3-10}$$

式中,Dpzt 为干湿沉降输入氮(磷)量,t;$\mathrm{Dpzt}_{\mathrm{dry}}$ 为干沉降输入氮(磷)量,t;$\mathrm{Dpzt}_{\mathrm{mst}}$ 为湿沉降输入氮(磷)量,t。

5. 生物固氮

生物固氮包含共生固氮和非共生固氮两种:共生固氮只存在于豆科植物中,非共生固氮广泛存在。计算公式如下:

$$\mathrm{Bnf}=\mathrm{Bnf}_{\mathrm{sym}}+\mathrm{Bnf}_{\mathrm{non}} \tag{3-11}$$

式中,Bnf 为生物固氮输入量,t;$\mathrm{Bnf}_{\mathrm{sym}}$ 为共生固氮输入量,t;$\mathrm{Bnf}_{\mathrm{non}}$ 为非共生固氮输入量,t。

3.1.3　氮磷输出项

1. 作物带走

农作物包括用于生产食物、饲料、工业原材料而种植的作物，不同农作物的含氮量有所差异。作物带走的有籽实、秸秆、根茬等部位，依据作物的种类和用途而定，详细计算各部分含氮量将非常复杂，故一般使用吸收系数来计算，即使用获得单位产量农产品，农作物从种植到收割的整个种植周期吸收的氮磷量来计算。作物收割也并非全部收割带走，还可能有根茬、秸秆留在田间，该部分作物以秸秆还田内容计入农田氮磷输入，在“秸秆”输入部分计算，此处计算整个作物摄取带走的氮磷。通过收割农作物可将氮(磷)从农田土壤中带走。

统计数据中有农作物产品的产量，结合单位产量带走氮(磷)量的系数，进而计算出秸秆和农产品共同带走的氮(磷)量。计算公式如下：

$$\mathrm{Hvst} = \sum \mathrm{crop}_i \times \mathrm{ccnt}_i \times 0.001 \tag{3-12}$$

式中，Hvst 为作物收获带走氮(磷)量(秸秆和籽粒)，t；crop_i 为 i 品种农产品产量，t；ccnt_i 为每收获单位经济产量带走(氮)磷量，kg/t；0.001 为单位转换系数。

此处考虑了水稻、小麦、玉米、高粱、大豆、杂豆、薯类、花生、油菜籽、芝麻、胡麻籽、向日葵、棉花、麻类、甘蔗、甜菜、烟叶、蔬菜、水果收获物带走氮磷，系数参考文献如表 3-2。

表 3-2　单位经济产量带走氮磷量

作物类型	农产品	单位经济产量带走氮量/(kg/t)	单位经济产量带走磷量/(kg/t)	资料来源
耕地作物	水稻	22.5	4	(鲁如坤等，1996b；傅靖，2007)
	小麦	30	5	(傅靖，2007)
	玉米	25.7	4	
	杂粮	38.4	6.7	
	大豆	72	6	
	杂豆	72	6	
	薯类	3.5	1.72	
	油菜籽	58	9	
	向日葵	43.5	7.86	(李晓慧等，2009)
	白瓜籽	71.9	8.87	(陈同斌和徐鸿涛，1998)
	麻类	80	11.35	(傅靖，2007)
	甜菜	14	0.76	
	烤烟	41	12.88	(鲁如坤和史陶钧，1982)
	蔬菜	3	0.86	(宋春梅，2004)
	蔬瓜	3	0.86	
园地作物	苹果	5.0	0.70	(鲁如坤和史陶均，1982；卢树昌等，2008)
	梨	4.7	0.80	
	葡萄	3.5	1.58	
	其他水果	5.1	0.99	取以上5种结果均值

具体计算公式(3-12)中未考虑根茬移走的氮磷量，根茬量通常相当于整个地上秸秆量的15%～50%(鲁如坤等，1996b)，是一个不小的数量，但这部分氮磷量既不计入输入(不计根茬还田)，也不把这部分氮磷计入输出(只计籽实和秸秆氮磷移出量)(傅靖，2007)，视为直接存留在土壤中，故不再进行估算。

2. 氨气挥发

土壤中氮素损失的形态大多以 N_2、N_2O、NO、NO_2、NH_3 的气态挥发。土壤中，这些气态氮化合物的形成，主要发生在反硝化作用、硝化作用和氨化作用的生物学过程中。铵态氮肥和土壤有机氮氨化形成的氨，都可以 NH_3 的形态而挥发。朱兆良(2008)在总结国内研究结果的基础上，对我国农田中化肥氮的去向进行了初步估计：作物吸收 35%、氨挥发 11%、表观硝化-反硝化 34%(其中 N_2O 排放率为 10%)、淋溶损失 2%、径流侵蚀损失 5%，以及未知部分 13%。由于积累的数据不多以及方法上存在的一些问题(例如，微区结果如何扩大到大田尺度等)，这一估计具有很大的不确定性。

氨气挥发是氮损失的途径之一。畜禽排泄的粪便中超过 50%的可溶性氮在产生、存储、施用的过程中损失掉了。化肥也存在氨气挥发损失，特别是尿素，可通过表面残留物、作物叶面挥发。但并不是所有挥发的氨气都离开了农业系统，氨气极易吸附于植物、土壤和地表水中，故而大部分挥发的氨气又重新沉降到了排放源附近，这部分计算在了第3.1.2 节干湿沉降中。此处计算了化肥和粪肥的氨气挥发损失量，计算公式如下：

$$\mathrm{GNH_3} = \mathrm{Ftlz} \times \mathrm{fvol} + \sum \mathrm{extamt}_i \times (1 - \mathrm{loss}_i) \times \mathrm{cfn}_i \times \mathrm{lrtn}_i \times \mathrm{mvol}_i + \mathrm{Mnr_{hum}} \times \mathrm{mvol}_i \tag{3-13}$$

式中，$\mathrm{GNH_3}$ 为氨气挥发损失量，t；extamt_i 为 i 品种畜禽粪便氮(磷)排泄量，t；loss_i 为 i 品种粪氮(磷)存储、处理过程损失率，%；cfn_i 为 i 品种动物圈养率，%；lrtn_i 为 i 品种粪便收集还田率，%；fvol 为化肥氮氨气挥发损失率，%；mvol_i 为 i 品种畜禽以及人粪便还田过程中氨气挥发损失占还田量的百分比，即还田氨气挥发损失率，%。

依据化肥类型、施用方法、环境条件等因素的不同，化肥氨化损失率会有所差异，此处采用朱兆良(2008)的估计，取氨气挥发损失率为 11%计算。粪肥还田氨气挥发损失率依据表 3-3 和表 3-4 中参数进行计算。

表 3-3　畜禽品种分类和氮磷排泄系数表

动物种类	饲养阶段	圈养率/%	年出栏批次	存栏比例/%	氮磷指标	排泄系数/[g/unit · d]	存储、处理过程损失率/%	还田氨气挥发损失率/%	收集还田率/%	产生量计算公式
生猪	保育猪	100	—	35	全氮	26.03	50.69	23.85	40	式(3-10)
					全磷	3.05	10.00	—		
	育肥猪	100	2	55	全氮	57.70	50.69	23.85		式(3-10)
					全磷	6.16	10.00	—		
	妊娠母猪	100	—	10	全氮	78.67	50.69	23.85		式(3-11)
					全磷	11.05	10.00	—		

续表

动物种类	饲养阶段	圈养率/%	年出栏批次	存栏比例/%	氮磷指标	排泄系数/[g/unit · d]	存储、处理过程损失率/%	还田氨气挥发损失率/%	收集还田率/%	产生量计算公式
乳牛	幼年	40	—	20	全氮	110.95	39.85	20.00	40	式(3-10)
					全磷	24.06	10.00	—		
	成年	40	—	80	全氮	257.70	39.85	20.00		式(3-10)
					全磷	54.55	10.00	—		
肉牛	成年	40	—	75	全氮	150.81	39.85	20.00	40	式(3-10)
					全磷	17.06	10.00	—		
	幼年	40	—	25	全氮	61.91	39.85	20.00		式(3-10)
					全磷	7.00	10.00	—		
其他大牲畜	成年	40	—	90	全氮	150.81	39.85	20.00	40	式(3-10)
					全磷	17.06	10.00	—		
	幼年	40	—	10	全氮	61.91	39.85	20.00		式(3-10)
					全磷	7.00	10.00	—		
羊	幼年	40	—	25	全氮	25.62	39.85	20.00	40	式(3-10)
					全磷	2.90	10.00	—		
	成年	40	—	75	全氮	40.76	39.85	20.00		式(3-10)
					全磷	4.61	10.00	—		
肉禽		100	6	—	全氮	1.85	45.00	12.00	40	式(3-10)
					全磷	0.48	10.00	—		
蛋禽		100	—	—	全氮	1.12	45.00	12.00	40	式(3-12)
					全磷	0.23	10.00	—		

表 3-4　农村人口氮磷排泄系数、氮挥发损失率和还田率

氮排泄系数/[kg/(unit · a)]	磷排泄系数/[kg/(unit · a)]	存储、处理过程氮损失率/%	存储、处理过程磷损失率/%	还田氨氮挥发损失率/%	还田率/%
5 (Bao et al., 2006)	0.5 (傅靖,2007)	38	10	23.85	40

3. *反硝化*

在无机氮的形态转化过程中会有气态氮的损失，其中以反硝化带来的损失量最大，以生成 N_2 为主并伴有 N_2O 和 NO。影响反硝化速率的因素很多，宏观上包括施肥频率、肥料类型、作物类型、耕作操作(Liu et al., 2008)等，微观上包括硝酸盐浓度、氧可获得性、碳可获得性，精确测量反硝化速率非常困难，故而不同地区的估算结果差异较大，一些地区农业土壤反硝化年损失速率最高可达 $75kg/hm^2$，平均来说大概为 $13kg/hm^2$ (Janzen et al.，2003)。据 15 项对淹没水稻的研究显示，反硝化量为施入有效氮的 3%～56%，中值为 34%。据调查显示，灌溉小麦地施入有效氮的 50%反硝化损失，灌溉棉花地施入有效氮的 43%～73%(中值 50%)反硝化损失；旱地小麦为 2%～14%(中值为 11%)，即灌溉作物的反硝化率要高。但是一些灌溉作物的反硝化效率也可能会更低，如有研究显示灌溉玉米地、大麦地的 N_2O 和 N_2 总挥发损失量为施入有效氮肥的 1%～2.5%(Galloway et al.，2004)。还有研究显示，在水稻田中碳铵的氮素损失在 49%～66%，尿素在 29%～40%，而在旱地上试验结果表明平均氮素损失 32.7%，变幅在 4%～72%之间，但总的来说旱地氮肥氮素损失要比水田低些(鲁如坤等，1996a)。对尿素和碳铵来说，使用差减法在稻麦的田间小区试验中测定的利用率变动于 9%～72%之间，平均在 30%～41%，而大量的田间试验表明，在水稻上氮肥的损失率多为 30%～70%，旱作上则多为 20%～50%(朱兆良，2000)。

参照以上内容可知，在估算反硝化量时也有两个方法：①使用单位土地面积的反硝化损失速率；②通过反硝化损失占输入氮的比例来计算反硝化损失量。目前缺乏全国各地农田的反硝化损失速率，故此处使用反硝化损失占输入氮的比例(即反硝化损失率)来计算反硝化损失量。文献中关于氮输入项的计算多是考虑易于被植物获得的氮，而该部分氮也是农田氮输入的最大部分，故此处只计算化肥和粪尿氮输入项。计算公式如下：

$$\begin{aligned} GNO_x = & [Ftlz \times fdnt_{pdy} + (Mnr_{anm} + Mnr_{hum}) \times mdnt_{pdy}] \times pdy/(pdy + upld + grd) + \\ & [Ftlz \times fdnt_{upld} + (Mnr_{anm} + Mnr_{hum}) \times mdnt_{upld}] \times (upld + grd)/(pdy + upld + grd) \end{aligned} \tag{3-14}$$

式中，Ftlz 为化肥氮磷输入量，t；$extamt_i$、cfn_i、$lrtn_i$ 意义同前；$fdnt_{pdy}$ 为水田化肥氮反硝化损失率，%；$mdnt_{pdy}$ 为水田粪尿氮反硝化损失率，%；pdy 为水田面积，hm^2；upld 为旱地面积，hm^2；grd 为园地面积，hm^2；$fdnt_{upld}$ 为旱地和园地化肥氮反硝化损失率，%；$mdnt_{upld}$ 为旱地和园地粪尿氮反硝化损失率，%。

水田和旱地的反硝化速率存在差异较大，式(3-14)将农田分为水田和旱地两部分计算，忽略水田和旱地施肥量的差异，使用水田和旱地面积对施肥量进行分割。汇总国内外关于反硝化损失率的研究如表 3-5 所示，估计我国反硝化损失率分别如表 3-5 中的估计值。

表 3-5　国内外反硝化损失率汇总

区域	年份	反硝化损失率/%				资料来源
		水田		旱地和园地		
		化肥	粪肥	化肥	粪肥	
长江流域	1980，1990	32	13	15	13	(Bao et al.，2006)
长江流域	1980，2000	33～41	10～30	13～29	10～30	(Liu et al.，2008)
中国	1990	18		9		(Xing and Zhu，2000)
中国	2008	34		34		(朱兆良，2008)
挪威	2000	7		7		(Korsaeth and Eltun，2000)
荷兰	1990	10				(Rheinbaben，1990)
全球	2003	10～15				(Smil，1999)
综述总结	2002	3～56，34		2～14，11		(Galloway et al.，2004)
综述总结	2008	16～41		15～18		(朱兆良，2000)
估计值		34	13	14	13	

4. 径流侵蚀损失

径流侵蚀损失在农田氮磷损失中所占比例一般不大。侵蚀量大小与降水、田地坡度、种植方向、土壤质地、土壤氮磷含量、作物种类等多种因素均有关，在大尺度计算中详细考虑每个因素过于复杂，因此，此处采用输出系数法进行计算。农田种类不同，则种植操作也不同，进而影响输出系数，此处建立了基于不同农田种类的输出系数法计算径流侵蚀氮磷输出量，公式如下：

$$\mathrm{Runoff} = \sum \mathrm{rnof}_i \times \mathrm{sarea}_i \times 0.001 \tag{3-15}$$

式中，Runoff 为径流侵蚀氮磷损失量，t；rnof_i 为 i 种农田种类单位面积耕地氮磷年径流侵蚀输出系数，kg/hm^2；sarea_i 为 i 种农田种类的面积，hm^2；0.001 为单位转换系数。

输出系数的获取是本方法的关键。此处使用全国第一次污染普查中使用的《肥料流失系数手册》中提供的东北地区的径流输出系数见表 3-6。

表 3-6　东北地区不同农田类型的氮磷径流侵蚀和淋溶输出系数

农田种类	径流侵蚀损失/(kg/hm^2)		淋溶损失/(kg/hm^2)	
	N	P	N	P
水田	3.86	0.18	7.29	0.00
旱地	1.57	0.08	1.88	0.01
菜地	7.32	0.36	4.92	0.15
园地	1.47	0.03	4.68	0.00

5. 淋溶损失

在土壤中，磷酸盐和铵盐容易被土壤吸附，故淋溶量很少，而硝酸盐则几乎不被吸附，极容易淋溶损失，故氮磷在土壤中，一般以氮淋溶损失为主，且主要为硝酸盐形态。

氮素的淋溶损失是指土壤中的氮随水向下移动至根系活动层以下，从而不能被作物根系吸收所造成的氮素损失。土壤中的氮以及施入土壤中的肥料氮在降雨和灌溉水的作用下，部分直接以化合物形式(如尿素)，而大部分最终以可溶性的 NO_3^-、NO_2^- 和 NH_4^+ 形态淋溶到土壤下层。由于土壤颗粒吸附 NH_4^+ 而几乎不吸附 NO_3^-，因此 NH_4^+ 基本上滞留在剖面、中层上，而 NO_3^- 在下层大量存在；NO_2^- 作为硝化和反硝化过程的中间产物，存在时间有限，因而淋溶也不重要(张国梁和章申，1998)。故而，农田氮淋溶以 NO_3^- 为主，NO_2^- 次之，NH_4^+ 只占很小比例。

淋溶损失受进入土壤的水量和水流强度、土壤特性、轮作制度、施肥制度、氮肥种类、氮肥施用量和施用方法等的强烈影响，因而具有很大的变幅。土壤中累积的超过作物需求的硝酸盐量和退水量决定了从植物根区淋溶到地下水的硝酸盐量。一般而言，土壤层中的硝酸盐含量越高，或者退水量越大，则硝酸盐淋溶量也越大，但有些情况下，土壤中水的输入可能促使硝酸盐通过反硝化损失，减少淋溶损失。由于氮多数施于作物快速生长的季节，除非施入过量氮和水，否则施入的氮被作物快速吸收故而淋溶风险低，因此大量的氮淋溶发生在土地闲置期，大多数的硝酸盐并非直接由施入的形态淋溶，而是经土壤有机氮矿化或先前施入的氮肥矿化后形成的有机氮再矿化淋溶。例如，在作物收割后的秋季和冬季，秋季的挥发量降低，土壤湿度变大，土壤微生物活动加强，导致土壤有机氮的矿化增强，且没有作物吸收氮，故而此时的淋溶量也变大。耕作会加快土壤有机氮矿化的进程，矿化后的氮形态更易于淋溶，故而农业耕作会增加硝酸盐淋溶的风险。

淋溶损失受进入土壤的水量和水流强度、土壤特性、轮作制度、施肥制度、氮肥种类、氮肥施用量和施用方法等的强烈影响，因而具有很大的变幅（朱兆良，2000）。土壤中累积的超过作物需求的硝酸盐量和退水量决定了从植物根区淋溶到地下水的硝酸盐量（Di and Cameron, 2002）。一般而言，土壤层中的硝酸盐含量越高，或者退水量越大，则硝酸盐淋溶量也越大，但有些情况下，土壤中水的输入可能促使硝酸盐通过反硝化损失，减少淋溶损失。由于氮多数施于作物快速生长的季节，除非施入过量氮和水，否则施入的氮被作物快速吸收故而淋溶风险低，因此大量的氮淋溶发生在土地闲置期，大多数的硝酸盐并非直接由施入的形态淋溶，而是经土壤有机氮矿化或先前施入的氮肥矿化后形成的有机氮再矿化淋溶。例如在作物收割后的秋季和冬季，秋季的挥发量降低，土壤湿度变大，土壤微生物活动加强，导致土壤有机氮的矿化增强，且没有作物吸收氮，故而此时的淋溶量也变大。耕作会加快土壤有机氮矿化的进程，矿化后的氮形态更易于淋溶，故而农业耕作会增加硝酸盐淋溶的风险。

全球农业用地的氮年淋溶速率约为 10～15kg/hm^2（Smil, 1999），但实际上该值变化很大，土壤氮含量、土壤性质、气候条件等因素的不同均有可能使该值不同。一项国际调查显示（Janzen et al, 2003），当施肥量少于 150kg/hm^{2}时，施入的氮肥大约有 10%损失掉，当施肥量大于 150kg/hm^{2}时，施入的氮肥大约有 20%损失掉，但有些时候施肥甚至可能增强作物根部吸收进而减少氮淋溶。在英国的一项研究显示（Di and Cameron, 2002），230kg/hm^{2}的施肥量中有 50%～80%被作物吸收，10%～25%残留在土壤中，残留在土壤中的氮大部分转化为有机氮，只有 1%～2%的施入氮仍为 NH_4^+ 或 NO_3^- 形态，如果秸秆还田，则会有 43kgN 以有机氮形式返回土壤，大概 15%的施入氮在种植和收获过程中由于反硝化和淋溶损失，其中有 5%～6%为淋溶损失。在水稻湿地生产系统中，大多数在土壤 15cm 有一层胶泥，渗透性很低，故而硝酸盐淋溶的潜力也较低。虽然氮的作物吸收率多数不超过 40%，大量的氮经氨气挥发和反硝化损失，或者残留在土壤中，但在粗质地的水稻田中，硝酸盐淋溶量很大。园艺生产系统是施肥和耕作强度最高的生产系统之一，高强度施肥、高频率耕作、短周期种植、低效率氮磷利用等导致蔬菜生产成为硝酸盐淋溶高风险的生产。蔬菜生产系统中施肥频率可达 600%～900kg/hm^2，其作物吸收率一般不超过 50%，甚至低至 20%，在新西兰有 NO_3^--N 淋溶量为 300kg/hm^{2}的报道，而典型的 NO_3^--N 淋溶量为 70%～180kg/hm^2（Di and Cameron, 2002）。

淋溶作用是一种累进过程，在当季未被淋溶的氮，以后可继续下移而损失；已淋溶的氮（特别是硝态氮）在此后的旱季中又可随水分向上移动而重新进入根系活动层供作物吸收，因此，准确估计淋溶损失的量是比较困难的。淋溶损失的氮包括来源于土壤的氮和残留的肥料氮，以及当季施入的肥料氮。

此处仍使用输出系数法估算淋溶损失量，计算公式如下：

$$\text{Leach} = \sum \text{lch}_i \times \text{sarea}_i \times 0.001 \tag{3-16}$$

式中，Leach为淋溶氮磷损失量，t；lch_i为i种农田种类单位面积耕地氮磷年淋溶输出系数，kg/hm^2；$sarea_i$为i种农田种类的面积，hm^2；0.001为单位转换系数。

淋溶输出系数的获取方法和径流输出系数的获取方法相似，参考全国第一次污染普查中使用的《肥料流失系数手册》获取。其中，系数手册中没有水田氮磷流失的研究，此处可参考文献（胡玉婷等，2011）中对全国文献统计的结果，取值为$7.29kg/hm^2$，磷则取0。

3.1.4　吸收输入比和氮磷吸收模拟方程

在农田化肥施用描述中常用到的两个指示参数为化肥肥效和化肥利用率。化肥肥效为单位播种面积上的作物产量与单位面积投入的化肥量之比，反映的是化肥的产出效率。化肥利用率为因施肥而增加的养分吸收量与化肥投入量之比，反映的是化肥的吸收率。其计算方法有同位素示宗法和差减法，前者比较复杂故应用较少，但较为精确，而后者比较简单故应用较多，但计算值一般偏大（陈伦寿，1996）。

以上两个指示参数所关注的均是化肥的作物产出效应，无法描述作物对土壤氮磷输入的利用强度，故此处定义吸收输入比来指示作物吸收对土壤养分输入的利用强度，通过作物吸收带走的养分量与养分输入量之比来表征，即

$$\mathrm{IHR}=\mathrm{Hvst}/\mathrm{Input} \tag{3-17}$$

式中，IHR为吸收输入比；Input为养分输入量，t；Hvst为作物带走养分输出量，t。

吸收输入比越高，对土壤养分输入的利用强度越大，反之则越小。作物带走的养分一般随着养分输入的增加而增加，在养分输入水平低时，作物将会从土壤存量中吸收养分，吸收输入比将会相对较高，土壤养分容易出现亏损，导致土壤肥力下降；在养分输入水平高时，则养分可能在土壤中盈余，吸收输入比将会相对较低，盈余的养分成为土壤养分存量或流失到周围环境中，在以后的时期内被作物吸收或对周围环境带来一定影响。

描述作物产量与施肥量之间的方程主要有一元二次方程和Mitscherlich方程，两者均遵循报酬递减的规律。两者的不同之处在于，前者假设边际产量与最高产量时施肥量和当前施肥量之差成正比，后者假设边际产量与氮磷供应充足时的产量与当前产量之差成正比，即

$$\frac{\mathrm{d}y}{\mathrm{d}x}=a\cdot(s-x) \tag{3-18}$$

$$\frac{\mathrm{d}y}{\mathrm{d}x}=a\cdot(c-y) \tag{3-19}$$

式中，y为施肥量为x时的作物产量，s是达到最高产量时的施肥量，c是达到最高产量时的作物产量，a为常数。

对微分方程积分，分别得到方程如下：

$$y=-\frac{1}{2}ax^2+asx+b \tag{3-20}$$

$$y=c(1-\mathrm{e}^{-ax}) \tag{3-21}$$

其中，考虑到土壤天然肥力的因素，方程$y=c(1-\mathrm{e}^{-ax})$可修正为

$$y=c[1-\mathrm{e}^{-a(x+b)}] \tag{3-22}$$

式中，b为土壤本底肥力修正因子。

一元二次方程在作物产量与施肥的田间实验研究和区域核算研究中均有使用，Mitscherlich方程则在田间实验研究使用较多，在区域养分核算研究中使用较少。方程在使用时有两种情况：①模拟化肥施用量与作物产量的关系，不区分化肥中氮、磷、钾的量，由于在区域养分核算中难以控制三种养分元素的协同作用，多使用该种核算方法；②模拟化肥中某种养分元素量与作物所吸收的养分元素量的关系，这种模拟相比前者更加精确，在田间实验研究中能够控制三种元素的协同作用，故多使用该种核算方法。

在实际生产中，单纯研究化肥施用量与作物产量的关系，不区分化肥中氮、磷、钾的量，于实际生产的指导意义不大。同时，单纯的考虑化肥施用带来的氮磷输入量与作物产量的关系，忽视其他输入项的变化，则容易导致土壤中氮磷的过量盈余或者亏损。而进行大批量的田间实验研究以获取更精确的作物产量与施肥量关系，成本过于高昂，且随着时间的推移，灌溉条件、耕作习惯、作物品种等发生变化时，作物产量和施肥量关系也会发生变化。

因此，本书尝试在区域氮磷平衡核算中，使用一元二次方程和Mitscherlich方程模拟氮磷输入量与作物产量中相应氮磷量之间的关系。从整体输入的角度，考虑农业种植对区域土壤氮磷的影响，建立了一种基于以往统计数据的氮磷输入调整模型，以降低氮磷输入调整量确定的成本，并使用动态调整的方法以适应氮磷输入与作物输出关系变化的特点，为区域氮磷输入政策提供指导。即使用方程(3-23)和方程(3-24)模拟氮磷输入与作物带走氮磷之间的关系

$$y=-\frac{1}{2}ax^2+asx+b,\quad x>0,\quad \text{当}\ x=s\ \text{时},\quad y\ \text{最大} \tag{3-23}$$

$$y=c[1-\mathrm{e}^{-a(x+b)}],\quad x>0 \tag{3-24}$$

式中，x为氮(磷)输入量，y为作物带走氮(磷)量，b为土壤本底氮(磷)修正因子，a为常数。

基于氮磷输入与作物带走氮磷的关系式，可推导出氮磷输入和作物带走氮磷之间的关系式，以及氮磷输入和吸收输入比之间的关系式，即氮磷输入量减去氮磷作物吸收量为氮磷存留和损失量，作物带走氮磷量除以氮磷输入量为氮磷吸收效率，其公式分别如下。

氮磷输入量与氮磷存留和损失量关系式：

$$y=\frac{1}{2}ax^2-(as-1)x-b,\quad x>0,\quad \text{当}\ x=s-\frac{1}{a}\ \text{时},\quad y\ \text{最小} \tag{3-25}$$

$$y=x-c[1-\mathrm{e}^{-a(x+b)}],\quad x>0,\quad \text{当}\ x=\frac{\ln ac}{a}-b\ \text{时},\quad y\ \text{最小} \tag{3-26}$$

式中，x为氮(磷)输入量，y为氮(磷)存留和损失量，其他同上。

氮磷输入量与吸收输入量关系式：

$$y=-\frac{1}{2}ax+\frac{b}{x}+as,\quad x>0,\quad \text{当}\ x=\sqrt{\frac{-2b}{a}}\ \text{时},\quad y\ \text{最大} \tag{3-27}$$

$$y=\frac{c\left[1-\mathrm{e}^{-a(x+b)}\right]}{x},\quad x>0,\text{当}\ \mathrm{e}^{a(x+b)}-(ax+1)=0\ \text{时},\quad y\ \text{最大} \tag{3-28}$$

式中，x为氮(磷)输入量，y为氮(磷)吸收输入比，其他同上。

应用以上方程时，使用最小二乘法对该模型进行回归分析，使用拟合优度(R^2)检验

拟合程度，使用 F-检验对回归方程进行显著性检验，显著性水平用 p 表示。

3.2　农田土壤氮磷平衡核算结果及其验证分析

3.2.1　1993～2008 年三江平原土壤氮磷平衡核算结果

1. 土壤氮磷平衡特征

1993～2008 年，三江平原农田土壤氮平衡逐渐从盈余状态转变为亏损状态(图 3-2)，且亏损量有逐年变大的趋势，其值在－23.3～33.8kg/hm²之间，有 4 年为盈余、12 年为亏损，16 年间累计亏损 164.3kg/hm²。磷平衡则一直处于盈余状态，16 年间平衡量变化不大，在 3.8～10.8kg/hm²之间，16 年间累计盈余 107.6kg/hm²。氮、磷平衡总量的变化则和单位面积平衡量的变化规律相似，其中氮在 16 年间累计亏损 57.9 万吨，磷累计盈余 3.28 万吨。

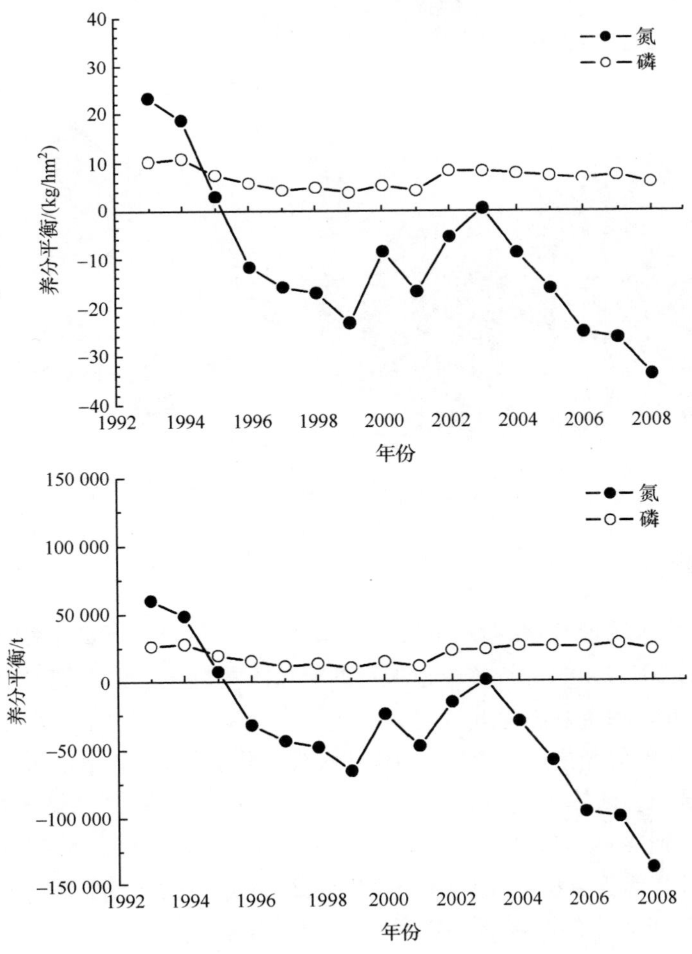

图 3-2　1993～2008 年三江平原农田土壤氮磷平衡

由图 3-3 可知，从 1993～2008 年，各地区氮平衡值均呈下降趋势，特别是在四个农垦局中，氮平衡下降幅度最大，均下降到了－30kg/hm^{2}以下，氮亏损量大于其他五个市。磷平衡值的变化则在各地区有升有降，其中建三江、七台河则呈明显下降趋势，磷平衡出现了亏损，鹤岗则明显上升，磷盈余量变大，其他地区磷平衡值或升或降，但多数处于盈余状态。

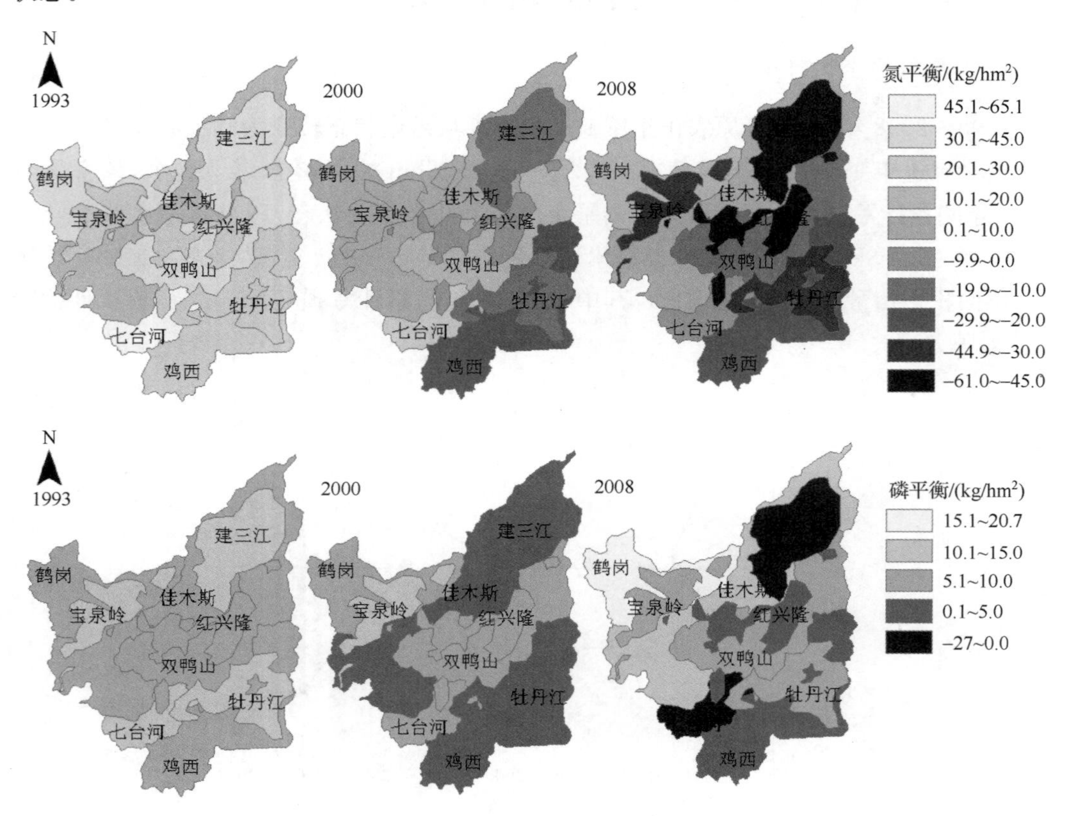

图 3-3　1993～2008 年三江平原农田土壤氮磷平衡空间格局

2. 土壤氮磷输入特征

从单位面积输入量来看，氮输入量处于增长状态(图 3-4)，从 1993 年的 131.5kg/hm^{2}增长到 2008 年的 167.0kg/hm^2，各个子项目的氮输入量总体上也在缓慢增加，但化肥、有机肥、种子、干湿沉降和生物固氮 5 者之间的比例变化却不大，分别维持在约 37%、21%、1%、15%、26%，其中化肥是最大氮输入项，其次为生物固氮，这和本地区大量种植大豆有关，种子输入量最小。磷输入量及其子项目总体上也呈增长趋势，总输入量从 1993 年的 21.6kg/hm^{2}增长到 2008 年的 30.4kg/hm^2，其中化肥为最大输入项，占总输入量的 77.8%～82.6%，其次为有机肥，且从 1993 年到 2008 年所占比例有较大提高，从 13.8%上升为 17.1%，种子和干湿沉降所占比例很小，总计不超过 3.6%。

从总输入量来看，氮、磷输入量也均处于增长状态，不同于单位面积输入量的是，2002

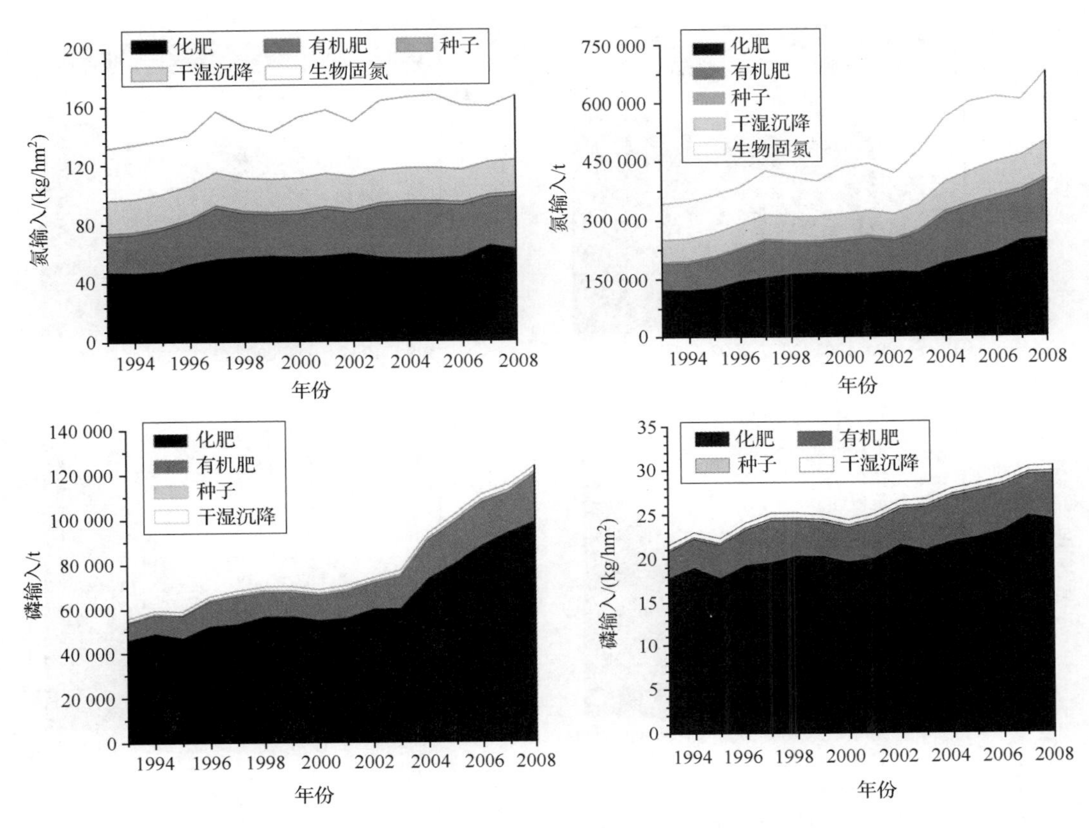

图 3-4　1993～2008 年三江平原农田土壤氮磷输入量

年以后，总输入量的增长幅度明显变大，远大于单位面积的增长幅度，表明此时的总输入量的增长主要归功于总的农田面积的增长，而非单位面积氮磷投入量的增长。氮磷各输入项之间的比例特征则和单位面积氮磷输入量的比例特征一致。

3. 土壤氮磷输出特征

从单位面积输出量看，氮输出总体上呈增长趋势(图 3-5)，从 1993 年的 108.9kg/hm^2 增长到 2008 年的 201.8kg/hm^2，但增长幅度逐渐变小，作物吸收为主要输出项，其量有明显增长，从 1993 年的 89.9kg/hm^{2}增长到 2008 年的 172.2kg/hm^2，但在总输入量中所占比率较为稳定，维持在 82.1%～85.8%之间，反硝化损失为第二大输出量，从 1993 年的 8.2kg/hm^{2}增长到 2008 年的 14.1kg/hm^2，占总量比例在 6.8%～7.8%之间，氨气挥发损失量也较大，从 1993 年的 6.3kg/hm^2 增长到 2008 年的 8.5kg/hm^2，占总量比例在 4.2%～5.7%之间，径流侵蚀损失和淋溶损失的输出项所占比例较小，两者之和不超过 4.1%。磷输出总体上也处于增长状态，从 1993 年的 11.5kg/hm^2 增长到 2008 年的 24.6kg/hm^2，作物吸收为最主要输出项，所占比例在 99%以上，其输出量的变化和总输出量的变化一致。

从总输出量来看，氮、磷也呈增长趋势，且和总输入量相似，在 2002 年后有较往年更

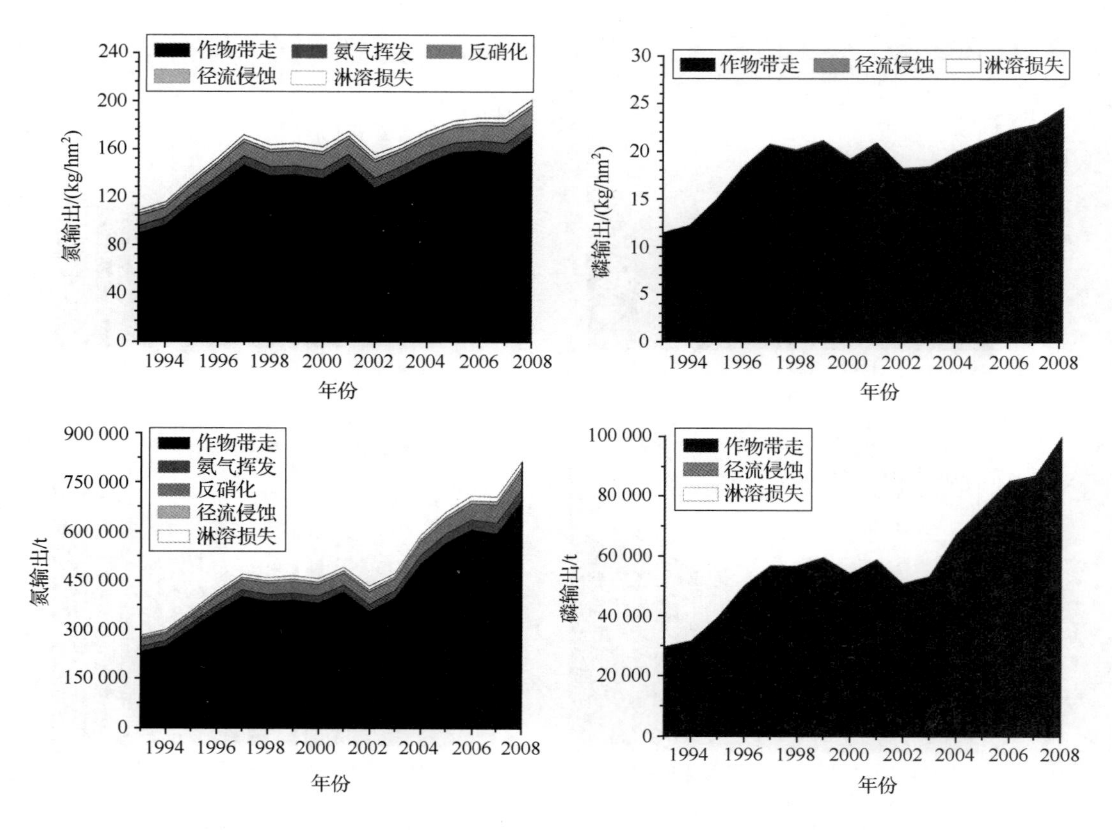

图 3-5　1993～2008 年三江平原农田土壤氮磷输出量

大幅度的增长，且比单位面积输出项在相同年份的增长幅度大，表明 2002 年的总输出量的大幅增长也主要来自于农田面积的增长。其输出项的各部分比例也和单位面积输入项的比例相同。

3.2.2　土壤氮磷平衡核算结果对比分析

1. 土壤氮磷平衡核算对比方法选择

在宏观尺度进行土壤平衡核算的方法主要有三种，分别是基于 Stoorvogel(2007)和 Smaling 等(1990)在撒哈拉以南非洲地区进行土壤养分平衡核算研究的方法、OECD 土壤氮表观核算方法、Sheldrick 等(2002)提出的土壤养分审计方法。第一种方法是针对非洲的研究方法，与本书的可对比性不大，而后两种方法则具有普适性，可以进行对比。其中，本节采用的方法主要基于 OECD 的土壤氮表观核算方法改进而来，故此处将本书建立的土壤氮磷平衡核算方法(以下简称本方法)与 Sheldrick 等(2002)的土壤养分审计方法对比。

2. 土壤养分审计方法的思路和计算方法

土壤养分审计方法所核算的养分流系统为种植业和养殖业的混合系统，本书单纯考察种植业对农田土壤的影响，故此处只核算该方法中种植业养分流，不再核算其畜禽养殖业的养分流。其种植业养分流核算思路如图3-6所示。

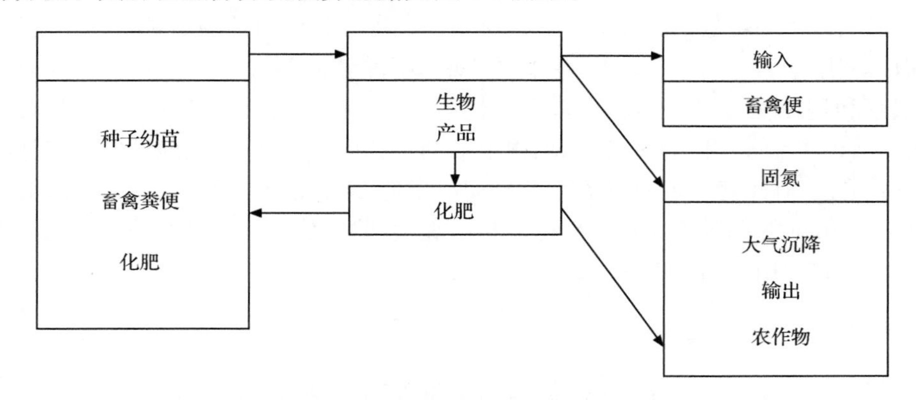

图3-6　土壤养分审计法核算氮磷流[修改自Sheldrick等(2002)]

土壤养分审计方法所核算的氮磷输入流包括化肥、生物固氮、氮沉降、作物秸秆、污水污泥、畜禽粪便。其中，化肥、作物秸秆、畜禽粪便的氮磷输入计算方法和本节建立的方法相同，可参考本书的计算；生物固氮只计算大豆和花生的共生固氮，分别按氮摄取量的50%、65%计算，三江平原极少有花生种植，故不考虑花生，只计算大豆的共生固氮量；污水污泥的输入量按照每千人输入500kgN、250kgP进行估算；氮沉降按照中国的年氮沉降量为20kg/hm^{2}计算。

氮磷输出流包括农作物输出和损失。农作物的输出包括农产品和秸秆残茬，其计算方法和本节建立的方法相同，可参考本书计算；损失包括气态损失(氨气挥发和反硝化)、淋溶、土壤侵蚀、固定化、秸秆残茬等，这部分在该模型中没有直接计算，而是通过式(3-29)推导而来：

$$\text{Input}+\text{Balance}=\text{Hvst}+\text{Loss}=\text{Output} \tag{3-29}$$

式中，Input为氮磷总输入量，Hvst为农作物氮磷输出量，Loss为氮磷损失量，Output为氮磷总输出量，单位均为吨(t)或者千克/公顷(kg/hm^2)；Balance为氮磷平衡量，若为正值，表示氮磷进入土壤，出现盈余，若为负值，则表示土壤氮磷消耗，出现亏损。

土壤氮磷平衡量则通过养分利用效率和农作物氮磷输出量来计算。养分利用效率为农作物养分输出量中从养分输入中回收的量占养分输入量的比例，即按式(3-30)计算。而养分平衡量则为农作物养分输出量中从土壤中吸收的养分量，即按式(3-31)计算。

$$\text{UEff}=\text{Recovered}/(\text{Hvst}-\text{Bnf}) \tag{3-30}$$

$$\text{Balance}=-(1-\text{UEff})\times(\text{Hvst}-\text{Bnf}) \tag{3-31}$$

式中，UEff为养分利用效率；Bnf为农作物养分输出量中从养分输入中回收的量，为生物固氮量(计算磷时不需计算该项)，单位均为吨(t)或者千克/公顷(kg/hm^2)。

在土壤养分审计方法中，Sheldrick等通过对全球氮磷利用的研究认为，氮、磷的利用效率大致分别为50%、40%，且该利用效率包含当季输入的氮磷在以后种植季被吸收利用的量。但实际上，氮、磷的利用率变幅很大，氮肥利用率变动于9%～72%之间，一般情况下氮肥的当季利用率为35%～40%，我国部分地区氮肥利用率可达到50%～70%(鲁如坤,1998),此处的氮利用率是指对所有输入项的氮的多年的平均利用率,包含当季未被利用并在以后种植季中被利用的氮,故氮的利用率应略大,估计氮的利用率为50%基本合理;而磷肥当季利用效率一般为10%~25%,但磷具有相当长的后效,一般可达5~10年,其积累利用率为26%~100%(鲁如坤,1998)。张素君等(1994)对东北地区的研究显示,其积累利用率为18%~97%,磷肥施用量越少,积累利用率越高,在磷肥施用量为18.75kg/hm²时为积累利用率97%,而由上节的计算可知,三江平原地区的磷肥施用量在20kg/hm²左右,估计其积累利用率为40%明显过低,结合以上内容,此处给出磷的积累利用率为40%和90%两种方案进行对比分析。综上,此处估计三江平原地区的氮利用率为50%,磷的积累利用率为40%和90%。

3. 土壤养分审计方法的对比结果

由图3-7可知,本方法所计算的氮磷输入量和输出量与土壤养分审计方法核算的输入量和输出量呈线性正相关,表明两者之间具有良好的一致性,但两者所计算的输入量和输出量的大小有所差异,表现为本方法核算的氮磷输入量更大,而土壤养分审计方法核算的氮磷输出量更大。其中,氮输入项则是本方法的核算项目要多于土壤养分审计方法,故本方法的氮输入量更大;两者核算的磷输入项差异不大,故磷输入量很相近。对于磷输出项,在磷积累利用率为90%时,相应的磷输出量差距较小,但在磷积累利用率为40%时,相应的磷输出量则差距较大,说明土壤审计方法对养分利用率的设定较为敏感。

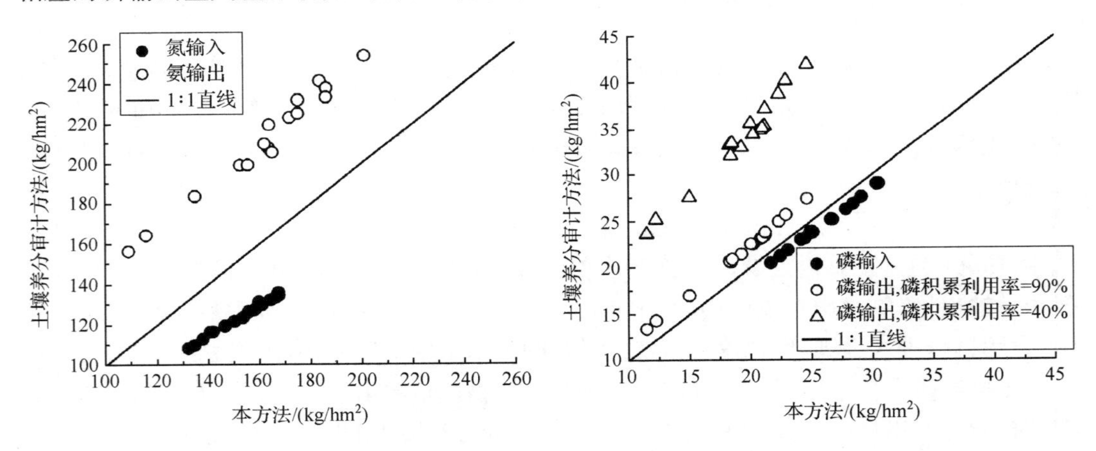

图3-7 本方法核算的氮磷输入量、输出量与土壤养分审计方法核算结果对比

由图3-8可知,本方法所核算的氮平衡量与土壤养分审计方法核算的氮平衡量也呈线性正相关,且结果均表现为土壤氮处于亏损状态,表明两者之间具有良好的一致性,但两者所计算的氮平衡量的大小有所差异,表现为土壤氮磷审计方法核算的氮平衡亏损量更大。本方法核算的磷平衡量与土壤养分审计方法核算的磷盈余量依据其设定的磷积累利用率不同而表现出较大的差异,在设定积累利用率为90%时,两者结果均表现为盈余状态,且盈余量也比较接近;在设定积累利用率为40%时,土壤养分审计方法核算的磷平衡为亏损,与本方法核算的值差距较大且两者的一致性较差。

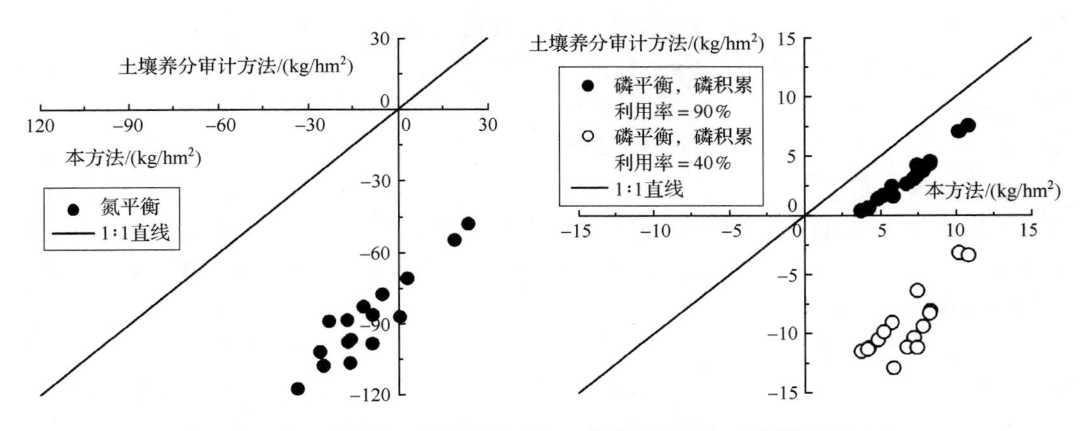

图3-8　本方法核算的氮磷平衡量与土壤养分审计方法核算结果对比

两种方法最本质的区别在于对土壤氮磷平衡的核算思路以及对土壤氮磷损失的理解。土壤养分审计方法通过设定氮磷利用效率来反推氮磷平衡量，且假定利用效率不变；本方法通过核算输入和输出计算平衡量，且假定氮磷损失率不变。故若区域对于氮磷利用效率高，土壤养分审计方法容易高估土壤氮磷亏损量，核算的氮磷平衡倾向于亏损，若区域氮磷损失率高，本方法容易低估氮磷损失量，核算的氮磷平衡倾向于盈余。

相应的，对于氮磷损失的理解，土壤养分审计方法理解为没有被作物带走且没有成为土壤平衡的氮磷，本方法理解为没有被作物带走且没有留在土壤的氮磷。这其中的差别在氮方面体现不明显，而主要体现在磷方面，即对磷的固定作用（immobilization）应理解为损失还是残留，土壤审计方法理解为损失（固定以后无法转换为速效磷被作物吸收），故核算的土壤磷平衡倾向于亏损，而本方法理解为残留（固定以后还能转化为速效磷被作物吸收），故核算的土壤磷倾向于盈余。当设定磷累计利用效率较低时，由于损失量较大导致两个方法在该方面体现出明显差异，而当设定磷累计利用率较高时，由于损失量较小而导致两个方法在该方面的差异不明显。本书以农田土壤为长期序列研究，故采用固定作用为残留的理解，故而认为磷累计利用效率为90%较为合理，从而土壤养分审计方法在该理解下与本方法的磷核算结果一致。

总之，土壤养分审计方法和本方法的结果具有较好的一致性，能够互相验证。

3.2.3　土壤氮磷平衡核算结果的监测数据验证分析

1. 长期监测数据的验证分析

使用“中国土壤数据库（www.soil.csdb.cn）”中三江站的长期监测数据对本方法的核算结果进行验证。数据库拥有“三江站旱田辅助观测场土壤生物采样地土壤养分监测”（以下简称旱田数据）和“三江站水田辅助观测场土壤生物采样地土壤养分监测”（以下简称水田数据）两个较长时间序列的观测值。三江站为中国科学院三江平原沼泽湿地生态试验站，位于三江平原腹地，黑龙江省佳木斯市同江市境内，毗邻三江平原沼泽湿地自然保护区，地理坐标位于北纬47°35′，东经133°31′，实验区面积约100公顷，为一人工闭合集雨区，位于本书研究区中的“建三江”。旱田数据生态系统类型为农田，种植作物为大豆，数据起止时间为2002～2008年，监测时间为每年的9月；水田数据生态系统类型为农田，种植作物为水稻，数据起止时间为2001～2008年，监测时间为每年的5月。两个系列的测试土壤采集土层为0～100cm，但以0～20cm为主，此处使用每一年份的平均值代表该年份的氮磷含量。

本方法核算的氮输入和输出项包含氮的各种形态，故核算的氮的变化结果应与监测数据的全氮相对应，而核算的磷输入和输出项则以有效磷为主，故核算的磷的变化结果应与监测数据的有效磷相对应。由本方法的核算结果可知，2001～2008年，三江平原的建三江土壤氮平衡多数处于亏损状态，磷平衡多数处于盈余状态，故对于建三江的土壤整体而言，全氮含量应处于下降状态，有效磷含量应处于上升状态，应注意到，此为宏观层面上的结果，与微观层面的田间试验可能有出入，但大致趋势应如此。此处，对三江站的田间监测数据作线性回归分析，若回归方程自变量的系数为正，则表明该值处于增长状态，若为负数，则表明该值处于减少状态，且R^2(拟合优度)越大，表明此回归方程的可靠性越大。

由图3-9和图3-10可知，旱地土壤的全氮和水田土壤有效磷数据的线性拟合优度较高，表明其含量变化趋势较为明显。其结果表明，2001～2008年，旱地土壤的全氮处于明显的下降状态，水田土壤的有效磷处于明显的上升状态，与本方法的核算结果相符合。旱地土壤的有效磷、水田土壤的全氮数据的拟合优度很差，变化趋势不明显，但拟合结果表现为，水田土壤的全氮为下降状态，旱地土壤的有效磷处于上升状态，与本方法的核算结果相符合。总之，长期监测数据的全氮和有效磷变化趋势与本方法的核算结果具有良好的一致性。

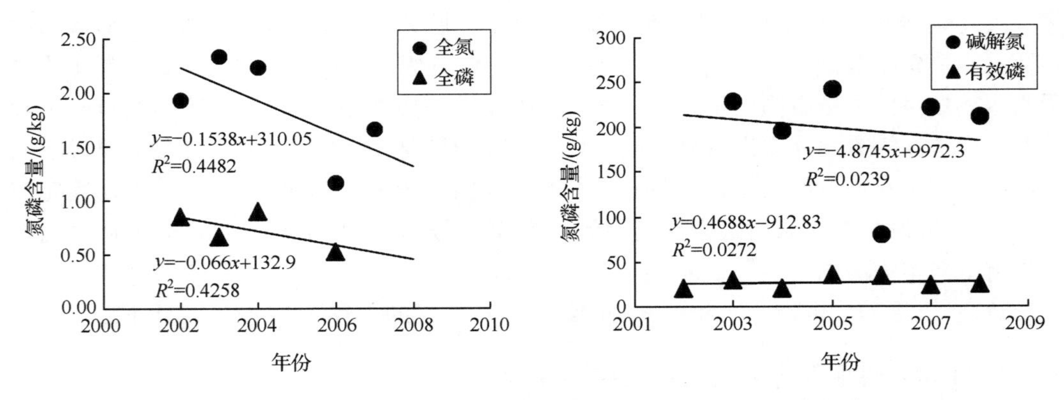

图3-9　三江站旱地土壤氮磷长期监测数据(引自中国土壤数据库)

另外，对于碱解氮和全磷而言，旱地土壤的和水田的全磷数据的线性拟合优度较高，其含量变化趋势较为明显，均处于明显的下降状态，与有效磷的变化趋势相反；旱地土壤的碱解氮为下降状态，与全氮的结果相符合，水田土壤的碱解氮为上升状态，与全氮的结果相反。总之，长期监测数据的全氮与碱解氮、全磷和有效磷之间的变化趋势不一致，相应的与本方法核算的结果也不一致，本方法核算的氮磷与监测对应的氮磷形态结果一致，与监测不对应的氮磷形态结果不一致。

总体而言，长期监测数据能够较好验证本方法的核算结果，表现为：长期监测数据的

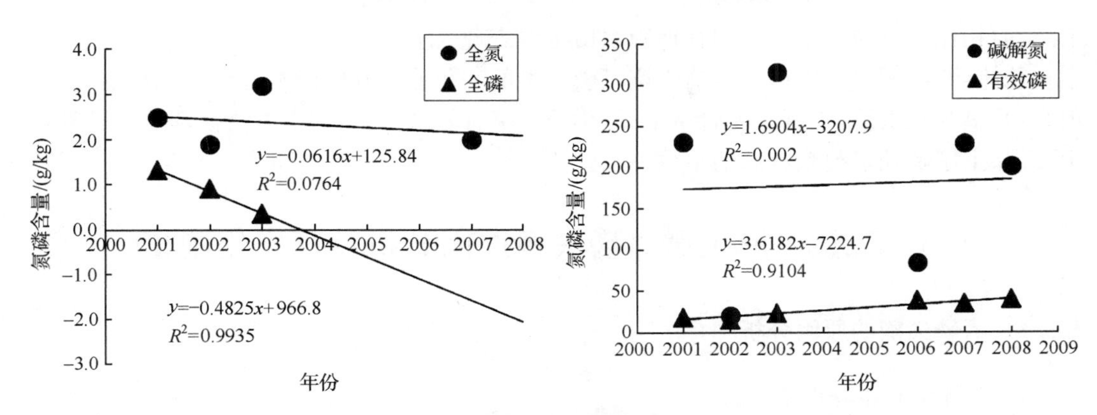

图 3-10　三江站水田土壤氮磷长期监测数据（引自中国土壤数据库）

全氮处于下降状态，有效磷处于上升状态，和本方法核算结果的氮处于亏损状态、磷处于盈余状态结果一致。

2. 相对于农田开垦前土壤氮磷含量变化的验证分析

以三江平原区域内的八五九农场为研究对象，在 2010 年 5 月进行大量的采样调查，并把 1979 年以来始终为湿地、林地的土地利用类型的土壤作为农田开垦前的土壤，并对比分析湿地、林地转变为农业用地类型（旱地和水田）后的土壤氮磷含量变化趋势，分析本区域内农业开发对土壤氮磷带来的影响。八五九农场位于三江平原的建三江。

经过 30 年农业开发后的土壤农田与农田开垦前的土壤相比（图 3-11），全氮含量都下降，有效磷含量在开垦为旱地时含量上升，支持本方法核算的土壤氮处于亏损状态、磷处于盈余状态的结论。有效磷在开垦为水田时为含量下降，与本方法核算的土壤磷处于盈余状态的结论不一致。

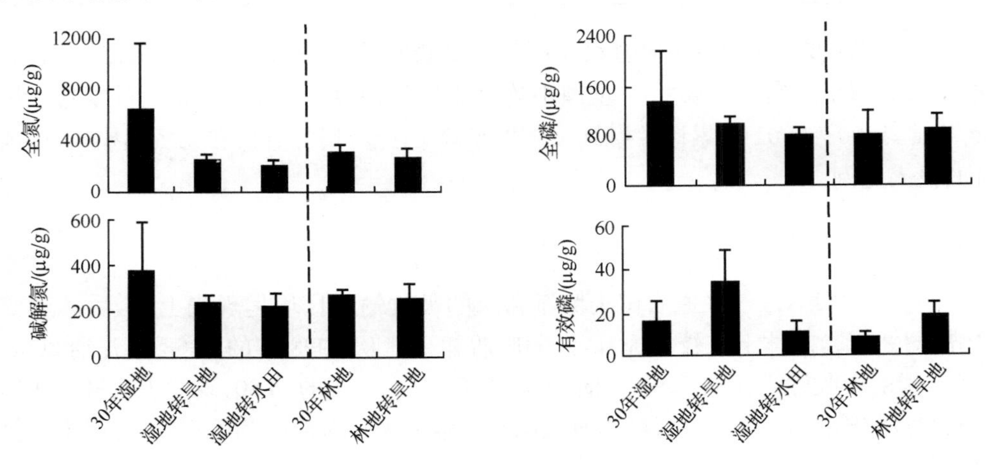

图 3-11　八五九农场农田开垦前的土壤氮磷值及其开垦为农田后的值

另外，碱解氮含量均下降，与总氮含量变化趋势一致，支持本方法核算的土壤氮处于亏损状态的结论；总磷含量则有升有降，相比于总磷含量高的湿地则农田土壤表现为总磷下降，而相比于总磷含量较低的林地则农田土壤表现为上升。

总体而言，相对于农田开垦前土壤氮磷含量的变化能较好验证本方法的核算结果，表现为：开垦为农田后，土壤全氮含量下降，旱地土壤有效磷上升，与本方法核算的土壤氮处于亏损、土壤磷处于盈余状态的结论一致。

3.3 三江平原土壤氮磷失衡原因分析及其优化调整

3.3.1 氮磷失衡的原因分析

1. 氮磷输入和输出量特征

使用本方法对全国的氮磷化肥输入量与作物带走输出量表明（表 3-7），三江平原通过化肥输入的氮、磷量远低于全国水平，但通过作物带走输出的氮、磷量却从 2002 年到 2008 年有较大幅度提升，并且高于全国水平，尤其是氮，化肥氮的输入也远低于作物氮的输出，即在三江平原地区，存在人为投入氮偏低，而种植业开发利用土壤氮偏高的局面，使得其土壤氮容易倾向于亏损，而磷的人为投入水平虽然低于全国水平，但和作物输出量相当，存在轻微的磷盈余。

表 3-7 全国和三江平原的化肥氮磷输入量和作物带走输出量对比 （单位：kg/hm^2）

年份	化肥氮输入		作物氮输出		化肥磷输入		作物磷输出	
	三江平原	全国	三江平原	全国	三江平原	全国	三江平原	全国
2002	60.0	167.5	127.7	120.0	21.5	83.9	18.1	18.9
2005	56.3	177.3	157.6	125.1	22.3	90.9	21.1	19.8
2008	62.5	199.5	172.2	141.7	24.4	104.7	24.5	22.6

杨林章和孙波（2008）对中国县级尺度农田氮磷钾养分平衡研究后也提出，东北黑土的化肥投入远低于全国平均水平，全国平均氮肥年施用量为 $225kg/hm^2$，而黑龙江只有 $78kg/hm^2$，1990～2001 年累计亏损氮 525.3 万吨，因此应增加有机和无机肥投入，协调各养分的投入比例。

2. 吸收输入比特征

1993～2008 年，三江平原农田土壤氮和磷的吸收输入比均呈现先上升，后波动变化的趋势（图 3-12），总体上有较大提升，氮的吸收输入比从 1993 年的 0.68 上升到 2008 年的 1.03，磷的吸收输入比从 1993 年的 0.53 上升到 2008 年的 0.80，磷的吸收输入比始终低于氮的吸收输入比，导致该区域内对氮的利用强度大于对磷的利用强度，容易出现氮亏损的局面。

由图 3-13 可知，从 1993～2008 年，氮吸收输入比处于上升状态，特别是在东部地区，其吸收输入比已经上升到 1 以上，呈现东高西低的态势。磷吸收输入比在鹤岗与佳木斯没有明显提高，其他地区则由较大幅度的提高，特别是建三江、七台河，磷的吸收输入比提

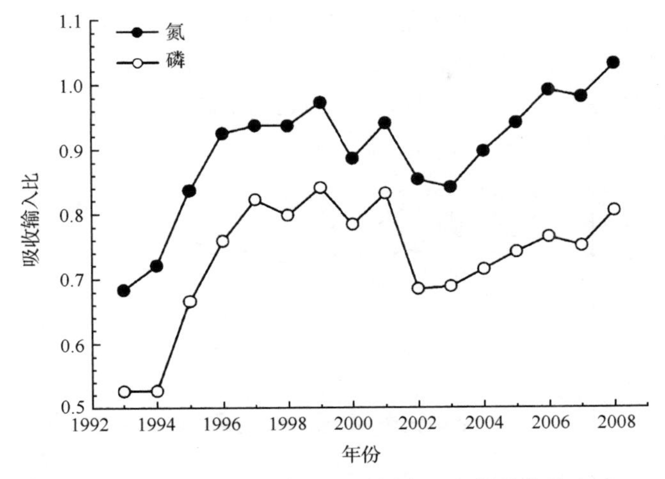

图 3-12 1993～2008 年三江平原农田土壤吸收输入比

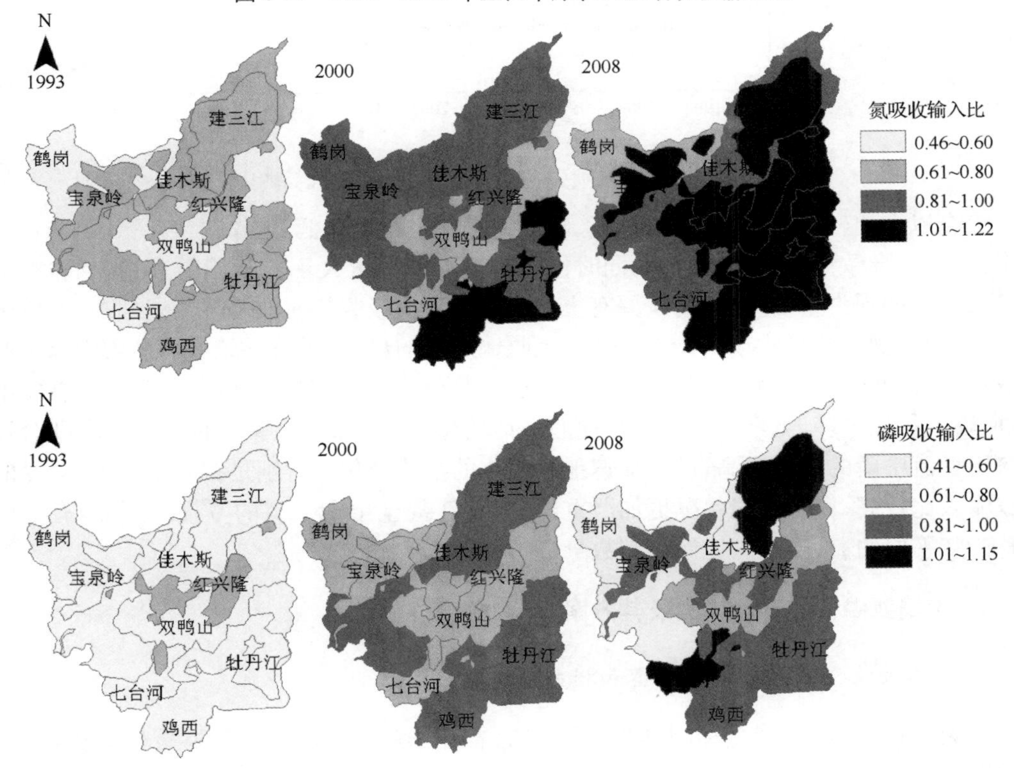

图 3-13 1993～2008 年三江平原农田土壤氮磷吸收输入比空间格局

升到 1 以上。故而在东部地区，氮、磷均容易处于亏损的状态。

3. 氮磷的比例特征

由于氮比磷更容易损失(Cobo et al.，2010)，故土壤输入的氮磷比应该大于作物带走氮磷的氮磷比，进而可以满足作物对氮磷的需求。由图 3-14 可知，作物对于氮、磷的吸收比例在 6.6～8.0 之间，有机肥输入的氮、磷比例与之相近，在 6.8～8.2 之间，但作为最大的氮磷输入源，化肥输入的氮、磷比例在 2.5～2.9 之间，远小于作物带走的比例，而氮、磷损失量的比例则高达 172.3～229.4，进而出现氮的输入少但输出多、磷的输入多但输出少的局面，导致土壤中氮的亏损、磷的盈余。

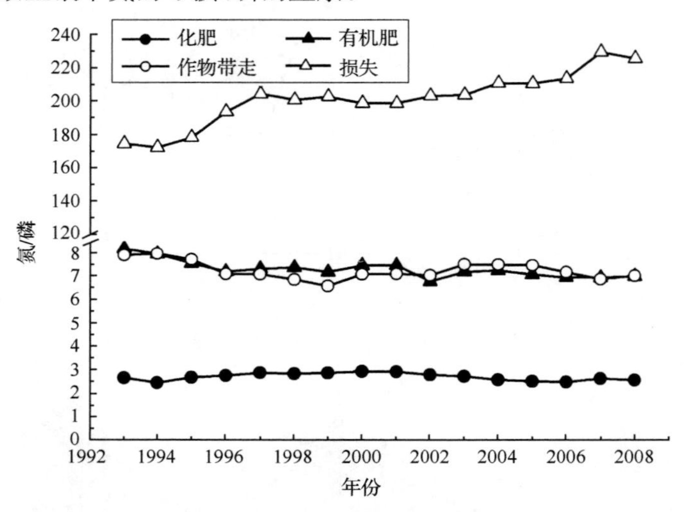

图 3-14 作物带走、损失、化肥输入、有机肥输入氮磷比

综合以上比较，三江平原的化肥氮、磷输入量比全国水平低，比作物带走氮低、与作物带走磷相当，导致氮的供应不足，而同时作物对氮的需求量大于对磷的需求量，且氮的损失量大于磷的损失量，进而作物从原有土壤氮的存量中吸收相对较多的氮，吸收相对较少的磷，从而出现氮的吸收输入比大于磷的吸收输入比的局面，最终导致农田土壤中氮平衡为亏损状态，而磷平衡为盈余状态。长此以往，将导致土壤氮磷比例失衡，即氮素供应不足，而磷素积累过多，氮素的供应不足使的土地的生产力降低，而磷素的积累过多则会导致农田径流中磷的含量提高，进而加速地表水体的富营养化。特别是在农垦系统，对氮的吸收输入比较高，氮的亏损状况更加严重，在建三江甚至出现了磷的亏损。因此，有必要调整三江平原的氮、磷输入比例及其数量。

3.3.2 土壤氮磷调整理论依据及其方案

1. 作物吸收、吸收输入比、存留和损失量与氮磷输入的响应关系

从 Mitscherlich 方程的模拟结果（图 3-15）看，Mitscherlich 方程能够较好地模拟氮、磷的作物吸收量与氮、磷输入量之间的关系，拟合优度分别达到 0.812 和 0.740，回归方程显著（$p<0.01$）。由图 3-16 和表 3-8 中回归方程和回归曲线知，氮、磷的作物吸收量与输入量呈正相关，氮、磷的作物理论最大可能吸收量分别为 159.3kg/hm^2、23.02kg/hm^2，当氮、磷输入量分别为 181.5kg/hm^2、33.5kg/hm^{2}时，作物吸收带走量接近理论最大值，分别为 157.7kg/hm^2、22.8kg/hm^2，氮、磷的实际输入量在 2008 年分别为 167.3kg/hm^2、30.5kg/hm^2，低于该输入量值，但作物吸收带走量分别为 172.2kg/hm^2、24.5kg/hm^2，高于作物理论最大可能吸收量。

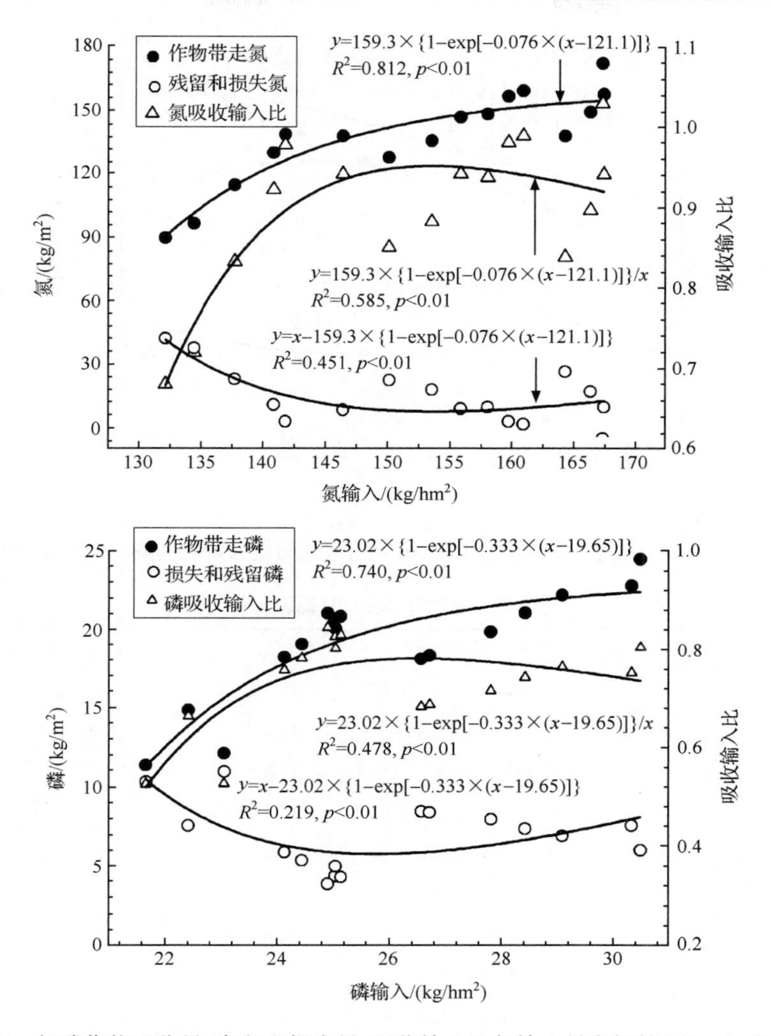

图 3-15 氮磷作物吸收量、存留和损失量、吸收输入比与输入量之间的 Mitscherlich 关系

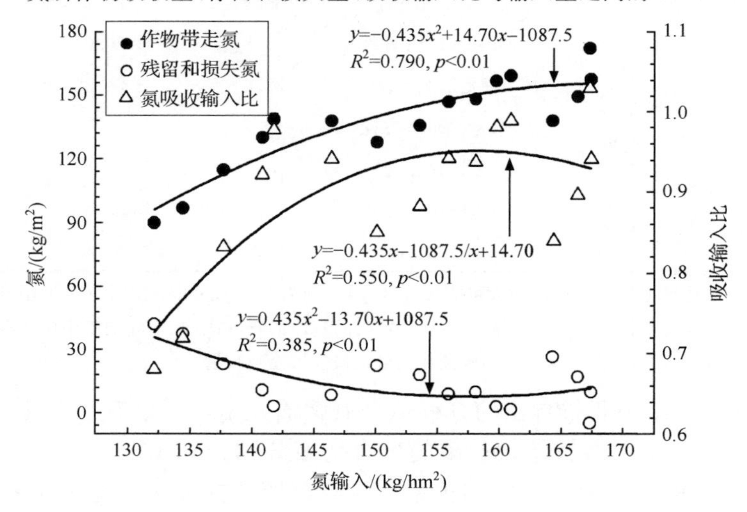

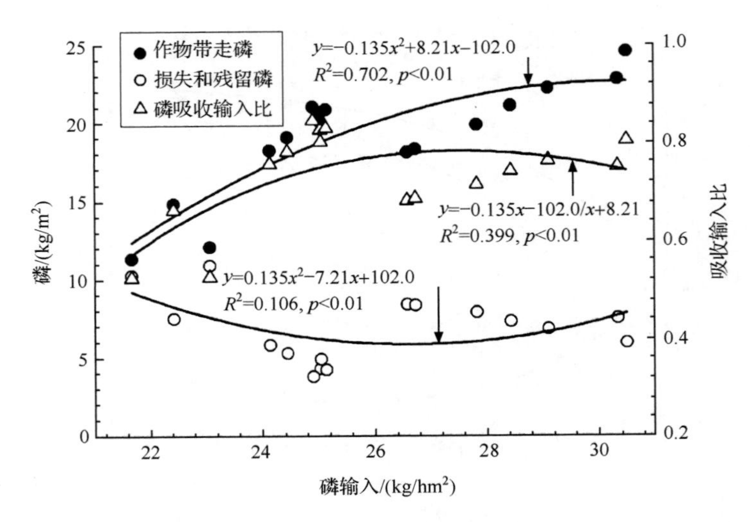

图 3-16 氮磷作物吸收量、存留和损失量、吸收输入比与输入量之间的一元二次方程关系

表 3-8 氮磷输入输出模拟极值

养分	模式	2008 年实际值	模拟方程	作物吸收最大	存留和损失最小	吸收输入比最大
氮	养分输入/(kg/hm²)	167.3	Mitscherlich 方程	181.5	153.8	154.5
			一元二次方程	169.2	157.6	158.2
	作物吸收/(kg/hm²)	172.2	Mitscherlich 方程	157.7	146.2	146.8
			一元二次方程	155.7	150.0	150.5
	存留和损失/(kg/hm²)	−4.93	Mitscherlich 方程	23.7	7.6	7.6
			一元二次方程	13.4	7.7	7.7
	吸收输入比	1.03	Mitscherlich 方程	0.87	0.95	0.95
			一元二次方程	0.92	0.95	0.95
磷	养分输入/(kg/hm²)	30.5	Mitscherlich 方程	33.5	25.8	26.5
			一元二次方程	30.4	26.7	27.5
	作物吸收/(kg/hm²)	24.5	Mitscherlich 方程	22.8	20.0	20.7
			一元二次方程	22.6	20.8	21.5
	存留和损失/(kg/hm²)	5.98	Mitscherlich 方程	10.7	5.7	5.8
			一元二次方程	7.7	5.9	6.0
	吸收输入比	0.80	Mitscherlich 方程	0.68	0.78	0.78
			一元二次方程	0.75	0.78	0.78

注：Mitscherlich 方程模拟的作物理论最大可能吸收氮、磷分别为 159.3kg/hm²、23.02kg/hm²，该理论最大值为输入量无限大时趋近的作物吸收量，因此不可能计算得到对应的具体的输入值，此处分别使用作物吸收氮、磷量为该最大值的 99%时的 157.7kg/hm²、22.8kg/hm²，表征作物理论最大可能吸收量。

基于 Mitscherlich 方程推导出的方程拟合氮磷输入量与氮磷存留和损失量的关系，相对于与作物带走量的关系较差，氮、磷的拟合优度分别为 0.451、0.219，但相关关系显著($p<0.01$)，基本能反映两者之间的关系。氮磷存留和损失量在输入量较小时与之呈

负相关，在输入量较大时与之呈正相关。由方程可得到其拐点分别在氮、磷输入量为153.8kg/hm^2、25.8kg/hm^{2}处，相应的氮、磷存留和损失量别为7.6kg/hm^2、5.7kg/hm^2。

基于Mitscherlich方程推导出的方程拟合氮磷输入量与氮磷吸收输入比的关系，相对于与作物带走量的关系较差，相对于与氮磷存留和损失量的关系较好，氮、磷的拟合优度分别为0.585、0.478，相关关系显著（$p<0.01$），能反映两者之间的关系。氮磷吸收输入比在输入量较小时与之呈正相关，在输入量较大时与之呈负相关。由方程可得到其拐点分别在氮、磷输入量为154.5kg/hm^2、26.5kg/hm^{2}处，相应的氮、磷吸收输入比别为0.95、0.78。

一元二次方程的模拟结果（图3-16）和Mitscherlich方程结果相比，从拟合优度看，前者的拟合效果比后者略差，但相差不大。从存留和损失最小值、吸收输入比最大值等方程的极值看，两者的拟合结果相近。从作物吸收最大值看，Mitscherlich方程模拟的最大值要大于一元二次方程的最大值，但当Mitscherlich方程输入一元二次方程模拟的最大输出量对应的输入量时，其模拟的输入量和一元二次方程的输出量相近。总体而言，一元二次方程和Mitscherlich方程两者对单位面积作物吸收、吸收输入比、存留和损失量与氮磷输入的响应关系模拟结果相近。

2. 氮磷输入调整的优化方案

由以上的分析可知，Mitscherlich方程的模拟效果比一元二次方程的模拟效果略好，故此处基于Mitscherlich方程的模拟结果设定氮磷输入调整的优化方案。

2008年，三江平原氮、磷输入量分别为167.3kg/hm^2、30.5kg/hm^2，实际作物吸收量为172.2kg/hm^2、24.5kg/hm^2，氮、磷存留和损失量分别为－4.9kg/hm^2、6.0kg/hm^2，实际利用氮、磷吸收输入比为1.03、0.80。当输入2008年的氮磷输入量时，模型模拟作物氮、磷吸收量为154.6kg/hm^2、22.4kg/hm^2，模型模拟氮、磷存留和损失量分别为12.6kg/hm^2、8.1kg/hm^2，模型模拟氮、磷吸收输入比为0.92、0.73，作物吸收量、吸收输入比的模拟值较实际值偏小，存留和损失量的模拟值比实际值大，特别是氮的差距较大，原因在于作物吸收了土壤本底的氮、磷，导致实际的吸收量和吸收输入比偏高。

对氮、磷输入方案进行优化调整，若以作物吸收量最大为目标，即追求作物产量最高，则应不断提高氮、磷的输入量，但相应的边际效益将递减，选择氮、磷作物吸收量为157.7kg/hm^2、22.8kg/hm^{2}时对应的氮、磷输入量181.5kg/hm^2、33.5kg/hm^{2}为最大输入量终点，即应在现状的基础上提高氮、磷的输入量。此时，土壤中氮、磷的存留和损失量分别为23.7kg/hm^2、10.7kg/hm^2，氮、磷的吸收输入比分别为0.87、0.68，即土壤中存留和损失量将会提升，氮、磷吸收输入比将会下降，存留量的提升扭转了亏损状态，损失量的提升则增大了氮、磷对水环境和大气环境的压力，氮、磷吸收输入比的下降减轻了对土壤本底氮、磷的消耗。

若以氮磷在土壤中的存留和损失量最小化为目标，即损失氮磷对水环境和大气环境的压力最小化为目标，即选择图3-15中存留和损失量曲线的拐点处的输入量，其氮、磷输入量分别为153.8kg/hm^2、25.8kg/hm^2，即在现状的基础上减少氮、磷的输入量。此时，作物带走的氮、磷量分别为146.2kg/hm^2、20.0kg/hm^2，氮、磷吸收输入比分别为0.95、

0.78，即农作物产量将有所降低，氮、磷吸收输入比将有所上升，且土壤氮仍将维持亏损状态，而磷盈余状态则会有所缓解。

目前三江平原氮处于亏损状态，磷处于盈余状态，且由上节的对比可知，三江平原化肥氮输入量较全国水平偏低，故氮应选择第一种调整方案以扭转亏损局面和维持土壤肥力，磷应选择第二种调整方案以减少盈余量和缓解对水环境、大气环境的压力，即提高氮输入量至 181.5kg/hm²、降低磷输入量至 25.8kg/hm²（表 3-9）。相对于 2008 年的输入水平，氮输入量应增加 14.2kg/hm²、磷输入量应减少 4.7kg/hm²，以 2008 年的农田面积为 405.3 万公顷计算，相当于增加氮输入总量 5.7 万 t、减少磷输入总量 1.9 万 t，分别折算成硫酸铵、过磷酸钙为 28.7 万 t、27.2 万 t。

表 3-9　三江平原农田土壤氮磷调整方案

养分	2008 年养分输入量/(kg/hm²)	优化调整目标/(kg/hm²)	单位面积调整量/(kg/hm²)	区域调整总量/万 t	化肥当量/万 t
氮输入	167.3	181.5	14.2	5.7	28.7
磷输入	30.5	25.8	−4.7	−1.9	−27.2

注：总量由单位面积量和农田面积乘积的来，农田面积按 2008 年的 405.3 万公顷计算；氮化肥当量以硫酸铵计，按含氮量 20%计算；磷化肥当量以过磷酸钙计，按有效 P_2O_5 为 16%计算。

3.3.3　不确定性分析

氮磷平衡核算和评价中受到参数、输入数据、模型等因素的影响，存在以下四方面的不确定性：第一，由于无法获得所有输入项和输出项的计算参数，以及无法获得在区域间差异性的计算参数，导致氮磷平衡核算并非百分之百的平衡体系，而是以主要输入和输出项为主的平衡，且忽略了地区间的差异。第二，受可获得数据的限制，氮、磷输入量数据分别在 132.1～167.3kg/hm² 之间、21.7～30.5kg/hm² 之间，模拟区间较小，时间范围也仅在 1993～2008 年，可用于模拟的数据量也较少，导致两个模型所模拟计算的拟合参数可能存在较大的不确定性，对于模拟结果不可轻易外推。第三，受参数值和输入数据值本身误差的影响，所计算结果值的大小也存在一定不确定性。第四，所用到的两个模型并没有考虑氮、磷之间的协同效应，也增加了模型参数的不确定性。

对氮磷的输入量、输出量、平衡量的不确定性进行量化分析，依据 Smaling 等对氮磷平衡核算中不确定性的相对大小的分类，确定氮磷平衡核算中各输入和输出项的变化范围为三类，如表 3-10 所示，由此计算出氮磷输入量、输出量和平衡量的变化范围如图 3-17 所示。由图 3-17 中数据经计算可知，历年氮、磷输入量的变化范围均值分别为±7%、±4%，历年氮、磷输出量的变化范围分别为±12%、±10%，氮磷的输入项的不确定性明显小于输出项的不确定性，且氮输入输出项的不确定性明显大于磷的不确定性。当这些不确定性累加到氮磷平衡量上时，带来更大的不确定，导致氮磷平衡量的波动范围更大。

表 3-10　不确定性分析参数

不确定性类别	变化范围/%	输入和输出项
第一类	±3	化肥、种子
第二类	±10	有机肥、干湿沉降、生物固氮、作物带走
第三类	±25	氨气挥发、反硝化、径流侵蚀、淋溶损失

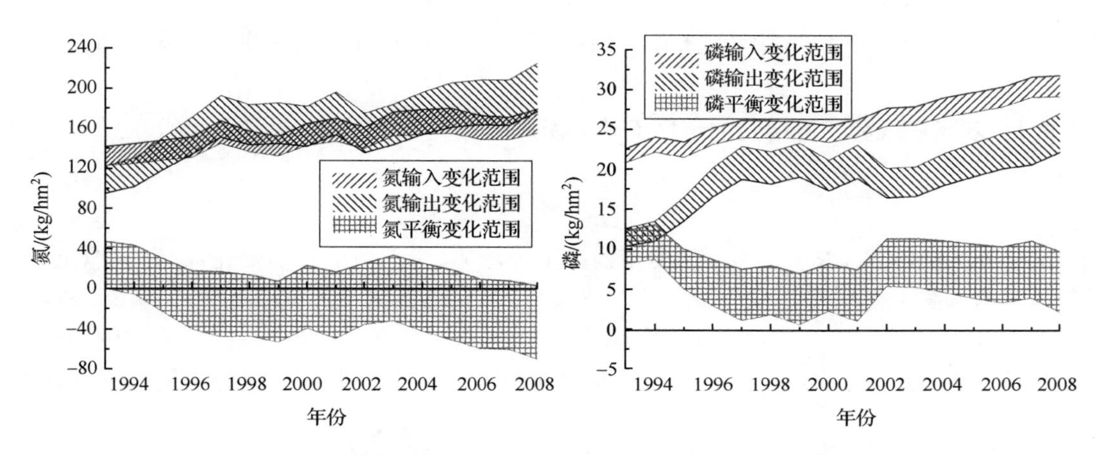

图 3-17　氮磷输入量、输出量、平衡量不确定性分析的变化范围

在此基础上，对氮磷输入的优化调整方案进行不确定性分析，以最大可能氮磷输入量对应最小可能作物带走氮磷量、最小可能氮磷输入量对应最大可能作物带走氮磷量为两种极端情况为例，分别代表最大可能盈余情景、最大可能亏损情景，进行输入与输出拟合并给出氮磷输入调节量的变化范围，分析优化调整的不确定性，结果如表 3-11 所示。由表 3-11 可知，氮的调节量波动范围较大，且在最大可能盈余情景下为盈余状态，需要减少氮输入，而磷的调节量波动范围较小，在两种极端情况下均为盈余状态，需要减少磷输入。同时，由图 3-17 可知，氮的平衡状态可能为亏损和盈余两种，但亏损部分所占面积更大，而磷只有盈余状态，这表明上节中判断的三江平原地区氮处于亏损状态、磷处于盈余状态的结论更为可靠，故而表 3-10 不确定性分析参数给出的增加氮输入、减少磷输入的结论更可靠。

表 3-11　优化调整方案的不确定性范围

养分	单位面积调整量/(kg/hm²)	区域调整总量/万 t	化肥当量/万 t
氮输入	−17.1 ～ 15.3	−6.9 ～ 6.2	−34.7 ～ 30.9
磷输入	−5.4 ～ −4.1	−2.2 ～ −1.7	−31.4 ～ −23.8

为了减少以上不确定性对决策的不利影响，建议采用逐步逼近的方法选择最优氮磷输入量，即在进行氮磷输入水平调整时，应本着谨慎的原则，以模型计算的调整目标为参照值，在现状的基础上逐步调整，然后依据进一步的氮、磷输入量及其相应的作物吸收量响应数据，计算更新后的模型各参数，依据新的参数再调整下一步的氮、磷输入量，最终实现在氮磷盈亏互补的情况下，达到氮磷调整目标。

应注意到，本节所计算的氮、磷的输入量数据，为区域尺度的宏观数值，而非田间尺度的微观数值，不能用于指导田间的氮、磷的输入调整，重在指导区域尺度的氮磷输入调整政策。由于最优输入量根据各地区的作物品种、灌溉条件、耕作习惯、气候条件等有较大差异，使用测土施肥法难以确定宏观区域的农田到底应该使用多少为好，需要反复的长期、大批量实验，成本过高，而本方法较为简单且成本较低。

3.4 农场模式和家庭承包模式对区域土壤氮磷平衡的影响

3.4.1 农场模式和家庭模式的土壤氮磷平衡差异

1. 土壤氮磷平衡

1993～2008年，农场土地土壤氮平衡呈下降趋势、磷平衡呈波动变化，家庭土地土壤的氮平衡和磷平衡均呈波动变化(图3-18)。其中农场土壤氮平衡为－53.3～27.6kg/hm^2、磷平衡为1.9～11.6kg/hm^2，家庭土壤氮平衡为－10.5～36.7kg/hm^2、磷平衡为3.4～12.4kg/hm^2。农场土壤氮平衡的变化范围大于家庭土壤氮平衡的变化范围，而磷

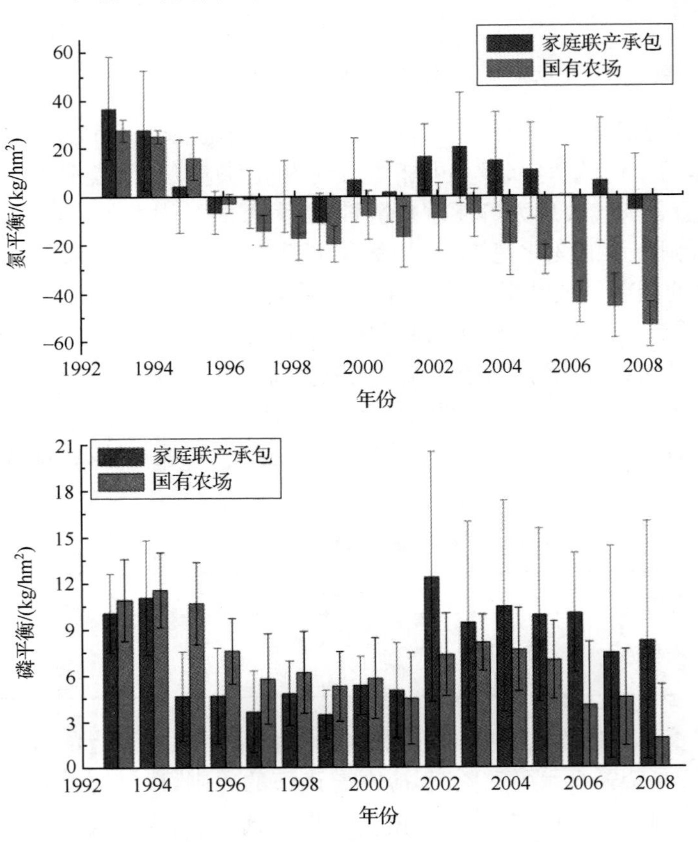

图3-18 1993～2008年农场和家庭土壤氮、磷平衡值

平衡的变化范围则相近。将16年间的氮磷平衡量相加，农场土壤氮累计亏损214kg/hm²、家庭土壤氮累计盈余121kg/hm²，农场土壤磷平衡累计盈余120.7kg/hm²、家庭土壤磷累计盈余109.1kg/hm²。总之，农场土壤氮倾向于亏损、磷倾向于盈余，而家庭土壤氮、磷均倾向于盈余。

家庭土壤氮磷平衡的变异系数要大于农场土壤氮磷平衡的变异系数。农场土壤氮平衡的变异系数为11%～161%，平均值为64%，家庭土壤氮的变异系数为58%～21 293%，平均值为1938%。农场土壤磷平衡的变异系数为21%～183%，平均值为52%，家庭土壤磷平衡的变异系数为25%～95%，平均值为58%。16年中，家庭土壤氮、磷平衡的变异系数有14年大于农场的氮、磷平衡的变异系数。农场和家庭的氮磷输入、输出、吸收输入比的变异系数的变化规律和氮磷平衡的变异系数的变化规律相似。

2. 土壤氮磷输入

1993～2008年，农场和家庭土壤氮磷输入总体上均处于增长状态(图3-19)。农场土壤氮输入从1993年的135kg/hm²增长到了2008年的170kg/hm²，家庭土壤氮输入从1993年的131kg/hm²增长到了2008年的164kg/hm²，农场土壤氮输入量和家庭土壤氮输入量相近。其中，农场上的化肥氮输入量从1993年的42kg/hm²增长到了2008年的74kg/hm²，增长幅度较大，但家庭的化肥输入量在1993年为58kg/hm²，在2008年为56kg/hm²，几乎没有变化。相反，家庭土壤的生物固氮输入量有较大幅度增长，但农场土壤的生物固氮输入量则呈波动变化。农场和家庭土壤的有机肥氮输入量均呈增长状态。受本方法假设条件的限制，种子和干湿沉降输入量在16年间没有太大变化。农场土壤磷输入量从1993年的22.6kg/hm²增长到2008年的32.1kg/hm²，家庭土壤磷输入量从1993年的20.6kg/hm²增长到2008年28.5kg/hm²，农场土壤的磷输入量总体上大于家庭土壤的磷输入量，而各分项磷输入量的动态变化趋势则和相应各分项氮输入量的动态变化趋势相似。

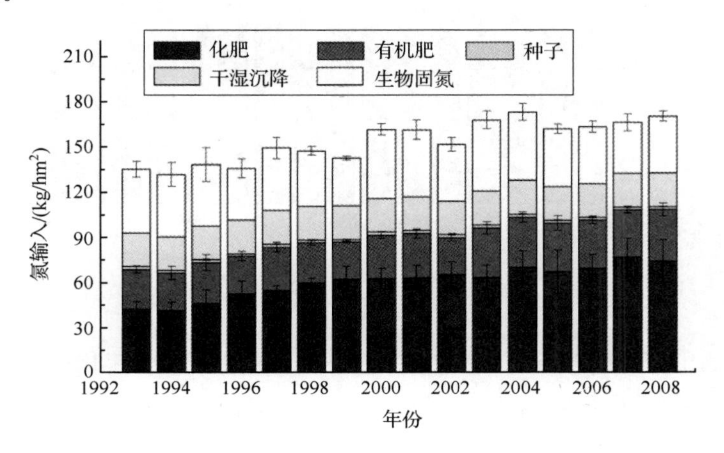

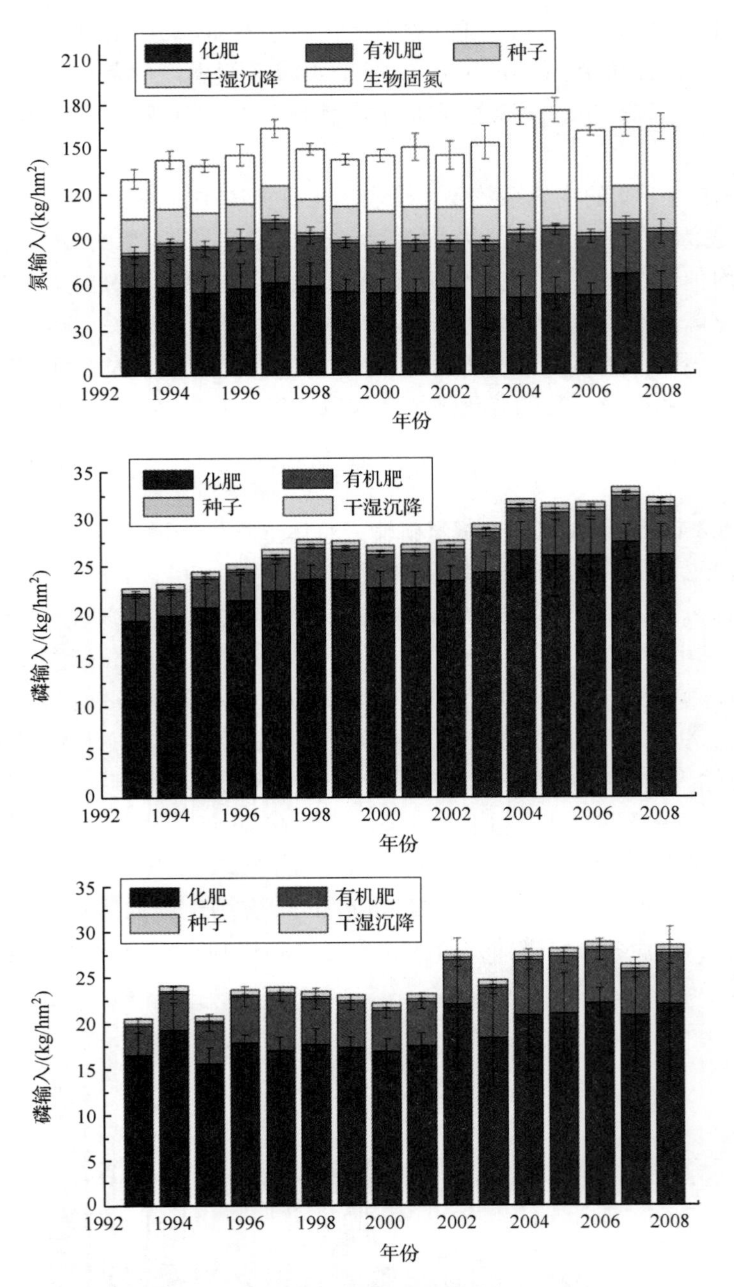

图 3-19　1993～2008 年农场(左)和家庭(右)氮磷输入

农场和家庭土壤氮磷输入组成相似(图 3-19)。1993～2008 年化肥、有机肥、种子、干湿沉降、生物固氮的土壤氮输入平均所占比例，农场分别为 39.3%、18.8%、1.2%、14.7%、26.0%，家庭分别为 37.1%、22.0%、1.2%、14.7%、25.1%。对于农场和家庭而言，化肥均是主要的输入项。不同的是，农场的化肥输入所占比例在逐年增加，从 1993 年的 31.4%增加到 2008 年的 43.7%，家庭的化肥输入所占比例在逐年减少，从 1993 年的

44.4%降低到 2008 年的 33.9%；农场的生物固氮输入所占比例逐年减少，从 1993 年的 31.2%到 2008 年的 22.1%，家庭的生物固氮输入所占比例逐年增加，从 1993 年的 20.4%上升到 2008 年的 27.7%。1993～2008 年化肥、有机肥、种子、干湿沉降的土壤磷输入平均所占比例，农场分别为 83.5%、13.3%、1.1%、2.1%，家庭分别为 76.4%、20.3%、0.9%、2.4%。农场中化肥输入量所占比例比家庭化肥输入量所占比例大，但家庭中有机肥输入量所占比例比农场有机肥输入量所占比例大。化肥为主要的磷输入项，且两者所占比例从 1993～2008 年有所减少。土壤氮的输入各项比土壤磷的输入各项更均匀。

3. 土壤氮磷输出

1993～2008 年，农场土壤氮输出总体上呈增长趋势，从 1993 年的增长 108kg/hm^{2}到 2008 年的 224kg/hm^2（图 3-20）。家庭土壤氮输出从 1993 年的 94kg/hm^{2}增长到 1997 年的 165kg/hm^{2}之后，开始波动变化，没有明显上升。故在 1997 年之后，农场土壤的氮输出量大于家庭土壤的氮输出量。农场和家庭土壤的作物带走氮输出量的动态变化趋势和总的氮输出量变化趋势相近，农场的作物带走氮量明显大于家庭的作物带走氮量，表明农场种植比对家庭种植带来的土壤利用强度更大。农场的氨气挥发、反硝化、径流侵蚀、淋溶损失等氮输出项处于增长状态，家庭的则为波动变化。磷输出的动态变化趋势则和氮输出的动态变化特征相似，只是磷输出量比氮输出量小。

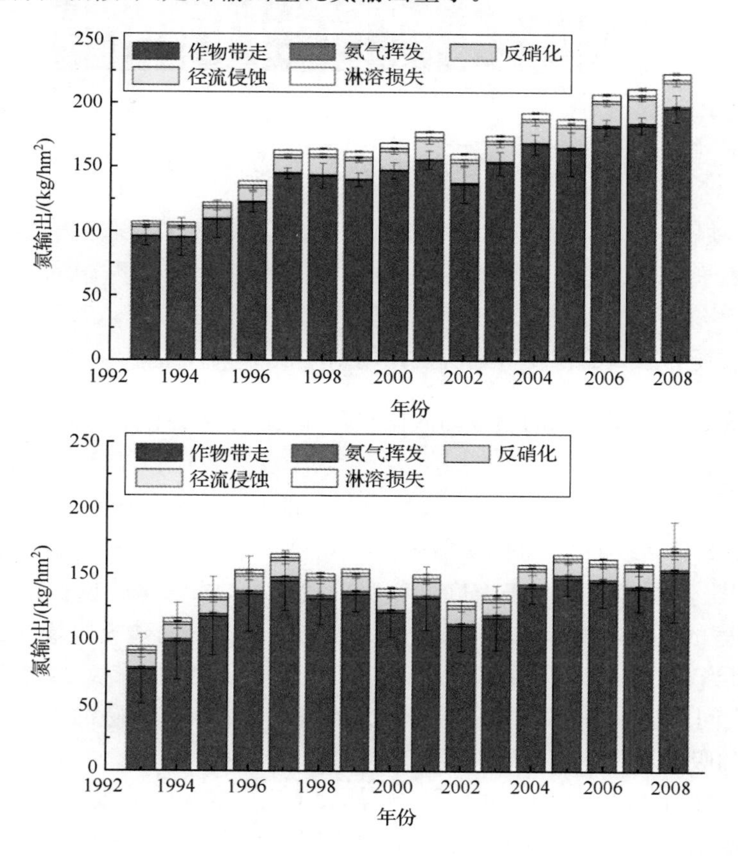

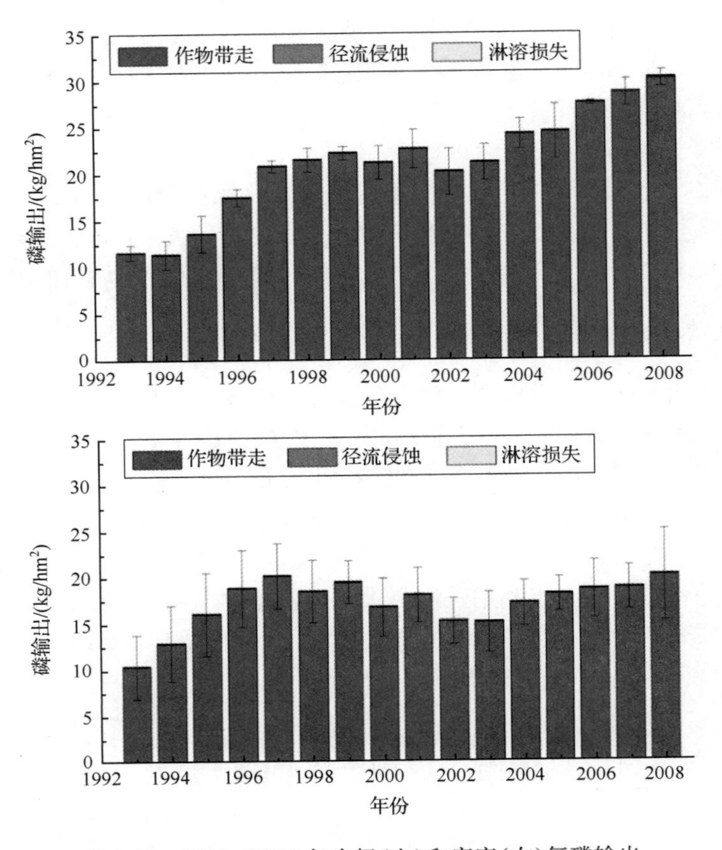

图 3-20　1993～2008 年农场(左)和家庭(右)氮磷输出

各氮输出项所占比例在农场和家庭土壤中相似(图 3-20)。氮输出项中，1993～2008 年作物带走、氨气挥发、反硝化、径流侵蚀、淋溶损失等氮输出项平均所占比例，农场平均为 87.7%、0.5%、8.0%、1.5%、2.3%，家庭平均为 87.2%、1.4%、7.7%、1.6%、2.1%。磷输出项中，农场和家庭的作物带走所占比例则均在 98%以上。

3.4.2　农场模式和家庭模式的吸收输入比和氮、磷比例特征差异

1. 土壤吸收输入比

1993～2008 年，农场和家庭的吸收输入比均是先增长，后趋于平稳(图 3-21)。农场的氮吸收输入比多数情况下大于家庭的氮吸收输入比，农场的氮吸收输入比在 0.71～1.16 之间，家庭的氮吸收输入比在 0.59～0.94 之间。农场的磷吸收输入比和家庭的磷吸收输入比相当，农场的磷吸收输入比在 0.50～0.95 之间，家庭的磷吸收输入比在 0.51～0.84 之间。且农场和家庭的氮平均吸收输入比为 0.89，磷的平均吸收输入比为 0.73，表明氮的吸收输入比大于磷的吸收输入比。

由图 3-21 可知，农场的吸收输入比一般都大于家庭的吸收输入比。农场和家庭处于同一区域，气候条件、土壤特征和土壤肥力条件都相近，但农场拥有更好地农机设备、水利

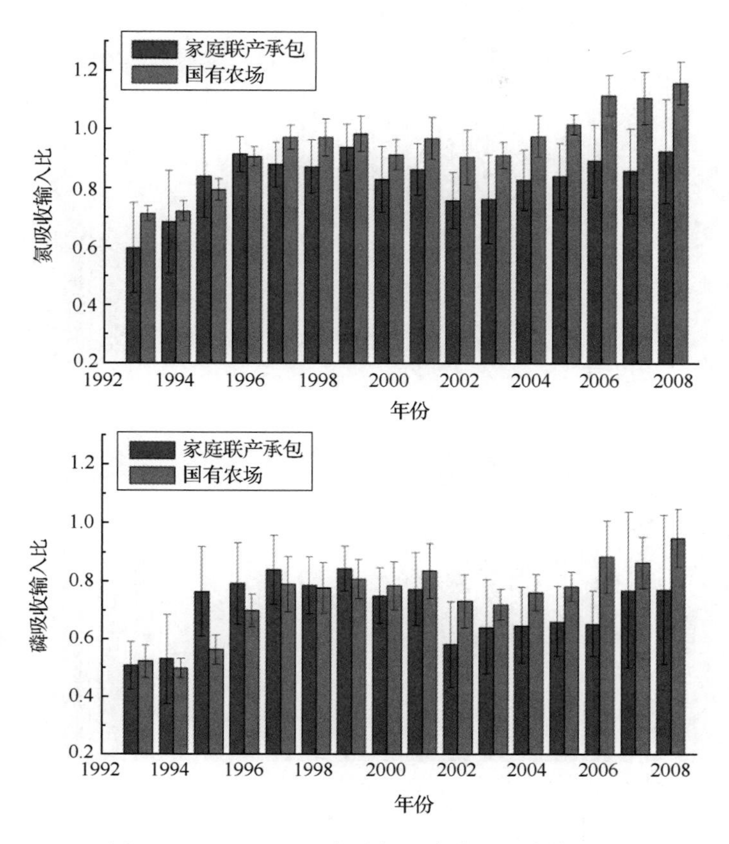

图 3-21　1993～2008 年农场和家庭的吸收输入比

设施和管理措施，由此可能导致农场的吸收输入比较高。因此，农场上的养分输入和相应的作物带走养分量都比家庭上的高。三江平原的耕地主要是从湿地和森林开垦而来，且耕作时间多数不超过 50 年，几乎是中国肥力最好的土地，故而多数氮吸收输入比和磷吸收输入比都分别在 0.8、0.65 之上，有时甚至还超过 1。

2. 土壤氮磷之比

农场和家庭的养分输入量的氮磷之比小于作物带走养分的氮磷之比(图 3-22)。农场上养分输入量的氮磷之比在 5.0～6.0 之间，家庭上则在 5.2～6.9 之间，家庭上的养分输入的氮磷之比大于农场上的养分输入的氮磷之比。家庭上的作物带走养分的氮磷之比多数也比农场上的作物带走养分的氮磷之比大，相反，农场上损失养分的氮磷之比多数比家庭上的损失养分的氮磷之比大。较低的氮磷输入比和较高的氮磷损失比使得农场上氮的供应不足。

三江平原农场和家庭土壤的养分输入的氮磷比均小于作物带走养分的氮磷比，且作物吸收氮量大于磷量，进而导致土壤中氮更容易亏损、磷更容易盈余。而农场土壤氮的吸收输入比大于家庭土壤氮的吸收输入比，故农场比家庭土壤氮更倾向于亏损。因此，农场土壤出现了氮亏损，而家庭土壤的作物带走氮已经接近最大可能作物带走氮，所以家庭土

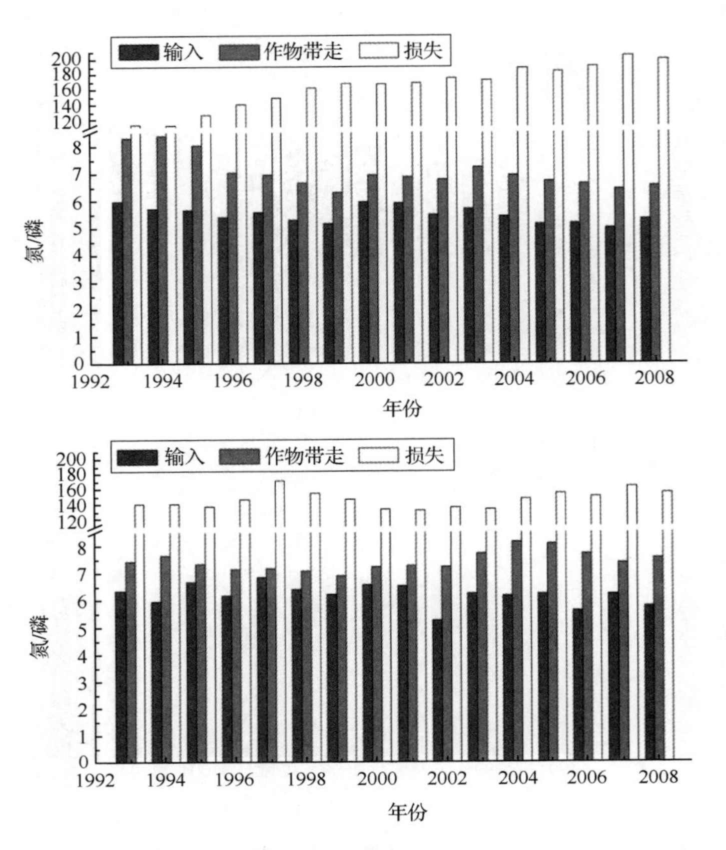

图 3-22　1993～2008 年农场(左)和家庭(右)养分输入、作物带走、损失的氮磷之比

壤出现了氮盈余,磷则在农场和家庭土壤中均出现了盈余。不同的是,农场的磷盈余是由于氮磷比过低限制了作物对磷的吸收,家庭的磷盈余则是由于磷输入量过高引起的。

3.4.3　农场模式和家庭模式的土壤氮磷输入输出响应的差异

1. 土壤氮磷输入与作物吸收的响应特征

对于农场和家庭土壤,Mitscherlich 方程能很好地模拟氮输入与作物带走氮之间的关系,拟合优度分别达到 0.5860 和 0.5138,回归方程显著,显著性水平为 0.01;Mitscherlich 方程也能较好模拟磷输入与作物带走磷之间的关系,但对农场的拟合优度更高,为 0.5323,对于家庭的拟合优度较低,为 0.1460,回归方程均显著,显著性水平为 0.01(图 3-23)。回归曲线为指数型,分快速上升、慢速上升、平稳三个部分。农场土壤氮的回归曲线位于家庭土壤氮回归曲线的上方,表明当输入等量的氮时,农场土壤通过作物带走氮量更多。在磷输入量小于 23.9kg/hm^{2}时,当输入等量的磷时,家庭土壤作物吸收更多的磷;在磷输入量大于 23.9kg/hm^{2}时,农场土壤作物吸收更多的磷。由图 3-23 中的方程可计算出,当氮输入量在农场和家庭上分别为 514.5kg/hm^2、218.8kg/hm^{2}时,作物带走氮量分别为 259.8kg/hm^2、151.7kg/hm^2,接近最大可能作物带走氮量;当磷输入了量在农场和家庭上分别为 301.5kg/hm²、19.3kg/hm² 时，作物带走磷量分别为 78.2kg/hm²、19.3kg/hm²，接近最大可能作物带走磷量。

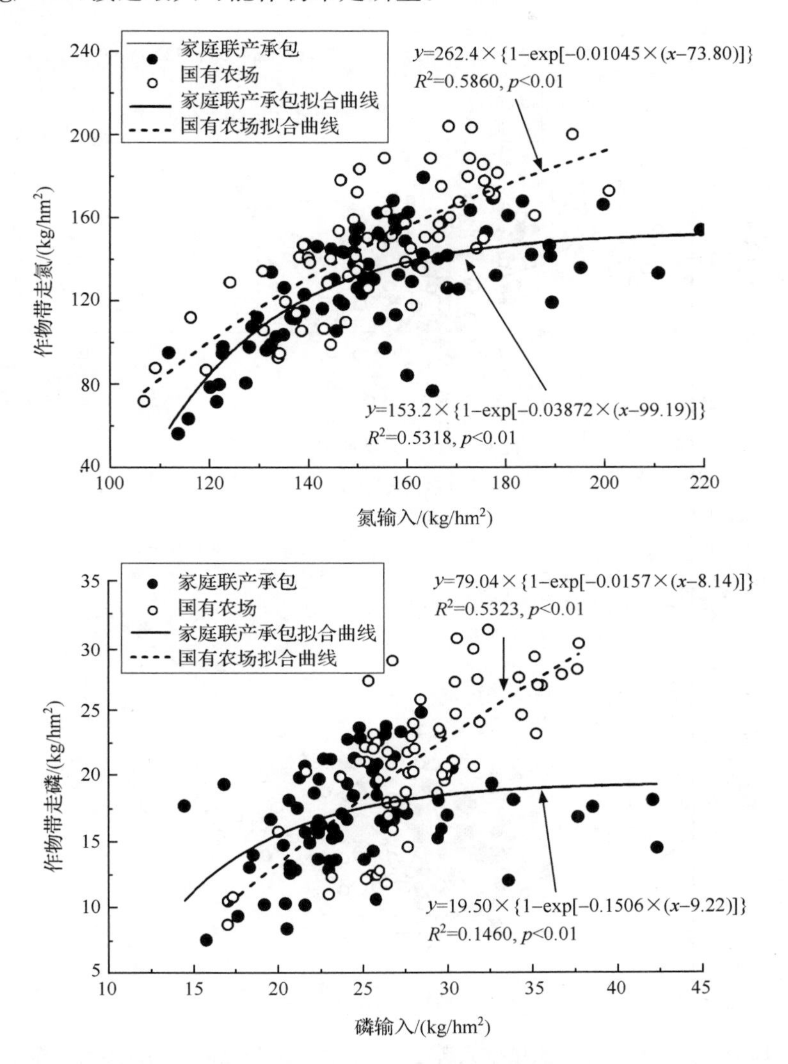

图 3-23　农场和家庭土壤的氮磷输入与作物吸收关系及其 Mitscherlich 方程拟合曲线

2. 土壤氮磷输入与氮磷损失和存留的响应特征

存留和损失氮模拟方程由 Mitscherlich 方程推导而来，对家庭土壤氮磷的模拟较好，对农场土壤氮磷的模拟很差(图 3-24)。虽然农场的氮、磷拟合优度较差，但从计算点的分布情况来看，在氮、磷输入量相等时，家庭比农场的存留和损失氮磷量要大。氮磷存留和损失曲线的趋势为，随着氮磷输入量的增加，先下降后上升，故而氮磷存留和损失量在拐点处即是最小值。由图 3-24 中的方程可计算出，当氮输入量在农场和家庭上分别为 170.3kg/hm²、145.2kg/hm² 时，氮存留和损失量最小，分别为 3.6kg/hm²、17.8kg/hm²

(该数值可靠性低,此处给出仅供参考);当磷输入了量在农场和家庭上分别为 22.0kg/hm²、16.4kg/hm²时,磷存留和损失量最小,分别为 6.5kg/hm²、3.5kg/hm²。

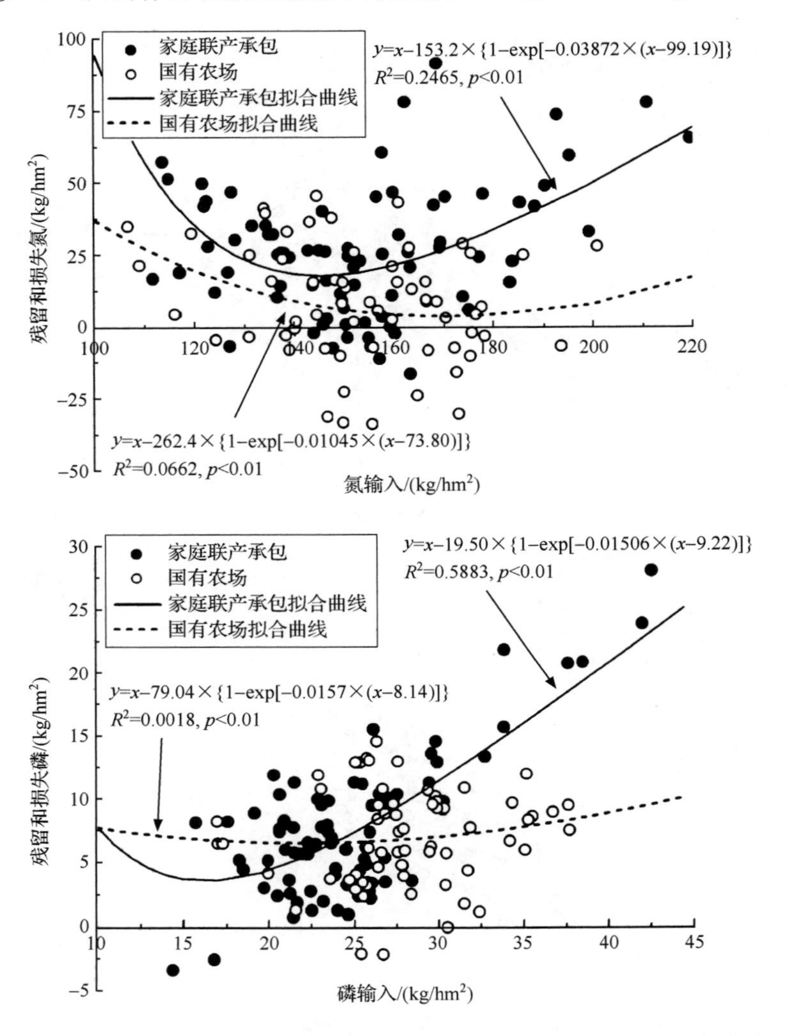

图 3-24　农场和家庭土壤中氮磷输入与存留和损失氮磷之间的拟合关系

3. 土壤氮磷输入与吸收输入比的响应特征

吸收输入比的拟合曲线也是由 Mitscherlich 方程推导而来,其拟合优度也比原 Mitscherlich 方程差(图 3-25)。农场的氮吸收输入比拟合曲线位于家庭的氮吸收输入比拟合曲线之上,表明在氮输入量相等时,农场的氮吸收输入比更高。对于磷的吸收输入比,在磷输入量较低时家庭的磷吸收输入比更高,在磷输入量较高时农场的磷吸收输入比更高。吸收输入比的趋势为,随着养分输入量的增长,吸收输入比先上升后下降,故而在拐点处即最大吸收输入比。由图 3-25 中的方程可知(以下数值可靠性较低,此处给出仅供分析和参考),农场土壤氮输入量为 172.4kg/hm²时,氮吸收输入比最高,为 0.98,家庭土壤氮输入为 148.5kg/hm²时，吸收输入比最高，为 0.88；农场土壤磷输入量为 37.8kg/hm²时，磷吸收输入比最高，为 0.78，家庭土壤磷输入量为时 17.9kg/hm²，吸收输入比最高，为 0.79。

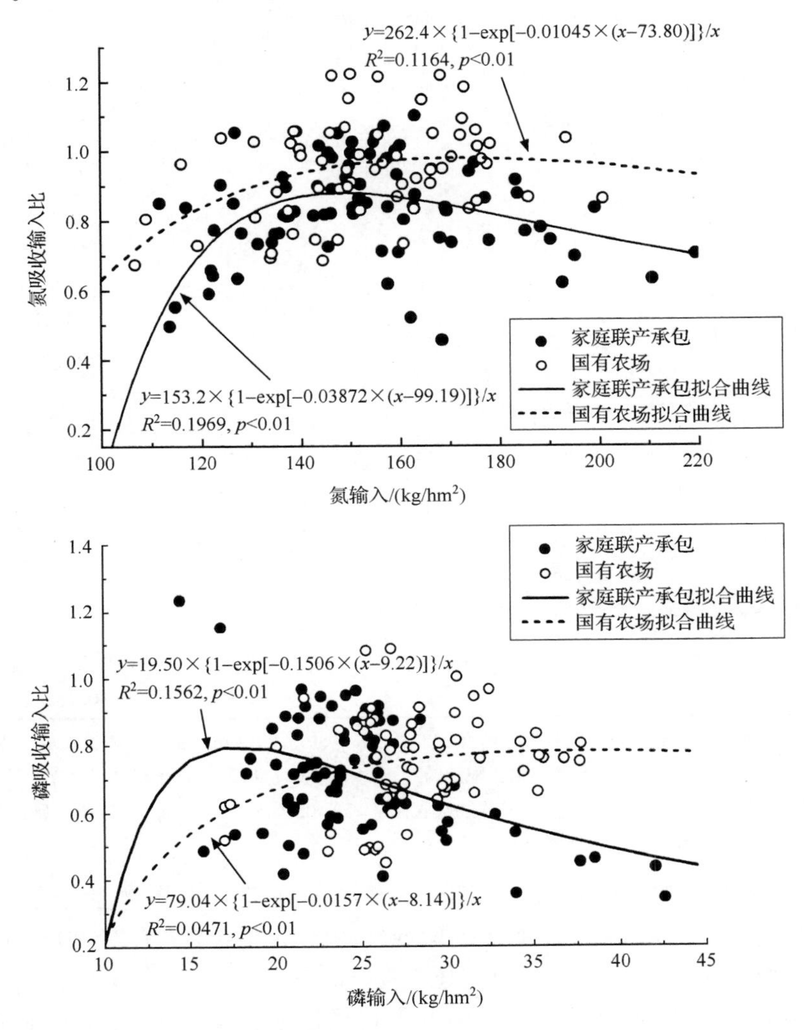

图 3-25　农场和家庭土壤氮磷输入与吸收输入比之间的拟合关系

3.4.4　氮磷输入调整的差异和重点

受尺度效应的影响，以三江平原为模拟对象给出的优化调整结果和将三江平原分为农场与家庭两种模式为模拟对象给出的优化调整结果会有所不同，由于后者数据波动范围大且进行方程拟合时的拟合优度低于前者，故此处认为前者的定量结果可靠性更高，定量结果以前者为准，而后者则从定性的角度分析，不再针对后者提出量化调整的方案，而着重讨论在优化调整中农场和家庭的侧重点。

将上节中 3 个模型的极值点汇总如表 3-12，其中关于存留和损失、吸收输入比的模拟的拟合优度很低，故而其计算出来的值的可靠性也低，但此处一并列出，仅供参考。

表 3-12　Mitscherlich 方程变量极值分析

养分	模式	参数	2008 年实际值	作物吸收最大值	存留和损失最小值	吸收输入比最大值
氮	农场	养分输入/(kg/hm²)	170.3	514.5	170.3	172.4
		作物吸收/(kg/hm²)	196.5	259.8	166.7	168.8
		存留和损失/(kg/hm²)	−26.2	254.7	3.6	3.6
		吸收输入比	1.16	0.50	0.98	0.98
	家庭	养分输入/(kg/hm²)	64.3	218.1	145.2	148.5
		作物吸收/(kg/hm²)	151.7	151.7	127.4	130.5
		存留和损失/(kg/hm²)	12.5	66.5	17.8	18.0
		吸收输入比	0.93	0.70	0.88	0.88
磷	农场	养分输入/(kg/hm²)	32.1	301.5	22.0	37.8
		作物吸收/(kg/hm²)	30.1	78.2	15.5	29.5
		存留和损失/(kg/hm²)	2.0	223.2	6.5	8.3
		吸收输入比	0.95	0.26	0.70	0.78
	家庭	养分输入/(kg/hm²)	28.5	39.8	16.4	17.9
		作物吸收/(kg/hm²)	20.1	19.3	12.9	14.2
		存留和损失/(kg/hm²)	8.4	20.5	3.5	3.7
		吸收输入比	0.77	0.49	0.79	0.79

注：农场、家庭的作物理论最大可能吸收氮分别为 262.4kg/hm²、153.2kg/hm²，最大可能吸收磷分别为 79.04kg/hm²、19.50kg/hm²，由于该理论最大值为输入量无限大时趋近的作物吸收量，不可能计算得到对应的具体的输入值，此处分别使用最大可能吸收的 99%，即农场、家庭作物吸收氮量 259.8kg/hm²、151.7kg/hm²，作物吸收磷量 78.2kg/hm²、19.3kg/hm²，表征作物理论最大可能吸收量。

2008 年，家庭的作物吸收氮为 151.7kg/hm²，已经非常接近作物理论最大可能吸收氮，因此，即使进一步提高氮输入，理论上作物吸收氮量也不会有进一步提升。但是，2008 年农场作物吸收氮为 196.5kg/hm²，仍然还有提升的空间。

2008 年家庭的作物吸收磷为 20.1kg/hm²，已经超过了作物理论最大可能吸收磷，由拟合曲线和计算点分布推测，即使进一步加大磷输入，理论上作物吸收磷量不会有进一步提升。但是，2008 年农场作物吸收磷为 30.1kg/hm²，还远低于作物理论最大可能吸收磷量，仍然还有提升的空间。

总体而言，应通过提高氮输入、减少磷输入来提升养分输入的氮磷比例。考虑到土壤的氮磷平衡、作物最大可能氮磷带走量，农场土壤的氮磷输入量均应提高且氮的提升幅度应大于磷的提升幅度，而家庭土壤应避免进一步提升氮输入并应减少磷输入。从而，对于“氮磷输入调整的优化方案”中涉及的氮磷调整量，氮的增加量应以农场为主，磷的减少量应以家庭为主，且也应增加农场的磷输入量。

3.4.5 误差分析

家庭数据的变异系数大于农场数据的变异系数，这可能与家庭的不规则管理有关。家庭土地规模较小，参与耕作的人数更多，使用的管理方法也较多。例如，2008年有2010万个家庭耕作2260万公顷土地，平均每个家庭耕作1.12公顷，而对于农场，由65个国有农场耕作1780万公顷土地，平均每个农场耕作27 485公顷。家庭土地参与耕作管理的人数如此之多，各种耕作习惯于操作方法交织到一起，导致了数据的随机性较大、误差较大。而对于农场，由于组织管理较好且耕作管理措施相近，故数据的可控性强、误差较小。这些误差也进一步影响到了家庭土壤磷输入与作物带走磷的关系拟合上，导致相关性较低。

3.4.6 对区域农业和环境管理的启示

相比家庭，当输入等量的氮磷时，农场能够吸收更多氮磷、存留和损失更少氮磷，故而农场生产模式比家庭生产模式对生态环境产生更少的负面影响。同时，农场模式比家庭模式对土壤的利用强度更高，需要更多的氮磷输入和输出，若调节不当，对土壤的氮磷消耗大。因此，农场模式比家庭模式在土壤氮磷利用和环境保护方面有优势。

第 4 章　土地利用变化对土壤质量的影响

土壤质量是区域粮食安全及农业可持续发展的保障。近几十年来，农场式的大规模农业开发带来了大规模的土地利用/覆被和景观格局变化。农业活动改变了土壤环境和水文条件，导致水土流失严重、土壤肥力明显下降；农用化学品的大量应用也带来了各种土壤环境质量问题。因此，如何在大规模的农业发展中维持土壤质量，促进农场农业系统健康稳定，成为实现我国农业可持续发展的关键。

4.1　研究区概况

4.1.1　自然地理概况

研究区（八五九农场）位于三江平原东北部沿江三角洲亚区，地跨饶河、抚远两县，行政区划属饶河县，隶属黑龙江省农垦总局建三江分局管辖。地理坐标为北纬 47°18′～47°50′，东经 133°50′～134°33′，海拔 36～345m，总面积为 1355km²。整个地势由西南向东北倾斜。东濒乌苏里江，西与胜利农场相邻，南与饶河农场毗邻，北与前锋、前哨、二道河农场相接，其地理位置见图 4-1。

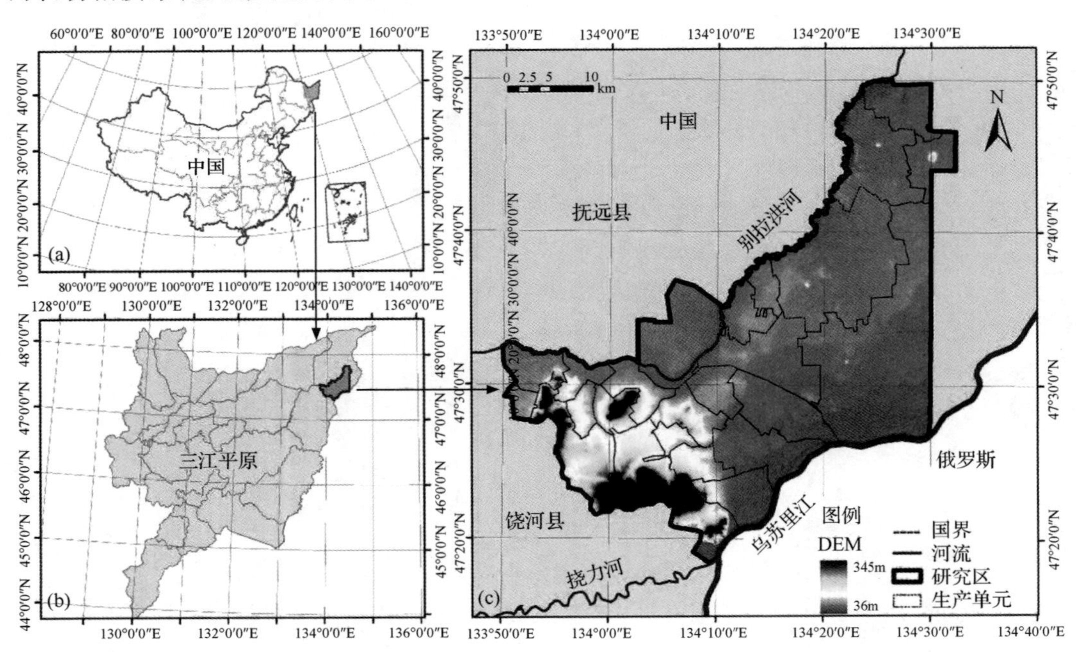

图 4-1　研究区地理位置图

土壤类型与土壤养分有着密不可分的关系，不同的土壤类型其理化性质及机械组成有较大差别，从而进一步影响土壤中营养物质的分解、迁移及转化过程。根据全国土壤普查办公室 1995 年编制并出版的《1：100 万中华人民共和国土壤图》，9 种土壤在研究区分布见图 4-2。

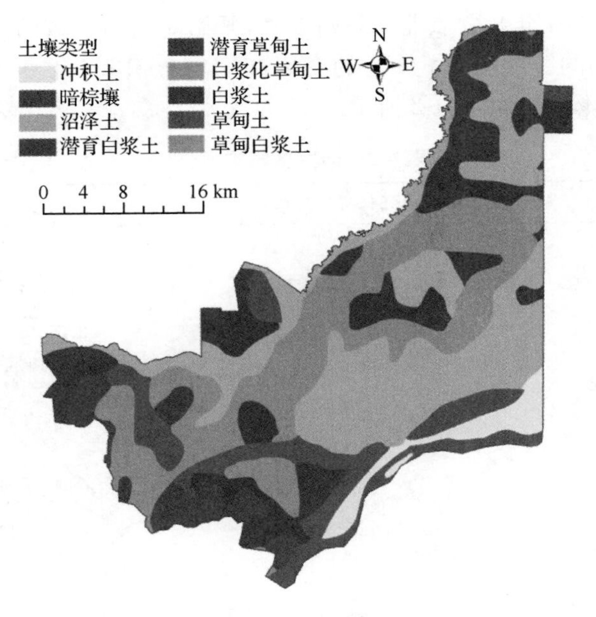

图 4-2　研究区土壤类型分布图

研究区 9 种土壤类型在我国土壤发生分类系统（genetic soil classification of China，GSCC）、美国土壤系统分类（soil taxonomy，ST）和联合国 FAO/UNESCO 的世界土壤图图例（FAO/UNESCO，U. N.）中的名称及分布面积比例如表 4-1 所示。

表 4-1　研究区土壤类型

GSCC	ST	FAO/UNESCO	占研究区面积/%
沼泽土	Humic Cryaquept	Gleysol	30.67
草甸白浆土	Glossoboralf	Albic Luvisol	25.92
潜育白浆土	Glossoboralf	Albic Luvisol	16.37
草甸土	Haplioboroll	Haplic Phaeozem	12.3
暗棕壤	Eutroboralf	Haplic Luvisol	5.51
白浆土	Glossoboralf	Albic Luvisol	4.74
冲积土	Fluvens	Fkuvisols	3.62
白浆化草甸土	Humic Cryaquept	Umbric Gleysol	0.64
潜育草甸土	Humic pegetic Cryaquept	Gelic Gleysol	0.23

研究区属寒温带季风性大陆气候。春季多大风，早春气温偏低；夏短促而湿热，雨量集中；秋季降雨量偏少，多干旱；冬季漫长，寒冷多雪。农场所在的饶河县地区，多年平均

降水量为579.1mm,最多年达754.8mm(1971年),最少年为284.6mm(1975年)。全年降水集中在6～9月,月最大降水量达193.7mm。日最大降水量为88.6mm。蒸发量多年平均1161mm。根据前后50余年及近三十年观测,夏季降雨集平均301.8mm,占全年52%;冬季降水量为134.74mm,占全年总降水量的23%;春季和秋季降水量共占25%。

八五九农场自1964年建立农业气象站以来,开始对场内区域的农业气象进行观测。1964～2005年,农场的气候发生了一定的变化,以1964～1983年和1983～2005年两个时间段进行对比,气候变化如表4-2所示。

表4-2 研究区气候变化

	1964～1983年	1983～2005年
多年平均气温/℃	2.1	2.94
平均气温最高/最低(月)/℃	−20.2(1月)/21.7(7月)	−19.27(1月)/21.62(7月)
极端高低温/℃	37.6(1982年8月5日) −37.6(1969年12月30日)	42.5(1996年7月26日) −39.5(1996年1月16日)
多年平均降雨量/mm	557.2	595.3
无霜期/d	131	138
≥10℃积温	2397.6	2440.0
多年平均蒸发量/mm	1252.1	1002.3
多年平均冻土深度/cm	141	
封冻日期	11月初	

4.1.2 农场耕作制度下的农业垦殖过程

1. 种植结构转变

过去的50年中,研究区的农业种植结构变化较大,主要表现为水稻种植面积的剧烈增加(图4-3)。在1985年以前,小麦,玉米及大豆是研究区主要的农作物。之后随着寒冷

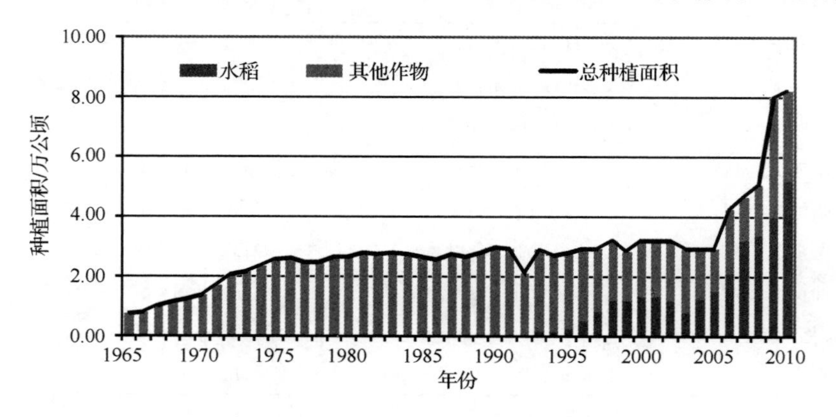

图4-3 研究区1965～2010年作物种植面积

地区水稻种植技术的进步及灌溉水利工程的逐步建设与完善，当地的水稻种植快速发展，特别是 2005 年以后水稻面积增幅非常迅速。原来的旱地种植结构已经变为了以水稻为主，玉米及大豆为辅的种植模式。

研究区种植结构变化与黑龙江省的种植结构变化十分相似，比较具有代表性。以 1985～2005 年为例，八五九农场和黑龙江省耕地总面积及水稻种植面积变化见图 4-4 和图 4-5 所示。可以看出，无论是耕地总面积还是水稻种植面积，八五九农场与黑龙江省的变化趋势都非常的相似，因此八五九农场的农业发展历程在整个三江平原及黑龙江省农垦系统具有一定的代表性。其次，八五九农场水稻种植的面积增长速度很快，尤其是 1995 年以后水稻增幅非常迅猛。

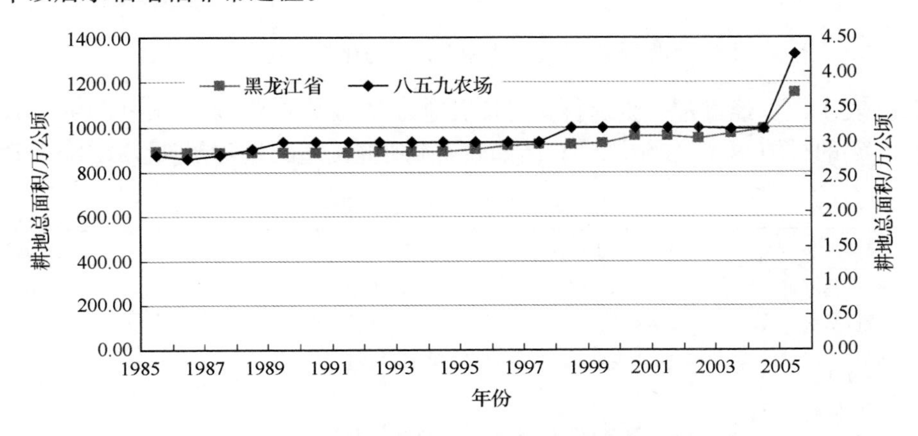

图 4-4　黑龙江省与研究区耕地总面积(1985～2005 年)

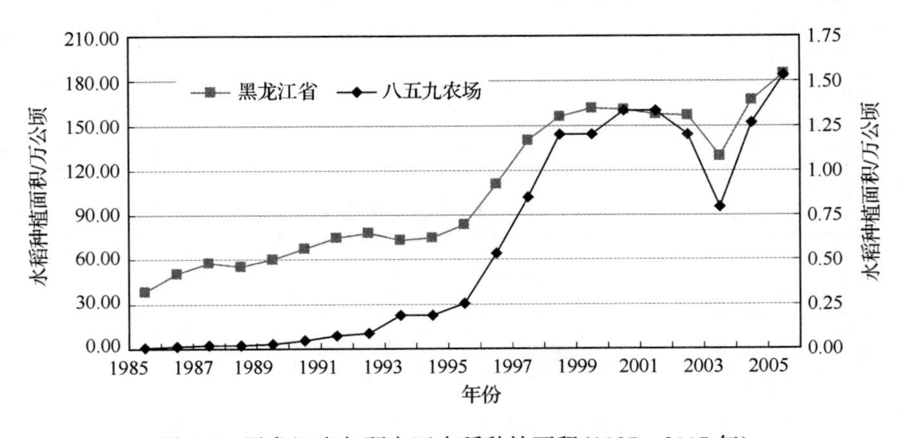

图 4-5　黑龙江省与研究区水稻种植面积(1985～2005 年)

2. 农业施肥管理

根据国家统计年鉴资料，建国以来黑龙江省粮食产量与化肥施用量不断增加，近年来化肥施用量更是急剧攀升，如图 4-6 所示。

作为区域的典型农业系统，研究区的施肥方法、时间及肥料种类在几十年内发生了很

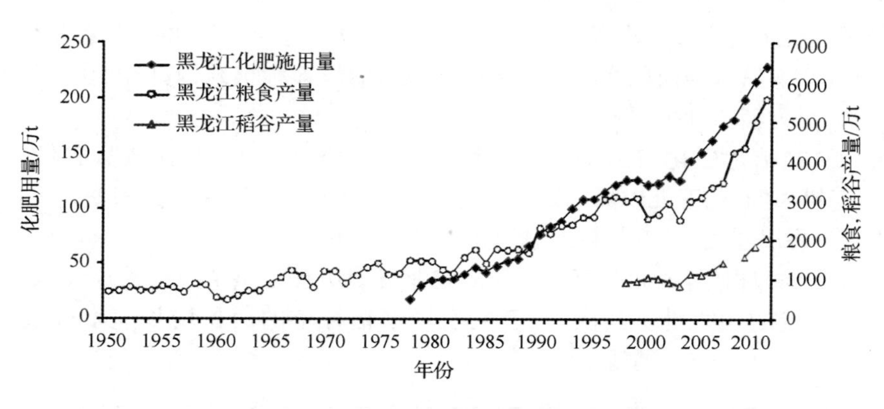

图 4-6 黑龙江省粮食产量与化肥用量

大的变化(表 4-3)。经过进一步资料调研及实地考察，确定各作物 1980 年、1990 年、2000 年及 2010 年的折纯 N、P、K 施肥量总结如表 4-4 研究区施肥量(折纯量，kg/hm^2)所示。

表 4-3 研究区施肥管理变化

	1984～1987 年	1988～1994 年	1994～2005 年	2005～2010 年
大豆	14～16kg/亩 三料、尿素、二胺	16～18kg/亩 增施磷肥、补施氮肥	18～22kg/亩 区别栽培方式	18kg/亩 N∶P∶K=1∶1.5∶0.5
小麦	14～16kg/亩 三料、尿素、二胺	18～20kg/亩 麦茬种麦 N∶P=1.3∶1 豆茬种麦 N∶P=1.2∶1	20～25kg/亩 增加钾肥 N∶P∶K=1.25∶1∶0.5	25～30kg/亩 种植较少
玉米	13kg/亩 尿素、三料或二胺	18～20kg/亩 尿素、三料或二胺	20～25kg/亩 增加钾肥	30kg/亩 N∶P∶K=2∶1∶0.5
水稻	15kg/亩 二胺、尿素	18～20kg/亩 二胺、尿素	20～25kg/亩 增加钾肥	30kg/亩 N∶P∶K=2∶1∶1.5 增施生物有机硅

表 4-4 研究区施肥量 (折纯量，kg/hm^2)

	水稻			玉米			大豆		
	氮(N)	磷(P)	钾(K)	氮(N)	磷(P)	钾(K)	氮(N)	磷(P)	钾(K)
1980 年	—	—	—	67.5	45.0	0	19.5	42.0	0
1990 年	72.5	28.0	0	97.5	67.5	0	37.0	72.0	0
2000 年	85.0	42.5	42.5	125.0	62.5	62.5	52.0	78.0	26.0
2010 年	105.0	52.5	79.0	143.0	85.0	51.0	58.0	87.0	29.0

4.2 农场农业系统土壤养分空间分异特征

土壤肥力是土壤的基本属性，是土壤质量的综合反映。对于农业土壤来说，土壤中有机碳及氮磷钾等土壤养分含量是评价土壤肥力质量的决定性指标。在区域尺度，准确地还原土壤各养分元素的空间分布特征是研究土壤质量的前提，也可为指导施肥、改良土壤、调节农业生产结构等提供科学依据。因此，本章从土壤肥力质量的角度，对研究区土壤中的主要养分因子有机碳（SOC）、全氮（TN）、全磷（TN）、全钾（TK）、碱解氮（AK）、速效磷（AP）和速效钾（AK）的空间分布现状进行了探讨。

4.2.1　土壤养分描述性统计

据研究区 148 个样点的土壤样品的测试结果，统计出 0～20cm 表层土及 20～40cm 土壤中 pH、SOC、TN、TP、TK、AN、AP 及 AK 的平均值、最小值、最大值、标准差及变异系数（coefficient of variation, C. V. ）（表 4-5）。结果显示，研究区属偏酸性土壤（表层土平均 pH 5.75），平均 SOC 含量为 26.6g/kg。土壤氮磷元素在 0～20cm 表层土中的含量与 20～40cm 土壤相比均高出一倍左右或更多。全钾（TK）在 20～40cm 土壤中的含量（15.9g/kg）则略高于 0～20cm 土壤（15.3g/kg），但速效钾（AK）则相反。数据的离散程度可以通过变异系数来识别。我们看到，pH 及 TK 的数据变异系数较小，而 AP 的数据变异系数在两层土壤中均达到了 0.80，其余土壤养分指标在 0～20cm 表层土的变异系数为 0.3 左右，在 20～40cm 土壤中为 0.5 左右。

表 4-5　土壤 pH、SOC 及 N、P、K 元素基本统计

		pH	SOC /(g/kg)	TN /(g/kg)	TP /(g/kg)	TK /(g/kg)	AN /(mg/kg)	AP /(mg/kg)	AK /(mg/kg)
0～20cm	平均值	5.75	26.61	2.92	0.84	15.3	252.1	12.19	143.5
	最小值	4.82	7.60	0.83	0.36	11.5	69.0	1.00	55.0
	最大值	6.67	52.14	6.07	1.41	18.9	446.0	41.20	333.0
	标准差(S. D.)	0.32	8.93	1.15	0.19	1.28	74.73	9.75	66.3
	变异系数(C. V.)*	0.06	0.34	0.40	0.23	0.08	0.30	0.80	0.46
20～40cm	平均值	6.05	11.85	1.31	0.46	15.9	119.3	3.70	115.1
	最小值	5.00	4.58	0.48	0.10	11.8	44.8	0.22	47.8
	最大值	7.10	31.8	3.31	1.05	19.8	332.0	11.7	292.2
	标准差(S. D.)	0.39	6.81	0.73	0.19	1.55	66.5	2.95	61.2
	变异系数(C. V.)*	0.06	0.57	0.56	0.42	0.10	0.56	0.80	0.53

* 变异系数量纲为一。

研究区的冬季寒冷而漫长（120～200d/a），土壤中的微生物活动受到抑制，因此有机质得到了积累。利用 Van Bemmelen 转换系数 0.58，可计算农场表层土壤有机质平均含量为 4.59％，这高于我国大部分农业土壤中的有机质含量（Wu et al.，2003）。根据水利部松辽水利委员会的定义，研究区四种主要土壤类型均包含在我国黑土区中，特点就是表层土壤（0～20cm）有机质含量很高，表层以下有机质急剧下降但土质较黏。

农业开发对土壤肥力的影响主要发生在表层土壤，表层以下土壤受到人为活动的影响相对表层较少（Wu et al.，2003）。研究区表层土壤正是因为受到农耕活动和外界环境的改变影响，养分数据与 20～40cm 土壤相比变异程度较低。而表层以下土壤，主要受非人为因素控制，如土壤类型、成土母质、地形等。土壤速效养分对于土壤温湿度等环境因素非常敏感。在寒冷地区，融雪时期土壤的温度湿度由于地形及局部气候的差异，即使在较小的区域上也存在较大的空间差异，使土壤速效养分数据变异系数较高。

4.2.2 土壤养分指标相关性分析

磷指标均呈现中等程度的负相关，与 TK 为正相关关系。而土壤养分元素间是互相联系的，揭示其相关关系对了解区域土壤属性有重要的指示作用。本节采用皮尔逊相关系数(Pearson correlation coefficients)来计算土壤 pH、SOC 及 N、P、K 指标的相关关系。两指标间的相关程度通过相关系数 r 来判断：$r>0.7$ 时为高度相关；$0.4<r<0.7$ 时为中度相关；$r<0.4$ 时为弱相关。研究区土壤中各养分指标的相关系数矩阵如表 4-6 所示。结果显示，土壤碳氮元素的密切在矩阵中得到充分体现，SOC 和 TN 在 0～20cm 和 20～40cm 土壤中的相关系数 r 分别达到了 0.957 和 0.948($p<0.01$)。土壤碱解氮 AN 与 TN、SOC 高度相关，表层土中 $r>0.9$，20～40cm 土壤中相关系数略低，但也分别达到 0.873 和 0.865。

表 4-6 土壤 pH、SOC 及 N、P、K 元素相关关系矩阵

		pH	SOC	TN	TP	TK	AN	AP	AK
0～20cm $n=148$	pH	1							
	SOC	−0.462**	1						
	TN	−0.475**	0.957**	1					
	TP	−0.318**	0.441**	0.386**	1				
	TK	0.304**	−0.529**	−0.487**	−0.231**	1			
	AN	−0.496**	0.924**	0.904**	0.534**	−0.455**	1		
	AP	−0.251**	0.253**	0.262**	0.349**	−0.130	0.296*	1	
	AK	−0.153	0.543**	0.604**	−0.048	−0.051	0.496**	0.087	1
20～40cm $n=148$	pH	1							
	SOC	−0.134	1						
	TN	−0.211*	0.948**	1					
	TP	−0.129	0.761**	0.684**	1				
	TK	0.097	−0.362**	−0.332**	−0.077	1			
	AN	−0.266**	0.873**	0.865**	0.706**	−0.242**	1		
	AP	0.089	0.661**	0.649**	0.576**	−0.178*	0.559**	1	
	AK	0.065	0.043	0.190*	−0.078	0.155	0.043	0.119	1

* 在 $p<0.05$ 水平显著相关(2-tailed)；** 在 $p<0.01$ 水平显著相关(2-tailed)。

土壤 pH 在 0～20cm 表层土与有机碳和氮在 20～40cm 土壤中，关系却并不显著。这表明在相对酸性的环境下，土壤微生物环境受到抑制，研究区的土壤养分可得到累积。由于钾元素的可溶性，土壤酸性的加强在一定程度上会促进钾元素的淋失，因此两者呈正相关关系。值得注意的是，土壤磷元素(TP 及 AP)在表层土中与其他指标相关系数较低，而在 20～40cm 土壤中与有机碳及氮磷含量的相关系数大大提高。这表明土壤磷元素，特别是速效磷 AP 的含量在表土中受外界人为活动及环境影响较大，而下层扰动较少。

土壤的碳氮含量关系对分析土壤利用及土壤质量是非常重要的指标，本节针对高度相关的 SOC、TN 和 AN 指标，计算了它们的一元回归方程(图 4-7)。根据回归方程的斜率，研究区土壤 0～20cm 表层土碳氮比 C/N 为 8 左右，20～40cm 土壤 C/N 为 10 左右。

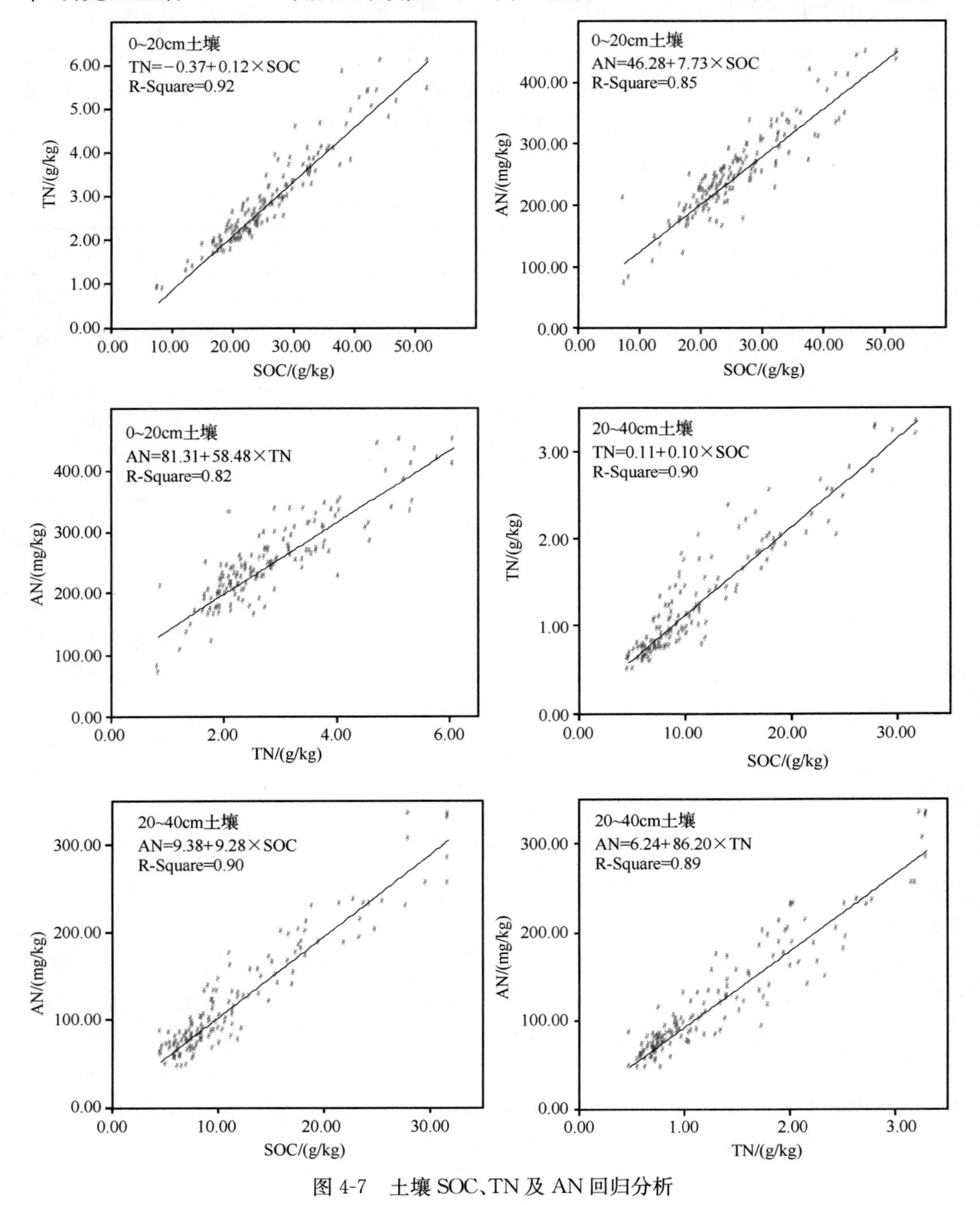

图 4-7　土壤 SOC、TN 及 AN 回归分析

4.2.3 土壤养分空间分布特征

1. 数据正态分布检验

对于地统计学分析，包括半变异函数及克里金插值在内，正态分布的数据都是必要条件。本节中数据的正态性检验由单样本科尔莫戈罗夫-斯米尔诺夫检验(one-sample Kolmogorov-Smirnov test)来完成。在0～20cm表层土中，除TN、AP和AK以外，其他指标均能在 $p>0.05$ 的显著水平上满足正态分布假设。经过对数转换后，TN、AP和AK也可满足正态分布。在20～40cm土壤，只有pH、TP和TK可通过正态分布假设检验，其他数据则为对数正态分布，数据见表4-7。

表4-7 数据正态分布检验(K-S test)结果

	pH	SOC	TN	TP	TK	AN	AP	AK
Sig. (2-tailed) (0～20cm)	0.793	0.141	<u>0.018</u>	0.919	0.335	0.307	<u>0.008</u>	<u>0.000</u>
Sig. (2-tailed) (20～40cm)	0.113	<u>0.000</u>	<u>0.001</u>	0.263	0.407	<u>0.000</u>	<u>0.001</u>	<u>0.000</u>
		Ln(SOC)*	Ln(TN)			Ln(AN)	Ln(AP)	Ln(AK)
Sig. (2-tailed) (0～20cm)			0.698				0.331	0.102
Sig. (2-tailed) (20～40cm)		0.089	0.068			0.081	0.740	0.090

* Ln：自然对数转换；下划线数据表示需要进行转换来满足正态分布($p>0.05$)。

2. 半变异函数分析

克里金插值是基于地统计学的插值方法，半变异函数的计算是其基础。本书采用地统计学软件Geostatistics for Environmental Science(GS+, version 9.0)识别出半变异函数的最佳适用模型和相关参数，作为克里金插值的输入。

半变异函数 $\gamma(h)$，也称半方差函数，是抽样间隔为 h 时样本值方差数学期望的一半，其计算过程如下：

$$\gamma(h)=\frac{1}{2N(h)}\sum_{i=1}^{N(h)}\left[z(x_i)-z(x_i+h)\right]^2 \tag{4-1}$$

式中，$z(x_i)$ 和 $z(x_i+h)$ 为区域变量 z 在点 x 和 $x+h$ 的值(h 为空间距离)，$N(h)$ 是以 h 为间距的所有观测点的数目。

在半变异函数中，球状模型、指数模型、线性模型与高斯模型是比较常用的几种模型(Webster and Oliver, 2007)。通常，块金值(nugget)与基台值(still)的比值是识别土壤属性空间自相关性的标准(Cambardella et al., 1994)。当块金效应nugget/still<25%时，指标具有强烈的空间自相关性；当nugget/still在25%～75%之间时，指标具有中等的空间自相关性；nugget/still>75%时，指标的空间自相关性较弱(Chien et al., 1997)。

各指标的最适半变异函数模型及参数结果见4-8。

表 4-8　最适半变异函数模型参数

		模型	块金值 nugget(Co)	基台值 still(Co+C)	块金效应 (nugget/still)/%	变程 range/km
0～20cm	pH	球状	0.055	0.119	46.2	36.9
	SOC	球状	36.40	115.9	31.4	56.3
	Ln(TN)	指数	0.077	0.194	39.7	71.4
	TP	球状	0.026	0.052	50.0	53.8
	TK	指数	0.903	2.021	44.7	54.4
	AN	球状	2680	7694	34.8	35.9
	Ln(AP)	高斯	0.419	1.025	40.9	20.9
	Ln(AK)	指数	0.014	0.157	8.92	5.85
20～40cm	pH	指数	0.065	0.189	34.4	38.0
	Ln(SOC)	球状	0.014	0.249	5.62	2.62
	Ln(TN)	球状	0.013	0.252	5.16	3.07
	TP	指数	0.0047	0.0372	12.6	4.23
	TK	指数	0.317	2.384	13.3	6.27
	Ln(AN)	球状	0.012	0.247	4.86	3.32
	Ln(AP)	球状	0.030	0.576	5.21	2.98
	Ln(AK)	指数	0.019	0.185	10.3	4.38

由上表可见，pH 在两层土壤中均具有中等的空间自相关性，速效钾显示出强烈的空间自相关性。除速效钾以外的养分指标则因层而异，在 0～20cm 表层土均表现出中等的空间自相关性，块金效应(nugget/still)为 31.4%～50.0%；在 20～40cm 土壤中具有强烈的空间自相关性，4.86%<nugget/still<13.3%。空间自相关性可衡量土壤指标空间变异程度。若变量具有强烈空间自相关性，说明其变异主要是结构性因素引起的，比如土壤质地、地形、土壤类型等；具有中等程度空间自相关性的变量，其变异受结构性因素和随机性因素共同作用。研究区土壤经长期耕种，其表层土变异性主要来源于耕作、施肥和灌溉等人为因素。

3. 土壤养分空间分布特征分析

经以上地统计学分析及插值过程，得到了土壤 pH、SOC 及各养分指标的空间分布，如图 4-8 和图 4-9 所示。可以看出，相对于 20～40cm 土壤，表层土壤各指标的空间分布趋势要更加明显。在两层土壤中，pH 均呈现出东低西高的分布特征。0～20cm 表层土壤中，SOC、TN 和 AN 的空间分布趋势比较相似，在东部和东南部的沿乌苏里江区域的含量相对较高，而西部的含量则比较低；土壤磷 TP、AP 在中部的含量低，而东北部和南部的含量较高。土壤全钾 TK 空间分布趋势明显，在南部含量较高，北部较低，而速效钾 AK 的空间变异较小，在区域上比较平均。

在 20～40cm 土壤中，土壤 SOC、TN 及 AN 虽然空间分布上显示出相似的特征，但是在空间上却并无明显的方向趋势；值得注意，土壤全钾元素在此层中的空间分布趋势明显，且与表层土呈相反的方向特征，南部含量较北部偏低。

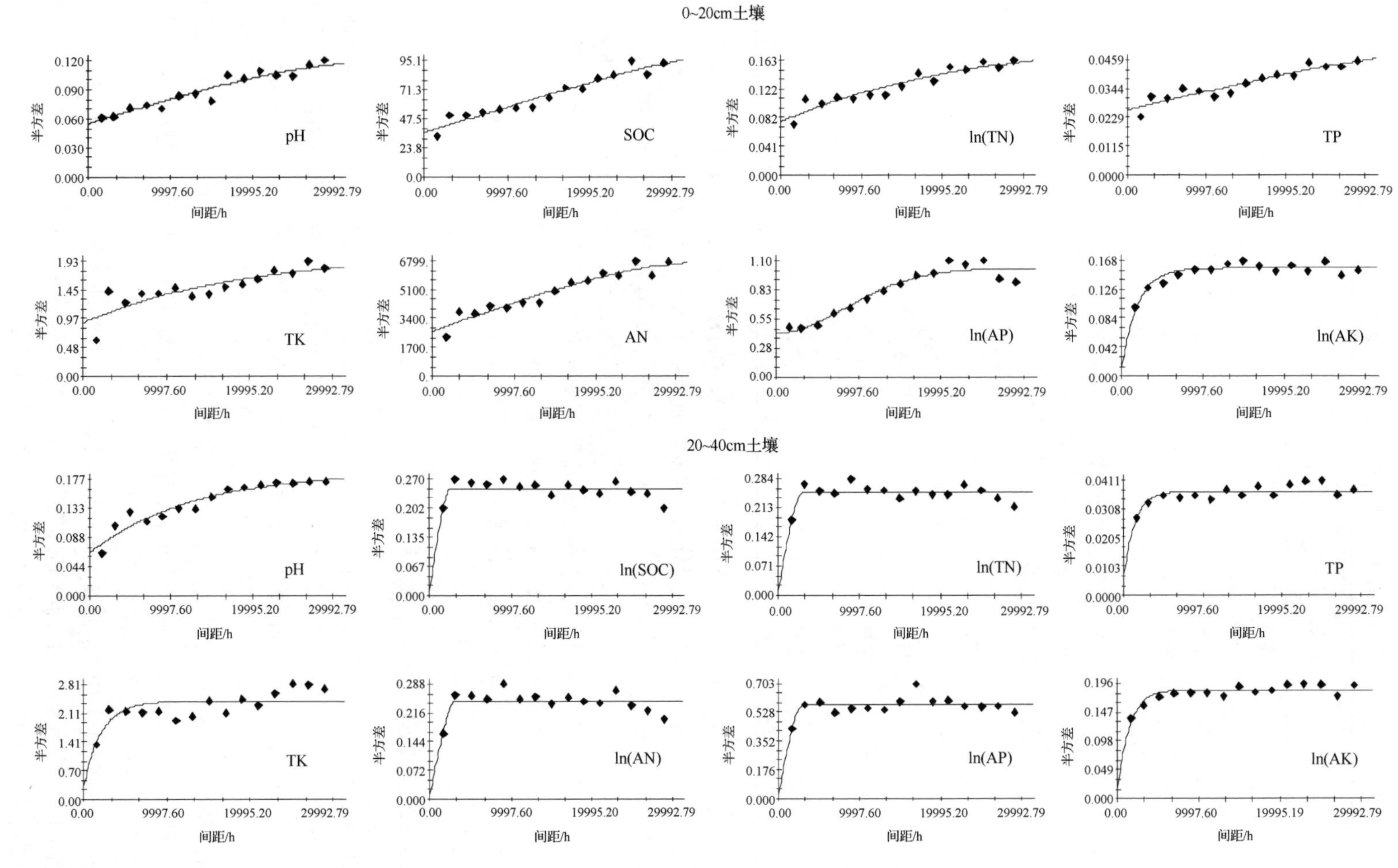

图 4-8　土壤养分指标半变异函数拟合结果

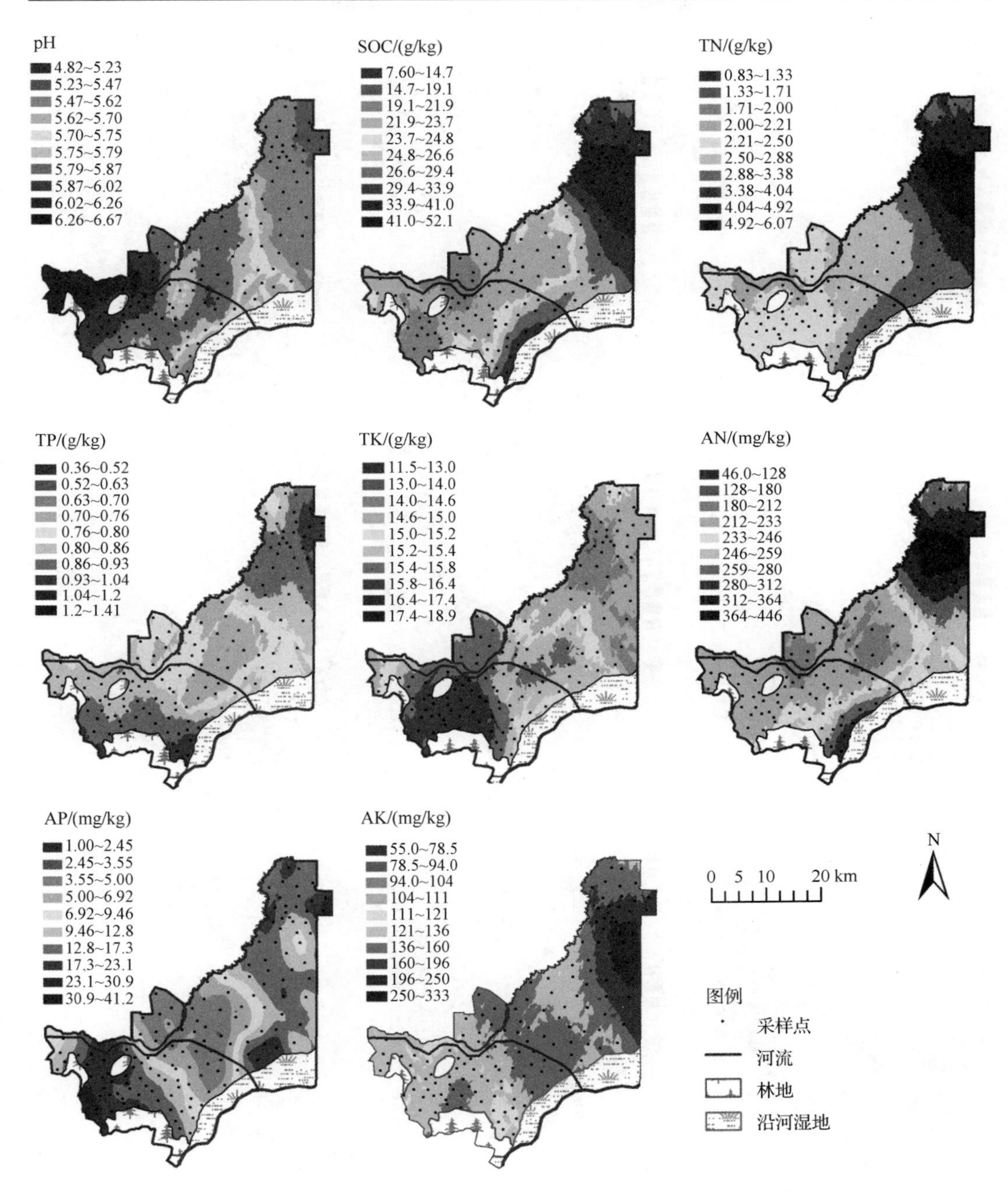

图 4-9　土壤 pH、SOC 及 N、P、K 元素空间分布(0～20cm 表层土)

4.2.4　土壤养分对土地利用变化响应

土地利用变化会影响土壤属性的空间分布。相对于自然土壤,农田土壤受到翻耕、施肥及其他农耕措施的影响,其属性的空间变异性有所降低,有机质分解及氮矿化速率增加,因此导致土壤有机质及氮含量下降。通过对研究区土壤养分空间分布结果的分析,我

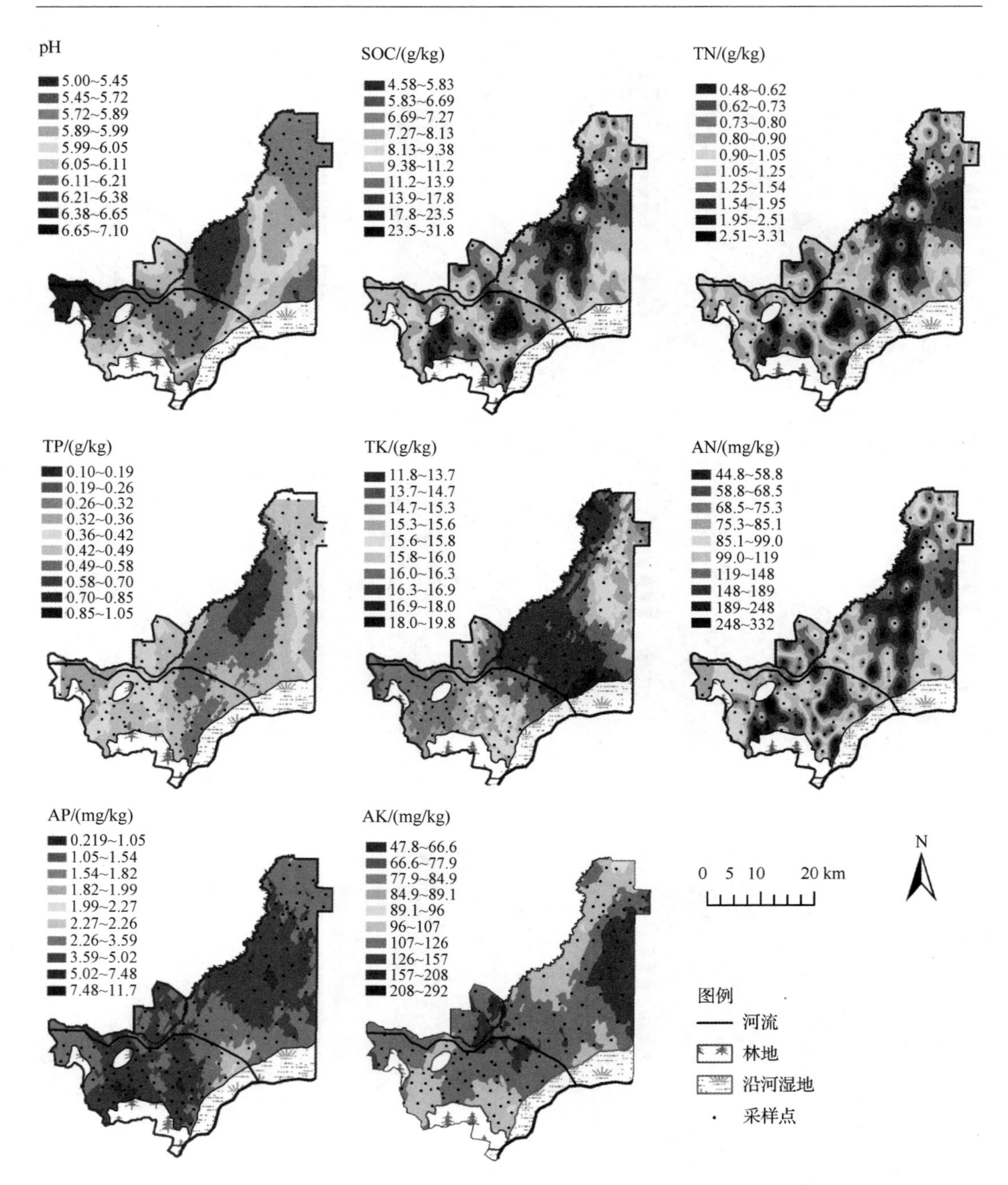

图 4-10 土壤 pH、SOC 及 N、P、K 元素空间分布(20～40cm 土壤)

们发现土壤养分显示出了一定的空间分布趋势,特别是受人为活动影响较大表层土壤。在此基础上,利用土地利用数据,对不同类型土地中的土壤养分含量做了进一步探讨。

研究区水稻种植发生在 1985 年以后,因此选择已有四期土地利用数据中的 1992 年和 2009 年来完成土地利用转变分析。将两期数据进行叠加,得到研究区的三种主要的土地类型转变模式。第一种类型在 1992 年为湿地,2009 年已转变为旱田,记为 WL-DL(湿转旱地）；第二种类型在 1992 年为湿地或者旱田，到 2009 年已变为水田，记为湿/旱转水田（WL/DL-PL）；第三种类型在两个年份均为旱田，记为旱田（DL-DL）。将 2011 年 148 个采样点与其进行空间对应，得到各点的土地利用转变模式类型。统计各类型样品数目，得到 WL-DL 类土壤样品数据 23 个，WL/DL-PL 土壤样品数据 66 个及 DL-DL 土壤样品数据 37 个。为对比耕作对土壤养分的影响，另将 2010 年采集的自然湿地样品 12 个加入对比，类型记为湿地（WL-WL）。统计各转变类型土地中土壤养分的含量，结果见图 4-11。

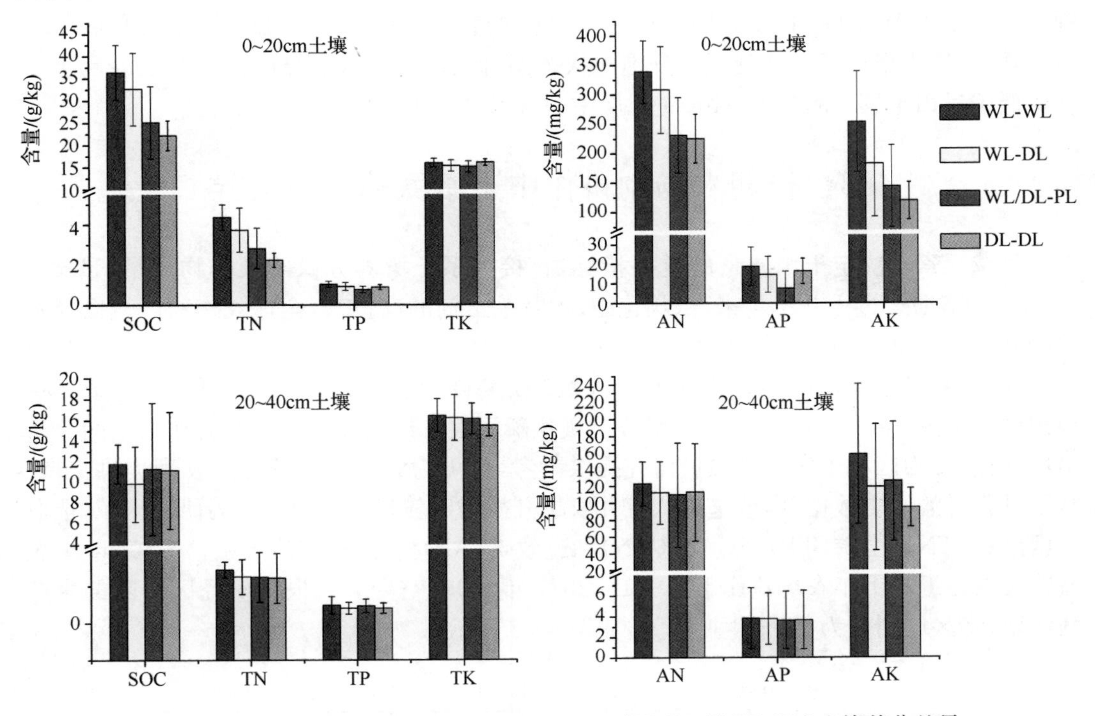

图 4-11　不同类型土地（WL-WL、WL-DL、WL/DL-PL 及 DL-DL）土壤养分差异

土壤肥力与土地利用的历史显著相关（Kong et al.，2006）。由图可见，在 0～20cm 的表层土壤中，SOC、TN、AN 及 AK 的含量顺序为 WL-WL＞WL-DL＞WL/DL-PL＞DL-DL，ANOVA 分析结果显示存在显著性差异。由此可见，土壤碳氮养分的含量主要与开垦时间有关，种植年限较长的旱田土壤，其 SOC、TN 及 AN 含量均在四种类型中最低。而由湿地新开发的旱田土壤（WL-DL），其土壤养分含量仅次于自然湿地。这是因为当土壤受到扰动时，土壤呼吸作用加速导致有机质含量下降（Schesinger，2000）。国内研究者发现，自然土壤被开发后土壤有机碳含量下降可达 10%～40%（Wu et al.，2003）。本书中 DL-DL 土壤中 SOC 含量与自然湿地（WL-WL）相比，DL-DL 土壤平均有机碳含量损失高达 39.8%，水田（WL/DL-PL）土壤平均有机碳损失为 31.0%，而新近开发的旱田（WL-DL）土壤有机碳损失仅为 9.9%。

土壤 TP、AP 及 TK 在 WL/DL-PL 土壤中的含量最低，在 WL-WL 中的含量最高，在其他 WL-DL 和 DL-DL 中差异很小。可见表层土壤中 TP、AP 和 TK 含量主要受种植作物的类型控制，水稻田土壤 TP 及 TK 含量显著低于旱田。土壤中 AP 受土壤水分影响较大。在淹水条件下，土壤受厌氧条件控制，铁锰氧化态磷溶解性增大，可导致速效磷的暂时升高。但是当水稻成熟排水以后，铁族氧化物与磷形成复杂化合物而导致速效磷降低(Seng et al.，1999；Huguenin et al.，2003)。此次采样时间为 4 月非淹水条件，也是导致水田的 AP 含量低于旱田的原因之一。

在 20～40cm 土壤中，除 WL-WL 土壤的各类养分指标略微高于其他类型土地外，其他类型土地土壤养分含量差异不大，ANOVA 分析结果显示组间差异不显著。只有速效钾 AK 显示出 WL/DL-PL> WL-DL>DL-DL 的特征。钾元素的水溶性导致其极易发生迁移，水田土壤由于长期处于水分饱和状态，而促进了钾的纵向迁移，使其在表层土中含量低于旱田土壤，而在 20～40cm 土层中的含量则高于旱田。

4.3 长期农场制耕作中土壤氮磷时空变异

氮磷元素是决定土壤质量的重要指标，直接关系土壤养分供给及作物产量(Huang et al.，2007a)。过去几十年来，依赖化肥、水及杀虫剂的高投入，全球农作物产量已经翻倍(Tilman et al.，2002)，然而只有 30%～50%的氮肥及 45%左右的磷肥被植物吸收(Smil，2000；Cassman et al.，2002)。大量的氮磷随地表径流迁移到水环境中形成非点源污染(Carpenter et al.，1998)。研究土壤氮磷元素在长期高强度农业耕作的空间分布格局变化，可为区域土壤环境质量研究提供参考，也可为农业非点源污染管理提供支持。基于可获得的历史数据，本节选择八五九农场开发时间较早的西南部作为研究区域，选取土壤全氮(TN)、全磷(TP)、碱解氮(AN)和速效磷(AP)指标，探究耕作层(0～20cm)土壤氮磷元素在近三十年农场耕作下(1981～2011 年)的时空变异。根据研究区实际的生产队区划，将区域划分为 18 个生产单元，如图 4-12 所示。

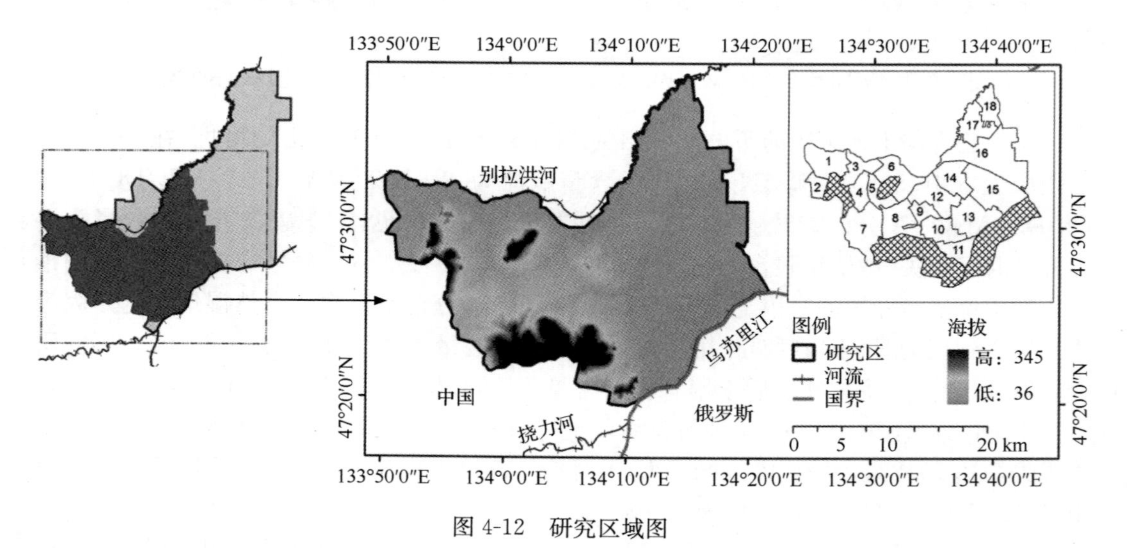

图 4-12 研究区域图

4.3.1　土壤氮磷全量1981～2011年时空变异分析

1. 土壤全氮全磷描述统计

2011年所采样品有86个点数据位于此区域内。1981年的土壤数据来自农场资料，为第二次土壤普查时的记录，共有246个点。两个年份土壤氮磷全量的基本统计如表4-9所示。

表4-9　土壤TN和TP描述统计(1981年和2011年)

		TN/(g/kg)	TP/(g/kg)
1981年(n=246)	平均值	2.62	1.31
	最小值	1.44	0.71
	最大值	4.05	2.1
	标准差(S.D.)	0.46	0.26
	变异系数(C.V).*	0.18	0.2
2011年(n=86)	平均值	2.55	0.84
	最小值	0.83	0.36
	最大值	4.75	1.24
	标准差(S.D.)	0.79	0.18
	变异系数(C.V).*	0.31	0.21

* 变异系数量纲为一。

农业耕作会影响土壤物化及微生物过程。开垦自然土壤，会导致土壤氮磷含量的变化(Wang et al., 2011)。Russell发现灰褐色黏土连续种植10年高粱，每年土壤氮的损失高达5%(Williams and Lipsett, 1961)。而耕作50～60年的小麦地，约有17%的土壤有机磷发生了矿化(Williams and Lipsett, 1961)。在1981～2011年间，研究区土壤平均全氮(TN)含量从2.62g/kg变为2.55g/kg，下降了2.67%，而变异系数却从0.18升高到0.31；土壤全磷(TP)平均含量下降了35.9%，从1.31g/kg降为0.84g/kg，数据变异系数基本持平。

2. 土壤全氮全磷时空变异特征

在进行空间插值前，通过直方图来观察数据结构(图4-13)，发现数据基本呈正态分布形式。为进一步确认其分布，用Kolmogorov-Smirnov test(K-S test)来进行检验。表4-10中的结果显示，2011年的全氮全磷均符合正态分布($p>0.05$)，而1981年的数据需经过对数转换，才能通过正态分布检验。

应用GS+软件对数据的空间自相关程度进行了分析，最适半变异函数的曲线拟合效果见图4-14，具体的参数数值如表4-11所示。结果显示，1981年的全磷指标具有高度的空间自相关性，块金效应(nugget/still)仅为10.43%。其他组数据的nugget/still为30%～50%，显示出中等的空间自相关性，受成土过程及耕作施肥等内外因共同作用(Liu et al., 2006)。

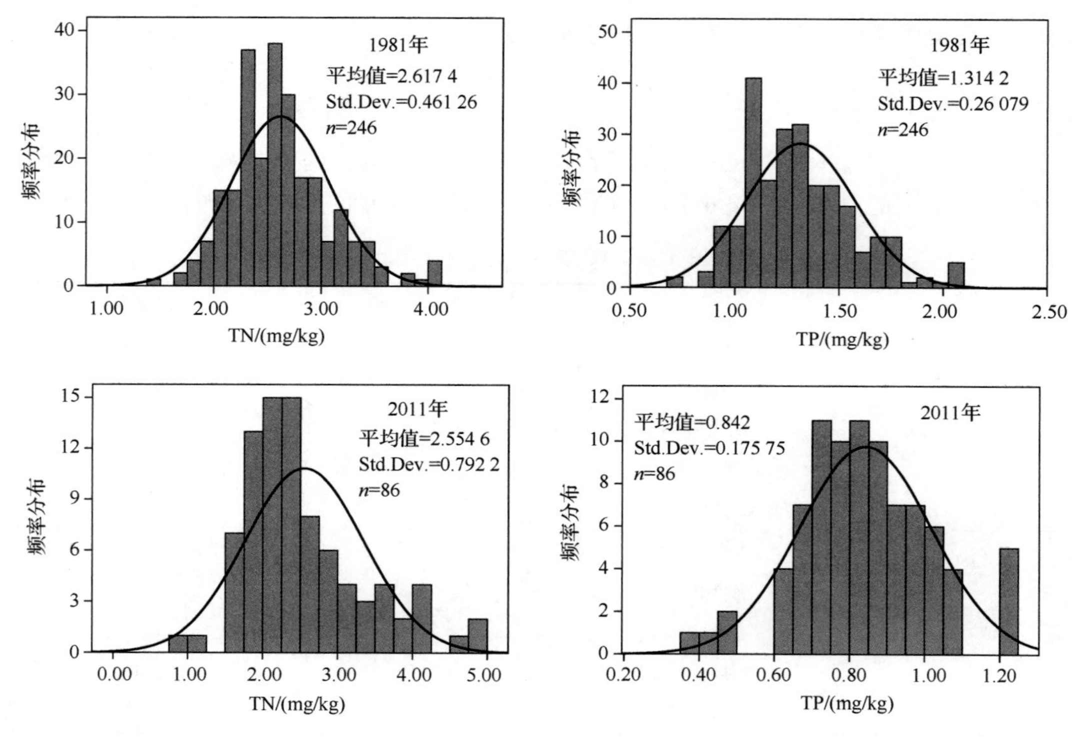

图 4-13　土壤全氮(TN)全磷(TP)数据直方图分布

表 4-10　数据正态分布检验

	TN	TP	Ln(TN)	Ln(TP)
1981 年($n=246$) Sig. (2-tailed)	0.009	0.018	0.151	0.362
2011 年($n=86$) Sig. (2-tailed)	0.044	0.714	0.445	

注：下划线数据需要进行转换；Ln：自然对数转换。

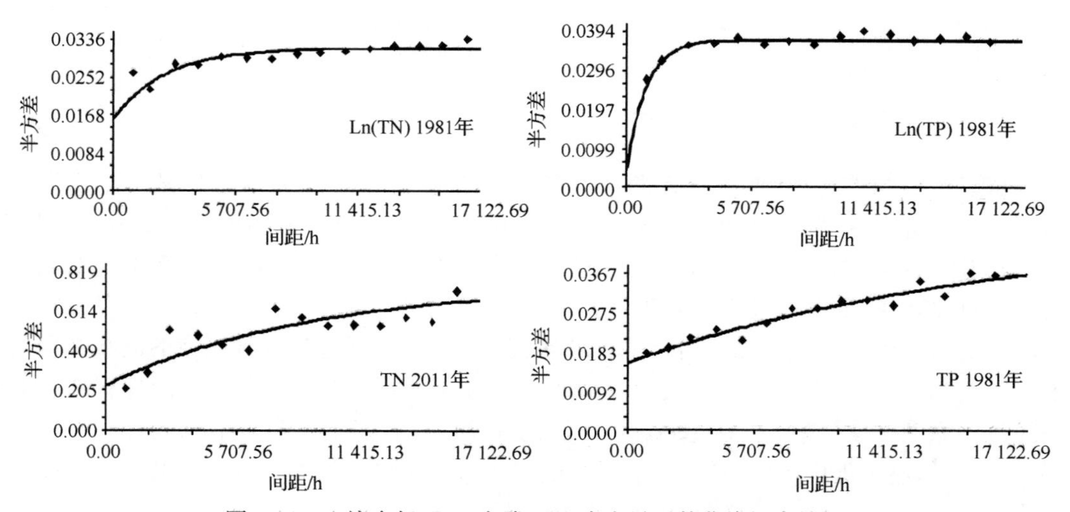

图 4-14　土壤全氮(TN)全磷(TP)半变异函数曲线拟合结果

表 4-11　土壤全氮(TN)全磷(TP)半变异函数拟合结果

		模型	r^2	块金值 nugget(Co)	基台值 still(Co+C)	块金效应 (nugget/still)/%	变程 range/km
1981	Ln(TN)	指数	0.739	0.0158	0.0317	49.84	7800
	Ln(TP)	指数	0.903	0.0039	0.0374	10.43	2820
2011	TN	指数	0.701	0.2260	0.7600	29.74	27660
	TP	指数	0.930	0.0169	0.0492	34.35	56100

将上述最佳拟合模型所得参数输入 ArcGIS,利用克里金方法插值得到研究区全氮全磷的空间分布。插值结果以分级的栅格图像显示,见图 4-15 和图 4-16。与从没耕作过的自然土地相比,耕地由于受到犁耕、施肥及其他农业活动的影响,土壤属性的空间异质性会明显下降(Li, 2010)。经过三十年的高强度农业耕作,研究区全氮的空间分布格局发生了很大改变。1981 年,区域土壤全氮含量在空间上分布格局并不明显,趋向于平均化,只有中部沿别拉洪河和乌苏里江的部分地区氮储量略高。但到 2011 年,研究区西部的土壤全氮含量已明显降低,形成了一定的空间分布格局。研究区土壤全磷含量也在三十年前后显示出较大的空间分布差异。1981 年土壤全磷含量不仅整体高于 2011 年,而且空间上的差异也较小,主要受非人为的影响,如土壤类型,成土母质、地形和气候等。三十年后研究区中部全磷含量较东西部略高,趋势明显。

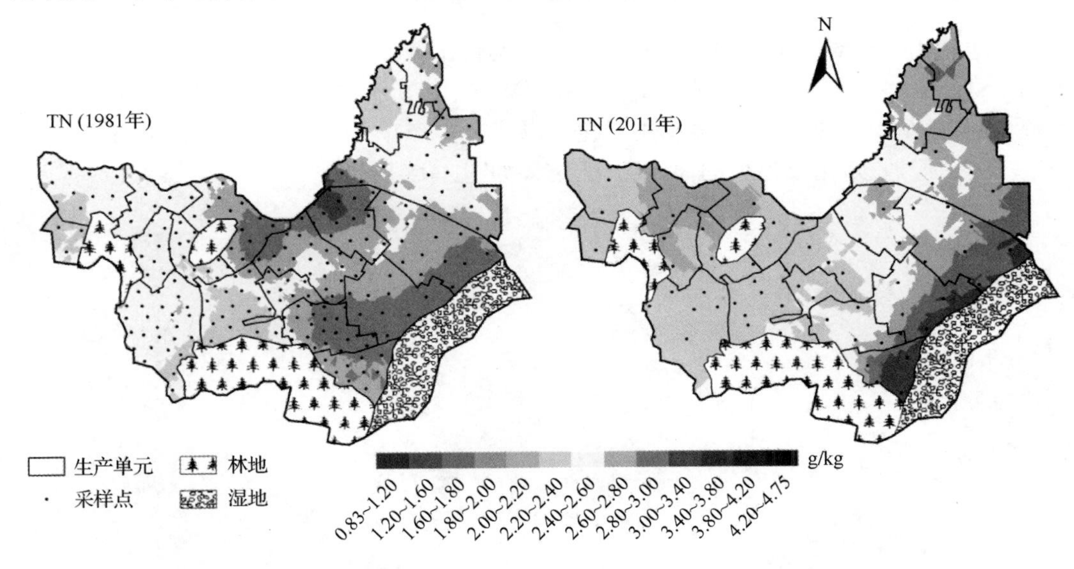

图 4-15　土壤全氮空间分布(1981 年和 2011 年)

为了进一步定量区域土壤全氮全磷的空间分布变化,将两个年份的栅格图进行叠加计算。对于每一个栅格,全氮全磷的变化量为 $C_V = C_{2011} - C_{1981}$,结果如图 4-16 所示。可以看出,研究区绝大部分区域土壤全氮均有流失。但沿河的部分地区,全氮含量却有略微的上升。研究区近年来氮肥施用量逐年上升,随地表径流流失的氮可能汇集到地势较低的区域,沿河土壤全氮的升高可能与此有关。土壤磷的流失发生在整个研究区,尤其是东

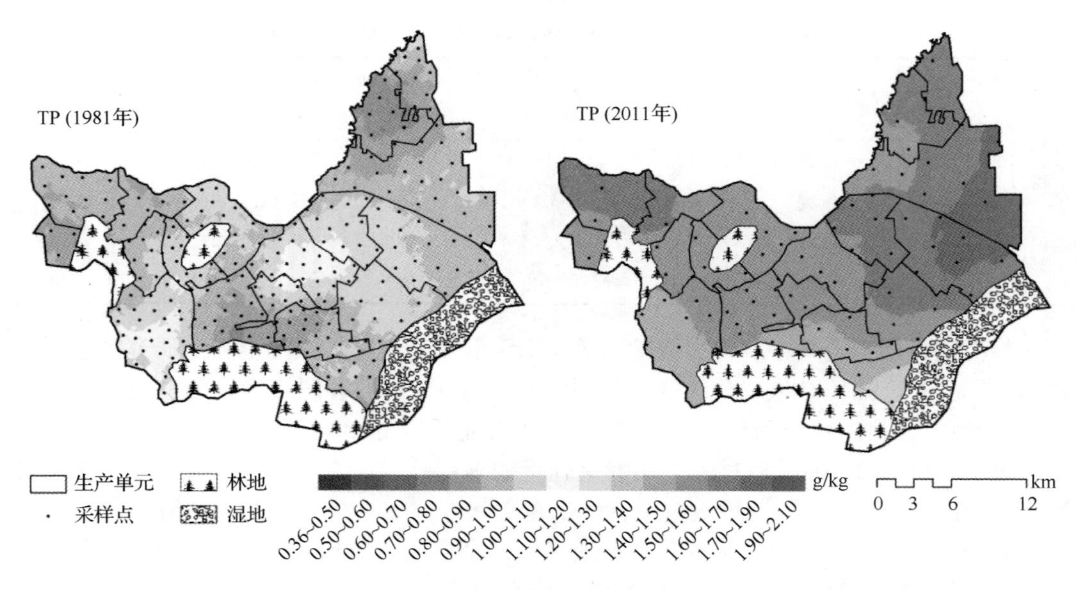

图 4-16　土壤全磷空间分布(1981 年和 2011 年)

部比较严重。

4.3.2　土壤全氮全磷对土地利用变化响应

土地利用类型对土壤氮磷迁移转化及分布具有显著影响(Bennett et al.，2005；Tecimen and Sevgi，2010)。据已获得的土地利用数据，1979 年和 2009 年土地利用图与评价年份相近，见图 4-17 研究区土地利用变化。以实际生产单元(生产队)为单位，统计了每个生产单元湿地、水田及旱地的面积变化，结果如图 4-18 所示。

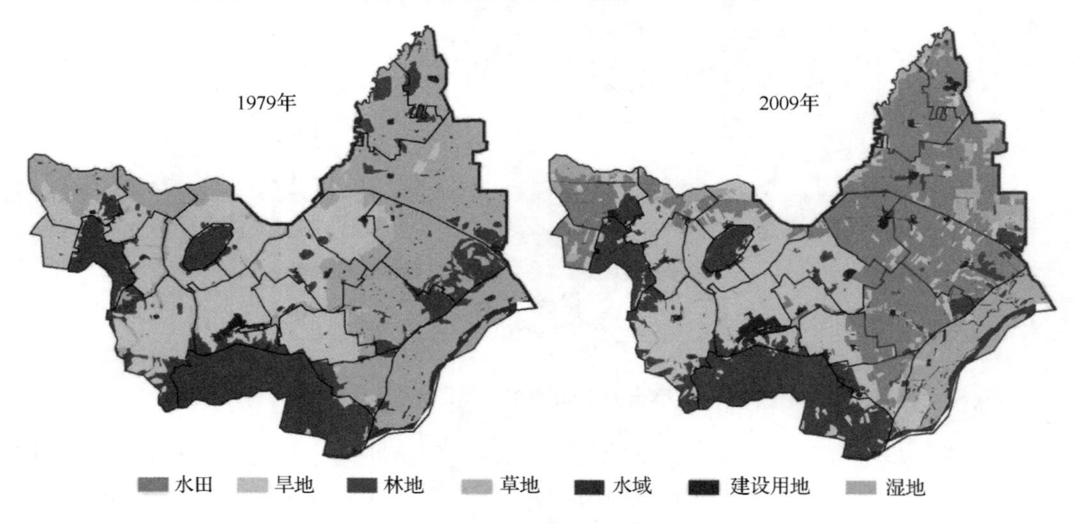

图 4-17　研究区土地利用变化

可见，对于西部的大部分区域，并没有剧烈的土地利用变化。而在东部，大面积的水

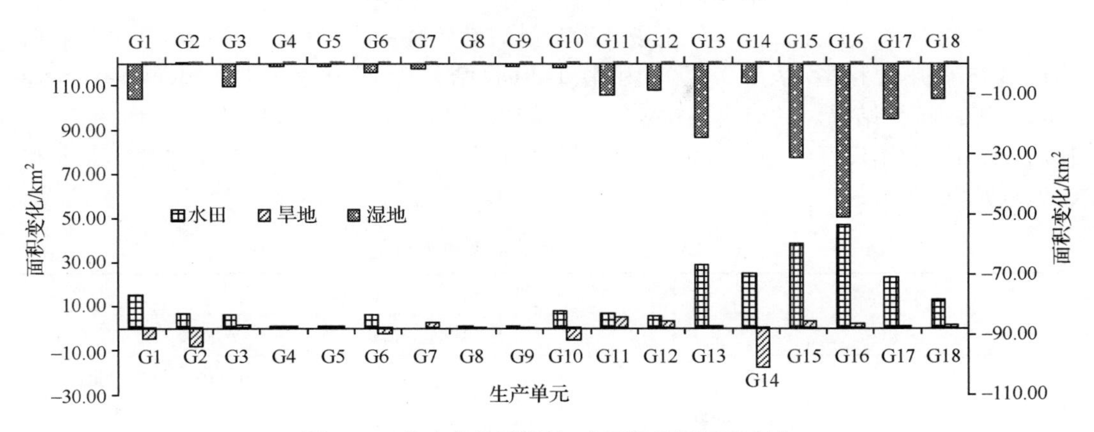

图 4-18　各生产单元湿地、水田及旱田面积变化

田随着湿地的减少成为了主要的用地类型。至此，我们将研究区分为了东西两个部分，其面积分别为 262.18km² 和 251.78km²[图 4-19(a)]。在东部，湿地转化而来的水田是主要的用地类型，记为水田区；而西部主要的用地类型为旱地，记为旱田区。分别统计两部分的土壤全氮全磷含量，结果见图 4-19(b)。旱田区全氮平均含量由 1981 年的 2.55g/kg 下降到 2011 年的 2.26g/kg，水田区则从 2.61g/kg 升高到 2.66g/kg。全磷含量在水、旱田中均大幅下降，水田区从 1.31g/kg 下降到 0.88g/kg，旱田区从 1.31g/kg 下降到 0.75g/kg。

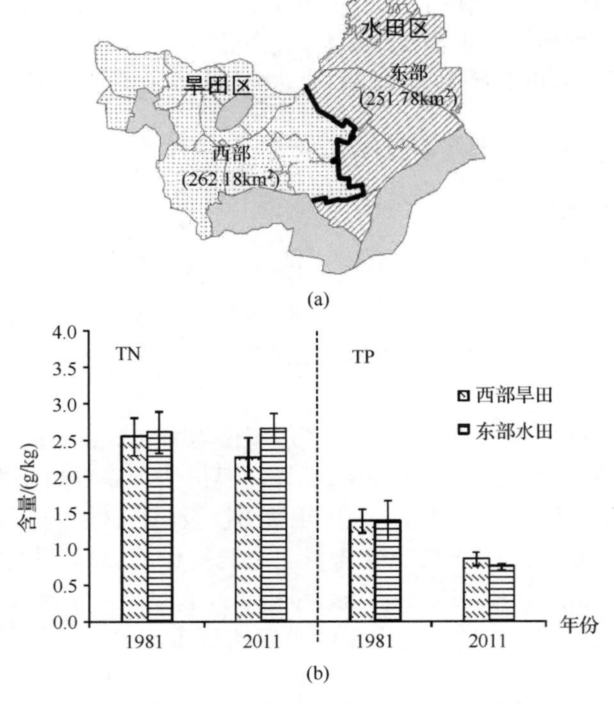

图 4-19　研究区东西部土壤全氮和全磷含量对比

用T检验来分析东西两部分土壤氮磷全量的差异显著性，结果见表4-12。所有数据均通过方差齐性检验（$p>0.05$），因此T检验结果选取方差齐性（equal variances assumed）的统计结果。1981年，土壤全氮全磷在水田区、旱田区差异不显著。而30年耕作后，水田区和旱田区的土壤全氮全磷含量具有了显著差异，显著水平分别为0.008和0.019（$p<0.05$）。

表4-12 研究区东西部全氮和全磷差异

			Levene方差齐性检验		T检验	
			F	Sig.	t	Sig. (2-tailed)
1981年	TN	方差齐性	0.004	0.949	−0.440	0.666*
		方差非齐性			−0.426	0.680
	TP	方差齐性	0.119	0.735	−0.043	0.966*
		方差非齐性			−0.040	0.969
2011年	TN	方差齐性	0.451	0.511	−3.056	0.008*
		方差非齐性			−3.388	0.005
	TP	方差齐性	1.712	0.209	2.616	0.019*
		方差非齐性			3.232	0.005

* 所取统计结果。

长期的高强度耕作使水稻种植区磷元素大量流失，经过植物吸收、收获带走及地表径流进入区域环境。虽然磷肥的施用量在不断升高，但较低的利用效率仍然不能使土壤磷元素达到平衡状态。如何维持土壤磷的平衡，提高肥料利用效率，可能成为研究区将来水稻种植发展的瓶颈问题，也直接关乎区域农业非典源污染的管理与控制。

4.3.3 土壤碱解氮及速效磷时空变异分析

1. 土壤速效氮磷长期变化

调研研究区土地养分记录资料，得到了1965年、1974年、1978年、1979年及1981年的土壤速效养分监测数据。但1981年以前的数据由于缺乏空间位置信息，只能对其进行基本统计。1965～2011年土壤碱解氮（AN）及速效磷（AP）含量变化如图4-20所示。

此次收集的历史资料，除1981年以外，其他年份均为农场实验室监测的纸质资料，对于具体采样位置、作物类型及采样时间记录不详。但仍然可以看出土壤养分的长期变化趋势。从20世纪60年代到80年代，研究区土壤AN及AP含量变化不显著，AN含量在100mg/kg以下，而到2011年，土壤AN含量在施肥耕作的影响下剧烈升高，在水田、旱田中分别达到237.4mg/kg和263.2mg/kg，旱田AN含量略高于水田。土壤AP含量在旱田中基本持平，略有抬升，而转换为水田的土壤速效磷（AP）含量显著下降。各年份的数据的具体统计如表4-13所示。

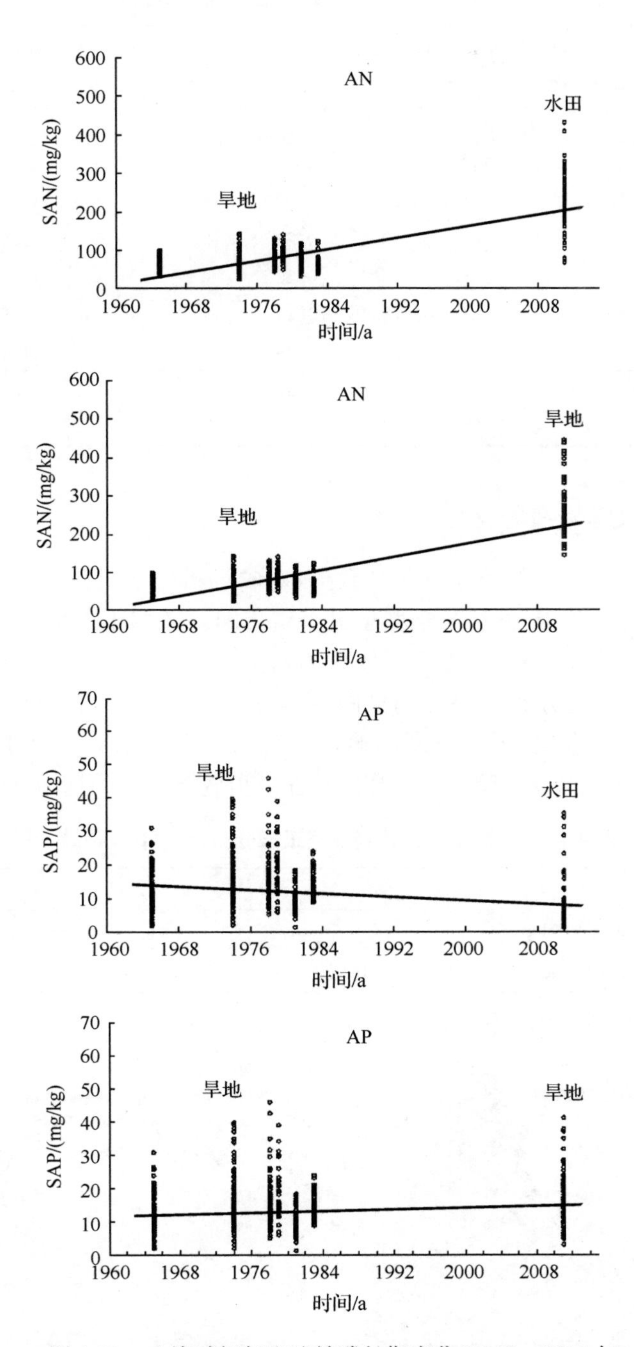

图 4-20　土壤碱解氮和速效磷长期变化(1965～2011 年)

表 4-13　1965～2011 年土壤碱解氮和速效磷含量变化

年份	n	AN/(mg/kg)					AP/(mg/kg)				
		MEAN	MIN	MAX	S. D.	C. V.	MEAN	MIN	MAX	S. D.	C. V.
1965	121	65.4	33.2	100.1	14.1	0.22	12.1	1.85	30.8	6.22	0.52
1974	143	69.7	23.6	143.0	25.5	0.37	15.2	2.06	39.7	8.21	0.54
1978	87	77.6	43.4	131.6	16.9	0.22	16.2	5.20	46.0	7.21	0.45
1979	34	95.9	50.0	141.0	20.9	0.22	19.9	6.00	39.0	8.42	0.42
1981	246	69.8	33.4	118.0	16.3	0.23	8.9	2.33	17.8	2.77	0.31
1983	64	62.9	39.3	124.5	18.4	0.29	14.1	8.93	23.9	3.92	0.28
2011	148	250.0	69.0	446.0	73.2	0.29	12.1	1.00	41.2	9.53	0.79
2011(旱田)	72	263.2	146.0	446.0	75.8	0.29	16.6	3.10	41.2	8.30	0.50
2011(水田)	76	237.4	69.0	432.0	68.9	0.29	7.9	1.00	35.3	8.68	1.10

2. 土壤碱解氮及速效磷时空变异特征

应用 1981 年及 2011 年的 AN 和 AP 数据，对农场耕作下土壤碱解氮及速效磷的空间分布特征变化进行了分析，方法与土壤全氮全磷相同。数据正态检验结果显示，AN 数据可通过正态分布假设($p>0.05$)，AP 数据为对数正态分布(表 4-14)。AN 及 AP 在 1981 年及 2011 年的空间分布结果分别见图 4-21 和图 4-22。两指标的空间变异变化见图 4-23。对比土地利用数据，可以发现两速效养分指标在空间上的分布特征十分明显，在水田区、旱田区显示出较大的差异，故没有再进一步做统计上的探讨。

表 4-14　碱解氮及速效磷数据正态分布检验(K-S test)

	AN	AP	Ln(AP)
1981 年(n=246) Sig. (2-tailed)	0.229	0.000	0.117
2011 年(n=86) Sig. (2-tailed)	0.799	0.045	0.431

注：下划线数据需要进行转换；Ln：自然对数转换。

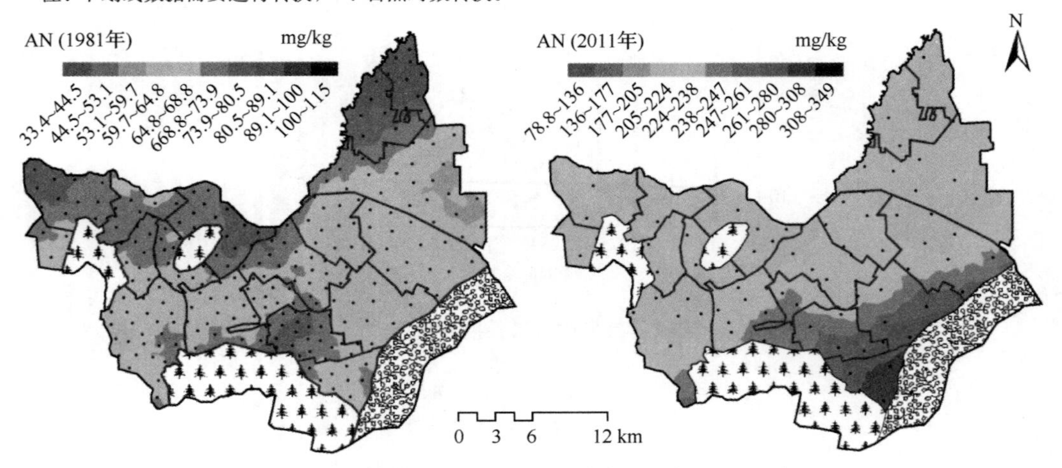

图 4-21　土壤碱解氮空间分布变化(1981 年和 2011 年)

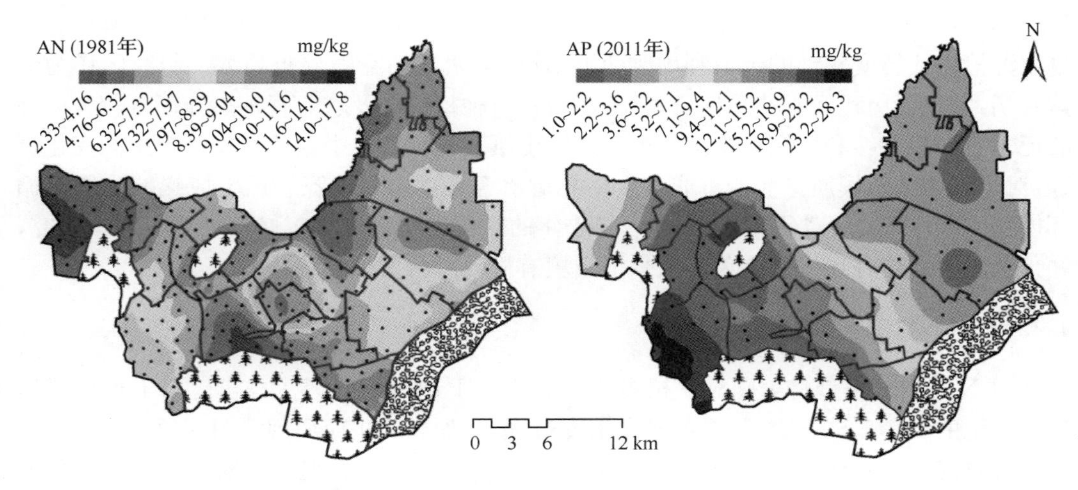

图 4-22　土壤速效磷空间分布变化(1981 年和 2011 年)

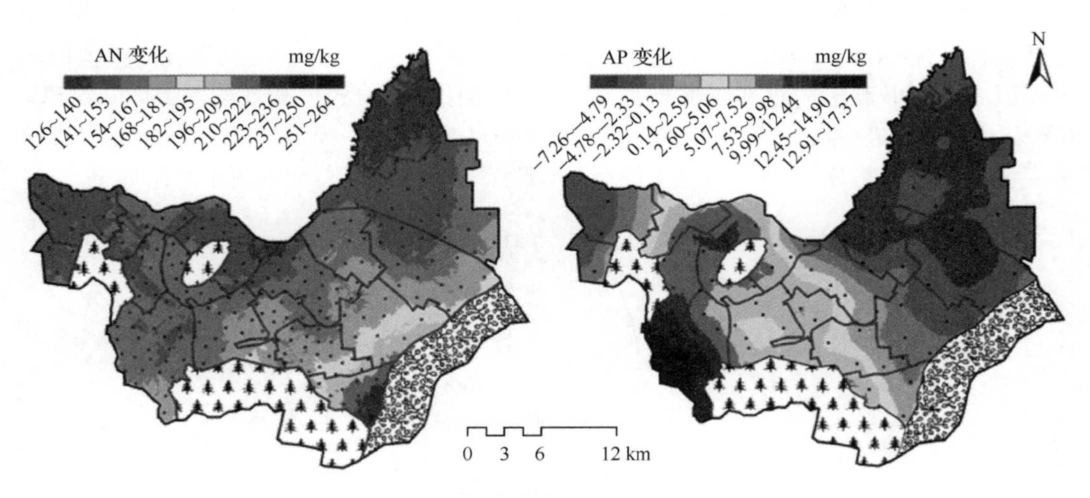

图 4-23　土壤碱解氮速效磷含量空间变化(1981 年和 2011 年)

由图 4-21 可见,1981 年研究区沿别拉洪河地区的碱解氮含量较高,而其他地区则含量差异不大;到 2011 年,研究区的碱解氮含量显示出了明显的空间分布趋势,海拔比较低靠近沿河湿地的区域,碱解氮的含量高于其他地区。观察图中的碱解氮空间变异图可以看出,其在整个区域上均大幅升高,这主要受农业耕作中大量氮肥施用的影响。由图 4-22 可见,土壤速效磷在 1981 年全区的差异较小,但在三十年后显示出非常明显的区域差异。水田区的速效磷含量大幅低于旱田区,这与较低的土壤全磷含量及采样时间有关。

4.4　不同种植模式下土壤碳库演变模拟

土壤有机质(有机碳)是土壤质量的重要指标,也是组成土壤肥力的核心物质,与耕地土壤的各养分指标存在非常密切的关系。研究区在农场管理下经历了长期的农业耕作,种植模式经过了若干次的大规模转变。从前述研究结果可以看出区域表层土壤有机质含量在种植模式转变驱动的土地利用改变下，具有了明显的空间分布趋势。研究区作为国营农场，其发展历程及农业垦殖资料比较完备，对种植模式及农业管理措施都有较为详细的记录。如果能够利用模型模拟的方法还原土壤有机碳在整个农业开发历史中的变化过程，对了解区域土壤质量演变有非常重要的指示意义。本节内容应用较成熟的土壤碳循环模型 CENTURY，对研究区 1949～2011 年的耕作土壤有机碳库变化进行了模拟研究，并预测了不同秸秆还田及少免耕情景下土壤有机碳库的发展趋势。

4.4.1　CENTURY 模型简介

CENTURY 模型是美国科罗拉多州立大学的 Parton 等建立的，起初用于模拟草地生态系统的碳、氮、磷、硫等元素的长期演变过程，后加以改进应用到稀树草原、森林、农业等生态系统中。一般认为，CENTURY 模型是对生态系统研究尤其是对土壤碳动态研究非常有用的工具，在国外已经成功用于模拟各种生态系统不同环境下的长期定位实验中土壤有机碳动态变化。研究表明，CENTURY 模型用于农田和草地生态系统的效果优于森林生态系统(Kelly et al.，1997)。很多国内外专家对模型的精度做了验证，模拟值与实测值之差均小于 5%，说明了此模型在预测土壤有机碳中的可靠性较高。CNENTURY 以月为步长进行模拟，其基本的运行概念如图 4-24 所示。模型包括三个子模型，即植物产量和管理子模型、土壤有机质子模型、土壤水和温度子模型，分别简单介绍如下。

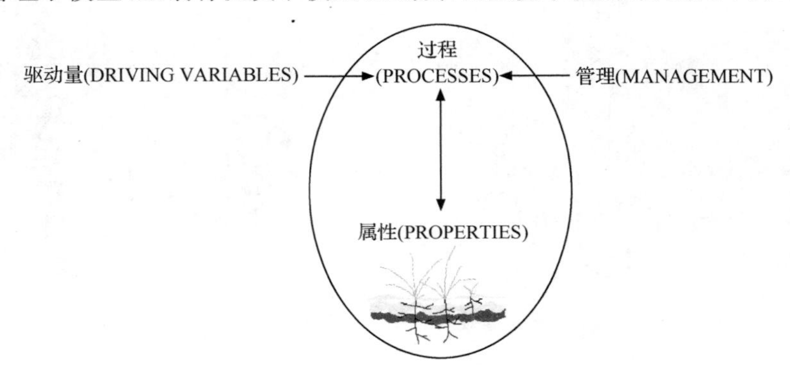

图 4-24　CENTURY 模型基本概念(Parton，1996)

1. 土壤有机质子模型

CENTURY 模型将土壤有机碳库分为三个组分库。分别为：

(1) 活性土壤有机质(active SOM)，即土壤 C、N 的活性部分，包括活的微生物和微生物产物，全部活性库大约是获得微生物生物量的 2～3 倍，活性有机质的周转时间很短，为 1～5 年，约占总碳库的 2%；

(2) 慢分解土壤有机质(slow SOM)，包括难分解的有机物质和土壤固定的微生物产物，周转时间在 20～50 年或者再长一些，约占土壤总碳库的 45%～60%；

(3) 惰性土壤有机质(passive SOM)，是一类对物理、化学分解作用抗性很强的物质，极难分解，周转时间长达 400～2000 年，甚至更长，约占土壤总碳库的 45%～50%。

CENTURY 模型以微生物作为调控土壤碳库和植物残体分解的媒介，并由微生物呼吸产生的 CO_2 来连接。土壤中的砂粒成分可增加来自活性碳库分解的微生物呼吸损失，后者约占所有其他凋落物和 SOM 库分解的 50%。凋落物与 SOM 库均有各自的"库特异的最大分解率"，由土壤水分和土壤温度调控的一些非生命土壤分解因子，将降低最大分解率(图 4-25)。

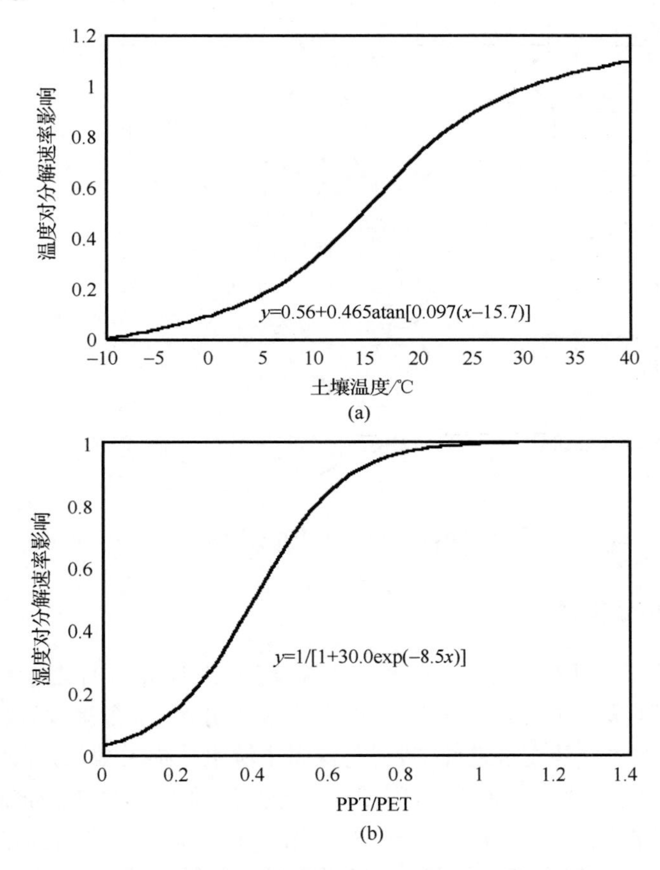

图 4-25　土壤温度和湿度对土壤分解速率的影响

土壤温度函数随温度增加呈指数增长，而土壤水分函数与"储存水＋当前降雨量"和"潜在的土壤水分蒸发蒸腾损失总量"的比值呈指数关系。结构性凋落物的分解率也是结构物部分的一个函数，即木质素(结构物部分越大，木质素越低)。当植物结构物分解时，植物体的木质素部分被假设为直接流向慢性碳库。模型也假设当黏土成分增加使得活性碳库和慢性碳库分解时，将形成惰性碳库。土壤质地对活性碳库和慢性碳库调控的净效应是：当土壤中砂成分低、黏土成分高时，土壤中的碳稳定性将增加。CENTURY 模型中的氮库和磷库与所有的土壤碳库相似。某个特征库的 N 和 P 流出量，与该库的碳流出量和碳占元素比率的乘积相等。土壤养分模型的全面结构可参考模型用户手册及见图 4-26 CENTURY 有机质子模型。

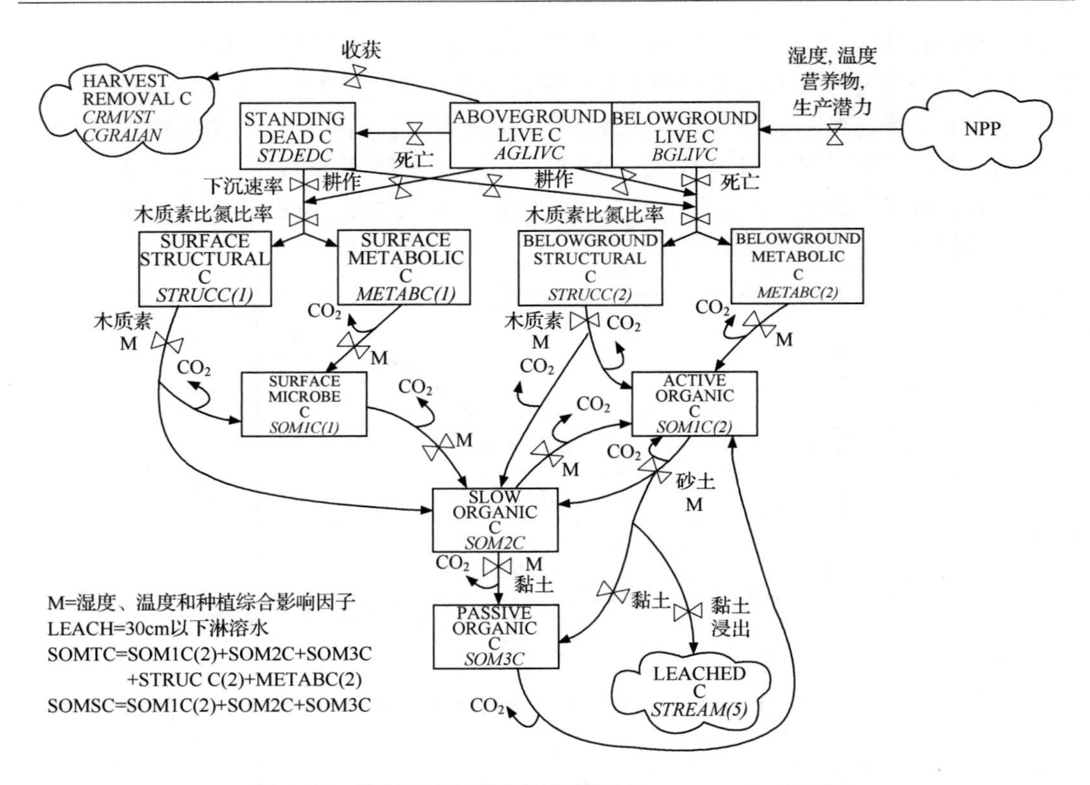

图 4-26　CENTURY 有机质子模型(Parton et al. , 1992)

2. 土壤水分和温度模型

CENTURY 模型使用一个简洁的水分预算模型,来计算每月由于裸露土的蒸发作用、截流和植物蒸腾作用导致的水分损失、储存土壤水分、雪水含量、河流及壤中流(图 4-27)。在计算土壤中水分补充量之前,截流与裸露土壤水分损失被从月降水量中减去。裸露土壤水分损失随生物量增加而减少;而截流水分损失随生物量增加而增加;水分的蒸腾作用为生物体叶生物量的正函数。水分损失首先产生于于截流,随后通过裸露土壤水分损失和蒸腾作用进一步消耗,其总量不超过潜在的土壤水分蒸发蒸腾损失总量(PET),PET 由最高和最低气温计算而得。近表层土壤温度(surface average soil temperature, STEMP)用于计算非生命体分解比率和温度对植物生长的影响。最高土壤温度由最高气温和树冠生物量计算(生物量越高,最高土壤温度越低);最低土壤温度由最低气温和树冠生物量计算(生物量越低,最低土壤温度越高)。其具体过程见模型手册及图 4-27。

3. 植物产量和管理子模型

CENTURY 模型可用于模拟森林、草原、农田和热带草原系统的动态变化。草原/农作物子模型可模拟不同的农作物生长(玉米、大豆、水稻、小麦、甘蔗等)、自然界植物群落(温带草原、冷季草原、热带草原等),以及管理草原系统(紫花苜蓿和苜蓿改良草原)。森林子模型可模拟常绿植物(松树、冷杉及常绿植物热带系统)的生长,温带落叶和旱地落叶

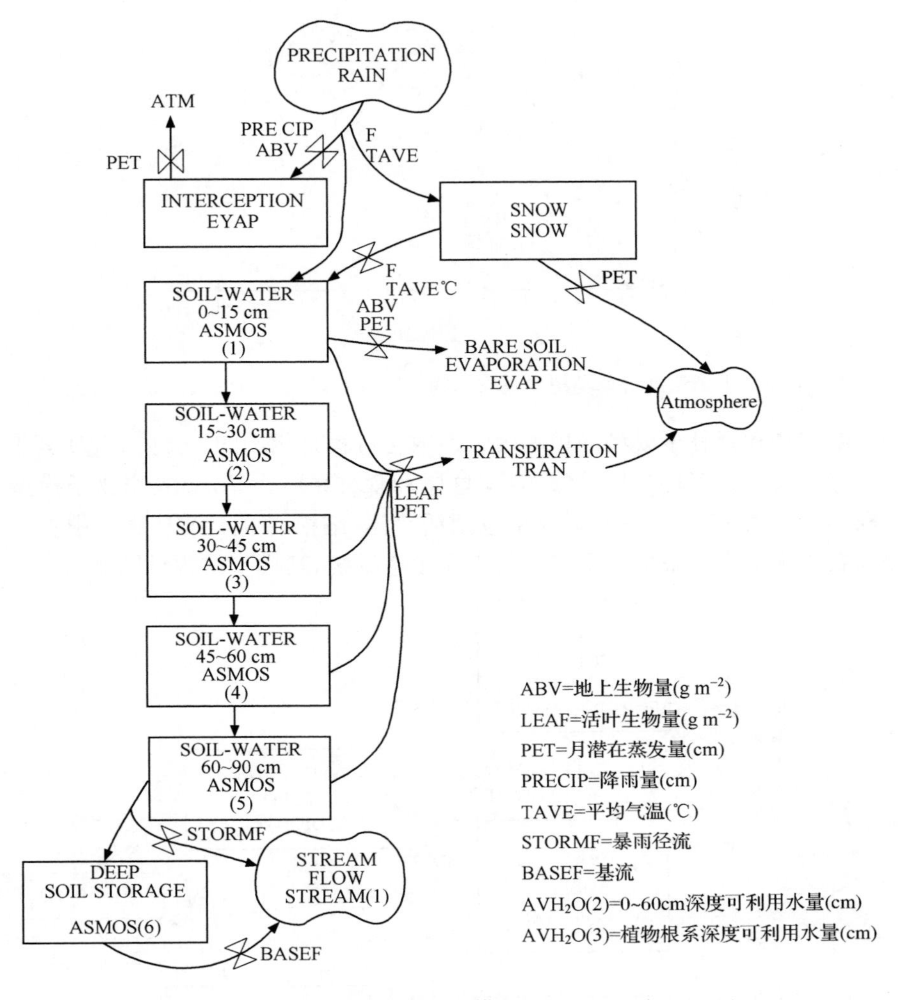

图 4-27　CENTURY 水循环子模型(Parton et al.，1992)

系统。两个子模型都假设月最大产量是由土壤湿度和温度调控的，当养分供给不足时其最大比率将降低。以土壤温度为例，其对草类植物和农作物的生物量影响如图 4-28 所示。

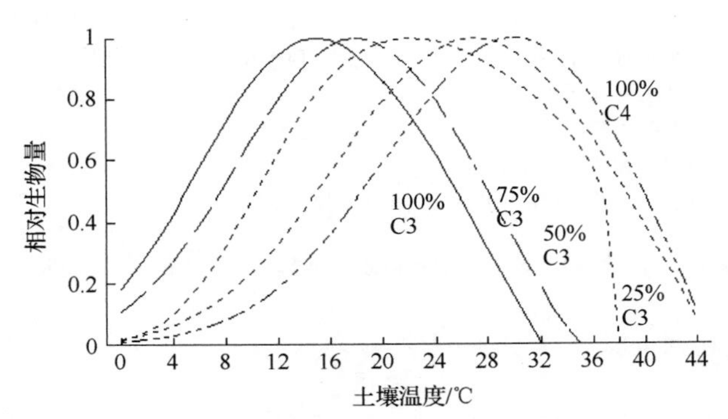

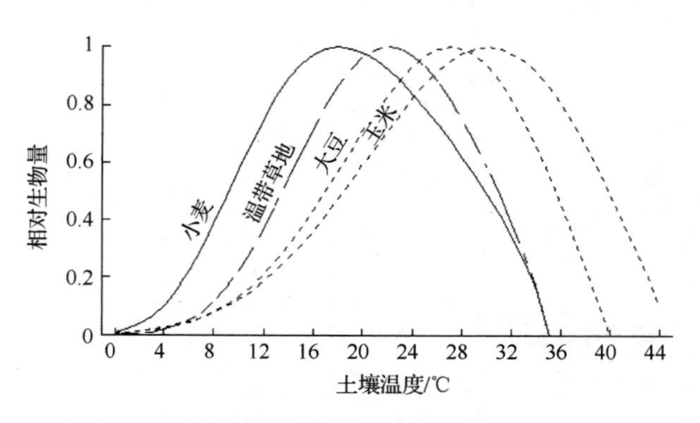

图 4-28 土壤温度对草类植物及农作物生物量的影响(Parton et al.，1992)

草原/农作物和森林子模型的植物生长参数化过程是相同的，可通过改变其中农作物和森林的参数，来还原多种多样的农作物、草原和森林系统。草原/农作物子模型包括活芽体、活根和立枯植物部分；森林子模型包括活芽体、细根、主干、细枝和粗根。本节主要应用草地/农作物子模型来模拟研究区的农业生态系统，其模型结构见图 4-29。

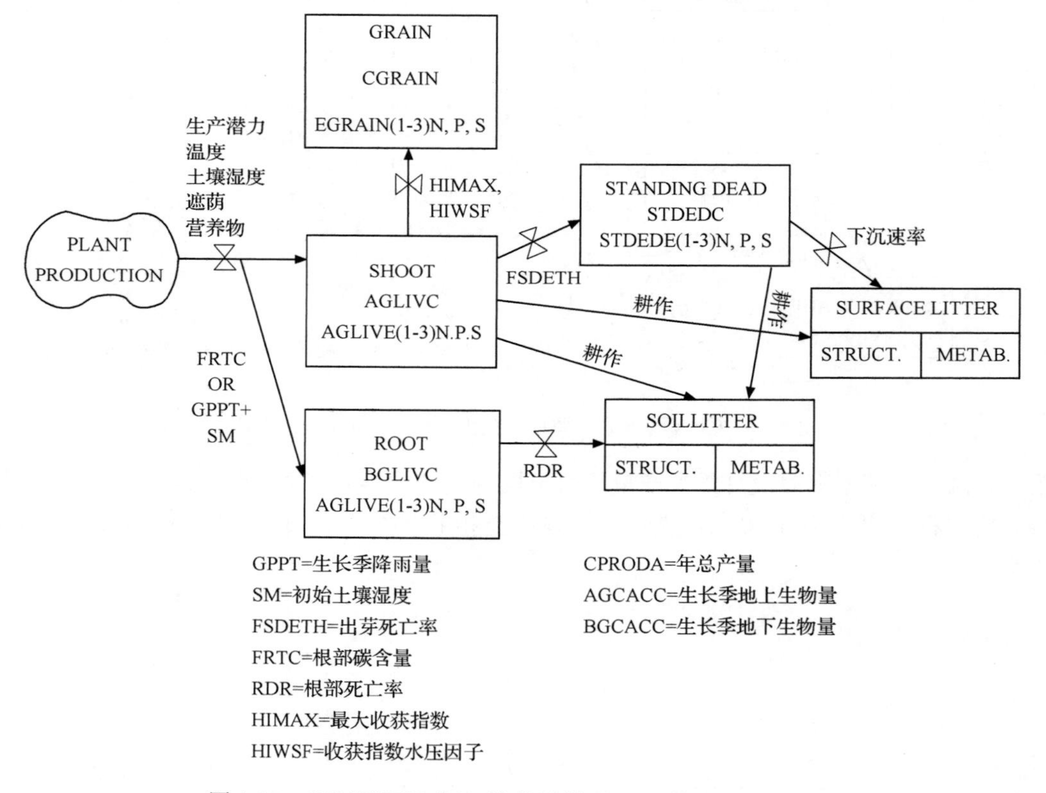

图 4-29 CENTURY 草地/作物子模型(Parton et al.，1992)

4.4.2 模型主要参数获取

CENTURY 模型的文件系统结构见图 4-30。各文件的具体含义及本次模拟的参数获取方式如表 4-15 所示。模型的参数化需要依据模拟点位的实际情况对〈SITE〉.100 文件、*.WTH 文件、*.SCH 文件和部分需要用到的*.100 文件进行选项设置及输入。其中,*.100 文件是各类参数的集合文件,用户可根据模拟点位的情况设置不同类型/强度的参数选项,并对选项内的参数进行输入调整。参数选项设置完成后,根据历史资料对模拟点位的农业管理过程进行编辑(EVENT.100),编辑每个管理单位(BLOCKS)的农业管理事件并保存为*.SCH 文件。

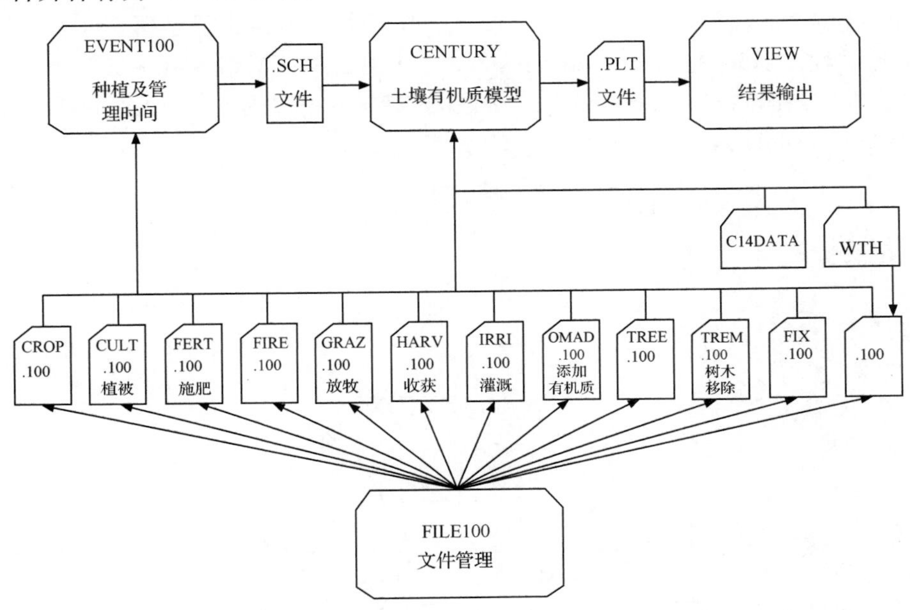

图 4-30　CENTURY 模型程序关系及文件结构示意图(Parton et al., 1992)

表 4-15　CENTURY 模型的文件系统

	文件名称	含义	获得参数方式
FILE.100	CROP.100	植被种类选项及参数集合	研究区主要作物(玉米、大豆、水稻)
	CULT.100	耕作方式选项及参数集合	据实地调查设置选项
	FERT.100	施肥强度选项及参数集合	据实地调查设置选项
	FIRE.100	火干扰强度选项及参数集合	据实地调查设置选项
	GRAZ.100	放牧强度选项及参数集合	据实地调查设置选项
	HARV.100	收获方式选项及参数集合	据实地调查设置选项
	IRRI.100	灌溉方式选项及参数集合	据实地调查设置选项
	OMAD.100	有机质添加选项及参数集合	据实地调查设置选项
	TREE.100	树木种植选项及参数集合	
	TREM.100	树木消除选项及参数集合	
	FIX.100	模型碳库计算经验参数集合	经验参数,非用户设置
〈SITE〉.100		模拟点位的属性参数集合(地理、土壤)	调研及田间采样测得
EVENT.100		模拟点位的农业管理过程(BLOCKs)	历史资料整理
*.SCH		农业管理过程集成文件	
*.WTH		气象数据输入文件	历史气象数据整理
*.BIN		模型运行结果存储文件	
*.LIS		模型运行结果参数输出文件	

1. 模拟点位属性数据(〈SITE〉.100)

由于研究区的土壤质地及气候条件差异极小,因此将其简化为点位,输入典型的农业管理历程,开展土壤有机碳长时间序列模拟研究。其土壤及农业管理的数据主要参考八五九农场场志(1956～2005年)、搜集相关资料及实地考察询问获得。有研究显示(李东,2011),土壤质地、温度和降水参数对CENTURY模型模拟土壤有机碳密度有较大的影响。因此,我们对研究区土壤质地进行了测试。10个样品的结果显示研究区表层耕作土壤为壤土属性。其砂粒(2～0.05mm,36.84%±2.60%)、粉粒(0.05～0.002mm,41.31%±3.06)和黏粒(<0.002mm,21.85%±3.00%)的含量组成如图4-31所示。主要输入数据见表4-16。

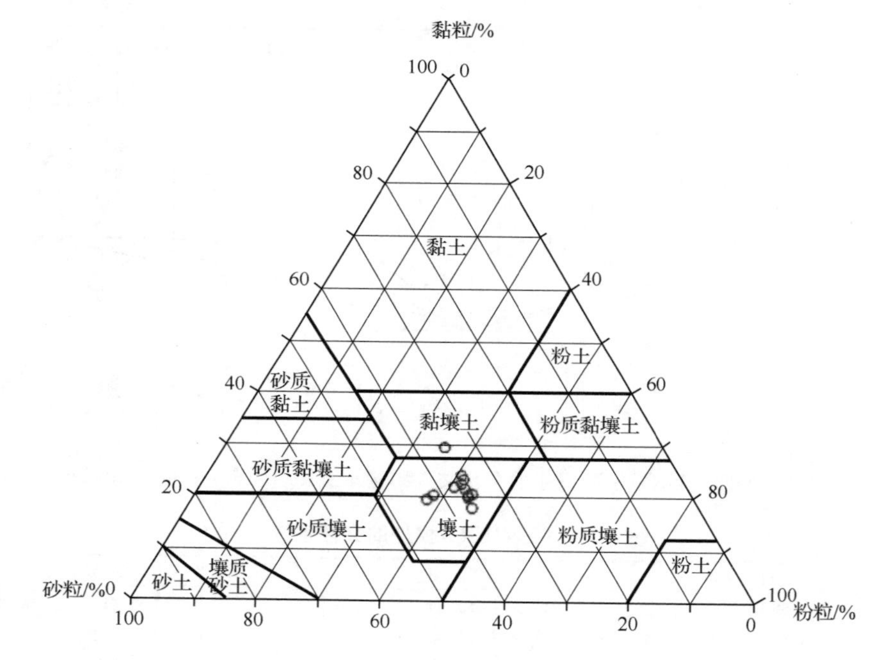

图 4-31　研究区土壤质地分析

表 4-16　模拟点位属性数据输入〈SITE.100〉

参数名称	定义	获取方式	数值
SITLNG	经度	GPS	134.0 E
SITLAT	纬度	GPS	47.5 N
pH	pH	实验室测定	5.25(自然湿地)5.80(农田)
AND	砂粒(0.05～2mm)	实验室测定	0.368
SILT	粉粒(0.002～0.05mm)	实验室测定	0.413
CLAY	黏粒(<0.002mm)	实验室测定	0.219
BULKD	土壤容重(g/cm^3,0～20cm)	实验室测定	1.46
NLAYER	植物生长土壤层数选项	田间测得	4(0～60cm)
NLAYPG	土壤总层数选项	田间测得	5(0～90cm)
DRAIN	土壤排水能力	田间观测	0.25
SWFLAG	土壤含水量参数选项	公式推算	2
EPNFA	干湿氮沉降系数[$g N/(m^2 \cdot a)$]	文献调研	0.8

2. 气象数据(*.WTH)

对于长时间序列的土壤碳库模拟,连续的、有针对性的气象参数是非常重要且不易获得的,是影响模型模拟精度的重要参数。研究区(八五九农场)于 1964 年成立了农业气象站,对农场的气象进行实时监测,得到的 1964～2010 年的逐日气象数据。对逐日气象数据进行处理,得到模型需要的月平均最高最低气温及降雨量数据,如图 4-32 所示。

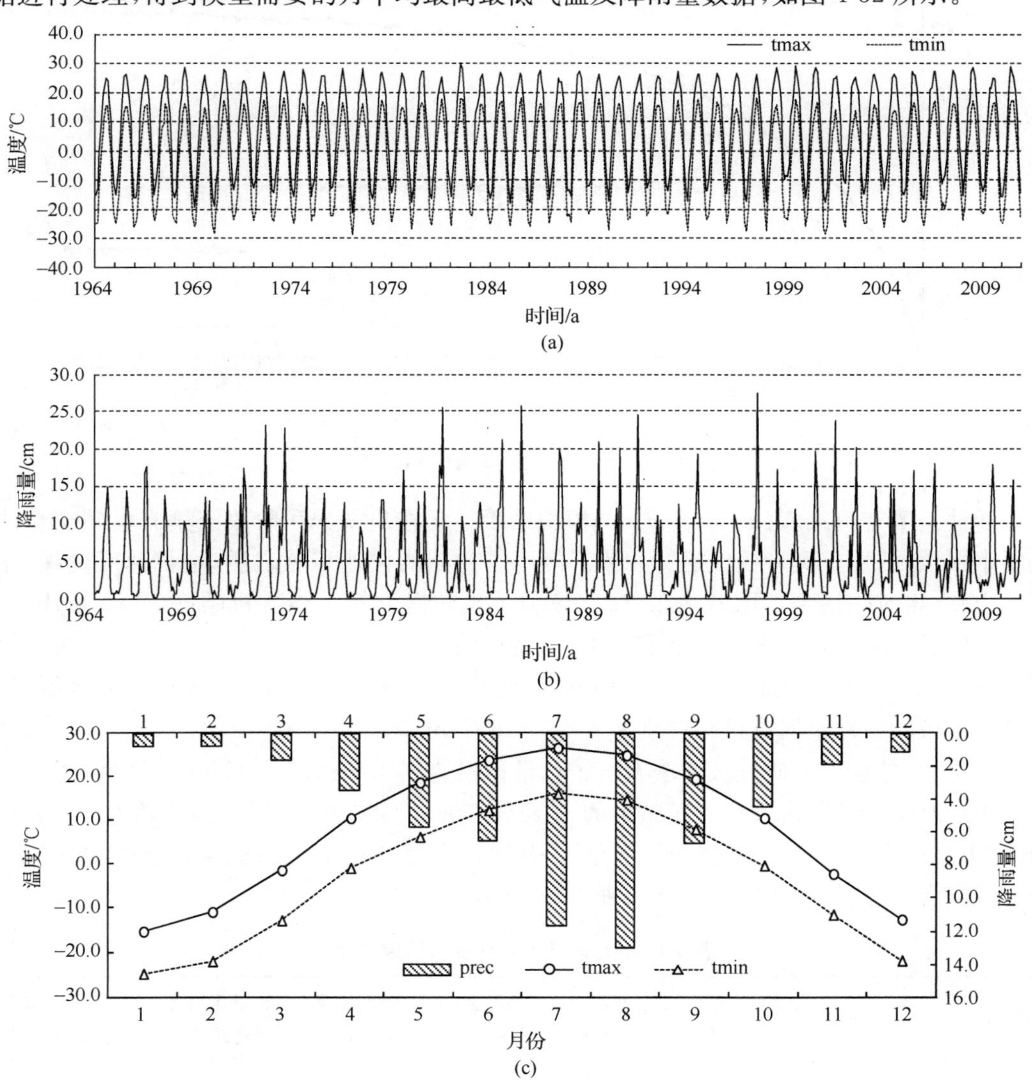

图 4-32　模型逐月气象输入数据(1964～2011 年)

(a) 月平均最高(tmax)及最低(tmin)气温;(b) 月降雨量;(c) 多年平均气象特征

4.4.3　土壤碳库自然累积模拟及校准

土壤开垦前的各有机碳库初始含量设置对模拟至关重要。在模拟耕作土壤之前,先模拟研究区自然状态下土壤有机碳累积。将 1964～2010 年实测气象数据输入模型，利用模型自带的天气生成器生成统计天气数据。设置开垦前作物类型为温带草地系统和夏季低强度放牧，输入土壤属性数据，模拟了土壤未开垦前的土壤有机碳的自然累积情况。参考相关文献(孙志高等，2007)，设模拟时间为 5000 年，结果如图 4-33 所示。

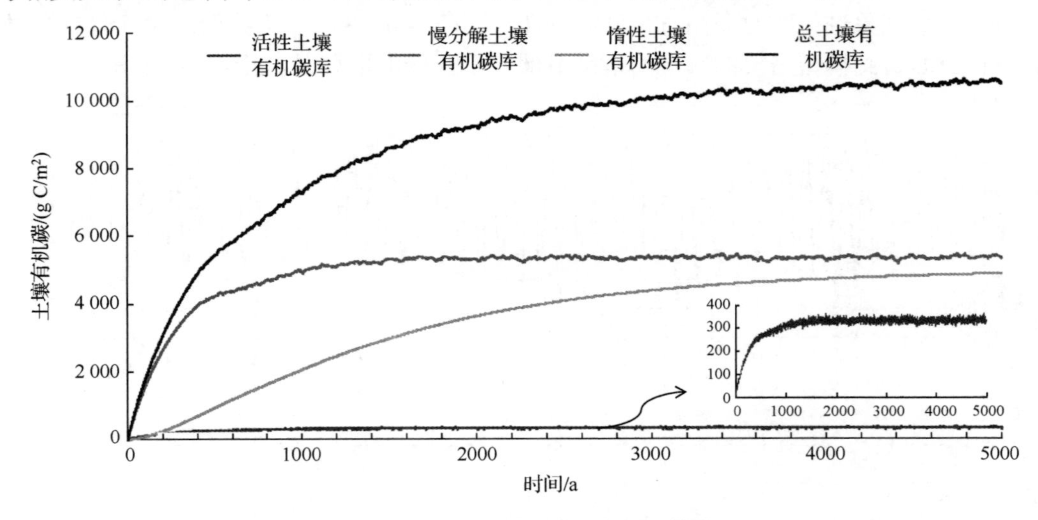

图 4-33　土壤有机碳库自然累积模拟

活性土壤有机碳库(active carbon)模拟结果显示在最初累积阶段土壤有机碳变化曲线斜率很大，活性土壤有机碳迅速积累。经历了初期的快速积累之后，增长速度变缓，用了约 1000 年时间达到了稳定状态(331.29g C/m^2)；慢分解土壤有机碳库(slow carbon)大约经历了 800 年的时间才达到稳定状态，维持在 5307.50g C/m^2左右。惰性土壤有机碳库(passive carbon)的积累速度一直比较平缓，模拟 3000 年后增长速度变得非常缓慢，到模拟结束时惰性土壤有机碳含量为 4858.33g C/m^2。

综上，自然状态下研究区土壤有机碳总量积累达到 10 497.12g C/m^2。活性、慢性及惰性土壤有机碳分别占到总累积碳量的 3.16%、50.56%和 46.28%。高鲁鹏等(2004)用 CENTURY 模型模拟了东北地区 5 个黑土分布区自然状态下达到稳定状态时的土壤累积有机碳含量，结果与研究区对比如表 4-17 所示。

表 4-17　土壤碳库自然累积结果对比

研究地点	地理位置	年均温度/℃	年均降水量/mm	活性土壤有机碳/%	慢性土壤有机碳/%	惰性土壤有机碳/%	土壤有机碳总量/(g C/m^2)
研究区	47.50 N 134.20 E	2.9	595	3.16	50.56	46.28	10 497.12
嫩江	49.17 N 125.22 E	−0.6	509.0	4.06	51.66	40.53	9 916.63
北安	48.22 N 126.50 E	0.0	563.3	4.22	55.47	36.47	9 540.37
海伦	47.43 N 126.97 E	1.5	561.1	4.62	53.65	37.97	11 672.78
哈尔滨	45.75 N 126.58 E	3.3	577.4	3.36	50.54	41.95	8 246.61
公主岭	43.52 N 124.80 E	5.3	607.9	3.65	52.34	40.08	7 914.72

CENTURY模型输出土壤碳的单位为g C/m^2（土壤0～20cm深度），根据实测土壤容重1.46g/cm^3，得到单位换算系数即1g C/m^2＝0.003 425g C/kg。据此，土壤有机碳总量10 497.12g C/m^{2}换算为35.95g C/kg，与实测值(36.4±6.19)g C/kg对比结果比较可信，故以模拟的各碳库含量作为开垦前的初始土壤碳含量，模拟土壤开垦后有机碳含量的演变过程。

4.4.4　不同种植模式下土壤碳库演变模拟

1. 农业管理参数(EVENT.100)

CENTURY模型以分段农业管理单元(BLOCKs)的形式来组织农业管理参数的输入。每一个BLOCK代表一个管理单位，每个单位中所有参数设置是统一的。用户可设置起始年份、是否轮作、作物种类，并以月为单位对耕作、施肥、灌溉等参数进行分别设置和管理。

本节在查阅大量八五九农场历史资料，并与当地相关工作人员及农户沟通的基础上，总结了1949年新中国成立以后研究区的典型农业垦殖过程，将其共分为5个管理单元(BLOCKs)，并确定每一阶段内各农业管理措施的实施方式和时间，最后的输入参数如表4-18所示。在1984年以前，研究区农业种植主要分为两个阶段B1及B2，种植作物分别为小麦和大豆，化肥施用较少，建国初期基本依靠土壤自然肥力进行种植。在1984年以后，由于水稻的发展，本节将旱田种植模式与水田种植模式分离，并均包含3个种植阶段：旱田记为B3(1)、B4(1)和B5(1)；水田记为B3(2)、B4(2)和B5(2)。对两种种植模式下的土壤有机碳变化分别开展模拟。

表4-18　农业管理输入数据(1949～2010年)

管理单元	时段	作物	时间重复序列	N施肥用量/(g N/m^2)	耕地/播种/收获时间(月份)	秸秆还田率/%	灌溉
B1	1949～1963年	小麦	1		04/04/07		
B2	1964～1984年	大豆	1	1.5	05/05/10	15	
B3(1)	1985～1994年	玉米/大豆轮作	2	8.5/3.5	05/05/10	15	
B4(1)	1995～2004年	玉米/大豆轮作	2	11.5/5.0	05/05/10	25	
B5(1)	2005～2011年	玉米	1	13.0	05/05/10	25	
B3(2)	1985～1994年		1	7.0	04/05/10	25	04-08
B4(2)	1995～2004年	水稻	1	8.5	04/05/10	25	(15cm Flood)
B5(2)	2005～2011年		1	10.5	04/05/10	25	

2. 土壤总有机碳库模拟结果及验证

基于上述参数设置，研究区1949～2011年的土壤有机碳总量变化见图4-34。重要时间节点的土壤有机碳含量数值见表 4-19。查阅研究区历史资料，获得部分年份的土壤有机碳含量数据，一并加入图表中进行对比验证。

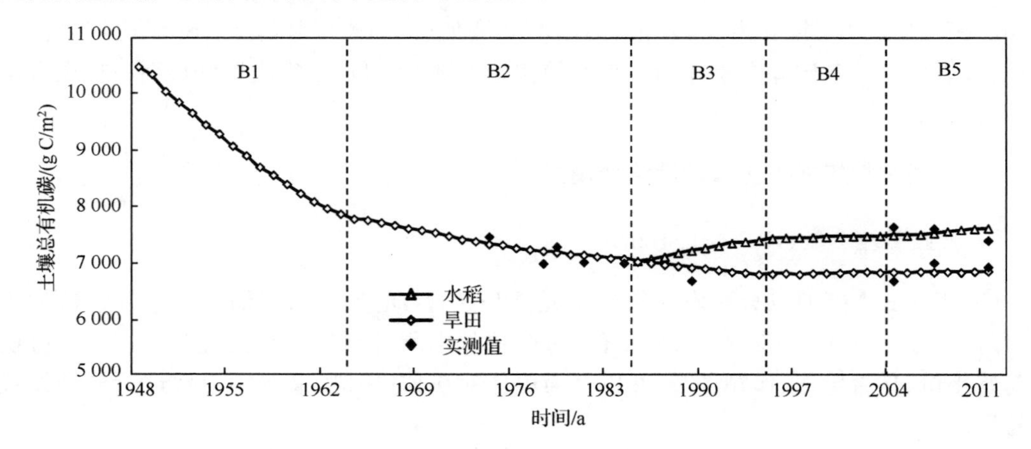

图 4-34　土壤总有机碳库变化模拟（1949～2011 年）

表 4-19　重要节点年份模拟及实测有机碳总量*　　（单位：g C/m²）

		1949	1963	1974	1978	1979	1981	1984
模拟值		10497.1	7876.6	7342.8	7221.6	7197.9	7154.1	7087.7
实测值				7475.2	7002.9	7300.4	7028.1	7011.6
		1989	1994	2004	2007	2011		
模拟值	旱田	6928.7	6811.5	6851.1	6849.0	6867.6		
	水田	7227.4	7408.5	7504.1	7537.7	7625.2		
实测值	旱田	6699.8		6698.8	7017.3	6943.8		
	水田			7653.2	7622.2	7411.0		

注：下划线数字为实测值；* 粗字体显示年份为 BLOCKs 中的节点年份。

模拟结果显示，开垦初期土壤有机碳含量迅速下降，碳库分解速率较快。开垦 14 年后（1949～1963 年），土壤有机碳总量下降 24.9%；开垦 35 年后（1949～1984 年），土壤总有机碳下降达 32.5%；在 1984 年以后，模拟地区的种植结构发生了较大变化（旱转水），土壤有机碳含量向不同方向变化。1984～2011 年的 27 年间，旱田的土壤碳库继续损失，到 2011 年土壤有机碳总量仅为 1949 年的 65.4%；而 1984 年后种植水稻的土壤有机碳总量略有回升，到 2011 年与 1984 年相比上升了 7.6%[0.068g C/(kg · a)]，总量达到 1949 年的 72.6%。

观测以上结果可发现，土壤有机碳的分解速率并非一个常数，其损失大致经历了从快到慢的过程。自然土壤开垦后有机碳损失较快，后慢慢趋于平缓。开垦初期，土壤较肥沃，基本上利用土地原有肥力进行生产。土壤中植物残体迅速地腐烂分解，有机质累积的条件被破坏。随着耕种时间的延长，有机质含量不断减少。耕层以下的土壤由于受翻耕的影响与表土相比较小，温湿度环境稳定，土壤有机质分解相对缓慢。徐建明等（2010）进一步总结了黑龙江北安地区黑土土壤有机质的历史数据，提出了土壤有机碳含量与开垦年限关系的经验性统计模型。在单一种植模式下，开垦 3 年、5 年、10 年、20 年后土壤有机碳损失分别达到 10%、20%、30%、40%；到开垦 40 年以后损失速率趋于平稳。研究区由于种植模式及管理措施变化复杂，有机碳损失略低于以上结果。另外，CENTURY 模型模拟过程未考虑风蚀、水蚀等土壤的物理退化过程，也是导致下降速率和损失总量都要小于统计模型的原因。

根据上述模拟及实测结果，得到模拟值与实测值的回归函数，并用误差平方根 RMSE 及模拟效率 ME 观察模拟效果。误差平方根 RMSE 及模拟效率 ME 的计算公式如下：

$$\mathrm{RMSE}=\frac{100}{\bar{O}}\sqrt{\sum_{i=1}^{n}(P_i-O_i)^2/n} \tag{4-2}$$

$$\mathrm{ME}=1-\frac{\sum_{i=1}^{n}(P_i-O_i)^2}{\sum_{i=1}^{n}(P_i-\bar{O}_i)^2} \tag{4-3}$$

式中，O_i 为观测值，P_i 为模拟值，n 表示对应数据组的数量。RMSE 可以直接用于比较观测值和模拟值之间的差异，RMSE 值越小表示模拟结果越准确。ME 值等于 1 表示观测值和模拟值完全吻合；当 ME<0 时，表示平均观测值比模拟值更能解释观测值的动态变化；当 ME>0 时，表示模拟结果更能反映观测值的变化。研究区模拟的误差平方根为 2.24%，模拟效率为 0.768，模拟值与观测值的总体误差较小，模拟效果在可接受范围之内（图 4-35）。

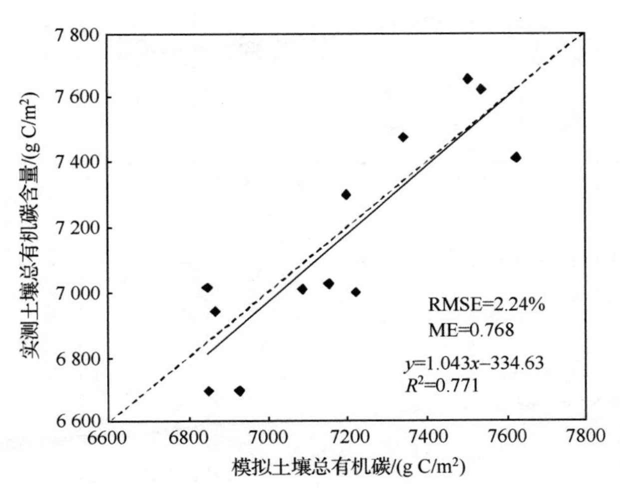

图 4-35　土壤总有机碳库模拟值与实测值的比较

3. 活性、慢性及惰性土壤有机碳库模拟结果

研究区土壤开垦初期，三个土壤有机碳组分库均呈下降趋势，如图 4-36 所示。节点年份数据见表 4-20。模拟结果显示，活性土壤有机碳库的下降速度最快，开垦 14 年后下

降达 70%。之后由于种植模式的改变,合适的土壤温湿度条件使活性土壤有机碳库含量回升;慢性土壤有机碳库的损失速率相对较慢,开垦 14 年后下降 43.9%,1984 年损失量达到 58.4%后趋于平稳,慢性土壤有机碳库的总体变化趋势与土壤总有机碳库基本一致;惰性土壤有机碳库损失一直比较缓慢,从 1949 年开垦到 2011 年模拟结束的 52 年间,损失只有 6.11%。

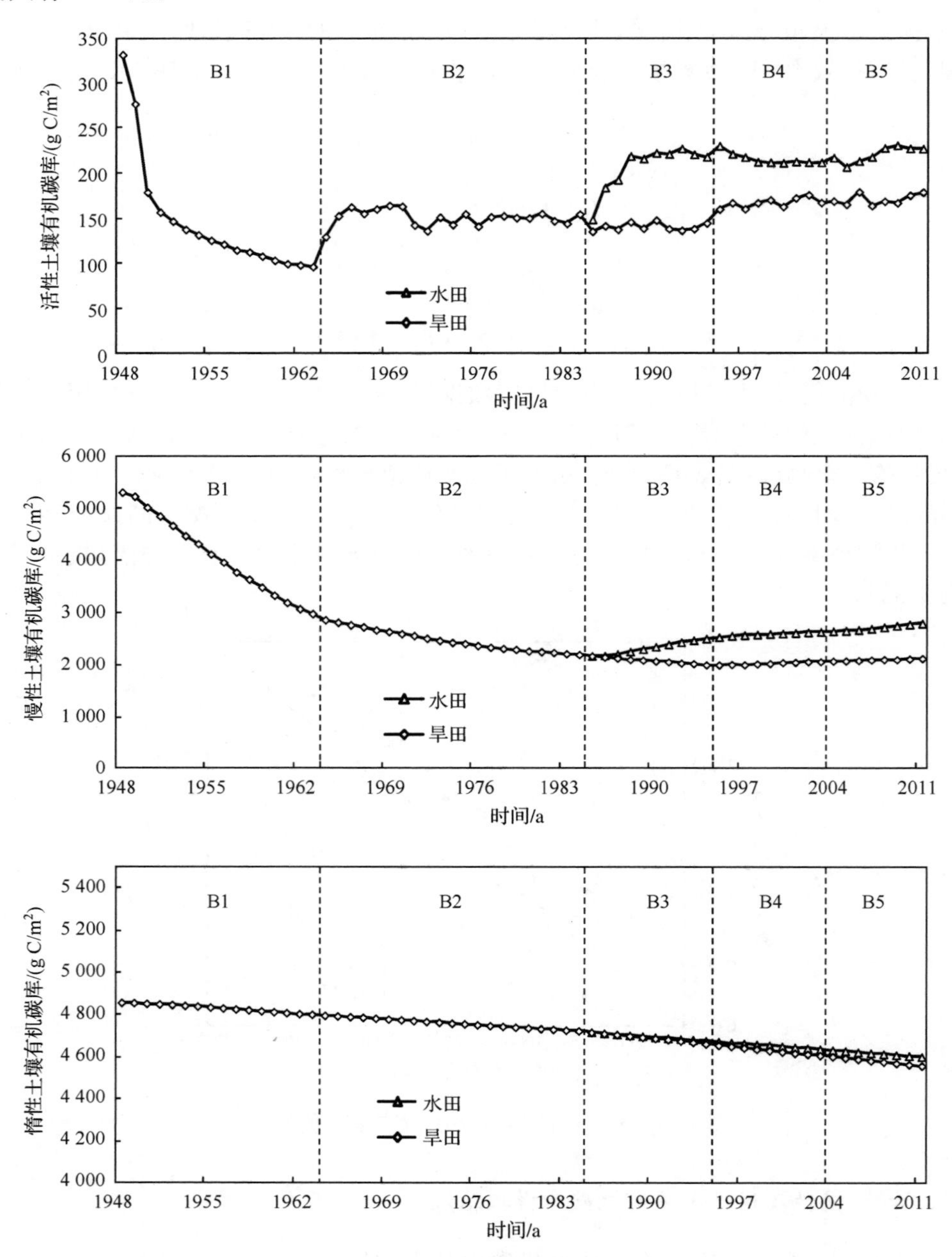

图 4-36 土壤活性碳库、慢性碳库及惰性碳库变化模拟

表 4-20　节点年份活性、慢性及惰性土壤有机碳库模拟含量

	年份	1949	1963	1984	1994	2004	2011
旱田	活性碳库/(g C/m²)	331.3	96.3	154.5	144.6	168.8	178.6
	比例/%	3.2	1.2	2.2	2.1	2.5	2.6
	慢性碳库/(g C/m²)	5307.5	2977.2	2206.6	2002.1	2077.9	2128.7
	比例/%	50.6	37.8	31.1	29.4	30.3	31.0
	惰性碳库/(g C/m²)	4858.3	4803.1	4726.5	4664.8	4604.5	4561.1
	比例/%	46.3	61.0	66.7	68.5	67.2	66.4
水田	活性碳库/(g C/m²)				217.9	216.9	226.9
	比例/%				2.9	2.9	3.0
	慢性碳库/(g C/m²)				2510.9	2651.5	2794.6
	比例/%				33.9	35.3	36.7
	惰性碳库/(g C/m²)				4679.6	4635.8	4603.8
	比例/%				63.2	61.8	60.4

由于各有机碳库损失速率的差异，导致其有机碳的组成比例也发生了变化，1949 年开垦时活性、慢性及惰性土壤有机碳库比例为 3.16%、50.56%和 46.28%。开垦之后慢性土壤碳库的比例迅速下降，1963 年只占总有机碳库的 37.8%，之后一直稳定在 30%左右。惰性土壤碳库由于分解速率较小，占有机碳库比例迅速升高，1963 年达到 60.9%，之后稳定在 67.0%左右。活性土壤有机碳库占总有机碳库的比例一直较小，但也低于开垦时所占比例，稳定在 2.5%左右。

以上结果说明，土壤有机质组成在开垦过程中发生了较大的变化。活性土壤有机碳库虽然所占比例很小，但是其作用却不能忽视，因为这部分碳是土壤中最为活跃的植物营养来源，活性土壤有机碳库比例直接影响了植物营养元素的循环过程。慢性土壤有机碳库是降解有机质的主要来源，对土壤有机碳库的变化影响非常大。土壤有机碳的慢分解，容易造成土壤孔隙减少、土壤板结、容重增大、肥力降低等问题(曹志洪和周健民，2008)。惰性土壤有机碳库是土壤有机质的基础物质，周转时间非常漫长，受到外界环境的影响较小，因此即使耕作历史较长，土壤有机碳依然可以维持在一定的水平。

4.4.5　未来农业管理情景下土壤碳库变化预测

农业管理方式决定着土壤有机碳的变化趋势。本节以 2011 年的模拟结果为起点，预测 2012～2050 年研究区在不同农业管理情景下的土壤有机碳库变化。所有预测均基于水田和旱田两个种植模式假设。旱田按照研究区近年来的实际情况，假设继续种植单一作物玉米。水田、旱田的农业管理措施延续 2005～2011 年的管理方式不变，只对设置情景的参数指标进行调整。

有研究表明，秸秆还田及少耕免耕措施对土壤有机碳的影响非常值得探讨(Lu et al.，2009；叶丽丽 等，2010)，研究区近年来也在积极推进相关政策及技术，这也是区域未来农业的必然发展趋势。因此，本节就秸秆还田及耕作方式两项管理措施设置了不同

的发展情景，探讨未来土壤有机碳的变化趋势。

1. 不同秸秆还田率情景下土壤有机碳变化模拟

秸秆含有丰富的氮磷钾养分和多种微量元素，同时富含大量的纤维素、木质素和蛋白质等有机物质，是适宜各种作物和土壤的常见肥料。我国秸秆产量丰富，年产量约 7.9 亿吨左右，占世界秸秆总产量的 39.5%（叶丽丽等，2010）。目前，很多地区农作物秸秆仍然主要以无组织焚烧的形式进行处理，不仅造成资源的极大浪费，而且也造成空气污染等问题。秸秆还田是把不宜直接作饲料的秸秆直接或堆积腐熟后施入土壤的一种方法，不仅有利于实现农业废弃物的综合利用，更有增肥增产的作用，有利于农业的可持续发展。目前，秸秆在研究区主要以直接还田为主。秸秆直接还田是指以秸秆原物或直接粉碎后回归土壤的方式，不经过养殖转化或肥料加工。

很多研究表明，秸秆还田对于改善土壤结构、增加土壤孔隙度、减少土壤容重、提高土壤含水量、提高土壤酶活性、培肥地力等具有重要作用（叶丽丽等，2010）。段华平等（2009）发现，秸秆还田处理比无秸秆还田处理稻田土壤有机碳含量平均提高了 14.01%，耕作层（0～20cm）土壤碳密度平均提高了 9.18%，并指出适当的耕作可提高土壤有机碳含量和耕作层有机碳密度。与单施化肥相比，秸秆配施 N、P、K 肥还田能减少泥沙量和地表径流量，增加渗漏径流量，并显著减少 N、P 的流失达 60%～76%（徐泰平等，2006）。一些发达国家已将秸秆还田作为农业生产中土壤培肥的一项有效措施甚至法律来实施。但近年研究表明，秸秆还田对 N_2O 及 CH_4 等温室气体的排放有促进作用（邹国元等，2001；陈春梅等，2007）。

2010 年，研究区水稻和玉米产量均为 600kg/亩，大豆产量 160kg/亩，按秸秆产量与粮食产量比例为 1∶1 计算，则水稻及玉米秸秆产量为 9000kg/hm²（900g/m²），大豆秸秆产量为 2400kg/hm²（240g/m²）。根据目前的还田率以及将来增产的空间，设置秸秆还田率分别为 25%（现状基准）、40%、60%及 80%四个情景水平，其还田量及秸秆中的具体参数设置如表 4-21 所示。

表 4-21　农作物秸秆相关参数

作物	秸秆产量/(g/m²)	秸秆还田量/(g/m²)				木质素含量(地上部分)FLIGNI(1,1)	秸秆 C/N 比 ASTREC(1)	秸秆 C/P 比 ASTREC(2)	秸秆 C/S 比 ASTREC(3)
		25%	40%	60%	80%				
玉米	900	225	360	540	720	0.12	50	300	300
水稻	900	225	360	540	720	0.15	80	300	300

将上述参数输入模型，得到土壤有机碳变化模拟结果如图 4-37 和图 4-38 所示。各情景下的年均 SOC 变化量见表 4-22。模拟结果显示，若维持目前 25%的还田率水平（基准），研究区旱田（玉米）土壤总有机碳库在未来几十年中基本持平，下降 0.81%。当还田率提高到 40%、60%和 80%，土壤碳库累积明显，累积量随秸秆还田率的增高而逐渐增加。到 2050 年，在三个秸秆还田水平下，土壤有机碳增加总量分别达到原有机碳库的 26.32%[0.16g C/(kg · a)]、40.81%[0.25g C/(kg · a)]和 55.30%[0.34g C/(kg · a)]。

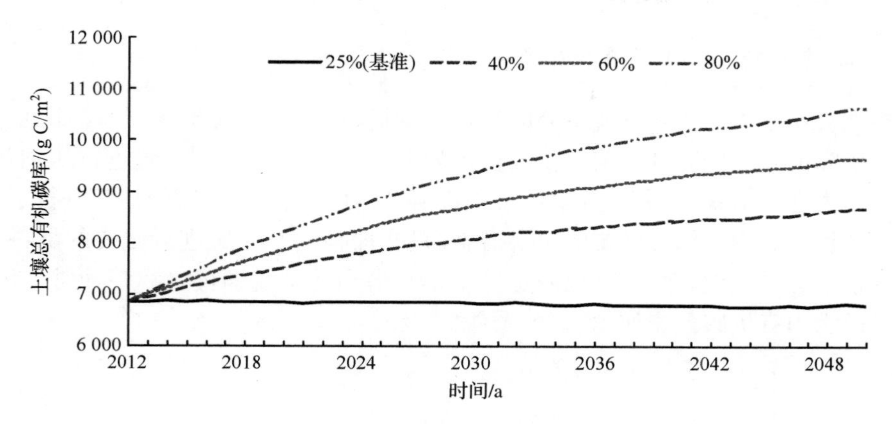

图 4-37　不同秸秆还田情景土壤碳库累积预测(旱田)

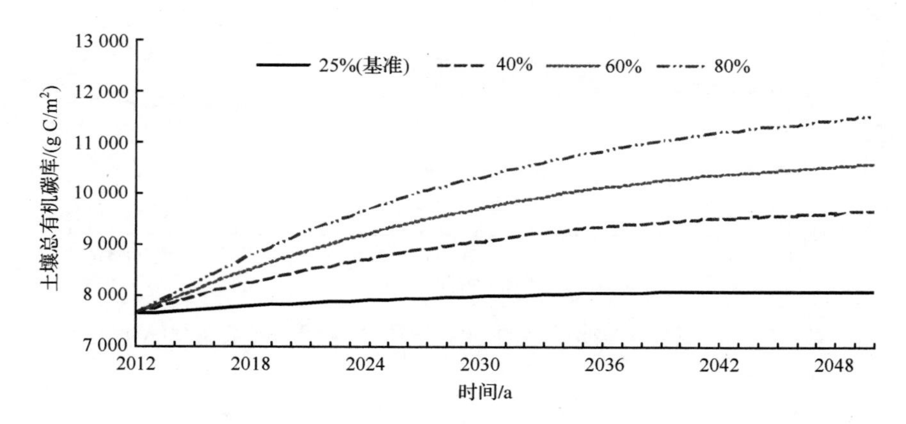

图 4-38　不同秸秆还田情景土壤碳库累积预测(水田)

表 4-22　不同秸秆还田情景下土壤有机碳变化预测

	旱田				水田			
	25%	40%	60%	80%	25%	40%	60%	80%
土壤有机碳增加率/%	−0.81	26.32	40.81	55.30	5.79	26.31	38.63	50.90
年均有机碳变化/[g C/(m² · a)]	−1.19	47.18	72.93	98.68	11.64	52.91	77.67	102.34
年均有机碳变化/[g C/(kg · a)]	−0.004	0.16	0.25	0.34	0.04	0.18	0.27	0.35

与旱田不同，在维持 25%的基准还田率情况下，土壤碳库累积以缓慢的速度增加，土壤有机碳含量以 0.04g C/(kg · a)的速度增加。当秸秆还田率提高到 40%、60%和 80%时，土壤碳库累积量随还田率的增高而增加。到 2050 年，包括基准在内的四个秸秆还田情景水平下，土壤有机碳增加量分别达到原有机碳库的 26.31%[0.18g C/(kg · a)]、38.63%[0.27g C/(kg · a)]和 50.90%[0.35g C/(kg · a)]。可以看出，秸秆还田对于土壤碳库有机质恢复有非常积极的作用，在种植玉米和水稻的情况下，土壤有机碳的含量均随秸秆还田量的增加而明显上升。但是，如何寻找到较适宜的秸秆还田率，在维持土壤有机碳水平的基础上控制温室气体排放，是值得进一步探讨的问题。

2. 少耕、免耕情景下土壤有机碳变化模拟

保护性耕作成为近年来农业研究的热点。少耕、免耕措施对土壤碳库的恢复作用已得到众多研究证实。研究区目前以传统耕作为主，每年播种前均对土地进行耕翻并施肥。本节以此作为基准情景，并另设置少耕及免耕情景，对土壤有机碳库的演变进行了模拟预测。少耕情景即减少一切不必要的中耕措施，只在播种前对土壤进行必要的翻耕。免耕情景即尽量不翻耕土地，即条播，仅满足种子得到恰当的覆盖即可。在三种耕作情景下，研究区旱田水田有机碳预测如图 4-39、图 4-40 及表 4-23 所示。

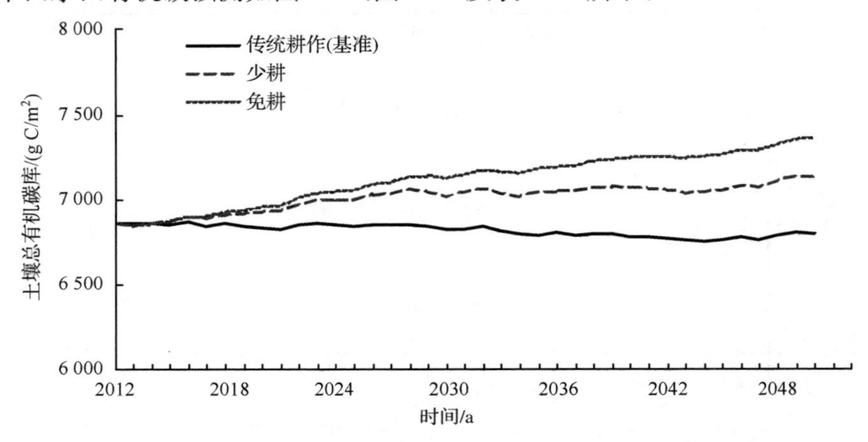

图 4-39 传统耕作(基准)及少耕、免耕情景下土壤碳库变化预测(旱田)

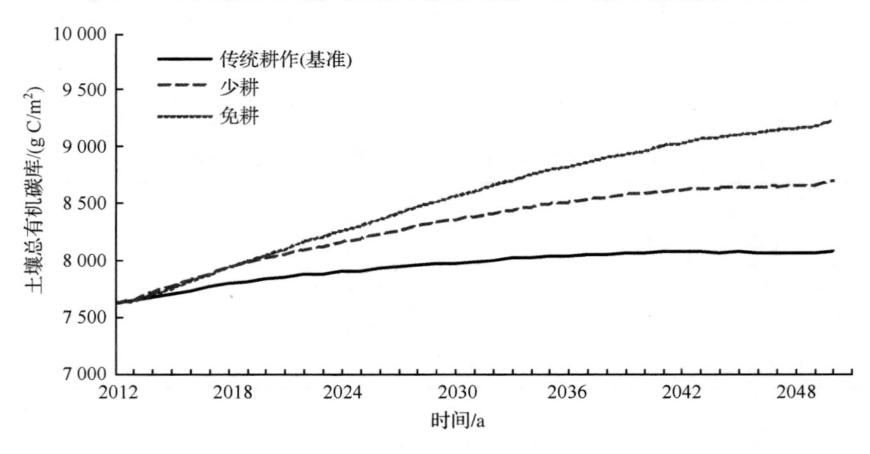

图 4-40 传统耕作(基准)及少耕、免耕情景下土壤碳库变化预测(水田)

表 4-23 传统耕作(基准)、少耕及免耕情景下土壤有机碳变化预测

		旱田			水田		
		CT(基准)	MT	NT	CT(基准)	MT	NT
有机碳增加率	%	−0.81	3.70	7.21	5.79	13.84	20.84
年均有机碳变化	g C/(m² · a)	−1.19	6.68	13.04	11.64	27.78	41.82
	g C/(kg · a)	−0.004	0.02	0.04	0.04	0.10	0.14

注：CT，Conventional tillage，传统耕作；MT，minimum tillage，少耕情景；NT，no tillage，免耕情景。

模拟结果显示，若维持传统耕作方法（基准），研究区旱田（玉米）土壤总有机碳库在未来几十年中略有下降（0.81%）。若采用少耕和免耕措施，土壤碳库则呈缓慢回升趋势，到2050年增加量分别达到3.7%[0.02g C/(kg · a)]和7.21%[0.04g C/(kg · a)]。与旱田相比，研究区水田土壤碳库均呈累积趋势，即使在传统耕作条件下，土壤有机碳含量仍以0.04g C/(kg · a)的速度增加。少免耕措施对其碳库累积作用明显，到2050年，土壤碳库增加率分别达到13.84% [0.10g C/(kg · a)]和20.84% [0.14g C/(kg · a)]。

4.5　长期耕作对土壤金属元素分布特征影响

来源于自然环境及人类活动，土壤中含有多种金属元素（Kabata and Pendias, 2001）。少量的金属元素是植物生长所必需的，但如果超过了一定的阈值，就可能对植物产生毒害作用。重金属在土壤中不能被微生物降解，且迁移性小，具有长期性、潜伏性、累积性和不可逆性的污染特点（Adriano, 2001）。土壤一旦遭受重金属污染，很难恢复。不仅如此，依赖土壤环境，重金属还可迁移进入植物，淋失到地下水，最终通过食物链进入人体内（Facchinelli et al., 2001; Wei and Yang, 2010）。如果暴露在某些重金属污染下，比如镉（Cd）和铅（Pb），哪怕仅是很小的剂量，也会对人体健康产生极大的危害（Raghubanshi, 1992; Sensesil et al., 1999）。农业土壤中的重金属元素主要来源于成土母质，但也有其他各种来源，如杀虫剂及化肥、污水灌溉、大气沉降及工业活动（Nan et al., 2002; Rattan et al., 2005）。在世界范围内，重金属污染已经对安全农业生产存在潜在威胁，很多学者都致力于研究农业土壤中重金属的来源（Chen et al., 2008）。但是，由于地理条件及地方发展的差异，重金属污染具有很强的地域性。识别农业土壤中的重金属来源对于控制农业系统中大规模的重金属污染有很大的意义。

研究区土壤重金属背景值较低，又以农业生产为主，土壤重金属污染鲜有报道。但近年来随着化肥用量的不断增加，土壤重金属累积的潜在威胁越来越引起广泛重视。分析共包括土壤pH、有机质（SOM）、全铁（Fe）、全锰（Mn）、全铜（Cu）、全镍（Ni）、全铅（Pb）、全锌（Zn）、全镉（Cd）、全铬（Cr）和全钴（Co）11个指标。采用主成分分析法和地理信息系统GIS，主要的目标是：① 揭示数据组的内在结构，分析土壤中重金属的可能来源；②结合区域土地利用类型，解析人类活动对重金属累积的影响，为区域土壤质量的综合评价提供支持。

4.5.1　研究区金属元素空间分布及累积特征

1. 金属元素含量描述统计

研究区0～20cm表层土壤及20～40cm土壤中各金属元素含量的描述统计如表4-24所示。土壤重金属的含量受地域及人类活动影响较大。为了观察其含量范围，将区域背景值（黑龙江省）及我国《土壤环境质量标准》（GB 15618—1995）中对农田相关元素的标准限值也列在表中以供比较参考。

表 4-24　土壤金属元素描述统计

		Fe	Mn	Cu	Ni	Pb	Zn	Cd	Cr	Co
0～20cm	平均值	23.28	0.647	19.85	20.85	18.04	37.48	0.241	48.40	11.35
	最小值	12.02	0.100	13.18	13.90	13.30	21.44	0.100	38.60	4.87
	最大值	33.61	1.750	27.80	30.09	22.85	62.01	0.380	61.34	19.39
	标准差 S. D.	4.44	0.391	2.67	3.59	2.06	8.21	0.050	4.91	3.24
	变异系数 C. V. /%	0.19	0.60	0.13	0.17	0.11	0.22	0.21	0.10	0.29
20～40cm	平均值	24.45	0.486	19.24	19.44	16.74	35.91	0.206	50.65	10.73
	最小值	13.14	0.08	10.95	10.29	11.82	20.52	0.08	38.02	3.97
	最大值	35.07	1.440	28.01	32.36	22.02	58.85	0.340	67.10	20.30
	标准差 S. D.	4.62	0.337	3.30	4.46	1.91	9.16	0.054	5.82	3.71
	变异系数 C. V. /%	0.19	0.69	0.17	0.23	0.11	0.26	0.26	0.11	0.35
参考值(0～20cm)										
黑龙江省背景值[a]	平均值	29.1	1.07	20.0	22.8	24.2	70.7	0.086	58.6	11.9
	标准差 S. D.	5.7	0.88	5.8	7.7	3.2	20.5	0.037	14.2	3.9
土壤环境质量标准[b]				50	40	250	200	0.3	250[c]	
北京(Wu et al. 2010)	平均值		0.664	22.5	25.0	24.0	75.6		61.3	12.2
山东(Jia et al. 2010)	平均值			24.8	29.5	24.4	71.9	0.19	64.4	
杭州(Chen et al. 2008)	平均值		0.415	36.6	20.0	46.2	116		62.2	9.3
广州(Chai et al. 2003)	平均值			24.0	12.4	58.0	163	0.28	64.7	
无锡(Zhao et al. 2007)	平均值			40.4		46.7	113	0.14	58.6	

注：Fe、Mn 单位为 g/kg，其他金属元素单位为 mg/kg；

a 数据引自中华人民共和国环境保护部.《中国土壤元素背景值》. 北京：中国环境科学出版社，1990；

b 数据引自中华人民共和国环境保护部(SEPA).《土壤环境质量标准》(GB 15618—1995). 1995(选取 pH < 6.5 的酸性土壤标准)；

c 水田为 250mg/kg，旱地为 150mg/kg。

从以上分析结果可以看出，除了金属镉(Cd)以外，研究区其他金属元素的平均含量均在区域背景值范围内。我国土壤重金属背景含量较低(Cheng，2003)，研究区作为我国重要的粮食产区之一，工业发展相对比较滞后，又处于中俄边境，因此重金属来源于工业污染和交通大气沉降的概率较小。研究区土壤的重金属含量低于北京、山东、广州和杭州等经济发达地区，尤其是铅和锌元素。

土壤镉的平均含量(0.241mg/kg)达到区域的背景值含量(0.086mg/kg)的 2.8 倍。其最大值(0.36mg/kg)已经超过了我国的土壤质量标准限制(0.30mg/kg)。

2. 金属元素空间分布特征

采用与土壤养分相同的方法分析了研究区土壤重金属含量的空间分布特征，具体分析过程不再赘述，两层土壤中的金属含量空间分布结果见图 4-41 和图 4-42。

观察图 4-41，我们发现在 0～20cm 表层土中，金属 Fe、Mn、Pb、Zn、Cd、Co 的空间分

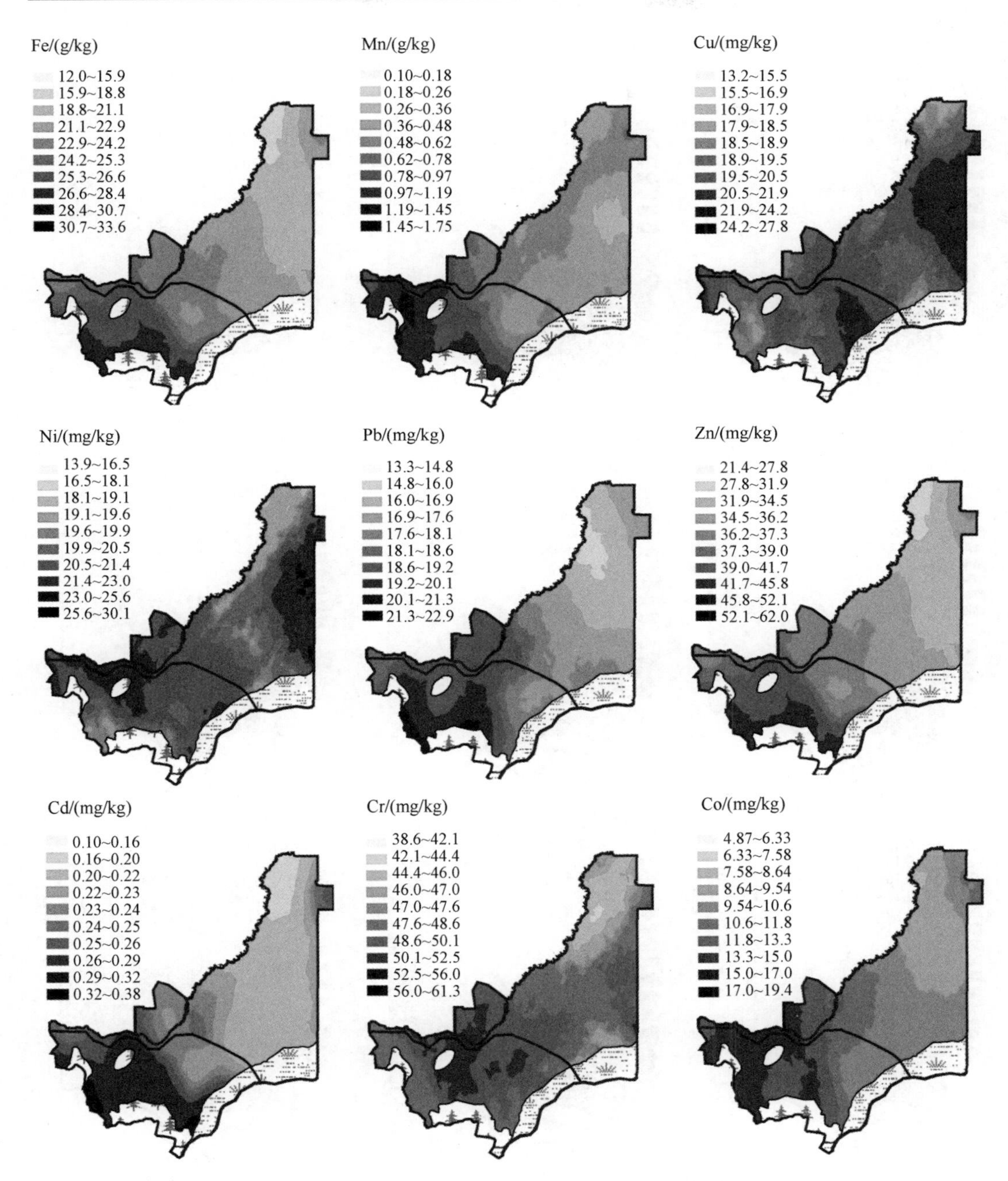

图 4-41　重金属元素空间分布特征(0～20cm 表层土)

布特征较为相似,西南部的含量较高。而金属 Cu、Ni 和 Cr 的分布特征并不明显,整体偏于平均。

在 20～40cm 土壤中,各金属元素的分布特征与 0～20cm 表层土相比较为模糊,分布特征不清晰。由此我们可以判断,表层土壤可能受到了强烈的人为干扰,一些金属元素的含量显示出了与下层土壤不同的空间分布特征。

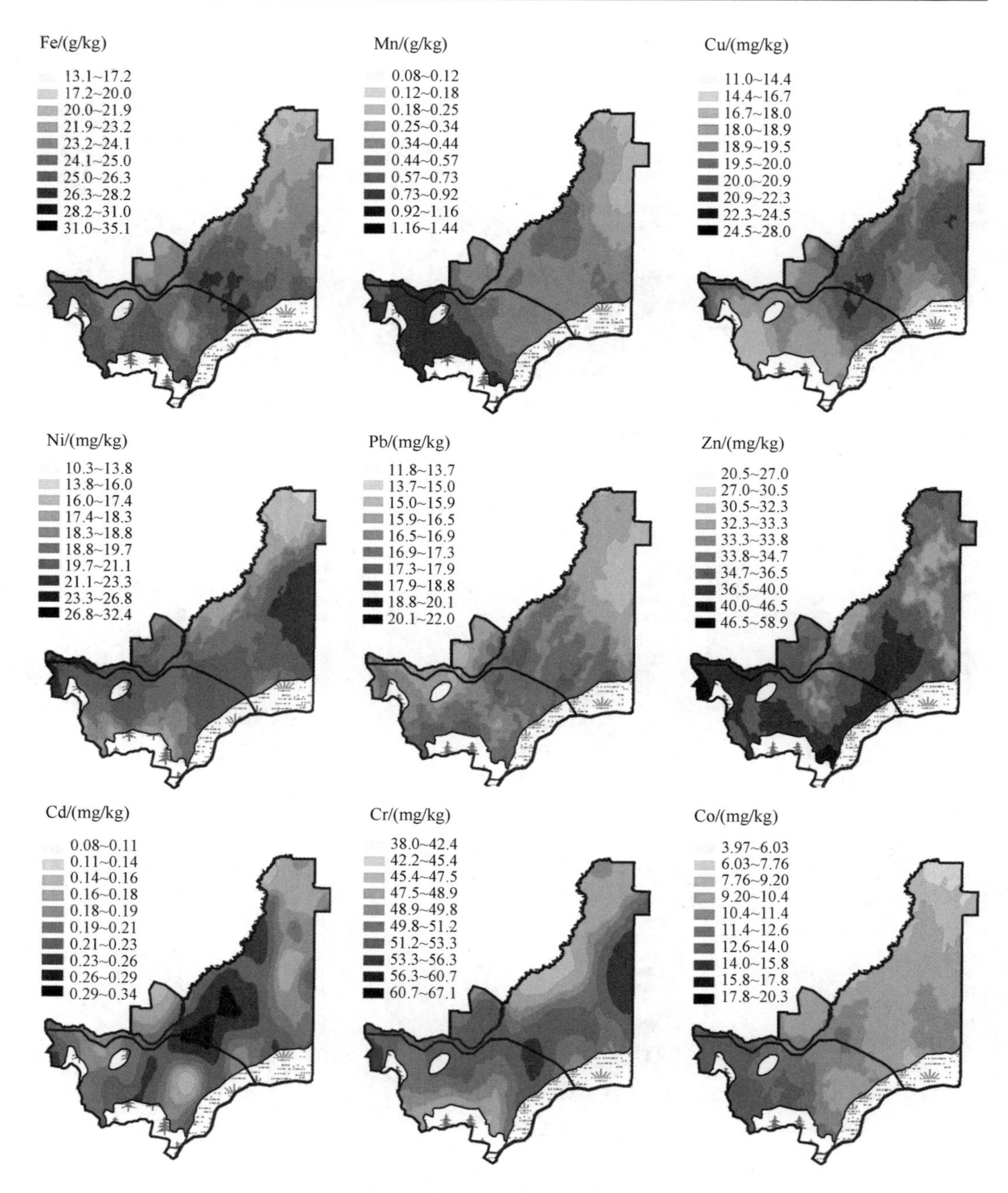

图 4-42　重金属元素空间分布特征(20～40cm 土壤)

3. 作物类型对土壤中金属元素含量影响

为进一步确定农业活动对研究区土壤重金属元素的累积影响，分析了不同作物土壤中各金属元素的含量范围，以此来揭示水田(水稻)和旱田(玉米和大豆)土壤中各重金属的含量的差异。结果如表 4-25 所示。ANOVA 分析结果显示，种植不同作物的表层土壤中 Fe、Mn、Zn、Cd 和 Co 的平均含量有显著性差异，可以看到旱田中这些元素的含量明显高于水田。但 Cu、Cr 和 Ni 则没有此规律显示。种植玉米和大豆的旱地土壤，重金属含量基本持平，没有显著差异。继续观察 20～40cm 土壤金属含量数据，可以看到除了 Mn 和 Cu 以外，其他金属元素在三种作物土壤中均无显著性差异。由此可以更加确定研究区表层土壤金属元素含量受到了较大的人为干扰，农业活动改变了表层土壤重金属的分布特征。

表 4-25　不同作物土壤中重金属的含量统计[a]

		单位	水稻(n=76)	玉米(n=25)	大豆(n=47)
0～20cm	Fe	g/kg	22.4±4.2	25.1±4.2	24.0±4.8
	Mn	g/kg	0.50±0.31	0.84±0.40	0.80±0.44
	Cu	mg/kg	20.2±2.5	19.2±2.5	19.7±3.1
	Ni	mg/kg	20.8±3.4	20.5±3.2	21.2±4.1
	Pb	mg/kg	17.1±2.0	18.9±1.8	18.1±2.2
	Zn	mg/kg	33.8±6.1	43.2±8.4	40.8±8.8
	Cd	mg/kg	0.23±0.04	0.26±0.05	0.25±0.06
	Cr	mg/kg	48.9±4.4	48.0±4.7	48.0±5.7
	Co	mg/kg	10.6±3.1	12.4±2.7	12.0±3.5
20～40cm	Fe	g/kg	24.4±4.8	24.7±3.8	24.4±4.8
	Mn	g/kg	0.41±0.31	0.59±0.28	0.56±0.38
	Cu	mg/kg	20.2±3.3	18.1±2.8	18.2±3.0
	Ni	mg/kg	19.8±4.5	18.7±3.9	19.3±4.6
	Pb	mg/kg	16.8±2.0	16.9±1.7	16.5±1.9
	Zn	mg/kg	35.1±9.5	37.7±9.7	36.2±8.4
	Cd	mg/kg	0.21±0.05	0.20±0.05	0.20±0.06
	Cr	mg/kg	51.4±6.2	49.8±5.1	49.9±5.5
	Co	mg/kg	10.2±3.6	11.5±3.3	11.3±4.0

a 下划线显示的数字代表组间具有显著性差异。

4. 金属元素相关性分析

土壤中重金属含量的相关关系可以为解析其来源和迁移提供信息(Oliva and Espinosa，2007)。为了同时观察金属与土壤 pH 及有机质 SOM 含量的相关关系，将这两个指标也纳入进来，得到的相关关系矩阵见表 4-26。皮尔逊相关系数结果显示，土壤 pH 与金属元素相关度很低。有机质 SOM 与 Fe、Cu、Pb 和 Co 元素中度相关。金属 Fe、Mn、Pb、Cd 和 Co 之间关系比较密切($r>0.7$)；金属 Ni 与 Cu、Cr 元素高度相关，相关系数分别为 0.715 和 0.658。

表 4-26 土壤 pH、有机质和金属元素相关关系矩阵

	pH	SOM	Fe	Mn	Cu	Ni	Pb	Zn	Cd	Cr	Co
pH	1.000										
SOM	−0.457**	1.000									
Fe	0.174*	−0.432**	1.000								
Mn	0.109	−0.311**	0.722**	1.000							
Cu	−0.117	0.526**	−0.018	−0.314**	1.000						
Ni	0.017	0.379**	0.103	−0.132	0.715**	1.000					
Pb	0.272**	−0.463**	0.707**	0.629**	−0.279**	−0.089	1.000				
Zn	−0.033	0.120	0.496**	0.580**	0.189*	0.279**	0.282**	1.000			
Cd	0.085	−0.165*	0.835**	0.612**	0.153	0.266**	0.619**	0.515**	1.000		
Cr	0.205*	−0.126	0.245**	−0.188*	0.415**	0.658**	0.131	0.091	0.238**	1.000	
Co	0.286**	−0.452**	0.769**	0.854**	−0.296**	0.041	0.792**	0.397**	0.660**	0.064	1.000

** 显著性水平为 $p<0.01$(2-tailed)；* 显著性水平为 $p<0.05$(2-tailed)。

4.5.2 主成分分析结果

应用主成分分析方法揭示数据内在的结构，其分析结果见表 4-27。以特征根 $\lambda>1$ 为标准选出三个主成分 PC1、PC2 和 PC3，分别占总方差的 40.1%、24.6%和 14.1%，累积达到总方差的 78.77%。同时得到因子载荷矩阵，对因子进行旋转（varimax 方差最大旋转）使系数向 0 和 1 两极分化，以便更清楚地观察数据结构。原始载荷矩阵（component matrix）及旋转后的因子载荷矩阵（rotated component matrix）同见表 4-27。旋转后，第一主成分 PC1 中 Fe、Mn、Pb、Zn、Cd 和 Co 元素有绝对值较大的载荷，PC2 中 Cu、Ni 和 Cr 元素有绝对值较大的载荷，pH 和 SOM 在第三主成分 PC3 中的绝对值载荷较大。将载荷矩阵进一步转化为二维载荷图来观察数据的分组情况，见图 4-43。

表 4-27 主成分分析结果

公因子（主成分）	初始特征根			提取因子			旋转后提取因子*		
	特征值	方差贡献率/%	累计贡献率/%	特征值	方差贡献率/%	累计贡献率/%	特征值	方差贡献率/%	累计贡献率/%
1	4.41	40.08	40.08	4.41	40.08	40.08	4.10	37.25	37.25
2	2.70	24.57	64.65	2.70	24.57	64.65	2.51	22.83	60.08
3	1.55	14.13	78.77	1.55	14.13	78.77	2.06	18.69	78.77
4	0.69	6.25	85.03						
5	0.46	4.19	89.21						
6	0.44	4.03	93.24						
7	0.28	2.51	95.74						

续表

公因子（主成分）	初始特征根			提取因子			旋转后提取因子*		
	特征值	方差贡献率/%	累计贡献率/%	特征值	方差贡献率/%	累计贡献率/%	特征值	方差贡献率/%	累计贡献率/%
8	0.20	1.82	97.56						
9	0.13	1.16	98.72						
10	0.08	0.76	99.48						
11	0.06	0.52	100.00						

	因子载荷矩阵			旋转后的因子载荷矩阵*		
	PC1	PC2	PC3	PC1	PC2	PC3
pH	0.31	−0.17	0.69	0.05	0.12	0.76
SOM	−0.52	0.57	−0.48	−0.24	0.34	−0.80
Fe	0.90	0.18	−0.01	0.88	0.12	0.24
Mn	0.84	−0.02	−0.37	0.89	−0.22	−0.02
Cu	−0.24	0.87	0.05	−0.07	0.83	−0.36
Ni	0.00	0.89	0.25	0.09	0.91	−0.12
Pb	0.84	−0.15	0.10	0.73	−0.14	0.44
Zn	0.53	0.48	−0.45	0.72	0.22	−0.38
Cd	0.79	0.38	−0.12	0.85	0.25	0.03
Cr	0.14	0.60	0.65	0.05	0.81	0.38
Co	0.92	−0.11	0.03	0.83	−0.14	0.38

* 旋转方法：Varimax。

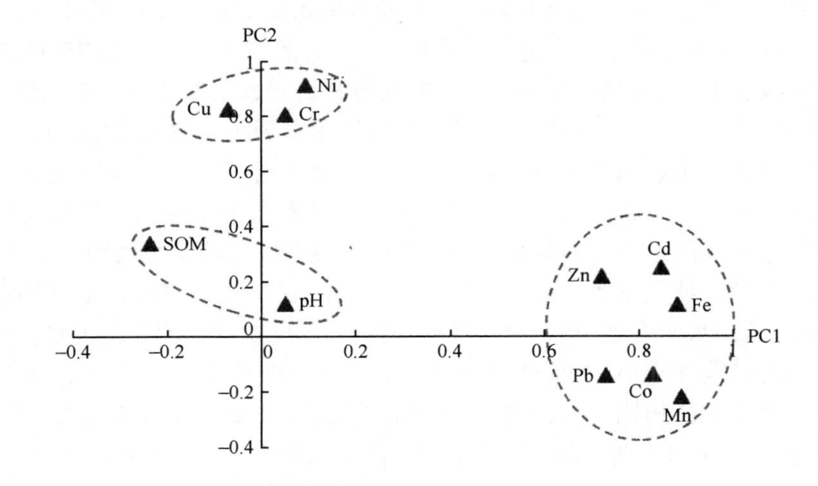

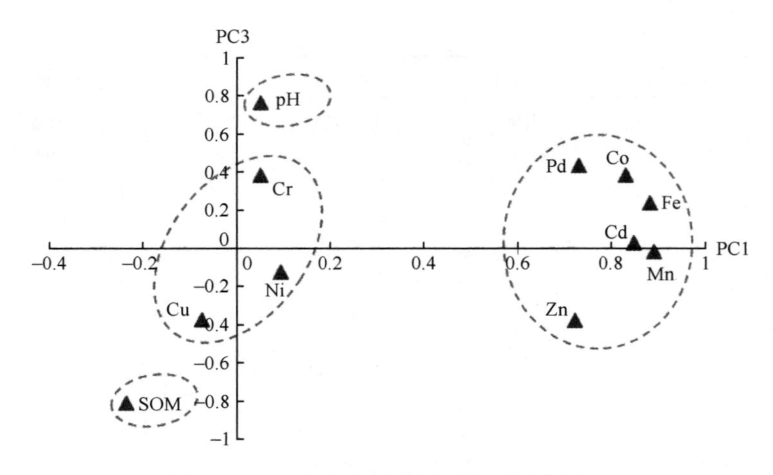

图 4-43　主成分分析-旋转后的因子载荷图

4.5.3　金属来源分析

1. 第一主成分 PC1

根据 PCA 分析的结果，第一主成分 PC1 包括六种金属元素 Fe、Mn、Pb、Zn、Cd 和 Co。施肥及农业化学品的应用一直是农业土壤重金属的重要来源(Huang et al.，2007b；Atafar et al.，2010)。我国东北北部地区土壤镉污染被证明与含镉磷肥长期大量施用有关，市区及城乡结合部的 Pb、Zn 污染也非常明显(郭观林和周启星，2004)。

化肥中的重金属含量与化肥的原料和生产工艺有关(Mortvedt，1996；Nziguheba and Smolders，2008)。有研究估计，人类活动对土壤镉的贡献中，磷肥占 54%～58%。世界磷肥中平均含镉量为 7mg/kg。我国磷肥大部分是含镉量较低的钙镁磷肥，磷肥样品中镉的平均含量为 0.6mg/kg(何振立等，1998)，适量施用国产低磷肥料对土壤镉含量影响较小。然而，据统计我国磷肥进口量高达 17%，大部分来源于高镉磷矿地区。

磷肥中不仅含有较高的镉，也有一定量的其他金属元素，如 Pb、Zn 等，威胁着土壤环境。王起超和麻壮伟(2004)对我国施用的部分化肥中多种重金属的总量进行了测定。结果表明氮肥和钾肥中重金属元素含量较低，而复合肥和磷肥中的重金属元素含量较高。长期施用会导致土壤中重金属元素的累积。研究区已有数十年的农业种植历史，化学磷肥的施用对土壤环境的影响不容忽视。污水灌溉也是我国土壤重金属污染的另一个重要来源(Cheng，2003)，特别是我国南方地区。而研究区农业灌溉用水充足，旱地为雨养种植，不需水源灌溉。水田灌溉用水来自中俄界河乌苏里江及相对清洁地下水，土壤重金属来自污水灌溉的可能性较小。通过以上分析，基本可以推断第一主成分 PC1 为“人为影响因子”，与其他主成分相比，受人为农业活动影响较多，主要来源为磷化肥的长期施用。

为了进一步了解 PC1 的空间分布特征，将各样品在 PC1 上的得分(score)在研究区进行了插值并生成等值线图，投影到土地利用(2009 年)上，如图 4-44 所示。土地利用是影响土壤重金属含量累积的重要因素(Bai et al.，2010)。研究区“人为因子”PC1 与研究区土地利用在空间上有明显的对应性。南部旱地区域的得分明显要高于中南部水田区域。这与研究区的农业管理有关，自20世纪80年代以来，旱地的施肥量特别是施磷肥量一直高于水田，这是导致旱地土壤重金属累积的主要原因。另外，旱地由于全程机械化耕作，大型农机排放的汽柴油尾气带来的大气沉降也对旱地土壤的重金属含量有一定影响，特别是来源于汽柴油燃烧及轮胎磨损产生的Pb和Zn沉降。

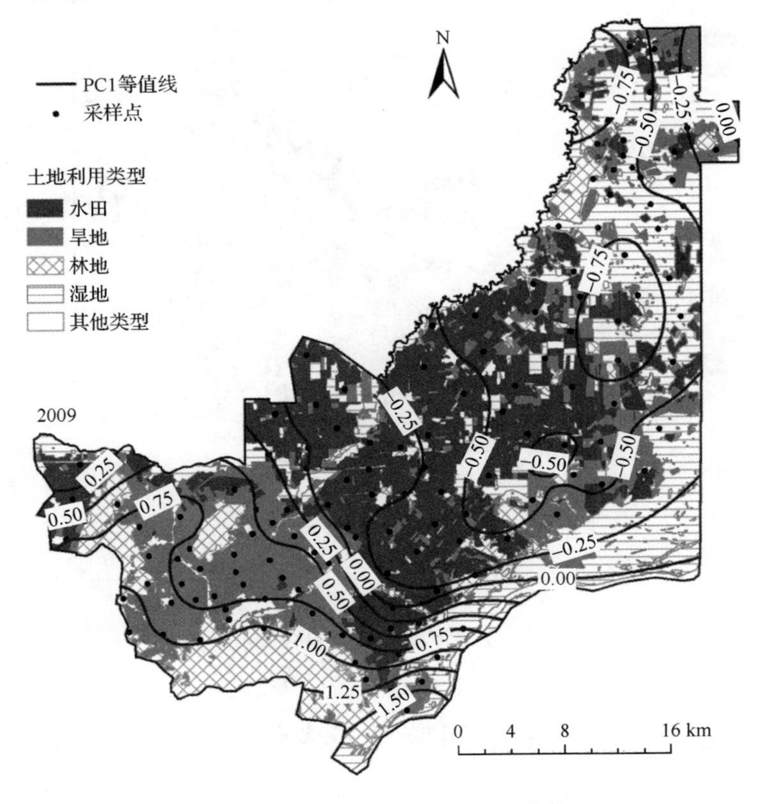

图4-44　第一主成分PC1得分等值线图

2. 第二主成分PC2

金属Cr和Ni经常共生在某些岩层中，由这些岩层风化所得的土壤中与这两种金属的含量也经常高度相关(Spurgeon et al.，2008)。另外有研究证明，化肥及有机肥料中的Cr和Ni含量通常远远低于土壤中的背景值含量。因此这两种金属主要受成土母质的影响，在耕作土壤中的空间变异也较小(Salonen and Korkka-Niemi，2007；Wu et al.，2010)。Cu和Zn作为铁族元素，经常显现出相似的地理化学特征(Spurgeon et al.，2008)。但是这种规律在研究区并不清晰，Cu与Zn的相关度很低(r=0.189)。但由于Cu与Cr和Ni高度相关而被归纳到第二主成分PC2中。可见，与Cu相比，研究区土壤中Zn受到人为活动影响更多。PC2在土地利用图上的等值线见图4-45。综上所述，第二主成分PC2可以推断为“成土因子”主要受成土母质及成土过程的影响，而受人为活动影响较小。

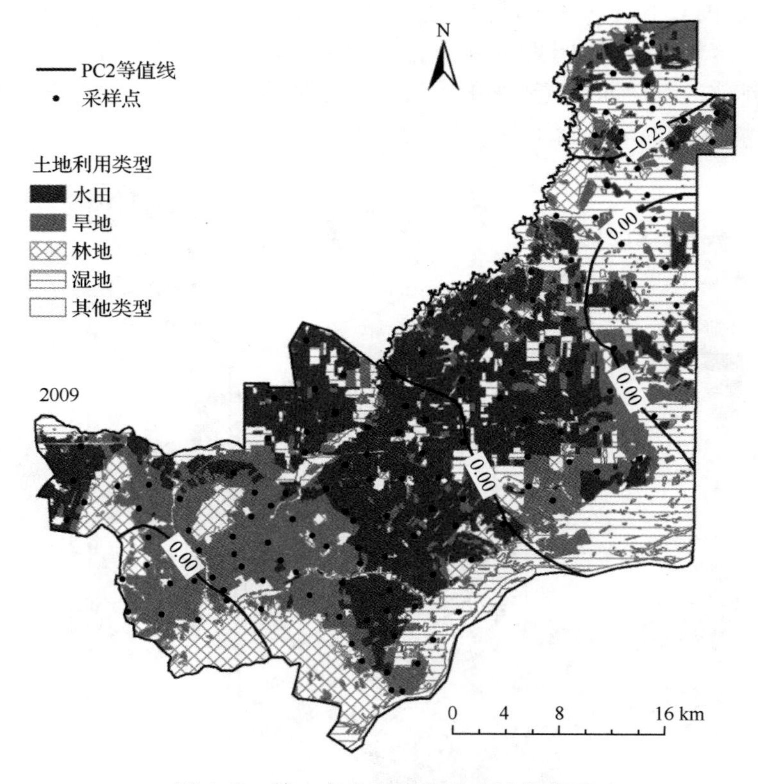

图 4-45　第二主成分 PC2 得分等值线图

4.6　土壤质量空间变异及农场耕作管理建议

近年来，由于人口对土地压力的增大，人类对土地资源的过度开发利用导致了土壤资源退化并对农业可持续发展造成了严重威胁。土壤质量的概念就是在这种背景下被提出来的。土壤资源是一种非再生资源，具有脆弱性。土壤质量的含义因土壤使用者的目的不同而有较大差异。但总的来说，土壤质量是指土壤肥力质量、土壤环境质量及土壤健康质量三个方面的综合内容。

区域土壤质量评价的基本思路是通过用统计学的方法研究所采土壤样本的土壤属性特性，从而估计整个区域的土壤质量状况，合理的取样数目是总体评价准确度的保障。本书的研究区域土壤类型比较简单且作物管理方式差异较小，随机取样方法是适合区域性土壤质量评价的取样方法之一。近年来，各种数学方法，如主成分分析、聚类分析、因子分析和模糊数学等方法也越来越多地被应用到土壤质量评价中，使评价向标准化和定量化发展。本节内容基于土壤养分及金属含量空间分布特征分析结果，从土壤肥力质量及土壤环境质量（重金属）两个方面综合分析研究区土壤质量的现状特征。并将两者结合，对研究区的土壤综合质量的空间分布特征进行了探讨。评价范围均为研究区 0～20cm 表层耕作土壤。

4.6.1　土壤肥力质量空间变异

1. 隶属度函数建立

隶属度属于模糊评价函数里的概念。土壤肥力因子的含量是连续的，对其含量的评价结果不应是绝对的肯定或否定。用模糊的概念建立隶属度函数是目前应用较广泛的方法。评价因素指标值与作物产量之间的关系有“S”形、反“S”形、抛物线形和定性描述等，可根据这些情况分别确定各评价因素的鉴定指标(尹君，2001)。本次评价主要涉及“S”形和抛物线形关系，分别介绍如下。

(1) 评价因素与作物产量呈“S”形曲线关系，如土层和耕层厚度、有机质和氮磷钾养分含量等。在一定的范围内评价因素指标值与作物产量呈正相关，而低于或者高于此范围评价指标值的变化对作物产量的影响趋于平缓。据此可确定出此类评价因素的临界值。

(2) 评价因素与作物产量呈抛物线形关系，如土壤水分含量、pH、土壤容重、黏粒含量、土壤微量元素含量及某些区域的有机质等。这类评价因素对作物生长发育都有一个最佳的适宜范围，超过此范围后，随着偏离程度的增大，对作物生长发育的影响越不利，直至达到某一数值作物不能生长发育。据此，可确定出此类评价因素的临界值。

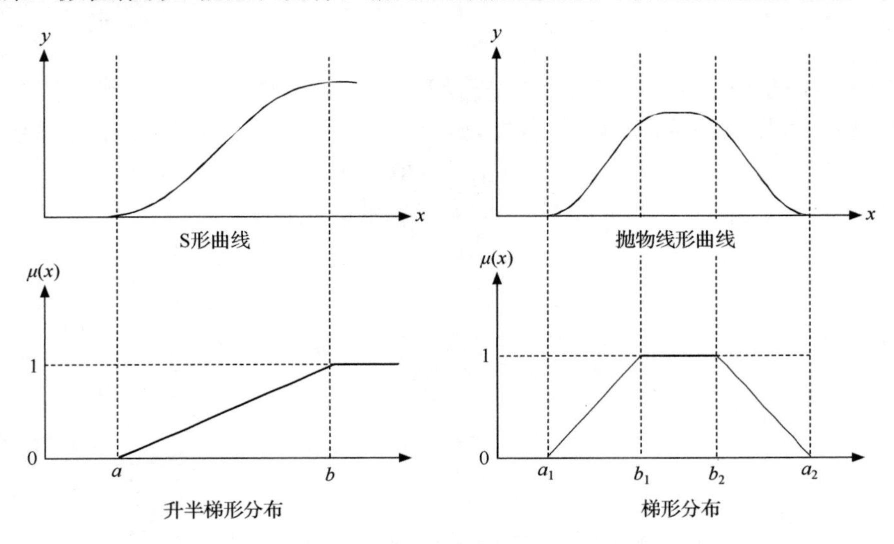

图 4-46　S 形与抛物线形曲线及其对应隶属度函数

综上所述，本节所选取的土壤肥力质量评价指标及隶属度函数如表 4-28 所示。曲线中转折点(a、b)的取值是建立隶属度函数的关键，要根据研究区实际情况而定。为了计算方便和符合各要素发挥肥力效应的客观情况，一般情况下 $\mu(x)$ 最小值非零化取值(周峰等，2007)。依据此原则，对原始公式进行优化后得到实际采用的隶属度函数公式。模型计算出的评价指标隶属度是介于 0～1 之间的数值结果。当 $\mu(x)=1$ 时，此指标对作物生长发育没有限制，而随着 $\mu(x)$ 偏离 1 程度的增加，对作物生长发育的限制逐渐增强。

表 4-28　指标隶属度函数的选取

指标名称	pH、SOM	TN、TP、TK、AN、AP、AK
曲线关系	抛物线形	S形
函数	梯形分布	升半梯形分布
公式	$\mu(x)=\begin{cases}1 & b_1\leqslant x\leqslant b_2\\ \dfrac{x-a_1}{b_1-a_1} & a_1<x<b_1\\ \dfrac{x-a_2}{b_2-a_2} & a_2>x>b_2\\ 0 & x\leqslant a_1 \text{ 或 } x\geqslant a_2\end{cases}$	$\mu(x)=\begin{cases}1 & x\geqslant b\\ \dfrac{x-a}{b-a} & a<x<b\\ 0 & x\leqslant a\end{cases}$
优化公式	$\mu(x)=\begin{cases}1 & b_1\leqslant x\leqslant b_2\\ 0.1+0.9\dfrac{x-a_1}{b_1-a_1} & a_1<x<b_1\\ 1.0-0.9\dfrac{x-a_2}{b_2-a_2} & a_2>x>b_2\\ 0.1 & x\leqslant a_1 \text{ 或 } x\geqslant a_2\end{cases}$	$\mu(x)=\begin{cases}1 & x\geqslant b\\ 0.9\dfrac{x-a}{b-a}+0.1 & a<x<b\\ 0.1 & x\leqslant a\end{cases}$

注：$\mu(x)$ 评价指标的隶属函数；x 为评价指标的值；a、b、a_1、a_2、b_1、b_2 分别为评价指标的临界值。

本节采用的是根据第二次土壤普查资料及 198 个土壤样品确定的黑龙江黑土耕层 pH 及有机质隶属度函数的临界值。其中，确定 pH 下限值 a_1 为 5.0、上限值 a_2 为 8.5、最优值 b_1 和 b_2 分别为 6.5 和 7.0；确定有机质下限值 a_1 为 10.0g/kg、上限值 a_2 为 80.0g/kg、最优值 b_1 和 b_2 分别为 25.0g/kg 和 50.0g/kg 隶属度函数如下：

$$\mu(x)=\begin{cases}1.0 & 6.5\leqslant x\leqslant 7.0\\ 0.1+0.9(x-5.0)/1.5 & 5.0<x<6.5\\ 1.0-0.9(x-7.0)/1.5 & 7.0<x<8.5\\ 0.1 & x\leqslant 5.0 \text{ 或 } x\geqslant 8.5\end{cases} \tag{4-4}$$

$$\mu(x)=\begin{cases}1.0 & 25.0\leqslant x\leqslant 50.0\\ 0.1+0.9(x-10.0)/15 & 10.0<x<25.0\\ 1.0-0.9(x-50.0)/30 & 50.0<x<80.0\\ 0.1 & x\leqslant 10.0 \text{ 或 } x\geqslant 80.0\end{cases} \tag{4-5}$$

根据研究区土壤养分丰缺情况，并参照相关区域的研究成果(秦焱等，2011)确定曲线中转折点的相应取值，结合研究区土壤实测结果对不同评价指标适当调整，确定各指标的临界点取值如表 4-29 所示。

表 4-29　S形隶属度函数曲线临界点取值

	函数	a	b
全氮/(g/kg)	$$\mu(x)=\begin{cases}1 & x\geqslant b\\ 0.9\dfrac{x-a}{b-a}+0.1 & a<x<b\\ 0.1 & x\leqslant a\end{cases}$$	1.5	3.5
全磷/(g/kg)		0.5	1.0
全钾/(g/kg)		9.0	20.0
碱解氮/(mg/kg)		100.0	300.0
速效磷/(mg/kg)		5.0	30.0
速效钾/(mg/kg)		80.0	200.0

2. 评价因子权重的确定

进行土壤肥力质量评价，首先需从大量表征土壤肥力的土壤属性中筛选出能够独立敏感的反应土壤质量变化的土壤属性组成土壤肥力质量评价的最小数据库集(MDS)。科学选取土壤指标是土壤肥力评价的重要方面，在指标选取时应避免相对稳定的指标，如表层质地、土体构型等，而应选取有机质、全氮、速效磷、速效钾等受人类耕作方式影响较大的，且又能准确反映土壤肥力质量的养分指标来综合评定土壤肥力水平(孔祥斌等，2007)。参考大量文献，结合监测数据，本节选择 pH、有机质 SOM、TN、TP、TK、AN、AP 及 AK 作为土壤肥力评价的指标集合，应用主成分分析方法确定因子的权重。

权重是指标评价因素对评价对象的影响程度或贡献率。以往的评价中权重大多由专家打分方法来确定，主观性较强。为避免这种主观影响，本节采用多元统计分析中的主成分分析法求得公因子方差，据此确定权重系数。首先对所有指标进行因子分析，求得各因子主成分的特征值和贡献率，结果如表 4-30 所示。本节采取累计贡献率>85%的作为筛选主成分的依据。共获得公因子 4 个，分别记为 f1、f2、f3 和 f4。再由因子载荷矩阵求得土壤各指标的公因子方差(公因子共同度)。公因子方差的大小表示了该项指标对土壤肥力质量总体变异的贡献。将公因子方差数值进行归一化处理后得到各项指标的权重值，结果见表 4-31。

表 4-30　土壤肥力指标主成分分析结果

成分	初始特征根			提取因子		
	特征值	方差贡献率/%	累计贡献率/%	特征值	方差贡献率/%	累计贡献率/%
1	3.97	49.62	49.62	3.97	49.62	49.62
2	1.25	15.56	65.18	1.25	15.56	65.18
3	0.91	11.35	76.53	0.91	11.35	76.53
4	0.71	8.85	85.39	0.71	8.85	85.39
5	0.67	8.34	93.72			
6	0.30	3.71	97.43			
7	0.16	1.99	99.42			
8	0.05	0.58	100.00			

表 4-31　土壤肥力指标权重值

		pH	SOC	TN	TP	TK	AN	AP	AK
0～20cm 土层	f1	0.945	0.559	−0.569	0.870	0.383	0.525	0.948	−0.602
	f2	0.212	−0.594	0.152	0.046	−0.497	0.700	0.156	0.246
	f3	0.007	0.078	0.618	−0.046	0.616	0.364	−0.056	0.054
	f4	0.010	0.495	0.336	0.283	−0.364	−0.072	0.056	0.359
	公因子方差	0.938	0.916	0.843	0.841	0.905	0.903	0.930	0.555
	权重值	0.137	0.134	0.123	0.123	0.133	0.132	0.136	0.081

3. 土壤肥力质量评价方法

基于数理统计方法的土壤质量的定量评价成为土壤质量评价研究的热点。土壤肥力指数法是常用的一种定量化评价土壤肥力的方法，土壤质量指数能够综合有效地反映土壤质量的变异信息。因此，研究采用土壤肥力质量指数法进行土壤肥力评价。土壤质量指数法是将评价结果转化成 0.1～1.0 的数值，使评价结果更直观、更利于相互之间的比较。土壤质量指数越高代表土壤质量越好。常用的计算方法有：直接叠加法、权重加权求和法、综合评价模型等。

研究拟采用模糊数学中的综合肥力指数评价模型 IFI(integrated soil fertility indices)和 FQI(fertility quality indices)模型(王建国等，2001；许明祥等，2005)分别对研究区的土壤肥力质量进行评价，并比较其差异。两指标的数学表达如下：

$$\mathrm{IFI} = \sum_{i=1}^{n} W_i \cdot F_i \tag{4-6}$$

$$\mathrm{FQI} = \prod_{i-1}^{n} (F_i)^{W_i} \tag{4-7}$$

式中，IFI 为肥力综合指标值；W_i为第 i 个因子的权重；F_i为第 i 个因子的隶属度值；n 为参评因子数；$\sum$表示求和；$\prod$表示连乘。两种模型的评价结果在 0～1 之间，值越高说明土壤肥力越好。研究区各样点计算结果见表 4-32。数据频数分布见图 4-47。

表 4-32　土壤肥力综合指数 IFI 和 FQI 计算结果

	平均值	最小值	最大值	标准偏差
IFI	0.615	0.392	0.816	0.087
FQI	0.538	0.232	0.746	0.103

4. 土壤肥力质量空间变异特征

根据肥力质量综合评价结果，得到研究区土壤肥力质量的空间分异特征(图 4-48)。由于肥力评价结果因隶属度函数临界值的选取而有较大差异，综合指数的绝对值的大小并不适于与其他区域比较。因此本节没有对其进行分级作图，而注重观察同一评价标准下研究区肥力指数在空间上的分布趋势。可以看出，无论是 IFI 指数还是 FQI 指数，研究

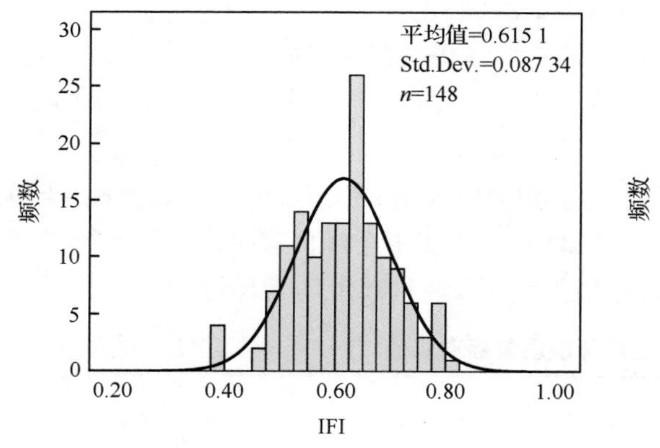

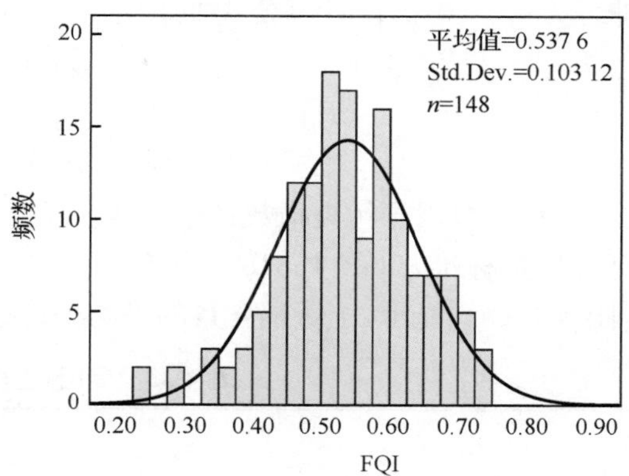

图 4-47　肥力综合指数 IFI 和 FQI 频数分布

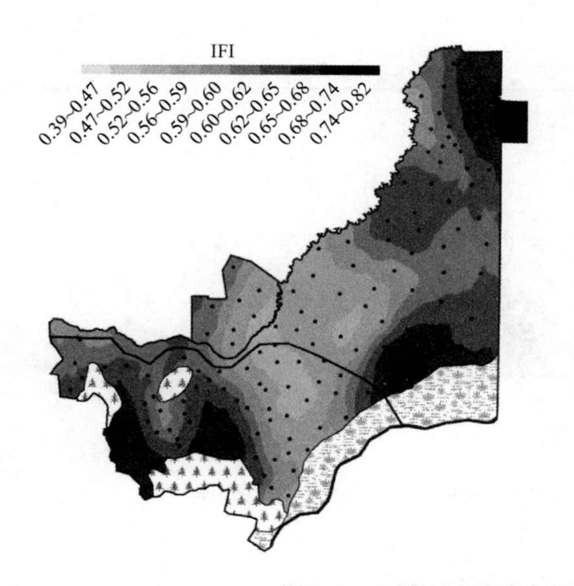

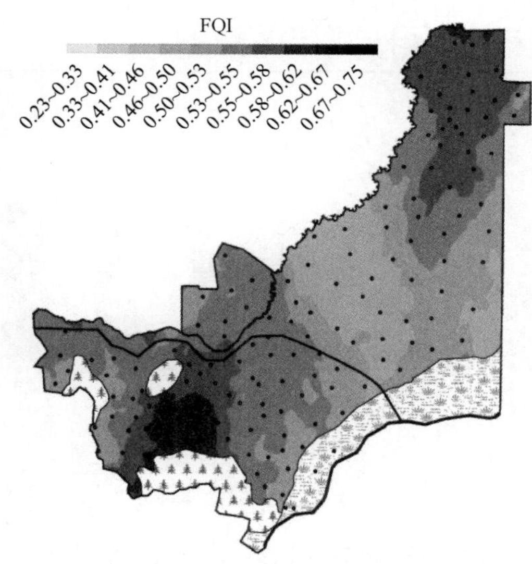

图 4-48　研究区土壤综合肥力指数(IFI、FQI)空间分异

区中部的水稻种植地区土壤综合肥力相对来说均处于区域的低水平。而研究区开发较晚的北部地区及南部靠近森林的区域土壤相对比较肥沃一些。

4.6.2　土壤环境质量空间变异

1. *单指标评价方法*

从金属元素的危害方面考虑,选取全铜(Cu)、全镍(Ni)、全铅(Pb)、全锌(Zn)、全镉(Cd)、全铬(Cr)6 种金属元素作为评价指标。本节采用单因子污染指数 P_i 和重金属元素污染地质累积指数 I_{geo} 分别进行单指标评价。

1)单因子污染指数 P_i

土壤污染单因子指数 P_i,一直以来成为单因子污染评价的经典方法(李晓秀, 2006,

张汪寿等，2010)。计算公式如下所示(李祚泳等，2004)：

$$P_i = \begin{cases} C_i/S_1 & 0 < C_i < S_1 \\ 1 + (C_i - S_1)/(S_2 - S_1) & S_1 < C_i < S_2 \\ 2 + (C_i - S_2)/(S_3 - S_2) & S_2 < C_i < S_3 \end{cases} \tag{4-8}$$

式中，P_i为单因子污染指数；C_i为土壤 i 元素的实测金属含量；S_1、S_2、S_3分别取我国《土壤环境质量标准》(GB 15618—1995)中一级、二级和三级的标准值(表 4-33)。计算结果[图 4-49(a)]显示，土壤镉含量的平均评价指数达到了 1.41，其余均未超过 1.0。

表 4-33　我国《土壤环境质量标准取值》　(单位：mg/kg)

	Cu	Ni	Pb	Zn	Cd	Cr	
						水田	旱田
S_1(一级)	35	40	35	100	0.2	90	90
S_2(二级)pH<6.5	50	40	250	200	0.3	250	150
S_3(三级)	400	200	500	500	1.0	400	300

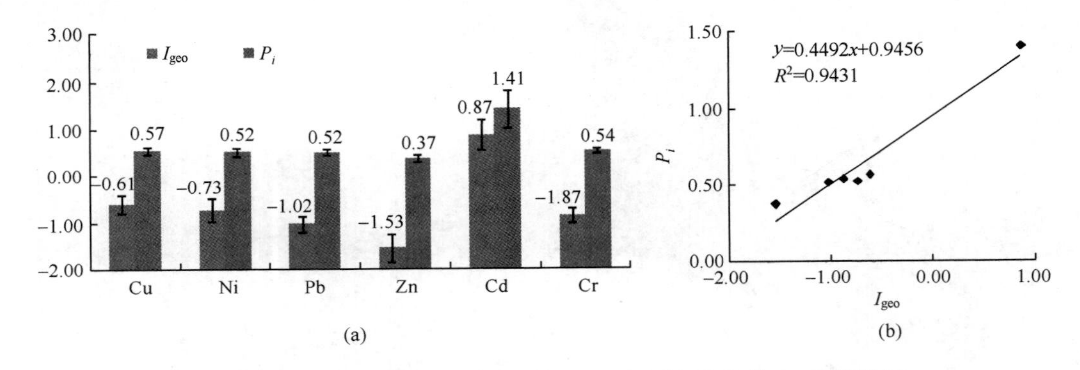

图 4-49　土壤金属元素单因子污染指数 P_i 和地质累积指数 I_{geo}评价结果

2) 重金属元素污染地质累积指数 I_{geo}

重金属污染地质累积指数 I_{geo}(Muller，1969)考虑到自然成岩作用(背景值)的因素，弥补了其他评价方法的不足(姚志刚等，2006)。近年来也得到了较多的应用(Loska et al.，2004)。计算公式如下：

$$I_{geo} = \log_2(C_n/1.5B_n) \tag{4-9}$$

式中，C_n为样品中重金属元素 n 的含量，B_n为金属 n 的地球化学背景值；1.5 为修正系数。I_{geo}的值从 1～6 被均分为 6 个级别，代表不同的污染程度(Martin，2000)。$I_{geo}<0$，表示无污染；$0 \leqslant I_{geo} < 1$，轻度污染；$1 \leqslant I_{geo} < 2$，中度污染；$2 \leqslant I_{geo} < 3$，表示中度污染到强污染；$3 \leqslant I_{geo} < 4$，强污染；$4 \leqslant I_{geo} < 5$，强污染到极强污染；$I_{geo} \geqslant 5$，极强污染。

根据中国土壤环境背景值数据(魏复盛等，1991)，以黑龙江省的土壤重金属含量的平均背景值为 B_n，计算出了各金属的污染指数[图 4-49(a)]。结果显示，除镉以外的其他金属的污染指数均小于 0，即无污染。镉的污染累积指数为 0.87，属 1 级，即轻度污染。对各指标的 P_i指数及 I_{geo}指数进行了相关分析，发现其评价结果相关度达 0.9

以上[图 4-49(b)]。

2. 重金属污染综合评价

本小节采用目前应用比较成熟的内梅罗指数进行重金属污染的综合评价。内梅罗指数需要根据单项污染指数进行综合计算式(4-10),全面反映各重金属对土壤的不同作用,突出污染最严重重金属对环境质量的影响,由此可以避免由于平均作用削弱污染金属权值现象的发生,应用比较广泛(郭笑笑等,2011)。然而,随着该方法的应用,人们发现由于其过分突出高浓度的因子或缩小低浓度的因子作用,其对环境质量评价的灵敏性不够高,在某些情况下难以准确评价土壤环境的污染程度。因此出现了修正的内梅罗指数(刘衍君等,2009),用地质累积指数替换了单因子指数,得到综合指数式(4-11),其污染评价分级同地质累积指数。

$$\mathrm{PN}=\sqrt{\frac{P_{i\mathrm{ave}}^{2}+P_{i\max}^{2}}{2}} \tag{4-10}$$

$$\mathrm{PI}=\sqrt{\frac{(I_{\mathrm{geo}})_{\mathrm{ave}}^{2}+(I_{\mathrm{geo}})_{\max}^{2}}{2}} \tag{4-11}$$

式中,$P_{i\mathrm{ave}}$为各单因子评价指数 P_i 的平均值,$P_{i\max}$为各单因子评价指数 P_i 的最大值 $(I_{\mathrm{geo}})_{\mathrm{ave}}$代表各指标地质累积指数 I_{geo}的平均值,$(I_{\mathrm{geo}})_{\max}$代表各指标地质累积指数 I_{geo}的最大值。

内梅罗指数 PN 及 PI 评价结果显示,研究区土壤重金属处于轻度污染状态(表 4-34 及图 4-50)。两评价指标所得结果具有高度的相关性(图 4-51),但修正后的内梅罗指数模型数据分布比较连续稳健。标准内梅罗指数评价结果虽然也通过了正态分布的检验,但结果受高浓度指标影响较大,数据的连续性较差。

表 4-34　内梅罗指数 PN 及其修正指数 PI 评价等级

PN	污染等级	评价结果	PI	污染等级	评价结果
PN≤0.7	清洁(安全)	7.4%	0≤PI<1	无污染到中度污染	95.3%
0.7<PN≤1.0	尚清洁(警戒线)	31.1%	1≤PI<2	中度污染	4.7%
1.0<PN≤2.0	轻度污染	61.5%	2≤PI<3	中度污染到强污染	
2.0<PN≤3.0	中度污染		3≤PI<4	强污染	
PN>3.0	重污染		4≤PI<5	强污染到极强污染	
			PI>5	极强污染	

3. 土壤环境质量空间变异特征

根据上述评价结果,得到研究区土壤的综合评价指数空间分布,如图 4-52 所示。由此可见,无论采用内梅罗指数 PN 还是其修正指数 PI 方法,对研究区土壤环境质量空间分布特征基本相同。区域土壤环境质量空间分布趋势清晰,西南部的土壤环境质量明显差于东北部土壤。受土壤镉污染的影响,旱田区域的土壤环境质量较差。

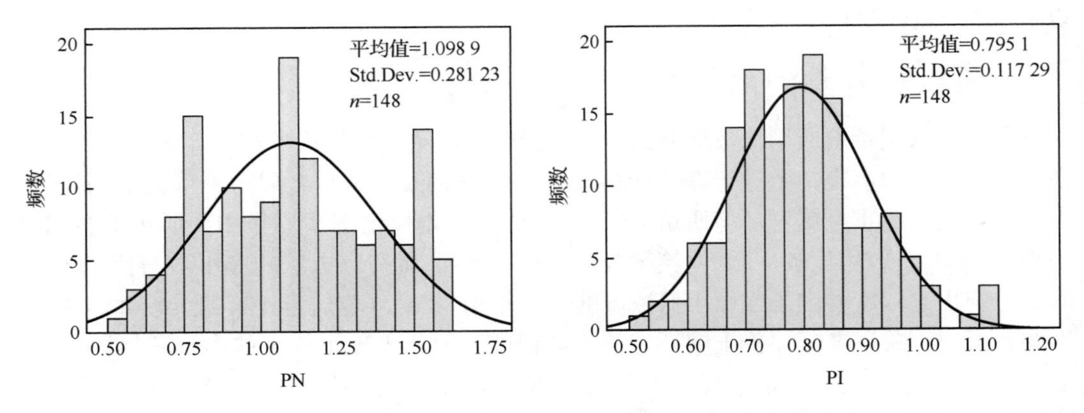

图 4-50 内梅罗综合指数 PN 及其修正指数 PI 结果频数分布

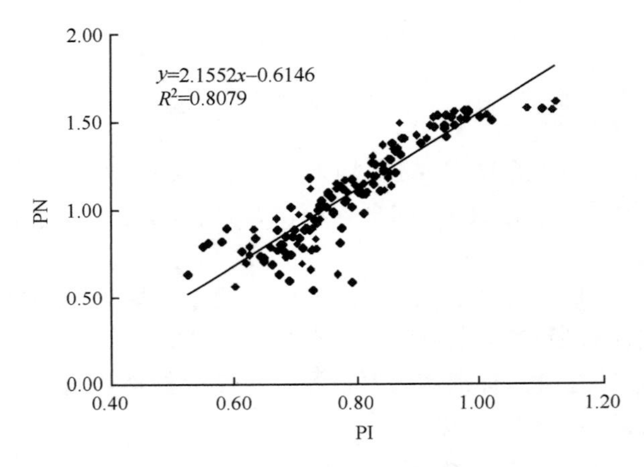

图 4-51 内梅罗指数 PN 及其修正指数 PI 相关关系

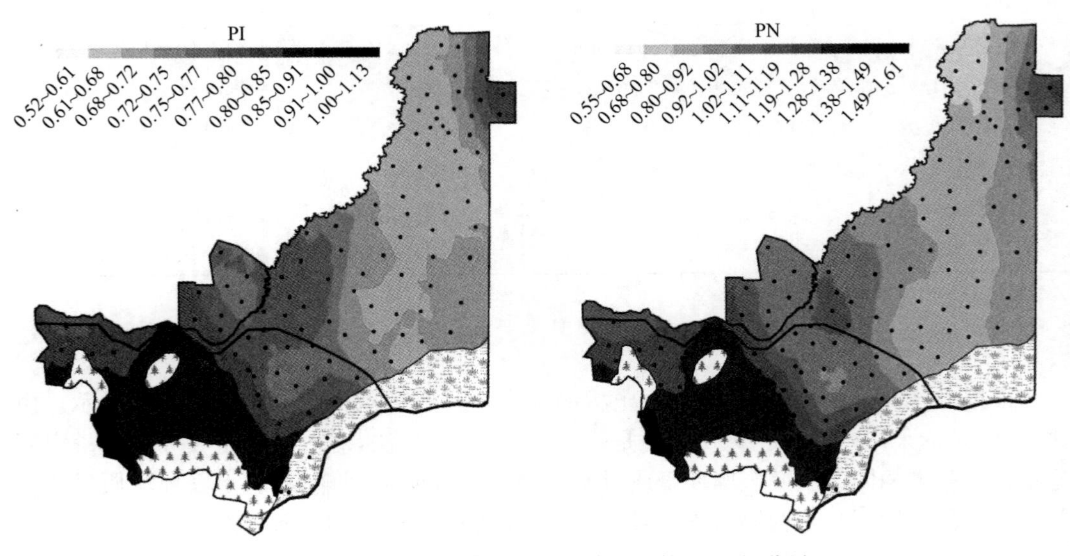

图 4-52 内梅罗指数 PN 及其修正指数 PI 空间分异

4.6.3　土壤质量综合评价

为综合土壤肥力及重金属评价结果，本节采用张汪寿等(2010)提出的 SQI 指数法评价土壤的综合质量。此计算方法同时考虑了土壤肥力对土壤综合质量的正面贡献和重金属对土壤综合质量的负面影响，并结合了内梅罗评价方法和最小养分定律，计算公式如下：

$$\mathrm{SQI}=\begin{cases} 0 & \mathrm{PI_{ave}}>1 \\ \sqrt{(\mathrm{SFI_{min}^2}+\mathrm{SFI_{ave}^2})/(\mathrm{PI_{max}^2}+\mathrm{PI_{ave}^2})} & 0.4<\mathrm{PI_{ave}}\leqslant 1 \\ 1.5\sqrt{\mathrm{SFI_{min}^2}+\mathrm{SFI_{ave}^2}} & \mathrm{PI_{ave}}\leqslant 0.4 \end{cases} \tag{4-12}$$

式中，SQI 为土壤综合质量指数；SFI 为土壤养分指数，SFI＝土壤养分的实测值 C_i/土壤养分的上临界点 b 值，pH 及有机质 SOM 取 b_1 值；$\mathrm{SFI_{min}}$、$\mathrm{SFI_{ave}}$ 分别为 SFI 的最小值和平均值；$\mathrm{P_I}$ 为土壤污染指数，$\mathrm{P_I}$＝土壤污染物的实测值 C_i/ 国家《土壤环境质量标准》中的一级标准 C_1。土壤质量综合指数 SQI 的计算结果见图 4-53。

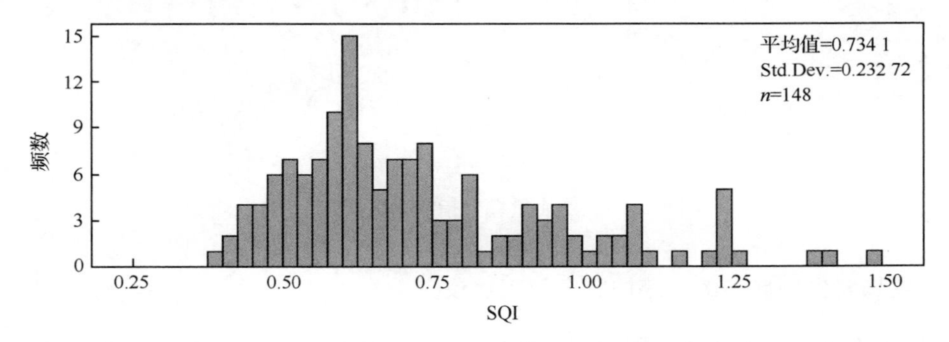

图 4-53　土壤质量综合指数 SQI 频数分布

基于 SQI，张汪寿等(2010)提出了相应的评价标准，如表 4-35 所示。结果显示，研究区有 30.4%和 37.8%的土壤具有极高和高的综合质量，有 20.3%的土壤综合质量为中等。可见据 SQI 的评价结果，研究区土壤质量仍是很好的。但由于地域差异及模型计算中所选土壤养分标准的 b 值不同，此分级仅作为参考。探讨土壤综合质量在空间上的分布规律则对于指示区域土壤质量变化更有意义。

表 4-35　土壤质量综合指数(SQI)评价标准

等级	SQI	土壤质量等级	所占比例/%
Ⅰ	SQI≤0.4	极低	0.68
Ⅱ	0.4<SQI≤0.5	低	10.8
Ⅲ	0.5<SQI≤0.6	中	20.3
Ⅳ	0.6<SQI≤0.8	高	37.8
Ⅴ	SQI>0.8	极高	30.4

将各点位的土壤质量综合评价结果的空间分布见图 4-54。对比土地利用转变数据可以看到，土壤综合质量较低的区域主要是沿河开发较早的旱地及旱转水田地区。旱田区土壤有机质下降明显，且受重金属污染影响。旱转水田地区受土壤金属累积及转为水田后较低的磷含量影响，土壤质量相对较差。

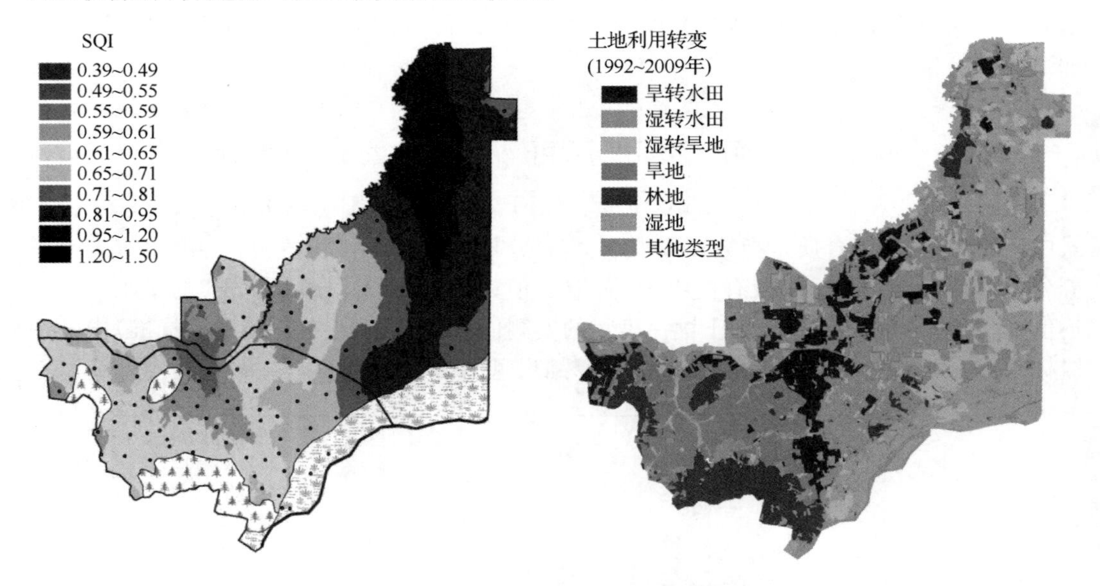

图 4-54　土壤质量综合指数 SQI 空间分异

4.6.4　农场耕作制度下的土壤施肥及管理建议

农场耕作单元作为国营化农业生产单位，与个人农户相比，在农业管理及环境管理方面具有以下方面的特征。第一，农场处于技术选择的主体地位，而不是农民(承包者)。土壤监测及科研条件完善，新技术的应用平台广阔，便于先进科研成果推广。第二，农业种植机械化水平较高。减少了农户个体农耕行为可能造成的土壤随机性污染。但是，从种植者角度来讲，国营农场中的承包者缺少内在的动力，对技术及农场可持续的发展并无责任，而只关心承包期内的经济效益，这可能导致化肥的施用过量等问题。研究综合以上结论，提出农场耕作制度下的施肥及管理建议如下。

1）完善土地流转制度，稳定土地使用权

农民的施肥行为直接决定了农田肥力的施用量和利用效率。研究表明，较稳定的土地使用权对改善农地土壤的长期肥力有显著影响(姚洋，2000；俞海和黄季焜，2003)。农户间非正式的土地流转容易造成农地土壤长期肥力的衰退，但对土壤的短期肥力没有显著的影响。在农场耕作制度下，虽然土地在承包农户间的流转频繁，但由于农场对承包者土地的统一管理及技术支持，在一定程度上减缓了土壤在使用权流转中的质量衰退。农场应在政策允许的情况下，尽力完善农场内的土地流转制度，稳定承包者的土地使用权。这可在一定程度上保障土壤质量向良性方向发展。

2) 合理耕作，维持土壤有机碳库平衡

传统的土壤耕作制度通常会导致土壤退化、作物生产力下降。近年来，保护性耕作(conservation agriculture, CA)成为农业的发展方向。少耕是指“把耕作程序减少到作物生产所必需的、适时而又不至于破坏土壤的工序”(Phillips et al., 1980)。免耕的定义通常为“在先前为耕作的土壤中以下站的沟槽播种，即条播，沟宽和深仅满足种子得到恰当的覆盖即可，再无其他耕作措施”(Phillips et al., 1980)。相关研究表明(Reicosky and Lindstrom, 1993)，土壤耕作中产生的土壤碳库损失(二氧化碳通量)与土壤扰动体积之间有非常显著的线性关系。目前，采用除草剂来减少耕作程序，这与之前的传统耕作方式相比也属于实施某种方式的少耕制。少耕法仍然需要碎土、耕翻或用深松。土壤侵蚀虽然会相应减少，但仍然是严重的。

美国是目前全球免耕面积最大的国家，但其免耕面积却仅占耕地面积的22.6%。我国的少免耕却还处于起步与推广阶段。从农场尺度上来说，要大胆改变农民、技术人员、推广人员及研究人员的观念，并应用适合的免耕机械设备，是少免耕农业推广的关键。也有研究发现，排水条件较差的土壤不适宜进行免耕，研究区的白浆土表层耕作土壤为壤土，比较适宜免耕。但由于在表层土下存在不透水层导致土壤排水条件不良，如果要发展免耕技术，应注意播种时土壤水分的情况及免耕机械的调节。

秸秆还田土壤与少免耕密不可分，当作物残茬得到合理管理时，农田的固碳潜力是非常巨大的。它不仅影响土壤的生物学和理化性质，也对土壤水分运动、入渗、径流和水质关系密切。合理的处理农作物残茬，稳定土壤有机碳储量，进而减少二氧化碳的排放。研究区目前的秸秆还田率受农场鼓励在不断升高，但实际上仍然处于较低的水平，还有很大的上升空间。农场作为区域农业管理单位，应充分发挥其行政作用，逐渐将秸秆还田发展为一种强制措施融入标准耕作程序。

3) 科学用肥，提高氮肥利用效率，重视稻田磷平衡

自从20世纪80年代以来，随着我国水体中氮、磷污染日益增加，农业面源污染问题日益得到重视。对农田养分的研究兼顾粮食安全和环保保护的双重目标。化肥，特别是氮肥的使用是过去50年中世界粮食产量持续增长的主要因素，但氮肥的作物吸收利用率却只有50%左右(Smil, 1999)。通过挥发、反硝化和硝酸盐淋失等途径，损失的氮肥有一大部分作为活性氮进入了环境，导致湖泊、河流、浅海水域生态系统的富营养化问题。

严格控制氮肥用量是正确施用氮肥的关键。目前我国普遍存在工业氮肥施用过量的问题。农户为了追求作物产量和经济效益，施氮量连年增加。然而，农业中化肥的正确施用不能只考虑当季作物的增产和经济利益，应同时重视增产、盈利、培肥土壤、保护资源与环境的多重目标。对于氮肥，应根据土壤的供氮力和目标产量准确估算氮肥施用量，按农田环境条件和土壤性质全面开展测土配方施肥，提高氮肥的利用效率。磷肥的施用也应同时考虑土壤的供磷能力和速效磷库来确定。对于磷储量比较低的水田土壤，可适当加大磷肥用量，满足作物需要的同时可扩大速效磷库容量。含磷比较丰富的土壤，应以补偿性施磷为主，以作物收获带走的磷量为参考，保持土壤速效磷的稳定。

土壤诊断及测土配方施肥是将来的必然趋势，其一般流程是：农户将土样及农田信息(包括轮作制度、前茬作物、计划种植作物、目标产量等)提供给咨询服务部门，技术人员对

所提供的土样进行测试分析，得出土壤养分参考数据。最后综合考虑以上信息编制推荐的施肥方案，说明氮磷钾的施用数量及比例，并标明可供选择的肥料品种包装供农户选择。

与个体农户式耕作相比，以研究区为代表的国营农场，在整体管理、测土实验条件上都有较大的优势。近些年来，测土配方施肥在研究区逐渐开展，但普及和重视程度还远远不够，仅处于实验和推广阶段，未能真正指导土壤化肥的施用。首先，土地承包者的意识有待进一步提高。目前我国的农场种植还是由农户承包为主，虽然农场可对种子、化肥实行统购，机械化作业程度也在逐年提高，但在施肥用量上仍存在较大的主观因素。农场定制的施肥方案计划基本停留在号召阶段，在一定程度上农户有自主权决定化肥的用量和用法。肥越多产量越高的观念依然普遍存在。

农场单位应充分利用其组织优势积极向承包农户普及土壤肥力知识，提高测土配方施肥积极性，制定奖惩措施，提高化肥利用效率，减少损失，实现全面的科学合理施肥。我国国土面积广阔，导致土壤普查及管理难度较大，区域尺度上的土壤质量监测系统难以建立。农场作为我国农业的前沿阵地，应率先利用自身优势，发展和完善以农场为基本单位的土壤肥力数据库。在此基础上提升土壤肥力管理的技术咨询服务水平，及时准确地帮助农户分析农田土壤肥力，提供施肥推荐意见。

4）预防土壤金属镉污染

镉是毒性极强的污染元素。它不是人体和生物所必需的，人畜机体内含有微量的镉主要是通过食物及外界环境进入人体并累积的(王凯荣，1997)。镉可通过消化道、呼吸道及皮肤吸收，在人体内的半衰期是10～35年。镉进入土壤中很少发生向下的迁移，而主要累积于土壤表层。特别是黏土和有机质较高的土壤对镉有较强的吸附能力，镉容易长时间累积在0～20cm的土壤耕作层，保持率高达80%～90%，很少向下迁移(范拴喜等，2010)。

在表层土中，土壤溶液中镉的浓度是我们所关注的主要方面，它直接影响植物吸收镉的多少。像研究区这样的酸性土壤中，镉则更容易溶解到土壤溶液中发生迁移。不同作物的不同品种对镉的吸收也会有较大差异，一般来说玉米＞水稻＞大豆。研究区土壤的镉污染研究结果表明，旱田中镉含量较水田略高，而旱田土壤的pH又略低于水田。这使得旱田作物具有较高的镉累积风险。经过几十年的农业活动影响，研究区土壤镉含量在背景值较低的情况下平均值已经超过了国家土壤环境质量的一级标准。土壤镉污染不容忽视。区域应充分发挥国营企业优势，并从以下几个方面严格控制土壤镉的输入，控制土壤镉污染。

(1) 规范农用化学品市场，严控产品来源。对农用化学品进行统一采购，并对产品来源进行严格控制。利用农场实验条件对预采购样品进行严格检测，防止高镉化肥进入。

(2) 严格控制化肥及施用量。制定并完善农用生产资料的标准化管理流程，严格控制化肥和农药的过度施用，禁止施用高毒性及高残留农药。增加有机肥料的使用。

(3) 严格监控灌溉用水水质。按照我国《农田灌溉水质标准》(GB 5084—2005)执行，防止金属元素通过污水灌溉途径进入土壤环境。研究区近年来大力发展水稻种植，灌溉用水大增，地表水及地下水共用。区内供水设施修建比较完善，实验条件完备，为灌溉水质监测提供了较好的平台。但监测系统利用效率有待提高。特别是近年来地下水灌溉水稻的发展，地下水用量逐年升高。应特别注意地下水水质的变化。

(4) 定期对土壤及谷物含镉量进行严格检测，保障土壤环境及粮食安全。建立健全农场土壤及产品检测体系，对土壤镉污染做到早预防、早发现、早处理。重视已污染的地块的修复工作，防止土壤质量进一步恶化。

综上所述，虽然研究区的土壤质量处于中高水平，但长期的耕作已经使区域土壤质量发生了空间分异，不同的土地利用方式对土壤质量的影响较突出。无论是土壤肥力质量还是土壤环境质量，都有进一步恶化的风险。推广到三江平原尺度，我们可以推断，如果继续维持原有的耕作管理模式，区域土壤质量将会继续退化。特别是旱转水地区的土壤质量变化值得进一步关注。如何在大规模的土地利用转变中维持农场农业系统土壤质量，保护土壤环境，是实现区域农业可持续发展必须重视和解决的问题。

4.7　土地利用变化与土壤碳氮转化的研究

土壤碳氮转化是碳氮耦合循环中一个非常重要的过程，对陆地生态系统的结构和功能有着重要的意义。土壤呼吸、硝化及反硝化作用是碳氮循环的重要环节，在促进初级生产力的同时，也可能引起土壤酸化、硝酸盐淋失和 N_2O 的释放，是造成土壤氮素损失和大气环境污染的潜在途径。

土壤呼吸是将植物固定的 CO_2 重新释放回大气的主要途径(Högberg and Read，2006)。由于环境变化引起的土壤 CO_2 通量改变，可能增加大气中的 CO_2 浓度，并对全球变暖产生正反馈效应(Rustad et al.，2000)。土地利用变化会引起土壤呼吸速率的变化，在土壤碳收支过程中起着决定性作用(Rayment and Jarvis，2000；Adolfo and Campos，2006)。因此，土地利用方式的改变将加剧土壤碳释放(Dixon et al.，1994)。硝化作用所产生的硝酸盐(NO_3^-)，由于不能被土壤胶体所吸附，除供植物吸收外，其余部分或随水流(径流和渗漏)离开水体，或经反硝化作用而还原为 N_2 和 N_2O，逸入大气之中，造成氮素损失或大气环境污染。研究集约化农区的土地利用变化对土壤碳氮转化的影响，对生态安全的调控具有重要意义。

4.7.1　土地利用变化与土壤呼吸速率

1. 采样点的选择

在本书中，我们根据土地利用数据进行采样点的选择。根据 1979～2009 年不同土地利用类型之间的相互转化，来选择研究中的不同土地利用类型采样点。采样点在研究区内的土地利用类型从东到西依次为湿转水田(wetland-paddy land)、林转旱地(forest-dry land)、湿转旱地(wetland-dry land)、旱地(dry land-dry land)、林地(forest-forest)、旱转水田(dry land-paddy land)、湿地(wetland-wetland)，以及草地(grass land-grass land)。其样地描述见图 4-55 和表 4-36。

2. 样品采集与前期处理

研究区土壤主要分为棕壤、白浆土、沼泽土和泛滥土四类。四类土壤中，白浆土在研究区分布最广，约占农场总面积的 60.7%。在现有耕地中，白浆土面积占全场现有耕地面积的 95%以上。白浆土在构造上分三个层次：黑土层、白浆层和沉积层。黑土层厚度一般在 0～15cm，白浆层厚度一般在 15～30cm，白浆层以下为沉积层。考虑到本节中农田面积占农场面积的 60%以上，因此根据白浆土的构造进行不同深度的采样，分别选择 0～15cm、15～30cm 和 30～60cm。在每个采样点，于 2012 年 4 月 29 日、5 月 24 日、6 月 2 日、6 月 19 日和 7 月 2 日进行采样。每个样地均选择 3 个 1m×1m 采样样方，按 0～15cm、15～30cm 和 30～60cm 分别走“S”形用土钻取 5 点土样混合；混合土样采用“四分法”，保留 2kg 左右用无菌塑料袋保存，一部分土样立即过 2mm 尼龙筛，用以测定土壤呼吸速率；另一部分风干后过 2mm 筛，用以测定土壤理化性质。因此，每种土地利用类型的土壤呼吸速率为 3 个平行样，并为 3 个数据的平均值。

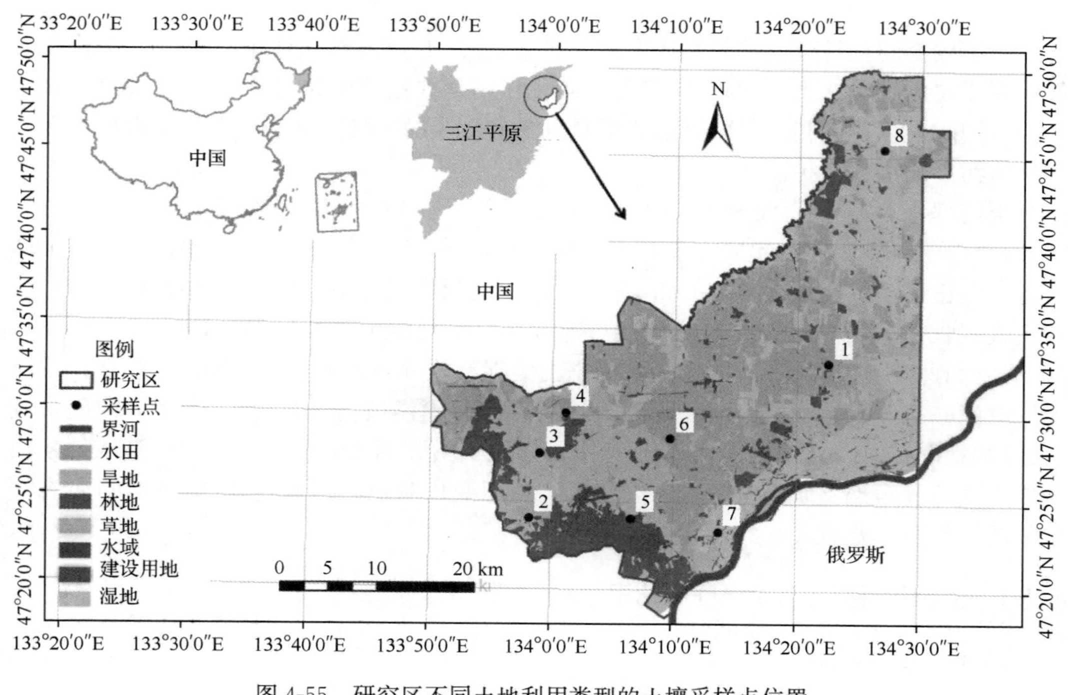

图 4-55 研究区不同土地利用类型的土壤采样点位置

3. 土壤呼吸速率和环境因子的测定

将研究区 2012 年 4 月 29 日、5 月 24 日、6 月 2 日、6 月 19 日和 7 月 2 日采样的土样，通过静态碱液吸收法测定土壤呼吸速率(宇万态等，2010；廖艳等，2012)。称取相当于干土重 20g 的新鲜土样，置于培养瓶中，在土壤自然湿度条件下放入无干燥剂的干燥器中，加盖密闭培养 24h，利用 NaOH 吸收释放的 CO_2，用标准 0.05mol/L 的 HCl 滴定剩余的

表 4-36　研究区样地描述

采样点	土地利用类型	地理位置	植被类型	土壤有机碳/(g/kg)	总氮/(g/kg)	C/N	pH
1	湿转水田(WL-PL)	47°33.093′N 134°22.574′E	水稻	1.57±0.65	1.72±0.73	9.52±0.64	6.07±0.22
2	林转旱地(FL-DL)	47°24.069′N 133°58.267′E	玉米	1.63±0.83	1.90±0.99	10.12±0.27	5.60±0.21
3	湿转旱地(WL-DL)	47°27.769′N 133°59.075′E	玉米	1.91±0.62	2.04±0.69	10.96±0.48	5.97±0.19
4	旱地(DL-DL)	47°30.136′N 134°01.157′E	玉米	1.70±0.99	1.91±0.88	10.32±1.36	5.71±0.40
5	林地(FL-FL)	47°24.087′N 134°06.603′E	落叶阔叶林	1.74±1.01	2.10±1.20	9.85±1.10	5.70±0.17
6	旱转水田(DL-PL)	47°28.697′N 134°09.719′E	水稻	1.54±0.57	1.81±0.61	9.77±1.09	6.02±0.22
7	湿地(WL-WL)	47°23.380′N 134°13.739′E	小叶章草甸	3.96±1.41	4.63±2.16	10.02±1.33	5.67±0.51
8	草地(GL-GL)	47°45.511′N 134°26.941′E	野草	1.65±0.86	1.96±0.81	9.96±1.05	4.27±0.43

NaOH；同时，另设不加土壤的空白对照，通过两者之差计算出土壤呼吸速率。滴定时用 $BaCl_2$ 溶液做 Na_2CO_3 的沉淀剂，用酚酞作指示剂，由粉红色滴至无色，完成土壤呼吸速率测定。由于样品从采集到实验室培养，中间间隔时间较短，对土壤呼吸速率不会产生大的影响。采用烘干法测定土壤含水量，pH 用 PHS-3C 精密 pH 计测定(水土比为 2.5∶1)；土壤有机质用浓硫酸重铬酸钾法，全氮用元素分析仪测定。计算土壤呼吸速率的公式如下：

$$R_s = \frac{(V_0 - V_1) \times N_{HCl} \times 44 \times 10^3}{24W \times 2} \tag{4-13}$$

式中，R_s 为土壤呼吸速率，$\mu g\ CO_2/(kg \cdot h)$；V_0 为空白滴定时消耗标准 HCl 的体积，mL；V_1 为样品滴定时消耗 HCl 的体积，mL；N_{HCl} 为标准 HCl 浓度，mol/L；44 为 CO_2 的摩尔质量，g/mol；W 为烘干土质量，g。

4. 数据处理与分析

为了描述温度对土壤呼吸的影响，在本书中，通过简单经验指数模型(Lloyd and Taylor，1994)来描述土壤呼吸与温度之间的关系。

$$R_s = \alpha e^{\beta T_s} \tag{4-14}$$

$$Q_{10} = e^{10\beta} \tag{4-15}$$

式(4-13)中，R_s 为土壤呼吸速率，$\mu g CO_2/(kg \cdot h)$；T_s 为不同土地利用类型的土壤温

度,℃;当 T_s为 0℃时,土壤呼吸速率的值为 α;式(4-15)中,Q_{10}表示土壤温度敏感性,β 则为温度响应系数。

本节通过 SPSS 软件进行所有的统计分析,不同土地利用类型在不同深度的土壤呼吸速率差异分析则通过成对 T 检验进行研究,应用 Pearson 相关分析检验温度、土壤含水量对土壤呼吸速率的影响。它们之间的关系通过指数函数分析。用 Excel 作图,并结合 Origin 7.5 与 Photoshop 7.0.1 辅助作图。

5. 结果与分析

1) 不同土地利用类型的土壤呼吸速率

通过采集样品实验所得的平均值,对比不同土地利用方式下的土壤呼吸速率(R_s)(图 4-56)。在集约化农业区,不同土壤深度的各种土地利用类型的呼吸速率大小规律基本相似。对于 0～15cm,旱转水田(DL-PL)的土壤呼吸速率最大,为 485.8μg CO_2/(kg · h);湿转水田(WL-PL)次之,为 458.3μg CO_2/(kg · h)。在 15～30cm 土壤深度,湿转旱地(WL-DL)的土壤呼吸速率最大,为 437.0μg CO_2/(kg · h),林地(FL-FL)小,为 169.6μg CO_2/(kg · h)。对于 30～60cm 的土壤深度,旱转水田(DL-PL)的土壤呼吸速率最大,为 311.7μg CO_2/(kg · h),湿转水田(WL-PL)次之;林地(FL-FL)的呼吸速率最小,为 142.1μg CO_2/(kg · h)。总体来看,对于农业区的不同土壤深度,各土地利用类型的土壤呼吸速率主要表现为水田＞旱地＞湿地＞草地＞林地。同时,对于两种类型的水田,旱转水田(DL-PL)的土壤呼吸速率明显大于湿转水田(WL-PL);对于三种类型的旱地,其土壤呼吸速率大致表现为旱地(DL-DL)＞湿转旱地(WL-DL)＞林转旱地(FL-DL)。

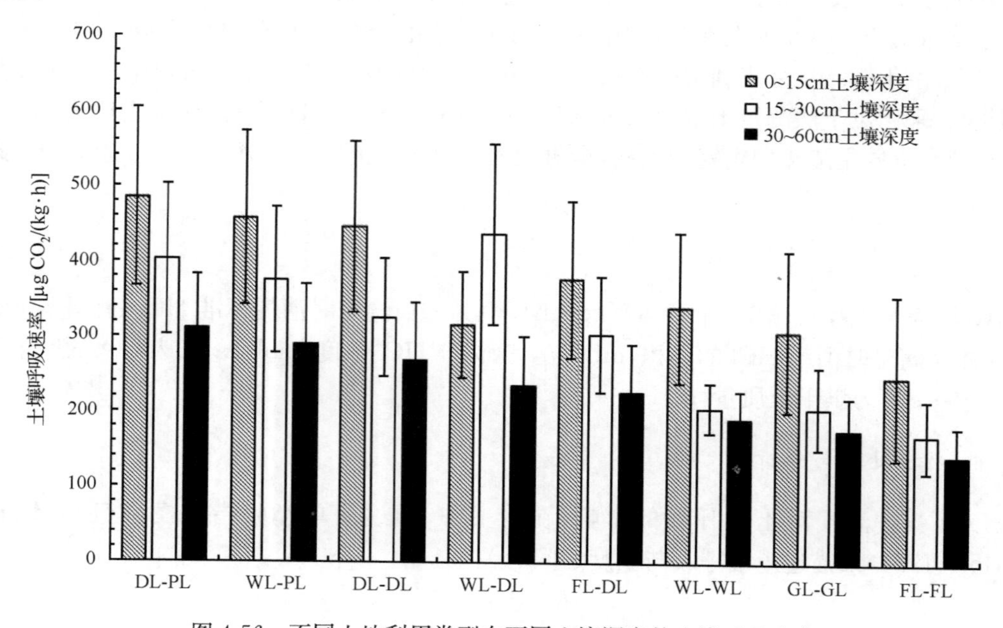

图 4-56 不同土地利用类型在不同土壤深度的土壤呼吸速率

通过SPSS软件分析，发现林地（FL-FL）的土壤呼吸速率显著低于其他土地利用类型（$p<0.05$）。除湿转旱地（WL-DL）外，旱转水田（DL-PL）显著高于其他土地利用类型的土壤呼吸速率（$p<0.05$）。湿转水田（WL-PL）与旱地（DL-DL）的土壤呼吸速率高于湿地（WL-WL）、草地（GL-GL）和林地（FL-FL）（$p<0.05$）。对于不同类型之间农田的土壤呼吸速率差异不明显。旱转水田（DL-PL）的土壤呼吸速率最大值约为林地（FL-FL）最小值的6.1倍。同时发现，除林地（FL-FL）外，其他土地利用类型在不同土壤深度（0～15cm、15～30cm和30～60cm）的土壤呼吸速率具有明显差异性（$p<0.05$）。土壤呼吸速率大小随着土壤深度的增加呈现减小的趋势。

2）不同土地利用类型植物生长期的土壤呼吸速率变化规律

研究中测定了在植物生长期（4～7月），不同土地利用类型的呼吸速率。图4-57是各种土地利用类型在不同深度土壤呼吸速率（R_s）与土壤温度（T_s）的变化趋势。土壤温度为在不同采样日期采样时所测的土壤温度。土壤呼吸速率与土壤温度基本保持同步变化的趋势。随着土壤温度的增加，土壤呼吸速率也呈增加趋势。土壤温度下降，土壤呼吸速率随之降低。最为明显的是，土壤温度曲线在4月到6月初明显上升，而土壤呼吸速率曲线在这一时段也呈相同态势；6月到7月初土壤温度具有一定的下降，之后呈现上升，土壤呼吸速率与土壤温度的同步变化趋势仍然明显。同时，由图可见，土壤呼吸速率变化均呈现双峰型或多峰型曲线，在波动变化中具有增加趋势。

对于旱转水田（DL-PL），其最高土壤温度为26.5℃[此温度对应的土壤呼吸速率为603.5μg CO_2/(kg・h)，为该土地利用类型的最大土壤呼吸速率]；对于湿转水田（WL-PL），其土壤呼吸速率最大值为580.6μg CO_2/(kg・h)（此时土壤温度为22.5℃，仅次于6月19日的23.6℃，7月2日0～15cm的23.8℃和15～30cm的22.9℃）；旱地（DL-DL）的最大土壤呼吸速率为572.9μg CO_2/(kg・h)（此时土壤温度为29.8℃，为最高土壤温度）；湿转旱地（WL-DL）的最高土壤温度为29.5℃，此时的土壤呼吸速率为565.3μg CO_2/(kg・h)，为该土地利用类型的最大土壤呼吸速率；林转旱地（FL-DL）的最大土壤呼吸速率为504.2μg CO_2/(kg・h)（此时土壤温度为22.1℃，仅次于6月2日的23.1℃）；对于湿地（WL-WL），其最大土壤呼吸速率为427.8μg CO_2/(kg・h)（此时土壤温度为18.2℃，其温度偏低）；对于草地（GL-GL），其最高土壤温度为22.7℃，此时的土壤呼吸速率为420.1μg CO_2/(kg・h)，为最大土壤呼吸速率；林地（FL-FL）的最大土壤呼吸速率出现在7月2日0～15cm，其土壤温度22.5℃为最高温度。同时，通过分析发现，随着土壤深度的增加，土壤呼吸速率随之减小。这主要是由于土壤温度随着土壤深度的增加呈现逐渐降低的趋势。

3）土壤温度对土壤呼吸速率的影响

研究区在植物生长期的日平均气温变化如图4-58所示。4月29日～7月2日平均气温为17.4℃，气温呈现明显上升趋势。4月29日、5月24日、6月2日、6月19日和7月2日的气温分别为9.0℃、16.5℃、22.4℃、22.1℃和20.1℃。其中，6月2日的气温最高，4月29日的气温最低。

不同土地利用类型土壤温度与土壤呼吸速率之间的关系如图4-59所示。通过分析发现土壤呼吸速率与土壤温度的动态变化规律较为一致。土壤温度与土壤呼吸速率之间

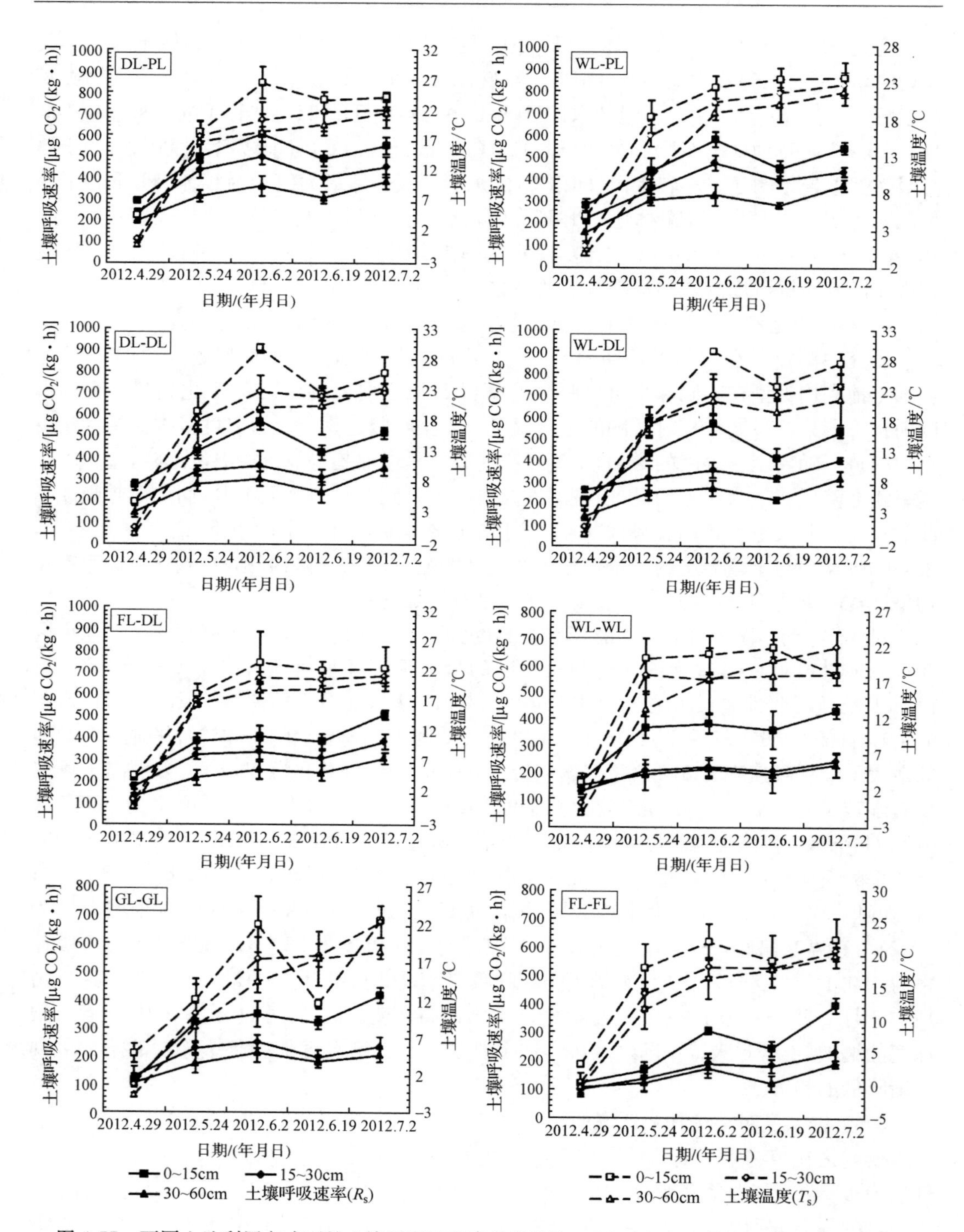

图 4-57　不同土地利用方式下的土壤呼吸速率变化规律[μg CO_2/(kg·h)]和土壤温度(℃)变化

呈现极显著相关关系(p<0.01)。同时,除湿地(WL-WL)外,其他土地利用类型的土壤温度与呼吸速率在不同的土壤深度均呈现极显著相关关系(p<0.01)(表 4-37)。采用方

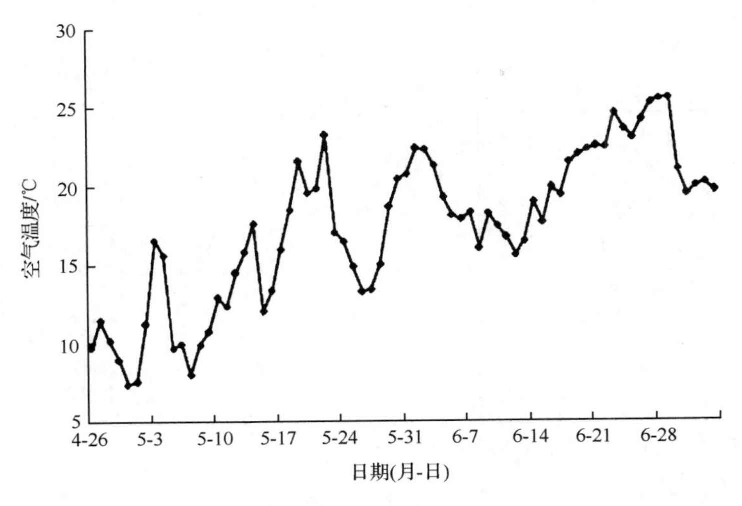

图 4-58　八五九农场植物生长期日平均气温的变化

程(4.2)拟合的结果表明,林转旱地(FL-DL)随着土壤深度的增加,温度对土壤呼吸速率的解释能力也增加。而其他土地利用类型随着土壤深度的增加,温度对土壤呼吸速率的解释能力减弱。以 0～15cm、15～30cm 和 30～60cm 土壤温度与呼吸速率的相关系数依次为 0.957、0.892 和 0.872,说明上述深度土壤温度对土壤呼吸速率的解释能力分别为 95.7%、89.2%和 87.2%。

由图 4-59 可以看出,指数方程在低温时的拟合效果明显好于高温时的拟合效果。温度较低时,土壤呼吸速率的散点聚集在拟合曲线附近,随着温度的升高,土壤呼吸速率的散点却渐渐发散开来。当土壤温度超过 18℃时,土壤呼吸速率的分布开始逐渐远离曲线,呈发散状。这说明,温度较低时,土壤微生物的代谢活动主要受温度变化控制;温度较高时,温度不再是限制因子,土壤微生物的生命活动很容易受到其他因素的影响和制约(江长胜等, 2010)。拟合方程中系数 α 为 0℃时土壤呼吸速率,0℃时土壤呼吸速率的大小顺序依次为旱转水田(DL-PL)＞湿转水田(WL-PL)＞旱地(DL-DL)＞湿转旱地(WL-DL)＞林转旱地(FL-DL)＞湿地(WL-WL)＞草地(GL-GL)＞林地(FL-FL)。同时,除湿地(WL-WL)和草地(GL-GL)外,其他土地利用类型在 0℃时的土壤呼吸速率都有随着土壤深度的增加而降低的趋势(表 4-37)。

土壤呼吸速率的温度敏感性 Q_{10} 通过方程(4.3)计算。Q_{10} 用来表征土壤呼吸对温度变化响应的敏感程度。从图 4-60 可以看出,不同土地利用类型的 Q_{10} 值具有一定的差异,Q_{10} 的平均值变化范围为 1.15～1.73。这与陆地生态系统土壤呼吸速率的 Q_{10} 值变化范围为 1.3～5.6 具有很大的差异;且与全球土壤呼吸速率 Q_{10} 均值为 2.4 的结论(Raich and Schlesinger, 1992)不相符。其原因可能是由于土壤分层取样破坏了原土壤内环境,降低了土壤对温度的敏感性。同时,也有可能说明在土壤解冻期,土壤呼吸速率对土壤温度的敏感性不强。例如,中国内蒙古草原的研究结果表明,与土壤呼吸相关性最好的气温,其次是土壤温度(马骏和唐海萍, 2011)。

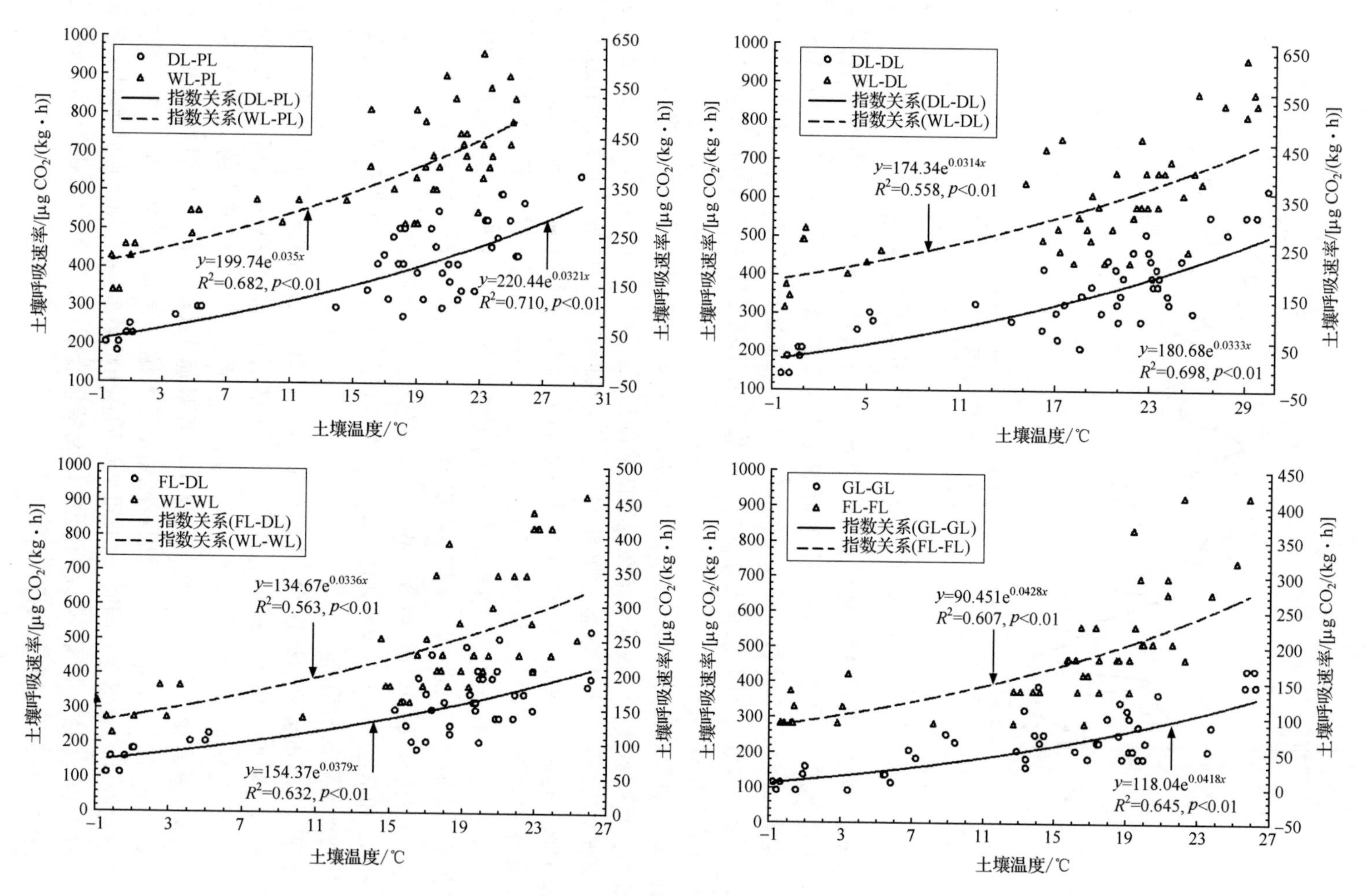

图 4-59 不同土地利用类型土壤温度对呼吸速率的影响

表 4-37　土壤温度与呼吸速率在不同深度的相互关系

土地利用类型	土壤深度/cm	指数方程	回归系数 R^2	显著相关性 p
旱转水田 DL-PL	0～15	$y=253.92e^{0.032x}$	0.915	$p<0.01$
	15～30	$y=240.35e^{0.0292x}$	0.795	$p<0.01$
	30～60	$y=203.64e^{0.0260x}$	0.761	$p<0.01$
湿转水田 WL-PL	0～15	$y=247.89e^{0.0312x}$	0.746	$p<0.01$
	15～30	$y=219.65e^{0.0306x}$	0.840	$p<0.01$
	30～60	$y=175.67e^{0.0321x}$	0.702	$p<0.01$
旱地 DL-DL	0～15	$y=237.91e^{0.0291x}$	0.942	$p<0.01$
	15～30	$y=193.30e^{0.0282x}$	0.840	$p<0.01$
	30～60	$y=159.31e^{0.0306x}$	0.710	$p<0.01$
湿转旱地 WL-DL	0～15	$y=183.28e^{0.0378x}$	0.851	$p<0.01$
	15～30	$y=254.09e^{0.0136x}$	0.517	$p<0.01$
	30～60	$y=140.04e^{0.0296x}$	0.702	$p<0.01$
林转旱地 FL-DL	0～15	$y=199.94e^{0.0328x}$	0.674	$p<0.01$
	15～30	$y=174.89e^{0.0326x}$	0.812	$p<0.01$
	30～60	$y=127.40e^{0.0364x}$	0.751	$p<0.01$
湿地 WL-WL	0～15	$y=147.86e^{0.0430x}$	0.909	$p<0.01$
	15～30	$y=126.57e^{0.0267x}$	0.858	$p<0.01$
	30～60	$y=151.55e^{0.0177x}$	0.406	$p<0.05$
草地 GL-GL	0～15	$y=110.96e^{0.0550x}$	0.776	$p<0.01$
	15～30	$y=140.44e^{0.0264x}$	0.539	$p<0.01$
	30～60	$y=117.52e^{0.0321x}$	0.724	$p<0.01$
林地 FL-FL	0～15	$y=98.11e^{0.0490x}$	0.690	$p<0.01$
	15～30	$y=89.74e^{0.0402x}$	0.759	$p<0.01$
	30～60	$y=97.22e^{0.0267x}$	0.469	$p<0.01$

Q_{10}值在 0～15cm 的大小顺序为草地(GL-GL)＞林地(FL-FL)＞湿地(WL-WL)＞湿转旱地(WL-DL)＞林转旱地(FL-DL)＞旱转水田(DL-PL)＞湿转水田(WL-PL)＞旱地(DL-DL)；在 15～30cm 深度，Q_{10}值表现为林地(FL-FL)＞林转旱地(FL-DL)＞湿转水田(WL-PL)＞旱转水田(DL-PL)＞草地(GL-GL)＞旱地(DL-DL)＞湿地(WL-WL)＞湿转旱地(WL-DL)；对于 30～60cm 的深度，Q_{10}值的大小顺序依次为林转旱地(FL-DL)＞草地(GL-GL)＞湿转水田(WL-PL)＞旱地(DL-DL)＞湿转旱地(WL-DL)＞旱转水田(DL-PL)＞林地(FL-DL)＞湿地(WL-WL)。另外，不同土地利用类型的 Q_{10} 平均值在 1.33～1.48 之间变动。同时，大部分土地利用类型的 Q_{10}值随着土壤深度的增加而减小，只有旱地(DL-DL)的 Q_{10}值随着土壤深度的增加呈现增加趋势。

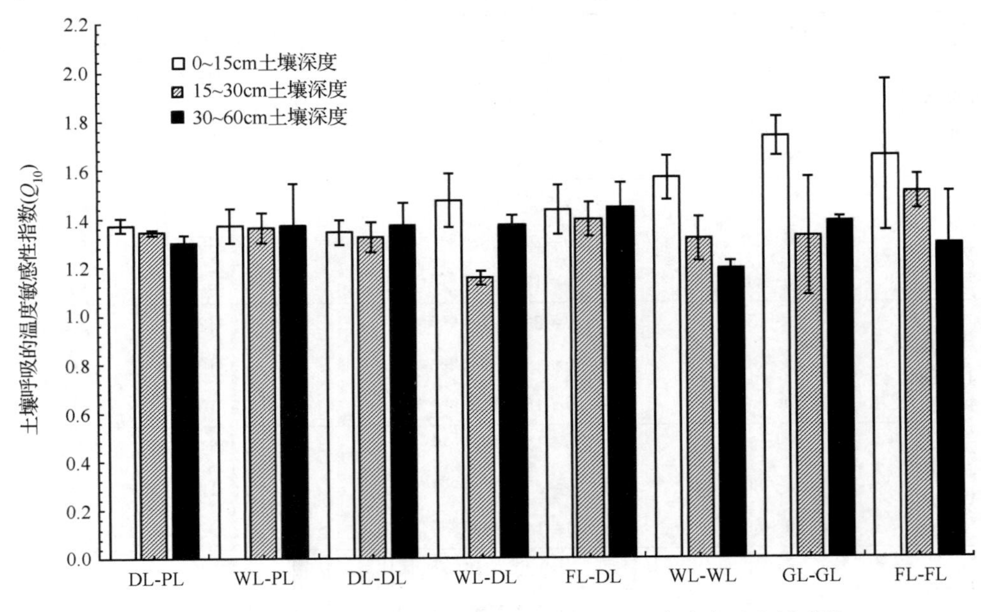

图 4-60 不同土地利用类型在不同土壤深度的土壤速率温度敏感性

4）土壤含水量与土壤呼吸速率之间的关系

不同土地利用类型的土壤含水量与土壤呼吸速率间的关系如图 4-61 所示。湿转水田（WL-PL）与湿地（WL-WL）的土壤含水量较高，基本在 17%～72%之间变动；旱地（DL-DL）的土壤含水量较低；其他土地利用类型的土壤含水量在 11%～45%之间变动。从图中可以看出，除湿地（WL-WL）和林地（FL-FL）的土壤含水量与土壤呼吸速率之间呈负相关外，其余土地利用类型的土壤含水量与土壤呼吸速率之间均呈正相关关系。旱转水田（DL-PL），旱地（DL-DL），湿转旱地（WL-DL），林转旱地（FL-DL）和草地（GL-GL）的土壤含水量与土壤呼吸速率呈现极显著相关关系（$p<0.01$）；湿转水田（WL-PL）呈现显著相关关系（$p<0.05$），而湿地（WL-WL）和林地（FL-FL）的土壤含水量与土壤呼吸速率无显著相关性（$p>0.05$）。

由表 4-38 可以看出，除林转旱地（FL-DL）外，其他土地利用类型的土壤呼吸速率与土壤含水量之间的相关性随土壤深度变化不显著。旱转水田（DL-PL）的土壤呼吸速率与土壤含水量呈现显著相关性（$p<0.01$），湿转水田（WL-PL）的土壤呼吸速率与含水量之间的相关性不显著（$p>0.05$）其他五种土地利用类型在不同深度均呈现不同程度的相关性。另外，各土地利用类型的土壤含水量对土壤呼吸的解释作用差异较大。其中，旱转水田（DL-PL）在 30～60cm 土壤含水量对土壤呼吸的解释能力为 71.1%，是研究区土壤含水量对土壤呼吸作用解释能力最强的。同时，土壤含水量对土壤呼吸作用解释能力比较强的有湿地（WL-WL）（0～15cm）和草地（GL-GL）（0～15cm 和 30～60cm）。

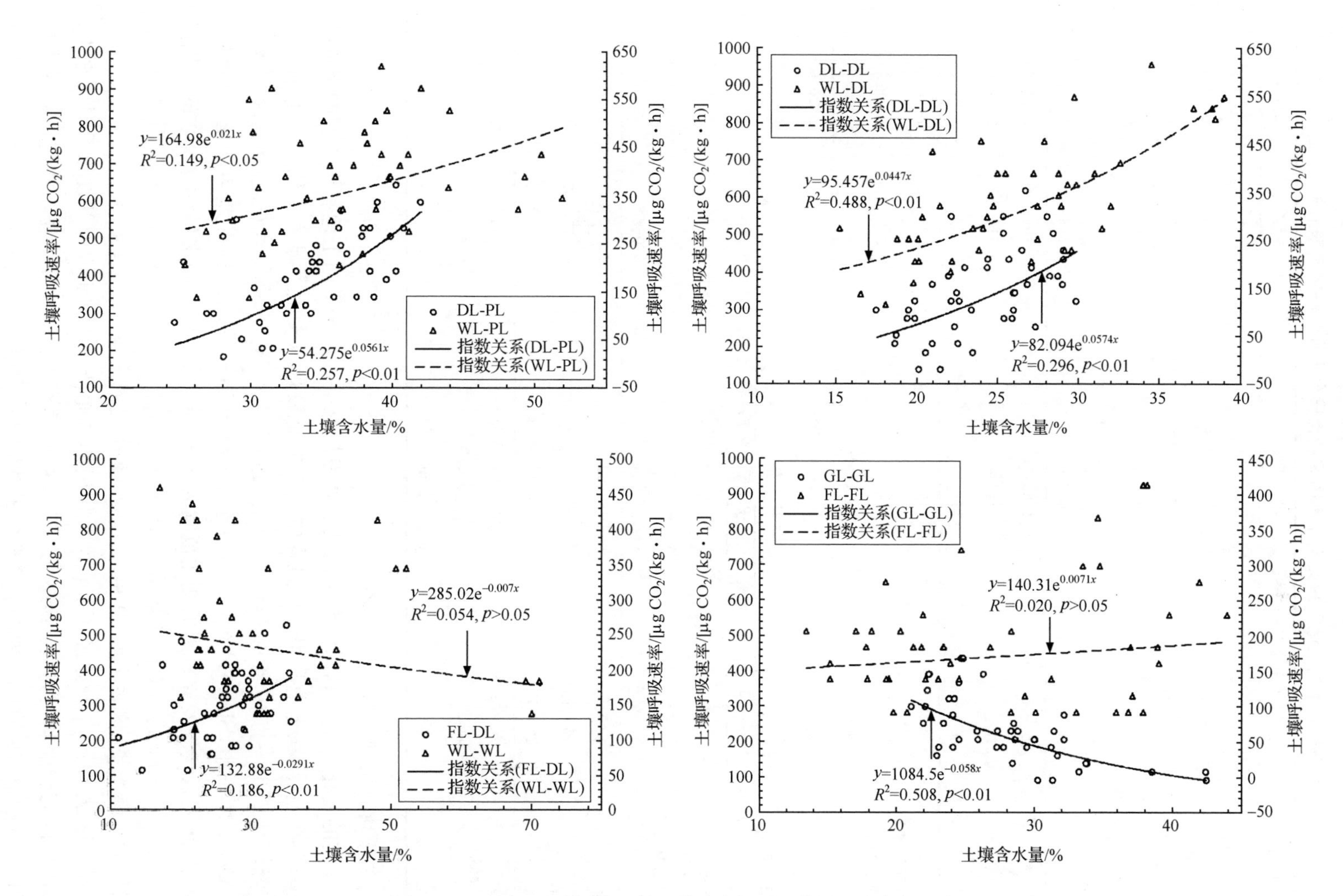

图 4-61　不同土地利用类型的土壤含水量对土壤呼吸速率的影响

表 4-38 不同土地利用类型在不同深度土壤含水量与呼吸速率的关系

土地利用类型	土壤深度/cm	指数方程	回归系数 R^2	显著相关性 p
旱转水田 DL-PL	0～15	$y=149.87e^{0.0342x}$	0.591	$p<0.01$
	15～30	$y=2.06e^{0.1498x}$	0.450	$p<0.01$
	30～60	$y=45.24e^{0.0554x}$	0.711	$p<0.01$
湿转水田 WL-PL	0～15	$y=187.54e^{0.0235x}$	0.155	$p>0.05$
	15～30	$y=305.05e^{0.0043x}$	0.011	$p>0.05$
	30～60	$y=94.24e^{0.0335x}$	0.223	$p>0.05$
旱地 DL-DL	0～15	$y=176.11e^{0.0351x}$	0.104	$p>0.05$
	15～30	$y=94.34e^{0.051x}$	0.318	$P<0.05$
	30～60	$y=112.44e^{0.0362x}$	0.203	$p>0.05$
湿转旱地 WL-DL	0～15	$y=148.13e^{0.0334x}$	0.295	$p<0.05$
	15～30	$y=172.53e^{0.0248x}$	0.530	$p<0.01$
	30～60	$y=74.56e^{0.0471x}$	0.551	$p<0.01$
林转旱地 FL-DL	0～15	$y=162.25e^{0.0318x}$	0.450	$p<0.01$
	15～30	$y=159.07e^{0.0218x}$	0.096	$p>0.05$
	30～60	$y=99.15e^{0.0312x}$	0.268	$p>0.05$
湿地 WL-WL	0～15	$y=585.86e^{-0.0150x}$	0.700	$p<0.01$
	15～30	$y=235.08e^{-0.0060x}$	0.032	$P>0.05$
	30～60	$y=275.65e^{-0.0130x}$	0.063	$p>0.05$
草地 GL-GL	0～15	$y=3083.60e^{-0.0950x}$	0.610	$p<0.01$
	15～30	$y=577.84e^{-0.0370x}$	0.171	$p>0.05$
	30～60	$y=500.89e^{-0.0360x}$	0.635	$p<0.01$
林地 FL-FL	0～15	$y=327.32e^{-0.0100x}$	0.010	$p>0.05$
	15～30	$y=435.94e^{-0.0420x}$	0.488	$p<0.01$
	30～60	$y=239.36e^{-0.0250x}$	0.274	$p>0.05$

5）土壤呼吸速率与气温变化

气候的变化与土地利用的变化以及农业发展有关。由于不同土地利用类型的土壤呼吸速率存在差异，在土地利用变化过程中 CO_2 的排放量也发生了显著变化。为了描述气温和降水从 1964～2010 年的变异性，采用变异系数（CV）来进行表征，变异系数 CV＝SD/AVE。本书中，SD 和 AVE 分别为连续三年气温和降水的标准差与均值。1964～2010 年，研究区气温变异系数的变化范围为 4.37％～62.16％，降水量变异系数的变化范围为 2.39％～39.91％，它们的均值分别为 26.5％和 19.95％（图 4-62）。气温的变异系数明显大于降水量，这表明近 50 年来气温的变率更大一些。

研究区从 1979 年开始经历了三次大规模的农业开发。由于农业开发以及旱改水田，目前研究区的土地利用类型已经变为以土壤呼吸速率最大的水田为主。水田占研究区总面积的比例从 1979 的 0％增加到 2009 年的 32.62％；而湿地比例由 1979 年的 61.88％减

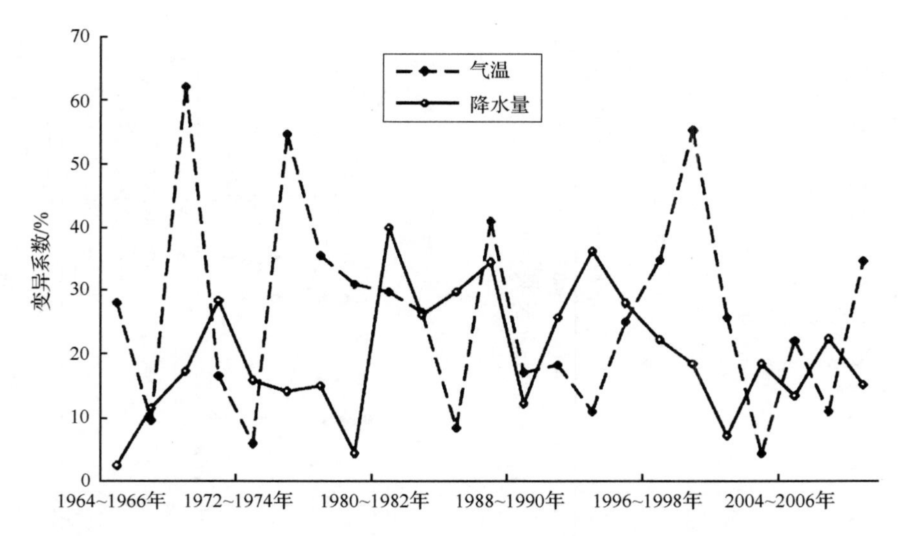

图 4-62　1964～2010 年研究区年降水量与年均气温的变异系数

少为 2009 年的 26.40%。同时，1964～1979 年间的平均气温为 2.29℃，1979～1992 年，1992～1999 年和 1999～2009 年间的平均气温分别为 2.85℃、2.89℃和 2.37℃。随着湿地、林地向旱地、水田的转变过程中，气温呈现上升趋势。通过上述研究发现，土壤呼吸速率的大小顺序表现为水田＞旱地＞草地＞湿地＞林地。因此，在土地利用变化过程中，研究区土壤呼吸作用的变化与气温变化同时呈现增加的趋势。之前有研究表明，土壤呼吸速率变化对气温的影响是通过土地利用变化来体现的。因此，我们有必要对土壤呼吸速率与气温之间的关系进入更深层次的探讨。

研究区土壤呼吸速率与气温之间呈现显著的线性回归关系，这与土壤呼吸速率的变异有密切关系。由图 4-63 可见，不同土地利用类型的土壤呼吸速率与气温之间的相关性具有一定的差异。湿地中土壤呼吸速率与气温的相关性最差，其他土地利用类型的相关性均显著($p<0.05$)。旱转水田、湿转水田、湿转旱地和草地的相关性最明显，其相关系数为 0.409～0.627，其他土地利用类型的相关系数在 0.219～0.342 之间变动。这表明不同土地利用类型的土壤呼吸速率增加均可以促使气温的升高。水田和旱地的土壤呼吸速率最高，在土地利用变化过程中，会导致集约化农区整体土壤呼吸速率加快，促进 CO_2 排放量，对区域气温升高具有一定的贡献作用。

4.7.2　土壤呼吸速率的响应研究

1. 土壤呼吸速率对土地利用变化的响应

针对华北土壤呼吸速率的研究，发现农田和退耕地的土壤呼吸速率高于自然状态的林地，说明退耕还林有助于减少土壤 CO_2 的释放量(冯朝阳等，2008)。内蒙古农牧交错区的农田土壤呼吸速率大于弃耕样地和围封样地(马骏和唐海萍，2011)。本书的研究结果表明，不同土地利用方式的土壤呼吸速率由高到低依次为：水田＞旱田＞湿地＞草地＞林地，此结论也同样说明了在农业开垦和土地利用变化的过程中，土壤向大气排放 CO_2 的

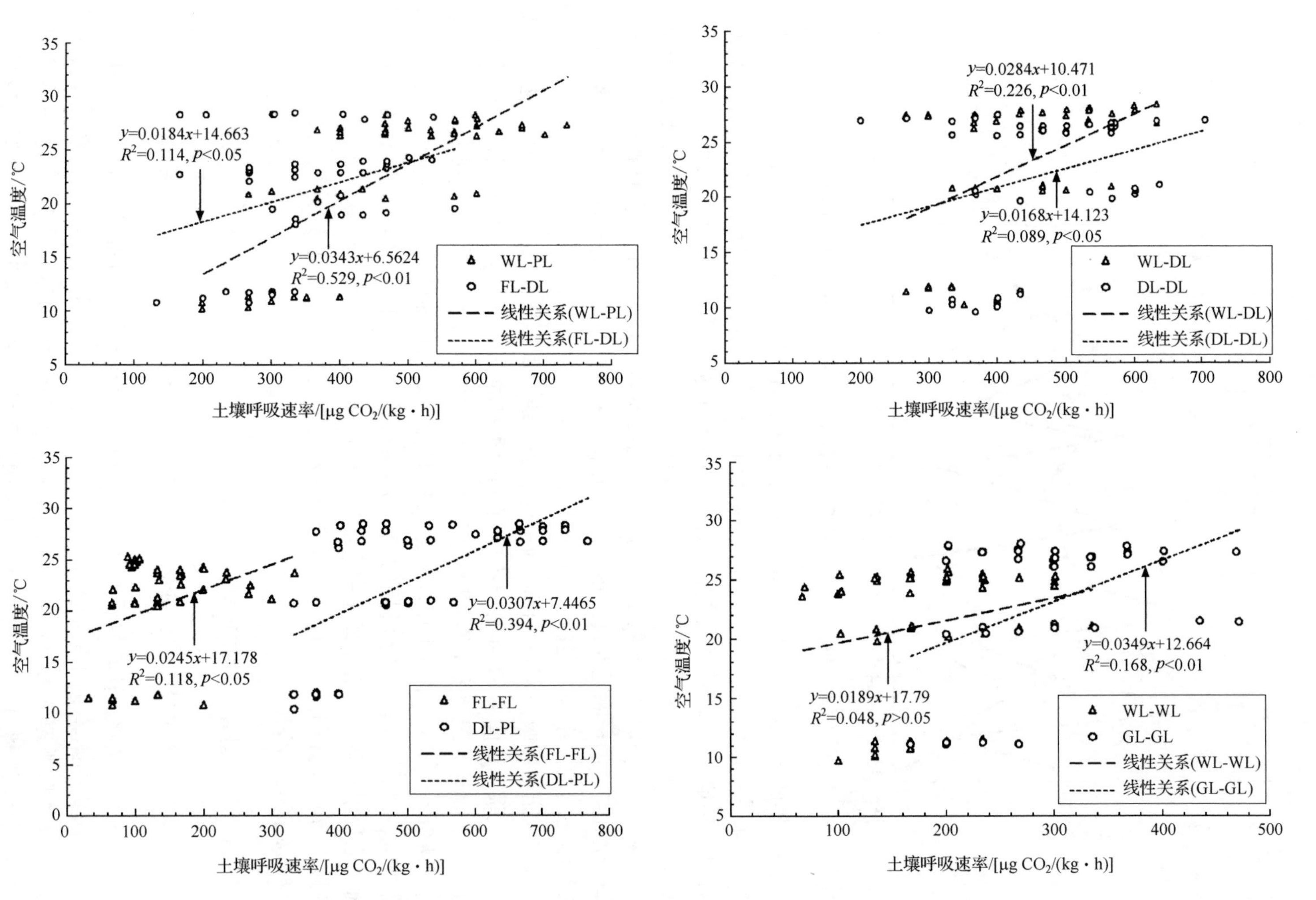

图 4-63 研究区不同土地利用类型土壤呼吸与空气温度之间的关系

通量增多。然而,也有研究结果显示,草地(Frank et al.,2006)、林地(Motavalli et al.,2000)以及湿地(江长胜等,2010)向农田转变的过程中,土壤呼吸速率呈下降趋势。土地利用引起环境因子的改变,因此,在探讨土壤呼吸速率差异时,需要考虑不同影响因子对它的作用(Zhang et al.,2011)。另外有研究表明,土壤呼吸还受到植物光合作用的影响。同时还有研究指出地表凋落物层有减缓土壤向大气排放 CO_2 的作用(陈四清等,1999),这可能也是林地土壤呼吸速率最低的原因之一。

2. 土壤呼吸对温度的响应

温度是控制陆地生态系统的重要因素,因此许多研究利用温度来预测全球变化对土壤呼吸作用的影响(Trumbore,2006)。温度升高将增强生物的代谢活动,促使土壤呼吸量增加。许多研究证实,土壤呼吸在一定温度范围内,随温度的升高而加快。在三江平原,冬季气温很低,且土壤冰冻期很长,土壤微生物长时间处于休眠状态,其土壤呼吸速率较低。但进入四月份(春季)后,土壤开始解冻,土壤呼吸速率随着微生物活性的增强而增加。然而,在本书的研究中发现湿转水田、旱转水田等土地利用类型的土壤呼吸速率变化并没有表现出明显的单峰型。这主要是因为从水稻开始种植到成熟,这段时间内水田一直保持着淹水状态,好氧微生物处于厌气环境,其活性受到严重的抑制。温度对土壤呼吸速率的影响就会不明显,因此,土壤呼吸速率的变化在植物生长期会呈现出双峰型或多峰型曲线。

土壤呼吸速率与土壤温度之间的显著关系已经在众多研究中得到证实。但由于研究区域以及土壤特性的不同,土壤温度对呼吸速率的作用在不同土壤深度呈现出一定的差异性。本书研究结果认为,集约化农区在植物生长期(4~7月)0~15cm深度土壤温度对土壤呼吸速率的解释能力高于15~30cm和30~60cm。同时,诸多研究得到了相同的结论,认为与其他土壤深度相比,在土壤表层中温度对土壤呼吸速率的影响最明显(Pavelka et al.,2007)。但与此相反,在内蒙古地区土壤温度对呼吸速率的影响研究中,发现在10~15cm深度,土壤温度对呼吸速率的解释能力高于0~5cm和5~10cm(马骏和唐海萍,2011)。经过分析,发现主要有两方面的原因造成这种情况。首先,不同研究区域的自然条件、植被类型不同,它们对土壤温度与呼吸速率之间的关系产生不同的作用(齐玉春等,2010)。土壤呼吸速率不仅受温度的控制,还可能受到湿度(Wildung et al.,1975)、季节(Sawamoto et al.,2000)、土壤养分(Keliher et al.,2004)生物条件(Kaye et al.,2005)和外界干扰(Mallik and Hu,1997)等因素的影响。另外,土壤呼吸速率与土壤温度之间的关系还受到降水量的影响。降水较多的年份,土壤呼吸速率与土壤温度的关系减弱,但是与空气温度的关系却增强,降水较少的年份则结果完全相反(王庚辰等,2004)。另外一个原因是在采样时,土壤温度通过便携式长杆针式土壤温度计测定。与地温表相比,便携式温度计的读数不稳定,可能会造成结果的不精准。

3. 土壤呼吸温度敏感性

土壤呼吸对温度变化的敏感程度用土壤呼吸温度敏感性 Q_{10} 值来表征。本书中,不同土地利用类型的 Q_{10} 平均值表现为:林地(FL-FL)>草地(GL-GL)>林转旱地(FL-DL)

＞湿转水田（WL-PL）＞湿地（WL-WL）＞旱地（DL-DL）＞旱转水田（DL-PL）＞湿转旱地（WL-DL）。

由于土壤基质对土壤呼吸与温度之间的关系具有调控作用（黄耀等，2002），同时林地土壤的养分含量较高，因此其 Q_{10} 值高于其他土地利用类型。有研究表明，在土壤有机质含量高的条件下，微生物的活性将由其他环境条件决定，营养物对其的影响就会受到抑制。但是在林地开垦为农田后，原本丰富的有机碳含量就会急剧下降，这时微生物活动的关键因素是营养物的供应。本节中湿地的有机碳含量最多，远远高于林地、农田和草地。但是其 Q_{10} 值最小，这可能是由于湿地的土壤含水量高（20%～70%）。湿地土壤中的 O_2 的扩散传输以及微生物活性因为淹水状态而受到抑制，从而阻碍了土壤有机碳的分解。目前，许多研究发现水分增加会促进土壤呼吸温度敏感性（Gulledge and Schimel，2000），或降低土壤呼吸的温度敏感性。在含水量较少的条件下，土壤呼吸速率的温度敏感性主要依赖于土壤湿度（Kirschbaum，2000）。同时，温度较高时，其土壤呼吸速率的敏感性就会呈现出较低的水平，但是当温度较低时，则会呈现出较高水平（Raich and Schlesinger，1992）。

4. 土壤呼吸对土壤含水量的响应

通过研究发现，土壤温度对呼吸速率的影响总是可以找到一个指数函数来进行表征（Qi and Xu，2001）。然而，描述土壤含水量与呼吸速率之间关系的函数很多（Cook and Orchard，2008），且这些函数方程具有很大的差异。本节中，每种土地利用类型的土壤温度和土壤含水量呈现极显著相关性（$p<0.01$），说明土壤温度与含水量存在着紧密的联系。为了消除温度的干扰，采用偏相关分析研究土壤呼吸速率与含水量之间的关系。

旱转水田（DL-PL）、旱地（DL-DL）、湿转旱地（WL-DL）、草地（GL-GL）的土壤含水量与土壤呼吸速率之间存在极显著相关关系（$p<0.01$）；湿转水田（WL-PL）存在显著相关关系（$p<0.05$）；而林转旱地（FL-DL），林地（FL-FL）与湿地（WL-WL）无显著相关性（$p>0.05$），对土壤呼吸的解释能力较弱。湿地依靠大气降水季节性积水，由于4月28日到7月2日研究区总降水量为126.24mm，降水量较多，其土壤含水量在20%～70%之间。过高的水分会减少土壤中 O_2 的供应（Skopp et al.，1990），抑制了好氧微生物的活性，从而土壤含水量与呼吸速率的相关性不显著。而水分过低的时候，不仅微生物活性受到抑制，而且有机碳含量也会减少（Linn and Doran，1984）。同时，水分含量的过高或者过低都会限制土壤呼吸的温度敏感性（张金屯，1998），且随着温度的升高，水分对敏感性的限制作用就会增强（Kirschbaum，2000）。

4.7.3 土地利用变化与土壤硝化速率

氮元素作为生物体生存和发展必需的元素，对陆地生态系统的生产过程具有最强烈的影响（陈伏生等，2004），同时对生态系统的结构和功能起着关键的调节作用（洪瑜等，2006）。氮循环为生物的生长提供了必需的氮源（Hagopian and Riley，1998），并促使物质能量循环的形成（白军红等，2005）。在土壤硝化过程中，铵态氮由微生物转化为硝态氮和亚硝态氮。由图4-64可见，硝化作用是氮素损失的主要途径（Vitousek and Howarth，1991）。同时，由于氮素的损失导致温室气体 N_2O 排放量的增多。目前，氮循环已经成为全球变化研究的一个重要内容(彭少麟等,2002)。

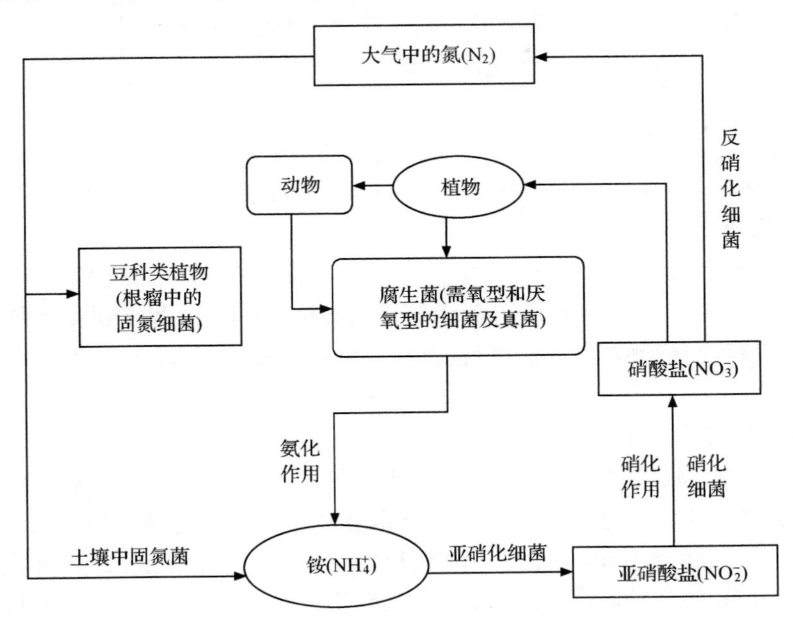

图 4-64　土壤氮循环的示意图

当前,针对土壤硝化作用的影响因素展开了大量的研究(Zhang et al., 2008)。通过研究发现土壤硝化作用由于土壤类型的不同,其变异也较大。另外,土壤水分也是影响硝化作用的重要因素。通过之前大量的研究发现,土壤含水量越高,对微生物的氧气来源限制作用越大,导致其硝化速率降低(Breuer et al., 2002)。因此,在一定的土壤含水量范围内,含水量的增加可以促进硝化作用(施振香等,2009)。根据研究发现,土壤硝化作用的适宜温度范围在 25~35℃之间(刘巧辉,2005)。由于土壤 pH 可以影响硝化细菌的活性,因而土壤 pH 也是影响硝化作用的重要因素。当土壤 pH 增加到一定程度,硝化速率随之增加 3~5 倍(Dancer et al., 1973)。Hayatsu 和 Kosuge 发现土壤 pH 与硝化活性有很好的正相关关系。另外,铵态氮是硝化作用的基质,但不是土壤硝化作用的主要限制因子(Hadas et al., 1986)。因为硝化作用的程度主要依赖于土壤理化性质。

针对不同土地利用类型的土壤硝化作用已经展开了大量的研究,但是这些研究很少在可比较的条件下进行,主要针对森林(刘义等,2006)、农田(孙波等,2009)和湿地(王玉萍等,2012)等单个生态系统的研究。同时,由于硝化作用测定方法的不同,其结果很难进行直接比较。本节以集约化农区不同土地利用类型为研究对象,阐明土地利用变化对该地区土壤硝化作用能力的影响程度,为预测温室气体的排放和区域生态安全提供基础信息。

4.7.4　材料与方法

1. 样品采集与分析

采用常规分析法测定土壤基本理化性质(鲍士旦,2000)。其中土壤含水量用 24h 烘干法；土壤 pH 水土比 1∶1 浸提 pH 计测定；土壤有机质用浓硫酸重铬酸钾法；全碳和总氮含量用元素分析仪测定；土壤铵态氮和硝态氮用 1mol/L 的 KCl 土液比 1∶10 浸提后，分别用纳氏试剂比色法和紫外分光光度法测定。

2. 硝化作用的测定

本书采用格里斯显色法（程丽娟和薛泉宏，2000；曹良元等，2009）测定土壤硝化速率，其具体步骤如下。

1）NO_2^- 标准曲线绘制

吸取 NO_2^- 标准液（0.01mg/mL）0mL、1mL、2mL、3mL、4mL、5mL，分别放入 50mL 容量瓶，进行定容，与待测样品同法进行比色，以浓度为横坐标，以光密度值为纵坐标绘制标准曲线。

2）土壤硝化强度测定

称取供试土壤 10g，加无菌水制成 1/10 土壤悬液，于 150mL 三角瓶中加入硝化菌培养基 30mL，再加入土壤悬液 1mL，置 28℃培养箱中培养 15d，过滤备用。取滤液 5mL 于 50mL 容量瓶中，稀释至 40mL，加入 1mL 格里斯试剂Ⅰ，放置 10min。再加入 1mL 格里斯试剂Ⅱ和 20g/L 醋酸钠溶液，显色后稀释至刻度，放置 10min 后，用分光光度计（波长 520nm）比色测定。用同一方法测定原始培养液中 NO_2^- 含量。

3）土壤硝化速率的计算

计算公式如下：

$$NO_2^- \text{-N(mg/30mL)} = x\text{(mg/mL)} \times \text{比色体积} \times \text{稀释倍数} \times 10^3$$

式中，x(mg/mL)由标准曲线查知可得。

$$\text{土壤硝化速率}[\mu g/(kg \cdot h)] = \frac{(\text{原始培养基中 } NO_2^- \text{ 量} - \text{培养后培养基 } NO_2^- \text{ 量}) \times 30mL \times 10^6}{W \times 15 \times 24}$$

式中，W 为土壤重量，10g；15 为培养天数。

4.7.5　结果与分析

1. 不同土地利用类型的土壤硝化速率

通过采样试验所得的平均值，分析不同土地利用方式下的土壤硝化速率（图 4-65）。在集约化农区，不同土壤深度的各土地利用类型的硝化速率大小规律相似。在三个不同的土壤深度下，旱地的土壤硝化速率均为最大值，而湿地的硝化速率都为最小值。0～15cm 深度，旱地和湿地的土壤硝化速率分别为 442.06μg/(kg·h)和 244.81μg/(kg·h)。在 15～30cm 土壤深度中，土壤硝化速率的最大值为 396.98μg/(kg·h)，低于土壤表层的硝化速率。在 15～30cm 土壤深度中，土壤硝化速率的最大值为 397.0μg/(kg·h)，低于土壤表层的硝化速率。而在 30～60cm 土壤深度，土壤硝化速率的最大和最小值分别为 375.33μg/(kg·h)和 133.41μg/(kg·h)。总体来看，集约化农区各土地利用类型的土壤硝化速率从大到小的顺序为：旱地（DL-DL）、湿转旱地（WL-DL）、旱转水田（DL-

PL)、湿转水田(WL-PL)、草地(GL-GL)、林地(FL-FL)、林转旱地(FL-DL)和湿地(WL-WL)。旱地的土壤硝化速率显著高于其他类型($p<0.05$),总体表现为旱地>水田>草地>林地>湿地。

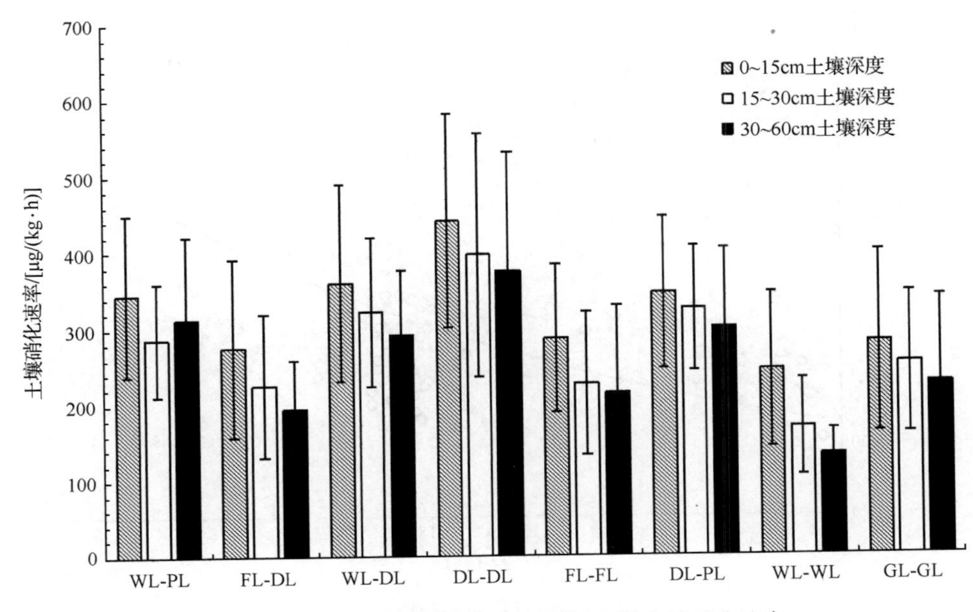

图 4-65　不同土地利用类型在不同深度的土壤硝化速率

硝化作用是土壤 N_2O 的主要产生源,不同深度的土壤硝化速率差异明显。对于不同深度的土壤硝化速率,0～15cm 明显大于其他深度($p<0.001$),而 15～30cm 的土壤硝化速率大于最底层土壤的($p<0.05$)。由此可以看出,土壤硝化作用以土壤表层(0～15cm)最为明显。有研究表明,麦田土壤表层的硝化作用是土壤产生 N_2O 的主要途径,其贡献率为 88.3%(刘巧辉, 2005)。土壤低层的硝化速率低,可能与土壤温度、含水量和有机质含量有关。随着土壤深度的增加,土壤温度和含水量呈现下降的趋势。在本书的研究中,除湿地(WL-WL)土壤含水量较高外,其他土地利用类型的土壤含水量变化范围为 17%～40%。根据研究,土壤硝化作用在 17%～40%含水量条件下受到的抑制作用不明显,而且在这种情况下有利于硝化与反硝化作用的同时进行。因此,在适宜的土壤含水量条件下,反硝化作用成为 N_2O 的另一个主要产生源。另外,有研究表明,硝化作用和反硝化作用在中等含水量条件下,对 N_2O 排放量的贡献率相当,但是含水量较高时,N_2O 的排放主要是反硝化作用的贡献(黄国宏和陈冠雄, 1999)。本书中湿地的含水量在 20%～80%之间变化,在这种情况下硝化作用受到抑制,其硝化速率与其他土地利用类型相比就小得多($p<0.05$)。

2. 土壤温度对土壤硝化速率的影响

根据研究中所测的土壤硝化速率与土壤温度,分析土壤温度对硝化速率的影响作用。从图 4-66 中可以看出,两者呈现极显著的正相关关系($p<0.01$)。这说明在集约化农区,

土壤温度对硝化速率的影响显著，是重要的影响因子之一。同时，本书在此基础上，分析了不同土地利用类型土壤温度对硝化速率的影响，对比了不同土地利用方式下温度变化对氮转化的影响程度，这也从微生物活性角度为区域生态安全提供了科学基础。

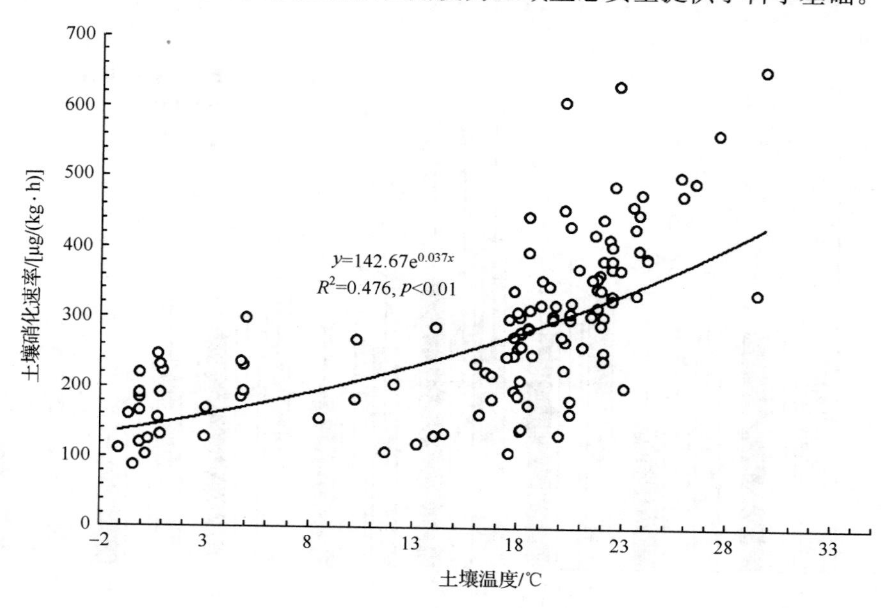

图 4-66　土壤温度对硝化速率的影响

图 4-67 是不同土地利用类型土壤温度与硝化速率之间的关系。通过分析发现，不同土地利用类型的土壤温度与硝化速率之间均呈现极显著正相关相关性（$p<0.01$），两者的变化规律一致。从图中可以看出，土壤温度较低时，两者之间的拟合效果较好；温度较高时，其拟合效果明显下降，且硝化速率的散点以拟合曲线为中心逐渐分散开来。尤其是对于旱地，其分散度更为明显。这说明温度低时，土壤硝化作用受温度变化的影响作用较大，但温度超过 18℃后，土壤温度对其作用逐渐减小。拟合方程（4-13）中系数 α 为 0℃时的土壤硝化速率，0℃时各土地利用类型的硝化速率大小顺序为旱地＞旱转水田＞湿转旱地＞湿转水田＞草地＞林转旱地＞林地＞湿地。

表 4-39 为各土地利用类型在不同深度土壤温度与硝化速率的关系。从中可以看出，不同深度的土壤温度与硝化速率呈现正相关关系。同时发现，对于湿转水田、林转旱地、湿转旱地和林地，随着深度的增加，土壤温度对土壤硝化速率的解释能力增强。以林转旱地为例，不同土壤深度（0～15cm、15～30cm 和 30～60cm）的土壤温度与硝化速率之间的相关系数依次为 0.503、0.738 和 0.815，因而其土壤温度在不同深度对硝化速率的解释能力为 50.3％、73.8％和 81.5％。相反，对于旱地、旱转水田、湿地 3 种土地利用类型，土壤温度对硝化速率的解释能力随着土壤深度的增加逐渐减弱。以旱地为例，0～15cm、15～30cm 和 30～60cm 土壤温度与硝化速率的相关系数依次为 0.850、0.704 和 0.653，这表明三个土壤深度的解释能力分别为 85.0％、70.4％和 65.3％。

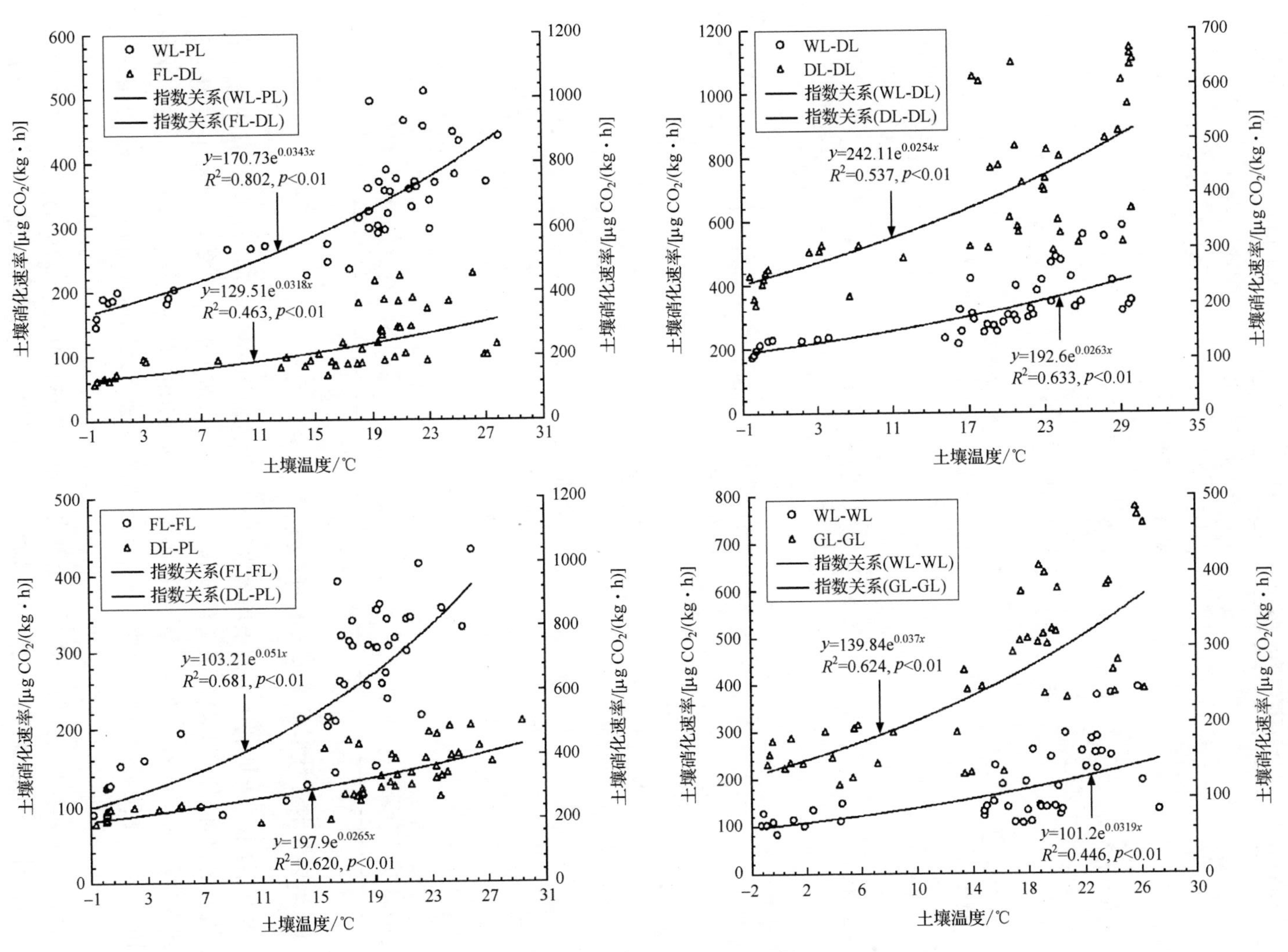

图 4-67　不同土地利用类型土壤温度对与壤硝化速率的关系

表 4-39　各种土地利用类型在不同深度的土壤温度与硝化速率的关系

土地利用类型	土壤深度/cm	方程	回归系数 R^2	显著相关性 p
湿转水田（WL-PL）	0～15	$y=160.1e^{0.038x}$	0.848	$p<0.01$
	15～30	$y=177.6e^{0.027x}$	0.828	$p<0.01$
	30～60	$y=169.6e^{0.042x}$	0.852	$p<0.01$
林转旱地（FL-DL）	0～15	$y=171.1e^{0.022x}$	0.253	$p>0.05$
	15～30	$y=123.0e^{0.034x}$	0.545	$p<0.01$
	30～60	$y=113.9e^{0.033x}$	0.664	$p<0.01$
湿转旱地（WL-DL）	0～15	$y=199.7e^{0.026x}$	0.582	$p<0.01$
	15～30	$y=206.7e^{0.023x}$	0.591	$p<0.01$
	30～60	$y=186.3e^{0.025x}$	0.663	$p<0.01$
旱地（DL-DL）	0～15	$y=254.4e^{0.025x}$	0.723	$p<0.01$
	15～30	$y=233.9e^{0.026x}$	0.496	$p<0.01$
	30～60	$y=244.1e^{0.023x}$	0.426	$p<0.05$
林地（FL-FL）	0～15	$y=149.3e^{0.035x}$	0.643	$p<0.01$
	15～30	$y=109.7e^{0.045x}$	0.664	$p<0.01$
	30～60	$y=76.84e^{0.067x}$	0.778	$p<0.01$
旱转水田（DL-PL）	0～15	$y=194.0e^{0.028x}$	0.759	$p<0.01$
	15～30	$y=217.6e^{0.022x}$	0.608	$p<0.01$
	30～60	$y=185.9e^{0.028x}$	0.529	$p<0.01$
湿地（WL-WL）	0～15	$y=107.7e^{0.040x}$	0.630	$p<0.01$
	15～30	$y=102.0e^{0.028x}$	0.487	$p<0.05$
	30～60	$y=110.2e^{0.012x}$	0.215	$p>0.05$
草地（GL-GL）	0～15	$y=151.6e^{0.033x}$	0.667	$p<0.01$
	15～30	$y=141.4e^{0.037x}$	0.790	$p<0.01$
	30～60	$y=132.8e^{0.037x}$	0.415	$p<0.01$

3. 土壤含水量对土壤硝化速率的影响

本书中，不同土地利用类型土壤含水量的变化范围为16%～70%之间。其中湿地和水田的土壤相对湿润，土壤含水量范围为30%～70%，草地和林地次之，旱地土壤相对干燥，含水量范围为17%～37%。图4-68为不同土地利用类型的土壤含水量与土壤硝化速率间的关系。由图可以看出，土壤含水量与土壤硝化速率之间呈现负相关关系，但相关关系不显著($p>0.05$)。

通过分析不同土地利用方式下的土壤含水量与土壤硝化速率关系的研究（表4-40），发现在研究区，不同土地利用类型的土壤含水量与硝化速率均没有显著的相关关系($p>0.05$)。另外，林转旱地、湿转旱地、旱地和林地的土壤含水量与硝化速率呈现正相关关系；而湿转水田、旱转水田、湿地和草地的土壤含水量与硝化速率呈现负相关关系。对于

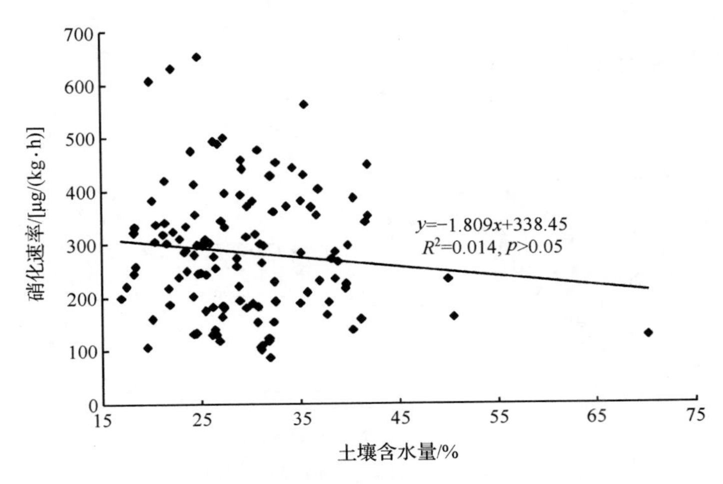

图 4-68　土壤含水量对硝化速率的影响

旱地和林地，其含水量较小，通过研究表明，土壤水分含量较小的情况下，可以促进硝化作用(施振香等，2009)。与旱地相比，湿地和水田的土壤水分含量较高，随着水分的增加，土壤中的厌氧条件逐渐形成，硝化作用减弱。因此，在集约化农区不同土地利用类型的土壤含水量对硝化作用的影响较小。

表 4-40　不同土地利用类型土壤含水量与土壤硝化速率的关系

土地利用类型	方程	回归系数 R^2	显著相关性 p
湿转水田(WL-PL)	$y=-1.099x+354.8$	0.004	$p>0.05$
林转旱地(FL-DL)	$y=8.321x+14.37$	0.108	$p>0.05$
湿转旱地(WL-DL)	$y=2.842x+250$	0.024	$p>0.05$
旱地(DL-DL)	$y=3.696x+315.8$	0.004	$p>0.05$
林地(FL-FL)	$y=0.388x+232.3$	0.001	$p>0.05$
旱转水田(DL-PL)	$y=-4.226x+467.8$	0.042	$p>0.05$
湿地(WL-WL)	$y=-2.404x+261.8$	0.147	$p>0.05$
草地(GL-GL)	$y=-7.617x+468.3$	0.018	$p>0.05$

4. 土壤理化性质对硝化速率的影响

硝化作用是一个复杂的微生物化学过程，它不仅受温度、土壤含水量的影响，而且受土壤总氮、硝态氮、pH 等理化性质的影响。如图 4-69 所示，通过研究发现，土壤 pH、氮素含量和总碳含量均与土壤硝化作用呈现显著的相关关系($p<0.01$)。同时，土壤硝化速率与 pH 之间呈现负相关关系，与其他理化性质呈正相关关系。

土壤 pH 对硝化作用具有重要的影响。在本书中，研究区土壤 pH 在 3.73～5.76 范围内变化，土壤呈酸性。之前许多研究表明，由于硝化细菌对酸性环境的适应，酸性条件

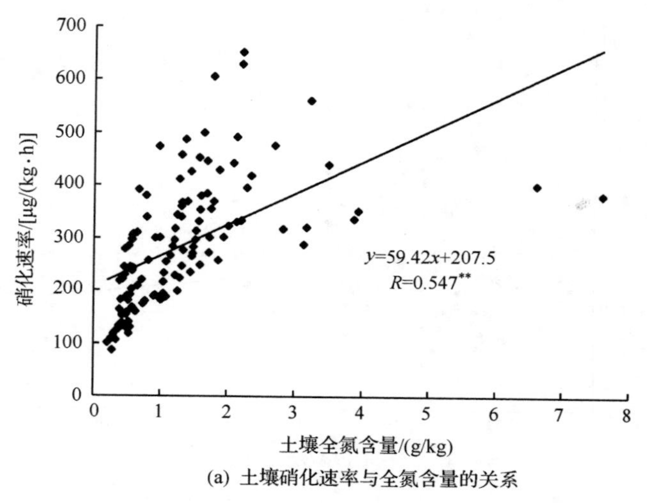

(a) 土壤硝化速率与全氮含量的关系

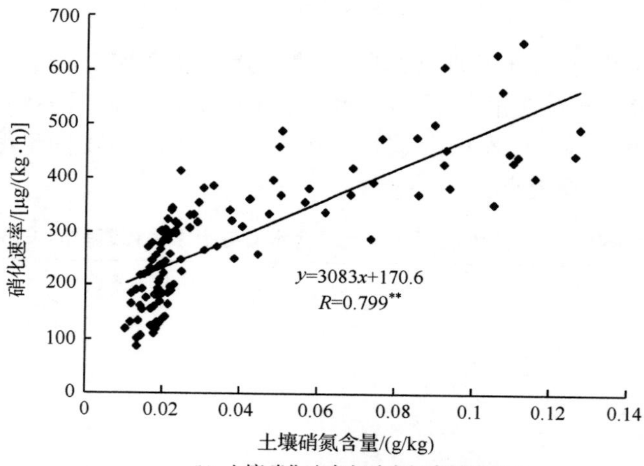

(b) 土壤硝化速率与硝态氮含量的关系

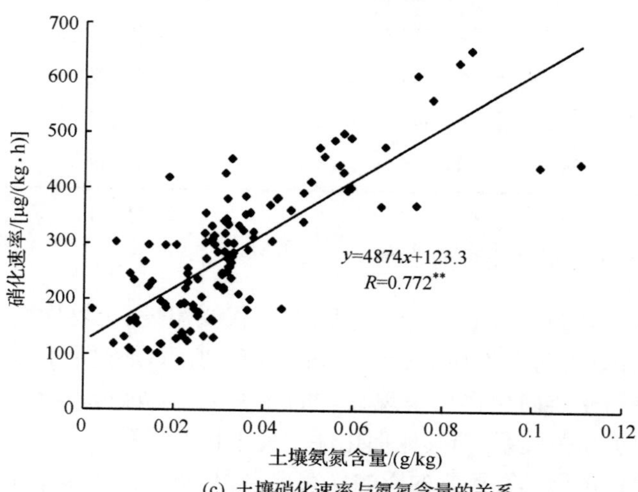

(c) 土壤硝化速率与氨氮含量的关系

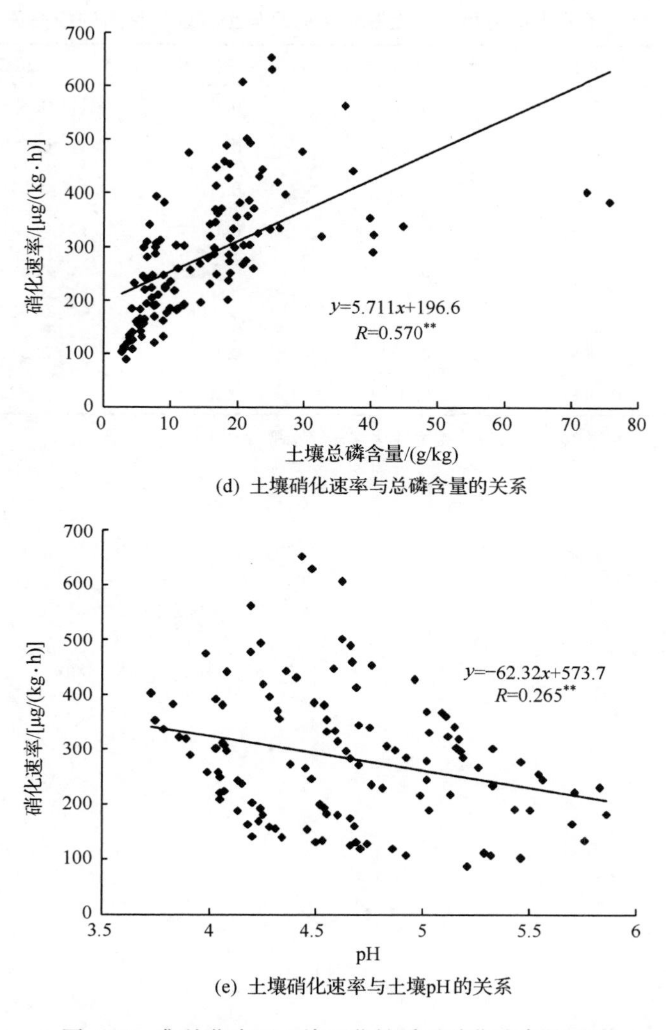

(d) 土壤硝化速率与总磷含量的关系

(e) 土壤硝化速率与土壤pH的关系

图 4-69　集约化农区土壤理化性质对硝化速率的影响

有利于硝化作用。硝态氮和铵态氮是两种主要的土壤速效氮，在衡量土壤氮素含量时，经常选用硝态氮和铵态氮进行表征。经研究发现，很多大气中温室气体的排放和水环境富营养化等问题都是由于土壤硝态氮和铵态氮含量过多引起的。本书中土壤总氮、硝态氮和铵态氮与土壤硝化作用均呈现极显著的正相关关系（$p<0.01$）[图 4-69(a)、(b)、(c)]。特别是在集约化农区，大量施用化肥，以施入氮肥为主，从而导致有效氮特别是铵态氮含量升高，并引起硝化速率的增加。

表 4-41 为各土地利用类型硝化速率与土壤理化性质的相关系数。从中可以看出，各土地利用类型的硝化速率与各项理化性质指标均呈现显著相关性（$p<0.05$）。这说明在集约化农区，土壤理化性质对硝化速率的影响显著。尤其是在农业开发过程中，耕地面积显著增加，氮肥的施入对土壤硝化作用的影响更为强烈。

表 4-41　不同土地利用类型土壤硝化速率与土壤理化性质的相关关系

土壤硝化速率	全氮	硝态氮	铵态氮	总碳	pH
湿转水田(WL-PL)	0.928**	0.902**	0.665**	0.857**	−0.951**
林转旱地(FL-DL)	0.931**	0.946**	0.838**	0.933**	−0.972**
湿转旱地(WL-DL)	0.928**	0.950**	0.858**	0.919**	−0.930**
旱地(DL-DL)	0.973**	0.948**	0.974**	0.943**	−0.926**
林地(FL-FL)	0.820**	0.728**	0.744**	0.828**	−0.914**
旱转水田(DL-PL)	0.898**	0.841**	0.811**	0.826**	-0.965**
湿地(WL-WL)	0.909**	0.934**	0.915**	0.918**	−0.787**
草地(GL-GL)	0.928**	0.920**	0.870**	0.874**	−0.561*

** 相关性达到极显著水平($p<0.01$)；* 相关性达到显著水平($p<0.05$)。

第 5 章　冻融农区田间水文特征及氮磷迁移研究

以中高纬冻融农区典型农田生态系统——水田和旱田的水文特征及氮磷迁移为研究对象，运用土壤学、生态学、水文学、环境学等技术方法进行研究，探明了土壤水分在具有特殊白浆层土壤的水田和旱田土体中的分布特征，揭示了土壤水对氮磷的迁移机制；分析了作物生长季水田和旱田的氮磷流失潜能；构建了分别适宜于水田和旱田的土壤-水分-作物系统模型，以量化作物水分响应，识别水田和旱田的水文特征；揭示了冻融过程和农田利用类型对田间水文特征的耦合作用；并基于作物水分响应模型优化了田间水分管理。

5.1　作物生长季水田和旱田土壤水分布特征

5.1.1　材料和方法

1. 试验点概括

本书选取的试验点位于中高纬地区一个长期农业开发的农场(47°18′～47°50′N，133°50′～134°33′E)，毗邻乌苏里江(图 5-1)。水田(47°48′N，134°16′E)由井水灌溉，水井在距离试验田 10m 的北面。灌水渠和排水渠在试验田的两边，总长度 50m(图 5-2)。水田试验田的地形相对平缓，东西和南北向坡度为 0～1%。旱田(47°41′N，134°12′E)所选

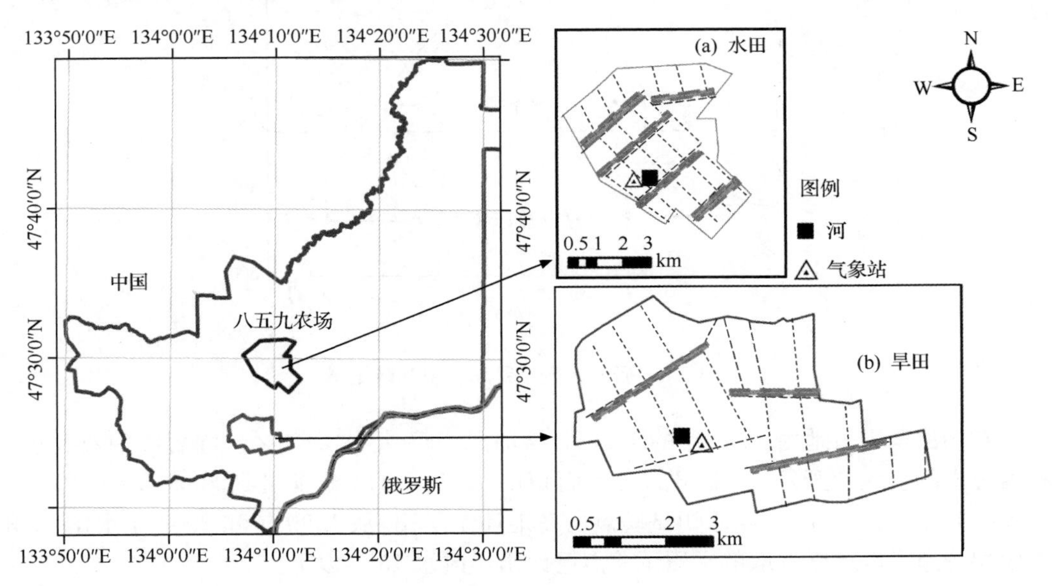

图 5-1　试验点水田和旱田的位置示意图

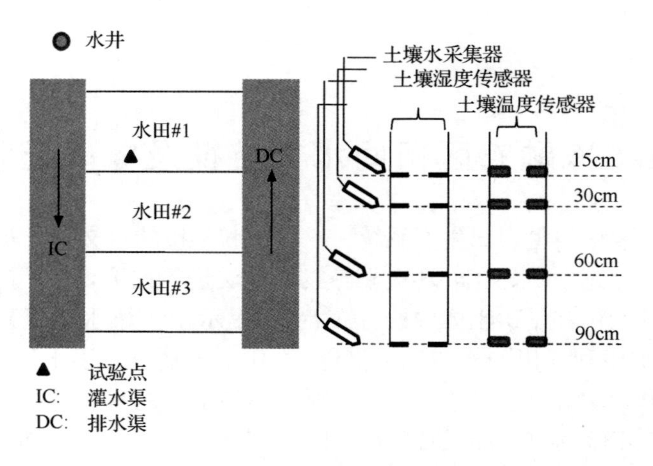

图 5-2　水田灌排措施和探头埋设示意图

取的试验点位于农场南部(图 5-1),海拔 48m,东西和南北向坡度为 0～3%。在这个区域,旱田耕作及作物生长所需的水分主要是由雨水供给。区域气候条件是寒温带大陆性季风季候,1983～2010 年的年均降雨量和年均气温分别为 588mm 和 2.94℃。数年月均气温变化如图 5-3 所示,一年中有 6 个月的气温在 0℃以下。在这种气候条件下,土壤的冻融会发生,并可能对来年的作物种植产生影响。

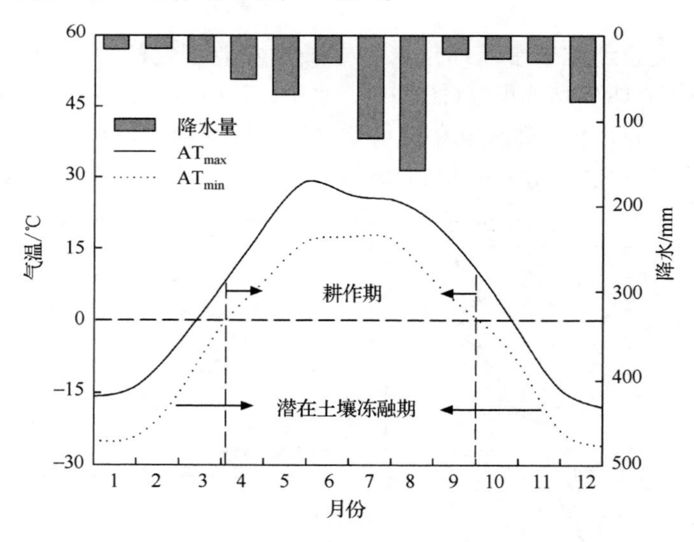

图 5-3　研究区数年月均气温和降雨量

农场的旱田占地由 1979 年的 14.9% 增加到 2009 年的 24.6%。随着冻融农区水稻种植技术的引入和开发,水稻田的占地面积由 1985 年的 0%发展到 2009 年的 32.6%。由图 5-4 可以看出,1979 年水田试验点所在地还是旱田,从 1999 年和 2009 年水田、旱田的面积分布可以推断选取的水田试验点已经由旱改水 15 年以上。

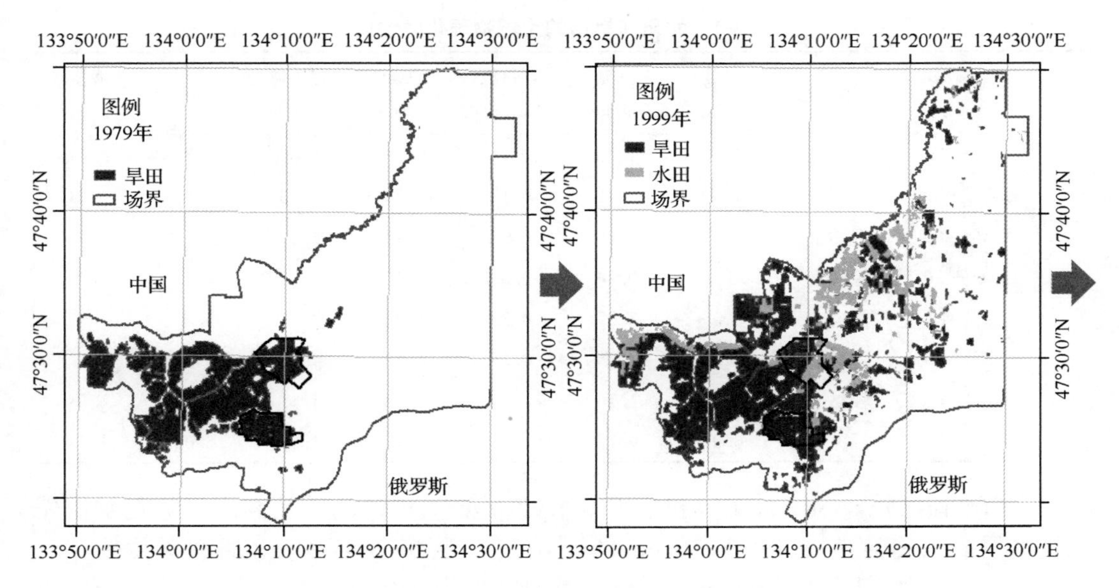

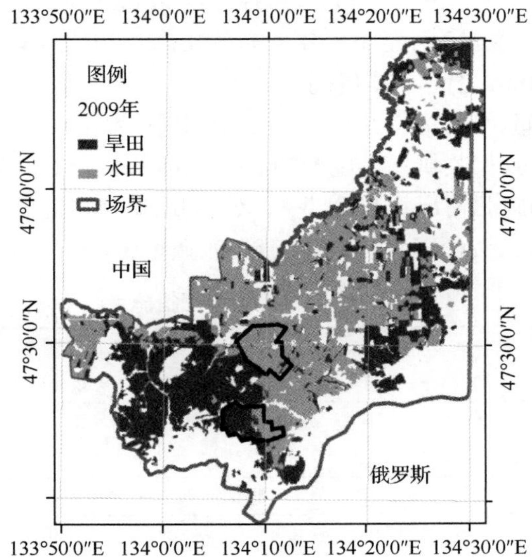

图 5-4 旱田改水田的发展历程(1979 年、1999 年和 2009 年)

2. 土壤特征和农事管理措施

两块试验田的土壤类型均是草甸白浆土(中国土壤分类法:白浆土;USDA:fine,illitic,frigid mollic albaqualfs;FAO:albic luvisols),在试验点均一分布。土壤特征是有一层约 20cm 厚的不透水层,该层土壤为白浆土。土壤的质地和化学性质,如土壤容重、pH、总氮(TN)、有机碳(OC)、总磷(TP)、有效氮和有机磷在选取的 0～90cm 土层分层(0～15cm、15～30cm、30～60cm 和 60～90cm)中测定,测定结果见表 5-1。

表 5-1　水田和旱田的土壤物理化学性质

	土壤深度/cm	土壤质地	有机碳/(g/kg)	总氮/(g/kg)	有效氮/(g/kg)	总磷/(g/kg)	有效磷/(mg/kg)	pH	容重/(g/cm^3)
水田	0～15	重壤土	17.8	1.58	0.19	0.82	1.39	5.50	1.11
	15～30	重壤土	16.9	1.42	0.17	0.78	1.63	5.98	1.24
	30～60	轻黏土	7.2	0.69	0.06	0.44	2.50	6.10	1.58
	60～90	轻黏土	5.9	0.74	0.05	0.47	3.15	6.57	1.64
旱田	0～15	重壤土	32.0	3.27	0.32	1.84	7.01	5.59	1.39
	15～30	重壤土	37.2	3.38	0.35	1.28	4.90	5.67	1.44
	30～60	轻黏土	10.1	1.16	0.09	0.35	4.11	5.91	1.68
	60～90	轻黏土	6.97	0.72	0.06	0.45	1.35	6.08	1.74

水田水稻(*Oryza satiua* L.)和旱田玉米(*Zea mays* L.)均采用高度机械化耕作模式。水稻插秧密度为 1 198 800plants/hm^2，行、穴距 30cm×10cm，插秧深度为 1～1.5cm；玉米播种密度为 75 000plants/hm^2，播种深度为 0.035m，播种间距为 0.18m。同一年 5～10 月为作物生长季，11 月至下一年 4 月水田和旱田均没有作物种植。2010 年水稻单次灌水量在 20～70mm 之间，平均灌水量 30mm，总灌水量 240mm；2011 年水稻单次灌水量在 20～60mm 之间，平均灌水量 36mm，总灌水量 250mm。水稻的种植时间、详细的灌水量分配和灌溉时间、相关耕作措施和施肥措施详见表 5-2 和表 5-3。玉米的种植收获时间、相关耕作措施和施肥情况详见表 5-4。试验田施用的是化肥，其中 N、P、K 分别为尿素(N 46%)、磷酸氢二铵(N 18%，P_2O_5 46%)、硫酸钾(K_2O 33%)。

表 5-2　水田的农业管理措施

作物	年份	水洼日期	种植日期	收获日期	种植前耕作方式	施肥/(kg/hm^2)	施肥*/(kg/hm^2) N	P	K
水稻	2010	15/4	15/5	1/10	水洼，旋转式发动机耕作	588.00	90.30	55.20	52.62
	2011	20/4	15/5	2/10		588.00	90.30	55.20	52.62

地面灌溉

2010年(日/月)	15/4	17/5	20/5	28/5	3/6	19/6	12/7	20/7
灌溉量/mm	70	30	20	20	20	20	30	30
2011年(日/月)	20/4	30/4	2/5	24/5	29/5	28/6	26/7	
灌溉量/mm	60	40	30	30	20	30	40	

* 基于氮肥，磷肥和钾肥的施肥量；日期为日/月。

表 5-3　水田水稻不同生长期的施肥量

生长阶段	施肥日期(日/月)	N/(kg/hm^2)	P/(kg/hm^2)	K/(kg/hm^2)
泡田	22/4	36.9[a]	41.4[c]	24.7[d]
返青	25/5	26.1[a]	13.8[c]	9.9[d]
发芽	29/6	13.8[b]	——	——
孕穗	11/7	13.5[b]	——	18.0[d]

a 氮肥来源：尿素和磷酸氢二铵；b 氮肥来源：尿素和硫酸铵；c 磷肥来源：磷酸氢二铵；d 钾肥来源：硫酸钾。

表 5-4　旱田的农业管理措施

年份	种植日期（日/月）	收获日期（日/月）	种植前耕作方式	施肥/(kg/hm²)	施肥量*/(kg/hm²)		
					N	P	K
2010	8/6	9/10	耕作	525	135.2	72.45	37.25
2011	30/5	5/10		525	135.2	72.45	37.25
		具体施肥*					
2010（日/月）	2011（日/月）	N/(kg/hm²)	P/(kg/hm²)	K/(kg/hm²)			
8/6	30/5	71.25	58.65	27.23			
27/6	20/6	34.50	13.80	10.02			
5/7	1/7	29.45					

* 基于氮肥，磷肥和钾肥的施肥量。

3. 现场观测和样品采集

为了获取试验田的土壤物理性质和基本的化学性质，在 2010 年 10 月采集了不同深度的土壤样品（0～15cm、15～30cm、30～60cm 和 60～90cm）。每一层土壤样品随机在垄边选取 3 个点，混合成一个土壤样品存放于塑封袋中，带回实验室进行随后测定。另外采集 $100cm^3$（OD 5.05cm×H 5cm）土壤用于测定土壤容重（Blake and Hartge，1986）。土壤水采集头（吸盘式：特氟纶和石英；OD 21mm×L 95mm；孔隙：2 μm；传导率：3.31×10^{-6}mm/s；PRENART，Danmark）以 45°角安置于 15cm、30cm、60cm 和 90cm 深度。集水头在安放时先放置于去离子水和石英粉混合搅匀的溶液中，给予 0.05MPa 的压力抽真空，使石英粉混合液结集在集水头表面，因此集水头表面的大孔隙被细微颗粒布满，确保安放在土体中的集水头与土壤紧密接触。集水头尾部与聚氯乙烯管相连至采样瓶（图 5-5）。采集水样时，由便携式手动真空泵抽 0.05MPa 的真空。

图 5-5　现场集水瓶装置、流量计及土壤样采集

气象数据由安装的 ZENO 气象站进行记录（Coastal，Seattle，WA，USA）（图 5-6）。自动化的土壤温度传感器（Thermistor，Coastal，Seattle，WA，USA）和土壤体积含水量传

感器(TDR type, Coastal, Seattle, WA, USA)平置于不同深度(15cm、30cm、60cm 和 90cm)的土体中,用于实时监测土壤中的温度变化和土壤体积含水量的变化。土壤温度和土壤体积含水量设置两个重复,两个传感器的水平间距为 0.5m。安放于土体中的土壤温度、湿度传感器和土壤水采集器分别稳定 24h 以后开始用于实验。为了监测水稻田的灌溉水量,2010 年在稻田灌水渠建立了一套水量监测系统(图 5-5, intelligent electromagnetic flowmeter, LDG-150S-M2X100, Tianjian, China)。灌溉水量由记录的灌水速率和灌水时间计算所得。土壤水采集器采集的水量、采集土壤水样消耗的时间、灌溉水量和田面水深度在现场进行测定记录。土壤水采集器每次每层土壤水的采集速率由采集水量和采集水样所消耗的时间进行计算。

图 5-6 水田和旱田建立的 ZENO 气象站

土壤粒径分布的测定,在前处理去掉有机质和碳酸盐后用湿法筛分和静态光散射法进行测定(MasterSizer S, Malvern Instruments, Malvern, UK)。土壤 TN 和 OC 用氧化燃烧-气相色谱法(Euro Vector S. P. A EA3000, 136 Milan, Italy)测定(Jackson, 1979)。具体方法是:样品于 105℃烘箱中烘 1.5h,冷却后置于干燥器中,随后准确称取 10.00mg 土样,用锡杯包裹好后放入自动进样器,试样在富氧条件下于 900℃燃烧分解,通过铜的还原将氮氧化物还原成氮气,氮气和二氧化碳通过色谱柱分离后,由热导检测器检测。土壤有效氮用氢氧化钠(NaOH)碱解-扩散的方法测定(Stanford, 1982)。土壤 TP 的测定是在土样经 HF、HNO_3、$HClO_4$ 混合消解(Kara et al., 1997)后用电感耦合等离子体发射光谱仪进行测定(ICP-OES, IRIS Intrepid II XSP, Thermo Electron, USA)。土壤有效磷的测定用钼锑抗比色法测定,土样先用 0.03mol/L NH_4F-0.025mol/L HCI 浸提(Bray and Kurtz, 1945)。

4. *土壤水储量计算方法*

测定不同深度的土壤体积含水量可以用来估算土体的土壤水储量。假定 15cm 土壤深度测得的土壤体积含水量代表 0～15cm 土层的土壤含水量。从而可计算下层土壤(15～30cm、30～60cm 和 60～90cm)三个土层的土壤含水量。每一层的平均土壤含水量定义为上层土壤含水量和下层土壤含水量的平均值(Moroizumi et al., 2009)。基于这个假设,0～30cm 土体的平均土壤含水量($\theta_{0\sim30}$, cm^3/cm^3)和 0～90cm 土体的平均土壤含水量($\theta_{0\sim90}$，cm^3/cm^3)可以分别由式(5-1)～式(5-2)计算得到：

$$\theta_{0\sim30}=\frac{1}{3}(2.25\theta_{15}+0.75\theta_{30}) \tag{5-1}$$

$$\theta_{0\sim90}=\frac{1}{9}(2.25\theta_{15}+2.25\theta_{30}+3\theta_{60}+1.5\theta_{90}) \tag{5-2}$$

式中，θ_{15}、θ_{30}、θ_{60} 和 θ_{90} 分别代表土壤 15cm、30cm、60cm 和 90cm 深度处的土壤体积含水量。

特定厚度(0～20cm、0～40cm、0～60cm 和 0～90cm)土体的平均储水量可以由式(5-3)～式(5-6)估算：

$$S_{0\sim20}=\theta_{15}\times200 \tag{5-3}$$

$$S_{0\sim40}=(2\theta_{15}+2\theta_{30})\times100 \tag{5-4}$$

$$S_{0\sim60}=(2\theta_{15}+2\theta_{30}+2\theta_{60})\times100 \tag{5-5}$$

$$S=(2\theta_{15}+2\theta_{30}+4\theta_{60}+\theta_{90})\times100 \tag{5-6}$$

式中，S(mm)是 0～90cm 土体的平均储水量，用来计算分析整个土体的储水量变化。

5.1.2　试验结果与分析

1. 水田田面水动态变化及土壤水时空分布

从 2011 年的 4～9 月，水田 ZENO 气象站监测记录的降雨量达 378mm。4 月和 5 月只有两场降雨事件，降雨量分别为 23.9mm 和 25.7mm(图 5-7)。田面水深度与降雨量的相关性水平为 $p<0.01$。5 月 15 日，田面水深度急剧降低，主要是由于 15 日水稻插秧前的农田排水。八月中旬的降雨事件使田面水深度增加 20mm。空气温度相对平稳上升，在 7 月末达到 26.5℃。随后土壤进入相对低湿状态，这个时期是水稻生产力提高的关键期——水稻孕穗期。

降雨和灌溉是水稻田的主要农业用水来源，进入稻田的降水和灌溉水分配特征可由土壤水分在土体空间分布来表征。7 月中旬干旱无雨和 7 月 26 日的灌水，使表层土壤含水量由 $0.42cm^3/cm^3$ 增至 $0.44cm^3/cm^3$(图 5-7)。8 月 13 日 59mm 的强降水事件是观测期中日降雨量最大的一次；这次降水引起土壤含水量的增加，降雨发生 2 日后 15cm 深度处土壤含水量由 $0.42cm^3/cm^3$ 增至 $0.43cm^3/cm^3$，7 日后 30cm 和 60cm 深度处的土壤含水量分别达到 $0.42cm^3/cm^3$ 和 $0.43cm^3/cm^3$(图 5-7)。土壤含水量随时间的动态变化特征在 15cm、30cm、60cm 和 90cm 深度变现为相似性。在观测前期 4 月，土壤含水量由 $0.20cm^3/cm^3$ 增至 $0.45cm^3/cm^3$，这是冻土融化引起的土壤含水量增加。水稻插秧后，土壤含水量在 $0.38\sim0.42cm^3/cm^3$ 轻微波动变化。直到水稻成熟收获前，土壤含水量发生剧烈变化，尤其是 30cm 处的土壤含水量。30cm 处的土壤含水量先降低至 $0.35cm^3/cm^3$，随后在一次降雨后增加至 $0.45cm^3/cm^3$。此外，观测初期土壤 90cm 处含水量高于其他三层，含水量高达 $0.48cm^3/cm^3$，比 15cm 处的土壤含水量高 14%，这可能是由于 90cm 深度的冻土先于浅层冻土融化，融化后的水分引起该层土壤含水量的增加。

不同深度土壤含水量的统计分析结果显示(表 5-5)，无作物种植的泡田期和有作物种植的生长期相比，除 90cm 处土壤含水量的变异系数在作物种植期较大，其余各层的变

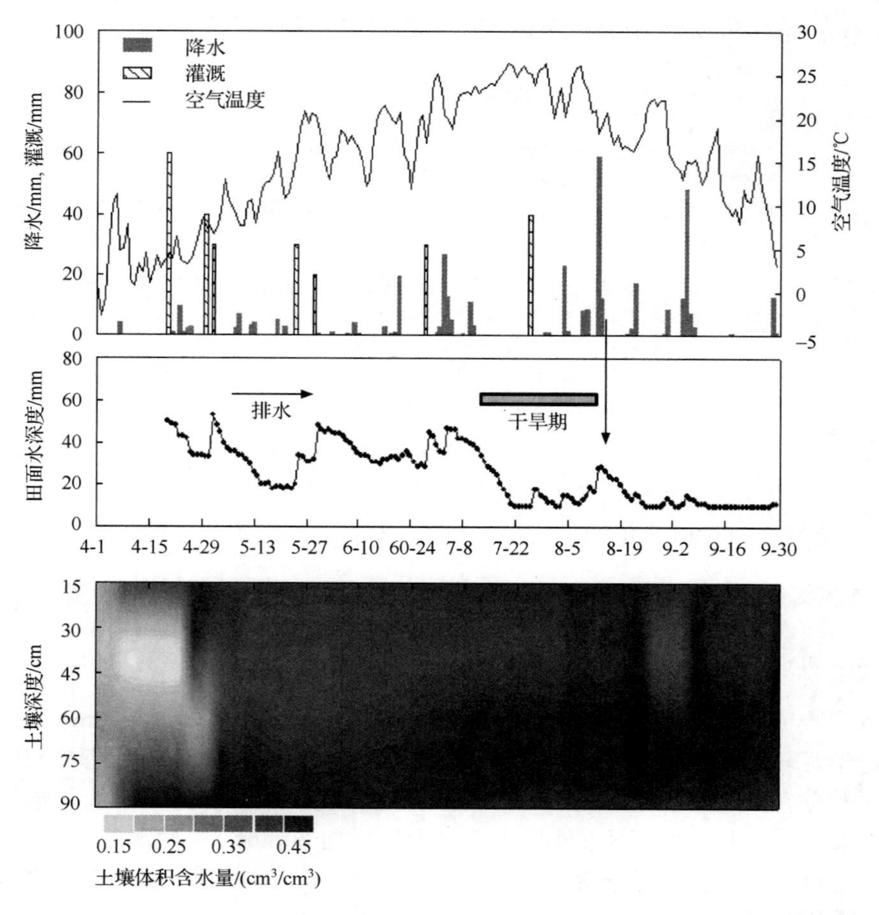

图 5-7　水田 2011 年生长季的日降雨量、空气温度、灌溉量、田面水深度和土壤体积含水量的动态变化

表 5-5　泡田期和水稻生长季不同深度土壤含水量的统计分析

持续时间	名称＼深度	15cm	30cm	60cm	90cm
泡田期 2 月 20 日～5 月 14 日	最小值/(cm³/cm³)	0.393	0.186	0.236	0.465
	最大值/(cm³/cm³)	0.439	0.462	0.455	0.482
	平均值/(cm³/cm³)	0.423	0.363	0.315	0.477
	标准偏差	0.012	0.094	0.088	0.006
	变异系数	0.029	0.259	0.281	0.013
水稻生长季 5 月 15 日～9 月 30 日	最小值/(cm³/cm³)	0.404	0.356	0.394	0.408
	最大值/(cm³/cm³)	0.436	0.439	0.460	0.465
	平均值/(cm³/cm³)	0.419	0.395	0.425	0.430
	标准偏差	0.006	0.015	0.014	0.013
	变异系数	0.014	0.038	0.034	0.031

异系数均在泡田期较大。这可能是由于土壤冻融作用对土壤含水量的影响。无论在泡田期还是作物种植生长期，30cm 和 60cm 深度土壤含水量的变异系数均大于 15cm 和 90cm。这种情况在泡田期，可能是由于冻土融化是从表层和深层开始，中间土壤层的初始含水量较低。而作物生长期，可能是由于作物根际吸水或者是根层下方 20cm 厚的白浆层。15cm 处的土壤含水量波动最小，这可能是因为水稻长时间泡田，表层土壤的水分条件变化小。

从作物种植起，60cm 处的土壤含水量高于浅层(图 5-7)。图 5-8 表示不同深度土壤水采集速率。60cm 处的土壤水采集速率显著高于其他三层，其最大采集速度是 0.0075cm³/s。各层土壤水采集速率均随时间波动变化。15cm、30cm 和 90cm 的土壤水采集速率在时间波动上呈现出类似的状态：6 月 3 日～7 月 15 日的土壤水采集速率变化相对较小，试验初期和后期土壤水采集速率变化相对较大。60cm 深度处的土壤水采集速率在 8 月之前均大于 0.0045cm³/s，随后急剧降低。统计分析结果表明，15cm 深度处的土壤水采集速率波动显著，其变异系数达 1.00(表 5-6)。生长季后期表层土壤水采集速率的降低可能是由于较少的降雨和无灌溉，以及较高的气温造成的。通过土壤含水量的时空分布和土壤水采集速率的分析，可以推断稻田土壤中耕作层下的不透水白浆层对稻田水分的分布有重要影响。在整个生长期中，水田都处于水分条件较高的状态，土壤水的采集速率与降雨量的分配没有显著的相关性(表 5-7)。

2. 旱田土壤水的时空分布特征

2011 年 4～9 月旱田的累积降水量达 575mm，比 2010 年高 141mm(图 5-9)。尽管 2011 年的降雨累积量相对 2010 年较高，但两年的降雨月分配存在明显差异，主要表现在作物生长季的 7 月、8 月、9 月。2010 年 7 月降水量比 2011 年高 26mm，8 月和 9 月的降水量分别比 2011 年低 64mm 和 120mm。

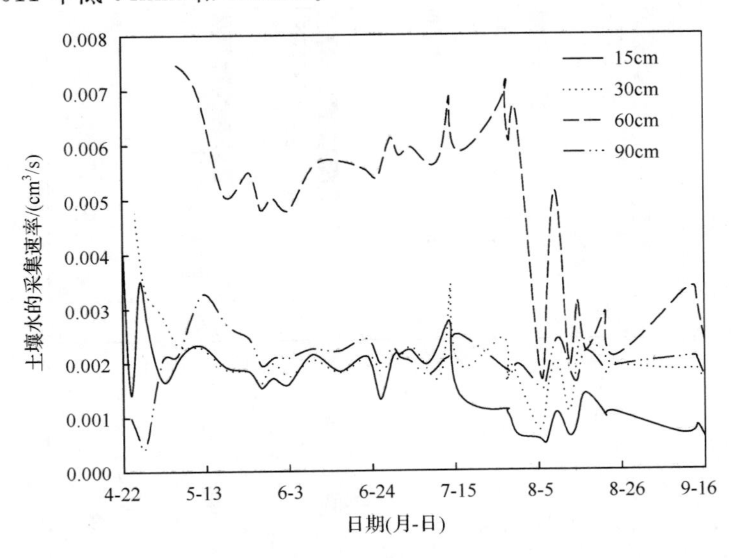

图 5-8　水田 2011 年作物生长季不同深度土壤水的采集速率

表 5-6 水田泡田期和生长季不同深度土壤水采集速率的统计分析

持续时间	名称＼深度	15cm	30cm	60cm	90cm
泡田期（4月20日～5月14日）	最小值/(cm³/s)	0.0014	0.0023	0.0068	0.0006
	最大值/(cm³/s)	0.0044	0.0055	0.0075	0.0033
	平均值/(cm³/s)	0.0026	0.0034	0.0071	0.0016
	标准偏差	0.0026	0.0012	0.0005	0.0011
	变异系数	1.00	0.36	0.07	0.67
作物生长季（5月15日～9月30日）	最小值/(cm³/s)	0.0005	0.0007	0.0019	0.0015
	最大值/(cm³/s)	0.0026	0.0034	0.0071	0.0027
	平均值/(cm³/s)	0.0014	0.0019	0.0047	0.0020
	标准偏差	0.0006	0.0004	0.0016	0.0003
	变异系数	0.45	0.23	0.34	0.14

表 5-7 水田不同土壤深度土壤水采集速率与日降雨量的关系

深度	降雨量/mm	土壤水分的采集频速率/(cm³/s)			
		15cm	30cm	60cm	90cm
15cm	0.057	1			
30cm	0.005	0.510**	1		
60cm	0.009	0.638**	0.480**	1	
90cm	0.002	−0.042	−0.445**	0.411*	1

** 相关水平达到 0.01；* 相关水平达到 0.05。

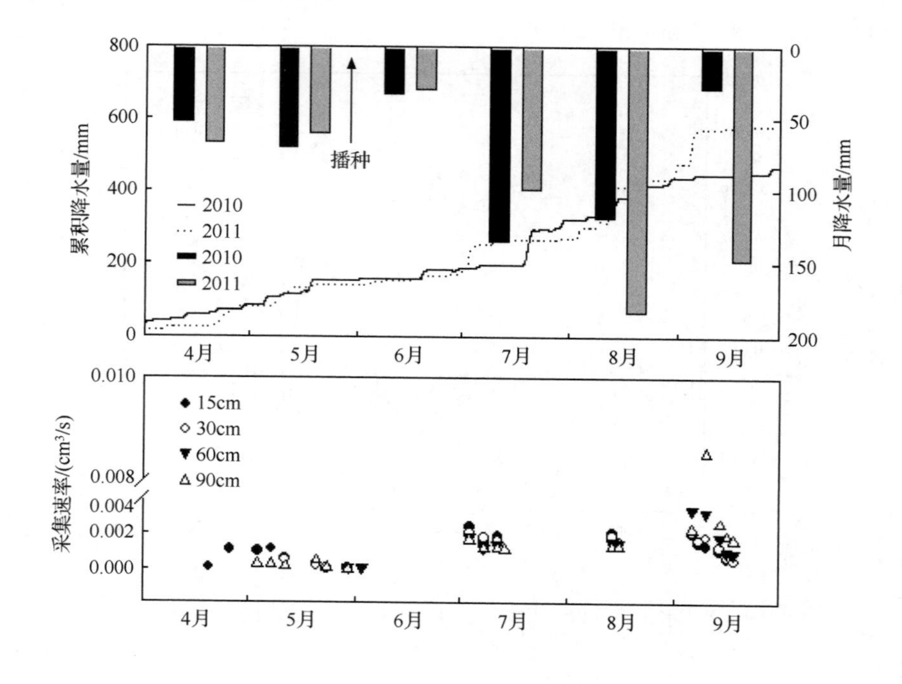

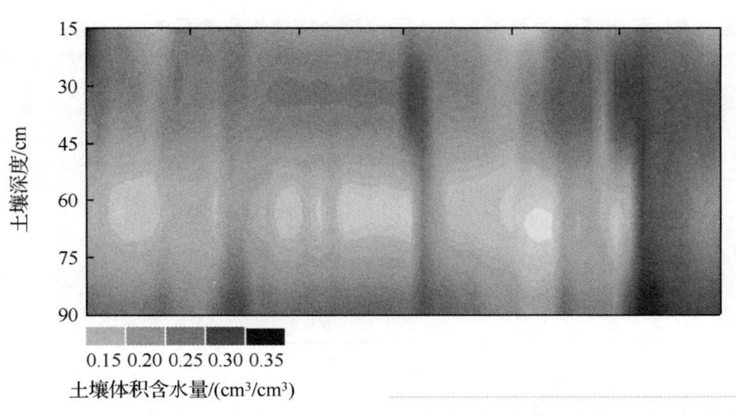

图 5-9 旱田 2011 年生长季的土壤体积含水量、土壤水采集速率和 2010～2011 年的日降雨量动态变化

旱田的水分来源主要是降雨，所以降雨分布特征是水分在土壤中分配迁移的一个重要影响因子。由图 5-9 可以看出，相比于水田，旱田的整体土壤含水量低 0.10cm³/cm³。整个土壤水含量的时空分布图变化较水田明显，6 月时，30cm 深度的土壤含水量最高，这可能是作物根系生长和根系吸水造成水分在根际的聚集。7 月初，土壤含水量增加了 20%，30cm 土壤深度处的含水量增至 0.30cm³/cm³，因为 7 月 3 日和 4 日总降雨量达 73.6mm；随后两日，深层土壤的含水量也增至 0.30cm³/cm³，30cm 的土壤含水量仍维持在 0.30cm³/cm³左右，再次证实了生长期根系的生长及根系对水的保持力。从 8 月开始，土壤含水量由表层土壤开始显著增加，9 月时深层土壤含水量开始增加，土壤含水量的空间分布图呈现明显的水分向下迁移的趋势。为了更好的分析各层土壤含水量随时间的波动变化，对旱田玉米生长季(5 月 30 日～9 月 30 日)的土壤含水量进行了统计分析。可以看出 15cm 和 60cm 土壤深度处的土壤含水量平均值约为 0.24cm³/cm³；30cm 和 90cm 土壤深度处的平均土壤含水量分别为 0.27cm³/cm³和 0.28cm³/cm³(表 5-8)。旱田玉米生长季 15cm、30cm、60cm、90cm 深度的土壤含水量变异系数分别是水田水稻生长季 15cm、30cm、60cm、90cm 土壤含水量变异系数的 5.32 倍、1.89 倍、3.12 倍、2.84 倍。从图 5-8 的土壤水采集速率和土壤含水量的变化可以看出土壤水的采集速率变化与土壤含水量的变化密切相关。玉米种植前(5 月 30 日前)，土壤水含量约达 0.25cm³/cm³即可采集到土壤水；种植后，土壤水含量达到 0.30cm³/cm³以上才能采集到土壤水。旱田受降雨量和降雨时间影响较大，各层土壤水的采集速率变异系数远大于水田，30cm 深度土壤水采集速率的变异系数比水田高 198%(表 5-9)。

表 5-8 旱田玉米生长季不同土壤深度含水量的统计分析

持续时间	名称＼深度	15cm	30cm	60cm	90cm
作物生长季 5 月 30 日～9 月 30 日	最小值/(cm³/cm³)	0.210	0.235	0.205	0.240
	最大值/(cm³/cm³)	0.308	0.333	0.306	0.342
	平均值/(cm³/cm³)	0.245	0.272	0.230	0.280
	标准偏差	0.018	0.020	0.024	0.024
	变异系数	0.074	0.072	0.106	0.088

表 5-9 旱田玉米生长季不同土壤深度土壤水采集速率的统计分析

名称＼深度	15cm	30cm	60cm	90cm
最小值/(cm^3/s)	0.00008	0.00005	0.00009	0.00003
最大值/(cm^3/s)	0.00241	0.00208	0.00324	0.00856
平均值/(cm^3/s)	0.00125	0.00114	0.00140	0.00167
标准偏差	0.00077	0.00078	0.00091	0.00220
变异系数	0.615	0.685	0.648	1.320

3. 水田和旱田的土壤水储量变化特征

水田和旱田作物生长季 0～30cm 和 0～90cm 土体的土壤含水量和 0～90cm 的土壤水储量季节性变化见图 5-10。4 月份的冻土融化导致田间土体水储量的大量增加，水田 0～90cm 的土壤水储量增加了 50mm，旱田 0～90cm 的土壤水储量增加了 20mm。5 月份

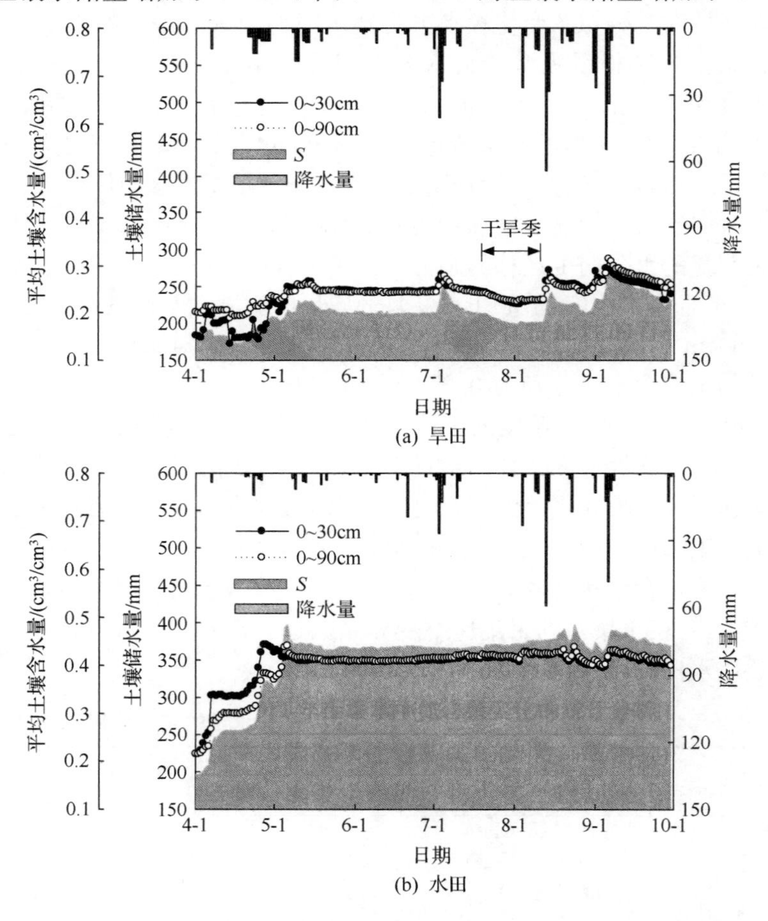

图 5-10 旱田(a)和水田(b)0～30cm 和 0～90cm 土体的土壤含水量和 0～90cm 的土壤储水量的季节性变化

以后，旱田 0～90cm 的土壤水储量约比水田少 100mm；7 月中下旬的无雨状态，旱田整个土体的储水量减少，处于相对干旱季节，而水田的储水量没有减少。无论旱田还是水田，0～30cm 和 0～90cm 土层的平均土壤含水量波动趋势一致，且与整个土体的储水量变化相关。旱田 0～30cm 和 0～90cm 土层的平均土壤含水量比水田低 0.10cm^3/cm^3。

为了更好地了解土壤各层的储水量变化，基于土壤储水量的计算假设，得到了水田和旱田不同土壤层的水储量变化及占总储水量的百分比、水田田面水的储量情况(表 5-10)。由于水田的土壤水含量处于相对较高的状态，且随降雨和灌溉事件没有显著的变化，所以将水田分为泡田期和作物生长期。从结果可得，水田表层 0～20cm 土壤层的水储量受泡田灌水的影响大于 0～40cm 和 0～60cm 土层，其泡田期的土壤水储量大于作物生长期。0～60cm 土壤储存了 60%以上的土壤水分，0～60cm 旱田的土壤水储量比高出水田 3.0%，0～20cm 的旱田土壤水储量比水田少 4.3%(水田是泡田和一年生长季一起均算值)。这可能是由于两种作物根系生长范围差异所致。旱田受降雨影响大，旱田干旱期不同土层的土壤水储量低于整个生长季土壤储水量的均值，0～60cm 土体的储水量也降低了 9.6%。

表 5-10　水田和旱田不同土壤层的水储量变化及占总储水量的百分比

土壤层	名称	农田利用类型			
		水田(时期)		农田(时期)	
		泡田 (4.20～5.14)	一年生长季 (5.15～9.30)	干旱期 (7.20～8.12)	一年生长季 (5.30～9.30)
0～20cm	水储量[a]	844.7±23.9	837.6±11.6	441.1±19.5	490.2±34.6
	百分比[b]	25.9±3.7	22.3±0.3	23.3±0.4	23.4±1.04
0～40cm	水储量	1573±199	1628±36.8	990±55.9	1084±62.9
	百分比	47.6±4.9	43.3±0.5	52.0±0.76	51.8±2.6
0～60cm	水储量	2211±306	2477±58.2	1303±70.6	1442±111
	百分比	66.5±2.32	66.0±0.3	68.5±0.55	68.8±1.6
田面积水	水储量	394±90.8	341±91.8		

a 水储量，m^3/hm^2；b 百分比，%。

5.2　作物生长季水田和旱田土壤水对氮磷的迁移特征

5.2.1　材料和方法

1. 样品及数据采集

为了分析水田和旱田土壤水对氮磷的运移特征及差异，利用安装好的 PRENART 土壤水采集器采集不同土壤深度的土壤水(15cm、30cm、60cm、90cm)，采集时用便携式手动泵给集水瓶抽真空(0.05MPa)。不同深度土壤水至少每周采集一次，遇到降雨、灌水、农田排水事件，土壤水采集时间为第 1、2、3、5 天。每次降雨、灌溉采集雨水样和灌水样；水田排水后，每天在排水渠采集退水样；水田泡田期，每天采集水样(图 5-11)。田面水、灌溉水、农田排水、雨水水样的采集设置三个重复样，其中田面水的采集采用 S 形五点法。

采集的不同深度的土壤水分三份装入50mL采样瓶中。所有水样立即带回实验室，测定pH，然后存入冰箱以4℃保存待用。2011年水稻和玉米全生育期采集了田面水水样和土壤水水样；旱田由于土壤含水量有限，可采集到土壤水次数有限；对2011年采集的所有水样进行不同形态氮含量的测定。由于现场实验条件及一些客观条件所限，2010年和2012年的水样采集没有涵盖整个作物生长季。其中2010年采集到了7月5日～8月31日之间的7次田面水，2012年采集到了5月26日～8月11日之间的8次田面水样，主要对磷进行了测定；2010年7月5日～8月31日之间和2012年5月26日～8月11日之间采集到水田不同深度的土壤水，主要对磷含量进行了测定；2010年8月27日～9月18日和2012年6月11日～8月11日采集到旱田不同深度的土壤水，主要对磷含量进行了测定分析。

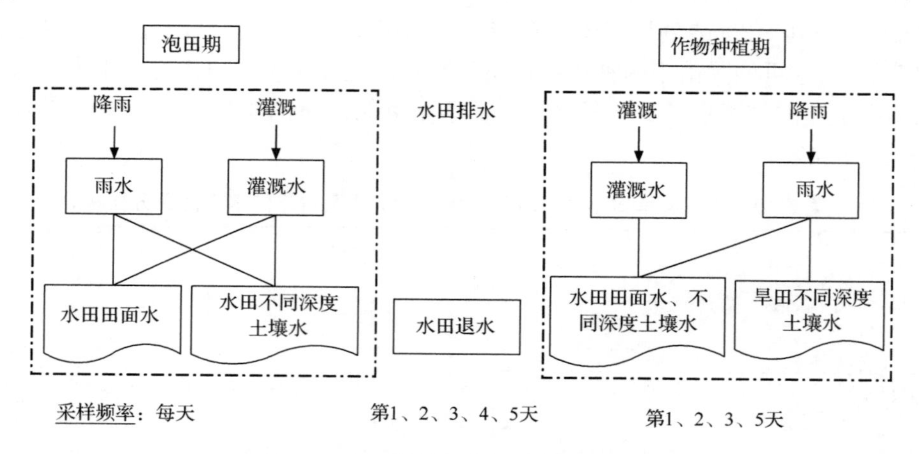

图 5-11　水田和旱田水样采集频率示意图

2. 样品测定与统计分析方法

水样测定pH、TN、硝氮(NO_3^--N)、氨氮(NH_4^+-N)、总磷(TP)、溶解性磷酸盐(SP)。水样pH用pH计测定(METTLER TOLEDO，Switzerland)。TN的测定采用碱性过硫酸钾消解紫外分光光度法(GB 11894—89)，用压力锅进行消解；NO_3^--N用紫外分光光度法测定；NH_4^+-N用水杨酸-次氯酸盐光度法测定；TP用钼锑抗分光光度法测定，SP是在水样经0.45μm微孔滤膜过滤后用钼锑抗分光光度法测定。紫外分光光度计使用北京普析通用仪器有限责任公司生产的T6紫外可见分光光度计。

数据使用Sigmaplot 10.0(Systat Software Inc.，San Jose，CA，USA)和SPSS 16.0(SPSS Inc.，Chicago，IL，USA)软件包进行处理分析。曲线回归(指数曲线拟合)用来分析水田泡田期田面水中各形态氮浓度和负荷的变化趋势；曲线回归(S曲线拟合)用来分析水田田面水中磷浓度和负荷的变化趋势。Pearson相关系数法用来分析水田不同深度土壤水氮含量的相关性，不同深度土壤温度的关系。多元方差分析(MANOVA)用于分析4月22日～9月16日田面水和土壤水中的氮含量变化与土壤小气候因子(土壤温度、土壤湿度等)的关系。根据土壤水氮的含量变化，将空气温度划分为五个等级(3～6℃、

6～10℃、10～15℃、15～20℃、>20℃)；土壤温度划分为五个等级(3～4℃、4～8℃、8～15℃、15～20℃、>20℃)；田面水深度划分为五个等级(0～10mm、10～20mm、20～30mm、30～40mm、40～50mm)；不同深度的土壤湿度、pH、N浓度也划分为五个等级。

5.2.2 试验结果与分析

水稻田田面水(SW)的平均pH为7.51±0.52；施肥后，田面水的pH从7.1增加到7.7；随后迅速降低了0.89，然后平缓上升(图5-12)。在水田土壤持续湿润的6月，pH没有剧烈的波动变化，直到8月中旬相对少雨高温的季节，pH降低至6.3。水稻田土壤水的平均pH是7.6，其中15cm处土壤水的pH最低，随后依次是30cm、90cm、60cm处土壤水的pH；不同深度土壤水的pH的波动趋势一致。随着8月中旬田面水pH的降低，不同深度土壤水的pH也有所降低。

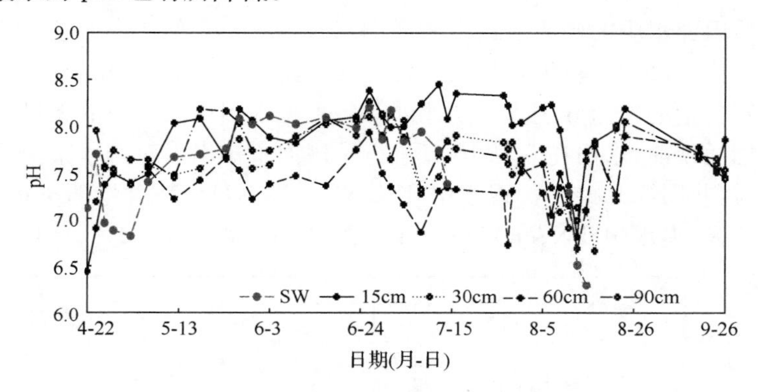

图5-12 水田田面水和不同深度土壤水的pH动态变化

旱田不同深度土壤水的pH变化如图5-13所示。15cm、30cm、60cm、90cm土壤水的平均pH分别是6.62、6.80、7.00、7.41，相对应的变异系数为0.09、0.06、0.05、0.05。由土壤水pH的平均值可以看出，深层土壤水的pH高于浅层土壤水的pH。玉米播种前，

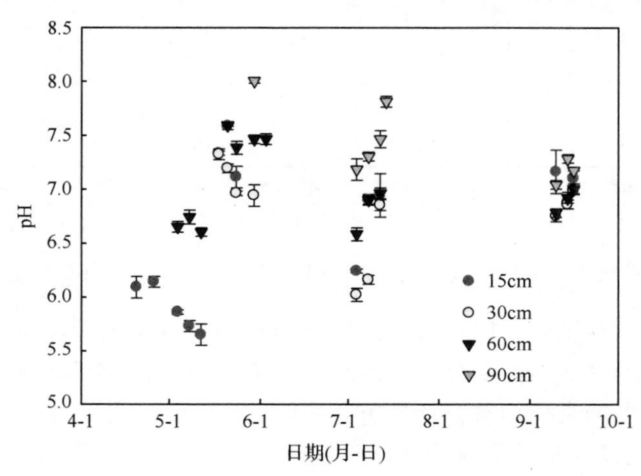

图5-13 旱田不同深度土壤水的pH动态变化

15cm 处土壤水的 pH 逐渐降低；到生长季中期，深层土壤水的 pH 比浅层高；生长末期，深层土壤的 pH 有所降低，趋于浅层土壤水的 pH。

1. 水田田面水中氮磷的动态变化

1）田面水中氮的动态变化特征

灌溉和降雨带入田间的氮在每次灌水和降雨时测定氮而得。TN 浓度在整个研究期波动不大，灌溉水中 TN 含量的平均值±标准差为(3.37±0.66)mg/L，雨水中 TN 含量平均值±标准差为(4.00±0.22)mg/L。

田面水中氮的变化规律如图 5-14(a)所示，总氮和氨氮呈现出相似的波动变化曲线，氮含量在施入肥料后慢慢增加，几天后减少。田面水中总氮含量在施入尿素后先于氨氮含量达到峰值，然后急剧减少；田面水中氨氮含量在施入尿素 1～2 天后达到最大值，然后急剧减少。随后田面水中的硝氮含量有所增加，3～4 天之后变化趋于稳定。相比于总氮和氨氮的含量变化，硝氮含量的变化较平稳，含量也较低，只有 0.97mg/L。硝氮含量和氨氮含量占总氮含量的比值分别为 28%和 62%，可见水田田面水中的无机氮形态主要以氨氮为主。水稻插秧前，水田在 5 月 15 日进行了田面水排水。对排水渠中退水进行了连续 5 天的取样监测[图 5-14(b)]。退水中 TN、NO_3^--N、NH_4^+-N 含量随排水时间而减少，到排水后的第 5 天，退水中 TN、NO_3^--N、NH_4^+-N 含量分别减少 22%、15%、50%。

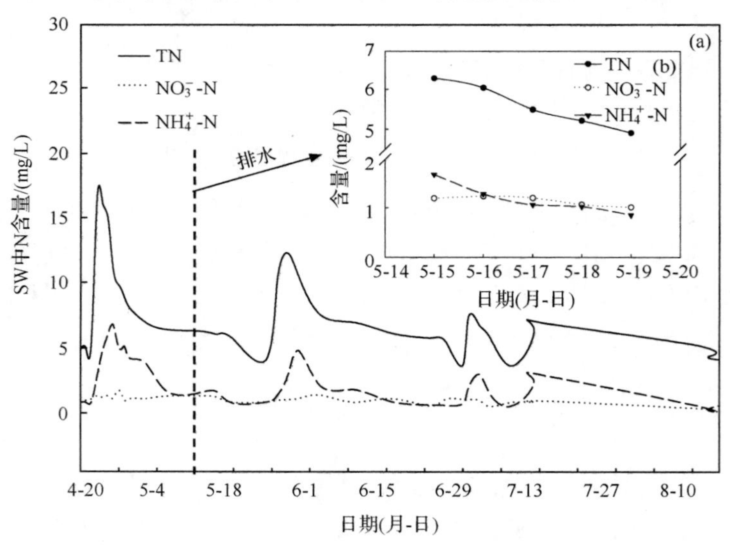

图 5-14　水田田面水中不同形态氮含量变化(a)和农田排水后退水中不同形态氮含量变化(b)

为了更好诠释从施肥到农田排水期水田田面水中氮含量变化特征，进行了以时间为变量的氮浓度变化的非线性回归分析。田面水中不同形态的氮均表现出非线性相关性，总氮、氨氮、硝氮浓度的衰减均符合指数方程(表 5-11)，田面水中总氮($p<0.01$)和氨氮($p<0.05$)含量及负荷的指数衰减趋势比硝氮含量显著。氮浓度随时间的变化说明随着泡田施肥，田面水中各形态氮含量增加，增加的时间点不一，这与肥料施入后在水体中的分解等变化有关；随后氮含量逐渐降低。

表 5-11　水田自施肥起到农田排水时田面水中氮浓度及氮负荷随时间的衰减方程

氮形态	N浓度（y,mg/L）		N负荷（y, kg N/hm^2）	
	回归方程	R^2	回归方程	R^2
TN	$y=23.868t^{-0.467}$	0.924**	$y=12.460t^{-0.655}$	0.877**
NO_3^--N	$y=1.248t^{-0.010}$	0.003ns	$y=0.652t^{-0.199}$	0.310ns
NH_4^+-N	$y=8.630t^{-0.459}$	0.425*	$y=8.731t^{-0.810}$	0.525*

** 相关性达到 0.01 水平；* 相关性达到 0.05 水平；ns 相关性不显著。

2）田面水中磷的动态变化特征

灌溉水总磷浓度为平均值±标准差(0.19±0.12)mg/L，退水的总磷浓度为(0.18±0.06)mg/L，雨水的总磷浓度为(0.17±0.08)mg/L。从2010年采集到的7次田面水中的总磷含量动态变化和2012年采集到的8次田面水中的总磷含量动态变化可得，水田田面水中总磷含量低，含量最高值分别为0.40mg/L和0.58mg/L(图5-15)。同一时间点相比，2012年的总磷含量低于2010年的总磷含量(如7月份)。但是可以看出，田面水总磷含量都随作物生长时间的增加呈现降低的趋势。可溶性磷含量随时间变化的动态趋势与总磷相似；8月中旬，可溶性磷含量的减少量高于总磷。

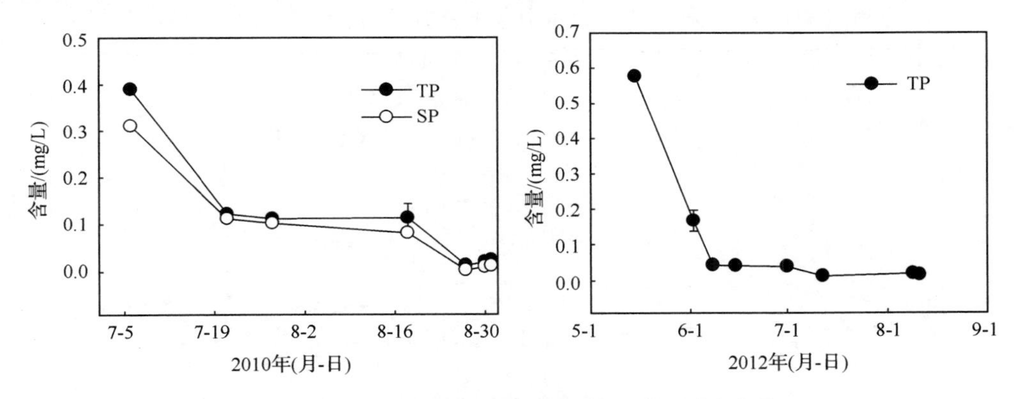

图 5-15　水田田面水中总磷和可溶性磷的动态变化

为了更好诠释田面水中磷含量的变化特征，进行了以时间为变量的总磷和可溶性磷浓度变化及负荷变化的非线性回归分析。统计分析发现总磷、可溶性磷含量和总磷、可溶性磷负荷随时间的变化与S曲线的拟合效果最好，R^2都在0.600以上(表5-12)。说明田面水中总磷和可溶性磷含量的变化是在一段时间内迅速下降，然后平稳降低。

表 5-12　水田田面水中磷含量及磷负荷随时间的衰减方程

磷形态	P浓度（y,mg/L）		P负荷（y, kg P/hm^2）	
	回归方程	R^2	回归方程	R^2
TP（2010年）	$y=e^{(-0.005+6.1\times10^{-13}/t)}$	0.757**	$y=e^{(-0.004+5.8\times10^{-13}/t)}$	0.786**
SP（2010年）	$y=e^{(-0.006+7.9\times10^{-13}/t)}$	0.730**	$y=e^{(-0.006+8.1\times10^{-13}/t)}$	0.622*
TP（2012年）	$y=e^{(-0.005+7.0\times10^{-13}/t)}$	0.651**	$y=e^{(-0.007+9.6\times10^{-13}/t)}$	0.852***

*** 相关性达到 0.001 水平；** 相关性达到 0.01 水平；* 相关性达到 0.05 水平。

2. 水田土壤水对氮磷的迁移特征

1）土壤水中氮的时空分布特征

泡田时期不同深度土壤水(SSW)不同形态氮浓度变化如图5-16所示。在泡田的前5天内，30cm和90cm深度还采集不到土壤水，60cm深度的土壤水直到泡田第17天(DOP17)才可采集到。从图中各形态氮浓度变化曲线可以看出各层土壤水中总氮含量的变化均比氨氮和硝氮含量变化强烈。在DOP3，90cm深度处的土壤水总氮含量达到一个高值5.4mg/L，这可能是由于先前深层土壤固定储存的氮在冻融作用下重新被释放出来。15cm和30cm深度处的总氮含量分别在DOP17和DOP8达到高值，这是水田施肥的第6天和第15天。随后，各层土壤水的总氮含量逐渐降低。与总氮变化趋势相比，氨氮和硝氮含量有细微的波动变化。从总体水平上看，硝氮的含量约是氨氮含量的2.4倍。15cm处土壤水中氨氮含量在DOP3开始增加，这是施用到水田的尿素水解所致。从DOP4开始，氨氮含量开始减少，逐渐降至0.38mg/L；硝氮含量却增加了70%，达到1.56mg/L。30cm和90cm深度处土壤水的硝氮含量在DOP8达到高值，这可能是由于灌溉水的缓慢入渗形成了一个系统充氧的过程，增加了氨氮向硝氮转化的可能，也有可能是由于表层的硝氮随水向土壤下层迁移而引起的深层土壤水硝氮含量的累积增加。

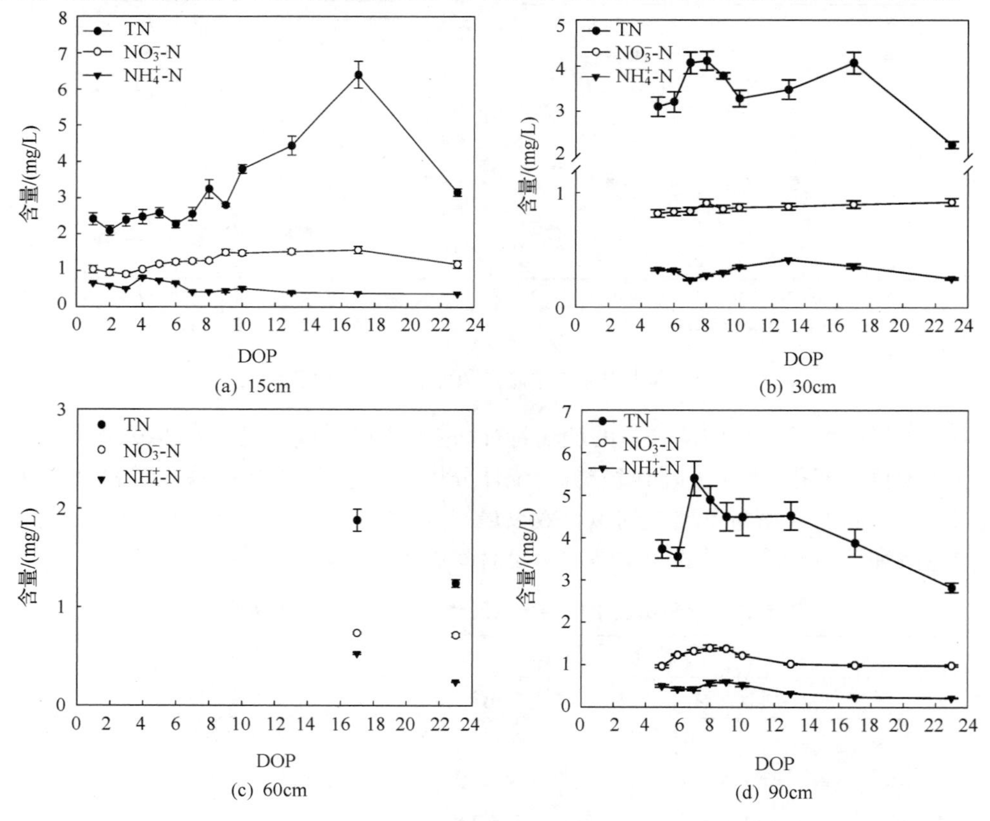

图5-16　水田泡田期不同深度土壤水中不同形态氮含量变化

土壤水中不同形态氮在土壤剖面随时间的分布如图 5-17 所示。每一层的土壤水中总氮浓度明显高于硝氮和氨氮浓度，且总氮浓度变化在试验初期波动较大。表 5-13 对不同土壤深度土壤水中的不同形态氮浓度进行了统计分析，硝氮和氨氮在较浅的两层土壤水中的含量变化呈现相似的模式。表 5-14 对同一形态氮在各层土壤水中含量的相关性特征进行了统计分析。

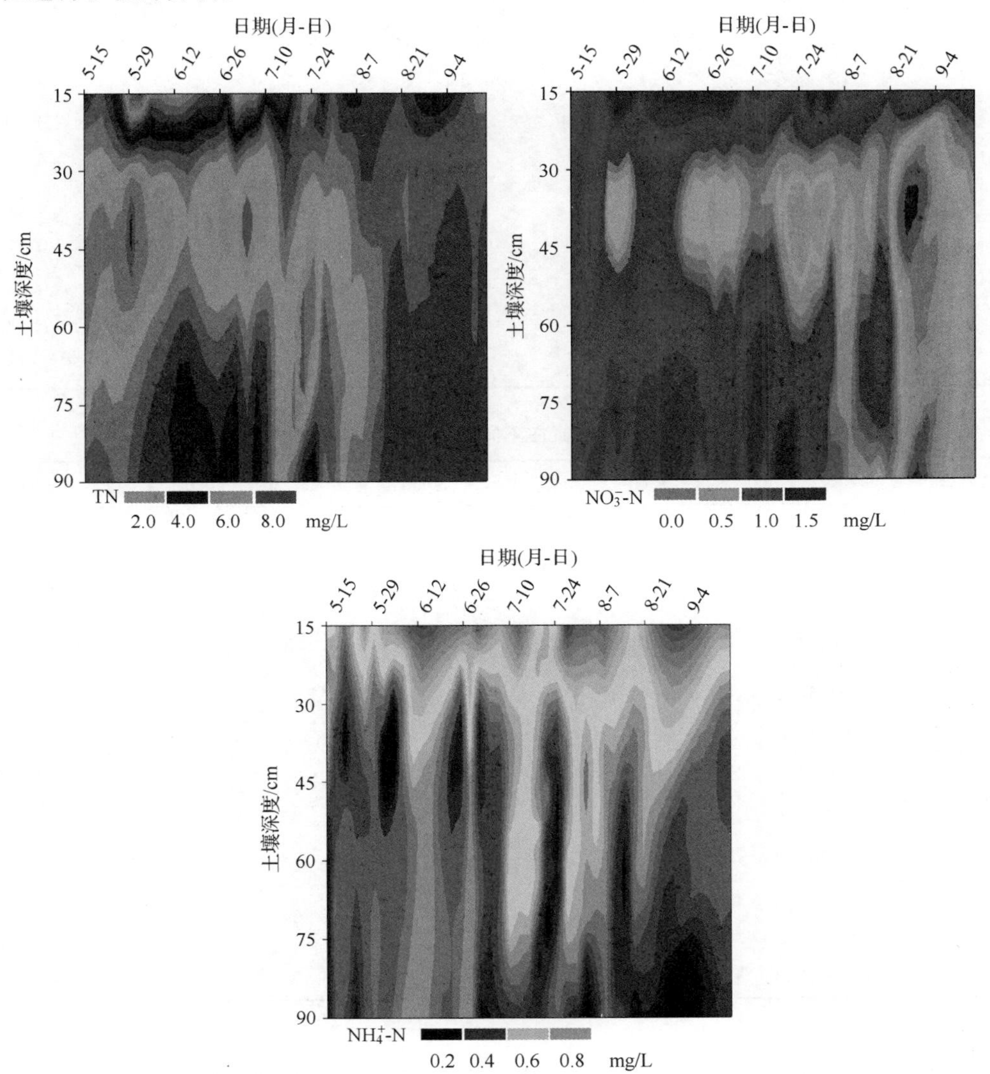

图 5-17　水田土壤水中不同形态氮含量的时空分布

（1）不同形态氮在不同土层深度土壤水中的空间分布特征。土壤水的总氮含量在土体垂直空间上的分布表现为浅层和深层高，中间两层低。土壤水中硝氮和氨氮含量总体上分别表现为深层高和浅层高，且在 60cm 深度有一个较为明显的分界层。土壤水中氨氮含量在土壤垂直空间上的分布依次是：15cm>30cm>60cm>90cm，也就是说，土壤水中氨氮含量随深度的增加而减少，推断是因为厌氧情况下发生氨氧化，从而使得氨的含量降低。

表 5-13　水田不同深度土壤水中氮含量变化的统计分析

氮形态	土壤深度/(cm)	最小值/(mg/L)	最大值/(mg/L)	平均值/(mg/L)	标准偏差	变异系数
TN	15	2.09	7.62	3.97	1.27	2.44
	30	1.83	4.12	2.77	0.60	0.89
	60	1.24	3.50	2.55	0.60	0.82
	90	2.26	5.40	3.39	0.69	1.09
NO_3^--N	15	0.74	1.87	1.29	0.28	0.41
	30	0.13	1.10	0.60	0.22	0.40
	60	0.16	1.42	0.79	0.30	0.27
	90	0.16	1.41	0.91	0.37	0.57
NH_4^+-N	15	0.37	0.96	0.72	0.16	0.21
	30	0.24	0.79	0.52	0.14	0.21
	60	0.24	0.73	0.49	0.10	0.26
	90	0.22	0.60	0.42	0.09	0.13

表 5-14　水田同种形态氮在不同深度土壤水中的相关性分析

氮形态		15cm	30cm	60cm	90cm
TN	15cm	1			
	30cm	−0.399**	1		
	60cm	−0.166	0.149	1	
	90cm	−0.060	0.451**	0.491**	1
NO_3^--N	15cm	1			
	30cm	0.110	1		
	60cm	0.459**	0.293	1	
	90cm	0.470**	0.667**	0.706**	1
NH_4^+-N	15cm	1			
	30cm	0.762**	1		
	60cm	0.507**	0.529**	1	
	90cm	0.066	−0.162	0.233	1

** 相关性达到 0.01 水平。

与氨氮相比，硝氮更易于在土壤中随水流垂向迁移。土壤水中的硝氮含量在 15cm 深度最高，30cm 深度最低，60cm 和 90cm 深度的土壤水硝氮含量处于中等水平且相似。此外，在 7 月初长期无降雨和灌溉的水分条件前提下，随着 7 月中旬迎来的降雨，土壤处于充氧环境，15cm 土壤水中的硝氮含量增至 1.63mg/L，随后又迅速降低，在生长季末期降至 0.8mg/L。8 月初硝氮含量有高值点，8 月气温相对较高，土壤的蒸发作用会比较强烈，土壤蒸发可以使部分深层土壤水向土壤表层迁移，硝氮也可能随水向上运移。表 5-14 对不同形态氮的垂直空间分布的相关性分析发现，90cm 深度处土壤水中的硝氮浓度与15cm、30cm、60cm深度处土壤水中硝氮浓度有一定的相关性($p<0.01$)，证实了硝氮比氨氮更易于在土体中垂向迁移。

(2) 不同形态氮在土壤水中的时间动态变化特征。不同形态氮在土壤水的浓度随时间的变化都在减少(图5-17)。15cm土壤水中的总氮浓度在生长初期含量为8mg/L，随后逐渐减少，与30cm和60cm深度处土壤水中的总氮浓度趋于一致。而30cm和60cm深度的土壤水总氮含量在6月呈相似的动态变化，随后呈现不同的变化趋势。30cm深度土壤水总氮含量在生长季初期较小，在相对较晚的生长季出现增加。60cm深度处土壤水的氮含量季节性变化与90cm相似，波动相对平缓；期间的一个小峰值可能是由于氮随水分的迁移。

纵观整个作物生长季，土壤水中的硝氮含量显著降低，对于氮肥的施入也没有相应的响应变化。在灌溉和降雨事件后，15cm处土壤水的硝氮含量增加，峰值分别出现在5月30日、7月2日和7月28日，随后立即减少；7月15日左右，硝氮含量降低，这个时期没有降雨且处于高温环境，所以硝氮含量的降低可能是由于根际的缺氧环境加速了反硝化过程。

从contour图(功能曲面的等高线图)可以看出水稻生长期内浅层土壤水氨氮浓度的小幅度增长，可能是由于水稻土淹水时间的增加促进了土壤还原环境的形成，利于氮素向NH_4^+-N转化(图5-17)。深层土壤水NH_4^+-N含量较低，可能是由于犁底层的渍水性造成下层土壤具有弱氧化性，故下层土壤水中NH_4^+-N易发生硝化反应。7月中旬无雨使得土壤处于低湿环境，氨氮含量减少，随之而来的降雨、追肥使氨氮浓度小偏度增长。与各层土壤水硝氮浓度变化的标准偏差和变异系数相比，氨氮具有较小的标准偏差和变异系数(表5-13)，说明氨氮在整个作物生长期没有剧烈波动。但是与硝氮相比，氨氮浓度很低，均在0.5mg/L左右波动变化，所以也有可能是由于氨氮浓度级数低造成的统计分析变化小；硝氮浓度也只有约1mg/L。

2) 土壤水中磷的时空分布特征

通过对2010年和2012年水田土壤水中磷含量的分析发现(图5-19)，土壤水中总磷含量处于较低水平，但对于水体富营养化磷含量最高上限0.02mg/L的标准已经很高了，说明对于成为农业水体环境的潜在污染源还是很有可能的。

从contour图A-TP的时空分布(图5-19)发现，7月12～26日，0～90cm土体中的30～60cm层土壤水的总磷含量比浅层和深层土壤水的总磷含量高，这可能与作物生长过程中根系对磷的累积，相应时期A-SP的时空分布也呈现出30～60cm层土壤水的可溶性磷含量高。总体上，SP的时空分布与TP相似，说明在总磷增加或减少的同时，有效磷也在相应变化。土体15cm、30cm、60cm、90cm土壤水中可溶性磷占总磷的比例分别为62%、52%、45%、60%(表5-15)。8月9～23日，土壤水中总磷和可溶性磷含量大幅度增加，磷含量分别约是8月9日前磷含量水平的6倍和4倍。这可能是因为7月末至8月初相对少雨(图5-18)使得土壤水分状况相对低湿，增加了土壤微生物的活性，促进了土壤磷有效性的提高，使得8月5日34mm的强降雨后采集的土壤水含磷量大大增加。

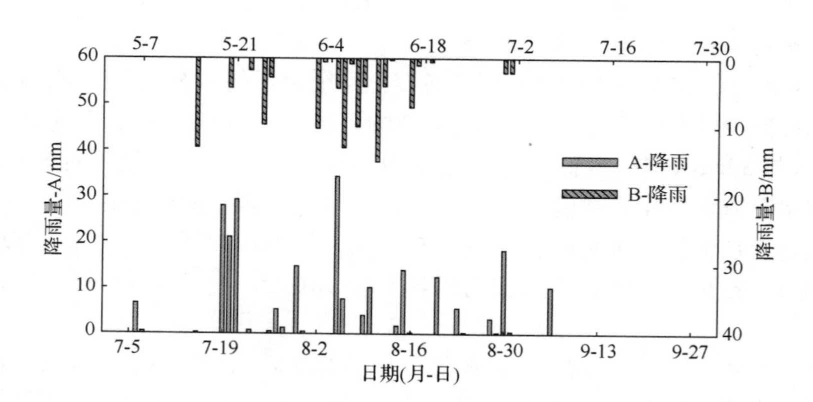

图 5-18 水田 2010(a)和 2012(b)年特定时间段的日降雨量

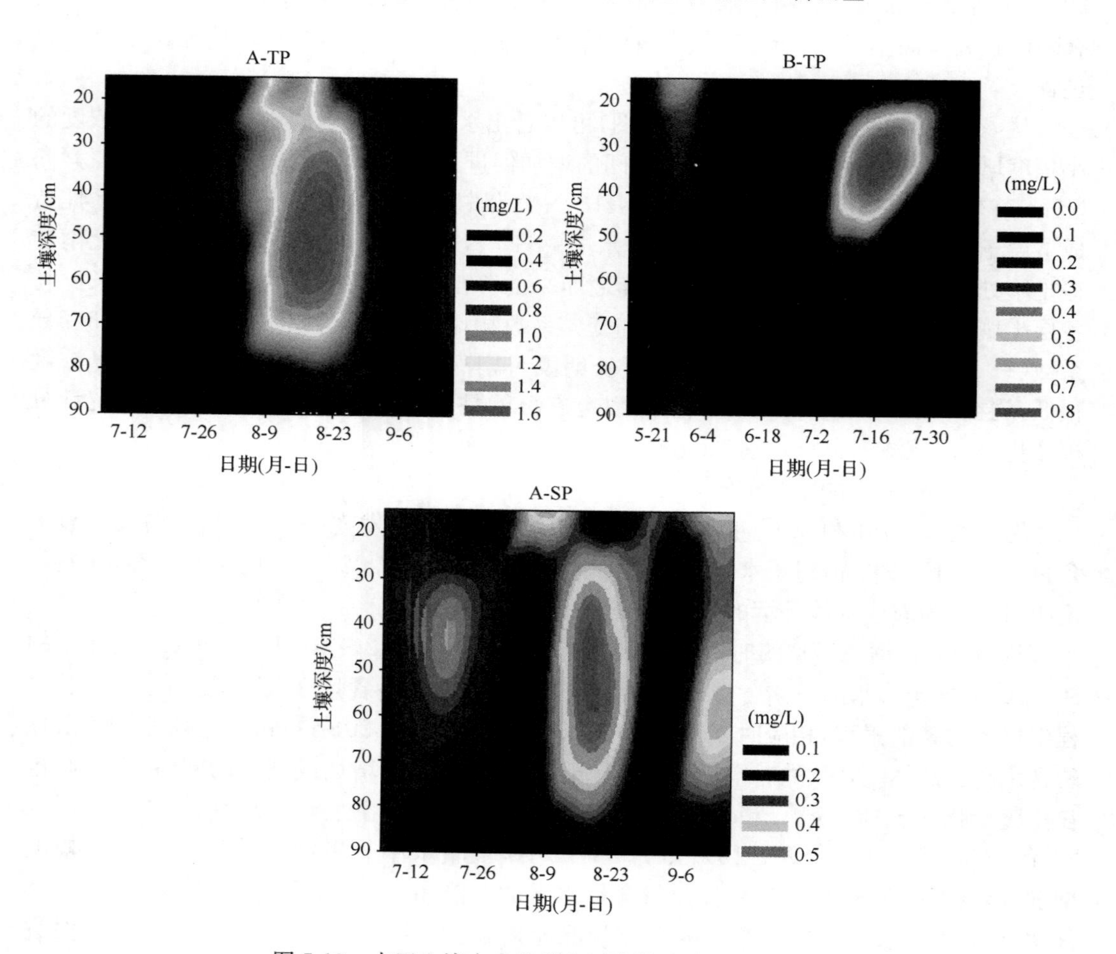

图 5-19 水田土壤水中总磷和可溶性总磷的时空分布

表 5-15　水田不同深度土壤水中磷含量变化统计分析

磷形态	土壤深度/(cm)	最小值/(mg/L)	最大值/(mg/L)	平均值/(mg/L)	标准偏差	变异系数
A-TP	15	0.21	1.26	0.48	0.31	0.66
	30	0.26	1.34	0.64	0.35	0.55
	60	0.28	1.61	0.70	0.43	0.61
	90	0.17	0.48	0.31	0.14	0.44
B-TP	15	0.01	0.34	0.08	0.11	1.45
	30	0.01	0.64	0.13	0.22	1.72
	60	0.01	0.13	0.05	0.04	0.80
	90	0.02	0.21	0.06	0.06	1.12
A-SP	15	0.11	0.45	0.26	0.11	0.41
	30	0.15	0.44	0.28	0.08	0.29
	60	0.15	0.53	0.28	0.13	0.48
	90	0.10	0.19	0.17	0.03	0.21

A-TP/A-SP 百分率/%（平均值±标准偏差）	土壤深度			
	15cm	30cm	60cm	90cm
	62±20	52±18	45±16	60±20

再看 contour 图 B-TP 的时空分布，这一年水样采集的时间是在作物生长初期，一般情况下，施肥会使得土壤水中磷含量高，但这一时期，降雨频度虽高，但降雨量较少(图 5-18)，可能对土壤水中的磷含量造成了影响。7 月 2 日起，土壤水中磷含量明显增加，与 A-SP 增加的情况类似，也可能是因为 6 月 20～29 日的无雨促进微生物活性，增加了磷的有效性，使得在 6 月 30 日和 7 月 1 日连续小降雨后采集的土壤中磷含量增加。

对总磷、可溶性磷在不同深度土壤水中含量的动态变化进行统计分析发现(表 5-15)，对于 A-TP 各层土壤水磷含量的时间动态变化比 B-TP 小，可能是因为 A-TP 处于作物生长中后期，B-TP 处于作物生长前期，后者受农事管理措施的影响会比较明显。A-TP 和 A-SP 各层土壤水磷含量的时间动态变化趋势较一致，15cm 和 60cm 处的波动最大，在水田中，浅层可能受作物生长耕作影响，60cm 处的波动可能是白浆土层的影响；60cm 处土壤水含磷量与 30cm 处土壤水含磷的相关性极好($p<0.01$)(表 5-16)。而其他大部分相关性结果的 Pearson 系数呈现负值，说明磷含量在土层中的分布还受其他很多因素的影响，因为磷易于被土体固定，其随土层迁移分布的规律性可能就不太明显。

3. 旱田土壤水对氮磷的迁移特征

1) 土壤水中氮的时空分布特征

由于旱田的土壤水分状况与水田差异很大，土壤含水量最大值比水田低 0.10cm^3/cm^3，在按预期设计时间采集旱田土壤水样时发现很多时候采集不到土壤水。在进行土壤水样分析时，将采集到水样的时间与同日及近期降雨分布进行对比，发现大部分土壤水样的可采集都是在降雨事件之后。因此，在本节旱田土壤水对氮迁移特征的研究中，以降

表 5-16　水田同种形态磷在不同深度土壤水中的相关性分析

磷形态		15cm	30cm	60cm	90cm
A-TP	15cm	1			
	30cm	0.804**			
	60cm	0.899**	0.907**		
	90cm	0.124	0.290	0.147	1
B-TP	15cm	1			
	30cm	0.176	1		
	60cm	−0.22	−0.114	1	
	90cm	0.971**	0.054	−0.076	1
A-SP	15cm	1			
	30cm	−0.390	1		
	60cm	−0.042	0.851**	1	
	90cm	−0.235	−0.013	−0.221	1

** 相关性达到 0.01 水平。

雨事件为参考变量，以降雨事件之间的时间跨度为基准将降雨划分为几个大的降雨周期，通过分析各降雨事件特征，识别旱田土壤水对氮的迁移特征。

图 5-20 所表达的时期是作物生长中后期，从图中可以看出作物生长后期氮素的渗漏仍然明显，农田土壤渗漏液中各氮素形态表现存在差异，但总的来讲以硝氮为主。氨氮浓度很低，均在 0.8mg/L 以内。在划分的两个降雨持续时段内，浅层土壤水（15cm 和 30cm）中硝氮含量均表现为降低，说明降雨对硝氮的迁移有影响；深层土壤水（60cm 和 90cm）中硝氮含量在第一个降雨时段中有略微增加，在第二个降雨时间中呈现稳定-减少-增大的变化趋势。总氮和氨氮浓度的变化比较复杂。两个降雨持续时段中降雨最大量 23.9mm 出现在第一时段初期，雨强 3.98mm/h（表 5-17）；其次是 16.8mm，出现在第二时段的 4d。由于持续时间较长，雨强不大，为氨氮向硝氮转化提供了条件，7d 采集的 30cm、60cm、90cm 土壤水硝氮浓度与 4d 时的硝氮浓度几乎一致。观测期间，相对较大雨强出现在 8 月 24 日和 31 日，这两次短时雨量，对旱田土壤水分状况的改变作用并不大。

土壤水氮浓度随土壤深度的变化如图 5-21 所示，旱田 0～60cm 土壤水中 TN 浓度随深度的增加而增加，生长末期 9 月 7 日除外，此时土壤-作物系统中氮含量已处于整个生长期的较低水平。土壤水中 NH_4^+-N 浓度随深度的增加减少，可能是由于氨氮易于被土壤吸附固定，或者是在其随土壤水向下运移的过程中，总体被分散开来；只在末期 9 月 7 日时土壤水中氨氮含量在 60cm 处的值高于其他三层。浅层 15cm 土壤水 NO_3^--N 浓度明显低于深层土壤，30cm 土壤水 NO_3^--N 浓度最高，可能与作物利用对无机氮的聚集有关，也有可能是在旱田中，30cm 深度土壤比 15cm 易持久保水，在作物根系生长的共同影响下，减缓了硝氮向下运移的速率。

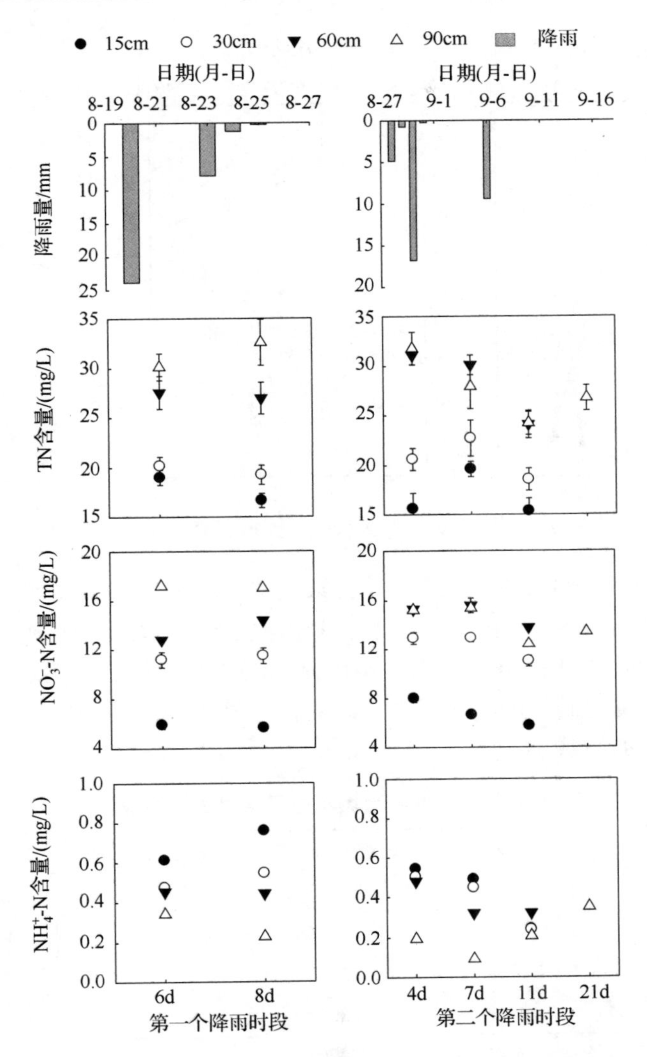

图 5-20　旱田 2010 年土壤水中氮含量随降雨的变化

表 5-17　旱田 2010 年观测降雨事件的特征分析

	2010 年(日期)	降雨量/mm	持续时间/h	强度/(mm/h)	降雨类型*
第一个降雨时段	8 月 20 日	23.9	6	3.98	时间适中
	8 月 23 日	7.85	17	0.46	时间较长
	8 月 24 日	1.27	0.07	19.1	时间较短
第二个降雨时段	8 月 28 日	4.83	16	0.30	时间较长
	8 月 29 日	0.76	0.75	1.01	时间较短
	8 月 30 日	16.8	14	1.20	时间较长
	8 月 31 日	0.25	0.02	15.2	时间较短
	9 月 6 日	9.40	1	0.40	时间较短

* 单次降雨量通过 ZENO 记录。

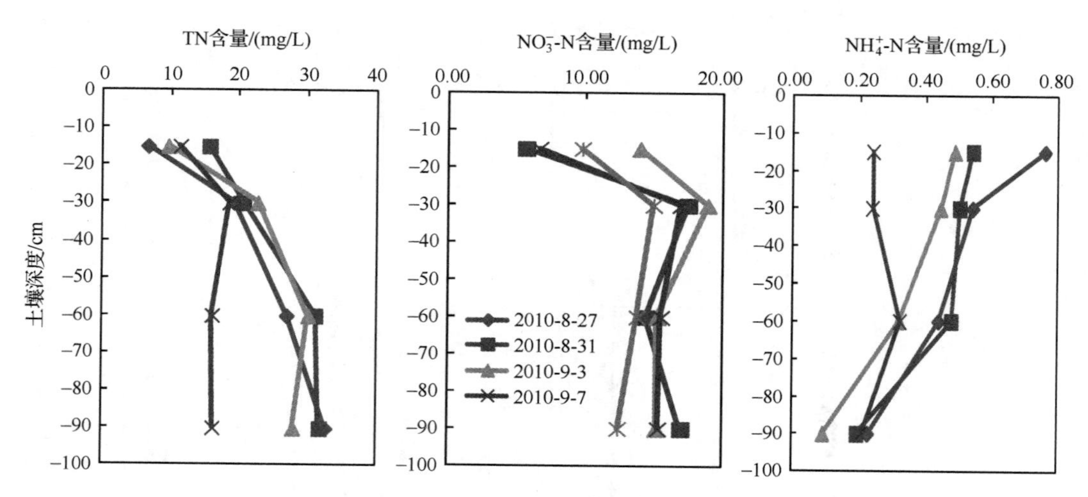

图 5-21　旱田 2010 年土壤水中不同形态氮含量的垂直分布

由统计分析(表 5-18)可见，总氮、硝氮、氨氮浓度随时间波动的变异系数均在 15cm 深度处最大。从平均值看，土壤水中总氮含量随深度增加而增大；硝氮浓度随深度的逐级变化不明显，明显的是浅层 15cm 土壤水中硝氮浓度比其他深层土壤水中的硝氮浓度低，从一定程度上可以说明硝氮的易迁移性。硝氮占总氮比例的平均值约为 61%；土壤水中氨氮含量随深度增加而减小。

表 5-18　旱田 2010 年土壤水中氮含量变化的统计分析

名称	土壤深度/cm	最小值/(mg/L)	最大值/(mg/L)	平均值/(mg/L)	标准偏差	变异系数
TN	15	6.63	15.57	10.77	3.74	0.35
	30	18.52	22.66	20.24	1.82	0.09
	60	16.07	31.06	26.03	6.87	0.26
	90	16.18	32.57	27.10	7.56	0.28
NO_3^--N	15	5.65	13.98	8.38	3.53	0.42
	30	14.96	21.14	17.88	2.31	0.13
	60	12.84	15.54	14.37	1.11	0.08
	90	12.39	17.27	15.44	1.95	0.13
NH_4^+-N	15	0.24	0.76	0.51	0.21	0.42
	30	0.24	0.54	0.43	0.14	0.31
	60	0.32	0.48	0.39	0.08	0.21
	90	0.09	0.23	0.18	0.06	0.33

从旱田施肥播种到玉米生长末期各层(15cm、30cm、60cm、90cm)土壤水中总氮、硝氮、氨氮含量的变化如图 5-22 所示，鉴于旱田土壤水可采集性与降雨事件的相关性，按降雨密度时间段将整个观测期划分为 5 个时段。从整体上看，第一时段第一次土壤水中各形态氮含量是整个观测期最高值，90cm 处土壤水中总氮含量比 15cm、30cm、60cm 土壤

水总氮含量高，这可能是冻土融化的作用，与水田情况相似；60cm 处土壤水硝氮含量最高，无降雨事件下硝氮含量在土体的分布，说明 60cm 处土层对硝氮的分布有一定影响。6 月 3 日的降雨，除 60cm 采集到土壤水外，其余三层没有采集到，可能与土体白浆土层的不透水性有关。此次降雨采集的土壤水样，与前期 60cm 土壤水中的氮含量相比，硝氮浓度增加 0.02mg/L，氨氮浓度降低 0.32mg/L。在划分的第二降雨时段 6 次降雨总降雨量达 86.6mm，降雨频率较高。这个时段对土壤水中不同形态氮浓度的监测发现，总体有增加的趋势，可能是较 6 月充足的水分，使肥料与水土界面充分融合。不同深度的氮含量差异发现，前期（7 月 2～6 日）浅层土壤的总氮和硝氮含量比深层高，后期（7 月 8～12 日）深层土壤的总氮和硝氮含量比浅层高；15cm 土壤水中氨氮含量最高。随后一个月（7 月 12 日～8 月 12 日）均未采集到土壤水。第三降雨时段，两次降雨事件的降雨总量达 92.2mm，可以明显看出在持续的强降雨条件下，土壤水中总氮、氨氮（30cm 和 60cm 除

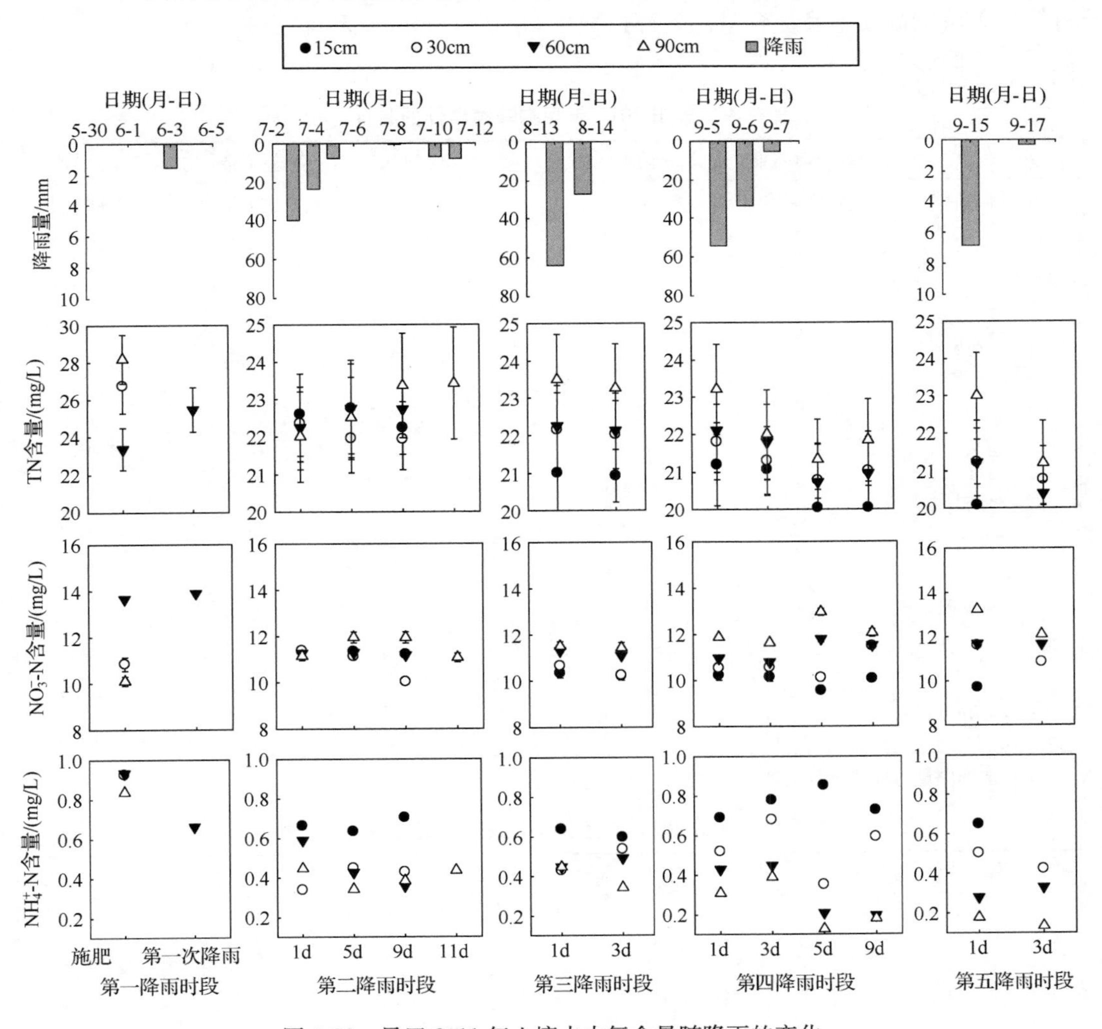

图 5-22　旱田 2011 年土壤水中氮含量随降雨的变化

外)和硝氮浓度均降低,总氮和硝氮均约降低 1mg/L,15cm 和 90cm 氨氮降低约 0.2mg/L。在第四降雨时段,土壤水总氮含量与降雨表现出极好的响应,总氮含量随着降雨发生而减少。后期总体上,深层土壤水中硝氮浓度高,浅层土壤水中氨氮浓度高。

划分的每个降雨时段的降雨特征如表 5-19 所示,第四降雨时段的 3 次降雨总量达 93.5mm,第二、三、四降雨时段的平均降雨强度分别为 4.42mm/h、3.35mm/h、2.52mm/h。对比以上土壤水中不同形态氮浓度的分析,可以推断,长时间持续的高强度降雨对土壤氮流失的影响较大。整个观测期深层土壤水平均硝氮含量大于浅层土壤,浅层土壤平均氨氮含量大于深层土壤(表 5-20)。各层土壤水含氮量的分析发现,硝氮含量在各层之间并没有很好的相关性(表 5-21),预期的硝氮淋溶使得硝氮含量在土体的均一分布假设不成立,可能与旱田土壤水分状况有关。土壤水总氮含量在各层之间的相关性发现,15cm 和 30cm 的相关性显著($p<0.05$),60cm 和 90cm 的相关性更加显著($p<0.01$),这可能是土壤剖面质地及氮含量的差异造成的,耕层 0～40cm 和深层 60～90cm 的土壤特征明显不同(表 5-21)。

表 5-19　旱田 2011 年观测降雨事件的特征分析

	2011 年(日期)	降雨量/mm	持续时间/h	强度/(mm/h)	降雨类型*
第一降雨时段	6 月 3 日	1.524	1	1.52	时间较短
第二降雨时段	7 月 3 日	40.13	24	1.67	时间较长
	7 月 4 日	23.63	19	1.24	时间较长
	7 月 5 日	7.62	8	0.95	时间适中
	7 月 8 日	0.508	0.5	1.02	时间较短
	7 月 10 日	6.858	0.5	13.72	时间较短
第三降雨时段	7 月 11 日	7.848	1	7.85	时间较短
	8 月 13 日	64.008	24	2.67	时间较长
	8 月 14 日	28.194	7	4.03	时间适中
第四降雨时段	9 月 5 日	54.356	11	4.94	时间较长
	9 月 6 日	33.782	14.5	2.33	时间较长
	9 月 7 日	5.334	18	0.30	时间较长
第五降雨时段	9 月 15 日	6.858	4.5	1.52	时间适中
	9 月 17 日	0.254	0.08	3.05	时间较短

*单次降雨量通过 ZENO 记录。

表 5-20　旱田 2011 年土壤水中氮含量变化的统计分析

氮形态	土壤深度/cm	最小值/(mg/L)	最大值/(mg/L)	平均值/(mg/L)	标准偏差	变异系数
TN	15	20.03	28.23	23.21	2.73	0.12
	30	20.77	27.27	22.84	2.18	0.09
	60	20.09	25.48	22.35	1.25	0.06
	90	21.34	28.21	23.14	1.76	0.08

续表

氮形态	土壤深度/cm	最小值/(mg/L)	最大值/(mg/L)	平均值/(mg/L)	标准偏差	变异系数
NO_3^--N	15	9.31	11.37	10.41	0.71	0.07
	30	8.69	11.81	10.63	0.83	0.08
	60	9.21	13.91	11.41	1.36	0.12
	90	10.09	13.22	11.74	0.83	0.07
NH_4^+-N	15	0.27	0.85	0.60	0.18	0.31
	30	0.34	0.92	0.56	0.17	0.31
	60	0.20	0.99	0.51	0.22	0.43
	90	0.13	0.84	0.37	0.18	0.50

表 5-21　旱田 2011 年同种形态氮在不同深度土壤水中含量的相关性

氮形态		15cm	30cm	60cm	90cm
TN	15cm	1			
	30cm	0.674*	1		
	60cm	0.437	0.624*	1	
	90cm	0.203	0.949**	0.737**	1
NO_3^--N	15cm	1			
	30cm	0.321	1		
	60cm	−0.542*	0.366	1	
	90cm	−0.592	0.062	−0.416	1
NH_4^+-N	15cm	1			
	30cm	0.198	1		
	60cm	−0.526*	0.638*	1	
	90cm	−0.469	0.650*	0.949**	1

** 相关性达到 0.01 水平；* 相关性达到 0.05 水平。

2）土壤水中磷的时空分布特征

通过对 2010 年和 2012 年旱田土壤水中磷含量的分析发现(图 5-23)，土壤水中的总磷含量处于较低水平，略高于水体富营养化磷含量最高上限 0.02mg/L 的标准，说明对于旱田磷成为农业水体环境的潜在污染源还是很有可能的。从 contour 图 A-TP 的时空分布发现，8 月 27 日～9 月 4 日，浅层土壤水总磷含量较高，相应时期 A-SP 的时空分布呈现出深层土壤水的可溶性磷含量高。从 2010 的降水分布发现(图 5-24)，8 月 30 日前后几日降雨的同时旱田土壤水中磷含量增加，总磷增加 0.1～0.2mg/L，可溶性磷含量增加 0.05mg/L。可能是因为前期干旱，土壤微生物活性增大，土壤磷有效性提高，从而在降雨后采集的土壤水中磷含量增加。随后 A-TP 逐渐降低，表现出一定的淋溶趋势，SP 的时空分布与 TP 相似，说明在后期总磷增加或减少的同时，有效磷也在相应变化。再看 contour 图 B-TP 的时空分布，在降雨量较多的 6 月中上旬，土壤水中总磷含量比其他时间高出 0.05～0.1mg/L，随后的磷含量均在 0.1mg/L 以内。对总磷、可溶性磷在不同深度土壤水中含量的动态变化进行统计分析发现(表 5-22)，对于 A-TP 各层土壤水磷含量的时间动态变化比 B-TP 小，A-TP 平均含量是 B-TP 的 3～8 倍，可能是因为 A-TP 处于作物生长中后期，B-TP 处于作物生长前期，后者受农事管理措施的影响会比较明显，磷

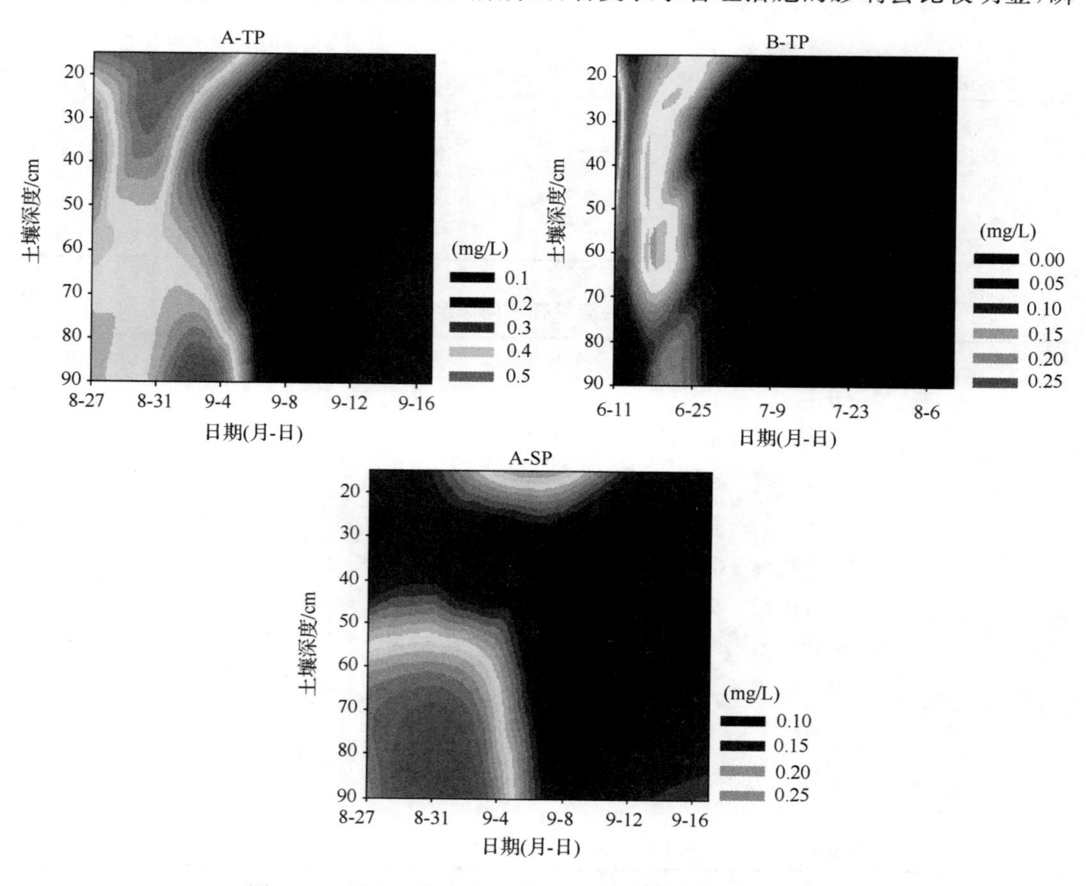

图 5-23　旱田土壤水中总磷和可溶性磷含量的时空分布

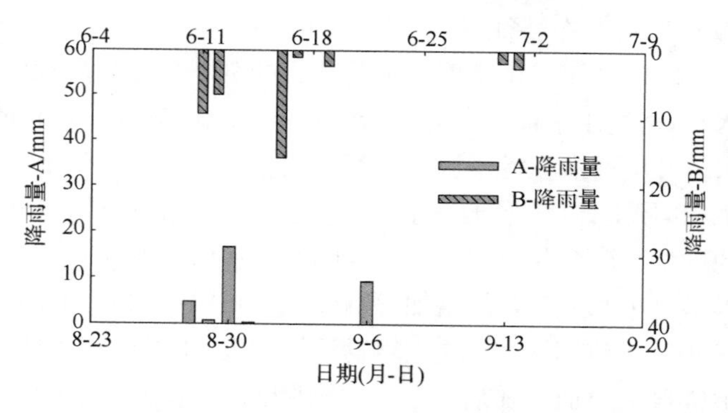

图 5-24　旱田 2010(A)和 2012(B)年特定时间段的日降雨量

在土壤-作物系统中有消耗。A-TP 和 A-SP 浅层和深层土壤水磷含量高于中间两层(30cm 和 60cm)，除 A-TP 外，A-SP 和 B-TP 各层土壤水中磷含量的并没有表现出一定的相关性(表 5-23)，有的相关性统计结果 Pearson 系数呈现负值，说明磷含量在土层中的分布还受其他很多因素的影响，因为磷易于被土体固定，而且旱田的土壤水分状况不如水田，其随土层迁移分布的规律性不太明显。

表 5-22　旱田不同深度土壤水中磷含量变化的统计分析

名称	土壤深度/cm	最小值/(mg/L)	最大值/(mg/L)	平均值/(mg/L)	标准偏差	差异系数
A-TP	15	0.23	0.51	0.38	0.13	0.34
	30	0.13	0.48	0.26	0.14	0.55
	60	0.12	0.41	0.27	0.12	0.45
	90	0.18	0.56	0.35	0.15	0.44
B-TP	15	0.01	0.15	0.08	0.06	0.77
	30	0.01	0.25	0.08	0.09	1.11
	60	0.01	0.14	0.06	0.06	0.95
	90	0.01	0.06	0.04	0.02	0.66
A-SP	15	0.13	0.24	0.17	0.05	0.26
	30	0.08	0.15	0.12	0.03	0.24
	60	0.08	0.15	0.12	0.03	0.24
	90	0.15	0.29	0.21	0.06	0.30

表 5-23　旱田同种形态磷在不同深度土壤水中含量的相关性

磷形态		15cm	30cm	60cm	90cm
A-TP	15cm	1			
	30cm	0.923**	1		
	60cm	0.900*	0.915*	1	
	90cm	0.902*	0.789	0.916*	1
B-TP	15cm	1			
	30cm	0.712	1		
	60cm	0.603	0.843*	1	
	90cm	0.941**	0.662	0.617	1
A-SP	15cm	1			
	30cm	0.734	1		
	60cm	0.734	1.000**	1	
	90cm	−0.076	0.396	0.396	1

** 相关性达到 0.01 水平；* 相关性达到 0.05 水平。

4. 土壤小气候因素对土壤水中营养盐动态变化的影响

水田和旱田各层土壤温度的变化趋势一致，具有很好的相关性[Pearson correlation (PC) $>$ 0.900，p = 0.000]（图 5-25）。浅层 15cm 处土壤温度的波动比其他三层的波动大，这可能是由于表层土壤与大气的热交换，也有可能是土壤垂向空间土壤质地的差异造成的。此外，作物生长季土壤 15cm 处的土壤温度变化与气温变化的相关性好（PC=0.971，p=0.000）。由 contour 图的颜色分布趋势看，如 5 月 15 日，旱田土壤温度随深度的变化趋势线的斜率大于水田，说明旱田土壤温度随深度的降低速率比水田快。8 月 10 日，水田表层土壤温度还处于 23℃高温时，旱田表层土壤温度已经逐渐降至 20℃；8 月下旬，水田的表层温度仍然高于旱田表层温度。这可能是由于水田淹水环境下，大量水分的存在延缓了土壤环境温度的变化速率。

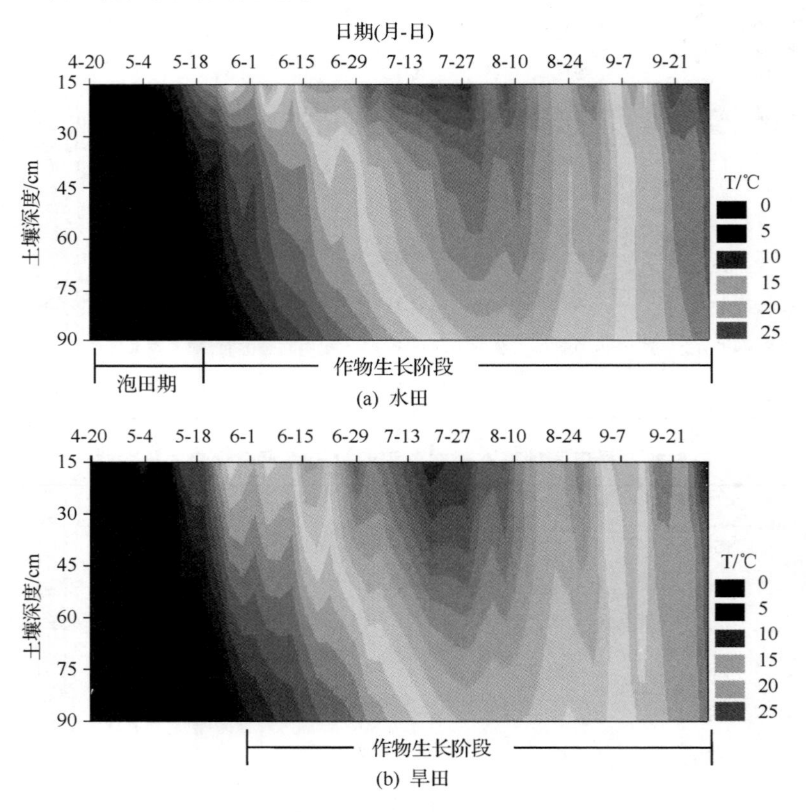

图 5-25　作物种植期水田和旱田土壤温度时空分布

水田小气候因子对田面水总氮浓度的影响见表 5-24，5 个因子的方差分析结果显示大气温度、土壤温度、泡田深度对田面水中总氮浓度没有显著影响。田面水的 pH 和表层土壤含水量对田面水中的总氮浓度有一定影响（$p<0.05$）。对其他形态氮浓度与土壤小气候的统计分析发现，土壤湿度、土壤温度和土壤水 pH 对硝氮、氨氮的浓度变化没有显著影响。

表 5-24　水田小气候因子对田面水总氮浓度影响的多元方差分析

变化指标	平方和	平均平方和	F	p
大气温度	0.476	0.476	0.326	0.589
浅层土壤温度	9.020	4.510	3.088	0.120
泡田深度	14.601	3.650	1.199	0.375
浅层壤湿度	16.860	8.430	5.772	0.040
pH	16.264	8.132	5.568	0.043
误差	8.763	1.460		
修正后总方差	65.984	26.658		

水田小气候因子对15cm处土壤水中总氮浓度的影响见表5-25，3个因子的方差分析结果表明土壤温度和土壤湿度对15cm土壤水的总氮浓度有一定的影响($p<0.05$)。土壤小气候因子对15cm和90cm处土壤水中的硝氮和氨氮浓度变化没有显著影响。对于30cm处土壤水中的氮含量，总氮、硝氮和氨氮的浓度变化与土壤温度都有一定的相关性($p<0.05$)。对于60cm处土壤水中的氮，土壤湿度对硝氮含量的影响显著($p<0.05$)，土壤水pH对氨氮含量的变化有显著影响($p<0.05$)。

表 5-25　水田小气候因子对15cm土壤水中总氮浓度影响的多元方差分析

变化指标	平方和	平均平方和	F	p
土壤温度	12.410	0.886	4.187	0.044
土壤湿度	1.251	1.251	5.910	0.049
pH	0.005	0.005	0.021	0.889
误差	1.27	0.212		
修正后总方差	16.426			

由于旱田土壤水采集较难，样品不连续，数据偶然性比较大，因此对于旱田土壤小气候环境对氮的影响没有进行统计分析。对于水田和旱田土壤中的磷含量变化的影响，进行多元方差分析结果均没有显著性影响，这可能是由于磷含量极小，且磷含量随时间的变化没有明显的规律可循。值得一提的是，作物土壤系统中氮磷含量的变化是一个相对比较复杂的过程，影响因素较多，尤其是氮素的转化相对于磷素更加复杂，在此进行统计分析选取的土壤小气候因子只是试验期可获取的相关因素，只是在试验期内在某种程度上说明了影响性。

5.3　作物生长季水田和旱田氮磷流失潜能

5.3.1　材料和方法

1. 样品的采集和测定

2010年和2011年间的作物生长期，水稻和玉米的株高(CH)、叶面积指数(LAI)、根深(RD)每 30 天测定一次。2011 年的植物样每 30 天采集一次，由于实验条件有限，2010 年的植物样只在生长季末期采集了一次。每项指标的测定是在田间随机选取 25 株植物完成的。水稻株高在未孕穗前为从茎基部至叶片自然伸展时的最高处，孕穗后为茎基部至穗顶部的高度。玉米株高在未抽穗之前为茎基部到叶片自然伸展时的最高处；抽雄后为茎基部到雄穗顶端的高度。叶面积指数用 AM-300 手持式叶面积仪进行测定。根深用米尺进行测定。作物收获时测定作物产量，随机选取 5 块 $1m^2$ 的样地进行测算。每次采集的植物样立即带回实验室，分成不同的植物部分：茎、叶、籽粒等，先用自来水洗三次，然后用去离子水洗三次。将植物样在 105℃杀青 30min，然后在 65℃ 经 48h 烘干，称量干重。经烘干的植株各器官密封待用。作物干物质量和每个部位干物质量所占总比重可以通过以上信息计算得到。随后用植物粉碎机将植物样粉碎后用元素分析仪测定植物中氮含量(%)(Vario EL，Elementar Co. Ltd.，Germany)，分解温度：950℃(锡容器燃烧时温度达 1800℃)，被测物质中的氮元素经过氧化、还原和排除干扰气体后，转化为氮气，氮气直接通过检测器，从而得到氮的含量。作物吸氮量可以通过作物干物质量和作物氮含量(%)计算得到。单位时间单位面积作物不同器官的吸氮率[V_N，mg/(m^2 · d)]可以由式(5-7)计算：

$$V_N = \frac{dN}{dt} = \frac{N_{i+1} - N_i}{t_{i+1} - t_i} \tag{5-7}$$

式中，V_N表示绝对氮累积率；N_i和 N_{i+1}分别是作物器官在 t_i和 t_{i+1}时刻的氮累积量。

于 2011 年 4 月(耕作施肥前)和 2011 年 10 月(作物收获后)随机选取水田和旱田 5 个采样点，用土钻(OD 7.5cm)采集土壤样品：0～15cm、15～30cm、30～60cm、60～90cm。所有土样立即存放于塑封袋中带回实验室进行化学分析，测定氨氮、硝氮和总磷。土样经过 1mol/L KCl 溶液的水土比 5 ∶ 1(v/w)振荡浸提 1h 后用离子色谱法测定(DX 300，Dionex，US)测定无机氮(氨氮和硝氮)(Jia et al.，2007)。土体的氨氮、硝氮和总磷储量可由式(5-8)计算：

$$\text{Stock}_i = \text{BD}_i \times H_i \times C_i / 10 \tag{5-8}$$

式中，Stock_i表示第 i 层土壤的氨氮、硝氮或总磷的储量，kg/hm^2；BD_i表示第 i 层土壤的容重，g/cm^3；H_i表示第 i 层土壤的厚度，cm；C_i表示第 i 层土壤的氨氮含量、硝氮含量或总磷含量，mg/kg。

水田和旱田的土壤-作物系统蒸散由波文比监测系统(BREB)获得(Bowen，1926)。净辐射仪用来测定净辐射通量密度(R_n)；两个土壤热通量测定仪置于土壤表层下 1.0m，间距 20cm；ΔT 和 Δe 表示两边不同高度测定的空气温度差(℃)和气压差(Pa)。测定数据由数据采集器每隔 30s 记录一次，蒸散发以 30min 的平均值进行计算。

$$\beta = \frac{H}{LE} = \gamma \frac{\Delta T}{\Delta e} \tag{5-9}$$

$$R_n = H + \text{LE} + Q_s \tag{5-10}$$

将式(5-9)带入式(5-10)，可得

$$\text{LE} = \frac{R_n - Q_s}{1 + \beta} \tag{5-11}$$

式中，β 是波文比；H 是显热通量密度；LE 是潜热通量密度，即单位时间单位面积上通过的潜热；γ 是湿球常数，0.665hPa/℃；Q_s是土壤热通量密度。

2. 土壤水流失计算

田间水平衡方程可以用来估算土体水流失量，在特定时间内田间水平衡方程表达如下：

$$SL = R + Ir - ET - I - RO - \Delta S \tag{5-12}$$

式中，R 是降水量，mm；I_r是水田灌溉水量，mm；ET 是系统蒸散，mm；I 是冠层截留量，mm；RO 是田间径流，mm；ΔS 土壤水储量变化，mm，通过计算所得；SL 是土体水流失量，mm，假设为土体深层渗漏或者是底部排水。I 没有测定，在本章计算中不考虑；RO 由于研究点地势平缓，在本章计算中暂不考虑。值得一提的是，土壤水储量变化是基于土体水流均一分布的假设，由土体平均含水量计算所得。

3. 氮流失和系统供氮的计算

土壤 90cm 深度处土壤水中的氮含量和土体水量流失可以用来估算土壤系统氮随水的潜在流失量(Vázquez et al.，2006)。在计算中，假设氮流失(N_l)是硝氮和氨氮流失的总和。作物土壤系统的氮利用效率(NUE)定义为作物吸氮(N_c)和系统供给氮(N_s)的比值(Huggins and Pan，1993)。N_s定义为所有可能提供作物可利用氮的氮源的集合，如施肥(N_f)、矿化氮(N_m)、试验初期的土壤无机氮($N_{min\ initial}$)、土壤固定的氮(N_x)，以及氮沉降(N_d)(包括大气沉降、降雨带入的氮、灌溉水带入的氮和径流流入带来的氮)，因此 N_s 可由式(5-13)表达：

$$N_s = N_f + N_{min\ initial} + N_m + N_x + N_d \tag{5-13}$$

田间的 N_m利用作物-土壤系统的氮平衡进行估算(Meisinger and Randall，1991)，氮平衡由作物-土壤系统氮储量变化和氮输入、氮输出进行计算，可得式(5-14)：

$$N_m + (N_{min\ initial} - N_{min\ final}) = (N_l + N_c + N_{gl}) - (N_f + N_d + N_x) \tag{5-14}$$

N_d在旱田假设为降雨带入的氮，在水田假设为降雨和灌溉带入的氮，其他部分的氮沉降含量相对较少，在这里不做考虑。气态流失的氮(N_{gl})没有测定，在这里忽略。土壤 90cm 土体无机氮在作物生长季开始前($N_{min\ initial}$)和结束后测定($N_{min\ final}$)，N_x假设不相关。应用氮平衡和以上的假设，90cm 的 N_m可以由式(5-15)进行估算：

$$N_m = (N_l + N_c) - (N_f + N_d) - (N_{min\ initial} - N_{min\ final}) \tag{5-15}$$

4. 统计分析方法

数据使用 Sigmaplot 10.0 和 SPSS 16.0 软件包进行处理分析。不同作物器官(根、叶、茎、穗、籽粒)干物质重和不同器官干物质重所占百分比(%根、%叶、%茎、%穗、%籽粒)在不同生长期之间的差异、不同器官吸氮量和氮累积量的季节性变化差异、作物吸氮量在各器官的分配比例差异、土壤不同土层无机氮和总磷含量储量变化差异用 ANOVA 进行统计分析，多重比较采用 Duncan 法。不同器官吸氮量随生长季的变化进行 Gaussian 和 S 曲线拟合。

5.3.2　试验结果与分析

1. 作物生物量变化和作物产量

ANOVA 分析表示水稻不同器官（根、叶、茎、籽粒）干物质重和不同器官干物质重所占百分比（%根、%叶、%茎、%籽粒）在不同生长期之间的差异如表 5-26 所示。除根外，2010 年水稻成熟期作物各部分的干物质量高于 2011 年。在季节动态变化上，从水稻苗期到成熟期，每株作物根部、叶、茎、籽粒的干重均随生长期而增加；苗期和分蘖期没有显著差异，分蘖期、孕穗期、齐穗期和成熟期之间差异显著（$p<0.001$）。但是它们的干重占整株作物的百分比并没有表现出随时间逐渐增加，例如根系所占比重均在分蘖期最大，叶所占比重在苗期最大，茎所占比重在孕穗期最大，籽粒在成熟期显著高于齐穗期（$p<0.001$）。2010 年和 2011 两年成熟期的作物各器官干重中，根、茎和籽粒干重差异显著，但根和茎分别所占百分比没有显著差异；籽粒含量差异显著，2010 年籽粒比 2011 年显著高出 0.63g/plant（$p<0.001$），相应的籽粒干重所占比例高出 1.7%（$p<0.001$）。

表 5-26　水稻不同生长期各植物器官的干物质量和干物质比例

年份	生长阶段	干物质量 /(g/plant)			
		根	叶	茎	籽粒
2010	成熟期	0.78±0.09d	2.21±0.04d	3.74±0.06e	7.20±0.20c
2011	苗期	0.00±0.00a	0.01±0.00a		
	分蘖期	0.03±0.00a	0.02±0.00a	0.05±0.00a	
	孕穗期	0.15±0.03b	0.21±0.02b	0.43±0.03b	
	齐穗期	0.32±0.03c	0.85±0.03c	1.51±0.03c	1.85±0.03a
	成熟期	0.89±0.02e	2.05±0.16d	3.63±0.03d	6.57±0.10b
方差 F 概率		***	***	***	***
		干物质比例%			
		根	叶	茎	籽粒
2010	成熟期	5.60a	15.9a	26.8a	51.7c
2011	苗期	26.3bc	73.7d		
	分蘖期	30.0c	20.0b	50.0c	
	孕穗期	19.0b	26.6c	54.4d	
	齐穗期	7.06a	18.8b	33.3b	40.8a
	成熟期	6.77a	15.6a	27.6a	50.0b
方差 F 概率		***	***	***	***

注：相同字母在一列中出现表示没有显著性差性；*** $p<0.001$。

作物株高和作物叶面积指数随作物生长的动态变化如图 5-26 所示，2010 年和 2011 年叶面积指数分别在作物出苗的第 87 天达到最大值，两年观测期中作物株高均随作物生长而增加，不同生长期 2010 作物株高比 2011 年高。2010 年水稻产量达 8625kg/hm^2，比

2011年高出751kg/hm²。

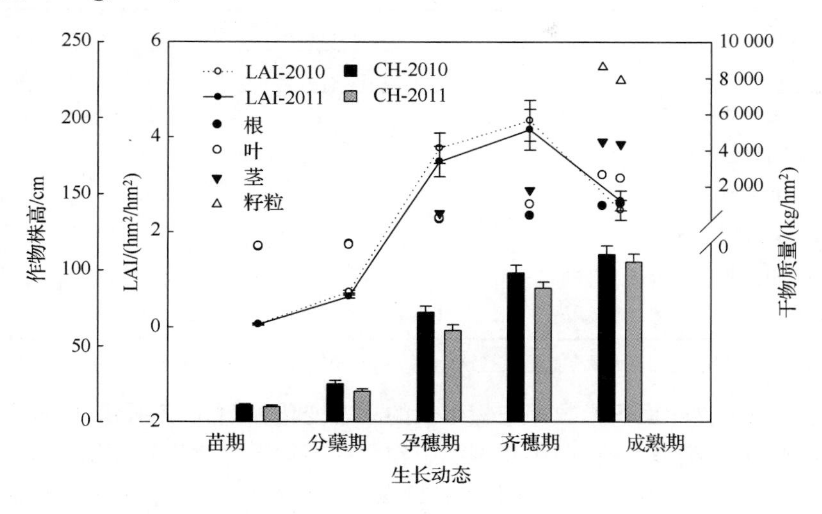

图5-26 水稻株高、干物质量、叶面积指数的时间变化

ANOVA分析表示玉米不同器官(根、叶、茎、穗、籽粒)干物质重和不同器官干物质重所占百分比(%根、%叶、%茎、%穗、%籽粒)在不同生长期之间的差异如表5-27所示。除根和茎,2010年作物收获期作物各部分的干物质量高于2011年。在季节动态变化上,作物各器官变化很大。从玉米苗期到成熟期,每株作物根、叶、茎、穗和籽粒的干重均随生长期而增加;苗期和拔节期没有显著差异,拔节、灌浆和成熟期之间差异显著($p<0.001$)。但是它们的干重占整株作物的百分比并没有表现出随时间逐渐增加,例如,根系和茎所占比重均在拔节期最大,叶所占比重在苗期最大;穗在灌浆和成熟期所占比重没有显著差异,但是籽粒干物质重在成熟期比灌浆期显著增加($p<0.001$)。比较2010年和2011两年成熟期的作物各器官干重,根和穗干重差异显著,但其分别所占百分比没有显著差异;籽粒含量差异显著,2010年籽粒比2011年显著高出15g/plant($p<0.001$),但是籽粒干重所占比例没有显著差异,2010年比2011年高出3%。

表5-27 玉米不同生长期各植物器官的干物质量和干物质比例

年份	生长阶段	干物质量/(g/plant)				
		根	叶	茎	穗	籽粒
2010	成熟期	13.3±1.40c	38.5±3.50c	44.7±3.60c	12.3±1.70c	110±6.80c
2011	苗期	0.03±0.00a	0.07±0.00a			
	拔节期	0.77±0.03a	2.59±0.15a	4.41±0.11a		
	灌浆期	5.43±0.15b	17.7±1.25b	27.7±1.77b	5.03±0.12a	45.0±3.01a
	成熟期	15.3±1.53d	36.5±3.64c	46.6±2.71c	10.2±0.72b	95.0±7.64b
方差 F 概率		***	***	***	***	***

续表

		干物质比例/%				
		根	叶	茎	穗	籽粒
2010	成熟期	6.1b	17a	20a	5.6a	50b
2011	苗期	30d	70c			
	拔节期	9.0c	33b	57c		
	灌浆期	5.4a	18a	27b	5.0a	45a
	成熟期	7.5b	18a	23a	5.0a	47ab
方差 F 概率		***	***	***	ns	ns

注：相同字母在一列中出现表示没有显著性差异；*** $p<0.001$，ns 表示相关性不显著。

作物株高和作物叶面积指数随作物生长的动态变化如图 5-27 所示，叶面积指数在作物出苗的第 84 天达到最大值，两年观测期中作物株高均随作物生长而增加。不同生长期的作物株高在 2010 年和 2011 年间没有显著差异（$p>0.05$）。2010 年玉米产量达 8250kg/hm^2，比 2011 年高出 1125kg/hm^2。

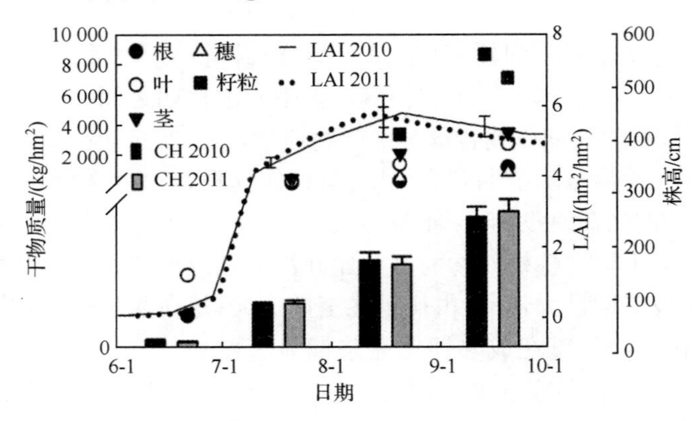

图 5-27 玉米株高、干物质量、叶面积指数的时间变化

2. 作物吸氮量和氮累积量

随着水稻生长期的进程，叶的吸氮量先增加后减少，最大值出现在分蘖期（图 5-28）；茎的吸氮量在分蘖期后逐渐减少；齐穗期和成熟期茎的吸氮量差异不显著，叶的吸氮量减少显著，籽粒的吸氮量显著增加（$p<0.001$），说明部分氮素从叶向籽粒转移。2010 年和 2011 两年成熟期茎和叶的吸氮量差异不显著，2010 年籽粒吸氮量比 2011 年籽粒吸氮量高 7.0%。

随着玉米生长期的进程，叶的吸氮量先增加后减少，最大值出现在拔节期，灌浆至成熟期，叶的吸氮量减少不显著，减少趋势比拔节期至灌浆期平缓（图 5-29）。茎的吸氮量随生长期的进程逐渐减少，可能是有大量氮向穗转移；灌浆期和成熟期茎的吸氮量差异不显著，籽粒的吸氮量显著增加（$p<0.001$），而叶的吸氮量降低不显著，说明大量氮素在前期逐渐向穗转移（数据没有在图中表示，穗在灌浆期和成熟期的吸氮量分别为 8.12g/kg

和 3.57g/kg)，随后氮素由穗向籽粒转移。2010 年和 2011 两年成熟期茎和叶的吸氮量差异不显著，2010 年籽粒吸氮量比 2011 年籽粒吸氮量高 9.1%。

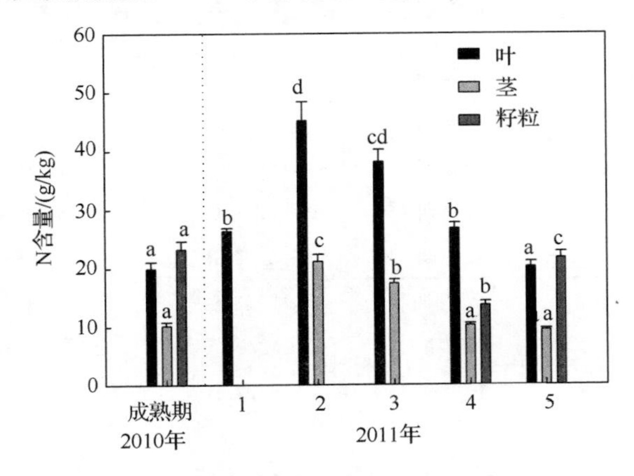

图 5-28　水稻不同器官吸氮量的季节性变化

注：同一器官不同生长期上同样的字母表示没有显著性差异。

1. 苗期；2. 分蘖期；3. 孕穗期；4. 齐穗期；5. 成熟期

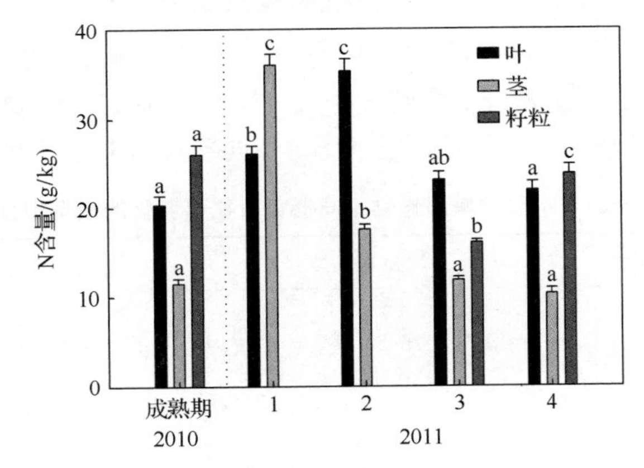

图 5-29　玉米不同器官吸氮量的季节性变化

注：同一器官不同生长期上同样的字母表示没有显著性差异。

1. 苗期；2. 拔节期；3. 灌浆期；4. 成熟期

水稻茎的吸氮占茎、叶、籽粒总吸氮的比例在孕穗前达最高(表 5-28)；叶的吸氮比例在齐穗前达最高，随着籽粒的成熟，氮素逐渐转移到其他器官，主要是籽粒。同一生长阶段，水稻不同器官的吸氮比例差异显著($p<0.001$)。2010 年和 2011 年成熟期各器官的吸氮比例没有显著差异；2010 年籽粒的吸氮比例比 2011 年高 1.3%。玉米茎的吸氮占茎、叶、籽粒总吸氮的比例在拔节前达到最高(表 5-28)，叶的吸氮比例在灌浆前达到最高，随着籽粒的灌浆成熟，氮素逐渐转移到籽粒。同一生长阶段，玉米不同器官的吸氮比例差异显著($p<0.001$)。2010 年和 2011 年成熟期除了叶的吸氮比例差异显著，其余器官的吸氮比例差异不显著；2010 年籽粒的吸氮比例比 2011 年高 2.5%。表明氮素在作物内流动性较强，籽粒中的氮素主要来自于茎叶。

表 5-28　水田和旱田作物吸氮量在各器官的分配比例

农田利用类型	年份	生长阶段	器官/%		
			叶	茎	籽粒
水田	2010	成熟期	37.4abB	18.9aA	43.7cC
（水稻）	2011	分蘖期	68.2dB	31.8cA	
		孕穗期	68.7dB	31.3cA	
		齐穗期	52.9cC	20.2aA	26.9aB
		成熟期	39.4bB	18.2aA	42.4cC
旱田	2010	成熟期	35.3aB	19.8aA	44.9cC
（玉米）	2011	苗期	42.0bA	58.0dB	
		拔节期	66.7dB	33.3cA	
		灌浆期	45.3bC	23.2bA	31.5bB
		成熟期	39.1bB	18.4aA	42.4cC

注：相同的小写字母在一列表示无显著差异，$p<0.001$；相同的大写字母在一行表示无显著差异，$p<0.001$。

土壤是植物氮的重要集散库，对于籽粒的氮供给有重要意义，数学模拟结果表明（表 5-29），叶的吸氮量（y）随生长天数（t）变化均符合 Gaussian 曲线 $y=y_0+a_0t\left[-0.5\left(\frac{t-t_0}{b_0}\right)^2\right]$，茎的吸氮量符合 S 曲线 $y=e^{(b_0+b_1/t)}$（y_0、a_0、b_0、b_1 和 t_0是常数）。不同作物同种器官的吸氮模型模拟方程类似，同一作物不同器官的吸氮模型模拟方程存在差异。

表 5-29　水田和旱田作物不同器官吸氮量变化的模型拟合

农田利用类型	作物器官	模拟模型	r^2	p
水田	叶	$y=21.12+25.26t\left[-0.5\left(\frac{t-55.28}{24.26}\right)^2\right]$	0.986	<0.05
	茎	$y=e^{(1.872+56.423/t)}$	0.855	<0.05
旱田	叶	$y=21.89+14.11t\left[-0.5\left(\frac{t-54.77}{15.82}\right)^2\right]$	1.000	<0.01
	茎	$y=e^{(1.969+49.070/t)}$	0.990	<0.01

水田中水稻各器官对氮的累积量随作物生长期进程而增加（表 5-30），含量差异显著（$p<0.001$）。2010 年和 2011 年成熟期叶的氮累积量差异不显著；茎和籽粒的氮累积量差异显著，2010 年的值分别比 2011 年的值高 10.8%、17.0%（$p<0.001$）。旱田中玉米各器官对氮的累积量随作物生长期进程而增加（表 5-30），含量差异显著（$p<0.001$）。2010 年和 2011 年成熟期叶、茎的氮累积量差异均不显著；籽粒的氮累积量差异显著，2010 年的值比 2011 年的值高 26.0%（$p<0.001$）。虽然随着生长期水稻和玉米各器官的吸氮量有先增加后减少，有的一直减少，但是氮累积量却随生长期进程一直增加。因为作物对氮的累积不仅与吸氮量有关，还与生物量有关。

表 5-30　水田和旱田作物不同器官氮累积量的季节性变化

农田利用类型	年份	作物生长阶段	叶	茎	籽粒
水田	2010	成熟期	52.5e	45.0g	200d
	2011	苗期	0.37a		
		分蘖期	1.08b		
		孕穗期	9.57c	8.93ab	
		齐穗期	27.2d	18.4c	30.1a
		成熟期	49.5e	40.6f	171c
旱田	2010	成熟期	58.6f	38.3ef	213de
	2011	苗期	0.14a		
		拔节期	6.85c	5.81a	
		灌浆期	30.6d	24.6d	54.1b
		成熟期	60.0f	36.0e	169c
方差 *F* 概率			***	***	***

注：相同字母在一列中出现表示没有显著性差异，*** $p<0.001$。

水田和旱田作物不同器官氮累积速率的季节性变化如图 5-30 所示。水稻和玉米生长中后期，茎和叶的氮累积速率波动变化成倒"V"形，累积速率先增加后降低。水稻茎和叶的氮累积速率最大值分别为 51.5mg/(m² · d)和 58.7mg/(m² · d)。玉米茎和叶的氮累积速率最大值分别为 62.6mg/(m² · d)和 79.1mg/(m² · d)。水稻和玉米成熟期籽粒的氮累积速率分别为 449mg/(m² · d)和 383mg/(m² · d)。

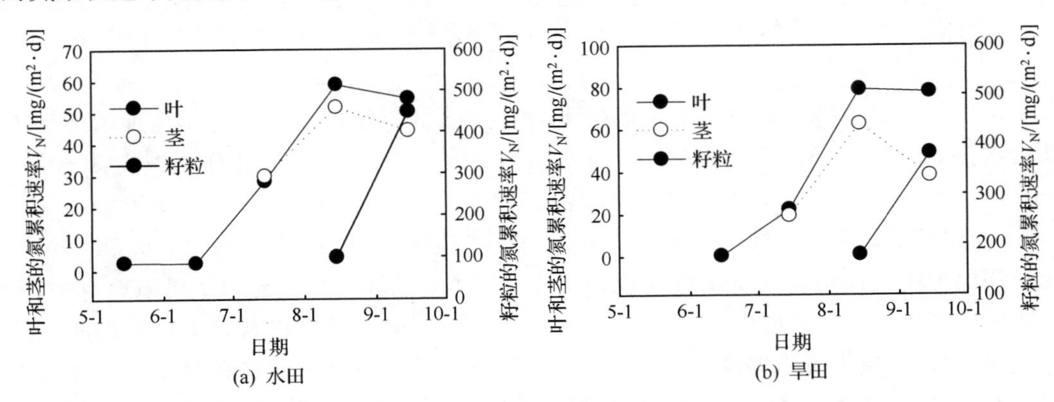

图 5-30　水田(a)和旱田(b)作物不同器官氮累积速率的季节性变化

3. 作物生长季土壤氮磷储量变化特征

经过一个生长期，水田和旱田不同深度土壤的无机氮（硝氮和氨氮）含量减少（表 5-31）。种植作物前，水田浅层土壤的硝氮含量显著低于旱田对应土层的硝氮含量，旱田 0～15cm 和 0～30cm 土层的硝氮含量分别比水田高出 169%、174%。30～60cm 土层硝氮含量没有显著差异，但是旱田中的硝氮含量仍高于水田。氨氮含量均较低，旱田浅层(0～15cm 和 15～30cm)的氨氮含量约为水田浅层的 2 倍，而水田深层 30～60cm 和 60～90cm 的氨氮含量分别比旱田相应土层的氨氮含量高 25.4%和 11.2%。经历一个生长期，旱田浅层 0～15cm 和 15～30cm 的硝氮储量减少量比水田 0～15cm 和 15～30cm 的硝氮储量减少量大 22.1kg/hm^2 和 35.6kg/hm^2。30～60cm 的硝氮储量变化在水田和旱田没有显著差异。旱田 0～15cm、15～30cm、30～60cm、60～90cm 土层的氨氮含量减少量比水田相应土层氨氮含量减少量分别大 5.17kg/hm^2、4.83kg/hm^2、3.48kg/hm^2、5.46kg/hm^2。说明土壤硝氮的流失量比氨氮大，且对于每层土壤流失量不同，可能与作物种植、土壤质地有关。

表 5-31 水田和旱田作物生长季无机氮储量及其变化

农田利用类型	土层/cm	播种前		收获后		储量变化	
		NO_3^--N	NH_4^+-N	NO_3^--N	NH_4^+-N	NO_3^--N	NH_4^+-N
水田	0～15	54.6a	10.5a	29.8a	6.63a	−26.8b	−3.47a
	15～30	52.6a	11.0a	32.6a	4.76a	−18.2a	−6.37b
	30～60	119bc	24.2c	56.9bc	17.9e	−65.3e	−6.31b
	60～90	98.4b	20.9b	49.2b	12.5c	−50.1c	−7.23b
旱田	0～15	147d	21.3b	90.1d	12.5c	−48.9c	−8.64bc
	15～30	144d	21.2b	88.1d	8.12b	−53.8cd	−11.2c
	30～60	130cd	19.3b	68.0c	9.02b	−65.3e	−9.79c
	60～90	121c	18.8b	63.2c	5.74a	−56.8d	−12.69c
方差 *F* 概率		***	**	***	***	***	**

注：NO_3^--N、NH_4^+-N 和无机氮储量变化单位：kg N/hm^2；相同的字母在同一列出现表示没有显著性差异，** $p<0.01$，*** $p<0.001$。

水田和旱田经过一个作物生长期的土壤总磷储量变化见图 5-31。作物种植前和收获后水田 0～15cm、15～30cm、30～60cm、60～90cm 土层总磷储量分别减少 33.3kg/hm^2、74.4kg/hm^2、94.8kg/hm^2、44.3kg/hm^2；旱田 0～15cm、15～30cm、30～60cm、60～90cm 土层总磷储量分别减少 208.5kg/hm^2、324.0kg/hm^2、201.6kg/hm^2、156.6kg/hm^2。水田深层土壤磷储量比浅层土壤高出 60%～76%($p<0.001$)，可能与土壤质地有关，下层的土壤容重略高于浅层土壤(表 5-1)，或者是农田环境状况使得磷在土壤中的垂向分布差异；旱田浅层土壤磷储量比深层高，主要是 0～15cm，其余三层的磷储量值几乎没有显著差异(播种前 15～30cm 除外，相对高于其他值)。水田浅层和旱田浅层的磷储量差异显著($p<0.001$)，深层土壤磷储量没有显著差异(旱田收获后 30～60cm 除外)。

4. 作物生长季系统氮磷流失和供给氮

水田和旱田作物生长季蒸散发、降雨、灌溉、土壤水流失的累积量如图 5-32 所示。水田泡田期灌水的累积量增长最快[图 5-32(a)]，此时灌水累积量为 130mm，降雨累积量 36.3mm，土体水流失累积 63.7mm。蒸散发随日数逐渐增加，在泡田第 80 天蒸散发的累积速率最大，此时正处于 7 月末，日蒸发量相对较大。土体水流失在泡田期的累积速率比

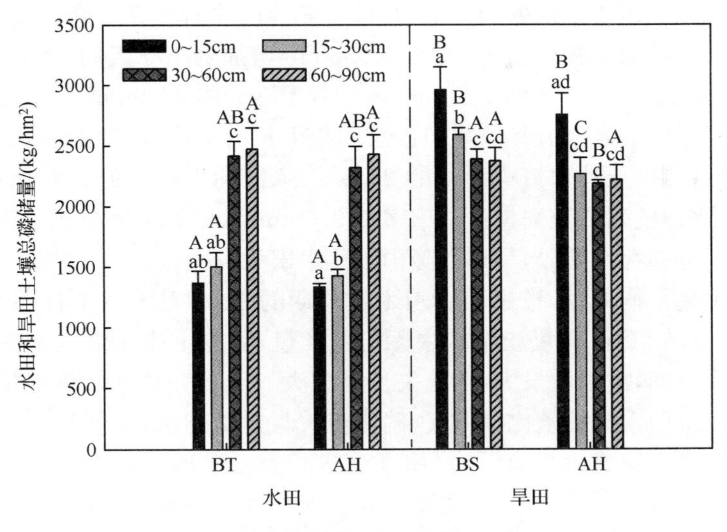

图 5-31　水田和旱田土壤总磷储量变化

BT：水稻移栽前；BS：玉米播种前；AH：作物收获后

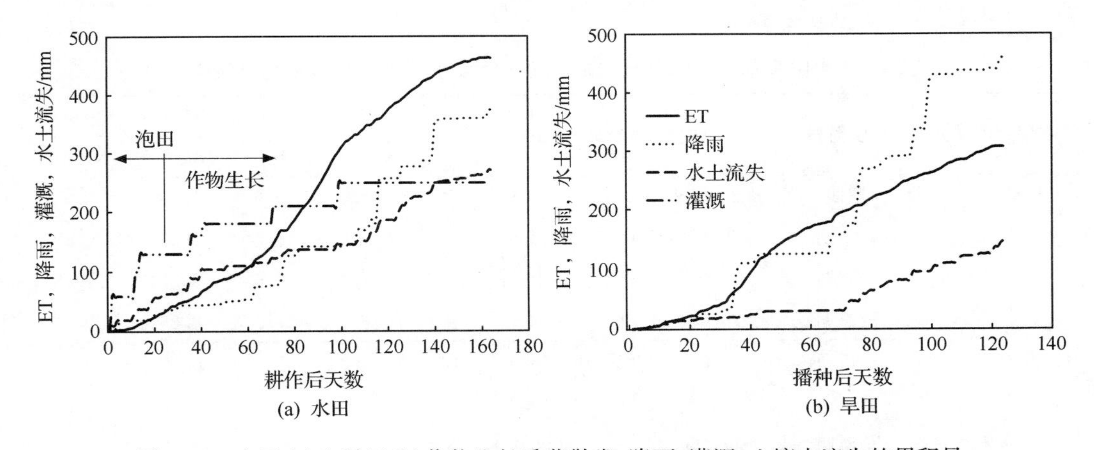

图 5-32　水田(a)和旱田(b)作物生长季蒸散发、降雨、灌溉、土壤水流失的累积量

泡田后 40～110 天之间的累积速率大，在 110 天以后水流失速率有所增加。这是因为泡田大量的灌溉水使得土体水分流失较快，随后生长期作物需水量，加之气温较前期高，土壤蒸发和作物蒸腾作用加强，而后水流失速率的增加，是后期(120 天)雨水量 80mm 所致。对比土体水流失累积量和蒸散发累积量，在 60 天之前，土体水流失累积量大于系统蒸散发累积量 17～30mm；60 天以后，土体水流失累积量小于系统蒸散发累积量，随着作物的生长，二者之间的差距越发明显，这是作物土壤蒸散发与系统相对少水状况的共同作用。

旱田没有灌溉，土体水流失量累积与降雨量累积的消涨趋势一致；玉米播种后的 22 天之内，系统蒸散、降雨和土体水流失的量几乎一致[图 5-32(b)]。在第 35 天，降雨量累积增加到 79.8mm，由于土体干旱和作物生长需水，蒸散量大量增加，土体水流失有少量增加。在 80 天之后，由于玉米处于生长中后期，充沛的或者说是多余的雨量使得土体水分流失大量增加。降雨累积量由 80 天的 269.3mm 增加到 100 天的 425.6mm，120 天的 440.9mm；土体水流失由 75 天的 47.9mm 增加到 100 天的 97.9mm，120 天的 126.3mm。

比较水田和旱田的各水分参数累积量随作物生长的变化，泡田期是水田水流失的关键期，占了整个观测期土体水流失总量的 23.5%；水田的土体水流失变化对降雨的响应不如旱田明显，水田的累积流失量比旱田多 123.9mm；水田的蒸散量比旱田高；水田和旱田的降雨量时间分布存在差异，旱田的降雨量比水田大。

基于田间水量平衡方程，按水稻和玉米生长期的划分，对于各生长期水平衡因子列表，通过前期测定的 90cm 深度土壤水中无机氮含量，计算土体无机氮流失量（表 5-32）。玉米灌浆期和成熟期，由于雨量大，水流失量也较大。水稻齐穗期水流失量最大，泡田期流失量也较大。水田水流失量比旱田大，硝氮流失量比旱田少，氨氮流失量略比旱田高。因为这与流失水中无机氮含量有关，旱田土壤水硝氮含量远远高于水田，氨氮含量差不多，与土壤本身的无机氮含量有一定关系。基于对作物生物量和作物吸氮量的研究计算了水田和旱田作物整个生长期的吸氮量（表 5-33），旱田玉米的吸氮量比水稻高 12kg/hm^2（$p<0.01$）。旱田系统供氮比水田系统供氮高 154kg/hm^2，氮素利用效率水田比旱田高 0.12kg/hm^2（表 5-34）。

表 5-32　水田和旱田作物生长的每个阶段土壤水分流失和潜在的氮流失量

农田利用类型	生长阶段	时期	R	I_r	ET	SL	N 流失量/(kg/hm^2)	
			(mm)				NO_3^--N	NH_4^+-N
旱田	苗期	30/05～29/06	29.8		44.6	19.6	0.03	0.01
	拔节期	30/06～25/07	96.5		119	11.5	3.36	0.12
	灌浆期	26/07～23/08	165		67.3	48.6	5.53	0.18
	成熟期	24/08～30/09	168		76.6	67.5	6.26	0.10
水田	泡田期	20/04～14/05	36.3	130	35.3	63.7	0.70	0.22
	分蘖期	15/05～16/06	15.2	50	66.0	46.3	0.55	0.20
	孕穗期	17/06～20/07	90.2	30	155	26.3	0.22	0.11
	齐穗期	21/07～26/08	136	40	148	86.8	0.43	0.36
	成熟期	27/08～30/09	96	0	59.8	48.0	0.15	0.16

表 5-33　水稻和玉米各器官的氮含量百分数及作物吸氮总氮

农田利用类型	N 浓度/%					N 吸收量/(kg N/hm^2)					
	根	叶	茎	穗	籽粒	根	叶	茎	穗	籽粒	合计
旱田	1.16a	1.59a	0.73a	0.36	1.47b	13.3b	60.0a	36.0b	2.72	169a	281b
水田	0.81a	1.02b	0.73a		1.57a	8.67a	49.5b	40.6a		171a	269a
方差 *F* 概率	*	**	ns		**	**	**	**		ns	**

注：相同字母出现在同一列表示没有显著性差异。

表 5-34　降雨、灌溉、施肥供氮，土壤初始和最终的无机氮含量，生长季氮潜在流失量，系统供氮量

农田利用类型	降雨	灌溉	施肥	土壤初始N含量/(kg N/hm²)		最终土壤含N量/(kg N/hm²)		氮流失量/(kg N/hm²)		土壤供氮量/(kg N/hm²)	NUE/(kg/kg)
	(kg N/hm²)			NO_3^--N	NH_4^+-N	NO_3^--N	NH_4^+-N	NO_3^--N	NH_4^+-N		
旱田	16.5		120	542.9±29.76	80.6±4.29	309.4±18.4	35.4±4.37	15.2	0.41	641±14.4	0.43±0.03
水田	14.3	7.38	90.3	325.1±18.3	66.6±5.34	168.6±12.8	46.6±5.43	2.05	1.05	487±7.26	0.55±0.03

水田水稻移栽前的农田排水量为15mm，无机氮的潜在流失量达4.20kg/hm²(表5-35)，比水稻泡田期和整个生长期土体无机氮流失量高1.1kg/hm²(表5-32)。总磷的潜在流失量达0.87kg/hm²(表5-35)。因此水田泡田期氮磷的潜在流失量很可观，对泡田期水分及营养物的管理有重要意义。

表 5-35　水田排水的潜在氮磷流失量

5月15日排水量/mm	潜在氮流失量/(kg N/hm²)				潜在磷流失量/(kg P/hm²)
	TN	NO_3^--N	NH_4^+-N	矿物氮	
15	9.08	2.40	1.80	4.20	0.87

5.4　基于SWAP的土壤-水分-作物系统水文特征

5.4.1　材料和方法

1. SWAP模型

SWAP模型是开发用来模拟田间尺度水分运移过程的模型(Kroes et al.，2008)，该模型描述的土壤-水-大气-植物系统中各水文过程如图5-33所示，SWAP模型的上边界位于植物冠层的上方，下边界位于浅层地下水上部，在这个范围内主要考虑水分垂向的运移过程。上方考虑日气象条件，下方考虑多种形式的水力压头和水流。SWAP主要关注田间尺度，在这个尺度中的运移过程可描述为确定的方式，因为同一块田的小气候因素，作物类型、土壤质地可以认为是均一的。水流在作物、蓄水、土壤及其环境间的传输机制如图5-34所示，描述了各子域的水分平衡。在适当的气温和湿润的土壤条件下，土壤上边界条件以水流控制；在极湿润或极干旱的土壤条件下，模型系统以土壤表层的优先压力水头作为上边界条件。对于下边界条件，SWAP提供了多种下边界情况的选择，根据研究区田间环境的实际情况进行选择。

土壤水力函数的恰当描述和表达决定了不饱和层水分的精确估算(Ma et al.，2009)。SWAP水流运动是基于非线性隐式差分法的Richards方程表达：

$$\frac{\partial\theta}{\partial t}=\frac{\partial}{\partial z}\left[K(h)\left(\frac{\partial h}{\partial z}+1\right)\right]-S(h) \tag{5-16}$$

式中，h是土壤压力水头，cm；z是位置水头，cm；取向上为正；t是时间，d；$S(h)$是作物根系吸水率，$cm^3/(cm^3 \cdot d)$；$K(h)$表征压力水头的水力传导度，cm/d。它又可以土壤含水

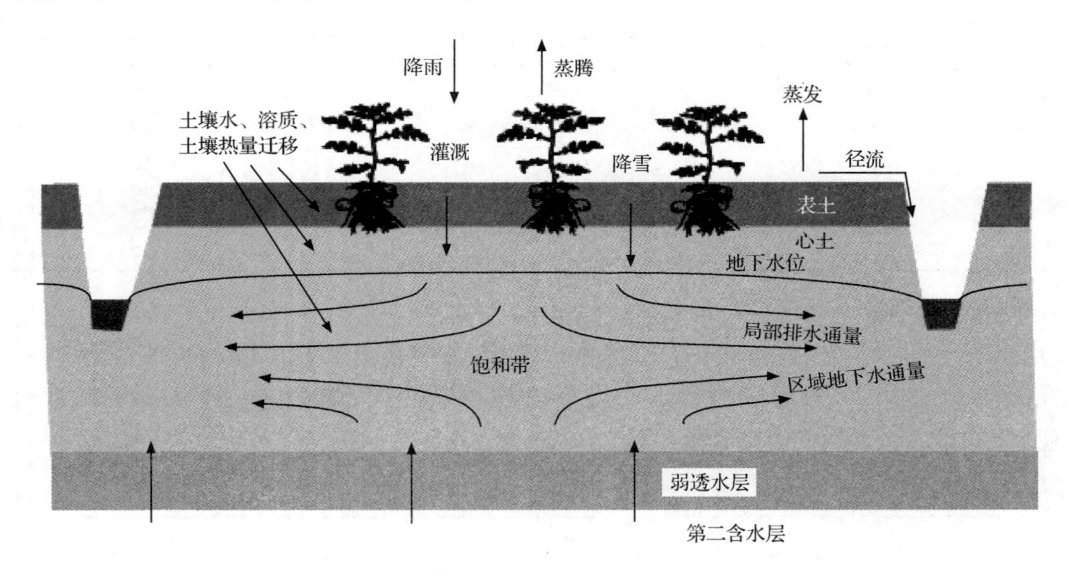

图 5-33　SWAP 模型范围及水文过程

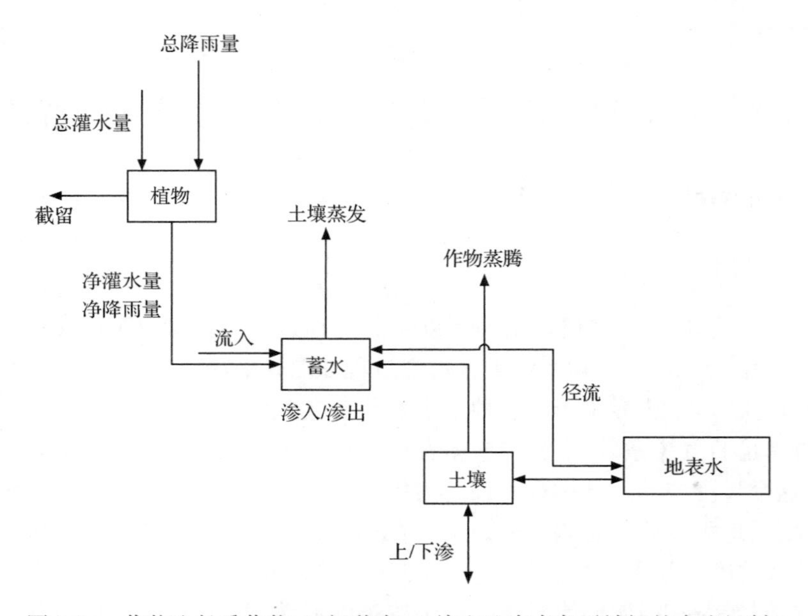

图 5-34　作物生长季作物、田间蓄水、土壤和地表水各子域间的水流机制

量 $\theta(\mathrm{cm^3/cm^3})$来表达(van Genuchten,1980;Mualem,1976):

$$\theta(h)=\theta_r+\frac{\theta_s-\theta_r}{[1+|\alpha h|^n]^{n-1/n}} \tag{5-17}$$

$$K(\theta)=K_s Se^{\lambda}[1-(1-Se^{n/n-1})^{n-1/n}]^2 \tag{5-18}$$

$$Se=\frac{\theta-\theta_r}{\theta_s-\theta_r} \tag{5-19}$$

式中,θ_s是饱和含水量,$\mathrm{cm^3/cm^3}$;θ_r是凋萎含水量;S_e是相对饱和度;$\alpha(\mathrm{cm^{-1}})$和 n 是经验

形状因子；λ 是经验形状参数；K_s是饱和水力传导率，cm/d。

潜在蒸散发用 Penman-Monteith 方法(Bormann et al.，1999)来进行计算。湿润土壤表面的蒸发量受气象条件控制，相当于土壤的潜在蒸发量 E_p。随着土壤水分状况下降，土壤变干，水力传导度随之降低，实际土壤蒸发量也会减少。实际蒸发用 Black 等研发的方程进行计算(Black et al.，1969)，这个方程表征了潜在蒸发、土壤表层的土壤含水量、详细的土壤经验参数。

受气象条件和作物特征控制的最大潜在作物吸水率定义为 T_p(cm/d)。考虑作物根系密度分布(Bouten，1992)，作物根系在土体某一层的吸水速率 $S_p(z)$为

$$S_p(z)=\frac{l_{root}(z)}{\int_{-D_{root}}^{0} l_{root}(z)\mathrm{d}z}T_p \tag{5-20}$$

式中，D_{root}为根系深度，cm；$l_{root}(z)$为根系密度，cm/cm^3；dz 为对根系深度积分。

考虑水盐胁迫对作物吸水的影响(Maas and Hoffman，1977；Feddes et al.，1978)，实际作物吸水 $S_a(z)$(d^{-1})表达为

$$S_a(z)=\alpha_{rd}\alpha_{rw}\alpha_{rs}S_p(z) \tag{5-21}$$

式中，α_{rd}、α_{rw}、α_{rs}是干旱、盐及湿润胁迫下的水分折减系数。

作物实际蒸腾量 T_a可由式(5-22)来表达：

$$T_a=\int_{-D\,root}^{0} S_a(z)\mathrm{d}z \tag{5-22}$$

2. 模型数据库的构建

SWAP 的 van Genuchten-Mualem(VGM)参数初始值详见表 5-36。VGM 初始参数通过测定的土壤性质[如土壤质地、容重、有机碳(表 5-1)]利用 pedotransfer 方法计算获得(Droogers，1999)(图 5-35，图 5-36)。在本书中，所有土壤层的 λ 取为 0.50(van Genuchten，1980)。综合尺度需求和地下水水位条件，系统的下边界条件选为自由排水。土体的初始条件压力水头由初始含水量获取。土壤蒸发系数的特殊土壤参数取值为 0.35cm/d$^{-0.5}$和 0.5cm(Black et al.，1969)。由水分胁迫引起的实际蒸散发的折减系数(作物根系吸水)在作物生长部分有说明。

表 5-36　土体不同土层的 VGM 初始参数

	土壤深度 /cm	残留含水量 θ_r/(cm^3/cm^3)	饱和含水量 θ_s/(cm^3/cm^3)	饱和水文电导 K_s/(cm/d)	含水量形状系数 α/(cm^{-1})	含水量形状系数 n
水田	0～15	0.11	0.50	74	0.0133	1.013
	15～30	0.11	0.50	58	0.0115	1.054
	30～60	0.12	0.51	13	0.0091	1.368
	60～90	0.12	0.52	7.6	0.0081	1.383
旱田	0～15	0.10	0.35	110	0.0121	1.022
	15～30	0.10	0.36	90	0.0110	1.031
	30～60	0.13	0.38	30	0.0105	1.454
	60～90	0.13	0.40	20	0.0095	1.570

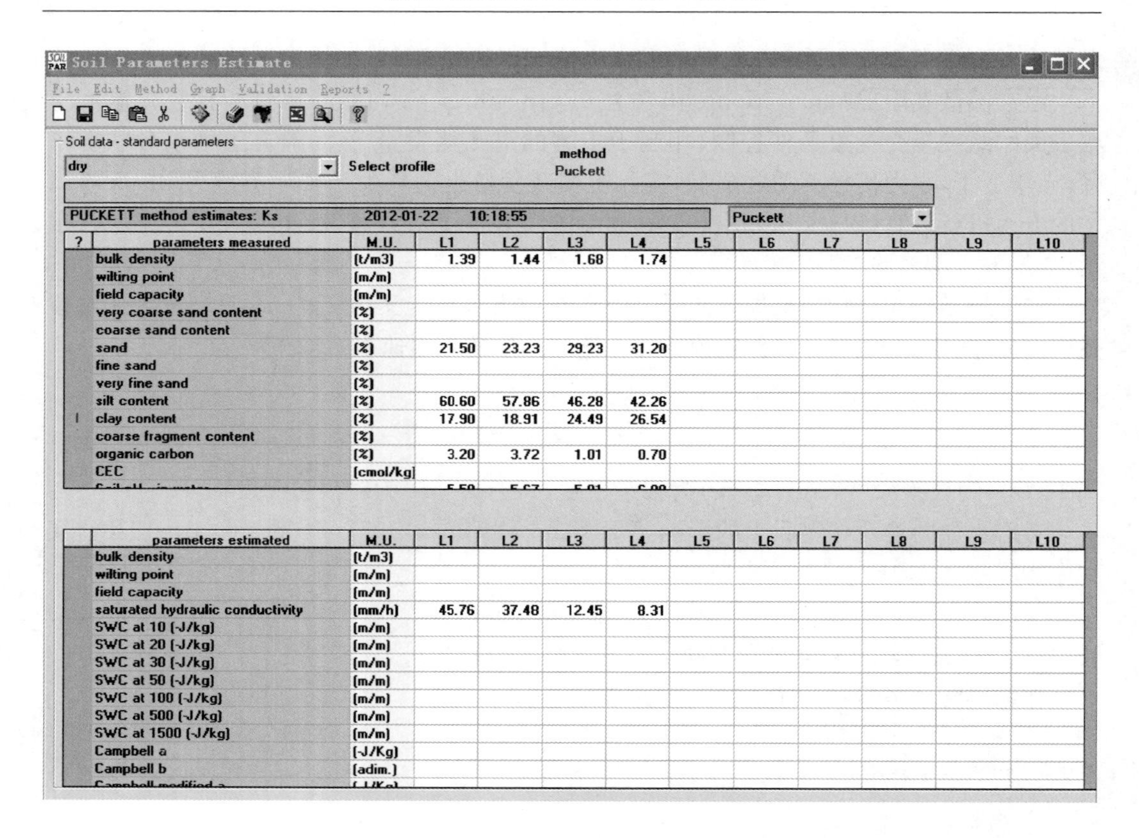

? parameters measured	M.U.	L1	L2	L3	L4	L5	L6	L7	L8	L9	L10
bulk density	[t/m3]	1.39	1.44	1.68	1.74						
wilting point	[m/m]										
field capacity	[m/m]										
very coarse sand content	[%]										
coarse sand content	[%]										
sand	[%]	21.50	23.23	29.23	31.20						
fine sand	[%]										
very fine sand	[%]										
silt content	[%]	60.60	57.86	46.28	42.26						
clay content	[%]	17.90	18.91	24.49	26.54						
coarse fragment content	[%]										
organic carbon	[%]	3.20	3.72	1.01	0.70						
CEC	[cmol/kg]										

parameters estimated	M.U.	L1	L2	L3	L4	L5	L6	L7	L8	L9	L10
bulk density	[t/m3]										
wilting point	[m/m]										
field capacity	[m/m]										
saturated hydraulic conductivity	[mm/h]	45.76	37.48	12.45	8.31						
SWC at 10 (-J/kg)	[m/m]										
SWC at 20 (-J/kg)	[m/m]										
SWC at 30 (-J/kg)	[m/m]										
SWC at 50 (-J/kg)	[m/m]										
SWC at 100 (-J/kg)	[m/m]										
SWC at 500 (-J/kg)	[m/m]										
SWC at 1500 (-J/kg)	[m/m]										
Campbell a	[-J/Kg]										
Campbell b	[adim.]										

图 5-35 数据资料输入 SOILPAR2.00 程序显示

USDA 7 Classes	
Fraction name	Diam. Mm
Clay	<0.002
Silt	0.002-0.05
Very Fine Sand	0.05-0.1
Fine Sand	0.1-0.25
Medium Sand	0.25-0.5
Coarse Sand	0.5-1
Very C. Sand	1-2

USDA 3 Classes	
Fraction name	Diam. Mm
Clay	<0.002
Silt	0.002-0.05
Sand	.05-2

图 5-36 用于 SOILPAR 2.00 的土壤粒径分类

作物生产，通过定义详细随生长阶段(DVS)变化的叶面积指数(LAI)利用作物生长模型进行模拟。DVS 通过温度积温的方法计算，前面提到作物生长期所需的积温也输入模型，作物收获时间的 DVS 定义为 2.00(Kroes et al.，2008)。除了现场测定的作物参数外，有关水分吸收的参数参考相关文献(Taylor and Ashcroft，1972；Wesseling，1991)。DVS、LAI、CH，以及其他作物相关参数详见表 5-37 和表 5-38。

表 5-37　作物生长期基本作物参数

	DVS	LAI/(h9m²/hm²)	CH/cm		DVS	LAI/(hm²/hm²)	CH/cm
水稻	0.00	0.05	11	玉米	0.00	0.05	1.0
	0.23	0.17	25		0.30	0.14	15.0
	0.51	0.87	62		0.50	0.61	40.0
	0.83	3.58	88		0.70	4.10	140.0
	1.21	4.34	98		1.00	5.00	170.0
	1.69	2.85	105		1.40	5.80	180.0
	2.00	2.45	110		2.00	5.20	260.0

表 5-38　作物生长模型主要作物参数

参　数	水稻	玉米
根系可以从土壤吸水的土壤水压力上限，HLIM1(cm)	−0.1	−15
土壤上层根系吸水不受水应力影响的土壤水压力上限，HLIM2U (cm)	−1.0	−30
土壤下层根系吸水不受应力影响的土壤水压力上限，HLIM2L (cm)	−1.0	−30
在高大气下根系吸水不受水应力影响的土壤水压下限，HLIM3H (cm)	−500	−325
在低大气下根系吸水不受水应力影响的土壤水压下限，HLIM3L (cm)	−900	−600
根系不再吸水的土壤水压(凋萎点)，HLIM4 (cm)	−8500	−8000
最小冠层阻力，RSC (s/m)	65	70

3. 模型的率定和验证

对于水田 2011 年 5～6 月的土壤含水量实测值用于率定 SWAP 模型，7～9 月的土壤含水量实测值用于验证 SWAP 模型。对于旱田，2011 年 4～5 月的土壤含水量实测值用于率定 SWAP 模型，6～9 月的土壤含水量实测值用于验证 SWAP 模型。经过率定后的 SWAP 模型，土壤各层含水量的模拟结果与实测值具有良好的相关性，R^2 均在 0.670 以上，深层 90cm 处的土壤含水量模拟效果最好，水田和旱田的 R^2 分别达 0.934 和 0.896 (图 5-37)。模型模拟结果的精确度用平均相对误差(MRE)和均方根误差(RMSE)表征：

$$\mathrm{MRE}=\frac{1}{N}\sum_{i=1}^{N}\left|\frac{S_i-M_i}{M_i}\right|\times 100\% \tag{5-23}$$

$$\mathrm{RMSE}=\sqrt{\frac{\sum_{i=1}^{N}(S_i-M_i)^2}{N}} \tag{5-24}$$

式中，M_i 和 S_i 分别是实测值和模拟值，N 是观测数据的量。MRE 和 RMSE 的值越小，表明模拟值与实测值的偏差越小、一致性越好。率定和验证的 MRE、RMSE 值如表 5-39 所示。率定后的 VGM 参数见表 5-40。

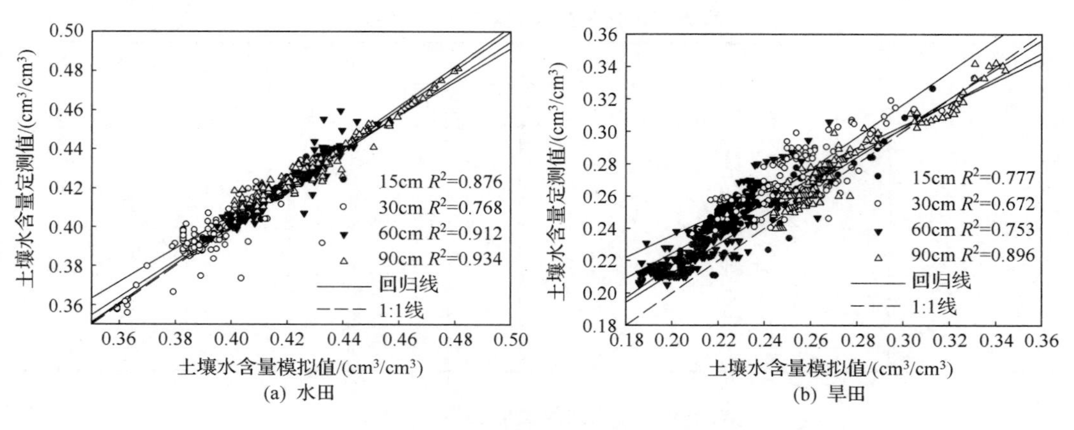

图 5-37 水田和旱田土壤水含量模拟值与实测值的相关性

表 5-39 模型参数率定和验证的 MRE 和 RMSE

			深度/cm			
			15	30	60	90
水田	率定	MRE/%	8.1	8.2	7.6	4.3
		RMSE/%	2.8	3.0	2.2	2.3
	验证	MRE/%	7.9	8.3	7.5	4.5
		RMSE/%	3.0	2.9	2.0	2.2
旱田	率定	MRE/%	7.5	7.9	7.4	2.9
		RMSE/%	2.1	2.2	2.1	1.1
	验证	MRE/%	7.6	7.7	7.5	2.7
		RMSE/%	2.0	2.3	1.9	0.9

表 5-40 率定后土体不同土层的 VGM 参数

	土壤深度/cm	残留含水量 θ_r/(cm³/cm³)	饱和含水量 θ_s/(cm³/cm³)	饱和水文电导 K_s/(cm/d)	含水量形状系数 α/(cm^{-1})	含水量形状系数 n
水田	0～15	0.11	0.50	74	0.0223	1.235
	15～30	0.11	0.50	58	0.0219	1.245
	30～60	0.12	0.51	13	0.0204	2.086
	60～90	0.12	0.52	7.6	0.0191	2.086
旱田	0～15	0.10	0.35	110	0.0227	1.548
	15～30	0.10	0.36	90	0.0220	1.545
	30～60	0.13	0.38	30	0.0214	2.075
	60～90	0.13	0.40	20	0.0214	2.075

4. 数据处理过程

通过率定的 SWAP 模型用来模拟 2010 年和 2011 年作物生长季的水分运动，包括田间水分平衡(I、RO、ET、Q)和作物根系吸水。作物耕作措施在模型中也有很好的表达。田间水分利用效率(WUE,kg/m^3)和雨水利用效率(RWUE,kg/m^3) 由式(5-25)～式(5-26)进行计算:

$$\mathrm{WUE} = \frac{1}{10}\frac{Y}{\mathrm{ET}} \tag{5-25}$$

$$\mathrm{RWUE} = \frac{1}{10}\frac{Y}{R} \tag{5-26}$$

式中,Y 是作物产量,kg/hm^2;ET 是土壤-作物系统季节性蒸散发,mm;R 是季节性降雨量,mm;在水田中灌水量 I_r 纳入 R 中进行降水利用效率的计算。由于单位换算,结果缩小 10 倍。

数据统计分析运用 SPSS 16.0 软件包进行。方差分析(ANOVA)用于计算不同年间水分利用效率有无显著差异。当 F 值达显著,运用 Duncan 多重分析最小显著差。为了分析水分分配与水分利用效率的关系,分别运用线性拟合对土壤湿润季节和干旱季节的日蒸散量和土壤水流失的日值进行分析。

5.4.2　试验结果与分析

1. 水田和旱田水平衡及作物根系吸水

根据水田 ZENO 气象站 2010 年和 2011 年 4～9 月降水量监测资料(图 5-38),总降雨量分别为 404mm 和 378mm。2010 年 4～9 月月均降水量为 67.3mm,最大降水量 112.8mm,最小年降水量 26.2mm,月际间降水量差异较大;2011 年 4～9 月均降水量为 63.1mm,最大降水量 134.4mm,最小年降水量 23.9mm,月际间降水量差异较大。水田 2010 年和 2011 年 4～9 月降水日数分别为 69d 和 59d,月均降水日数分别为 12d 和 10d。降水量的年内分配 2010 年呈双峰型,其特征为 5 月的雨峰和 7～8 月的雨峰,各月降水量都在 70mm 以上,这 3 个月的降雨量占全年总量的 72.7%;2011 年呈单峰型,其特征为 8 月的雨峰。两年的降水量相对比较集中在 7～8 月,两年中这两个月的降雨量分别占 4～9 月总降雨量的 55.1%和 53.1%。2011 年 4～6 月降水量相对较少,这 3 个月的降水量仅占全年总量的 21.7%。月均降水日数为 9d,比 4～9 月的月均降水日数少 1d,说明这三个月的日降雨量少;这一年月降水日数与月降水量的分布并不一致,主要是由于日降水

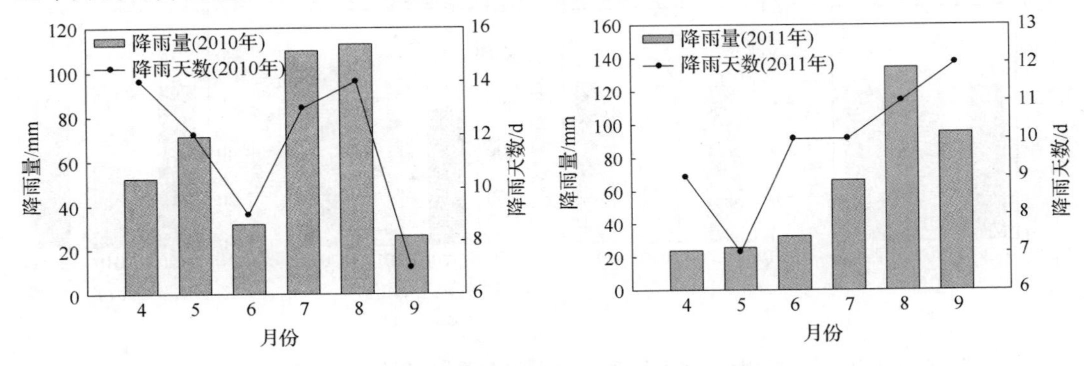

图 5-38　水田 2010 年和 2011 年的月降雨量和降雨日数

量的差异引起的。2010 年和 2011 年 4～9 月降水日数分别为 69d、59d。2010 年 7 月、8 月的降雨量分别为 2011 年 7 月、8 月降雨量的 1.64 倍、0.84 倍。2011 年 9 月的降雨量比 2010 年 9 月高出 69.3mm。日最大降雨量主要出现在 7 月、8 月(表 5-41)，这时处于雨季；特别的是，2011 年 9 月的日最大降雨量达 48.3mm，比同年 7 月的日最大降雨量大；日最小降雨量在各月之间的波动并不明显。

表 5-41　各月的日最大降雨量及其在月总降雨量的比例

月份	DRA^{*}_{max}/mm		DRA_{min}/mm		DRA_{max}百分比/%	
	2010 年	2011 年	2010 年	2011 年	2010 年	2011 年
4 月	11.5	9.91	0.20	1.02	22	42
5 月	27.8	7.11	0.70	0.51	39	28
6 月	14.5	19.6	0.25	0.25	46	60
7 月	29.2	26.9	0.25	0.76	27	40
8 月	34.3	58.9	0.25	0.25	30	44
9 月	10.2	48.3	0.25	0.25	39	51

* DRA_{max}为每天的最大降雨量。

玉米的生产主要由充足的太阳辐射、雨量、夏季高温保证。旱田 ZENO 气象站 2010 年和 2011 年的气象数据，以及收集的长年气象数据如图 5-39 所示。7 月初开始雨季，有小的降雨事件(5mm/d)；主要降雨期在 7～9 月期间，这期间的最大降雨量达 64mm/d。2010 年的最高气温是 37.1℃，比过往 46 年(1964～2009 年)的平均最高气温高；2011 年的最高气温与 46 年的平均最高气温差不多；2010 年和 2011 年的最低气温均比 46 年的平均最低气温低。2010 年和 2011 年的年降雨量分别为 625mm 和 757mm，均高于 46 年的年均降雨量(575±121)mm(平均值±标准差)。46 年间，最大年降雨量达 872mm，最小年降雨量仅有 385mm。2010 年和 2011 年作物生长季的降雨量差别很大，分别为 317mm 和 459mm；2010 年 7 月、8 月、9 月的降雨量分别为 134.2mm、118.1mm 和 28.4mm；2011 年 7 月、8 月、9 月的降雨量分别为 98.3mm、209.3mm 和 121.2mm。2011 年的 9 月的降雨相对于 2010 年来得太晚，对作物成熟期籽粒生物量的累积及最终产量有重要的影响。

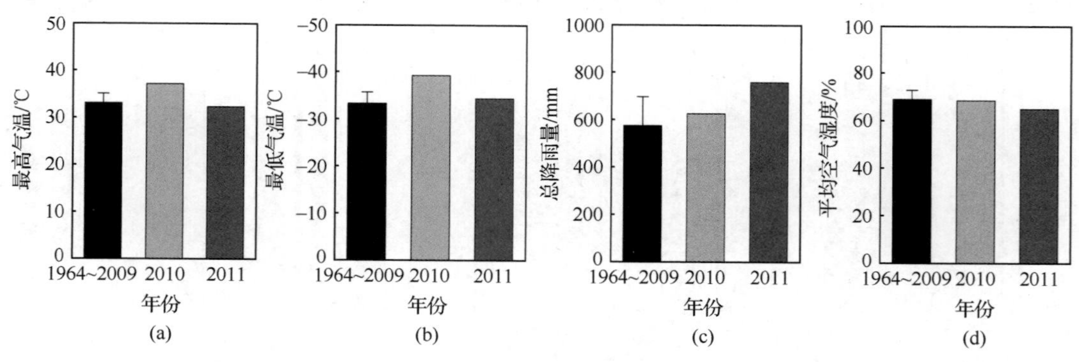

图 5-39　46 年年均值与旱田 2010 年和 2011 年最高气温、最低气温、降雨量及空气湿度的比较

基于作物生长阶段的变化，水田作物对土壤水分吸收在不同土壤层波动变化如图 5-40。以作物根系在不同土壤层吸收水分的频率为 y 轴，以作物根系在不同土壤层吸收水分占当期从所有土壤层吸收水分总和的比例为 x 轴，在某一土壤层，作物根系吸水具有高频率和高比例就认为是作物根系吸水的主要范围。苗期时，0～15cm 土壤层的吸水比例占 60%～100%，在以后的生长期中，作物从 0～15cm 土壤吸水比例降低至40%～63%、20%～50%、40%～50%；水稻根系从 0～15cm 土壤的吸水频率最高为0.54～0.96。苗期，作物在 15～30cm 的吸水频率最高为 0.15，分蘖期最高达 0.58，穗期和成熟期最高吸水频率也都在 0.50 以上。穗期水稻在 0～15cm、15～30cm、30～60cm 土层的最大吸水比例为 40%～60%，吸水频率均在 0.40 以上。从深层土壤的吸水说明出现土

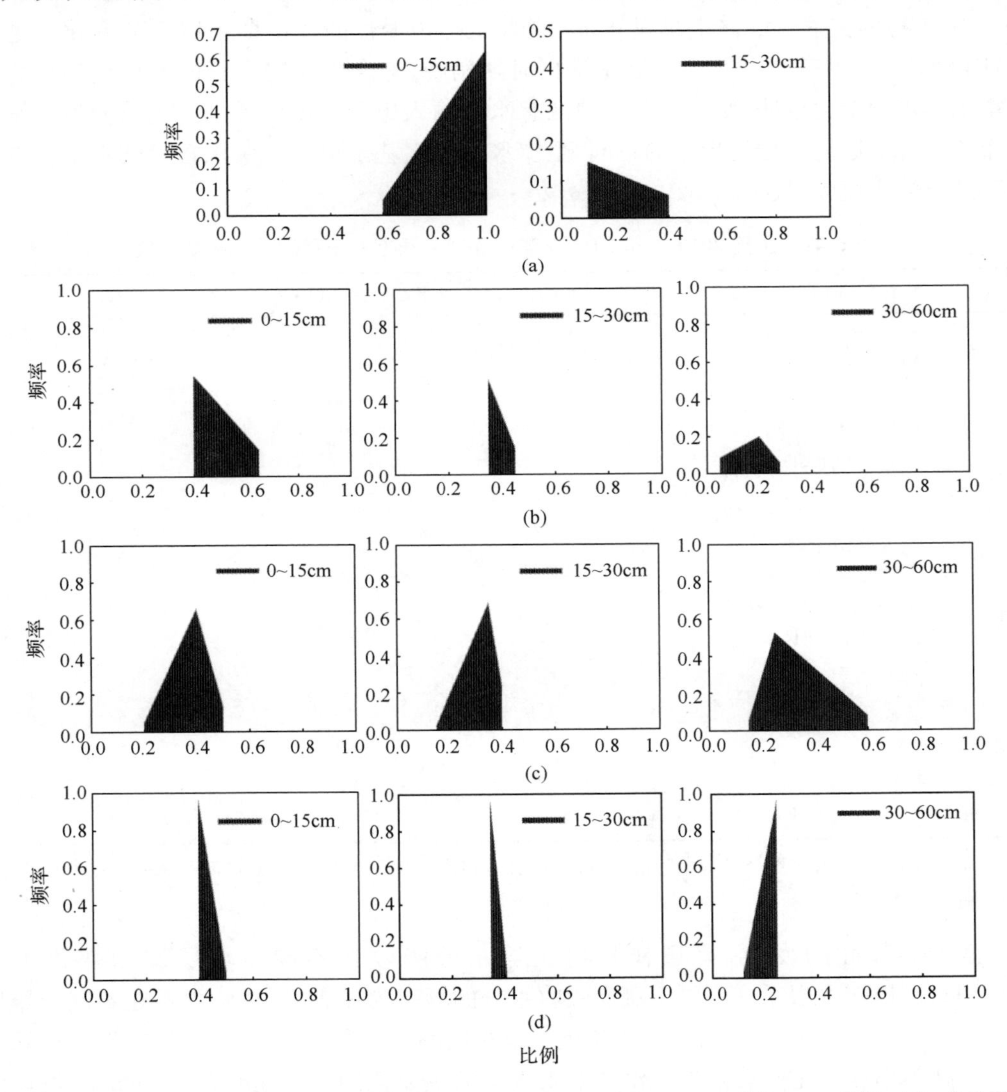

图 5-40　水稻根系对不同土层水分吸收的柱状图分布(a) 苗期、(b) 分蘖期、(c) 穗期、(d) 成熟期

注：苗期 30～60cm 没有数据，整个生长期 60～90cm 没有数据

壤相对低湿期。随后的成熟期，各层吸水频率相似，浅层 0～15cm 的吸水比例保持在 50%，15～30cm 的吸水比例保持在 40%，30～60cm 的吸水比例由穗期的 60%降低至 25%，即到成熟期，作物吸水的主要深度又返回到了土壤浅层。总体上，水稻的每个生育期中，根系主要从 30cm 以上土层吸水。

水稻生长期的田间水平衡见表 5-42，在 2010 年和 2011 年的相对低湿期，土体中仍有向下的水分迁移，向下水分迁移的速率分别是 1.6mm/d 和 1.0mm/d。从整个作物生长期看，2010 年作物生长季土壤水分的变化是负值；无作物生长的泡田期土壤储水量变化的负值可能是泡田时间早，冻土还没完全融化，使得土体水分充足，易于产生水流；综合无作物生长的泡田期和作物生长季土体水分变化说明 2010 年间水分从田间向外流失。2011 年作物生长季土壤储水量呈正值变化，无作物生长的泡田期土壤水分变化也是正值，因为这一年没有产生 RO，可能是泡田时期稍晚；综合无作物生长的泡田期和作物生长季土体水分变化说明 2011 年其他地区有水分输入田间。由于考虑了土壤质地在垂向分布的差异引起的水分传导率的不同，土体水流失比基于单一土壤水含量的水平衡方程估算的土体水流失量小。

表 5-42 水田 2010 年和 2011 年整个作物生长期和干旱期的水平衡特征

	时期	R^*	I_r	ET	RO	I	Q	ΔS
2010 年	7 月 2～20 日（干旱期）	86.6	60.0	87.2	0.00	0.00	−30.2	29.2
	4 月 15 日～5 月 14 日（积水期）	55.8	70.0	32.0	99.5	0.00	−7.64	−13.34
	5 月 15 日～10 月 1 日（年生长季）	320.8	170	464	0.00	0.00	−201.7	−174.9
2011 年	7 月 19 日～8 月 14 日（干旱期）	115.3	40.0	130	0.00	0.00	−25.9	−0.60
	4 月 20 日～5 月 14 日（积水期）	36.3	130	30.2	0.00	0.00	−0.86	135.2
	5 月 15 日～10 月 2 日（年生长季）	338.0	120	436.7	0.00	0.00	−124.4	−103.1

* 单位：mm，R 为降雨量；ET 为实际蒸发量；RO 为净流量；I 为截留量；Q 为底部通量；ΔS 为土壤水储量的变化。

基于季节性的变化，旱田作物对土壤水分吸收在不同土壤层波动变化很大（图 5-41）。以作物根系在不同土壤层吸收水分的频率为 y 轴，以作物根系在不同土壤层吸收水分占当期从所有土壤层吸收水分总和的比例为 x 轴，在某一土壤层，作物根系吸水具有高频率和高比例就认为是作物根系吸水的主要范围。苗期时，0～15cm 土壤层的吸水比例占 33%～100%，在以后的生长期中，作物从 0～15cm 土壤吸水比例降低到 25%～33%。拔节期，作物根系在各层吸水的比例一样，但吸水频率明显高于苗期，说明作物这个时期的需水量在增加。随后的灌浆期，30～60cm 层是四层中具有最大的吸水频率。而到成熟期，作物吸水的主要深度又返回到了土壤浅层。总体上，玉米的每个生育期中，玉米根系主要是从 60cm 以上土层吸水。

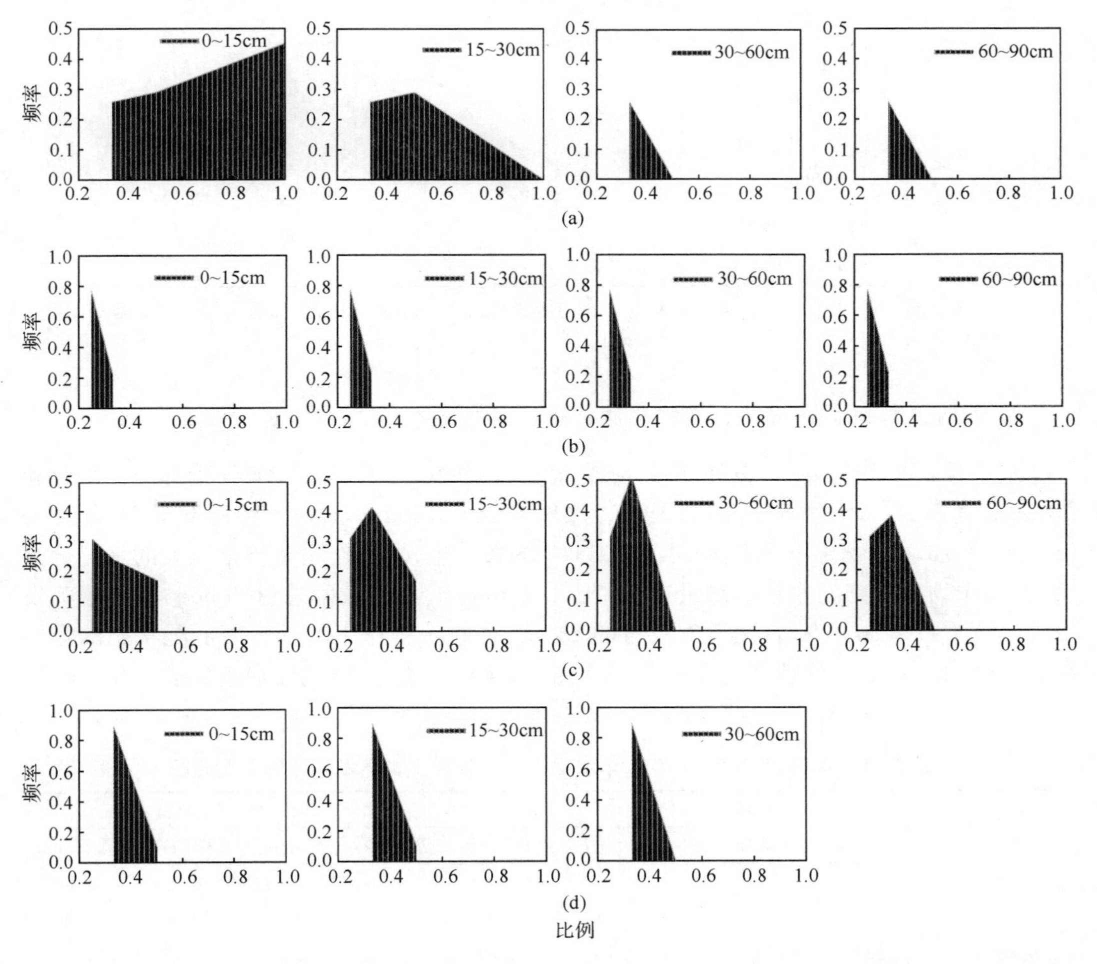

图 5-41　玉米根系对不同土层水分吸收的柱状图分布(a) 苗期、(b) 拔节期、(c) 灌浆期、(d) 成熟期

注：成熟期在 60～90cm 层没有数据

玉米生长期的田间水平衡见表 5-43，在 2010 年和 2011 年的干旱期，土体中有向上的水分迁移，这是降雨、蒸散发流失、土壤储水量变化的平衡结果。2010 年和 2011 年的向上水分迁移的速率分别是 0.5mm/d 和 2.1mm/d。土壤水分的向上迁移确保了玉米在无灌溉水分条件下的适宜生长。由于考虑了土壤质地在垂向分布的差异引起的水分传导率的不同，与基于单一土壤水含量的水平衡方程估算的土体水流失量相比，几乎没有，看来在雨养的条件下，水分主要供给系统需水，还有部分地表径流。从整个作物生长期看，2010 年土壤储水量变化是负值，即 2010 年间水分从田间向外流失；2011 年土壤储水量的正值变化，说明其他地区有水分输入田间。

表 5-43　旱田 2010 年和 2011 年整个作物生长期和干旱期的水平衡特征

	时期	R^*	ET	RO	I	Q	ΔS
2010 年	6 月 28 日～7 月 18 日（干旱期）	48.8	58.9	0.00	1.20	0.00	−11.3
	6 月 8 日～11 月 9 日（1 年生长季）	318	320	2.20	25.2	0.00	−29.4
2011 年	7 月 13 日～8 月 12 日（干旱期）	50.8	90.5	12.6	9.60	0.00	−61.9
	5 月 30 日～9 月 30 日（1 年生长季）	459	346	23.5	27.6	0.00	61.5

* 单位：mm，R 为降雨量；ET 为实际蒸发量；RO 为净流量；I 为截留量；Q 为底部通量；ΔS 为土壤水储量的变化。

2. 不同生长期土壤蒸发和作物蒸散特征

水稻生长季的蒸散量表征了作物需水量在 2010 年和 2011 年分别是 463mm 和 444mm（表 5-44），作物蒸腾的日均值为（2.40±0.13）mm/d，土壤蒸发的日均值为（1.09±0.16）mm/d。纵观 2010 年和 2011 年的整个生长期，作物蒸腾是最大的水分分配量，整个作物生长期的作物蒸腾量达（297±4.1）mm/a，占蒸散发总量的 66%。土壤蒸发量为（157±17.1）mm/a，占蒸散发总量的 24%。作物蒸腾作用由于土壤低湿状态的减弱在 2010 年和 2011 年分别表现在分蘖和孕穗、孕穗和齐穗，蒸腾量分别减少了 3.87mm 和 15.8mm。

表 5-44　水田 2010 年和 2011 年水稻不同生长期土壤蒸发和作物蒸腾特征

生长阶段[a]	2010 年				2011 年			
	T/mm	E/mm	$T/(T+E)$	T_r[b]/mm	T/mm	E/mm	$T/(T+E)$	T_r/mm
泡田期	0.00	32.0		0.00	0.00	20.2		0.00
苗期	27.5	40.2	0.41	0.00	15.3	30.8	0.33	0.00
分蘖期	125	39.7	0.76	2.69	127	37.1	0.77	0.00
孕穗期	78.6	29.0	0.73	1.18	85.0	17.6	0.83	10.3
齐穗期	49.3	47.8	0.51	0.00	58.5	40.0	0.59	5.51
成熟期	13.9	12.0	0.54	0.00	14.3	19.0	0.43	0.00
生长季	294.3	168.7	0.64	3.87	300.1	144.5	0.68	15.8
	T/(mm/d)	E/(mm/d)	$T/(T+E)$		T/(mm/d)	E/(mm/d)	$T/(T+E)$	
最大值	6.31	3.50	0.89		5.80	3.50	0.90	
平均值	2.50	1.20	0.51		2.31	0.97	0.55	

a 2010 年模拟时期为 4 月 15 日～5 月 14 日（泡田期），5 月 15 日～6 月 11 日（苗期），6 月 12 日～7 月 16 日（分蘖期），7 月 17 日～8 月 6 日（孕穗期），8 月 7 日～9 月 11 日（齐穗期），9 月 12 日～10 月 1 日（成熟期）；2011 年模拟时期为 4 月 20 日～5 月 14 日（泡田期），5 月 15 日～6 月 10 日（苗期），6 月 11 日～7 月 10 日（分蘖期），7 月 11 日～8 月 8 日（孕穗期），8 月 9 日～9 月 10 日（齐穗期），9 月 11 日～10 月 2 日（成熟期）。

b T_r表示由于干旱引起的 T 减少。

作物生长季的蒸散量表征了作物需水量在2010年和2011年分别是320mm和346mm(表5-45)，作物蒸腾的日均值2.13mm/d，土壤蒸发的日均值0.58mm/d。纵观2010年和2011年的整个生长期，作物蒸腾是最大的水分分配量，整个作物生长期的作物蒸腾量达(264±4.8)mm/a，占蒸散发总量的79%。土壤蒸发量为(68.5±14)mm/a，占蒸散发总量的20%。在两季生长期，7月的降雨量均高于46年的均值。两年的干旱期分别发生在不同的时间段，使得两季生长期同一生长阶段的蒸散量有所差异。作物蒸腾作用在灌浆期的减弱主要是由于土壤干旱的条件引起的，由于干旱蒸腾量减少了84.5mm，玉米即将步入成熟期。作物蒸腾量占蒸散量的比例在两季生长期之间没有显著差异，8月15日～9月15日这个时间段除外，这段时间2011年的降雨量比2010年这段时间的降雨量高出97mm。

表5-45　旱田2010年和2011年玉米不同生长期土壤蒸发和作物蒸腾特征

生长阶段[a]	2010年				2011年			
	T/mm	E/mm	$T/(T+E)$	T_r[b]/mm	T/mm	E/mm	$T/(T+E)$	T_r/mm
苗期	14.2	17.5	0.45	0.00	22.1	26.9	0.45	0.00
拔节期	64.1	11.8	0.84	10.6	110	26.6	0.81	18.2
灌浆期	129	18.1	0.87	2.20	46.1	16.1	0.74	84.5
成熟期	53.6	11.2	0.81	0.10	89.5	8.84	0.91	0.00
合计	261	58.6	0.81	12.9	268	78.4	0.77	103
	T/(mm/d)	E/(mm/d)	$T/(T+E)$		T/(mm/d)	E/(mm/d)	$T/(T+E)$	
最大值	6.38	3.50	0.92		6.50	7.67	0.91	
平均值	2.10	0.47	0.71		2.16	0.63	0.72	

a 2010年模拟时期为6月8日～6月28日(苗期)，6月29日～7月23日(拔节期)，7月24日～8月23日(灌浆期)，8月24日～10月9日(成熟期)；2011年模拟时期为5月30日～6月29日(苗期)，6月30日～7月25日(拔节期)，7月26日～8月23日(灌浆期)，8月24日～9月30日(成熟期)。

b T_r表示由于干旱引起的T减少。

3. 水分利用效率

作物生长季土壤-作物系统的蒸散发所表征的作物需水量与土壤水流失量共同作用于田间水分利用效率的高低。水稻插秧前，即泡田期，淹水的稻田土壤日蒸发量速率比90cm土壤水流失速率高(图5-42)。土壤低湿期(7月19日～8月14日)数据点全部位于1:1线以下，说明这个时期系统蒸散发大于土体水流失；土壤蒸发引起的土壤水分的减少可由深层土壤水分的毛管上升水分补充。土壤湿润期(除7月19日～8月14日外的作物生长期)土壤水流失速率与蒸散速率的数据呈分散状态，但可以看出，大量点分布在1:1线下，说明水田中蒸散发量比土壤流失速率大；土壤水流失速率和蒸散速率在0～0.5mm/d之间的点较好地分布在1∶1线周围。

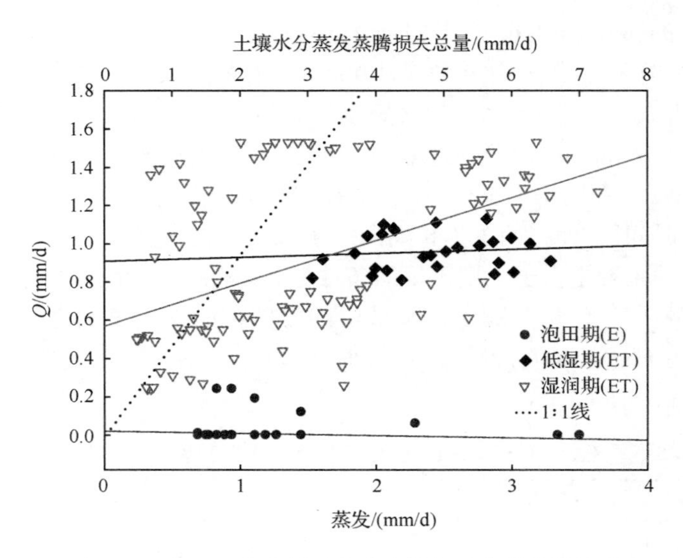

图 5-42 水田土体底部日水流失量与日蒸散发的关系

水田 2010 年和 2011 年的作物产量、雨水利用效率存在显著差异($p<0.01$),两期生长季的水分利用效率差异不显著(表 5-46)。与 2011 年水分利用效率和雨水利用效率相比,2010 年的水分利用效率和雨水利用效率分别比其高出 5.65%和 18.5%。这是 2010 年作物产量较大、降雨量和灌水量较低的共同结果。

表 5-46 水田两期作物生长季的水分利用效率和雨水利用效率

年份	R^*/mm	I_r/mm	ET/mm	Y/(kg/hm²)	WUE/(kg/m³)	RWUE/(kg/m³)
2010	320.8	240	464	8625±219a	1.87a	1.59a
2011	338.0	250	444	7874±237b	1.77a	1.34b
方差 F 概率				**	ns	**

注:相同的字母出现在同一列表示没有显著性差异;* 生长季的降雨量。

作物生长季土壤-作物系统的蒸散发所表征的作物需水量与土壤储水量变化共同作用于田间水分利用效率的高低。玉米出苗前,裸地的土壤日蒸发量速率比 0~90cm 土体土壤储水量减少速率高。5 月 30 日~9 月 30 日土壤储水量减少速率与蒸散速率的关系数据呈分散状态(图 5-43),但可以看出,土壤储水量减少速率和蒸散速率在 0.5~1mm/d 之间的点较好地分布在 1∶1 线周围。干旱季节土壤储水量减少速率在 2.0mm/d 以下的点也很好的分布在 1∶1 线周围。结果表明土壤蒸发引起的土壤水分的减少可由深层土壤水分的毛管上升水分补充。

旱田 2010 年和 2011 年的作物产量、水分利用效率存在显著差异($p<0.01$),两期生长季的雨水利用效率差异更加显著($p<0.001$)(表 5-47)。与 2011 年水分利用效率和雨水利用效率相比,2010 年的水分利用效率和雨水利用效率分别比其高 25%和 67%。这是 2010 年作物产量较大、蒸散量和降雨量较低的共同结果。

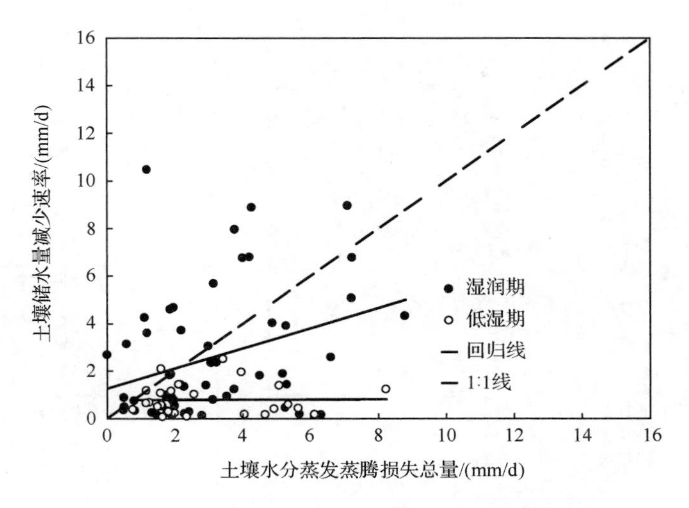

图 5-43　旱田土壤水日流失量与日蒸散发的关系

表 5-47　旱田两期作物生长季的水分利用效率和雨水利用效率

年份	R^*/mm	ET/mm	Y/(kg/hm²)	WUE/(kg/m³)	RWUE/(kg/m³)
2010	317.6	319.5	8250±238a	2.58a	2.60a
2011	458.5	346.1	7125±331b	2.06b	1.55b
方差 F 概率			**	**	***

注：相同的字母出现在同一列表示没有显著性差异；* 生长季的降雨量。

5.5　冻融条件下水田和旱田的水文特征

5.5.1　材料和方法

1. 试验点概括

选取的试验点(图 5-44)冬季白天和夜间的平均气温分别为－13.2℃和－20.5℃。月均气温 0℃以下的时间长达 6 个月，冻融期土壤的最大冻结深度大约为 141cm(Hao et al.,2012)。冬季没有作物种植，也没有进行任何耕作措施。在来年春天 4 月中旬，水田会实施泡田，随后施肥，为水稻插秧做好准备工作。

2. 现场监测和样品采集

由于本书目的在于通过对主要农田土地类型土壤冻融期水分特征的研究，从而指导农业生产管理。作物根系最深为旱田玉米的根系，约 90cm(Hao et al.,2013)，因此，选取 0～90cm 的土体厚度的水分运移及其累积特征为研究对象。试验开始于 2010 年 10 月，分别于 2010 年 10 月(作物收获后，土壤冻结前)和 2011 年 4 月(冻土正处于融化后期，施肥前)在田间随机选取 3 点采集土壤样品(0～10cm、10～20cm、20～30cm、30～40cm、40～50cm、50～60cm、60～70cm、70～80cm、80～90cm)存于塑封袋中，用于测定分析有

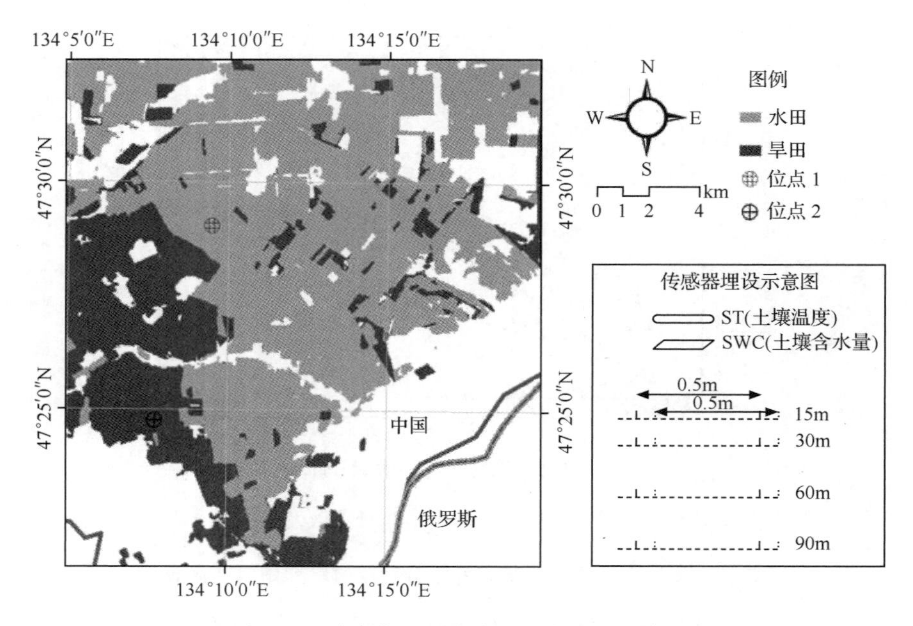

图 5-44　冻融期观测点位置及主要监测参数

效氮(AN)、总磷(TP)、有效磷(AP);另外于 2011 年 4 月在田间选取 5 点采集土壤样品(0～15cm、15～30cm、30～60cm、60～90cm),用于率定土壤含水量传感器。两个试验点土壤的基本理化性质参见表 5-1。

土壤冻融期连续的气象数据通过两个试验点的小型气象站获取(Coastal,Seattle,WA,USA)(图 5-45,表 5-48)。每个试验田埋设 8 个铂制土壤温度传感器(Thermistor,Coastal,Seattle,WA,USA),传感器分布于土壤 15cm、30cm、60cm、90cm 深度处(定义为

图 5-45　冻融期现场观测图片

D15、D30、D60、D90)。另外在D15、D30、D60、D90还埋设有8个土壤湿度传感器(TDR type,Coastal,Seattle,WA,USA)以测定土壤含水量。埋设完传感器后,土壤分层回填。在埋设传感器前,传感器在采集的原状土中以10℃相对较低的土温进行了率定,减少温度对传感器敏感性的影响(Birchak et al.,1974;Pepin et al.,1995)。埋设入土的传感器通过24h的数据观测,使之监测达到稳定平衡。所埋设土壤含水量传感器的构造能够达到现场土壤深度监测的要求,相比于电容法测定土壤含水量的传感器而言,具有更精确和灵敏的测定结果(Evett et al.,2012),和具有较小的盐分影响性和构造影响(表5-49)。土壤温度和土壤湿度传感器以0.5m的水平间距设置两个重复,尽量避免土壤异质性的差异。土壤温度和湿度传感器与由埋设深度决定的60～150cm不等长的数据传输线相连。气象数据、土壤温度和土壤湿度每60min记录一次,监测时间为2011年11月30日～2012年5月5日。

表5-48　冻融期水田和旱田现场观测指标

观测要素	高度/cm
风速/(m/s)	300
风向/(°)	300
气温/℃	200
比湿度/%	200
降雨量/mm	000
辐射量/(W/m^2)	200
土壤温度/℃	−15，−30，−60，−90
土壤湿度/(m^3/m^3)	−15，−30，−60，−90

表5-49　土壤温度和土壤含水量传感器的精确度

参数	土壤温度传感器	土壤含水量传感器
精确度	0.2℃	±0.02水体积分数
范围	≤75℃	从完全干燥到完全饱和

大气温度、土壤温度、土壤含水量以24 h的平均值进行计算分析。土壤初始温度和含水量条件在水田和旱田开始冻结时进行监测,监测时间分别为2011年12月10日和2011年11月30日;最终含水量状态在2012年5月5日进行监测。值得一提的是,在水田中,单独考虑了2012年4月19日土壤水分状况,因为4月20日水田进行了灌水处理。为了更清晰直观的了解土壤冻融特征(水分垂向迁移、冻结锋面、融化锋面),选取每3天的监测数据制作土壤含水量动态变化曲线图。

3. 统计分析方法

数据的统计分析处理运用SPSS 16.0软件包。在进一步分析之前,先进行Levene分析评估方差的同质性。冻土剖面土壤含水量的变异系数(C_V)用来评价整个研究期土壤水分的动态变化。多元线性模型(GLM)过程用来分析水田和旱田冻融过程中不同土层

(D15、D30、D60、D90)土壤温度对土壤含水量的影响。Pearson 相关系数用来分析不同土层土壤含水量之间的关系。水田和旱田之间同层土层初始和最终含水量的显著变化用 Fisher's protected least significance difference(LSD)检验($p<0.05$)来评价,并标上不同的小写字母以示差异显著。水田和旱田不同土层之间的显著变化用 LSD 检验($p<0.05$)来评价,并标上不同的大写字母以示差异显著。Crosstabs(chi-square tests)分析用来评价从土壤冻结开始之日到完全融化之日水田和旱田每层土壤温度在 0℃以下和土壤含水量在 0.20cm³/cm³ 以下的频率差异。

5.5.2 试验结果与分析

1. 不同深度土壤的冻结初始条件

从土壤温度和土壤含水量的变化曲线中,定义土壤冻结期为土壤温度在 0℃上下波动变化和土壤含水量降低的时间点。土壤冻结开始前分析了土壤剖面不同深度土壤的初始土壤含水量对不同深度土壤冻结过程的影响。水田(2011.12.10)和旱田(2011.11.30)土壤开始冻结前不同深度土壤温度和含水量的分布如图 5-46 所示。对于旱田,土壤冻结开始前除了 D15 土壤温度低于 0℃(−0.74℃),其余土层的土壤温度均高于 0℃。水田 15~60cm 的土壤温度比旱田相应土层的土壤温度高 0.74~1.06℃,水田 D90 的土壤温度比旱田 D90 的土壤温度低 0.69℃。水田土壤冻结前各层的土壤含水量均高于旱田冻结前各层土壤含水量。水田 D15 的土壤含水量比旱田 D15 的土壤含水量高出 2 倍。水田 D30、D60 和 D90 的土壤含水量比旱田相应土层高出 0.01~0.02cm³/cm³。因此,与水田表层土壤 0.23cm³/cm³的含水量相比,旱田在冻结前的 D15 的残余土壤含水量只有 0.12cm³/cm³,旱田处于相对较干的水分状态。

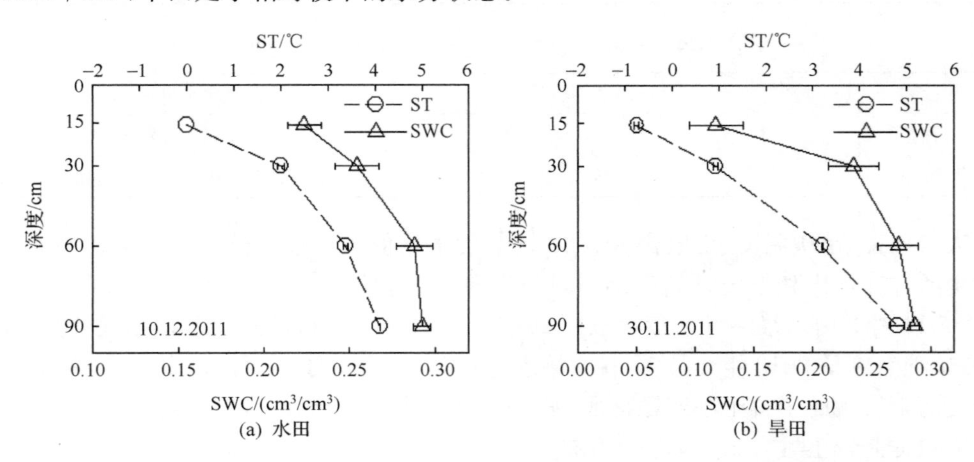

图 5-46 水田(a) 和旱田(b) 土壤开始冻结的初始土壤温度(虚线)和土壤含水量(实线)

2. 不同深度土壤的冻融过程

大气温度(AT)以 24h 的均值表现的动态变化曲线,以及 D15、D30、D60、D90 的土壤温度(ST)以 24h 的均值表现的 contour 图如图 5-47 所示。表层土壤(D15)温度 0℃ 以下首先于 2011 年 11 月 30 日出现在旱田，随后于 12 月 10 日出现在水田表层(D15)。从 2012 年 1 月 11 日的 contour 图可以发现，旱田土壤的冻结过程是一个平稳逐步进行的过程，而水田，虽然开始冻结的时间晚，但一旦开始冻结其冻结过程很快。在土壤开始冻结阶段，气温稳定在−10℃以下。当土壤开始冻结，近地表土壤层(15～20cm)的土壤温度在 0℃上下明显波动。整个监测期中，水田和旱田的最低土壤温度都能达到−6℃，只是在水田，最低温度随土层往下出现在 20cm 深度处，旱田达到了 45cm 深度处。直到 3 月 28 日，剖面土壤温度开始增加到 0℃以上。为了更好地了解气温变化对土壤温度的影响，土壤温度与气温的关系分析如图 5-48 所示，浅层(D15 和 D30)土壤温度对气温的变化有很好的响应，尤其是旱田 D15 的土壤温度，线性拟合的 R^2 达到 0.693；深层土壤温度受气温变化的影响较小。

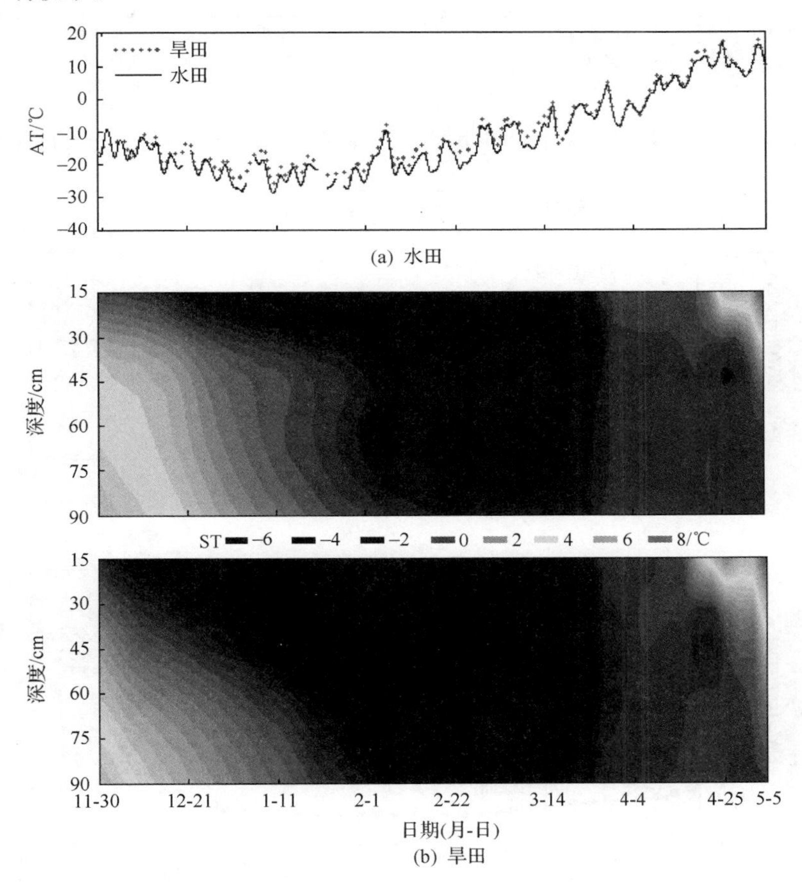

图 5-47　冻融期土壤不同深度(15cm、30cm、60cm、90cm)土壤温度和气温的动态变化

整个监测期水田和旱田土壤含水量的时空分布如图 5-49 所示，以及通过土壤含水量的变化表征的冻结锋面和融化锋面。2011 年 12 月 10 日～18 日，是水田 D15 的快速冻结期，因为这段期间气温也从−12.5℃降低至−21.7℃，对应土层的土壤温度从 0.00℃降低至−1.05℃。在水田和旱田中，土壤含水量在土壤冻结达到冻结锋面后降低约 10%～40%，这可能是因为土壤冻结前土壤温度已经在逐渐降低；随后土壤含水量有略微

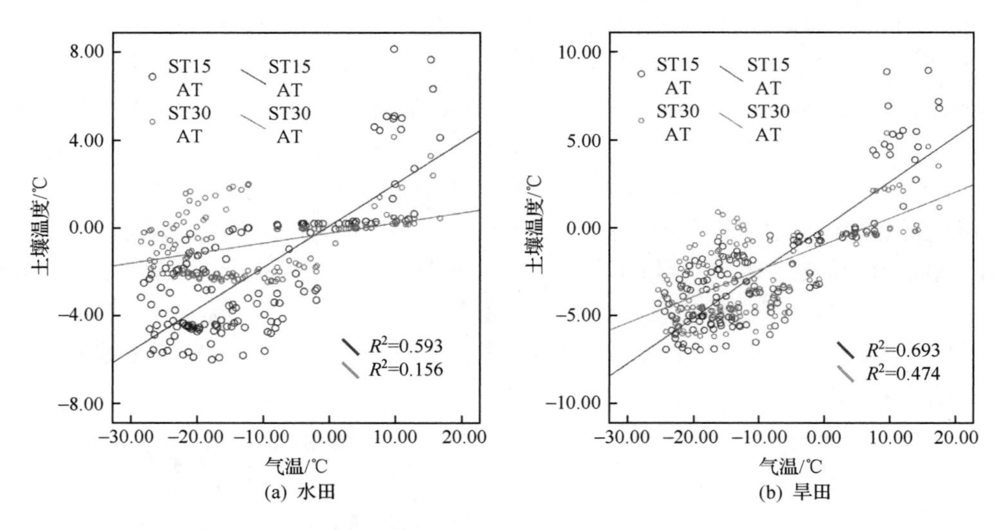

(a) 水田　　(b) 旱田

图 5-48　冻融期水田(a) 和旱田(b) 浅层土壤温度(15cm 和 30cm)与气温的关系

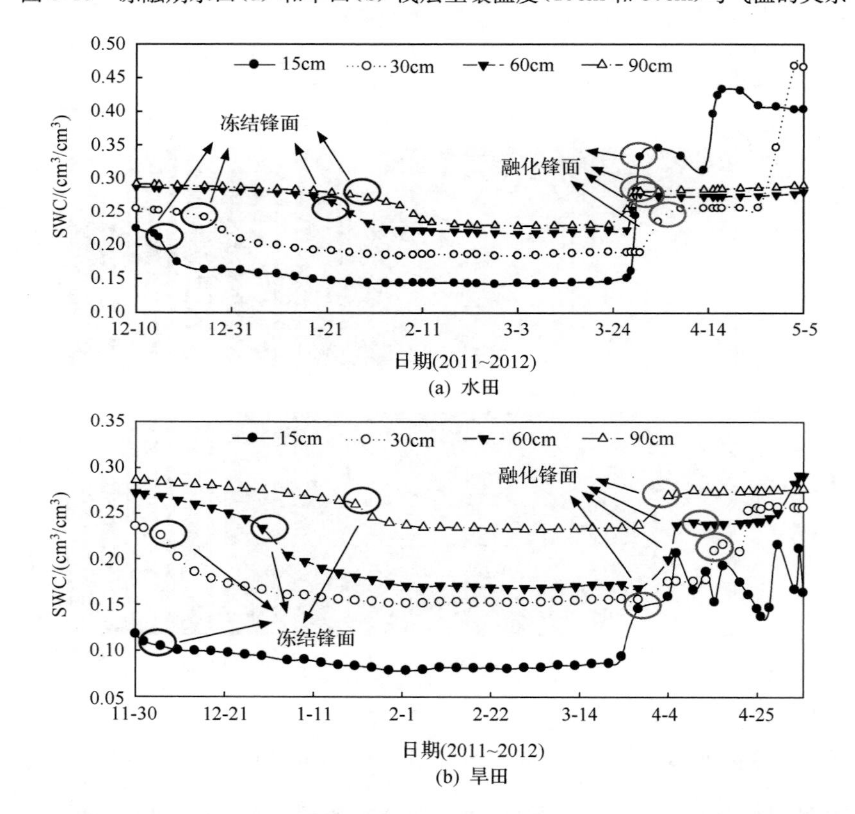

(a) 水田

(b) 旱田

图 5-49　水田和旱田冻融期、不同深度(15cm、30cm、60cm、90cm)土壤含水量的动态变化及冻结锋面和融化锋面的表征

增加，暗示了有部分土壤水向上迁移。考虑各土层不同的冻结时间，从土壤含水量变化的曲线看，每层土壤的冻结遵循一定的变化趋势；D15 土壤含水量的变化曲线持续 2 个月的

平稳期。关于从土壤冻结转变到冻融的中间稳定期，浅层的稳定期比深层的稳定期长。从图5-50可知土壤温度在2012年3月28日～5月5日波动明显，这个时期土壤含水量变化波动也明显（图5-50）。此时，水田D15、D30、D60、D90的土壤含水量分别增加151％、147％、11％、7％；旱田D15、D30、D60、D90的土壤含水量分别增加12％、65％、73％、17％；浅层D15的土壤含水量变化尤为显著。水田和旱田D15的土壤含水量变化的变异系数分别为0.48和0.33。水田D15的土壤温度在3月28日～4月14日是稳定的，这种等温状态可能是因为融化的冰相变转移时土壤温度的稳定性。

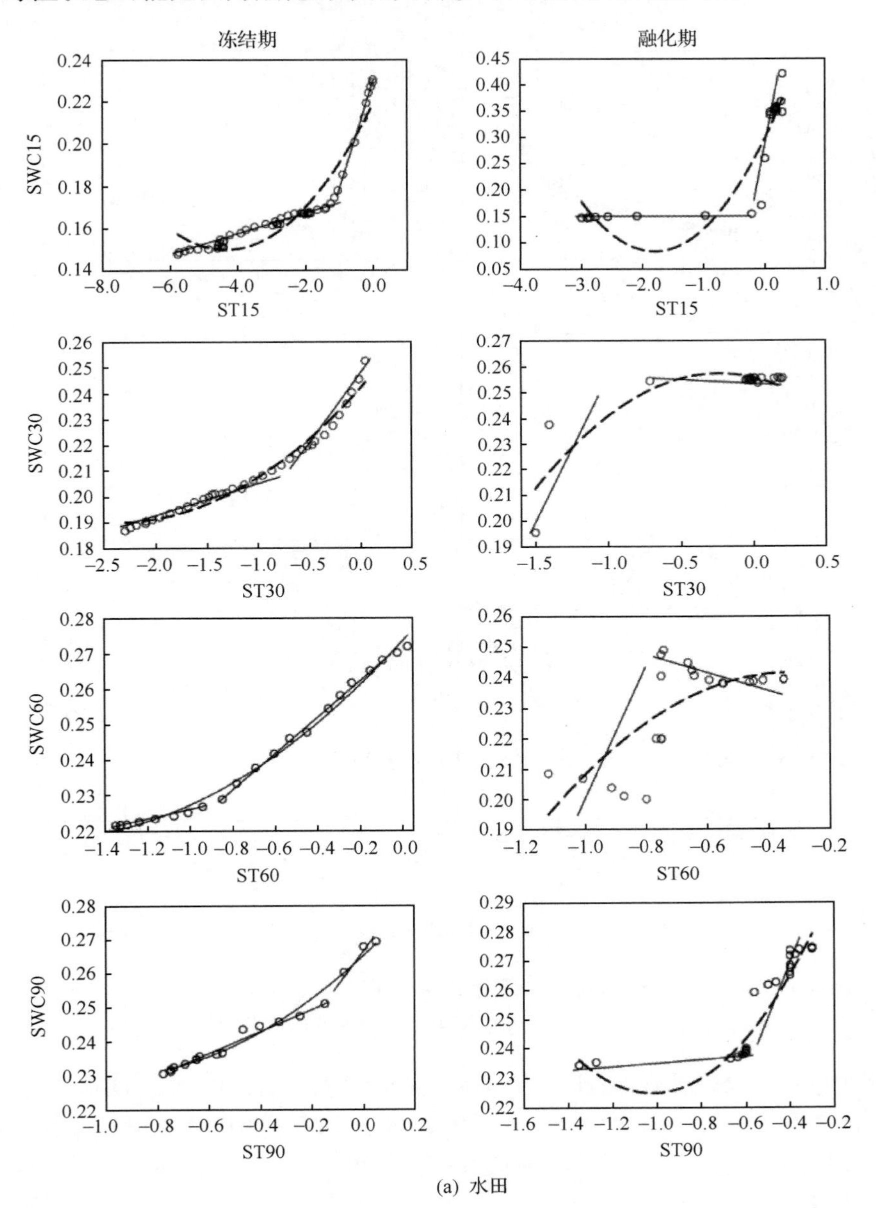

(a) 水田

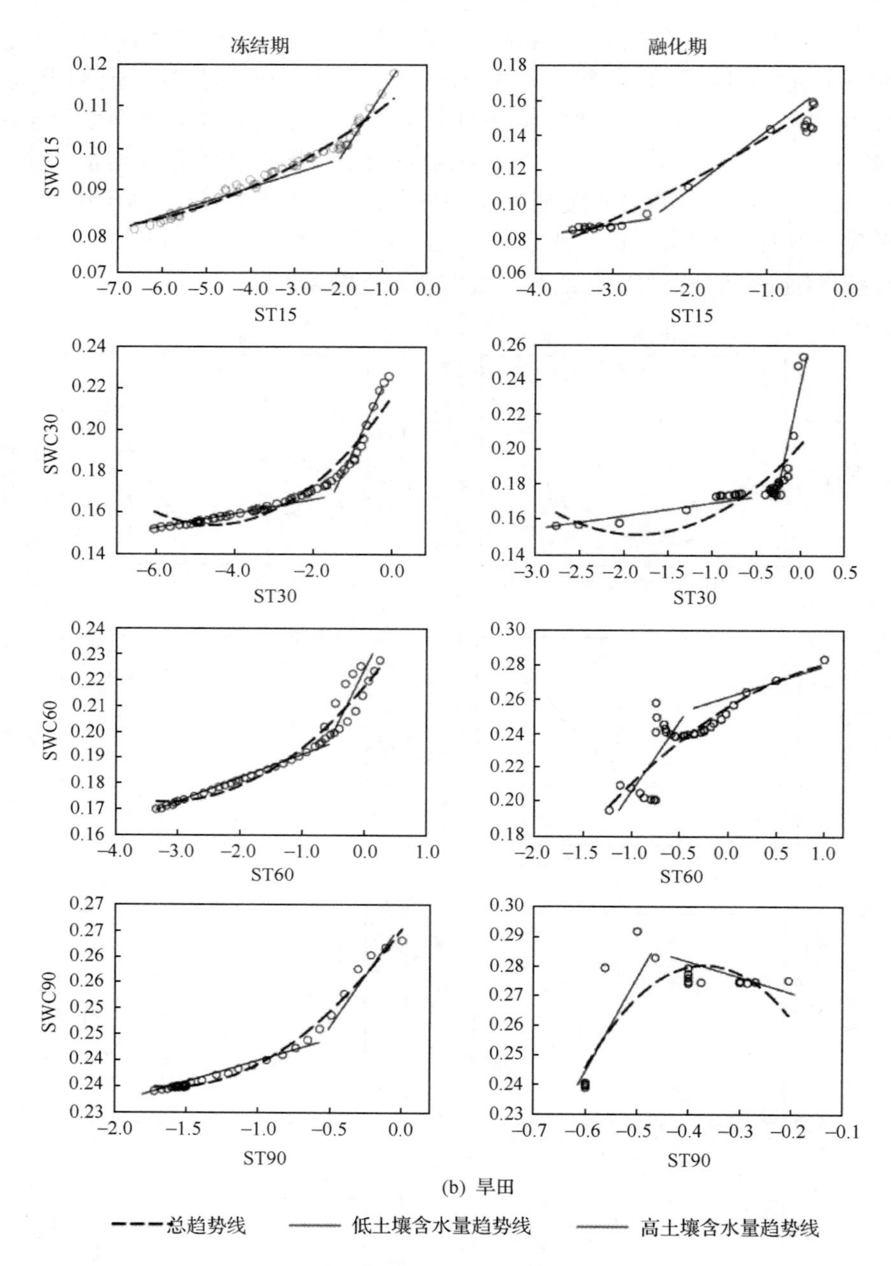

(b) 旱田

图 5-50 水田和旱田土壤冻结期和融化期不同深度(15cm、30cm、60cm、90cm)日土壤含水量(SWC,cm^3/cm^3)与相应深度土壤温度 ST(℃)的关系

旱田土壤的冻结锋面在 2011 年 11 月 30 日～12 月 4 日之间到达 D15,12 月 11 日～12 月 17 日之间到达 D30,随后才到达 D60(2011. 12. 27～2012. 1. 2)和 D90(2012. 1. 22～1. 28)。这个过程表征了土壤冻结阶段的冻土深度的动态变化发展。融化锋面在 4 月 4 日和 4 月 23 日分别到达 D90 和 D30。在水田中,冻结锋面先于 12 月 15 日到达 D15,然后在 12 月 22 日～26 日之间到达 D30,接着在 12 月 21 日到达 D60,最后到达 D90

(2012.2.1～2.5)。

根据土壤温度和土壤含水量的日变化，将监测期划分为三个阶段(表5-50)。冻结期、稳定期和融化期在D15、D30、D60、D90都可以很明显的识别。在冻结期，D30的土壤含水量降低最先发生的时间是12月15日左右，并且持续到第二年。水田D15、D30、D60、D90的土壤冻结温度分别是－0.06℃、0.02℃、0.03℃、0.05℃。旱田D15、D30、D60、D90的土壤冻结温度分别是－0.74℃、－0.06℃、0.15℃、0.01℃。在水田和旱田浅层土壤温度一样的情况下，水田具有更高的土壤含水量。如水田和旱田D15的土壤温度分别在1月18和1月4日达到－4.5℃，这时水田和旱田D15的土壤含水量分别为0.14cm^3/cm^3和0.08cm^3/cm^3。土壤冻结的稳定期(自土壤完全冻结开始到土壤开始融化结束)是相对寒冷的时期，这个时期土壤含水量保持在0.25cm^3/cm^3以下(水田：0.15～0.23cm^3/cm^3，旱田：0.08～0.23cm^3/cm^3)。冻土融化期可以从土壤温度接近0℃时，土壤温度和土壤含水量的波动变化共同推断。在同样的土壤温度下，初始含水量较高的土层比初始含水量较低的土层拥有更多的残余水分。冻融期4月15日左右，水田D30的土壤含水量波动变化，逐渐接近于深层土层(D60和D90)的土壤含水量。

表5-50　冻融期(2011～2012年)冻融阶段的时间划分(月-日)

	深度/cm	冰冻的开始日期	完全冰冻的日期	融化的开始日期	完全融化的日期
水田	15	12-12	01-29	03-20	04-15
	30	12-30	02-04	03-26	04-19
	60	01-19	02-08	03-28	Δ
	90	01-31	02-17	03-25	Δ
旱田	15	11-30	01-27	03-14	04-06
	30	12-06	01-29	03-23	04-25
	60	12-31	02-04	03-27	05-04
	90	01-19	02-20	03-25	04-23

注：Δ表示由于2012年4月20日的灌溉泡田，完全融化日难以确定

根据划分的土壤冻融阶段，水田和旱田土壤冻结期和融化期土壤温度对土壤含水量的影响差异如图5-50所示。土壤冻结期，水田D15、D30、D60、D90土壤温度和土壤含水量分别拟合的二次方程曲线的R^2为0.912、0.979、0.992、0.979；旱田相关的R^2为0.966、0.931、0.949、0.986。与土壤水分关联的不同土壤深度的冻结趋势一致。土壤融化期，水田D15、D30、D60、D90土壤温度和土壤含水量分别拟合的二次方程曲线的R^2为0.861、0.805、0.531、0.904；旱田相关的R^2为0.852、0.476、0.675、0.715。不同土壤深度冻土的融化趋势不一样。这可能是因为冻结过程土壤温度低且变化相对平缓，融化过程土壤温度相对较高且变化波动剧烈；融化期土壤温度高且波动剧烈可能加剧土壤的日冻融循环。将土壤含水量划分为较低部分和较高部分，分别线性拟合，各层土壤中极限点都可以明显从图中看到，这也证实了冻结锋面和融化锋面的存在。水田和旱田中，D60拟合曲线凹面方向在冻结期和融化期是相反的，这可从一定程度上说明融化过程比冻结过程快很多。

土壤含水量的统计分析表示 D15 的土壤含水量变化较其他层显著(表 5-51)。旱田和水田 D90 的土壤含水量与 D60 的土壤含水量显著相关(D90-D60)。D15-D30、D60-D30、D90-D30 的相关性在水田和旱田的差异可能是由两种农田利用类型土壤的初始含水量条件和土壤环境条件的差异造成的。

表 5-51 冻融期不同土壤深度土壤含水量的统计分析

试验点	名称＼深度		15cm	30cm	60cm	90cm
水田	最小值/(cm^3/cm^3)	0.14	0.18	0.22	0.23	
	最大值/(cm^3/cm^3)	0.43	0.47	0.29	0.29	
	平均值/(cm^3/cm^3)	0.22	0.22	0.25	0.27	
	标准偏差	0.10	0.06	0.03	0.03	
	变异系数	0.48	0.27	0.11	0.10	
	与 SWC 的相关系数	15	1			
		30	0.736**	1		
		60	0.524**	0.538**	1	
		90	0.521**	0.524**	0.950**	1
旱田	最小值/(cm^3/cm^3)	0.07	0.15	0.17	0.23	
	最大值/(cm^3/cm^3)	0.22	0.26	0.29	0.29	
	平均值/(cm^3/cm^3)	0.10	0.18	0.21	0.26	
	标准偏差	0.03	0.03	0.04	0.02	
	变异系数	0.33	0.18	0.18	0.08	
	与 SWC 的相关系数	15	1			
		30	0.595**	1		
		60	0.540**	0.776**	1	
		90	0.394**	0.626**	0.913**	1

** 显著相关性达到 0.01 水平。

冻结锋面随土壤深度的向下迁移和融化锋面由表层和底层向中间的双向同时迁移是认识土壤冻融过程的重点。在本书中,这一点也可从剖面土壤含水量的变化识别。如图 5-51(a)所示,过程的时间跨度在图中用水平线表示。水田的冻结锋面深度到达 15～60cm 消耗了一个多月的时间(2011.12.15～2012.1.22)。融化锋面深度到达同样深度的时间(3.30～4.13)短了许多[图 5-51(b)]。而在旱田中,冻结锋面深度到达 15～60cm 消耗了不到一个月的时间(12.2～12.30)。与冻结锋面从表层到深层的先后发生不一样,融化锋面首先出现在浅层(D15)和深层(D90),随后出现在 D60。这种双向的融化锋面的发生过程在融化期中一直进行,直到最后出现在观测的 D30(水田:4.13;旱田:4.23)。

监测数据的另外一种表征方式见图 5-52,这是以冻土深度变化表示土壤含水量的月变化。在图中时间先后所表示的顺序,前两条线(12.15 和 1.15)表示了冻结期冻土深度的发展变化,最后一条线(4.15)表示融化阶段。中间两条线(2.15 和 3.15)几乎重叠在一

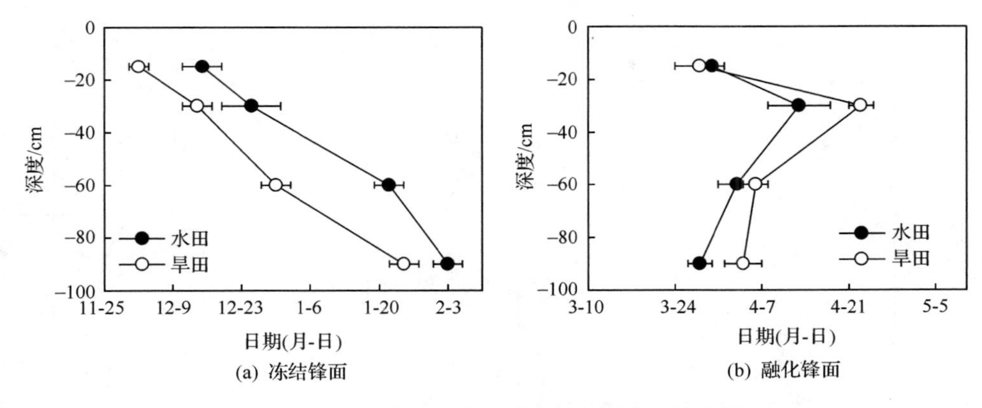

(a) 冻结锋面　　(b) 融化锋面

图 5-51　水田和旱田土壤不同深度冻结锋面和融化锋面

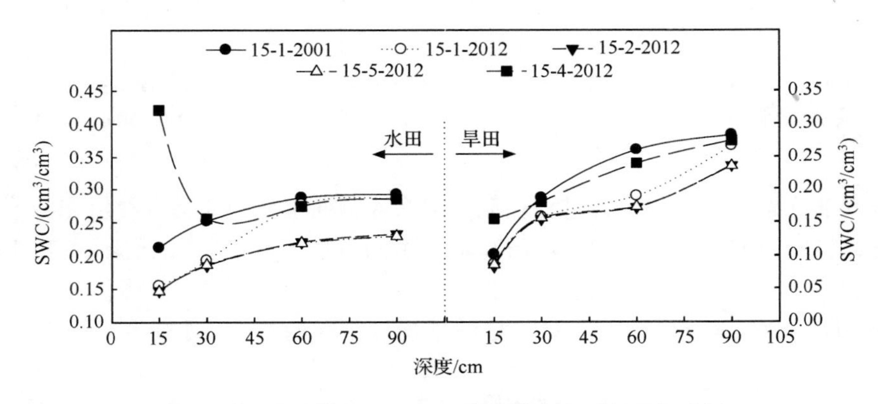

图 5-52　冻融期 0～90cm 土体土壤含水量月变化表征

起，说明这个时期是土壤冻融稳定阶段。此外，融化过程后期深层土壤（60～90cm）土壤水分的减少也可从图中看出(2011.12.15 和 2012.4.15)。

3. 冻融过程中土壤水的再分配

结合土壤冻融特征和土壤初始含水量、最终含水量，冻融期水田和旱田水分的运移特征由冻结初期和融化末期的含水量表征[图 5-53(a)和(b)]。水田，由于 4 月 20 日灌水，所以 4 月 19 日的土壤水含量纳入考虑。可以推断土体中有水分向上（到 60cm 深度以上）运移至向下发展的冻结锋面。水田各层土壤的初始含水量高于旱田，尤其是 D60 和 D90。D15 和 D30 的最终含水量同样表征了水田和旱田冻融期水分运移和水分聚集的显著差异($p<0.05$)。以上的测定指出水田浅层 15～30cm 有 3.93mm 的土壤水储量变化，旱田有 1.17mm 的土壤水储量变化。这就说明在初始含水量高的水分情况下，土体深层的水分更易于向上运移，向冻结锋面迁移，最终聚集在土壤浅层。

4. 冻融过程对营养盐的影响

研究结果表明在土壤冻结过程中，土壤中水分向冻土的渗透迁移可能发生。这种水

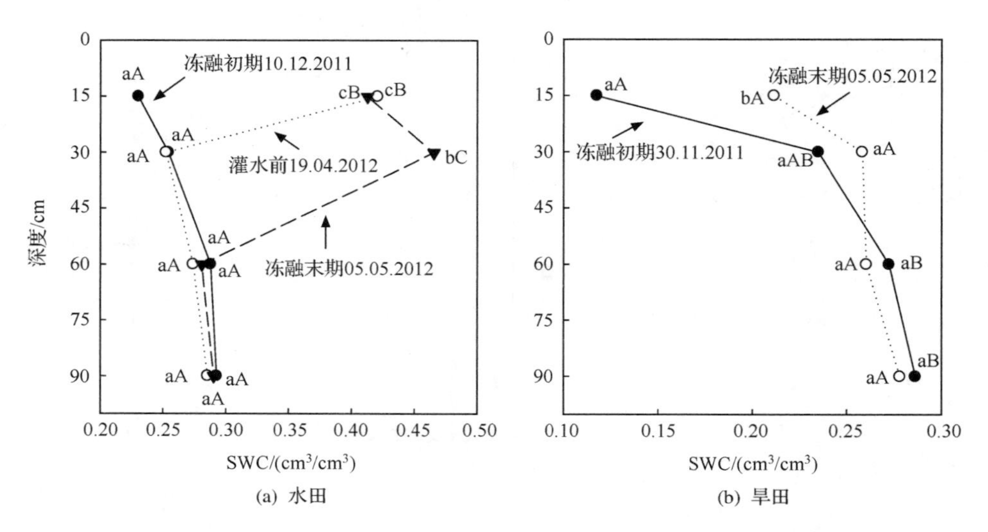

图 5-53　水田(a)和旱田(b)2011～2012 年冻融期土壤初始含水量和最终含水量

注：同一土壤深度，不同的小写字母表明有显著差异($p<0.05$)；同一剖面时间，不同的大写字母表明有显著差异($p<0.05$)

分的迁移与非冻融期水分的迁移过程相似。那么冻融期水分的迁移对经历冻融的土壤营养盐有什么样的影响？冬季冻融后水田和旱田不同深度土层有效氮、总磷和有效磷的储量变化如图 5-54 所示。经过一个冬季，水田 0～90cm 土壤有效氮、总磷和有效磷累积含量有增加；旱田 0～90cm 土壤有效氮和总磷累积含量略有增加，有效磷累积含量略有减少。旱田 0～90cm 土壤有效氮含量累积增量比水田 0～90cm 土壤有效氮含量累积增量高出 42.44mg/kg，总磷含量累积增量比水田高出 203.07mg/kg。这种差异与两种土地利用类型的环境差异和土壤性质差异有关(表 5-1)。

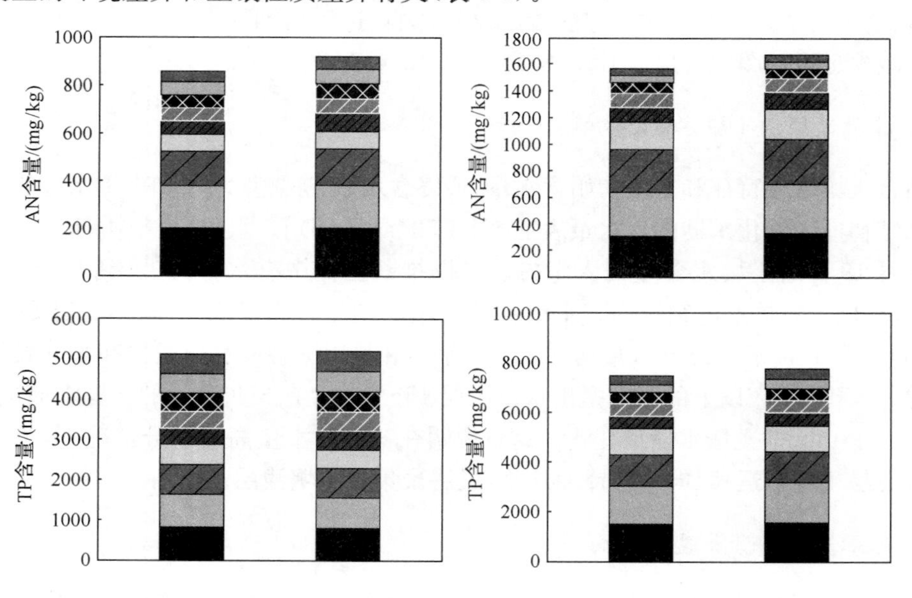

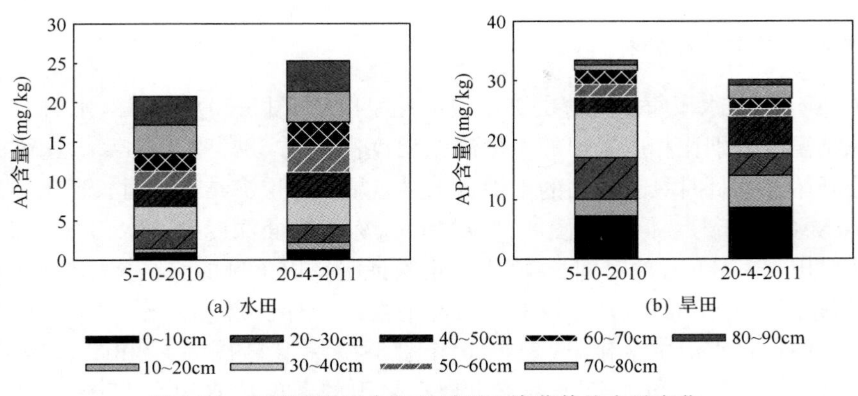

图 5-54 冬季冻融后水田和旱田土壤营养盐含量变化

水田和旱田土壤经冻融后不同深度土层的营养含量变化的统计分析如表 5-52 所示。水田各层土壤有效氮含量均增加，除 40～50cm 外其余均不显著。旱田有效氮 50～70cm 有减少，10～30cm 显著增加($p<0.05$)。水田总磷含量的变化，30～40cm 显著减少，40～60cm 土壤显著增加；主要表现为浅层(0～40cm)减少，深层(40～90cm)增加，这可能是融水造成的磷流失，还没来得及大量迁移到 90cm 以下，随后在下层土壤聚集。旱田不同深度土壤总磷含量变化没有显著差异。水田总磷含量的变化显著，对应土层有效磷的变化也显著。旱田土壤有效磷变化有增加有减少，浅层土壤的有效磷含量变化显著($p<0.01$)。可以推断在作物收获后到开始冻融时，直至冻融末期，某个时刻土壤中的氮磷含量有增加。那么冻融期水分的运移对氮磷也有一定的迁移作用，而融雪的水分，有可能引起氮磷的流失。

表 5-52 水田和旱田冻融后不同土层营养盐含量变化的统计分析

农田利用类型	土层	ΔAN	ΔTP	ΔAP	AN 趋势*	TP 趋势	AP 趋势
水田	0～10	1.90±0.82	−27.41±6.34	0.36±0.04	→	→	†
	10～20	1.27±0.65	−54.98±10.23	0.44±0.03	→	→	→
	20～30	8.62±1.31	−4.83±0.39	−0.16±0.00	→	→	→
	30～40	1.72±0.92	−36.04±7.37	0.55±0.02	→	†	†
	40～50	20.75±2.35	64.38±14.35	0.84±0.05	†	†	†
	50～60	4.15±1.23	52.96±11.49	0.97±0.08	→	†	‡
	60～70	8.30±1.31	40.36±9.87	0.96±0.08	→	→	‡
	70～80	7.28±1.25	32.06±6.99	0.26±0.00	→	→	→
	80～90	8.30±0.98	15.74±1.45	0.31±0.01	→	→	→
旱田	0～10	23.24±2.52	61.22±15.32	1.38±0.12	→	→	→
	10～20	37.35±3.23	83.58±20.8	2.61±0.38	†	→	‡
	20～30	17.60±1.63	−7.68±0.32	−3.38±0.44	†	→	‡
	30～40	21.04±2.79	−30.66±5.64	−6.06±0.95	→	→	†
	40～50	16.05±1.53	38.16±5.87	2.20±0.21	→	→	‡
	50～60	−3.95±0.32	−11.52±1.23	−0.93±0.05	→	→	→
	60～70	−10.75±1.98	14.78±1.31	−0.62±0.03	†	→	→
	70～80	0.00±0.00	84.81±15.98	1.39±0.10	→	→	†
	80～90	4.15±1.02	52.62±7.88	0.12±0.00	→	→	→

注：AN 趋势，TP 趋势，AP 趋势分别表示冻结初期和冻结末期有效氮、总磷、有效磷含量变化；‡ 极显著变化($p<0.01$)；† 显著变化($p<0.05$)；→不显著。

5. 水田和旱田的冻融特征差异

除了60cm外，水田每层土壤的冻结温度比旱田高(图5-50)。例如，水田D15和D90的土壤冻结温度分别比相应旱田的土壤冻结温度高出0.68℃和0.04℃。这可能是因为水田土壤开始冻结日时具有较高的土壤含水量。旱田各层冻结期的时长比水田的冻结时长多出10天(表5-50)。但是如图5-51(a)所示，冻融锋面深度到达水田15～60cm的时间比到达旱田15～60cm的时间长10天。再次证明旱田土壤的冻结速率较慢，水田虽然冻结晚，但是一旦开始冻结，则土壤的冻结速率很快。对于冻土融化，D15和D30冻土的融化在旱田中比在水田中融化早(表5-50和图5-49)。比较图5-47和图5-49，整个冻融土壤的最低温度−6℃，2011年1月末出现在旱田的深度比水田深25cm；相应的，旱田D30的土壤含水量比那个时段水田D30的土壤含水量多降低0.05cm^3/cm^3。冻结特征和环境条件的差异使得水田和旱田水分的运移及水分的累积情况存在差异，与旱田相比，水田有大量的水分运移且冻融末期水田土体中聚集了较多的水分(图5-51)。

为了进一步探讨水田和旱田冻融期土壤环境及土壤水分条件的差异，运用卡方检验(chi-square tests)评价了两种农田利用类型下冻融期不同深度土壤温度低于0℃的频率和不同深度土壤含水量低于0.20cm^3/cm^{3}的频率(表5-53和表5-54)。在此分析中，D3和D4冻土的完全融化日定义为2012年5月5日。统计分析结果表明D1和D2土壤温度低于0℃的发生频率有显著差异($p<0.05$，2-sided)，D1、D2、D3土壤含水量低于0.20cm^3/cm^{3}的发生频率存在显著差异($p<0.05$，2-sided)。旱田D1和D2土壤温度低于0℃的频率分别比水田高出16%和6%。水田D1、D2、D3土壤含水量高于0.20cm^3/cm^{3}的频率分别是旱田的12倍、4.2倍、3.5倍。这种土壤温度和土壤湿度在不同土壤利用类型和同种土壤利用类型不同层之间的差异可能会对水分的运移及在土体中的聚集产生影响。

表5-53 水田和旱田同一土层土壤温度在0℃以下的频率差异的卡方检验

	15cm		30cm		60cm		90cm	
	数值	差异显著型	数值	差异显著型	数值	差异显著型	数值	差异显著型
卡方检验	18.275[a]	0.000	4.822[a]	0.028	1.617[a]	0.204	1.914[b]	0.166
连续校正	16.294	0.000	3.603	0.058	0.925	0.336	0.866	0.352
*N*的有效值	265		253		233		190	
频率的最小值	9.03		5.31		5.05		2.47	

a 0单元(0%)预取低于5；b 2单元(50.0%)预期低于5。

表5-54 水田和旱田同一土层土壤含水量在0.20cm^3/cm^{3}以下的频率差异的卡方检验

	15cm		30cm		60cm		90cm	
	数值	差异显著型	数值	差异显著型	数值	差异显著型	数值	差异显著型
卡方检验	20.112[a]	0.000	22.384[a]	0.000	124.400[a]	0.000	ns	
连续校正	18.264	0.000	20.818	0.000	121.424	0.000		
*N*的有效值	255		254		233			
频率的最小值	12.35		18.96		41.25			

a 0 cells(.0%)预期低于5；ns表示没有统计计算，因为在水田和旱田90cm深度的频率相同。

5.6　基于作物水分响应模型的水分优化

5.6.1　材料和方法

1. 基于SWAP的多目标混合最优化问题

一般多目标优化问题包括多目标极小化、多目标极大化、多目标混合最优化问题。本节根据需求选用多目标混合最优化模型(VHP)。多目标混合最优化模型的求解思路是根据问题的特征和研究者的需求，把 n 个分量目标函数转为一个数值目标函数，即评价函数，接着对评价函数进行最优化。即将多目标最优化问题的求解转为单目标最优化问题的求解。本节对构建的多目标混合最优化问题采用选择法求解，是直接从有限方案中经过比较，选择出满意方案的方法。通过对各目标的评价标准用好或坏来定义选择评分，然后计算总评分值，选择目标最优方案(林焰等，1999)。

多目标混合最优化模型：

$$V-\begin{cases}\min f'(x)\\ \max\limits_{x\in X} f''(x)\end{cases} \tag{5-27}$$

式中，$X\subseteq R^n, f'(x)=[f_1(x),\cdots,f_r(x)]^T, f''(x)=[f_{r+1}(x),\cdots,f_n(x)]^T$。

假设有 m 个方案可供选择：方案 $1-x^1,\cdots$，方案 $m-x^m$，$\boldsymbol{X}$ 表示决策变量组成的向量：

$$\boldsymbol{X}=(x_1,\cdots,x_n)^T \tag{5-28}$$

分别计算这 m 个方案的目标值，求出各目标的最小值 $f_i^{\min}$ 和最大值 $f_i^{\max}$，利用这些最小和最大值信息，将最好值赋予100，最坏值赋予1，从而对极小化目标和极大化目标做线性插值：

$$E_i(f_i)=\begin{cases}100-99\times(f_i-f_i^{\min})/(f_i^{\max}-f_i^{\min}) & i=1,\cdots,r\\ 1+99\times(f_i-f_i^{\min})/(f_i^{\max}-f_i^{\min}) & i=r+1,\cdots,n\end{cases} \tag{5-29}$$

对于极小化目标 $f_i(i=1,\cdots,r)$，是严格减函数，目标值越小，评分值越大；对于极大化目标 $f_i(i=r+1,\cdots,n)$，是严格增函数，目标值越大，评分值越大。利用式(5-29)所确定的函数可以选择在目标意义下使总的评分值取最大的方案作为最优解。

由此利用式(5-29)确定函数 $E_i(f_i)$，对于各目标给定权系数 w_i，用权系数对各评分函数 $E(f_i)(i=1,\cdots,n)$ 做线性加权和运算得到评分函数：

$$E(f)=\sum_{i=1}^{n} w_iE_i(f_i) \tag{5-30}$$

最优化选择即求解式(5-31)，对各评分函数线性加权和运算求最优解 $\boldsymbol{X}$，这种求解多目标混合最优化问题的方法称做线性加权选择法：

$$\max_{1\leqslant j\leqslant m} E[f(x^j)]=\max_{1\leqslant j\leqslant m}\sum_{i=1}^{n} w_iE_i[f_i(x^j)] \tag{5-31}$$

通过上面的求解原理可以看出，虽然优化模型对目标函数有明确表达式的要求，但从线性加权选择法的求解可知，该方法也可应用于无明确表达式的目标函数，只需要对应决策变量取值的各目标函数值。本节利用 SWAP 输入离散的决策变量值，计算得到这些离散决策变量值对应的各目标函数值，采用线性加权选择法，计算 m 个方案的作物产量、水分利用效率、土体底部水分流失量综合评分，直接从有限个方案中优选。基于 SWAP 的多目标混合最优化系统流程图如图 5-55。

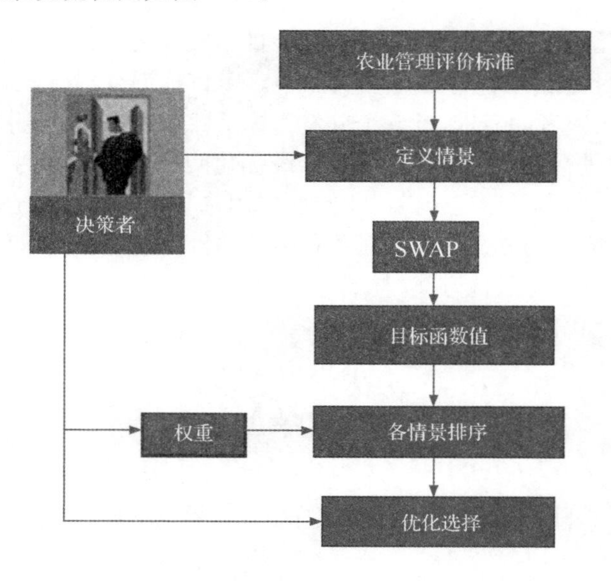

图 5-55　基于 SWAP 的多目标混合优化系统

2. 决策变量的确定

以冻融农区 2010～2011 年的气候条件为背景，拟优化水田水稻和旱田玉米种植期内的田间水分管理措施。因此对于水田，灌溉是决策变量，主要是水量和时间；对于旱田，发现 2010 年和 2011 年降雨模式的差异使得玉米产量差异明显，而且旱田生长受土壤干旱条件的影响较大，以降雨为基准的不可变量，考虑适时适当增加灌溉，因此灌溉水是决策变量，主要是灌溉的时机和灌水量。在第 5 章研究的基础上，对于水田，参照 2010 年和 2011 年的降雨时间分布、作物蒸腾对土壤水分的响应，以及 90cm 土壤水流失量，调整了这两年的灌水时间，在灌水量上设置了 5 个方案，对于不同年份，相同的方案标志表示的灌溉设置不同(表 5-55)；对于旱田，根据参照 2010 年和 2011 年的降雨时间分布、作物蒸腾对土壤水分的响应(土壤干旱、蒸腾减弱的时期)，以及 90cm 土壤水流失量，增设了灌溉，在灌水量上设置了 5 个方案，对于不同年份，相同的方案标志表示的灌溉设置不同(表 5-56)。需水期与雨季吻合，可少灌，干旱期则灌水。在作物水分响应模型中，需要的气象数据和土壤参数均与第 5 章模拟的参数一致。

表 5-55　用于水田优化计算的灌水处理

年份	日期（日/月）	I1/mm	I2/mm	I3/mm	I4/mm	I5/mm
2010	15/4	40	40	40	40	40
	18/4	10	10	30	30	30
	18/5	10	10	20	20	30
	22/5	0	0	10	20	30
	25/5	0	0	20	30	40
	29/5	0	10	20	30	40
	04/6	10	10	20	30	40
	12/6	10	10	10	30	40
	26/6	0	0	10	10	10
	02/7	0	10	20	30	40
	12/7	10	10	20	30	40
	16/7	10	10	20	40	50
	总计	100	120	240	340	430
2011	20/4	60	60	60	60	60
	30/4	10	10	40	40	40
	02/5	10	10	30	30	40
	24/5	0	0	30	40	50
	29/5	0	0	20	30	40
	28/6	0	0	30	40	50
	15/7	0	10	20	40	50
	20/7	0	10	20	40	50
	26/7	20	20	40	60	70
	总计	100	120	290	380	450

表 5-56　用于旱田优化计算的灌水处理

年份	日期（日/月）	I1/mm	I2/mm	I3/mm	I4/mm	I5/mm
2010	01/7	5	5	5	5	5
	08/7	10	30	60	80	100
	14/7	10	30	60	80	100
	总计	25	65	125	165	205
2011	13/7	5	5	5	5	5
	18/7	5	5	5	5	5
	23/7	10	30	60	80	100
	28/7	10	30	60	80	100
	01/8	10	30	60	80	100
	07/8	10	30	60	80	100
	总计	40	130	250	330	410

3. 决策目标

本节选择作物产量(Y)、水分利用效率(WUE)、90cm 土体底部水分流失量(Q)三项目标来优化田间水分管理措施。除 90cm 土体底部水分流失是求极小化外,其他三项均是求极大化,从而构成一个多目标混合最优化问题。根据设置的决策变量情景,通过模型计算即可获得各情景相对应的各项目标值。由于涉及的是离散型目标值,目标函数是离散型的表格数据,可以不采用数值拟合的方法即可直接得到目标函数。在用线性加权合法构建目标的评分函数时,参考以前学者在华北平原进行水分优化研究时对权系数的确定(黄元仿,1996),以作物产量为第一目标,给定权重系数为 0.53,土壤水流失量给定权系数为 0.37,水分利用效率给定权系数 0.10,从而构成本书的评价函数。

5.6.2　试验结果与分析

1. 水田的水分优化

水稻各生长阶段蒸散发和土壤水流失对不同灌溉设置的响应如图 5-56 所示。泡田

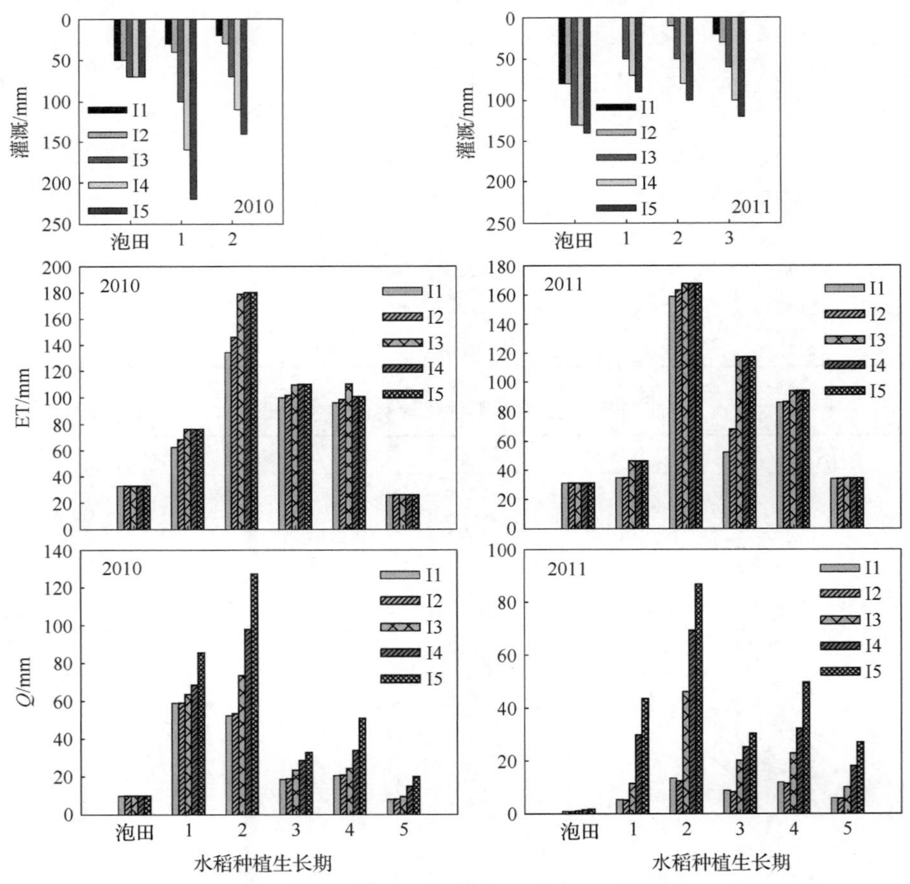

图 5-56　水稻各生长阶段蒸散发和土壤水流失对不同灌溉设置的响应

1. 分苗期;2. 分蘖期;3. 孕穗期;4. 齐穗期;5. 成熟期

期，由于没有作物生长，蒸散发的量并没有随灌溉设置中灌溉量的增加而增加。随 I1 和 I2，灌溉量的增加，2010 年苗期的蒸散量增加 9.3%，随着 I3、I4、I5 灌溉量的增加，2010 年和 2011 年苗期的蒸散量均未增加，说明达到一定的量，灌溉已经不能提供田间的水分需求，属于奢侈灌溉。同样的，2010 年和 2011 年水稻分蘖期和孕穗期，随着 I3、I4、I5 灌溉量的增加，蒸散量维持不变。与泡田期类似，水稻成熟期的蒸散量随灌溉水量的增加没有变化。2011 年孕穗期，蒸散量随灌溉量的增加而增加约 100%，说明 2011 年这个时期田间缺水，作物需水量大，适宜增加灌溉有助于作物生长结实。对于土壤水流失，2010 年的生长各时期的土壤水流失量随灌水量的增加而增加，泡田期除外。在 I3 灌溉设置以后，随灌溉量的增加，土壤水流失增加速率加快。2011 年泡田期的土壤水流失量随灌溉量的增加略有增大，可能与当年的土壤水分条件和气候环境有关。有水稻种植的各生长期，土壤水流失量均随灌溉量的增加而增大，I3、I4、I5 灌溉设置的土壤水流失量增加尤其明显。

同一年间，降水条件一致，田间系统供水量差异主要取决于灌水量。按表 5-55 设置的灌溉情景运用 SWAP 模拟出各目标值，以及相关的 ET 和 RWUE(图 5-57)。ET、产

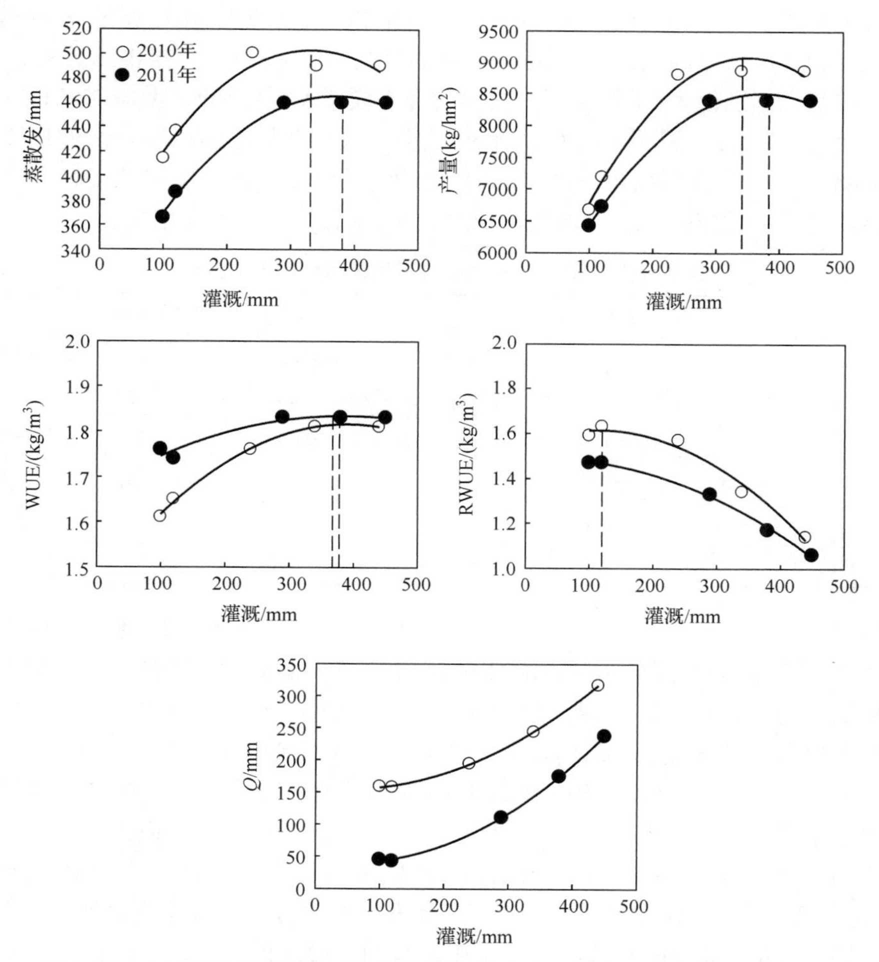

图 5-57　水田蒸散发、水稻产量、水分利用效率和土壤水流失与灌水量的关系

量、WUE均随灌溉量增加而增加，当灌溉量达到一定界限时，三者均出现减少。RWUE和Q，由于灌溉量的增加，分别减少和增加。当灌水量大于290mm时，Q的增加速率变大，说明从此时开始，增加的灌水大部分随水分在土体的运移流失，过高的灌溉量不能充分发挥根际土壤储水对作物供水的潜力。灌溉量与ET、Y、Q、WUE和RWUE的关系用拟合方程表示如表5-57。灌水量与它们的关系均符合二次方程，2010年拟合方程的R^2在0.940以上，2011年拟合方程的R^2在0.960以上。

表5-57　水田蒸散发、水稻产量、水分利用效率、土壤水流失与灌水量的回归方程

2010年		2011年	
$ET=331.8+1.03I-0.0016I^2$	$R^2=0.940$	$ET=285.4+0.97I-0.0013I^2$	$R^2=0.996$
$Y=4559+25.8I-0.037I^2$	$R^2=0.979$	$Y=4636+20.7I-0.028I^2$	$R^2=0.997$
$WUE=1.45+0.002I-2.37E-006I^2$	$R^2=0.999$	$WUE=1.67+0.001I-1.07E-006I^2$	$R^2=0.963$
$RWUE=1.55+0.001I-4.59E-006I^2$	$R^2=0.990$	$RWUE=1.48+0.0002I-2.47E-006I^2$	$R^2=0.998$
$Q=156-0.1I-0.0011I^2$	$R^2=0.999$	$Q=43.6-0.14I+0.0013I^2$	$R^2=0.999$

以水田实际生产中的水稻产量、水分利用效率和底部水流的值为基准，分析不同灌溉设置下，水稻产量、水分利用效率和底部水流的变化(表5-58)。两年中水分利用效率对灌溉设置的变化差别很大，主要是因为两年的降雨模式差异，补充的灌溉对产量的增加也不及2011年。I1～I3处理的水流失量比实际灌水模式的少，但是I1和I2的作物产量降低均在10%以上。水分利用效率在I4和I5之间差异不大，因为作物产量和实际蒸散量没有大的差别。可见作物产量增加量达到最大时，水分流失量也在增加。

表5-58　水田不同灌溉设置下优选目标因子的变化

灌溉情景	2010年			2011年		
	Q/%	WUE/%	Y/%	Q/%	WUE/%	Y/%
I1	−20.6	−13.6	−23.0	−63.7	−0.62	−18.0
I2	−21.2	−11.4	−17.0	−65.7	−1.75	−15.0
I3	−2.86	−5.52	+2.00	−11.1	+3.33	+6.40
I4	+22.0	−2.83	+2.70	+40.6	+3.33	+6.50
I5	+58.6	−2.84	+2.65	+91.0	+3.33	+6.50

以作物产量、水分利用效率和土壤水流失为目标，按5.6.1节所述赋予权重。2010年和2011年不同降雨时间分布和量的分配下，基于不同灌溉设置下的模拟结果进行田间水分优化(表5-59)，研究结果表明，2010年最优I3模拟的水分利用效率比实际生产灌溉模式中的水分利用效率低5.52%，增产2.00%，土壤水流失量比实际生产灌溉模式少5.70mm；灌水总量没有增加。2011年最优I3模拟的水分效率比实际生产灌溉模式中的水分利用效率高3.33%，增产6.40%，土壤水流失量比实际生产灌溉模式少13.8mm；灌水总量增加了40mm，增加16%。总的来说，2011年气候条件下的补充灌溉效果比2010年好，最优方案的水分利用效率比2010年最优方案的水分利用效率高3.98%，水流失量比2010最优方案少83.6mm，作物产量由于本身的气候条件所限，尽管有所增产，但产量

还是比 2010 年低 415kg/hm^2。

表 5-59　基于评分函数对水田灌溉设置进行最优排序

2010 年		2011 年	
计分	灌溉时间排序	计分	灌溉时间排序
87.65	I3	88.70	I3
80.20	I4	79.01	I4
63.37	I5	63.37	I5
52.04	I2	45.58	I2
37.38	I1	39.45	I1

由以上结果发现，同一种植类型的农田，年际间降雨模式的差异是影响灌溉设置、土壤水流失量、水稻产量的重要变量。为此，探索了 1988～2005 年降雨模式对作物产量的影响(图 5-58)，将施肥量相同的年份归于一类；第一类低施肥 1988～1993 年间，水稻产量均在 4000kg/hm^2 以下；第二类增长施肥 1994～2005 年间，水稻产量均在 6000～9000kg/hm^2，除个别极端气候年限出现 3500kg/hm^2 的低产量。线性拟合结果发现，尽管 R 值低于 0.400，但可以看见明显的趋势性：7 月份降雨量的增加，作物产量增加；8 月份降雨量的增加，作物产量减少。再次证实了降雨模式对作物生长的影响。

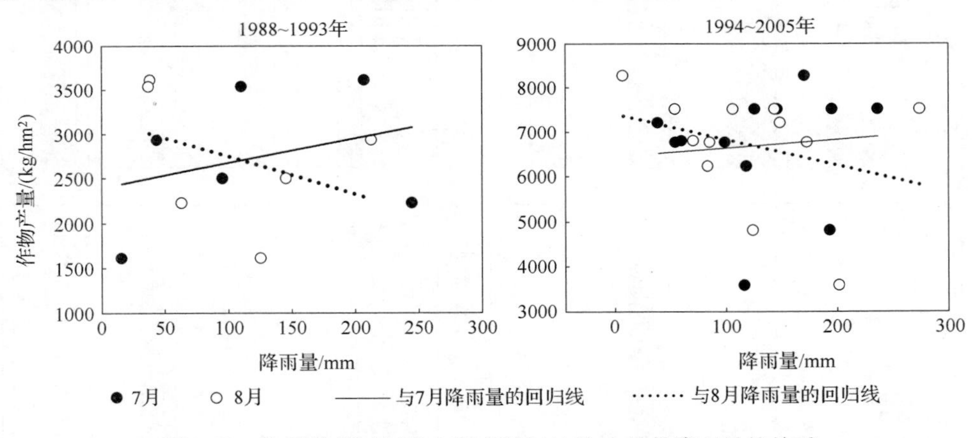

图 5-58　施肥量相同年分水稻产量与 7 月、8 月份降雨量的关系

2. 旱田的水分优化

玉米各生长阶段蒸散发和土壤水流失对不同灌溉设置的响应如图 5-59 所示。苗期，由于没有增施灌溉，蒸散量和土壤水流失没有随灌溉设置中灌溉量的增加而增加。对于灌浆和成熟期的 ET，I3、I4、I5 属于相对平稳的变化，几乎在一个水平。2010 年的灌水使灌浆期的蒸散量增加，I3 比 I1 大 4.6%；2011 年的灌水使灌浆期 I4 比 I1 的蒸散量大 13.3%。两年拔节期和灌浆期的蒸散量差别很大，主要是由于 2010 年 7 月 4～9 日气温突然降低，在 20℃左右，6 日的日最高气温 17℃，而 2011 年同期日最高气温 27℃；2010 年 7 月 23～31 日，平均日最高气温 25℃，而 2011 年同期平均日最高气温 30℃。气温的

较大差别影响了土壤蒸发和作物蒸腾的速率。对于土壤水流失，2010 年的生长各时期的土壤水流失量随灌水量的增加而增加，表现在灌水后的一个生长期。拔节期的灌水并未造成拔节期大量的土壤水流失，说明这个时期玉米需要补水。灌浆期的土壤水流失对灌水量的增加响应明显，2011 年 I1 没有造成土壤水流失，即增加的灌水量还不足以形成水流迁移至土体 90cm 深度。I2、I3、I4、I5 对成熟期的土壤水流失的影响没有太大差异。

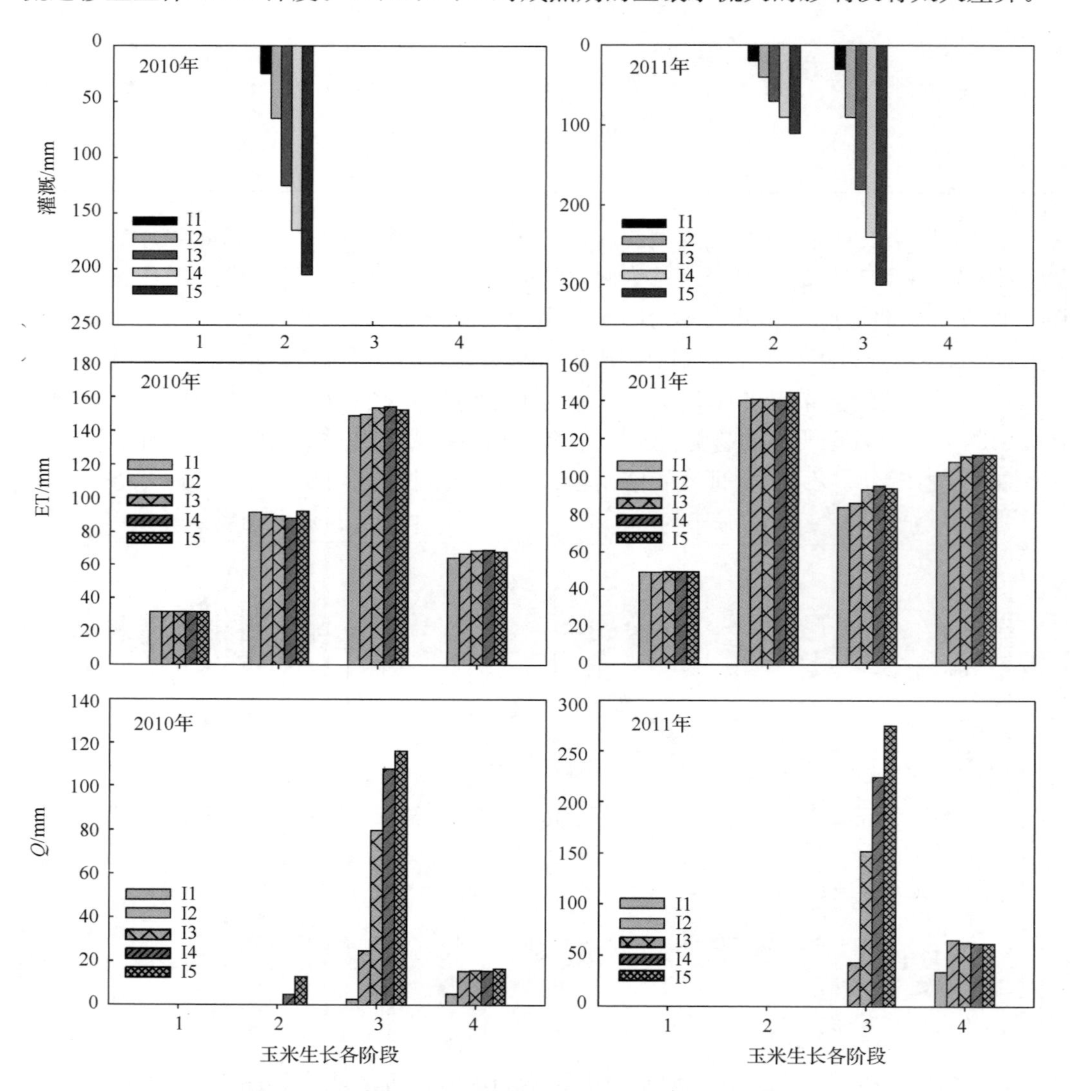

图 5-59　玉米各生长阶段蒸散发和土壤水流失对不同灌溉设置的响应

1. 苗期；2. 拔节期；3. 灌浆期；4. 成熟期

同一年间，降水条件一致，田间系统供水量差异主要取决于补充的灌水量。按(表 5-56)设置的灌溉情景运用 SWAP 模拟出各目标值，以及相关的 ET 和 RWUE(图 5-60)。ET、产量、WUE 均随灌溉量增加而增加，当灌溉量达到一定界限时，三者均出现减少；RWUE 和 Q，由于灌溉量的增加，分别减少和增加。从图上直观地看，RWUE

的减少趋势和 Q 的增加趋势继续呈直线变化，这种与水田的差异，可能是由土壤环境差别引起的。旱田 2010 年和 2011 年的散点分布在图中不同区域，这主要是由于旱田 2010 年和 2011 年玉米生长期的降雨差别大，2010 年降雨量比 2011 年降雨量少 141.2mm，且时间分配存在很大差异，所以在制定增灌情景时差别较大。灌溉量与 ET、Y、Q、WUE 和 RWUE 的关系用拟合方程表示如表 5-60。灌水量与它们的关系均符合二次方程，2010 年拟合方程的 R^2 在 0.960 以上，2011 年拟合方程的 R^2 在 0.840 以上。

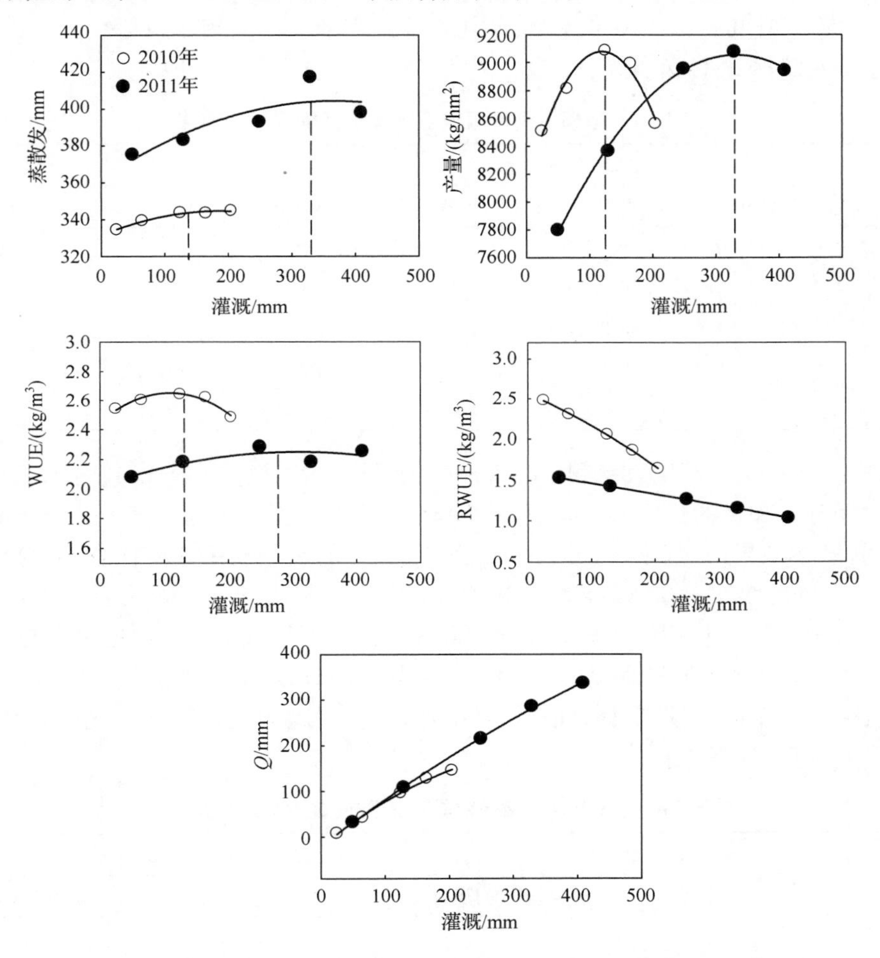

图 5-60　旱田蒸散发、玉米产量、水分利用效率和土壤水流失与灌水量的关系

表 5-60　旱田蒸散发、玉米产量、水分利用效率、土壤水流失与灌水量的回归方程

2010 年		2011 年	
$ET=331.2+0.14I-0.0004I^2$	$R^2=0.990$	$ET=361.4+0.23I-0.0003I^2$	$R^2=0.854$
$Y=8111+16.1I-0.067I^2$	$R^2=0.983$	$Y=7284+10.6I-0.016I^2$	$R^2=0.999$
$WUE=2.45+0.004I-1.70E-005I^2$	$R^2=0.966$	$WUE=2.02+0.002I-2.36E-006I^2$	$R^2=0.843$
$RWUE=2.57+0.004I-4.16E-006I^2$	$R^2=0.990$	$RWUE=1.59-0.0013I-2.32E-007I^2$	$R^2=0.999$
$Q=-21.2+1.116I-0.0014I^2$	$R^2=0.999$	$Q=-21.9+1.07I-0.0005I^2$	$R^2=0.999$

以旱田实际生产中的玉米产量、水分利用效率和底部水流的值为基准，分析不同灌溉设置下，玉米产量、水分利用效率和底部水流的变化(表 5-61)。两年中水分利用效率对灌溉设置的变化差别很大，2011 年的不同灌水处理的最大水分利用效率是 2010 年最大水分效率的 4.8 倍，均发生在 I3 处理。每年 I1～I5 处理的水流失量均比实际雨养模式大，作物产量增加幅度也较大。由 2011 年 I4 和 I5 的水流失量和产量的变化发现，I4 的作物产量增加最大，I5 的流失量最大。2011 年土壤水流失最小的 I1，水分利用效率也是 5 个灌溉设置中最低的。2010 年 I5 灌水量的增加，水分利用效率比 I4 降低 5.4 个点，主要是由于产量增产比 I4 降低了。

表 5-61　旱田不同灌溉设置下优选目标因子的变化

灌溉情景	2010 年			2011 年		
	Q/mm	WUE/%	Y/%	Q/mm	WUE/%	Y/%
I1	+7.60	−1.63	+3.10	+31.6	+1.04	+9.30
I2	+42.1	+0.69	+6.80	+108	+5.89	+17.4
I3	+94.4	+2.24	+10.0	+211	+10.8	+25.7
I4	+128	+1.47	+9.00	+285	+5.89	+27.4
I5	+145	−3.96	+3.80	+336	+9.29	+25.5

以作物产量、水分利用效率和土壤水流失为目标，赋予权重。在 2010 年和 2011 年不同降雨时间分布和量的分配下，基于不同灌溉设置下的模拟结果进行田间水分优化，研究结果表明，I3 的效果最好(表 5-62)。2010 年 I3 模拟的水分利用效率比实际生产灌溉模式中的水分利用效率高 2.2%，增产 10.0%，土壤水流失量比实际无灌溉生产模式多 94.4mm。2011 年 I3 模拟的水分效率比实际无灌溉生产模式的水分利用效率高 10.8%，增产 25.7%，土壤水流失量比实际生产灌溉模式多 211mm。旱田由于 2011 年 7 月降雨少，产量比 2010 年低，但适量补充灌溉，可增加作物产量，因此拔节期补充灌溉在该区的玉米生产起到重要的作用。

表 5-62　基于评分函数对旱田灌溉设置进行最优排序

2010 年		2011 年	
计分	灌溉时间排序	计分	灌溉时间排序
76.62	I3	72.94	I3
63.39	I2	64.57	I4
57.95	I4	56.70	I2
41.34	I1	56.25	I5
5.88	I5	37.63	I1

由以上结果发现，同一种植类型的农田，年际间降雨模式的差异是影响灌溉设置、土壤水流失量、玉米产量的重要变量。为此，探索了 1988～2005 年降雨模式对玉米产量的影响(图 5-61)，将施肥量相同的年份归于一类：第一类低施肥 1988～1993 年间，玉米产量均在 3500kg/hm^2 以下；第二类增长施肥 1994～2005 间，玉米最高产量可达7600kg/hm^2。

线性拟合结果发现,尽管 R 值低于 0.500,但可以看见明显的趋势性:玉米产量随 7 月份降雨量的增加而增加,随 8 月份降雨量的增加而减少。再次证实了降雨模式对作物生长的影响。

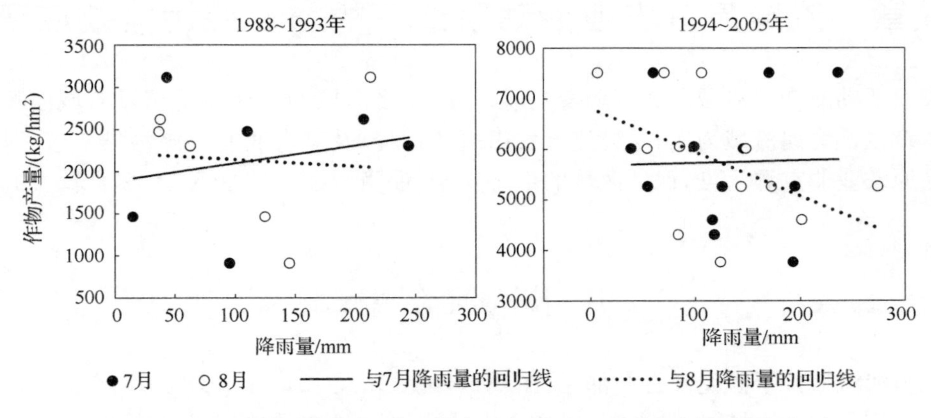

图 5-61　施肥量相同年分玉米产量与 7 月、8 月份降雨量的关系

第 6 章　流域尺度农业活动胁迫下的非点源污染效应研究

农业活动改变了流域属性。随着农业开发，众多流域的耕地面积超过流域面积的一半。本章以挠力河流域为例，探究流域农田演替过程，及其农业非点源污染效应，对控制三江平原农业非点源污染，保证区域的生态安全，保障国家的粮食安全，都有较大的科学意义。

6.1　挠力河流域概况

挠力河流域位于黑龙江省东部(见图 6-1)，地处东经 131°31′～134°10′，北纬 45°43′～47°35′。流域总面积为 24 863km²，其中 1/3 为山区，丘陵面积约占总面积的 4.8%，平原面积最广，占总面积的 60%以上。流域平均坡度为 2.08°，其中 1°以下面积占 71%。挠力河发源于完达山山脉那丹哈达拉岭、黑龙江省七台河市与密山市之间的对头砬子，流经七台河市、宝清县、富锦市和饶河县，按所有弯曲里程计算，全长 950 公里。挠力河横贯三江平原，是乌苏里江最大的支流。挠力河上游有 9 条河流注入，中下游有 11 条河流注入，全流域共有 20 条支流。

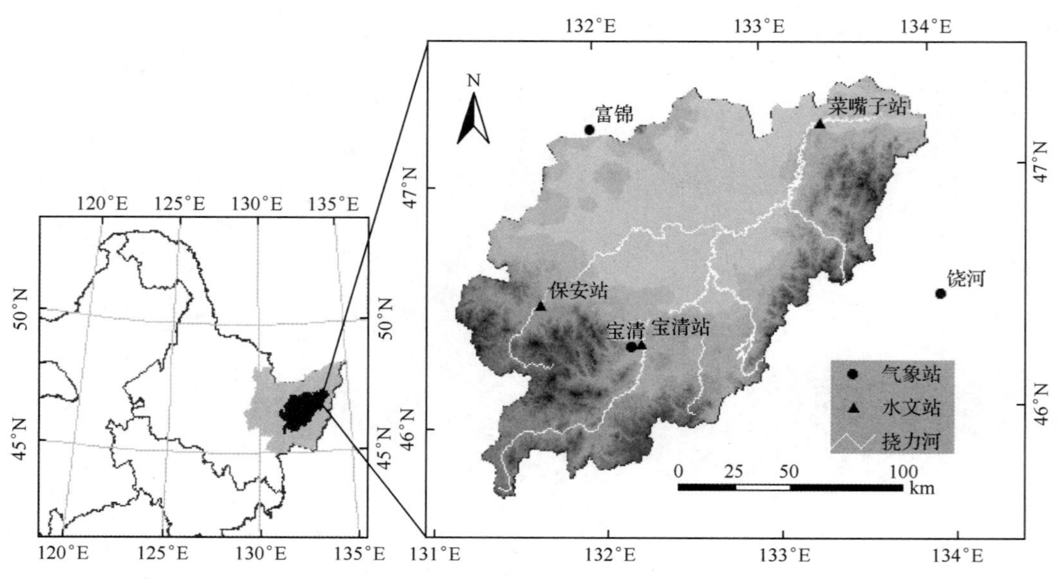

图 6-1　挠力河流域地理位置图

挠力河流域气候属中温带大陆性季风气候，年均温 1.6℃，年均降水量约为 565.0mm，蒸发量 542.4mm。挠力河流域地势低平，平均海拔 60m 左右，广泛发育河漫滩，各种碟形洼地广泛分布，地表径流不畅，有利于湿地的形成。流域内分布有 3 个重要的湿地，分别为七星河湿地、外七星河湿地及挠力河湿地。其中七星河湿地是国家级湿地自然保护区，2002 年挠力河流域被国务院批准列为国家级自然保护区。行政区划上挠力河流域包括宝清县全部，富锦、饶河、友谊、桦川、七台山、集贤和双鸭山的部分地区，以及建三江和红兴隆两个大型国营农场。

流域内的挠力河国家级自然保护区，保存有较完整的原始湿地景观，几乎包含三江平原湿地生态系统的所有类型，在生物种类组成、区系特征、群落结构或生态系统水平上，均反映了三江平原原始湿地特征，是我国东北三江平原原始湿地生态系统的缩影，在全球同一生物带中，具有生物多样性和湿地生态系统保护的典型代表意义。

6.2　挠力河流域土地利用/土地覆盖变化

6.2.1　数据的选取和处理

1. 数据选取

20 世纪三江平原经历了四次大规模的开发，分别为 1949 年到 60 年代初、60 年代初至 1977 年、1978 年到 80 年代中期、80 年代中期到 2000 年。由于第一个美国陆地卫星发射于 1972 年，所以第一个时期的土地利用覆盖情况只能舍弃。根据研究需要，结合数据质量（主要是影像的云量和噪声情况）和数据获取（数据是否可获取）的情况，确定 4 个时期——1976 年、1989 年、2000 年和 2006 年的遥感影像（表 6-1），对影像进行解译，得到 4 个时期研究区域的土地利用/土地覆盖数据。

表 6-1　研究所用遥感影像

研究时期划分	影像条代号	影像时间
第二次开发活动后	p122r27、p123r27、p123r28	1976. 7. 12、1975. 7. 25、1976. 7. 19
第三次开发活动后	p114r27、p114r28、p115r27、p115r28	1989. 6. 12、1989. 9. 16、1991. 6. 25、1993. 9. 25
第四次开发活动后	p114r27、p114r28、p115r27、p115r28	2001. 9. 25、1999. 9. 20、2000. 8. 12、2000. 8. 12
第五次开发前（现状）	p114r27、p114r28、p115r27、p115r28	2006. 9. 15、2006. 10. 1、2006. 9. 22、2006. 9. 22

2. 数据处理

首先，在 ENVI 中对所获得的遥感影像进行预处理——几何纠正和大气辐射纠正；其次，对遥感影像分幅进行目视解译；然后，对解译好的遥感影像进行精度评价——若精度不满足研究需要（＜80％），对照采样数据和参照 Google Earth 对解译数据进行修改，进行精度验证，直至满足需求；若精度满足研究需要（≥80％），对解译土地利用图进行拼接（mosaic）和切割（clip），得到研究区域的土地利用图。

对比了监督分类、非监督分类、面向对象的分类几种遥感解译方法的解译效果，研究最终选取目视解译的方法进行解译（表 6-2）。目视解译的工作量虽然大，但是解译精度高，解译数据可靠性有保证。

表 6-2　几种解译方法的对比

解译方法	工作环境	方法特点
非监督分类	ENVI 或者 ERDAS IMAGINE	操作简单，分类精度差，后续修改工作量大
监督分类	ENVI 或者 ERDAS IMAGINE	操作简单，分类精度一般，后续修改工作量大，适用于低分辨率影像
面向对象的分类	ENVI Zoom 或者 eCognition	操作复杂，对电脑硬件要求较高，分类精度高，但适用于高分辨率影像 SPOT、Quickbird 等，对中低分辨率影像效果一般
目视解译	ENVI 或者 ERDAS IMAGINE	操作简单，工作量最大，需要解译者有一定的经验，并对解译地区有一定了解

解译地类的标准分类标准参照全国土地利用分类系统中的二级图例系统，考虑到研究的需要，并结合遥感影像的分辨率，最终从中确定水田(11)、旱地(12)、有林地(21)、灌木林(22)、疏林地(23)、其他林地(24)、高覆盖度草地(31)、中覆盖度草地(32)、低覆盖度草地(33)、河渠(41)、湖泊(42)、水库坑塘(43)、城镇用地(51)、农村居民点(52)、沼泽(64)共计 15 个二级地类进行目视解译。

图 6-2 为根据 TM 影像 5\4\3 合成影像特征所建立的各地类的目视解译标志。

通过建立的目视解译标志进行遥感影像的解译。解译完毕后对解译的结果进行精度检验。先将整幅影像进行网格划分，然后用网格五分法进行采样，通过把采样点和 Google Earth 影像实际情况进行对比来检验解译的最终精度。

11-水田　　12-旱地　　21-有林地

22-灌木林　　23-疏林地　　24-其他林地

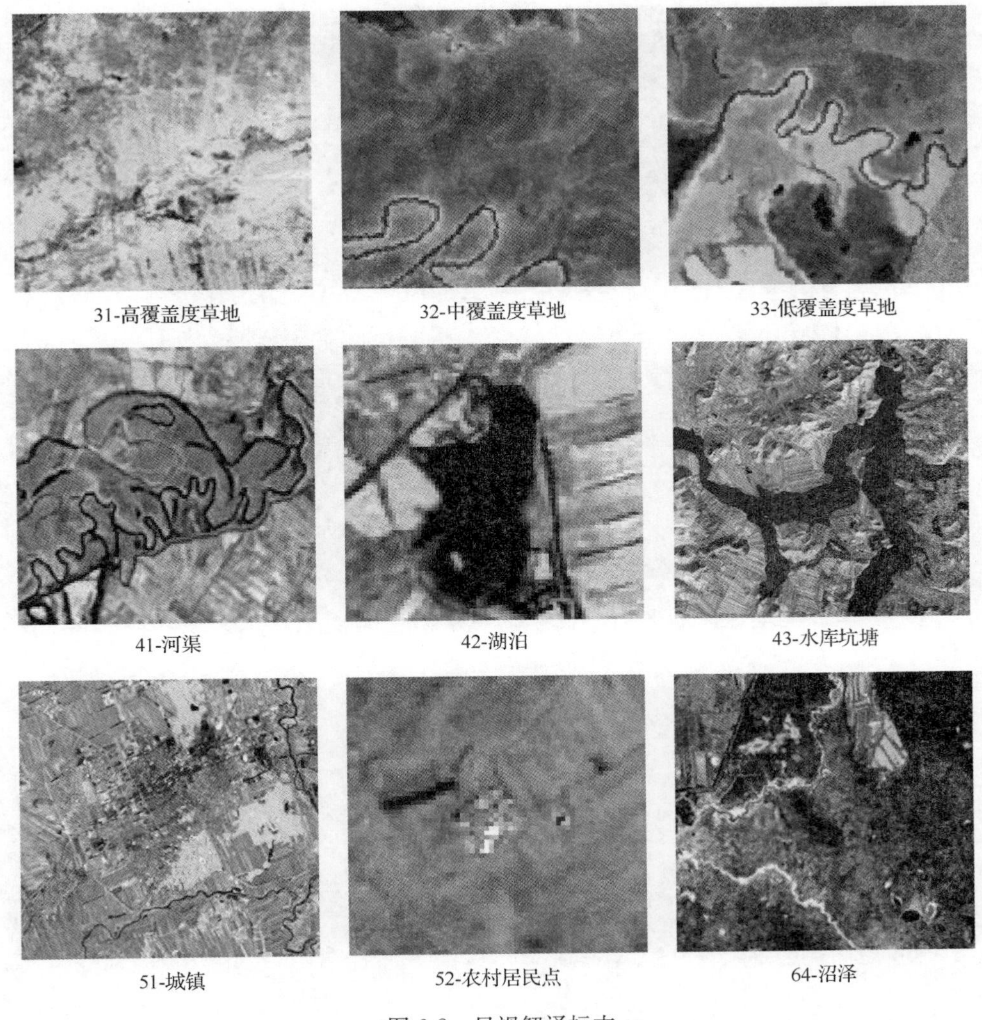

图 6-2　目视解译标志

由于 Google Earth Plus 上的影像时间为 2006 年，因此，对 2006 年的影像进行精度验证，其他年份精度验证参照 2006 年的影像进行(图 6-3)。精度验证的结果为 97.8%，效果较好(共取验证点 320 个，正确点为 313 个)。

图 6-4 为 2006 年土地利用图解译结果和原始遥感影像的对比(局部)。

6.2.2　土地利用变化分析

1. 土地利用解译结果

根据建立的目视解译标准对遥感影像进行目视解译，遥感解译的所得土地利用结果见图 6-5，依次为 1976 年、1989 年、2000 年、2006 年土地利用分布图。

从解译所得的土地利用图上可以明显看出，在过去的 30 年中，挠力河流域的土地利用发生了巨大变化，其中最为明显的就是沼泽的退化和耕地面积的激增，尤其是水田面积

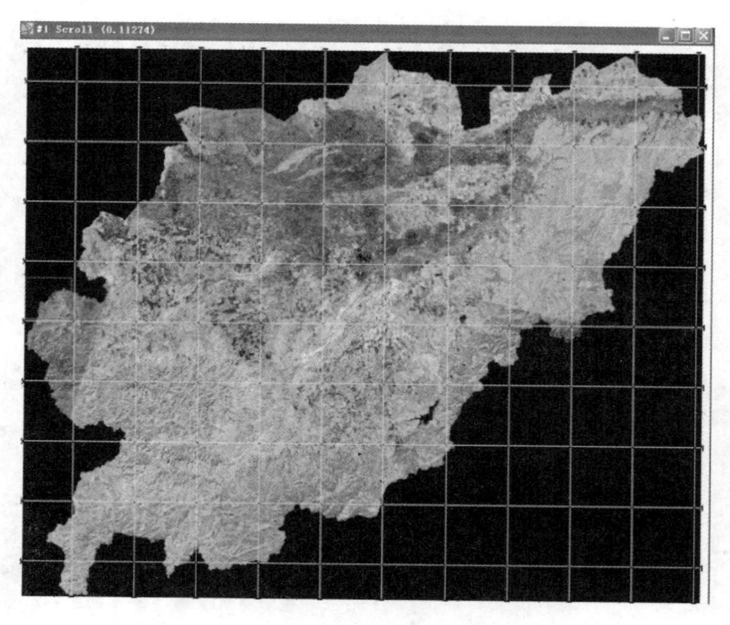

图 6-3　遥感影像解译精度检验图

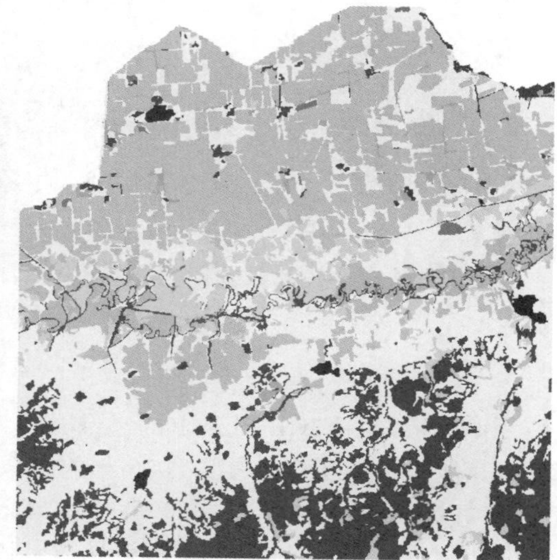

图 6-4　解译效果对比(局部)

的迅速扩大。

2. 土地利用变化总体分析

挠力河流域各类土地利用面积(km^2)变化见图 6-6。因为流域总面积保持不变,因此各土地利用的相对长度也可以表示其所占流域总面积比例。

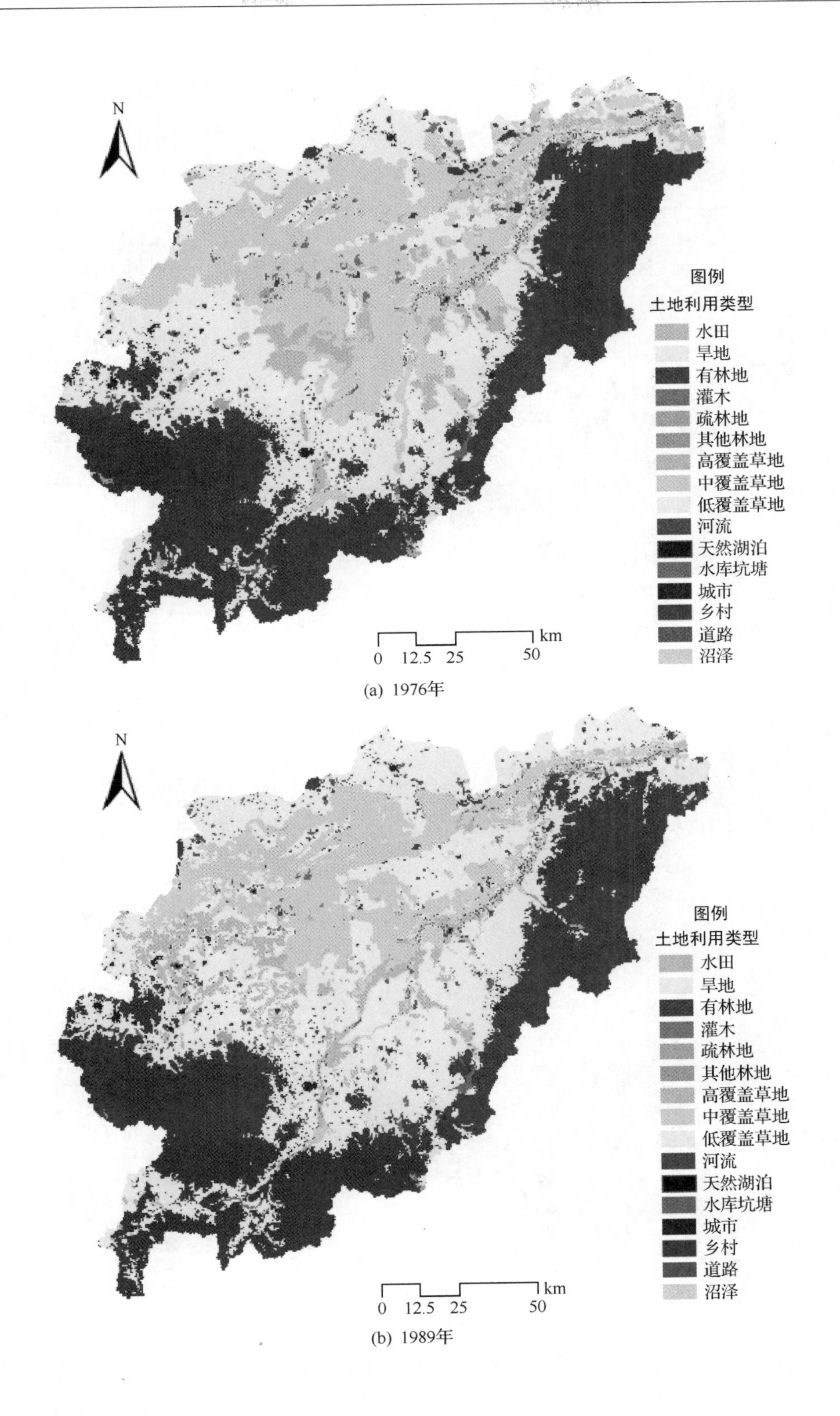

(a) 1976年

(b) 1989年

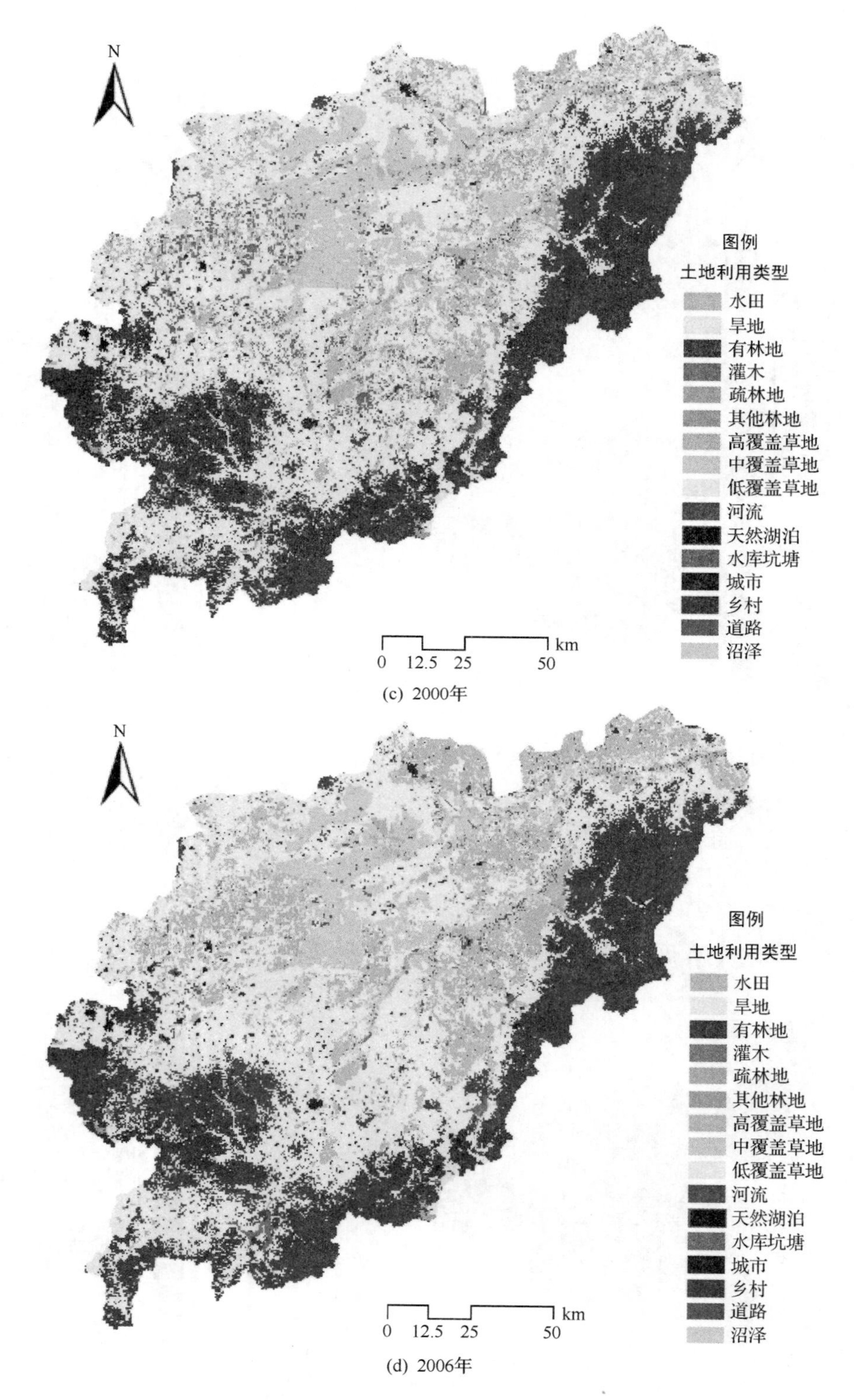

图 6-5 挠力河土地利用图(1976 年、1989 年、2000 年、2006 年)

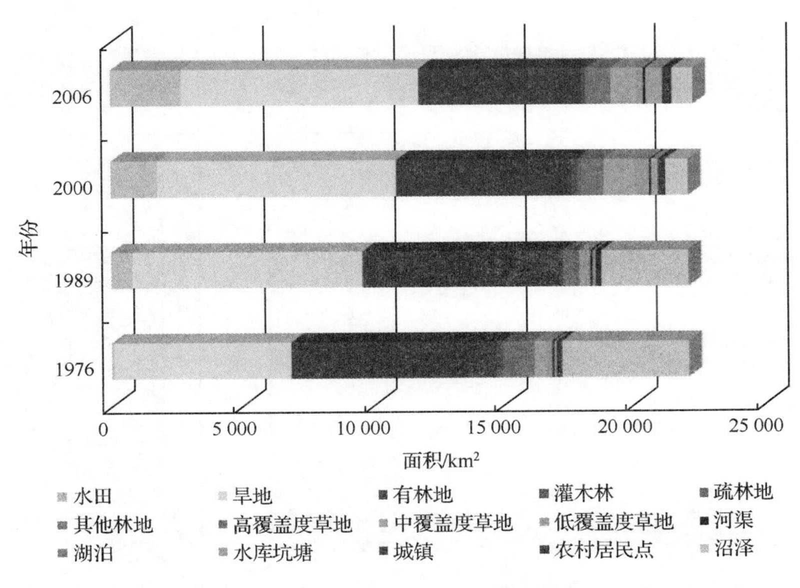

图 6-6　挠力河流域 1976～2006 年各类土地利用面积变化柱状图

图中显示，在 1976～2006 年期间，最为显著的变化就是湿地（沼泽）面积的减少和农田（水田和旱地）面积的增加。从 1976～2006 年，湿地面积减小幅度最大，从 1976 年的 4880.4km² 减少到 2006 年的 795.8km²，所占比例也由 1976 年的 22.08%减少到 3.6%，面积萎缩了 83.6%；水田面积增加和增幅都是最大的地类，从 1976 年的 93.8km² 增加到 2006 年的 2695.9km²，面积增加了 2602.1km²，水稻种植面积增加了 27 倍；旱地面积从 1976 年的 6743.2km² 增加到 2006 年的 9067.9km²，成为区域最主要的土地利用类型。此外，水库坑塘的面积增加也十分明显，面积由 1976 年的 57.8km² 增加到 2006 年的 617.5km²，增加面积超过 10 倍。从遥感影像可以看出，这个变化主要是由两方面的原因造成的。一方面，湿地被大量开垦为耕地，而要把湿地开垦为耕地，首先要进行排水，一般会在一块湿地中挖一个大水池，挖出的土壤可以将周围的土地垫高，这样周围土壤中的水分就可以排入该水池中，水位降低的沼泽逐渐适宜进行耕作（图 6-6）；另一方面，随着人类开发活动的进行，大量的人工蓄水建筑被修建，例如，2002 年 10 月双鸭山市龙头桥水库的建成使用。

在其他用地类型中，有林地、疏林地、灌木林、高覆盖度草地的面积有所下降，其中林地的减少面积最大，面积下降了 1636.7km²，面积减少了 20.8%。其他林地面积有所增加。高覆盖度草地出现先减少后增加的趋势，中低覆盖度草地的面积波动增加。由于水利设施的建设，河渠的开挖、书库的修建，河渠、水库坑塘面积都有所增加，湖泊面积基本保持不变。另外，城镇面积较过去增加了 52.4%，农村居民点面积较过去增加了 91.6%，平均城市化速度为 1.4%，城市化速度较快。

3. 土地利用转移分析

在 ArcGIS 中，对解译所得的土地利用进行叠加分析，得到挠力河流域各个时期（1976～1989 年、1989～2000 年、2000～2006 年）土地利用转移矩阵（表 6-3～表 6-5）。

表 6-3　1976～1989 年土地利用转移矩阵

（单位：km^2）

类型	11	12	21	22	23	24	31	32	33	41	42	43	51	52	64	1989 年
11	10.98	606.68	3.36	0.72	1.90	0.23	54.34	12.71	0.01	0.07	0.06	3.33	0.15	0.10	120.76	815.40
12	75.20	5 951.32	437.98	75.61	16.38	1.52	531.46	118.29	26.53	1.14	1.70	8.06	0.01	0.51	1 522.81	8 768.53
21	0.09	93.38	7 400.90	5.17	18.28	3.04	4.99	1.45	0.22	0.06	0.06	0.41	0.09	0.32	0.63	7 529.08
22	0.00	0.21	0.00	101.03	0.00	0.00	0.00	0.00	0.00	0.00	0.00	0.00	0.00	0.00	0.00	101.24
23	0.00	0.80	8.50	0.00	48.42	0.00	0.38	0.00	0.68	0.00	0.00	0.00	0.09	0.00	0.00	58.86
24	0.00	0.00	0.00	0.00	0.00	9.14	0.00	0.00	0.00	0.00	0.00	0.00	0.00	0.00	0.00	9.14
31	0.91	25.51	1.77	0.00	0.00	0.00	405.09	0.30	0.46	0.12	0.00	0.00	0.00	0.00	128.61	562.78
32	0.00	0.00	0.69	0.00	0.00	0.00	0.00	266.46	0.00	0.00	0.00	0.00	0.00	0.00	0.00	267.15
33	0.00	0.00	0.00	0.00	0.00	0.00	0.00	0.00	197.40	0.00	0.00	0.00	0.00	0.00	0.00	197.40
41	0.00	0.00	0.00	0.00	0.00	0.00	0.23	0.00	0.12	80.81	0.00	0.00	0.00	0.00	0.00	81.16
42	0.43	5.56	4.18	0.47	0.03	0.01	2.51	0.88	1.06	0.02	11.95	1.28	0.06	0.00	14.55	43.01
43	5.70	3.86	6.26	0.09	0.04	0.04	3.63	1.01	2.29	0.14	0.03	42.84	0.09	0.11	5.53	71.63
51	0.01	3.86	0.85	0.23	0.00	0.00	0.00	0.00	0.00	0.00	0.00	0.00	144.26	0.73	0.91	150.86
52	0.00	5.29	0.82	0.33	0.12	0.00	1.05	0.14	0.00	0.00	0.00	0.00	0.00	70.15	0.56	78.47
64	0.50	46.80	9.87	8.17	0.50	0.09	104.39	32.03	20.37	2.98	1.83	1.88	0.00	0.01	3 086.07	3 315.50
1976 年	93.81	6 743.27	7 875.18	191.82	85.67	14.08	1 108.08	433.26	249.13	85.33	15.63	57.80	144.75	71.94	4 880.44	22 050.20

表 6-4　1989～2000 年土地利用转移矩阵

（单位：km^2）

类型	11	12	21	22	23	24	31	32	33	41	42	43	51	52	64	2000 年
11	469.36	834.79	27.85	10.01	1.09	0.70	114.06	48.11	28.26	15.71	5.34	6.25	0.00	0.00	215.68	1 777.20
12	143.68	7 472.72	781.89	5.20	9.47	3.78	221.04	99.00	56.44	28.25	20.89	27.93	0.00	0.11	240.22	9 110.62
21	34.10	49.22	6 471.31	14.99	6.45	0.21	24.47	15.32	13.61	5.28	5.71	18.17	0.00	0.00	21.15	6 679.99
22	11.38	116.83	17.85	40.63	0.39	0.06	8.22	2.80	1.63	0.70	0.33	1.78	0.00	0.00	35.48	238.10
23	2.30	84.88	35.52	0.58	33.08	0.02	1.20	1.26	1.04	0.43	0.12	1.43	0.00	0.00	25.62	187.48
24	7.00	30.23	1.37	0.28	0.00	3.01	1.06	0.35	0.42	0.07	0.09	0.38	0.00	0.40	7.74	52.40
31	12.36	15.79	36.12	1.87	1.21	0.04	36.67	12.12	16.04	5.28	0.73	0.72	0.06	1.02	651.35	791.40

续表

类型	11	12	21	22	23	24	31	32	33	41	42	43	51	52	64	2000 年
32	39.70	9.89	86.01	11.56	3.72	0.47	77.95	28.81	21.92	8.08	4.05	8.55	0.00	0.00	893.58	1 194.29
33	5.02	5.07	22.99	2.55	1.76	0.28	49.08	26.24	44.17	12.29	2.00	3.05	0.40	0.00	383.28	558.16
41	1.27	6.18	5.24	0.27	0.21	0.07	8.57	4.58	8.71	2.25	0.07	0.26	0.03	0.25	35.71	73.67
42	1.82	5.69	1.53	0.13	0.06	0.00	1.10	0.61	0.20	0.07	1.06	0.00	0.19	0.02	2.89	14.30
43	63.93	3.46	24.93	6.47	0.62	0.34	8.99	21.20	0.07	0.23	1.59	1.28	0.00	0.00	105.42	238.54
51	21.45	12.25	7.16	0.44	0.03	0.00	0.00	0.74	0.52	0.38	0.11	0.79	148.58	0.74	0.00	193.20
52	1.45	0.00	4.55	0.67	0.07	0.13	0.00	0.00	0.00	0.33	0.80	0.46	1.57	75.33	0.00	85.35
64	0.60	121.53	4.75	5.59	0.69	0.02	9.85	6.02	4.36	1.80	1.17	0.59	0.02	0.58	698.37	855.93
1989 年	815.41	8 768.52	7 529.08	101.24	58.86	9.14	562.25	267.15	197.39	81.16	43.00	71.63	150.85	78.46	3 316.49	22 050.63

表 6-5　2000～2006 年土地利用转移矩阵

(单位：km^2)

类型	11	12	21	22	23	24	31	32	33	41	42	43	51	52	64	2006 年
11	1 417.40	906.87	11.75	16.38	41.28	4.28	7.04	87.75	152.73	4.06	0.82	36.34	0.00	0.00	9.24	2 695.94
12	280.15	7 414.71	847.30	81.22	36.08	16.71	41.17	30.05	68.49	8.85	2.24	10.49	0.00	0.00	270.48	9 107.96
21	4.55	301.61	5 763.59	11.80	9.93	3.23	7.91	28.16	3.86	1.14	0.30	1.29	0.82	0.00	0.34	6 138.53
22	4.86	20.79	4.50	105.82	0.43	4.15	1.61	7.04	2.13	0.83	0.06	0.95	0.18	0.00	0.68	154.01
23	7.83	24.21	6.78	0.83	87.16	0.97	1.08	4.23	0.98	0.50	0.11	1.11	0.00	0.00	0.48	136.26
24	1.28	7.57	0.88	0.93	0.66	19.63	0.06	1.52	0.50	0.09	0.00	0.17	0.07	0.00	0.17	33.53
31	2.37	2.65	3.84	2.29	1.06	0.04	652.37	62.34	40.58	13.98	0.24	1.16	0.02	0.00	18.02	800.98
32	12.29	10.59	22.70	6.22	3.30	1.25	17.92	656.30	31.71	0.00	0.89	35.82	0.00	0.00	189.79	988.79
33	4.60	13.26	6.77	1.78	1.44	0.33	13.19	32.97	153.11	0.00	0.43	0.90	0.00	0.00	26.48	255.26
41	2.77	11.72	0.47	0.75	0.44	0.16	0.00	18.36	20.08	36.02	0.03	0.27	0.03	0.04	1.84	92.99
42	0.13	1.88	0.69	0.42	0.02	0.15	0.43	1.07	0.29	0.01	7.73	0.63	0.00	0.29	1.16	14.90
43	34.60	358.21	8.19	6.30	3.48	1.02	0.00	39.66	9.00	1.72	0.82	148.16	0.31	0.00	5.99	617.47
51	0.66	25.85	0.89	0.26	0.32	0.06	0.08	0.55	0.11	0.02	0.11	0.42	191.27	0.00	0.04	220.63
52	2.45	2.83	1.53	0.26	1.33	0.18	0.07	2.07	1.02	0.02	0.05	0.37	0.49	85.02	0.14	97.84
64	1.26	7.54	0.76	2.82	0.54	0.24	48.46	222.22	73.58	6.43	0.47	0.47	0.02	0.00	331.08	695.88
2000 年	1 777.20	9 110.30	6 680.65	238.10	187.48	52.40	791.40	1 194.29	558.16	73.67	14.30	238.55	193.20	85.35	855.93	22 050.97

(1) 1976～1989 年。从转移矩阵可以看出，水田的面积增加了近 8 倍，主要由旱地转化而来(转化为水田的旱地占 1989 年水田面积的 74.4%)。这也与实际情况相符合，沼泽一般先挖坑塘排水，水位降低之后开发为旱地，最后在转化为水田。旱地的面积增加幅度最大，增加了 2025.3km^2，增加的旱地中，有 1522.8km^2 来源于沼泽地的转化。湿地的变化幅度最大，在这 14 年中共减少了 1564.9km^2，减少的湿地绝大部分转化为旱地，其次是转化为草地和水田。其他的土地利用类型面积变化不大。

灌木林有 39.4%转变为旱地，疏林地和其他林地面积变化不明显。高覆盖度草地的面积减少非常明显，这主要是因为这部分草地大量被开垦为耕地的缘故，其中有 48.0%的高覆盖度草地转变为旱地。中低覆盖度草地面积减少幅度较大，减少的草地主要转化为旱地。河渠的面积基本不变，湖泊的面积增大了 1.75 倍，这主要是因为随着沼泽的排水，在一部分低洼地区形成了小的湖泊；水库坑塘的面积增加了。另外，城镇和农村的面积在过去的 13 年中增加了 6.2%，其中城镇面积增加了 4.2%，农村居民点面积增加 9.9%，增加的面积基本都来自于耕地。区域城市化速度平均为 0.32%，这基本符合城市化初级阶段的增长特征。

(2) 1989～2000 年。这个时期土地利用变化较为剧烈，各种土地利用类型之间的转化面积较大。从转移矩阵可以看出，水田的面积几乎翻了一番，旱地的面积保持稳定。增加的水田面积中，大部分由旱地转化而来，转化为水田的面积达 834.79km^2。而三江平原的第四次大开发正是从 20 世纪 80 年代中期到 2000 年，在黑龙江进行农业综合开发，实行排蓄结合、以稻治涝，以此来提高粮食产量。沼泽的面积减少了近 74.2%，其中 6.5%转化为水田、7.2%转化为旱地、58.1%转化为草地。

在这 12 年中，有林地的面积有大幅度地减少，从 7529.1km^2 减少到 6680.0km^2，减少的林地大部分转化为旱地，这在遥感影像中体现的十分明显(图 6-7)。此外，在这个时期草地面积增加的较大，这主要是由沼泽退化而来，转变为草地的沼泽面积共计 1468.2km^2。这主要是因为随着“排蓄结合、以稻治涝”措施的实施，大量湿地退化，区域可利用水资源急剧减少，造成大量沼泽的消失(图 6-10)。最后，在这个时期，区域河渠的面积有所增加，这也是由于“以稻治涝”措施的实施，大量排水渠道的开挖，使得区域的河渠面积有所增加，这在遥感影像上体现的也很明显(图 6-8)。

在大面积的旱地转变为水田的同时，有部分的林地、草地和沼泽转化为旱地，使得旱地的面积仍然是稳中有升。

城镇的面积增加了 28.1%，农村居民点面积增加了 8.7%。

(3) 2000～2006 年。在这 7 年中水田的面积仍然有一定增加，旱地的面积基本保持不变，增加的水田几乎全部来源于旱地的转化(占 2006 年水田面积的 33.6%)，这是“旱改水”的明显作用。与此同时，有部分的草地和林地转化为旱地，使得旱地的面积与 2000 基本保持不变。

这一时期林地的面积有所减少，主要是转化为了农田和旱地。高中低覆盖度草地面积都有所下降，减少的草地主要转化为旱地。此外，河渠和湖泊的面积基本保持不变，水库坑塘面积增幅也较大，这主要是由于双鸭山市饶河县龙头桥水库在 2002 建成运行，使得区域该用地类型的面积有了大幅度增加，从转移矩阵也可以看出，增加的水库坑塘面积

图 6-7　1989～2000 年林地开垦为旱地影像对比

图 6-8　1989～2000 年沼泽消失和河渠增加对比

主要来源于旱地，这也可以在遥感影像中得到证实（见图 6-9）。城镇面积增加了 8.7%，和农村居民点面积增加了 14.5%，增加的面积主要来自于耕地的转化。

图 6-9　宝清县龙头桥水库建成后遥感影像对比

图 6-10　沼泽转化为耕地示意图

4. 植被覆盖对土地利用变化的响应

在 ENVI 中对所获得的遥感影像进行波段运算，算得区域不同时期的归一化植被指数（normalized differential vegetation index；NDVI）分布图（图 6-11），从而获得区域的植被覆盖变化情况。从图上可以看出，2000 年和 2006 年的 NDVI 分布图存在明显的“过渡带”，这是由于数据质量的原因，进行拼接的遥感影像不是同一时间获取的，传感平台的系统误差较大，从而带来计算结果的色差。另外，在 1976 年的 NDVI 图中，林地上方有一些区域出现大面积的低值区域，这是云层遮盖所造成的。

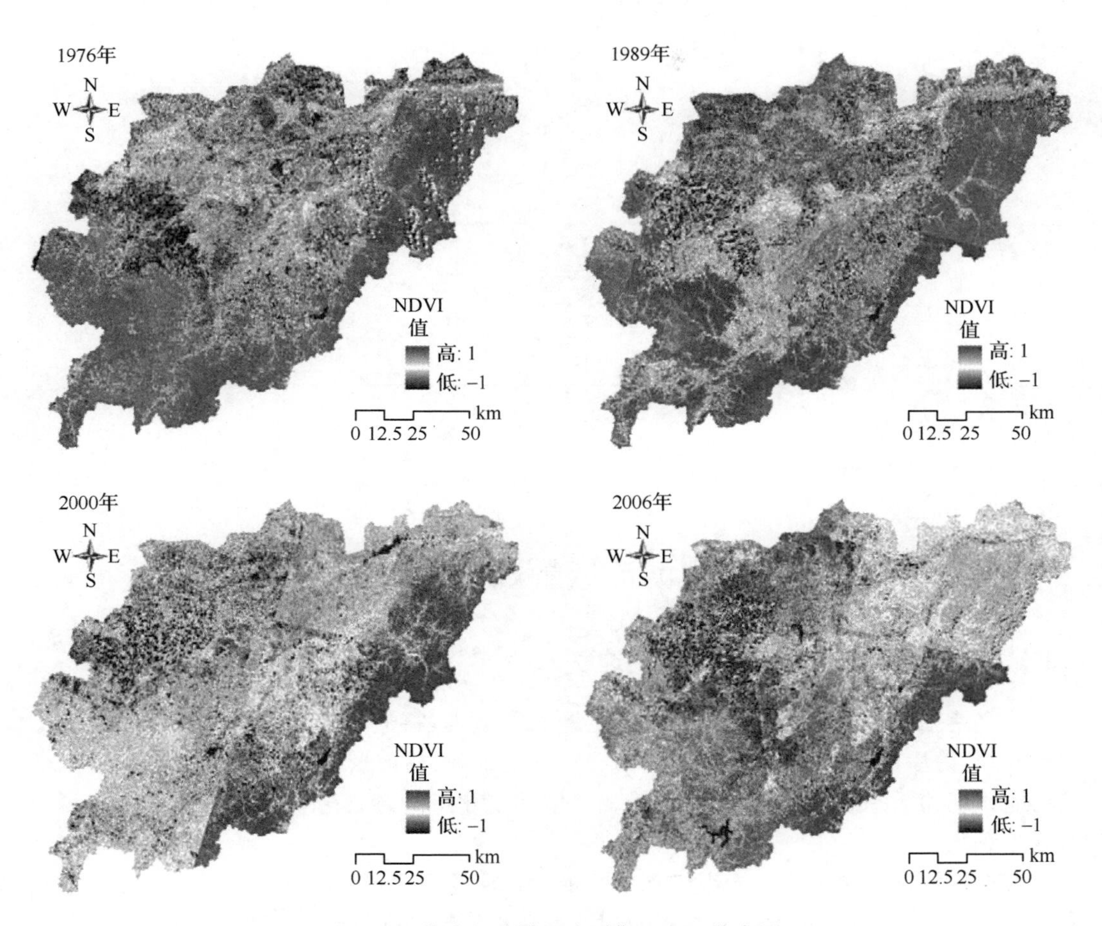

图 6-11　挠力河流域四个时期 NDVI 分布图

从四个时期的 NDVI 图可以看出，随着农业开发活动的不断进行，挠力河流域的植被状况逐渐变差，而 NDVI 统计值也验证了这一点——1976 年 NDVI 均值为 0.141 962，1989 年 NDVI 均值为 0.121 968，2000 年 NDVI 均值为 0.087 503，2006 年 NDVI 均值为 0.047 757。从 1976～2006 年，区域 NDVI 均值下降了 66.36%，NDVI 较前一个时间分别下降了 14.08%、28.26%和 45.42%。

图 6-12 是挠力河流域 NDVI 对区域耕地面积和林地面积的响应，从图中可以看出，NDVI 与耕地和林地的面积有很好的相关性，NDVI 与耕地之间的相关系数 R^2 为 0.8464，而 NDVI 和林地面积之间的相关系数 R^2 更是达到了 0.9921。耕地面积与 NDVI 值负相关，随着耕地面积的增加，NDVI 的值在不断减少；而林地面积与 NDVI 值呈正相关，当林地面积的减少，NDVI 值随之减小。

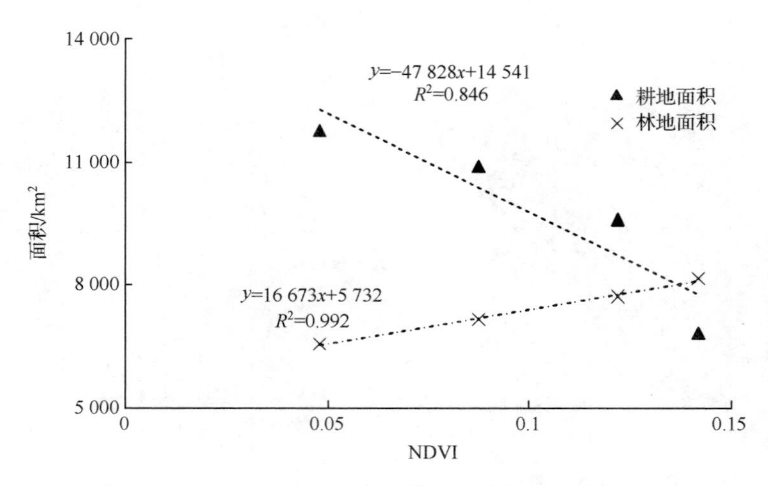

图 6-12　挠力河流域 NDVI 对耕地和林地面积变化的响应

6.3　挠力河流域景观格局演变分析

6.3.1　景观类型的划分与景观指数的选取

研究使用的数据是遥感解译所得的土地利用数据，将遥感解译所得的土地利用类型进行合并，最后得到七类景观——水田景观、旱地景观、林地景观、草地景观、水域景观、建筑用地景观和沼泽景观，并对这七类景观类型的变化进行统计分析。各个时期的景观类型见图 6-13。

景观指数是反映景观结构组成和空间配置特征的简单定量指标。景观格局定量分析中的指数很多，然而这些指数相互间的相关性往往很高，同时因为采用多种指数并不增加更多的信息，因此，本次研究采用的格局分析采用的景观指数有三类，共计 12 个，见表 6-6。

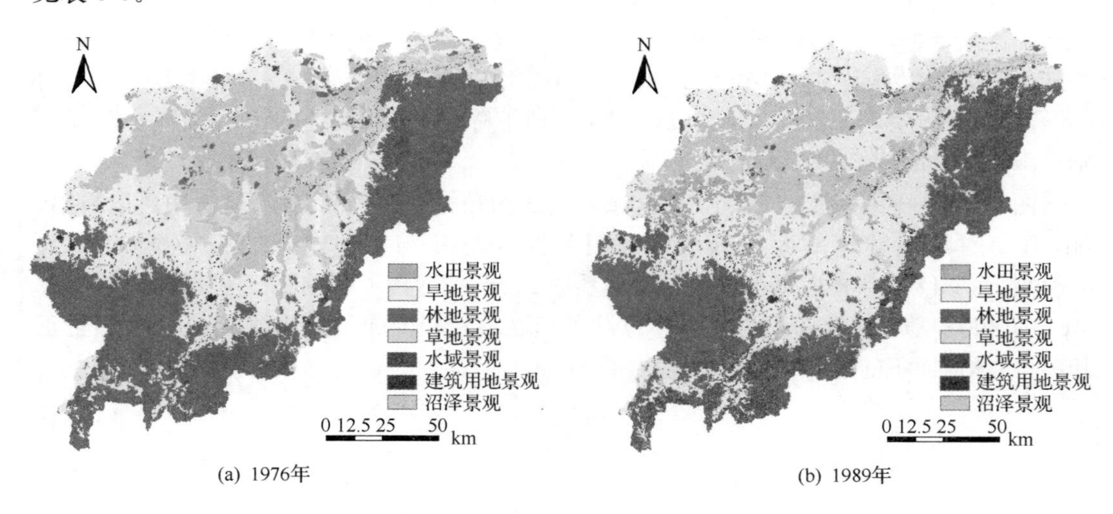

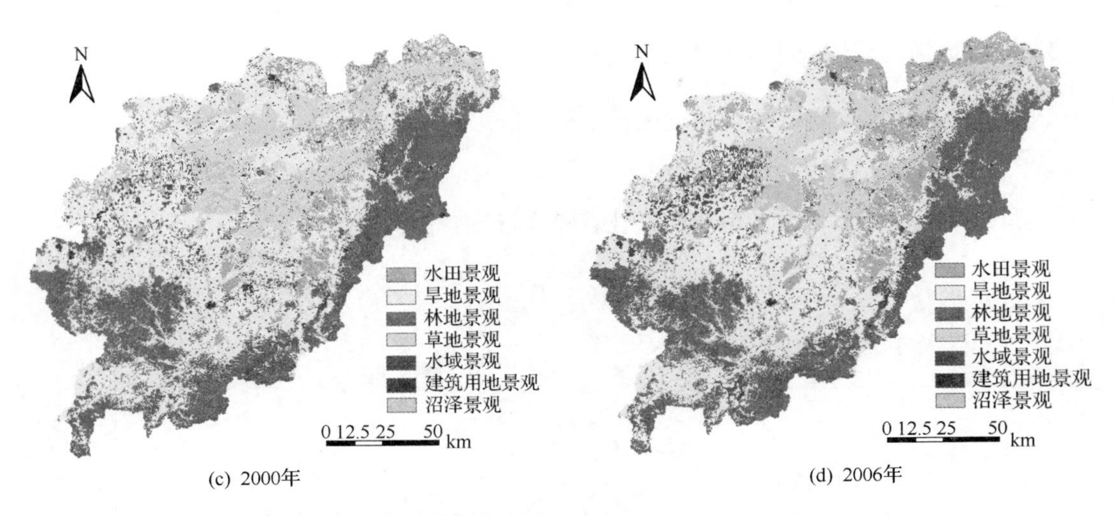

图 6-13　挠力河流域景观类型图(1976 年、1989 年、2000 年、2006 年)

表 6-6　研究选用的景观指数

参数分类	参数名称	取值范围
景观破碎度指数	斑块密度 (PD)	PD>1
	最大斑块指数 (LPI)	0<LPI≤100
	平均斑块面积 (AREA_MN)	AREA_MN≥0
	景观分维度指数 (DIVISION)	0≤DIVISION<1
景观形状指数	边缘密度 (ED)	ED≥0
	景观形状指数 (LSI)	LSI≥1
	蔓延度指数 (CONTAG)	0<CONTAG≤100
	周长面积分维指数 (PAFRAC)	1≤PAFRAC≤2
景观多样性指数	Shannon 多样性指数 (SHDI)	SHDI≥0
	修正的 Simpson 多样性指数 (MSIDI)	MSIDI≥0
	Shannon 均匀度指数 (SHEI)	0≤SHEI≤1
	修正的 Simpson 均匀度指数 (MSIEI)	0≤MSIEI≤1

为了更好地评价四次农业大开发对挠力河流域生态景观所造成的影响,本着简单、有效、实用的原则,本书将上述指数分为景观破碎化指数、景观形状指数和景观多样性指数三大类,分析了各景观要素变化的空间结构规律,并据此对评价区域的景观格局变化进行了回顾分析。

进行区域景观格局分析时,首先在分类尺度上对各类别的景观破碎度、景观形状进行分析,然后在区域尺度上,对全部景观类型的景观破碎度、景观形状和景观的多样性进行统计分析。

6.3.2　挠力河流域景观格局演变分析

1. 挠力河流域景观破碎化指数统计分析

1）分类尺度

图 6-14 为挠力河流域各个时期景观破碎度指数变化折线图。

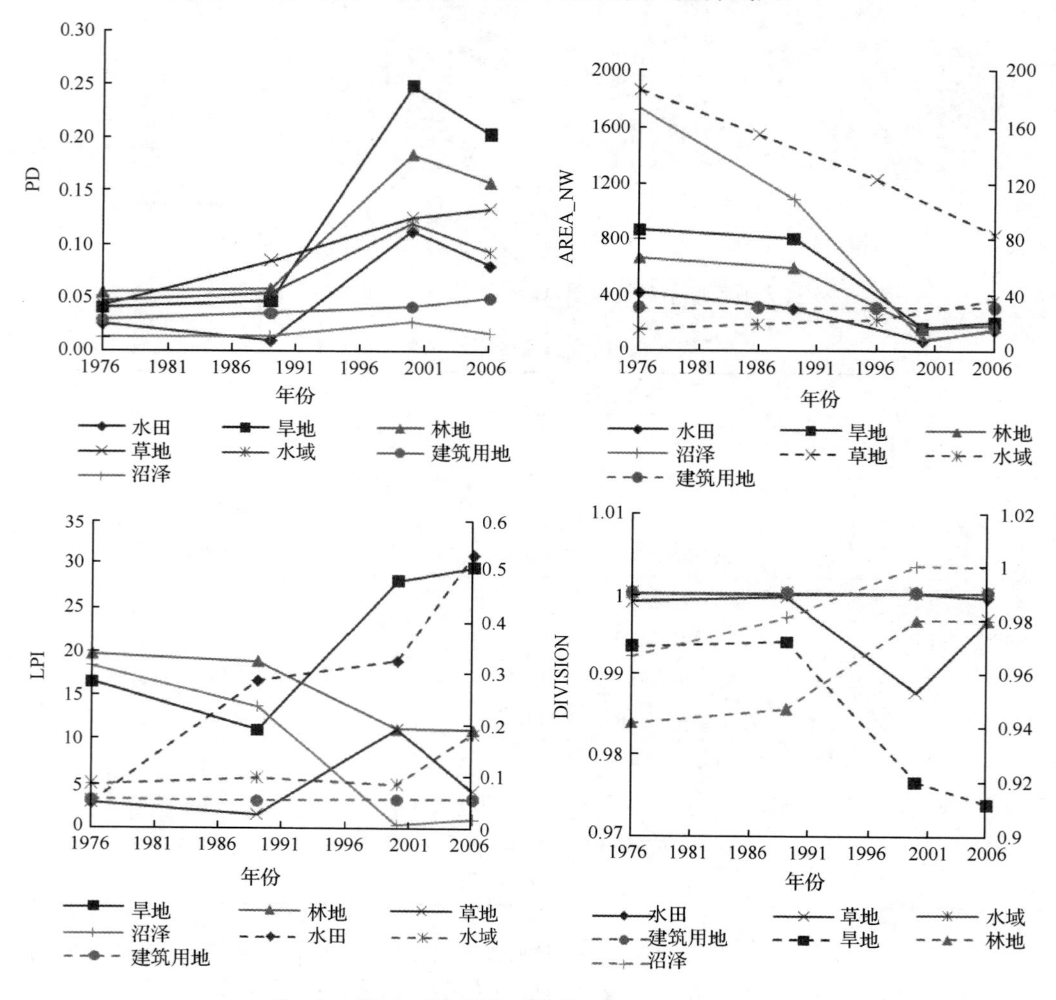

图 6-14　挠力河流域景观指数变化折线图(分类尺度)

(1) 斑块密度(PD)。草地的斑块密度一直在上升,说明草地的斑块数量一直在增加,从土地利用转移的情况可以知道,这是由于随着开发活动的进行,大量的草地被开垦为耕地,使得草地面积一直减小,而且更加破碎化。建筑用地的斑块密度稳中有升,随着经济的发展,建筑用的面积增加较多,但是在原有基础上的面积扩张,因此虽然面积增大了,但斑块密度变化很小。其余景观类型的 PD 都经历了一个先上升再下降的趋势,这也与一般的开发过程相类似,开始时斑块密度持续增大,在一个地区的开发强度到一定程度之后，原有的小斑块会合并为大斑块，斑块密度减小。

(2) 平均斑块面积(AREA_MN)。水田景观和旱地景观的 AREA_MN 在研究时期内波动变化，先波动下降，然后上升，这是由于在整个历史时期，水田和旱地的面积一直都在增大，在开发前期面积增大的速度小于斑块的增加速度，而在 2000～2006 年，面积的增加速度大于斑块个数的增加速度。草地景观的 AREA_MN 持续减小，这是因为在整个研究阶段，草地的面积不断减小，由 PD 可知，而斑块面积在不断增加。建筑用地景观和水域景观的变化不明显。

(3) 最大斑块面积指数(LPI)。水田景观的 LPI 一直在增大，但所占比例都一直很小。从景观类型图可以知道，虽然水田景观的斑块一直在增多，但是这些斑块并没有连在一起形成面积较大的斑块。旱地景观 LPI 先减小后增加，结合土地利用变化可知，这是由于在开发前期，旱地只是面积的扩张，随着开发的进行，原有的斑块之间逐渐合并，出现面积更大的斑块，使得 LPI 不断增大。林地景观和沼泽景观的 LPI 都相对较大，而且一直在减小这也是由于农业开发活动造成的。草地景观的 LPI 先增大再减小，结合景观分布图可知，这是由于在开发活动早期，一些小块儿的草地被开发为耕地，大面积的草地所占的比例增大，随着开发活动的继续进行，大面积的草地也在渐渐被开发。建筑用地景观的 LPI 基本保持不变。

(4) 分维度指数(DIVISION)。分维度指数越小说明斑块越少，越简单，分维度越大(接近 1)，说明斑块破碎化程度越高。在整个研究时间内，所有景观类型的 DIVISION 都在 0.9 以上。水田景观和建筑用地景观的 DIVISION 基本都保持在 1。旱地景观的分维度指数有所下降，在前两个时期破碎化程度很大，后两个时期破碎化程度有所下降。沼泽景观的分维度指数在不断上升，说明沼泽景观的破碎化程度在不断加深。

2) 区域尺度

区域的景观破碎化指数变化见图 6-15，可以看出，在 1976～2000 年期间区域的平均斑块面积在不断的减小，而斑块密度在不断增大，这说明在 1976～2000 年期间，挠力河流域的景观破碎化程度不断增大。最大斑块面积指数先有轻微下降，然后不断增大，通过斑

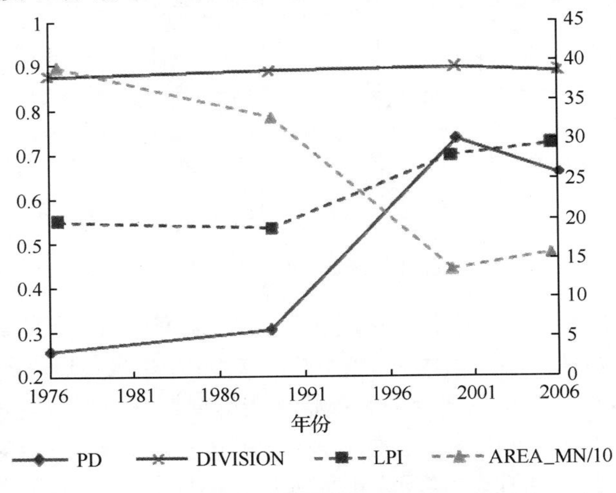

图 6-15　挠力河流域景观破碎化指数变化折线图

块面积统计发现，1976 年面积最大斑块为林地，1989 年仍然是林地，而 2000 年，最大斑块的景观类型是旱地景观，到了 2006 年，旱地仍然在增大。由此可知，随着开发活动的进行，林地的面积减小，流域的 LPI 随之减小，而随着开发活动的进一步进行，旱地斑块不断变大，LPI 随之增大。DIVISION 的变化趋势也基本相同，但在图中显示不明显。

2. 挠力河流域景观形状指数统计分析

1）分类尺度

图 6-16 为挠力河流域各个时期景观破碎化指数变化折线图。

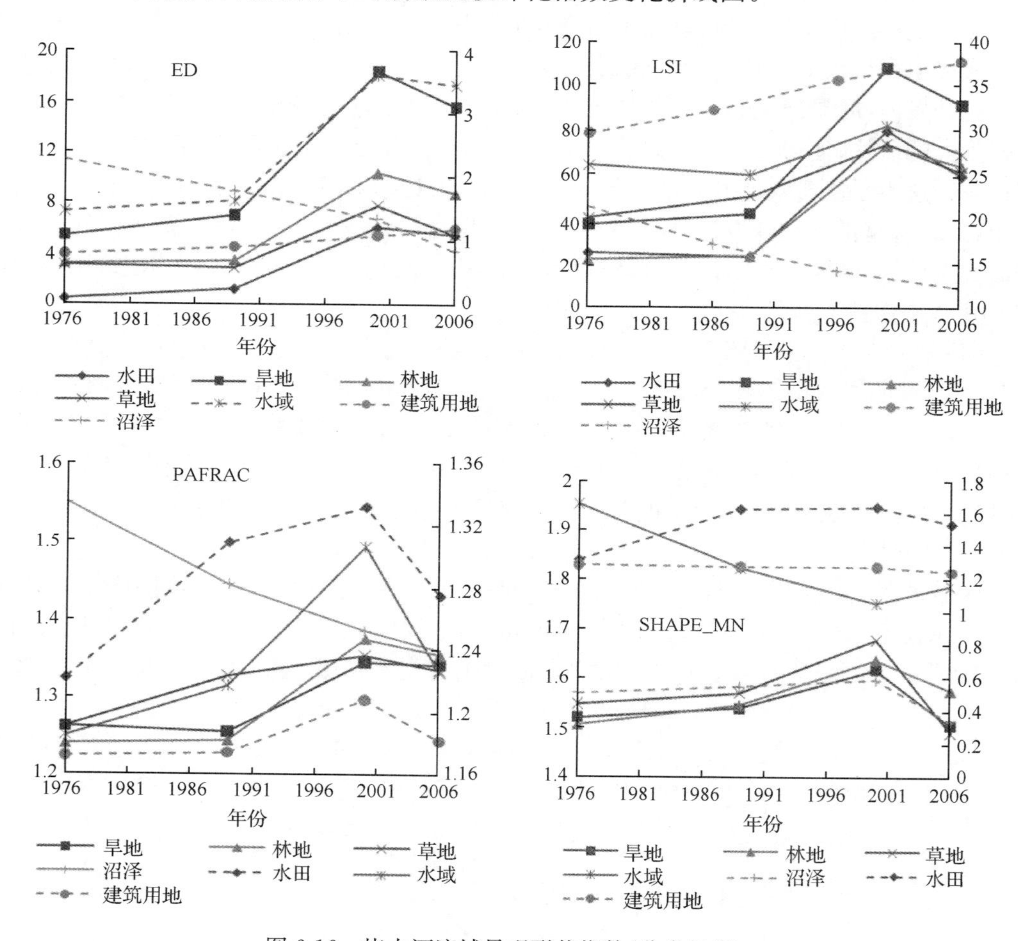

图 6-16　挠力河流域景观形状指数(分类尺度)

(1) 边缘密度(ED)。除草地和建筑用地景观外，研究区域的 ED 变化趋势基本一致，在 1976～2000 年之间 ED 不断增大，而在 2000～2006 年期间 ED 有所回落。这表明，在前两个时期，挠力河流域各个景观类型的形状复杂程度都在不断的增大，这也与斑块密度的结果相符合。在 2000～2006 年，随着开发强度的进一步增大，土地整理等措施的实施，使得研究区域各景观类型的形状较原来更加规整。在整个过程中，随着开发活动的进行，沼泽不断退化，原来的天然不规则边界不断减少，边界被人工边界所取代，形状不断趋于简单化。而建筑用地景观的形状指数在不断的上升，这表明，随着经济的发展，在城镇和农村居民点在扩张的过程中，形状也较原来相对复杂化，这主要是因为许多建筑用地是在沿交通线路扩张的缘故。

(2) 景观形状指数(LSI)。与边缘密度的变化趋势相同，除建筑用地景观和沼泽景观外，挠力河流域其他景观类型的变化趋势基本相同，在 1976～2000 年增大，在 2006 年有所回落。

(3) 周长面积分维指数(PAFRAC)。与 ED 和 LSI 的变化趋势基本相同，除了沼泽景观的 PAFRAC 一直在减小以外，其他景观类型的 PAFRAC 都在 1976～2000 年增大，在 2006 年有所减小，原因同 ED 的分析结果。

(4) 形状分布指数(SHAPE_MN)。与 PAFRAC 的变化趋势基本一致，除了河渠之外，其他类型的 SHAPE_MN 都在 1976～2000 年增大，在 2006 年有所回落。同样，在 SHAPE_MN 中，直径最大的斑块对指数的计算结果影响较大。

2) 区域尺度

图 6-17 为区域尺度景观形状指数变化图，在全部时间过程中，四个形状指数的变化趋势基本一致，这表明在 1976～2006 年期间，挠力河流域的景观形状不断的趋于复杂化，第一和第二阶段变化趋势相对较大，在最后一个阶段，区域景观形状指数变化不明显。

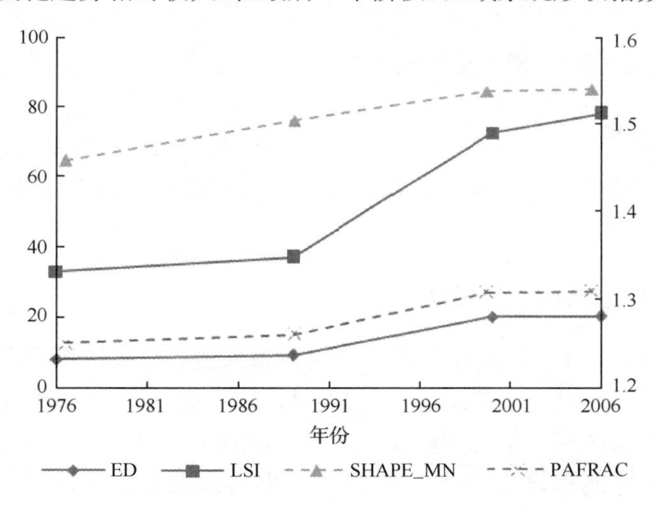

图 6-17　挠力河流域景观形状指数变化折线图

3. 挠力河流域景观多样性指数统计分析

景观多样性指数只能在区域的尺度上进行统计分析，它可以有效地反映区域景观多样性的变化情况，挠力河流域景观多样性变化趋势见图 6-18。从图中可以看出，挠力河流域四个景观多样性指数变化趋势保持一致，景观多样性在前两个阶段一直在增大，在农业大开发活动的影响下，流域的总体景观类型更加丰富，景观多样性不断提高；而在最后一个时期，随着农业开发活动的继续进行，当耕地面积增加到一定比例之后，区域的景观多样性出现降低趋势。

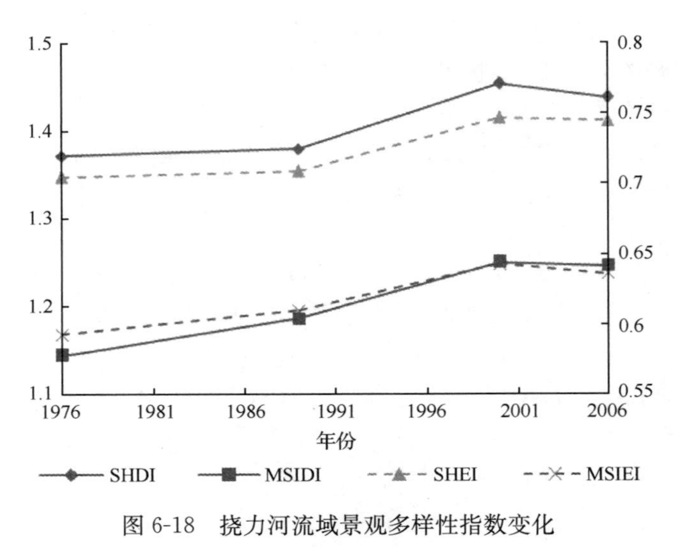

图 6-18 挠力河流域景观多样性指数变化

6.4 挠力河流域 SWAT 模型模拟

6.4.1 挠力河流域 SWAT 模型子流域及 HRU 的划分

1. 子流域的划分

建立 SWAT 模型，首先要进行子流域的划分，流域划分阈值最终确定为 2000hm^2，共划分 38 个子流域(图 6-19)。

2. 水文响应单元(HRU)的划分

SWAT 模型在进行模拟时，首先通过设定面积阈值，把流域根据 DEM 划分为一定数目的子流域。然后通过土地利用、土壤类型、坡度空间数据的叠加(overlay)，在每一个子流域内再划分为水文响应单元(hydrologic response unit，HRU)。土地利用、土壤占子流域面积最小阈值比例都设定为 2%，坡度按大小共分为 4 个等级，分别为 5°、5°～15°、15°～25°和大于 25°，坡度范围占相应子流域内土壤面积的最小阈值比设定为 2%。如果子流域中某种土地利用和土壤类型的面积比小于该阈值，则在模拟中不予考虑，剩下的土地利用和土壤类型的面积重新按比例计算。最终，挠力河流域共划分 3641 个 HRU。

6.4.2 SWAT 模型参数敏感性分析

1. 敏感性分析原理

SWAT 模型的运行涉及大量参数，而参数取值的准确性直接关系模型运行效率的好坏，但要确定所有模型相关参数的准确值非常困难，也有相当大的工作量，所以要首先对 SWAT 模型进行敏感性分析，从中选择出对模型运转影响最大的参数，然后才能进行参

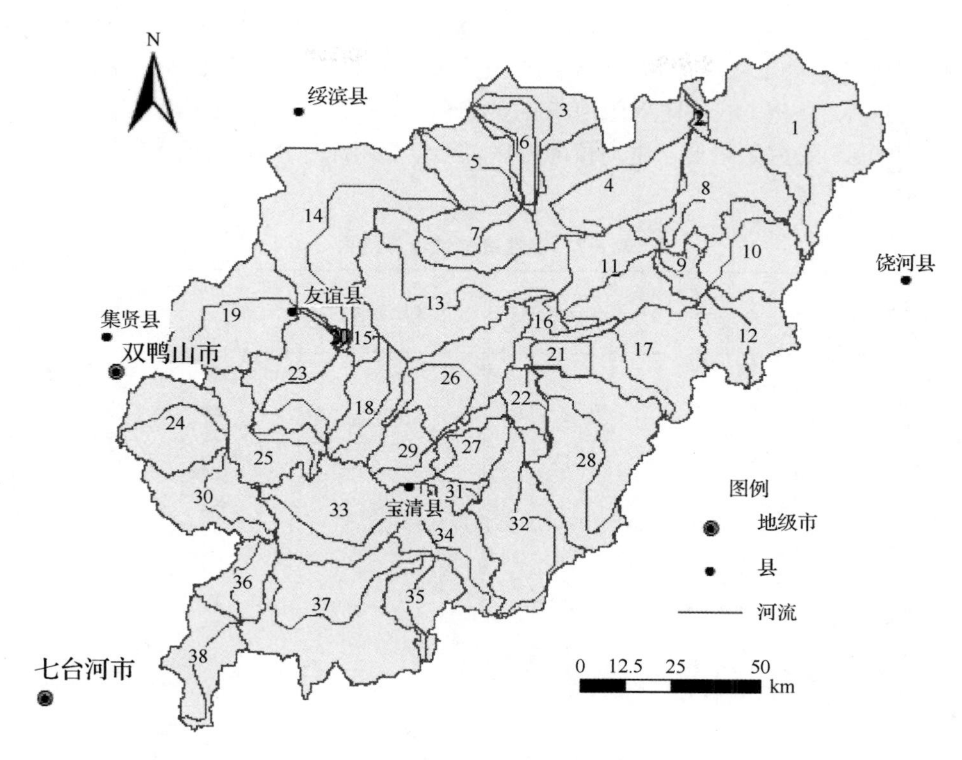

图 6-19　挠力河流域 SWAT 模型子流域划分

数的率定和验证。

目前，较为常用的模型参数敏感性分析方法有摩尔斯分类筛选法(one factor at a time，OAT)、傅里叶分析法、蒙特卡罗抽样法和拉丁超立方抽样法(latin hypercube sampling，LHS)等。本书通过参考国内外研究的基础上，选用将 LHS 和 OAT 相结合对模型参数进行敏感性分析。LHS 和 OAT 相结合的方法能确保所有参数在其取值范围内均被采样，并且明确地确定哪一个参数改变了模型的输出，减少了需要调整的参数数目，提高了计算效率。参数的敏感性采用摩尔斯平均系数进行判别，公式(6-1)如下：

$$\mathrm{SN} = \sum_{i=0}^{n-1} \frac{(Y_{i+1} - Y_i)/Y_0}{(P_{i+1} - P_i)/100} / n \tag{6-1}$$

式中，SN 为敏感性判别因子；Y_i 为模型第 i 次运行输出值；Y_{i+1} 为模型第 $i+1$ 次运行输出值；Y_0 为参数调整后计算结果初试值；P_i 为第 i 次模型运算参数值相对于校准后参数值的变化百分率；P_{i+1} 为第 $i+1$ 次模型运算参数值相对于校准后初试参数值的变化百分率；n 为模型运行次数。

2. 参数敏感性分析结果

对挠力河流域有关径流和泥沙的全部参数进行绝对敏感性分析，根据参数敏感性分析的结果，将对径流和泥沙影响都大的参数挑出进行敏感性分析(排名在 10 名之前，取并集)，共有参数 15 个。从敏感性分析的结果(表 6-7)可以看出，参数 ALPHA_BF、BI-

OMIX、BLAI、CANMX、CH_N2、GWQMN、CN2 和 TIMP 对径流和泥沙的结果影响都比较明显，除此之外 ESCO、GW_REVAP、REVAPMN 和 SOL_AWC 对径流的影响较为明显，而 CH_K2、SPCON、SPEXP、SURLAG 和 USLE_P 对泥沙的输出影响较大。从上面可以看出由于研究区域处于中高位冻融区，因此 TIMP 对径流和泥沙都有一定的敏感性都需要加以考虑。

表 6-7　参数敏感性计算结果

参数名称	敏感性排名		参数名称	敏感性排名	
	径流	泥沙		径流	泥沙
Alpha_Bf	1	8	Slope	18	11
Biomix	16	13	Slsubbsn	22	15
Blai	7	9	Smfmn	33	33
Canmx	5	12	Smfmx	33	33
Ch_Cov	33	33	Smtmp	9	22
Ch_Erod	33	33	Sol_Alb	21	26
Ch_K2	10	3	Sol_Awc	8	21
Ch_N2	12	1	Sol_K	20	20
CN2	3	4	Sol_Z	6	19
Epco	16	24	Spcon	33	2
Esco	4	17	Spexp	33	5
Gw_Delay	17	18	Surlag	14	6
Gw_Revap	11	23	Timp	15	10
Gwqmn	2	14	Tlaps	33	33
Revapmn	13	25	Usle_C	33	16
Sftmp	33	33	Usle_P	33	7

6.4.3　SWAT 模型的参数率定和验证

本书采用专门的 SWAT 率定程序——SWATCUP 2.1.5 中的 SUFI2 算法(SWAT,Calibration and Uncertainty Programs,2008)进行参数的率定和验证，该程序由瑞士联邦水科学技术研究所、Neprash 公司以及美国 Texas A&M University 等合作开发，该方法不仅具有较高的参数率定效率，而且考虑了一切能够引起模拟结果不确定性的因素，如驱动力参数(降雨)、模型概念，以及数据测定等。

1. 模型模拟适用性评价指标

在对模型模拟的适用性评价方面，使用 Pearson 系数(R^2) 和 Nash-Suttclife 模拟效率系数(E_{ns}) 来评估模型在校准和验证过程中的模拟效果，相对误差 Re 进行辅助判断。

对于SWAT来讲，一般要求模拟值与实测值年均误差Re也应小于实测值的15%，月均值的线性回归系数$R^2>0.6$且$E_{ns}>0.50$。模型效率主要取决于Nash系数E_{ns}值，E_{ns}越接近于1，表明模型效率越高。

2. 模型模拟适用性评价结果

研究采用挠力河流域宝清站和保安站两个水文站的数据进行SWAT模型的率定和验证。收集到的水文资料只有挠力河上游的宝清站和保安站两个站点1977～1987年的径流和泥沙数据，结合解译所获得的遥感影像的情况，选择1989年的土地利用作为SWAT模型输入的土地利用数据。根据年份距离土地利用数据的时间的远近，选用1986～1987年作为模型的率定期，1984～1985年作为模型验证期。

使用SWAT-CUP进行率定和验证，模型参数率定结果见表6-8。对径流和泥沙的敏感参数进行同时率定率定和验证的结果见表6-9。

表6-8　模型参数率定表

参数	初始范围	相对最优值	参数	初始范围	相对最优值
r_CN2. mgt	−0.1～0.2	0.140 78	v_CANMX. hru	0～100	12.616
v_ALPHA_BF. gw	0～1	0.128 17	v_ESCO. hru	0.01～1	0.118 748
v_GW_DELAY. gw	1～45	36.181 999	v_GWQMN. gw	0～5000	1 274.910 034
v_CH_N2. rte	0～0.5	0.159 700	v_Usle_P. mgt	0.1～1	0.136 720
v_CH_K2. rte	0～150	38.950 53	v_Spexp. bsn	1～1.5	1.162 040
v_SOL_AWC(1-2). sol	0～1	0.165 512	v_SPCON. bsn	0.02～0.1	0.054 302
v_SOL_K(1-2). sol	−0.2～300	141.460	v_SMTMP. bsn	−5～5	0.041 820
r_SOL_BD. sol	0.1～0.6	0.293 97	v_TIMP. bsn	−5～5	0.29

注：r_代表按比例调整参数；v_代表直接调整参数值。

表6-9　模型模拟效果评价

站点名称	所在子流域位置	指标	率定期		验证期	
			R^2	E_{ns}	R^2	E_{ns}
宝清站	31	径流	0.839	0.807	0.797	0.698
		泥沙	0.805	0.753	0.854	0.731
保安站	25	径流	0.736	0.747	0.863	0.602
		泥沙	0.779	0.772	0.803	0.52

从表6-9中可以看出，SWAT模型的模拟效果可以接受，率定期的R^2的值都在0.73以上，E_{ns}在0.74以上；验证期的R^2的值都在0.79以上，E_{ns}基本在0.6以上，其中保安站验证期的E_{ns}为0.52。

宝清站和保安站径流率定和验证的结果见图6-20和图6-21，泥沙率定和验证的结果见图6-22和图6-23。

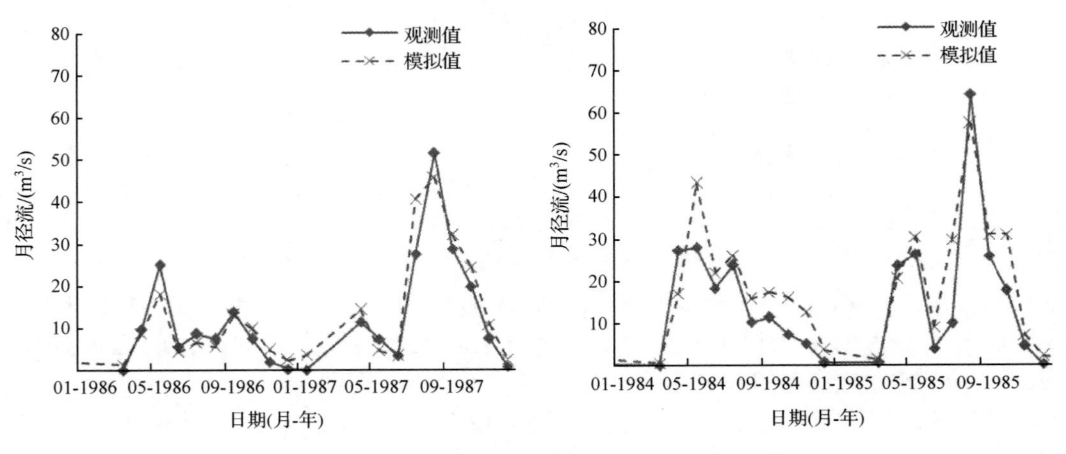

图 6-20　宝清站月径流率定和验证结果

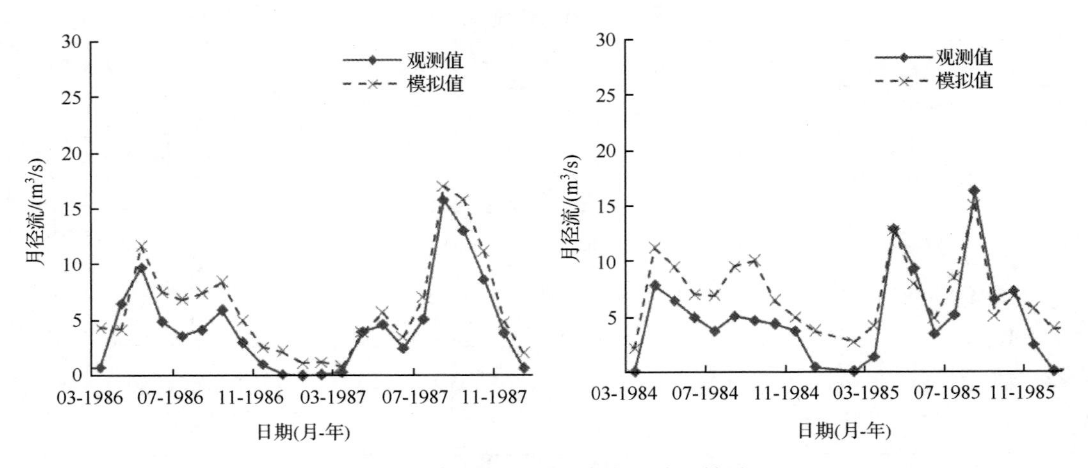

图 6-21　保安站月径流率定和验证结果

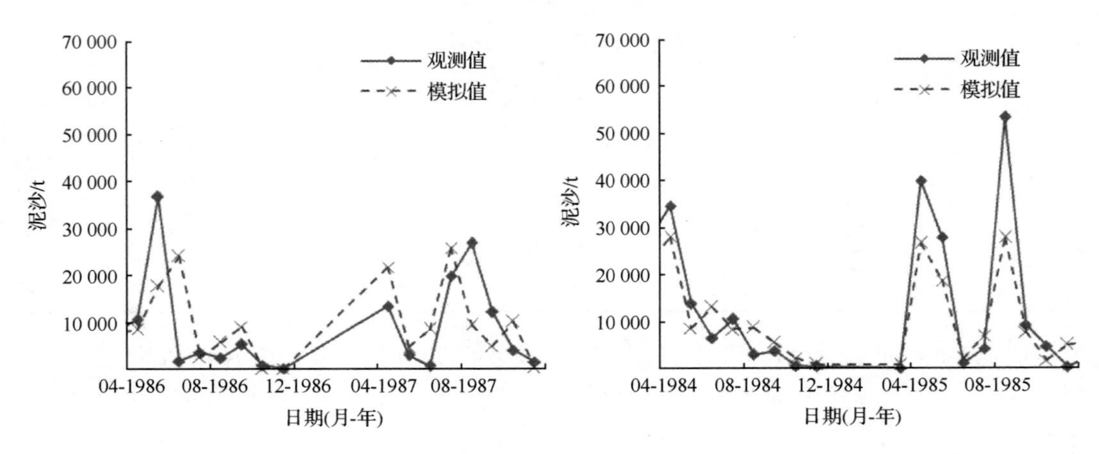

图 6-22　宝清站月泥沙率定和验证结果

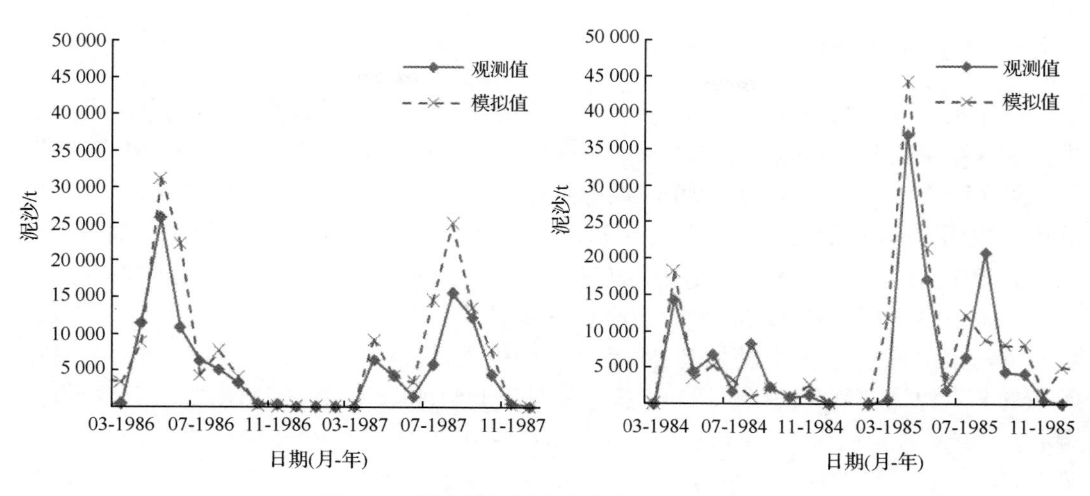

图 6-23　保安站月泥沙负荷率定和验证结果

6.5　挠力河流域农业非点源污染时空特征分析

本书参考了其他关于营养物质负荷研究的参数值。其中，蛤蟆通河流域是挠力河流域的一条支流，和研究区域的特点最为接近，Thur River basin 位于瑞士的东北部，Kielstau catchment 位于德国北部，后两个研究区域和挠力河流域也基本在同一纬度，因此也有一定的参考价值。通过对比，研究最终选用蛤蟆通河流域的营养物质参数作为本研究区域的营养物质参数值。表 6-10 列出了一些研究使用 SWAT 模型模拟得到的非点源污染负荷结果。其中蚂蚁河和蛤蟆通河距离研究区域最近，可以作为主要参考，其他地区作为辅助参考。蚂蚁河和蛤蟆通河的 TN、TP 负荷范围在 2～8.2kg/hm^2 和0.064～2.47kg/hm^2，其他一些研究区域的 TN、TP 负荷范围在 0.27～27.6kg/hm^2 和 0.047～4.5kg/hm^2。

表 6-10　营养物质相关参数取值

参数	模型默认值	蛤蟆通河流域	Thur River basin	Kielstau catchment
CDN	1.4			
CMN	0.0003	0.002		
NPERCO	0.2	0.26	0.223	0.95
PSP	0.4	0.7	0.6	
PPERCO	10	15		
PHOSKD	175	165		
BC1	0.55	0.22		
BC2	1.1	2		
BC3	0.21	0.23		
BC4	0.35	0.01	0.4	
AI1	0.08	0.08		0.08
AI2	0.015	0.02		
RSDCO	0.05	0.05		0.05

6.5.1　挠力河流域农业非点源污染负荷估算

本书的研究时间跨度为30年，前后土地利用、植被覆盖相差较大，所以对研究区域的非点源模拟采用分段模拟。研究有三个气象站点1977～2009年的气象数据，以及1976年、1989年、2000年和2006年四个时期的土地利用数据，考虑到土地利用数据的时间，最终确定使用1976年的土地利用数据对1977～1982年(6年)挠力河流域的非点源污染负荷进行模拟，使用1989年的土地利用数据对1983～1994年(12年)挠力河流域的非点源污染负荷进行模拟，使用2000年的土地利用数据对1995～2002年(8年)挠力河流域的非点源污染负荷进行模拟，使用2006年的土地利用数据对2003～2007年(5年)挠力河流域的非点源污染负荷进行模拟。模拟结果见表6-11和表6-12，流域的总氮负荷模拟结果在0.44～1.31kg/hm² 之间，总磷负荷模拟结果在0.18～0.69kg/hm² 之间，与参照区域非点源污染负荷的模拟结果对比可知，本书对非点源污染负荷的模拟稍小，但在合理范围内。

表6-11　挠力河流域出口处非点源污染负荷模拟结果

年份	流域出口径流量/(m^3/s)	流域出口泥沙负荷/(10^4t)	有机氮/t	无机氮/t		总氮/t	有机磷/t	无机磷/t	总磷/t
				NO_3^--N	NH_4^+-N				
1977	971.16	20.83	350	5 320	200	5 870	5 882	1 554	7 436
1978	924.36	38.32	440	8 640	164	9 244	4 273	1 050	5 323
1979	943.2	27.24	372.5	6 580	163.6	7 116.1	5747	1 772	7 519
1980	1 237.2	52.72	647	8 910	312	9 869	8 822	2 139	10 961
1981	1 128.6	63.93	578.5	7 314	287.3	8 179.8	1341	2562	3 903
1982	1 137	33.85	513.7	5 121	253.4	5 888.1	1 215	3 082	4 297
均值	1 058.88	39.48	483.62	6 980.83	230.05	7 694.50	4 546.67	2 026.50	6 573.17
1983	767.4	48.23	477	8 306	689	9 472	2 123	5 909	8 032.00
1984	1 153.2	49.25	635	9 350	822	10 807	3 126	6 730	9 856.00
1985	990.6	55.18	560	9 870	835	11 265	2 196	7 210	9 406.00
1986	735.6	35.73	502.7	7 200	738	8 440.7	2 055	7 520	9 575.00
1987	1 128.96	54.81	259.9	10 120	812	11 191.9	1 784.7	8 677	10 461.70
1988	1 103.4	47.96	647.6	9 326	854.1	10 827.7	1 604.3	7 461	9 065.30
1989	1 120.8	49.97	690.9	9 519	319.4	10 529.3	1 718.2	7 758	9 476.20
1990	1 112.76	44.52	687.4	8 588	624	9 899.4	1 655.7	7 635	9 290.70
1991	1 027.56	58.72	633.7	6 820	539.4	7 993.1	2 465	6 777.3	9 242.30
1992	894.6	35.60	328.6	6 242	518.1	7 088.7	1 548	5 269	6 817.00
1993	1 065	56.05	165.8	8 432	724.2	9 322	1 370.4	6 879.5	8 249.90
1994	1 052.16	53.03	512.5	8 562	753.1	9 827.6	1 302	6 340.3	7 642.30
均值	1 012.68	49.09	508.43	8 527.92	685.69	9 722.03	1 912.36	7 013.84	8 926.20

续表

年份	流域出口径流量 (m^3/s)	流域出口泥沙负荷 (10^4t)	有机氮/t	无机氮/t		总氮(t)	有机磷/t	无机磷/t	总磷/t
				NO_3^--N	NH_4^+-N				
1995	623.4	48.12	1 276	8 700	1 900	11 876	4 453	10 410	14 863
1996	986.4	70.04	1 365	18 170	2 555	22 090	6 835	18 310	15 145
1997	956.76	66.93	886.7	12 000	1 679	14 565.7	4 005	9 406	13 411
1998	1 028.4	96.35	370.4	14 210	888.9	15 469.3	2 936	9 179	12 115
1999	812.4	49.12	433.3	11 340	579.3	12 352.6	1 018	2 569	13 587
2000	1 019.4	66.92	254.7	16 487	448.2	17 189.9	929.6	2 421	13 350
2001	788.76	42.46	167.7	10 676	236.5	11 080.2	344	798.3	11 142
2002	1 394.16	89.95	396.8	17 848	588.2	18 833	1 027	2 453	13 480
均值	951.24	66.24	643.83	13 678.88	1 109.39	15 432.09	2 693.45	6 943.29	12 386.74
2003	606	69.11	854.3	9 975	1 558	12 387.3	3 675	8 215	11 890
2004	781.2	65.33	738.8	13 110	1 220	15 068.8	3 132	7 410	10 542
2005	841.8	60.44	889.3	18 600	1 728	21 217.3	4 364	10 650	15 014
2006	978	75.81	1 056	16 760	1 645	19 461	4 231	10 650	14 881
2007	1 051.56	76.73	797.8	13 700	1 219	15 716.8	2 936	6 832	9 768
均值	851.76	69.48	867.24	14 429.00	1 474.00	16 770.24	3 667.60	8 751.40	12 419.00

表 6-12　挠力河流域不同年份非点源污染负荷模拟结果

年份	土壤侵蚀量/(10^4t)	有机氮/t	硝态氮/t	总氮/t	有机磷/t	无机磷/t		总磷/t
						可溶性磷	矿物质磷	
1977	229.23	20 237.41	8 581.72	28 819.13	2 479.05	72.94	555.84	3 107.83
1978	134.02	6 375.55	4 906.90	11 282.45	780.15	66.38	148.24	994.77
1979	128.21	6 577.81	3 185.92	9 763.73	814.71	185.66	202.70	1 203.06
1980	143.16	10 176.56	6 766.54	16 943.1	1 245.11	114.45	291.35	1 650.91
1981	175.34	13 822.72	6 970.12	20 792.84	1 685.94	198.82	391.05	2 275.81
1982	136.74	5 281.14	2 600.73	7 881.87	743.58	99.21	146.86	989.65
均值	157.78	10 411.87	5 501.99	15 913.86	1 291.42	122.91	289.34	1 703.67
1983	233.97	18 041.15	8 148.40	26 189.55	3 434.57	219.70	775.20	4 429.48
1984	184.52	13 858.82	6 957.14	20 815.96	1 695.69	281.32	329.87	2 306.89
1985	149.95	11 605.80	5 875.53	17 481.33	1 440.88	338.79	410.29	2 189.96
1986	198.80	15 526.12	6 597.48	22 123.6	799.76	345.16	506.37	1 651.29
1987	131.30	8 232.76	4 662.25	12 895.01	1 005.00	178.75	243.78	1 427.54
1988	135.93	8 195.85	6 672.78	14 868.63	998.51	194.97	239.94	1 433.42
1989	117.20	12 126.75	7 069.07	19 195.82	868.01	195.45	298.03	1 361.49

续表

年份	土壤侵蚀量/(10^4t)	有机氮/t	硝态氮/t	总氮/t	有机磷/t	无机磷/t		总磷/t
						可溶性磷	矿物质磷	
1990	120.15	8 934.96	4 529.53	13 464.49	843.82	105.05	292.65	1 241.52
1991	195.95	10 003.08	5 207.26	15 210.34	2 039.28	463.28	579.38	3 081.94
1992	186.64	10 886.86	5 168.40	16 055.26	680.93	333.35	385.46	1 399.74
1993	110.84	8 691.34	9 280.90	17 972.24	789.33	145.70	278.16	1 213.19
1994	227.13	13 321.89	8 254.39	21 576.28	1 553.12	355.63	571.65	2 480.39
均值	166.03	11 618.78	6 535.26	18 154.04	1 345.74	263.10	409.23	2 018.07
1995	220.39	15 707.95	10 367.30	26 075.25	2 093.74	274.93	715.42	3 084.09
1996	199.09	14 437.72	10 276.24	24 713.96	1 710.52	240.34	357.70	2 308.56
1997	157.17	12 718.86	7 755.78	20 474.64	1 534.05	349.27	520.96	2 404.28
1998	219.66	13 220.04	8 979.87	22 199.91	1 557.62	362.89	615.65	2 536.15
1999	185.35	10 534.84	5 107.44	15 642.28	1 257.41	387.96	560.37	2 205.74
2000	144.76	10 517.29	5 012.84	15 530.13	1 239.97	309.71	658.49	2 208.17
2001	172.64	16 450.80	10 850.51	27 301.31	1 744.62	263.74	406.01	2 414.36
2002	241.43	15 093.51	10 497.10	25 590.61	1 799.43	382.82	818.15	3 000.40
均值	192.56	13 585.13	8 605.88	22 191.01	1 617.17	321.46	581.59	2 520.22
2003	251.55	17 268.66	11 598.59	28 867.25	2 114.62	461.84	755.79	3 332.25
2004	168.39	12 915.37	7 072.38	19 987.75	1 592.92	302.37	518.14	2 413.42
2005	195.81	13 744.81	8 540.88	22 285.69	1 706.55	312.30	551.63	2 570.48
2006	201.46	12 483.07	8 494.29	20 977.36	1 538.85	329.39	610.47	2 478.71
2007	247.26	15 257.20	10 999.71	26 256.91	1 886.05	401.78	673.47	2 961.29
均值	212.90	14 333.82	9 341.17	23 674.99	1 767.80	361.53	621.90	2 751.23

表 6-11 是不同年份流域出口的非点源污染负荷，从模拟结果可以看出，在研究时间的四个阶段，在流域的出口处，径流量呈现明显的下降趋势，从 1977～1982 年的 88.24m^3/s 减少到 2003～2007 年的 70.98m^3/s，同时泥沙负荷逐渐变大，各种非点源负荷都在逐渐上升。随着大规模开发活动的进行，区域的土壤侵蚀量逐渐增大，挠力河流域的非点源污染负荷在逐渐增大，其中氨氮和无机磷的增加最为明显。在 1977～1982 年间，流域出口处氨氮负荷为 230.05t，而在 2003～2007 年平均负荷为 1474.00t，增加了 4 倍；无机磷在 1977～1982 年间，流域出口处无机磷负荷为 2026.50t，而在 2003～2007 年平均负荷为 8751.4t，增加了 2 倍多。

表 6-12 为挠力河流域非点源输出量模拟结果，与流域出口处的各类非点源污染负荷的变化趋势相同，土壤侵蚀和各类非点源污染负荷都在随时间逐渐增加，其中土壤侵蚀量增加了 34.9%，有机氮负荷增加了 37.7%，硝态氮负荷增加了 1 倍，总氮增加了 2.43 倍，可溶性磷负荷增加了 1.94 倍，矿物磷增加了 1 倍多，总磷增加了 1.4 倍。2003～2007 年

挠力河流域的泥沙负荷平均为 212.90 万 t，总氮负荷和总磷负荷分别为 23 674.99t 和 2751.23t。其中有机氮负荷和硝态氮负荷分别占总氮负荷的 60.5%和 39.5%，总磷负荷中有机磷、可溶性磷和矿物磷分别占 64.1%、13.1%和 22.7%。

图 6-24 为不同时期各类非点源污染负荷负荷产生量和所占比例变化图。从第一个时期到第四个时期，各种非点源污染负荷的产生量都在不断增大。而从污染物产生比例上来看，有机氮负荷所占比例最大，其次是硝态氮，然后是有机磷、矿物磷和可溶性磷。非点源 N 负荷一直占流域非点源负荷的 90%以上，有机氮负荷所占比例在不断下降，而硝态氮所占比例不断上升。非点源磷负荷比例变化不明显。

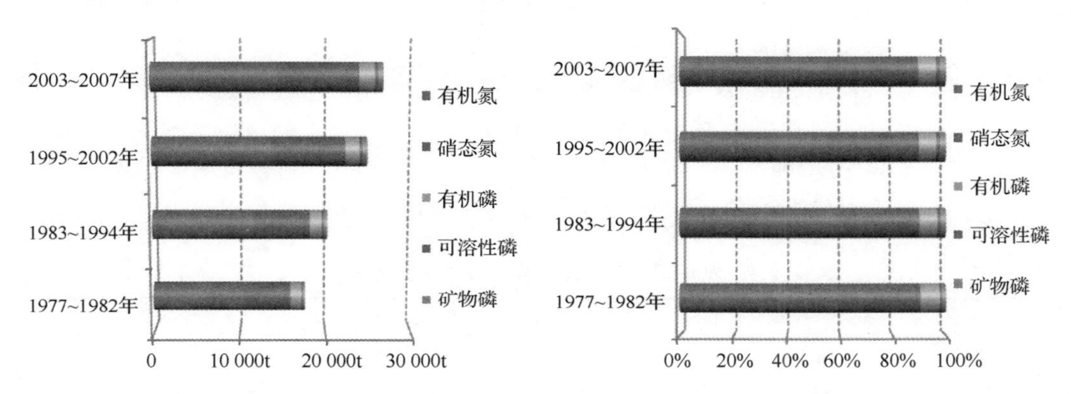

图 6-24　非点源污染负荷负荷产生量和所占比例变化图

6.5.2　挠力河流域农业非点源污染负荷时间变化特征

1. 挠力河流域农业非点源污染负荷年际变化特征

图 6-25 是挠力河流域出口处非点源污染负荷与径流量(月均)年际变化图，从折线图可以看出泥沙、总氮、总磷和流量趋势一致性很强。在 1995 年之前，径流、泥沙和各种非点源污染负荷中的比例明显比之后要小的多。由于对挠力河流域非点源污染负荷的模拟是分四个时期进行，分别是 1977～1982 年、1983～1994 年、1995～2002 年、2003～2007 年，四个时期的模拟使用不同的时期的土地利用。由此可知，随着农业开发活动的进行，农田在流域中的面积比例不断增大，流域的土壤侵蚀量不断增大，河水水质富营养化程度升高。

我国《地表水环境质量标准》(GB 3838—2002)中对于不同功能水体总氮、总磷浓度规定见表 6-13。根据流域出口处计算的结果分别对四个时期的水质进行分级(表 6-14)。从结果可以看出，四个时期的水质逐渐恶化，在最后一个时期甚至为劣Ⅴ类。单看总氮负荷，水质一直保持在Ⅱ类和Ⅲ类，水质的限制因子为总磷。由此可知，挠力河流域水污染控制的重点在总磷负荷。

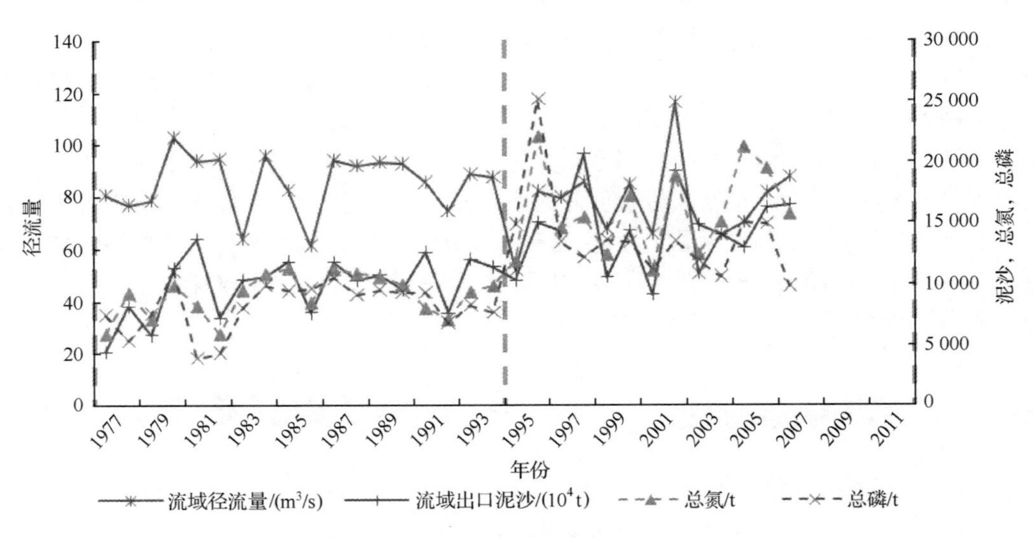

图 6-25 非点源负荷与径流量年际变化图

表 6-13 我国地表水环境质量标准 (单位:mg/L)

评价项目	Ⅰ	Ⅱ	Ⅲ	Ⅳ	Ⅴ
总氮	≤0.2	≤0.5	≤1.0	≤1.5	≤2.0
总磷	≤0.02	≤0.1	≤0.2	≤0.3	≤0.4
硝酸盐			10		
可溶性磷			0.05		

表 6-14 挠力河流域出口处水质评价

时间	流量/(m^3/s)	总氮/(mg/L)	可溶性磷/(mg/L)	总磷/(mg/L)	水质等级
1977～1982 年	39.482	0.231	0.061	0.197	Ⅲ
1983～1994 年	49.088	0.304	0.220	0.280	Ⅳ
1995～2002 年	68.736	0.514	0.231	0.321	Ⅴ
2003～2007 年	69.484	0.624	0.326	0.462	劣Ⅴ

2. 挠力河流域农业非点源污染负荷年内变化特征

分别对年份流域出口处各月的非点源污染负荷进行统计,得到四个时期流域出口处非点源污染负荷随月份变化的特征(图 6-26)。从图中可以看出,各个时期的非点源污染负荷与径流量、泥沙负荷趋势都基本一致。由于挠力河流域处于中高纬度冻融区,因此每年有两个汛期,春汛和夏汛,分别在 4 月和 8 月,这在径流模拟中可以明显看出。随着径流量的增大,各种非点源污染负荷随之增大。其中第一期的非点源污染负荷与径流趋势的一致性最差,这是因为,在第一个时期,流域内植被覆盖状况较好,而且有大面积的沼泽存在,对非点源污染负荷的产生会有一定的影响。从各时期的负荷变化图也可以看出,从前到后,流域出口处的径流量平均值是在缓慢下降的,而各种非点源污染负荷在不断上升。

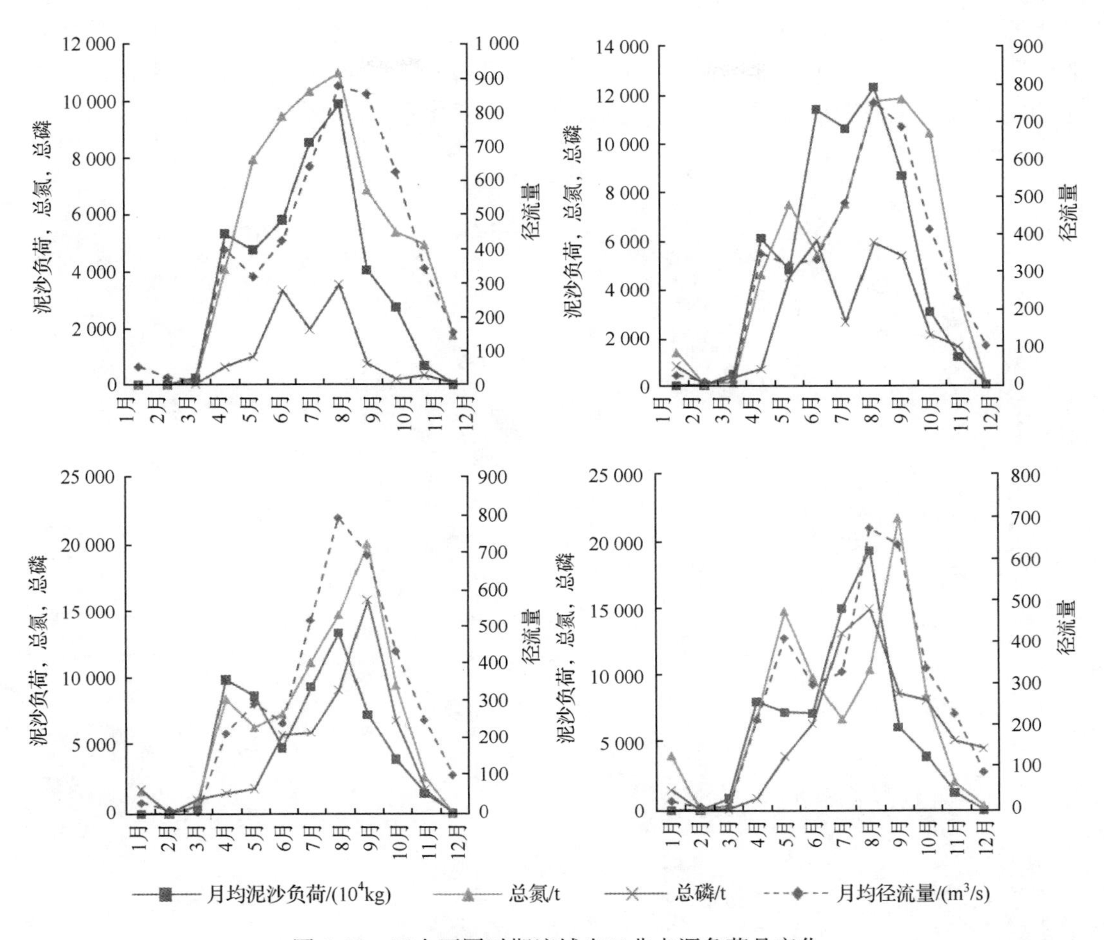

图 6-26　四个不同时期流域出口非点源负荷月变化

年内变化特征表明，农业非点源污染负荷主要集中于春汛和夏汛两个时期。这两个时期径流量较大，流域的农业非点源污染负荷产生量也较大，4 月、5 月、7 月和 8 月四个月的非点源污染负荷，占全年点源负荷比例基本都在一半左右，春汛和夏汛的泥沙负荷占全年负荷的比例也都在一半以上。

6.5.3　挠力河流域农业非点源污染负荷空间分布特征

考虑到研究的时间跨度较大，且在这一时期，区域的土地利用、植被覆盖变化较大，对流域非点源污染负荷的空间分布也进行分段模拟。以子流域为单元，分别对 1977～1982 年、1983～1994 年、1995～2002 年、2003～2007 年的土壤侵蚀量和各形态的非点源污染进行估算，分析其空间分布和变化特征。

1）泥沙负荷空间分布

挠力河流域四个时期的泥沙负荷空间分布见图 6-27。从图中可以看出，在各个时期，泥沙负荷的空间分布差异性较大，而四个时期的泥沙负荷在总体分布上基本一致。在分布特征上，西部山区和东部山区泥沙负荷相对较高，泥沙负荷为 1.00～4.23t/hm^2，中部平原负荷相对较低，保持在 0.04～0.12t/hm² 之间。在变化趋势上，西部山区的增加趋势明显，其中 30 号子流域的泥沙负荷从 0.49t/hm² 增加到 4.23t/hm²，东部山区增加也相对明显。中部平原地区四个时期的泥沙负荷变化不大，四个时期的负荷都保持在 0.12t/hm² 以下。

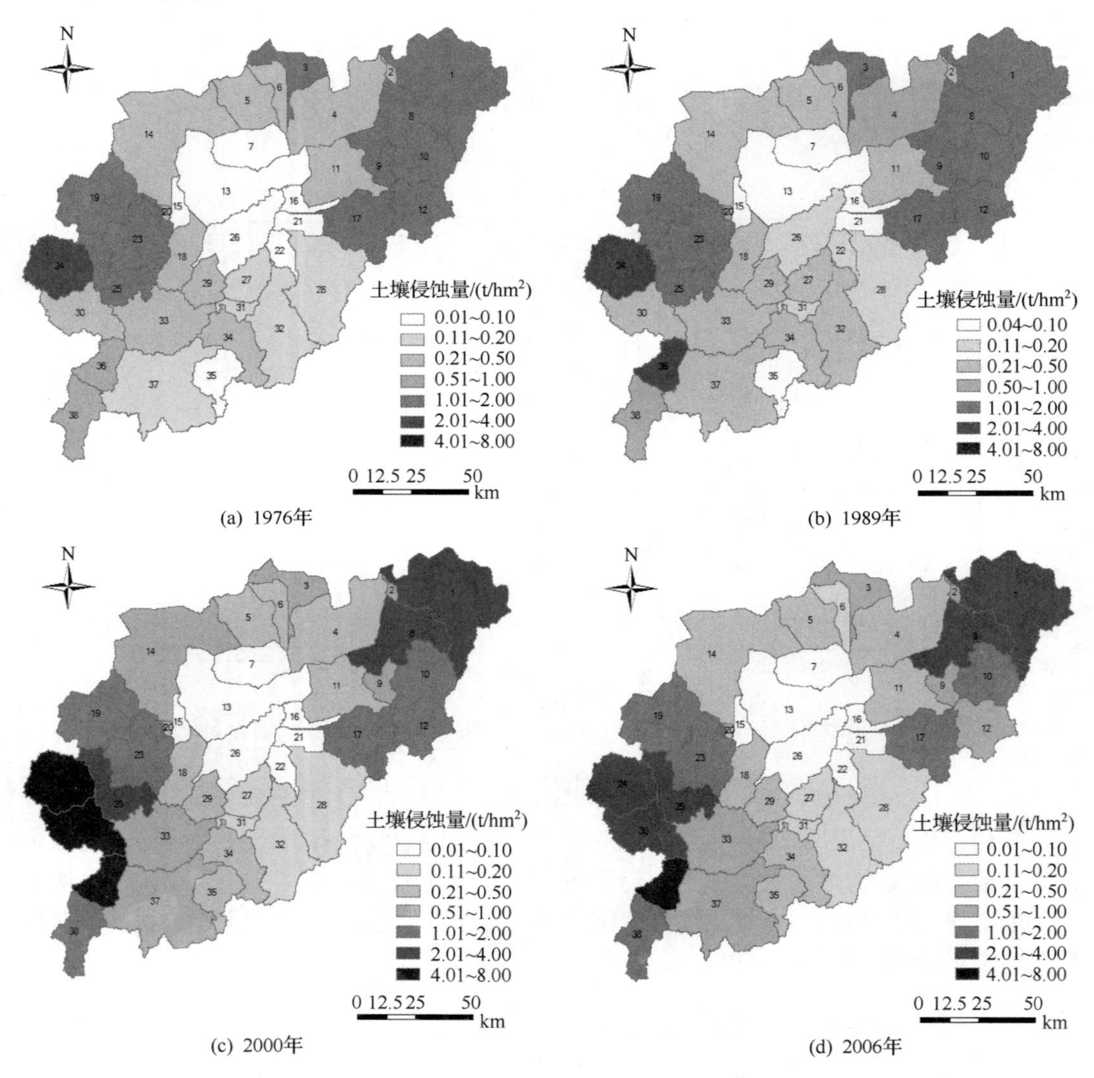

图 6-27　挠力河流域四个时期泥沙负荷分布图

SWAT 模型中，计算土壤侵蚀量使用的是 USLE 方程，从方程中可知影响土壤侵蚀量的因素有很多，包括地表径流、洪峰径流、土壤因子、地形因子、植被覆盖因子和管理因子。从分布特征可知，四个时期的总体分布特征主要受地形因子的影响，西部和东部山区的坡度相对较大，因此土壤侵蚀量总体较高。而从四个时期的变化趋势上看西部山区和东部山区在农业开发过程中大量林地被开发为耕地，造成植被覆盖状况变差，加上坡度较大，因此土壤侵蚀量变化程度较大。

2）有机氮负荷空间分布

图 6-28 是挠力河流域四个时期的有机氮负荷空间分布，从四个时期的有机氮分布可以看出，有机氮负荷的分布变化规律与土壤侵蚀分布变化规律基本保持一致。这主要是因为，有机氮主要以泥沙吸附态的形式进入水体，所以，水土流失是影像有机氮负荷的主要因素。而从流域的均值来看，四个时期的有机氮负荷均值分别为 4.73kg/hm²、5.28kg/hm²、6.17kg/hm² 和 6.51kg/hm²。

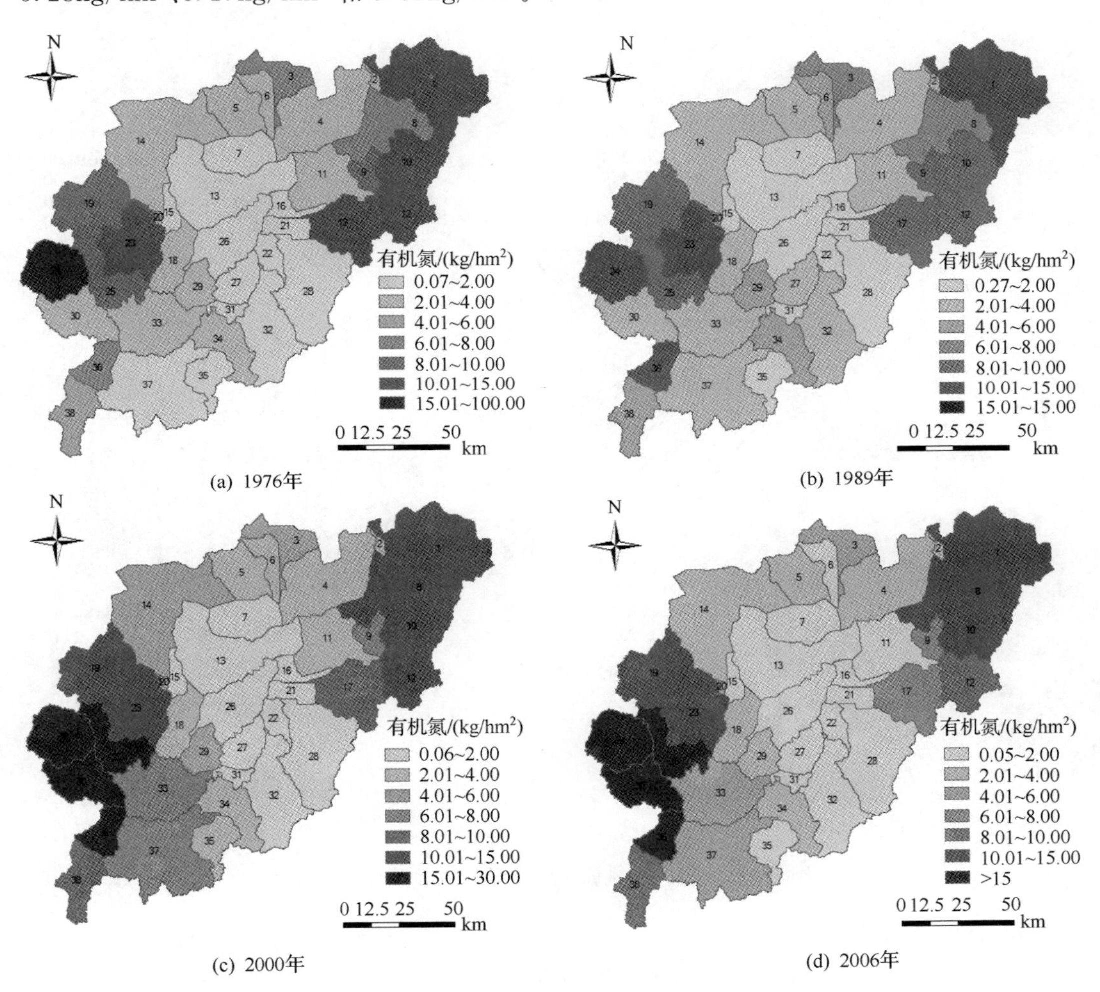

图 6-28　挠力流域四个时期有机氮负荷分布图

3）硝态氮负荷空间分布

挠力河流域四个时期的硝态氮负荷空间分布见图 6-29。四个时期挠力河流域硝态氮负荷分布差异很大，而且从总量上来讲变化也很大。从硝态氮的分布特征可以看出，硝态氮负荷主要受农业生产活动的影响。以挠力河东南区域为例，硝态氮的负荷第一个时期到第二个时期先变大，然后在后两个时期又逐渐减小，从挠力河流域的土地利用图可知，这主要是因为，从第一个时期到第二个时期，流域东南部的湿地草地大量被开垦为旱地，而在第二和第三个时期，这些旱地又大量转化为水田，由此可知，旱地的硝态氮负荷相对较大。

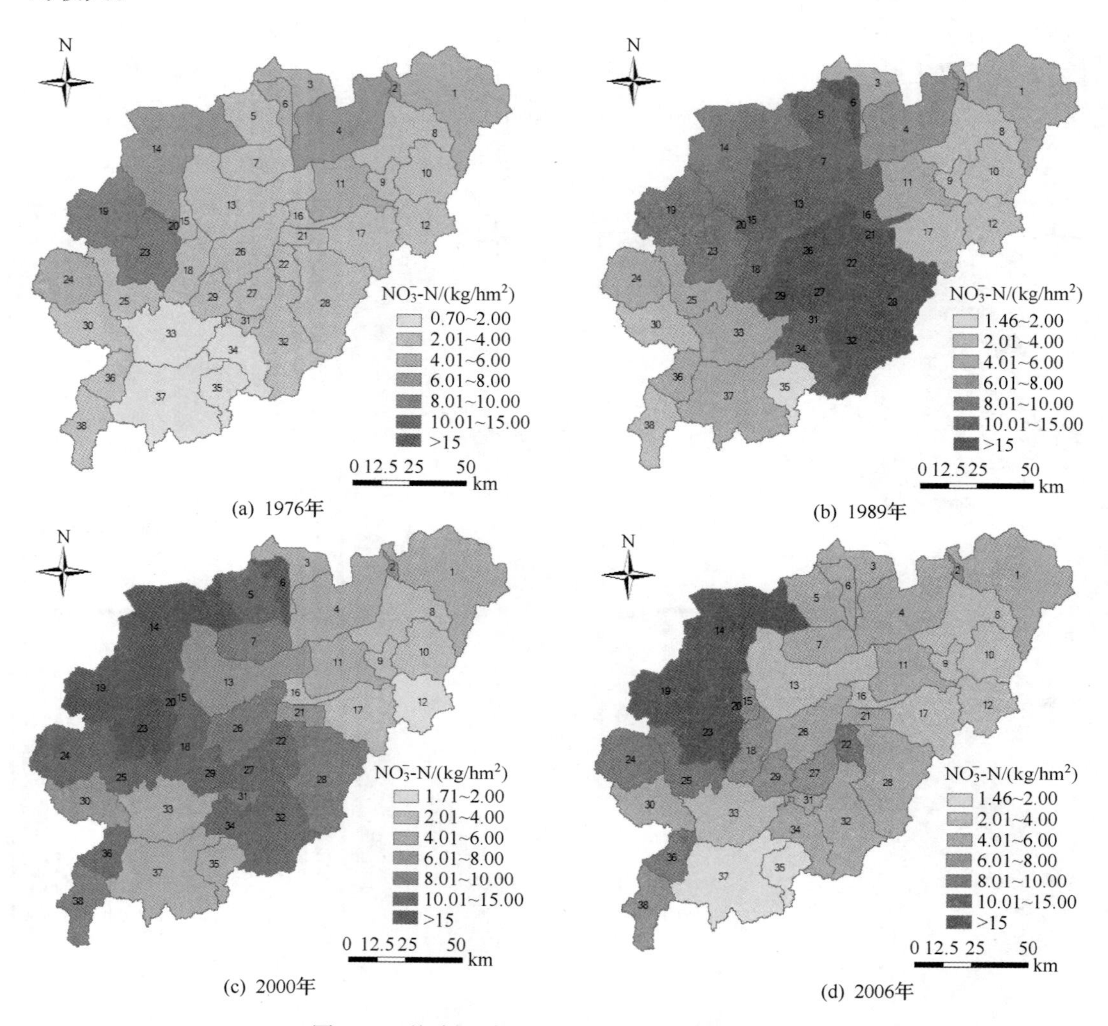

图 6-29　挠力流域四个时期硝态氮负荷分布图

4）总氮负荷空间分布

挠力河流域四个时期的总氮负荷空间分布见图 6-30。在总氮负荷中，有机氮相对硝态氮所占比例更高，因此，总氮负荷的分布和变化规律与有机氮负荷的变化基本一致，东部和西部山区负荷较大，且增加明显。与有机氮负荷变化不同的是，中部地区的总氮负荷变化也较为明显，这主要是受农业开发活动的影响，尤其是 7 号和 13 号子流域，是区域面积最大的一块沼泽，随着农业开发活动的进行，沼泽通过排水逐渐被开发为旱地，而随着“旱改水”的实施，又有一些旱地转化为水田，因此，该区域的总氮负荷呈现先增加后降低的趋势。

5）有机磷负荷空间分布

挠力河流域四个时期有机磷负荷分布见图 6-31。

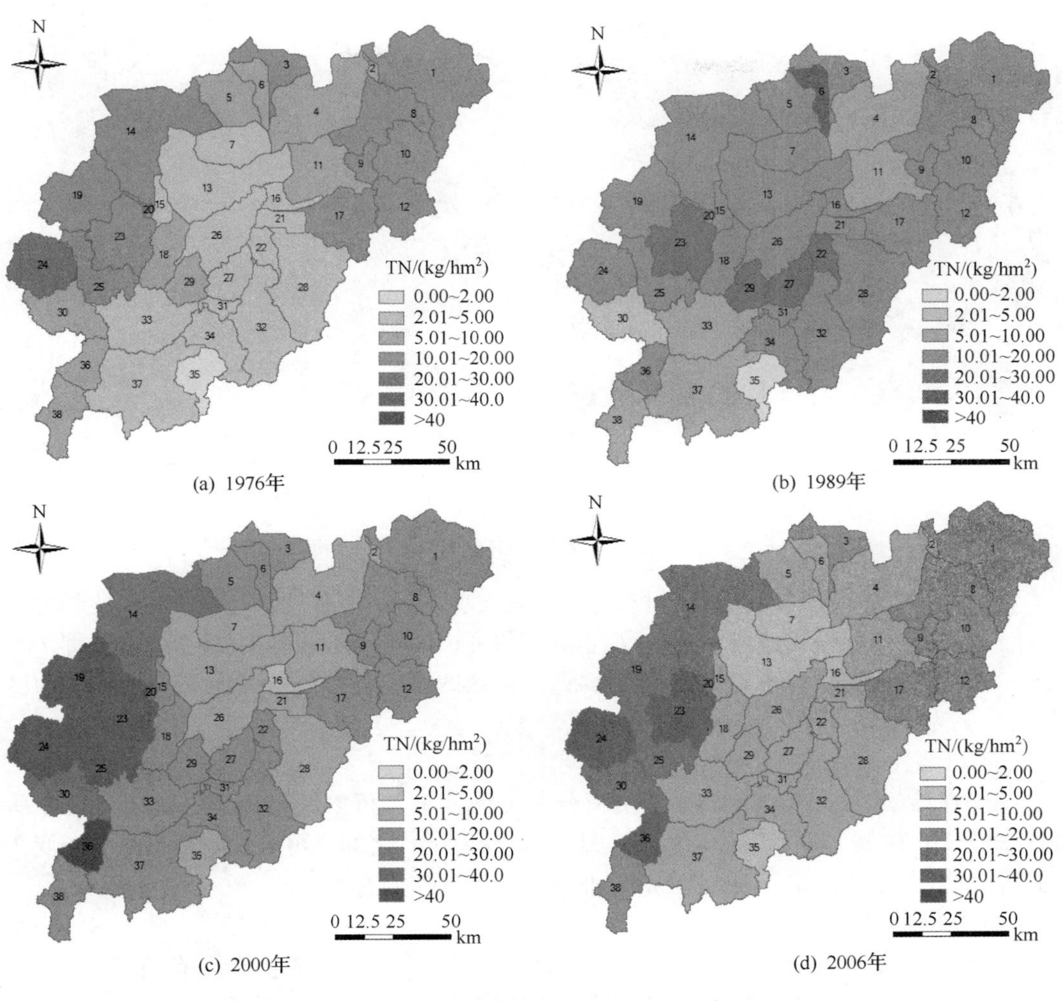

(a) 1976年　(b) 1989年

(c) 2000年　(d) 2006年

图 6-30　挠力河流域四个时期总氮负荷分布图

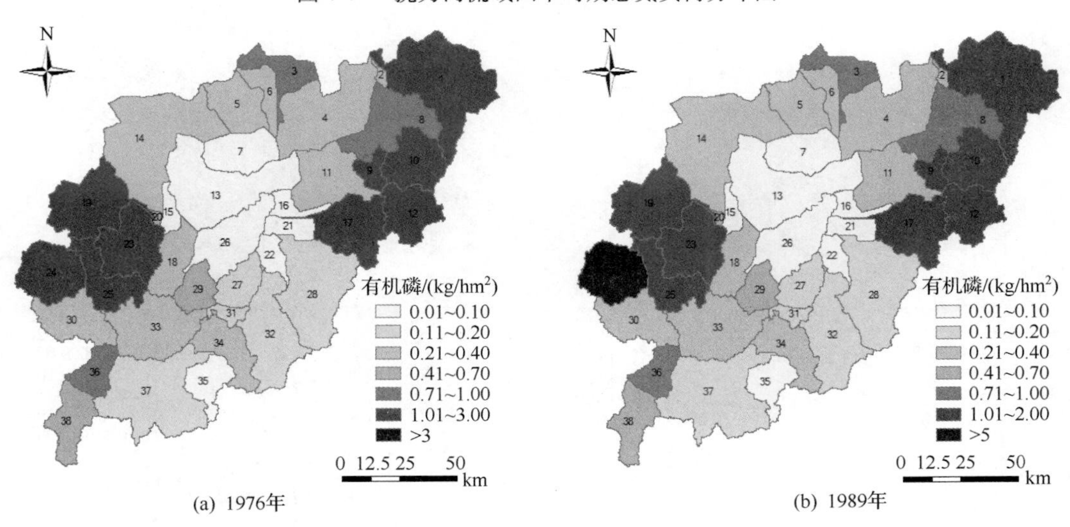

(a) 1976年　(b) 1989年

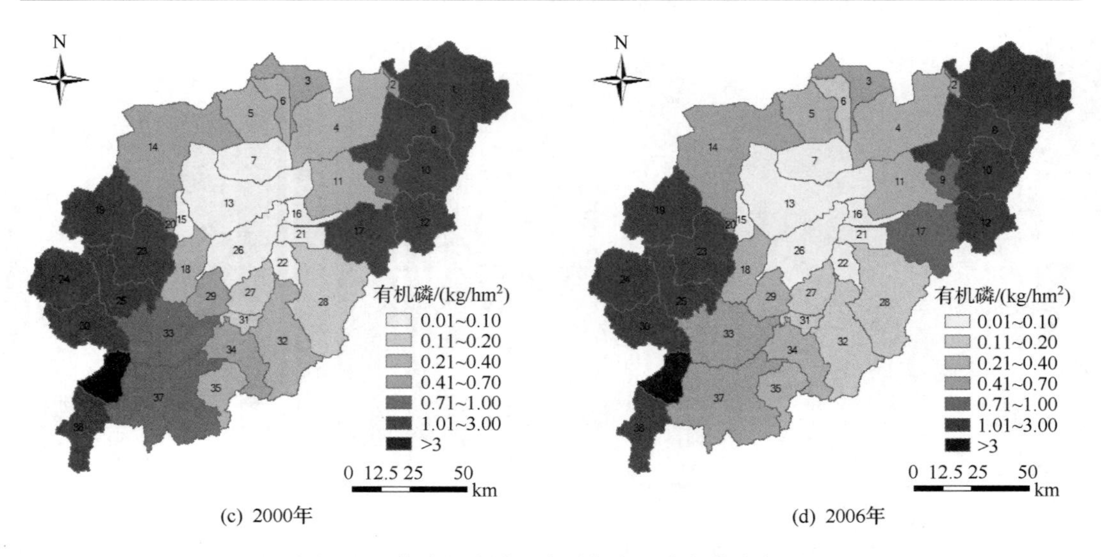

图 6-31 挠力河流域四个时期有机磷负荷分布图

由于有机磷主要是以泥沙吸附态的形式进入水体，因此，有机磷的分布和变化趋势与土壤侵蚀的分布和变化趋势保持一致，东部和西部山区有机磷负荷相对较大，而中部平原地区有机磷负荷相对较小。变化趋势上，西部山区的增加趋势相对明显，尤其是西南山区的增加更为突出。

6）可溶性磷负荷空间分布

挠力河流域四个时期可溶性磷负荷分布见图 6-32。可溶性磷负荷在总磷负荷中所占比例很小，在 11%左右，负荷值在 0.01～0.47kg/hm² 之间。可溶性磷负荷的分布变化与硝氮的分布变化基本一致，主要和农业开发活动的作用有关。

7）矿物质磷负荷空间分布

挠力河流域四个不同时期矿物磷负荷分布见图 6-33。矿物磷负荷介于 0.01～0.75kg/hm² 之间。由于矿物磷也是以泥沙吸附态的形式进入水体，因此，矿物磷的负荷

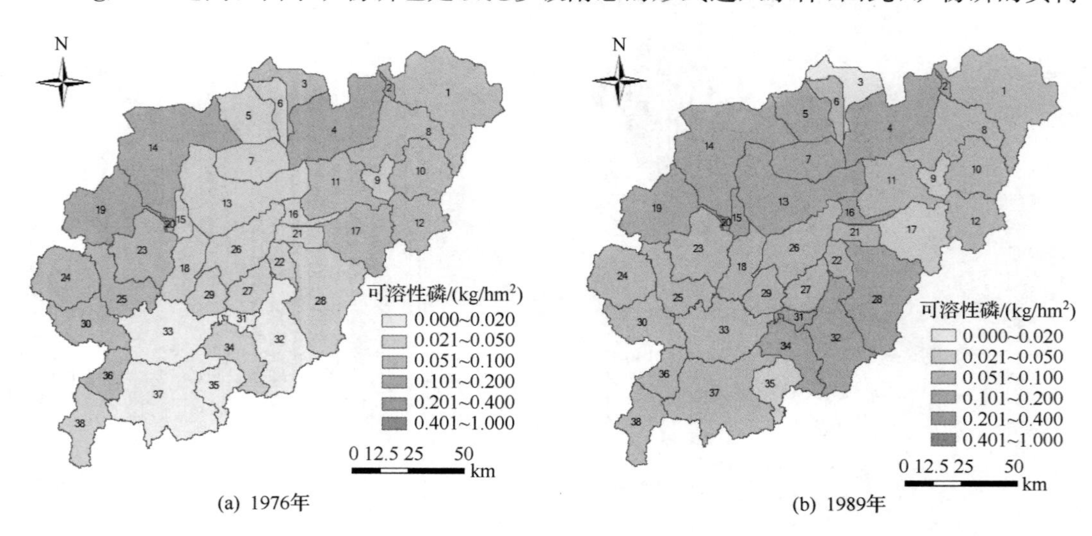

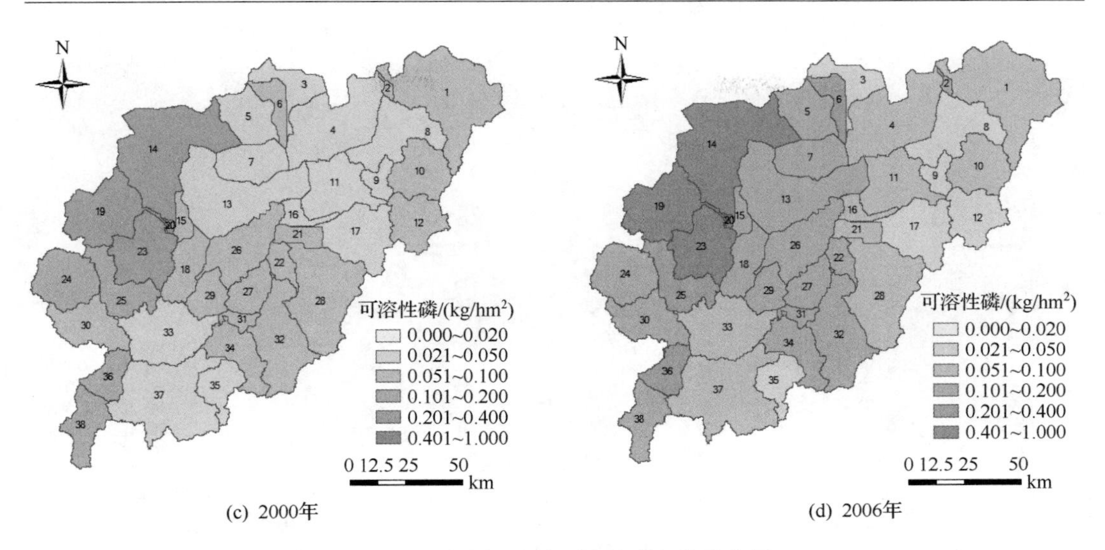

(c) 2000年　(d) 2006年

图 6-32　挠力河流域可溶性磷负荷分布图

也和土壤侵蚀负荷分布变化有一定的相似,同时它也表现出不同的特点,中部平原的矿物磷虽然负荷相对较小,但也表现出了明显的变化,负荷出现了明显的升高。而且矿物质磷的负荷在西南山区增加最为明显,这是由于地形因素和人为开发活动的共同作用。由此可见,矿物磷不仅与水土流失密切相关,而且与人为的耕作过程中化肥的施用关系密切。

8）总磷负荷空间分布

四个不同时期挠力河流域总磷负荷分布见图 6-34。由于四个时期有机磷占总磷负荷都在 64%以上,因此,总磷负荷的分布变化与有机磷基本一致。总磷负荷在东部和西部山区相对较大,在变化趋势上,东南山区和西北山区的增加最为明显,这主要是由于地形因素和人类开发活动共同作用的结果。

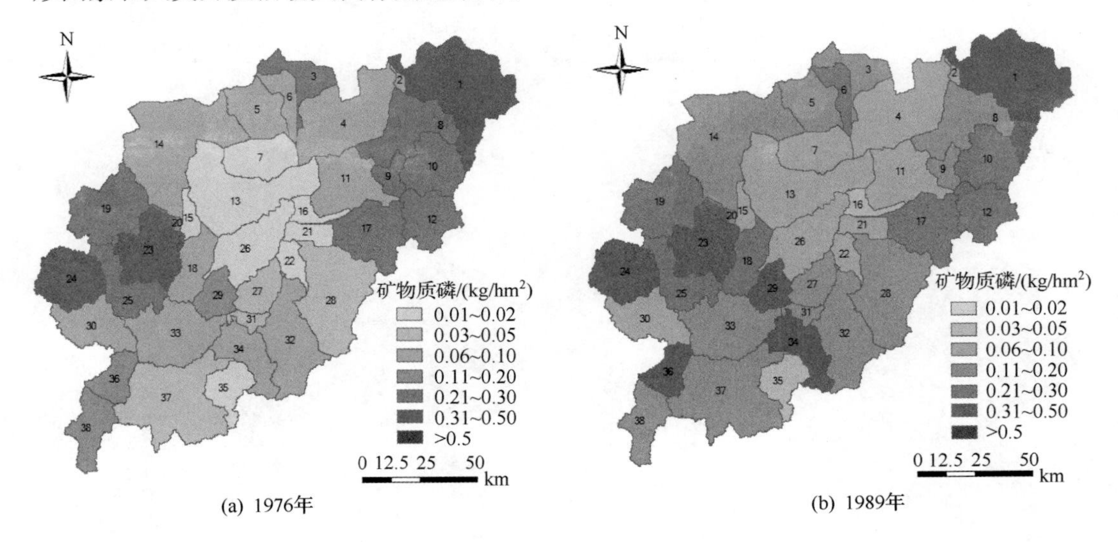

(a) 1976年　(b) 1989年

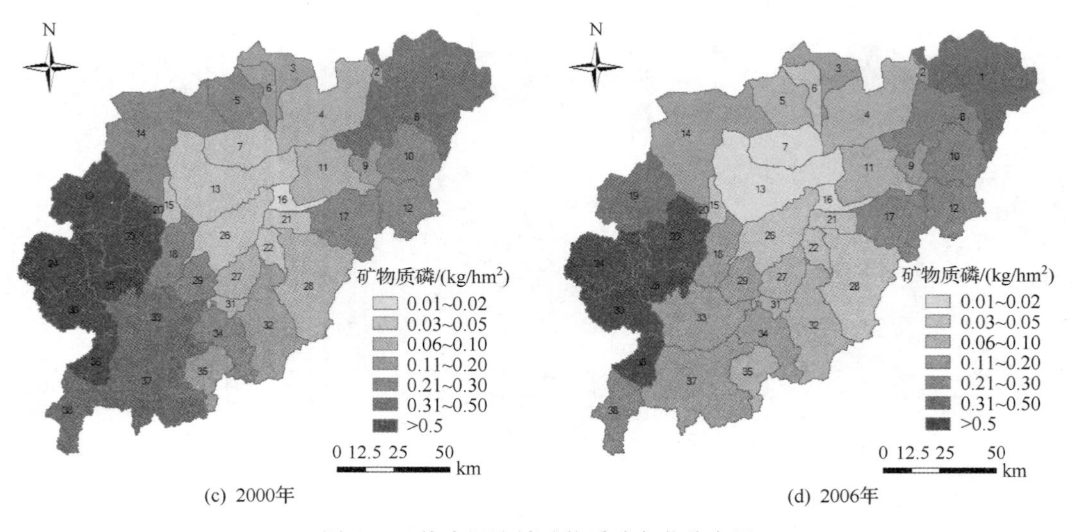

图 6-33　挠力河流域矿物质磷负荷分布图

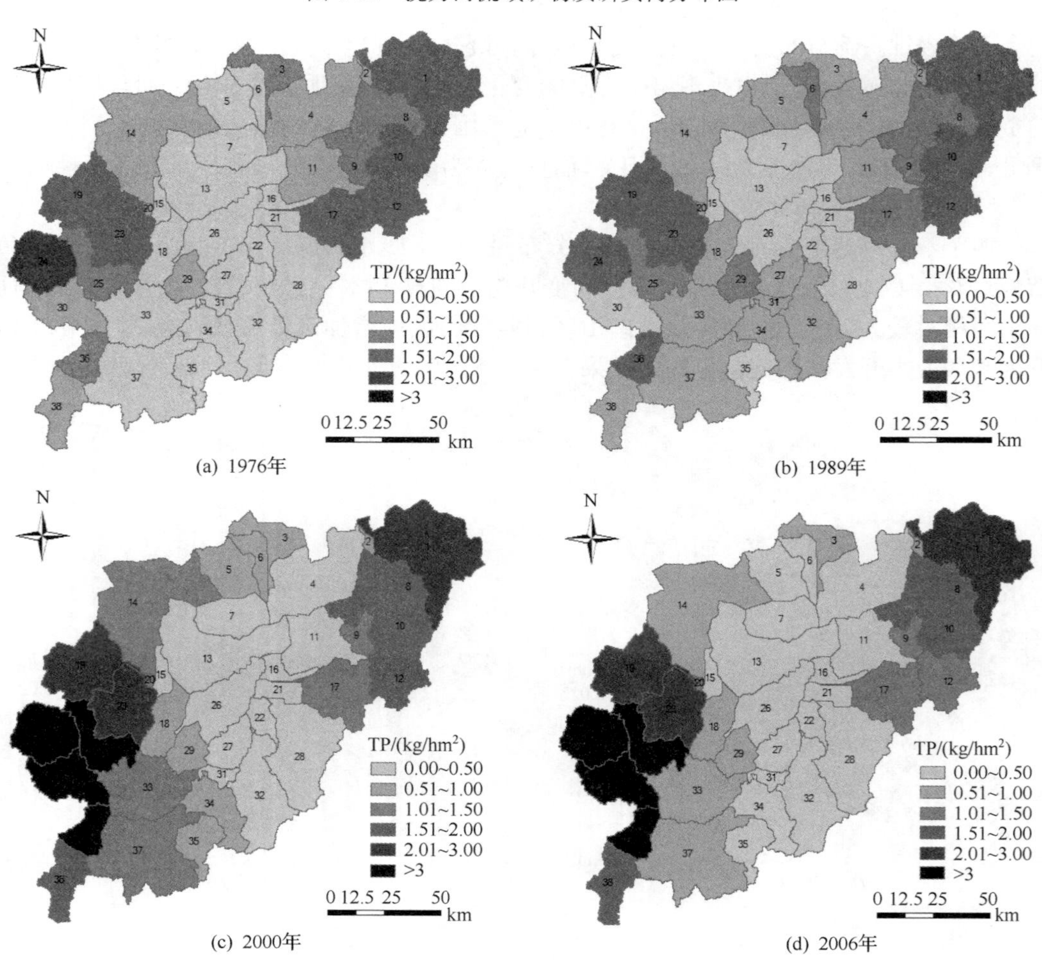

图 6-34　挠力河流域四个时期总磷负荷分布图

6.6　挠力河流域农业非点源负荷对人类开发活动的响应

三江平原正在进行第五次农业大开发，耕地面积的增加，化肥的大量施用，使区域的生态环境面临更大的压力。要减少人类活动对流域生态环境的影响，需要探讨挠力河流域农业非点源污染负荷与人类开发活动的响应。

6.6.1　挠力河流域农业非点源负荷对土地利用变化的响应

通过对挠力河流域四个不同时期非点源污染负荷的估算，发现随着四次农业大开发的不断进行，区域最显著的土地利用变化就是沼泽的减少和耕地面积的增加，于此同时，流域的各类非点源负荷都在不断增大，耕地面积、沼泽面积和非点源污染负荷之间的相关关系见表 6-15。

表 6-15　耕地和沼泽面积与非点源污染负荷的皮尔逊相关性检验

		耕地面积	沼泽面积	林地面积			耕地面积	沼泽面积	林地面积
耕地面积	P.	1	−0.962*	−0.951*	总氮	P.	0.823	−0.788	−0.982*
	Sig.		0.038	0.049		Sig.	0.177	0.212	0.018
沼泽面积	P.	−0.962*	1	0.940	有机磷	P.	0.897	−0.941	−0.979*
	Sig.	0.038		0.060		Sig.	0.103	0.059	0.021
土壤侵蚀量	P.	0.907	−0.932	−0.989*	可溶性磷	P.	0.999**	−0.956*	−0.941*
	Sig.	0.093	0.068	0.011		Sig.	0.001	0.044	0.059
有机氮	P.	0.963*	−0.986*	−0.982*	矿物磷	P.	0.972*	−0.996**	−0.968*
	Sig.	0.037	0.014	0.018		Sig.	0.028	0.004	0.032
硝态氮	P.	0.975*	−0.997**	0.981*	总磷	P.	0.962*	−0.981**	−0.987*
	Sig.	0.025	0.003	0.019		Sig.	0.038	0.019	0.013

注：P. 为 Pearson 相关系数，Sig. 为显著性检验结果。

* 表示在 0.05 的显著水平上双尾检验相关性显著，** 表示在 0.01 的显著水平上双尾检验相关性显著。

相关性检验结果表明，耕地面积与沼泽和林地面积呈现明显的负相关，与有机氮负荷、硝态氮负荷、可溶性磷、矿物磷和总磷都呈现显著的正相关关系；相反，沼泽和林地面积与有机氮、硝态氮、可溶性磷、矿物磷和总磷都呈现显著的负相关。

这说明，随着农业大开发的进行，挠力河流域耕地面积不断增加，沼泽和耕地面积不断减少，有机氮、硝态氮、可溶性磷、矿物磷和总磷负荷随之不断增加，区域的生态环境风险随之增大。

另外，耕地面积与土壤侵蚀量关系存在正相关关系，但相关性不显著。从土壤侵蚀量空间分布和变化可知，区域的土壤侵蚀量主要分布在东部和西部山区。其主要原因是这些地区的坡度较大，而随着开放活动的不断进行，有部分的林地转变为耕地，使得该子流域的土壤侵蚀量明显增大。这说明，区域总体耕地面积的增大不是挠力河流域土壤侵蚀量增大的主要原因，而坡度较大地区的农业开发活动才是区域土壤侵蚀量增大的最主要原因。

将四个时期的耕地面积、林地面积、沼泽面积与各类非点源污染负荷之间进行线性拟合，拟合结果见表 6-16。拟合方程的 R^2 在 0.82～0.999 之间，其中耕地面积与非点源污染负荷拟合的 R^2 平均值为 0.906，林地面积与非点源污染负荷拟合的 R^2 平均值为 0.942，沼泽面积与非点源污染负荷拟合的 R^2 平均值为 0.952。三者与各类非点源污染负荷的相关关系都很好，说明拟合方程能够很好地将耕地面积、林地面积、沼泽面积与非点源污染负荷变化进行模拟。

表 6-16　耕地、林地、沼泽面积与非点源污染负荷拟合关系表

	耕地面积/km²	林地面积/km²	沼泽面积/km²
土壤侵蚀量/t	$y=0.010x+78.43$ $R^2=0.82$	$y=-0.036x+448.7$ $R^2=0.977$	$y=-0.011x+211.3$ $R^2=0.869$
有机氮/t	$y=0.804x+4624$ $R^2=0.928$	$y=-2.548x+31339$ $R^2=0.964$	$y=-0.888x+14674$ $R^2=0.973$
硝态氮/t	$y=0.789x-217.9$ $R^2=0.906$	$y=-2.525x+26177$ $R^2=0.961$	$y=-0.879x+9662$ $R^2=0.968$
总氮/t	$y=1.594x+4406$ $R^2=0.917$	$y=-5.074x+57516$ $R^2=0.963$	$y=-1.768x+24337$ $R^2=0.971$
有机磷/t	$y=0.094x+585.6$ $R^2=0.805$	$y=-0.319x+3865$ $R^2=0.958$	$y=-0.106x+1767$ $R^2=0.886$
可溶性磷/t	$y=0.048x-206.7$ $R^2=0.999$	$y=-0.142x+1317$ $R^2=0.886$	$y=-0.05x+390.3$ $R^2=0.913$
矿物磷/t	$y=0.069x-207.2$ $R^2=0.943$	$y=-0.216x+2075$ $R^2=0.937$	$y=-0.077x+665.5$ $R^2=0.991$
总磷/t	$y=0.212x+171.6$ $R^2=0.926$	$y=-0.677x+7257$ $R^2=0.974$	$y=-0.233x+2823$ $R^2=0.963$

根据《黑龙江省千亿斤粮食生产能力战略工程规划》要求，计划到 2015 年在三江平原地区续建共 30 个大中型灌区，新增水田灌溉面积为 2780.1km²，这必然造成流域非点源污染负荷的进一步变化。为了对第五次开发之后非点源污染负荷的变化情况进行预测，分别使用水田、旱地面积与总氮、总磷负荷进行回归分析，并对模拟方程的显著性进行验证，以保证模拟结果的准确性(表 6-17)。

表 6-17　耕地面积与总氮总磷拟合关系表

土地利用面积/km²	总氮/t		总磷/t	
	拟合方程	F 检验显著性	拟合方程	F 检验显著性
水田	$y=3.111x+15797.245$	0.167	$y=0.415x+1690.109$	0.009
旱地	$y=2.638x-2235.035$	0.014	$y=0.351629x-713.333$	0.163
水田和旱地	$y=2.818x_1+0.367x_2+13104.791$	0.152	$y=0.376x_1+0.049x_2+1333.485$	0.118
耕地	$y=1.595x+4406.839$	0.042	$y=0.213x+171.630$	0.038

从模拟结果可以看出旱地和耕地面积对总氮负荷的模拟效果较好，在0.05的置信水平上显著；水田和耕地面积对总磷负荷的模拟效果较好，水田面积的拟合方程在0.01的置信水平上显著，耕地面积的拟合方程在0.05的置信水平上显著。因此，最终选用旱地面积的拟合方程对总氮负荷变化进行估算，使用水田面积的拟合方程对总磷负荷变化进行估算。

根据《黑龙江省千亿斤粮食生产能力战略工程规划》，2015年三江平原地区将新增水田灌溉面积2780.1km^2。挠力河流域面积约为三江平原面积的1/4，按比例折算，挠力河流域届时将新增水田面积695.03km^2。分下面三种情景进行讨论，情景一：耕地总面积不变，水田面积增大（旱地改造为水田）；情景二：旱地面积不变，水田面积增加；情景三：耕地总面积按最后时期（2000～2006年）增长速度增加。

现在大规模的土地整理正在全国范围内进行，流域的总体耕地面积必然要增大，结合土地增长的速度，情景三最符合流域的土地利用变化情况。2006年流域耕地总面积为11763.90km^2，其中水田面积2695.94km^2，旱地面积9067.96km^2。改造后，2015年流域水田面积增加为3390.97km^2，旱地面积增加为为9820.97km^2。根据拟合方程的计算结果，届时流域总氮负荷将增加9.2%，总磷负荷将增加12.6%。

6.6.2　挠力河流域农业非点源污染负荷与景观格局相关分析

1. 排序分析方法

本书采用数量生态学中的梯度分析（排序）技术中的约束排序方法，建立景观格局与非点源污染之间的回归模型。采用国际通用植被数量分析软件CANOCO 4.5对景观和非点源污染负荷之间的关系进行统计分析。在分析景观格局与非点源污染关系时，响应变量为非点源污染负荷因子，解释变量为景观因子，协变量主要考虑去除降雨和坡度因素，以消除降雨和坡度对非点源污染负荷的影响。

研究共分为四个时期，在这四个时期，伴随着景观破碎度增加，景观形状趋于复杂化，景观多样性不断增加。考虑到第一时期（1977～1982年）和第四时期（2002～2007年）分别是研究的时间的两个端点，因此，只把第一时期和第四时期景观指数和非点源污染负荷之间的因子进行分析，以探讨非点源污染负荷与景观因子之间的相关关系。

2. 排序分析指标确定

1）流域单元的划分

首先，确定研究使用的样方。样方是计算非点源污染因子和景观因子的统计单元，研究通过对相邻子流域的合并作为统计分析的样方。由于各个子流域数目较多，且面积和形状相差较大，不适宜直接用作样方。因此，首先从面积适宜和尽量不破坏各个子流域之间的水力联系角度考虑，将子流域进行合并，产生14个流域单元，作为分析景观格局和非点源污染负荷之间关系的样方，划分结果见图6-35和表6-18。

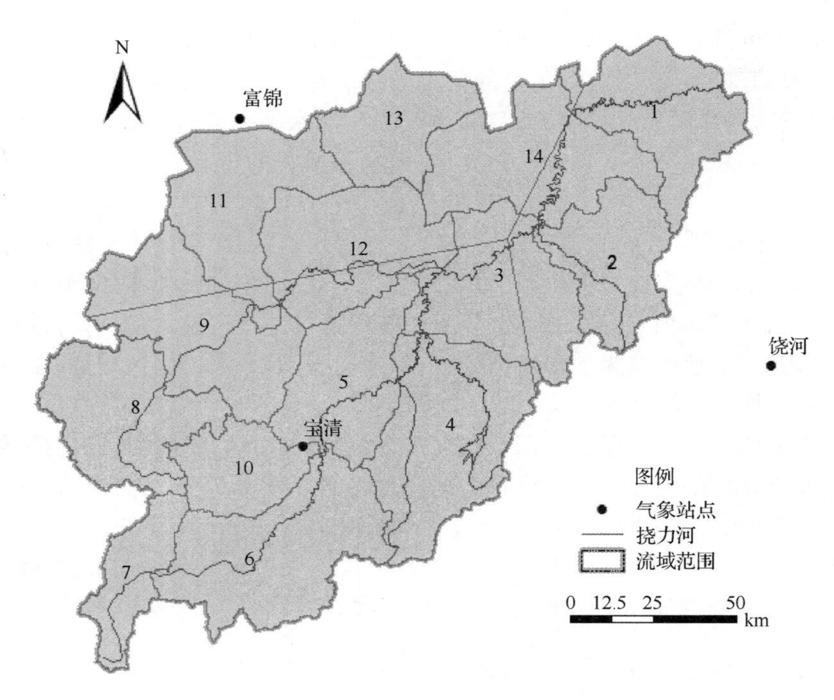

图 6-35　挠力河流域单元划分

表 6-18　挠力河各流域单元面积比例

编号	面积/km^2	比例/%	编号	面积/km^2	比例/%	编号	面积/km^2	比例/%
1	1495.28	6.76	6	2199.47	9.95	11	1683.07	7.61
2	1252.00	5.66	7	752.46	3.40	12	1774.45	8.03
3	1748.03	7.91	8	1683.74	7.62	13	1109.13	5.02
4	2223.15	10.06	9	1995.97	9.03	14	1864.31	8.43
5	1432.05	6.48	10	891.14	4.03			

2）非点源污染因子

选取 SWAT 模型模拟所能得到的 8 种污染物作为排序分析的响应变量，分别是泥沙(SYLD)即土壤侵蚀量、有机氮(ORGN)、硝态氮(NO_3-N)、总氮(TN)、有机磷(Org-P)、矿物磷(MINP)、可溶性磷(Sol-P)及总磷(TP)，并统计出 14 个流域单元各非点源因子单位面积流失量，1977～1982 年流域单元非点源污染因子见表 6-19。

表 6-19　流域单元非点源污染因子表(1977～1982 年)　(单位：kg/hm^2)

单元编号	SYLD	NO_3-N	Org-N	TN	Org-P	Sol-P	Sed-P	TP
1	1.84	5.30	11.69	16.98	1.43	0.10	0.30	1.83
2	1.36	2.45	10.69	13.13	1.31	0.07	0.24	1.61
3	0.81	4.14	5.29	9.43	0.65	0.06	0.15	0.86
4	0.15	2.74	1.07	3.81	0.13	0.02	0.04	0.19

续表

单元编号	SYLD	NO_3_N	Org-N	TN	Org-P	Sol-P	Sed-P	TP
5	0.16	2.81	1.24	4.05	0.15	0.03	0.04	0.22
6	0.19	1.18	1.43	2.61	0.18	0.01	0.04	0.23
7	0.75	3.03	5.54	8.57	0.68	0.05	0.14	0.87
8	1.90	3.39	9.83	13.22	1.20	0.06	0.25	1.51
9	1.18	7.92	8.32	16.24	1.02	0.08	0.25	1.35
10	0.31	1.26	2.44	3.70	0.30	0.01	0.06	0.38
11	0.31	2.53	7.25	9.78	0.31	0.10	0.08	0.49
12	0.04	0.28	2.98	3.27	0.04	0.05	0.01	0.09
13	0.57	3.72	4.74	8.45	0.46	0.04	0.12	0.62
14	0.70	4.46	5.21	9.67	0.55	0.09	0.14	0.77

3）景观格局因子

从上述景观指数中选取两个景观破碎化指数 PD、LPI，三个景观形状指数 ED、LSI 和 CONTAG，以及一个景观多样性指数 SHDI，再结合每个流域单元的水田比例(RICE，%)、旱地比例(AGRC，%)、林地比例(FRST，%)，最后再选择一个反应植被总体状况的指数 NDVI，共选取 10 个指标作为景观格局因子。

4）协变量环境因子

由于降雨、坡度对流域土壤侵蚀以及非点源污染物流失关系极其密切，因此为考察景观格局的影响，在约束排序分析过程中将降雨及坡度作为协变量，以剔出其非点源污染因子的影响。

坡度数据通过 ArcGIS 中的坡度工具(Slope)计算得出各个子流域的坡度栅格数据，然后使用空间分析工具(Spatial Analyst)里面的区域统计工具(Zonal Statistic)算得每个样方的平均坡度值(表 6-20)。

表 6-20　挠力河流域流域单元平均坡度和降雨差值结果

流域单元	平均坡度/(°)	流域单元面积权重/%			雨量差值结果/mm	
		宝清	富锦	饶河	1977～1982 年	2003～2007 年
1	1.8654	0.00	3.42	96.58	1193.184	1217.374
2	5.2935	0.00	0.00	100	1217.374	1217.374
3	1.3183	50.88	11.40	37.72	790.441	877.035
4	1.5469	99.22	0.00	0.78	541.974	536.696
5	0.3194	100	0.00	0.00	536.696	536.696
6	3.9569	100	0.00	0.00	536.696	536.696
7	3.5459	100	0.00	0.00	536.696	536.696
8	5.3846	100	0.00	0.00	536.696	536.696
9	0.7060	68.40	31.60	0.00	528.305	523.418

续表

流域单元	平均坡度/(°)	流域单元面积权重/%			雨量差值结果/mm	
		宝清	富锦	饶河	1977～1982 年	2003～2007 年
10	6.5471	0.00	100	0.00	536.696	536.696
11	0.2863	7.03	92.97	0.00	512.007	510.140
12	0.0435	29.47	70.53	0.00	517.967	510.140
13	0.3044	0.00	100	0.00	510.140	510.140
14	0.9473	0.00	60.14	39.86	520.724	863.757
均值	2.2904	46.79	33.58	19.64	643.971	674.968

SWAT 模型的降雨数据是根据泰森多边形法进行面积加权计算，因此，为消除降雨因素影响，需要对降雨数据进行泰森多边形法差值计算，插值结果见图 6-36 和表 6-20。

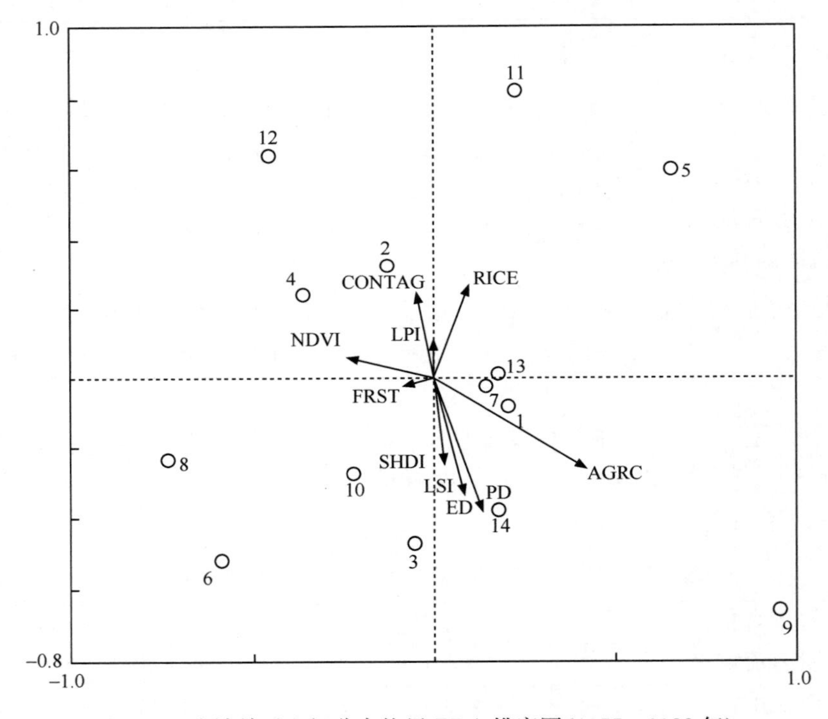

图 6-36　流域单元空间分布格局 RDA 排序图(1977～1982 年)

3. 排序分析结果(1977～1982 年)

首先对非点源污染因子采用 DCA 方法进行分析，得到第一到第四个排序轴的梯度分别为 0.490、0.420、0.438、0.433，均小于 3，因此采用线性模型 RDA 进行分析。RDA 分析结果表明(表 6-22)，流域单元非点源污染因子排序特征值总和为 0.678，其中前两个排序轴特征值之和为 0.646，占总特征值的 99.8%，表明前两个轴集中了全部排序轴所反映的流域景观格局关系的绝大部分信息，可以在较大程度上解释二者之间的关系。

表 6-21　特征值及景观格局因子与景观轴相关关系表(1977～1982 年)

指标	轴 1	轴 2	轴 3	轴 4
特征值	0.611	0.035	0.001	0
累积百分比/%	94.4	99.8	100	100
相关性	0.978	0.956	0.957	0.985

景观因子第一排序轴与非点源污染第一排序轴的相关系数为 0.978,景观因子第二排序轴与非点源污染第二排序轴之间的相关系数为 0.956,相关程度都较高,这说明非点源污染因子与景观因子密切相关。由此可见,基于景观格局因子和流域单元的流域非点源污染因子进行的 RDA 排序分析,能够较好解释两者之间的关系。

1) 排序轴与景观格局因子的相关性

RDA 结果从景观排序轴给出了排序轴与各景观因子之间的相关系数,见表 6-22。从排序表中可以看出,AGRC、PD、RICE、ED、LSI 和 SHDI 与 RDA 第一排序轴成正相关,NDVI、FRST 和 CONTAG 与第一排序轴成负相关。RICE、CONTAG、LPI、NDVI 与第二排序轴成正相关,其他环境因子和第二排序轴成负相关。

在各个景观因子之间,FRST 和 NDVI 显著正相关,相关系数达 0.86;此外 PD、ED、LSI、SHDI 和 AGRC 正相关;LPI 和 CONTAG 与 PD、ED、LSI、SHDI 和 AGRC 成负相关。这说明随着林地面积的下降,NDVI 值下降;随着旱地面积的上升,斑块密度、边缘密度、景观形状指数和 Shannon 多样性指数增大,而最大斑块指数和蔓延度指数减小。随着旱地面积比重的增大,景观破碎化程度加深,景观形状复杂化,景观多样性指数上升。

由此可见,在 1977～1982 年这个时期,人类的活动对流域的景观格局影响较大,随着农业大开发的进行,区域的景观趋于破碎化,景观形状复杂化,景观更加多样性。

2) 流域单元景观格局特征

轴 1 和轴 2 累积解释了非点源污染和景观因子关系的 99.8%,即在剔除了降雨量和坡度的影响后利用前两个轴可以很好地解释景观因子和非点源污染因子之间的关系。

通过 RDA 排序,14 个流域单元与 10 个景观格局因子同时表达在 RDA 的第一、第二排序轴平面上(图 6-36)。各个流域单元在排序轴平面上的分布情况尽可能直观地解释个流域单元的景观格局特征。各个点代表各个流域单元,向量代表景观格局因子,向量的起始点代表所有流域单元的该景观格局因子的平均值。流域单元点到景观格局因子的投影点位置近似表示该景观格局因子数值在各个流域单元内的排序。由于排序方法是对已有的数据进行拟合,因此,投影点排序与实际情形不完全相同。

将挠力河流域 14 个流域单元的景观特征划分为 6 个类型:第 1 类,位于第一象限的左上部分,包括流域单元 5 和 11,其景观格局特征为水田比例相对高,林地比例相对低;第 2 类位于坐标的第二象限,包括流域单元 2、4 和 12,其景观特征为旱地面积比例相对较低,景观蔓延度指数较大,景观破碎化指数相对较小;第 3 类,位于第三象限距离原点相对较远的流域单元 6、8 和 10,其景观特征为林地比例相对较大,所占比例都在 70%以上;

表 6-22　流域非点源污染 RDA 排序轴与景观因子相关关系(1977～1982 年)

	SAX1	SAX2	SAX3	SAX4	EAX1	EAX2	EAX3	EAX4	PD	LPI	ED	LSI	CONTAG	SHDI	RICE	AGRC	FRST	NDVI
S AX1	1.00																	
S AX2	0.06	1.00																
S AX3	−0.06	−0.09	1.00															
S AX4	0.04	0.05	−0.05	1.00														
E AX1	0.98	0.00	0.00	0.00	1.00													
E AX2	0.00	0.96	0.00	0.00	0.00	1.00												
E AX3	0.00	0.00	0.96	0.00	0.00	0.00	1.00											
E AX4	0.00	0.00	0.00	0.99	0.00	0.00	0.00	1.00										
PD	0.16	−0.45	−0.32	−0.49	0.16	−0.47	−0.33	−0.50	1.00									
LPI	0.00	0.13	0.24	0.62	0.00	0.14	0.26	0.63	−0.79	1.00								
ED	0.10	−0.38	−0.40	−0.50	0.10	−0.40	−0.42	−0.51	0.97	−0.80	1.00							
LSI	0.09	−0.37	−0.36	−0.54	0.09	−0.39	−0.37	−0.54	0.95	−0.76	0.97	1.00						
CONTAG	−0.06	0.33	0.31	0.65	−0.07	0.35	0.32	0.66	−0.93	0.91	−0.96	−0.93	1.00					
SHDI	0.04	−0.33	−0.31	−0.67	0.04	−0.35	−0.33	−0.68	0.92	−0.92	0.95	0.93	−1.00	1.00				
RICE	0.10	0.28	0.52	−0.61	0.11	0.29	0.54	−0.62	0.13	−0.43	0.15	0.20	−0.32	0.32	1.00			
AGRC	0.52	−0.31	0.18	−0.04	0.53	−0.33	0.19	−0.04	−0.10	−0.01	−0.16	−0.14	0.03	−0.02	0.09	1.00		
FRST	−0.24	−0.04	−0.13	0.38	−0.24	−0.04	−0.14	0.38	0.19	0.02	0.27	0.30	−0.08	0.06	−0.09	−0.52	1.00	
NDVI	−0.47	0.12	−0.19	0.08	−0.48	0.12	−0.20	0.09	0.30	−0.32	0.41	0.40	−0.31	0.30	0.13	−0.69	0.86	1.00

注:S AX1 表示非点源负荷因子轴 1,E AX1 表示环境因子轴 1。

第 4 类是位于第四象限距离远点较远的流域单元 9，其典型特征是旱地所占面积很大，所占比例达 71.99%；第 5 类包括流域单元 3 和 14，其特征为景观破碎度指数性对较高，景观形状复杂，景观多样性程度高；剩余流域单元 1、7 和 13 为第 6 类景观类型，上述单元各类景观指数相对平均，距离原点较近。

3）流域单元非点源污染负荷与景观因子关系分析

从流域非点源污染因子与环境因子关系排序图（图 6-37）可以明显看出，AGRC 和所有的非点源污染负荷因子向量夹角都小于 90°，成正相关关系。结合各环境因子的向量长度可知，流域单元旱地面积的比例，对非点源污染负荷的影响最大。旱地面积与硝态氮负荷的相关关系最为明显，其次是矿物磷、有机磷、总磷、总氮和泥沙负荷，最后是有机氮和溶解磷。这说明，流域旱地产生的氮负荷主要是溶解态，而产生的磷负荷与土壤侵蚀有关。此外，随着旱地面积的增加，斑块密度、边缘密度景观形状指数和 Shannon 多样性指数增大，总氮、总磷、有机氮、有机磷负荷增加，硝态氮和可溶性磷基本不受影响。水田与硝态氮负荷不相关，与其他非点源污染因子相关性较小，影响作用较小，这是因为在第一个时期，水田面积占流域总面积的比例不足 1%。

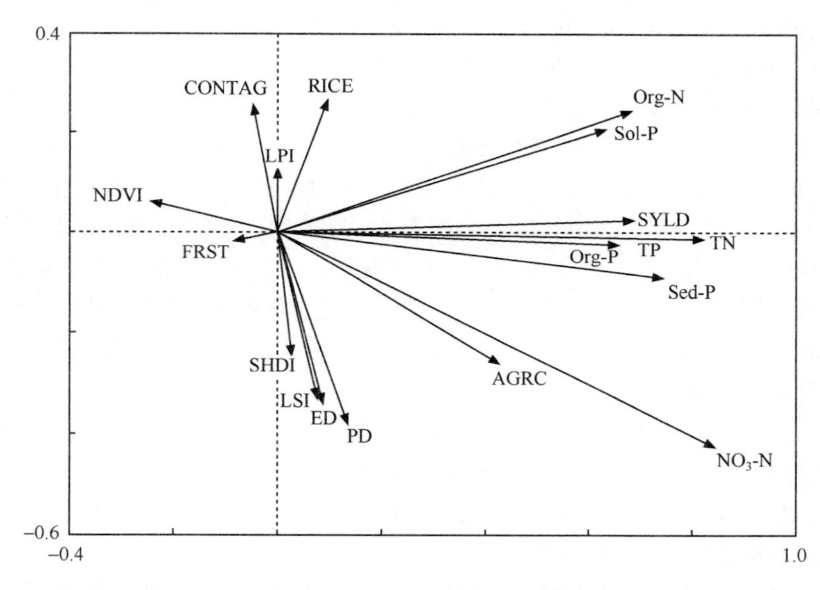

图 6-37　流域非点源污染因子与环境因子关系排序图（1977～1982 年）

NDVI 和林地面积比例和各非典源污染因子成负相关，这表明随着林地面积比例的上升，NDVI 值的增加，流域非点源污染负荷将会下降。

此外，从非点源污染负荷之间的向量关系可以看出，相对溶解磷来讲，泥沙负荷与有机磷、矿物磷的相关性更好，说明磷负荷主要以吸附态流失。

4. 排序分析结果（2002～2007 年）

同样，首先对非点源污染因子采用 DCA 方法进行分析，得到第一到第四个排序轴的梯度分别为 0.396、0.408、0.316、0.382，均小于 3，因此采用线性模型 RDA 进行分析。

RDA 分析结果(表 6-23)表明,流域单元非点源污染因子排序特征值总和为 0.029,前 4 个排序轴特征值之和为 0.646,占总特征值的 75.4%,这说明前两个轴集中了全部排序轴所反映的流域非点源污染-景观格局关系的大部分信息。

表 6-23　特征值及景观格局因子与景观轴相关关系表(2002～2007 年)

指标	轴 1	轴 2	轴 3	轴 4
特征值	0.016	0.006	0.000	0.000
累积百分比/%	53.8	73.7	74.9	75.4
相关性	0.396	0.408	0.316	0.382

景观因子第一排序轴与非点源污染第一排序轴的相关系数为 0.396,景观因子第二排序轴与非点源污染第二排序轴之间的相关系数为 0.408,相关程度一般。

这说明,基于景观格局因子和流域单元的流域非点源污染因子进行的 RDA 排序分析,能够在一定程度上解释二者之间的关系。

1) 排序轴与景观格局因子的相关性

RDA 结果从景观排序轴给出了排序轴与各景观因子之间的相关系数,见表 6-24。从排序表中可以看出,AGRC、PD、RICE、ED 和 LPI 与 RDA 第一排序轴成正相关,NDVI、FRST 和 SHDI 与第一排序轴成负相关。LSI 与第二排序轴成正相关。

在各个景观因子之间,FRST 和 NDVI、SHDI 显著正相关;此外 PD、ED、LPI 与 AGRC 和 RICE 都成正相关关系,这说明随着林地面积的下降,NDVI 值下降;NDVI、FRST 与 AGRC、RICE 成负相关,这表明随着水田、旱地面积的上升,斑块密度、边缘密度、最大斑块指数增大,而 Shannon 多样性指数减小,这表明,随着农业开发活动的进一步进行,区域景观破碎化程度加深,形状仍趋于复杂化,但景观多样性降低;蔓延度指数与 RICE、AGRC 基本没有关系。随着旱地面积比重的增大,景观破碎化程度加深,景观形状复杂化,景观多样性指数上升。

由此可见,在 2002～2007 年这个时期,人类的活动对流域的景观格局影响较第一个时期既有相似特点,也有不同的表现。随着农业大开发的进行,区域的景观仍有破碎化的趋势,景观形状复杂化,但是景观多样性却有所降低。

2) 流域单元景观格局特征

轴 1 和轴 2 累积解释了非点源污染和景观因子关系的 73.7%,即在剔除了降雨量和坡度的影响后利用前两个轴可以在一定程度上解释景观因子和非点源污染因子之间的关系。

通过 RDA 排序,14 个流域单元与 10 个景观格局因子同时表达在 RDA 的第一、第二排序轴平面上(图 6-38)。将挠力河流域 14 个流域单元的景观特征划分为 6 个类型:第 1 类,位于第一象限的左上部分,包括流域单元 7 和 9,其景观格局特征为水田和旱地比例都相对较高;第 2 类位于坐标的第二象限,包括流域单元 3、6、10 和 11,其景观特征为景观蔓延度指数较大,景观破碎化指数较小;第 3 类,位于第三象限距离原点相对较远的 2、4、5 和 12,其景观特征为林地比例偏大,景观破碎化指数较小;第 4 类是位于第四象限距离原点较远的 8,其景观蔓延度指数较小,其他特征不明显;第 5 类包括流域单元 1、13 和 14,上述单元各类景观指数相对平均,距离原点较近。

表 6-24　流域非点源污染 RDA 排序轴与景观因子相关关系（2002～2007 年）

	SAX1	SAX2	SAX3	SAX4	EAX1	EAX2	EAX3	EAX4	PD	LPI	ED	LSI	CONTAG	SHDI	RICE	AGRC	FRST	NDVI
S AX1	1.00																	
S AX2	0.00	1.00																
S AX3	0.05	0.01	1.00															
S AX4	−0.01	0.00	−0.15	1.00														
E AX1	1.00	0.00	0.00	0.00	1.00													
E AX2	0.00	1.00	0.00	0.00	0.00	1.00												
E AX3	0.00	0.00	0.69	0.00	0.00	0.00	1.00											
E AX4	0.00	0.00	0.00	0.98	0.00	0.00	0.00	1.00										
PD	0.31	0.06	−0.24	−0.62	0.31	0.06	−0.34	−0.64	1.00									
LPI	0.10	0.01	0.50	0.58	0.10	0.01	0.73	0.60	−0.68	1.00								
ED	0.31	0.14	−0.32	−0.56	0.31	0.14	−0.47	−0.58	0.98	−0.73	1.00							
LSI	−0.01	0.49	−0.26	−0.44	−0.01	0.49	−0.37	−0.45	0.29	−0.44	0.40	1.00						
CONTAG	−0.06	0.08	0.38	0.76	−0.06	0.08	0.56	0.77	−0.85	0.92	−0.85	−0.46	1.00					
SHDI	−0.05	−0.13	−0.35	−0.80	−0.05	−0.13	−0.51	−0.82	0.78	−0.89	0.77	0.48	−0.98	1.00				
RICE	0.66	0.19	−0.01	0.62	0.66	0.19	−0.01	0.63	−0.26	0.51	−0.20	−0.06	0.48	−0.59	1.00			
AGRC	0.30	0.18	0.08	0.62	0.30	0.18	0.11	0.64	−0.20	0.60	−0.18	−0.37	0.57	−0.63	0.60	1.00		
FRST	−0.18	−0.35	0.21	−0.06	−0.18	−0.35	0.30	−0.07	−0.42	0.04	−0.42	−0.11	0.19	−0.14	−0.26	−0.49	1.00	
NDVI	−0.39	−0.16	0.02	−0.62	−0.39	−0.16	0.02	−0.63	0.17	−0.48	0.15	0.31	−0.43	0.52	−0.73	−0.68	0.60	1.00

注：S AX1 表示非点源负荷因子轴 1，E AX1 表示环境因子轴 1。

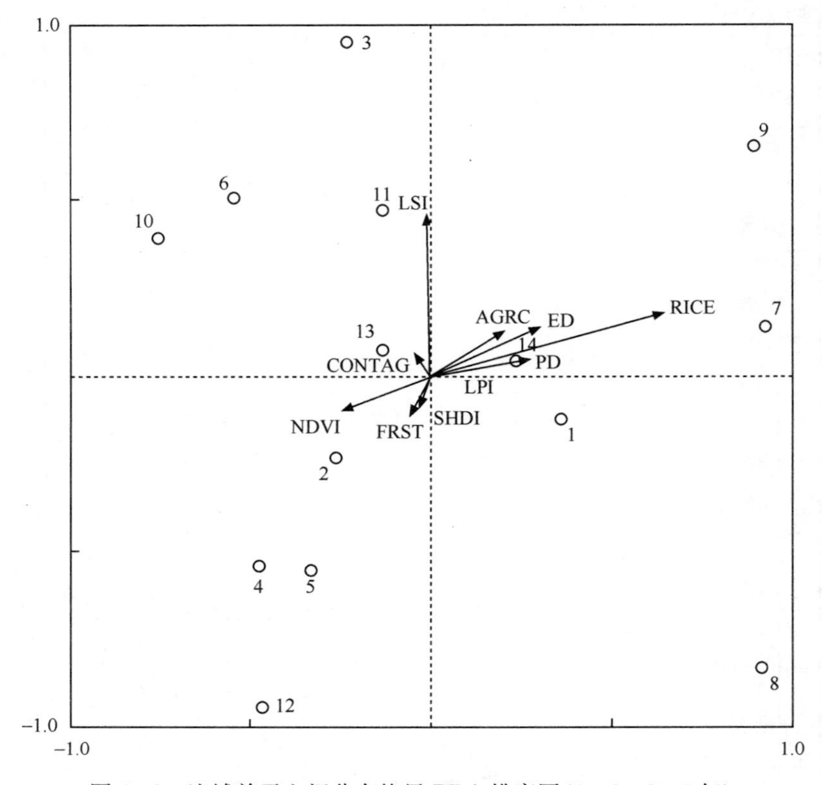

图 6-38　流域单元空间分布格局 RDA 排序图(2002～2007 年)

3) 流域单元非点源污染负荷与景观因子关系分析

从流域非点源污染因子与环境因子关系排序图(图 6-39)可以明显看出,RICE、

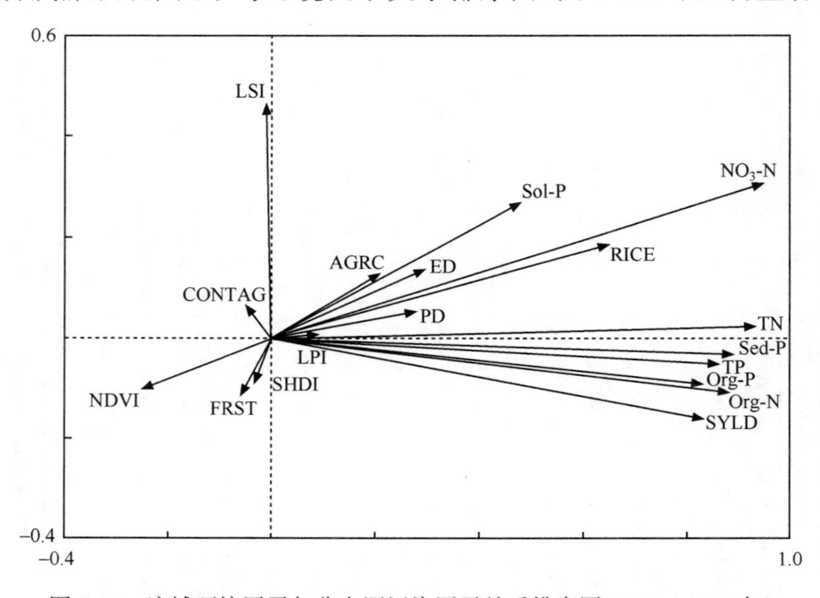

图 6-39　流域环境因子与非点源污染因子关系排序图(2003～2007 年)

AGRC 和所有的非点源污染负荷因子向量夹角都小于 90°，成正相关关系。与 1977～1982 年相比，水田与其他各类非点源污染负荷明显增大，这主要是因为水田在流域中所占比例从不到 1%增加到了 12.2%，对区域非点源污染负荷的影响也逐渐增大。水田面积与硝态氮和溶解磷的相关性较高，相比，与泥沙、有机氮、有机磷、总氮、总磷的相关性相对较低，这说明水田氮磷负荷随土壤侵蚀流失的比例相对较低。

旱地面积与溶解磷和硝态氮负荷的相关关系最为明显，其次是总磷、矿物磷、有机磷、总氮、有机氮和泥沙负荷，最后是有机氮和溶解磷。此外，随着水田和旱地面积的增加，斑块密度、边缘密度景观形状指数和最大斑块面积指数增大，而 Shannon 多样性指数降低。因此，耕地已经成为流域的主导景观类型，随着农业开发活动的继续进行，流域景观多样性将继续降低。

NDVI 和林地面积比例和各非典源污染因子仍然成负相关。从非点源污染负荷之间的关系可以看出，磷负荷和氮负荷仍然主要以吸附态流失。

此外，旱地的特点与水田基本相同，但与非点源负荷之间的相关性较水田小一些，而实际上，旱地面积对非点源污染负荷的产生量影响更大，这是由于约束排序只是为寻找非点源污染因子与景观因子之间的关系建立的模型，因此其仅是对实际数据的拟合结果，并不能完全反映客观情况。排序分析的模拟效果一方面与流域景观的复杂程度有关，另一方面也与模拟数据的数据量大小有关。

5. 排序分析结果对比

图 6-40 是四个时期流域环境因子与非点源污染因子的排序关系图。

1）景观因子之间关系

从共同点来看，四个时期的 NDVI 和 FRST 都成正相关；ED、PD、LSI 与 AGRC 都彼此成正相关。

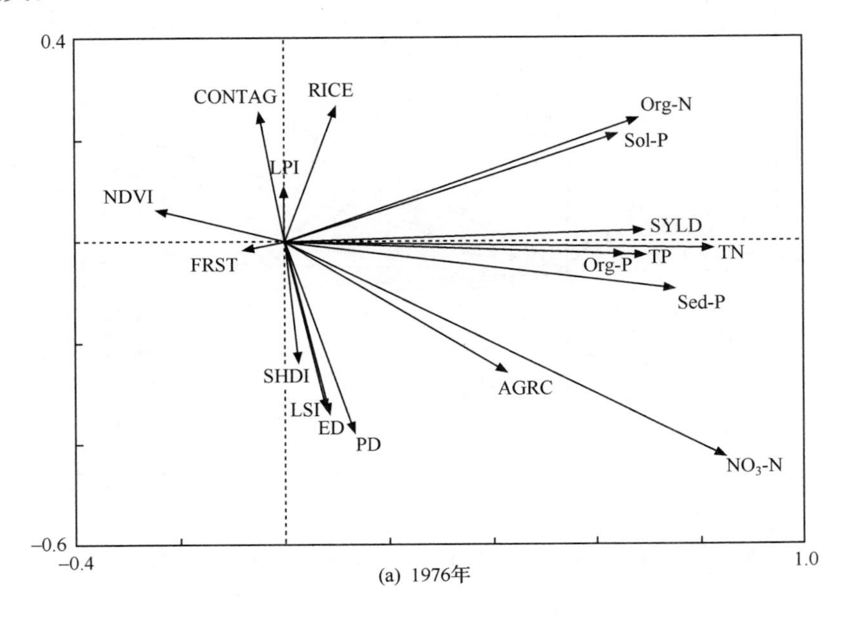

(a) 1976年

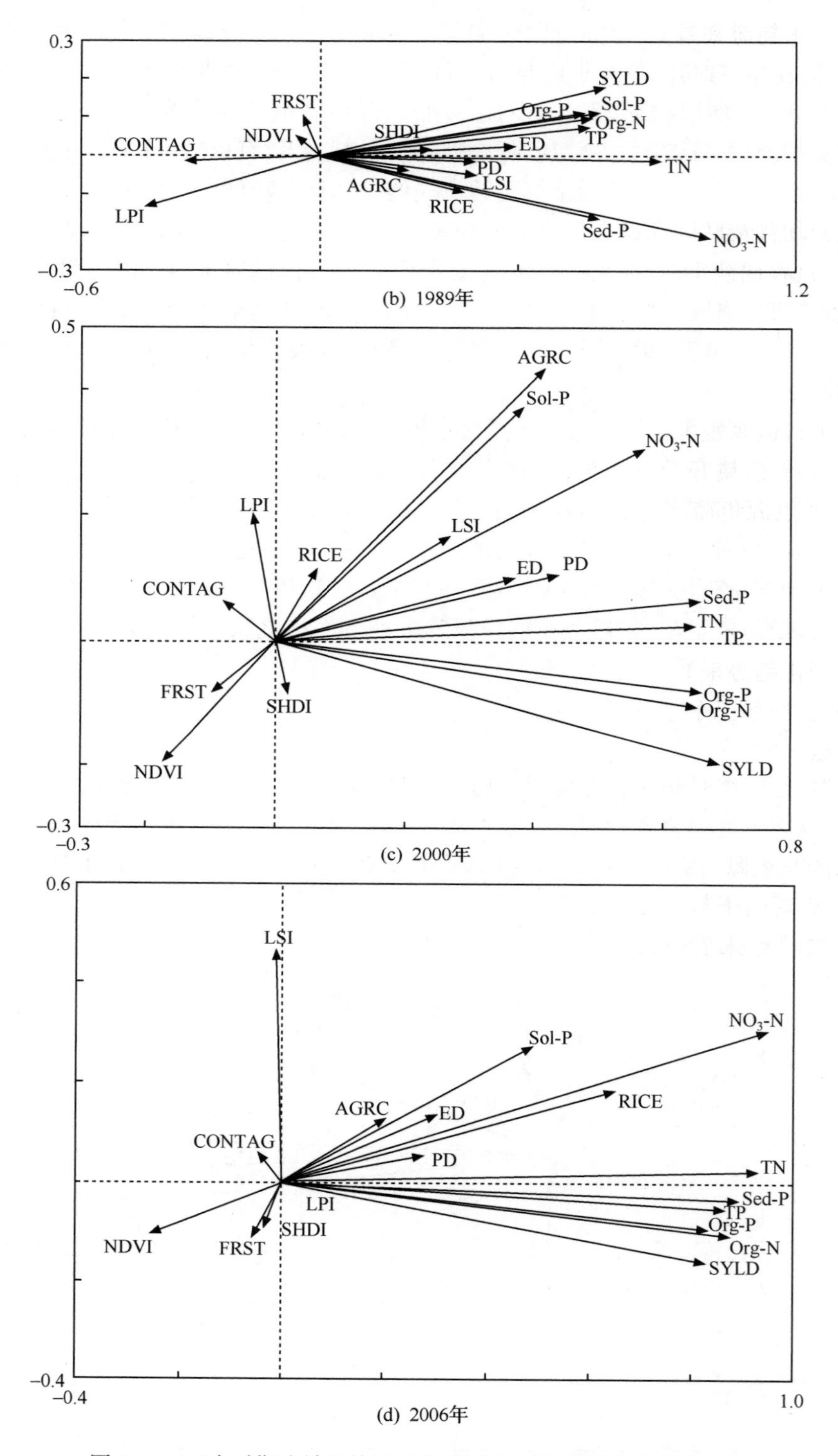

图 6-40　四个时期流域环境因子与非点源污染因子的排序关系图

从变化趋势来看，Shannon 多样性指数与 ED、PD 和 AGRC 在前两个时期正相关关系增强，而在第三时期基本不相关，最后变为负相关。这是因为在开发前期，随着旱地面积的增大，流域的景观多样性增大，而随着农田面积的进一步扩张，沼泽景观、林地、草地景观不断减少，景观多样性逐渐减小。在前两个时期，LSI 与 AGRC 相关性增强，而在后两个时期相关性减弱，这说明在开发前期，旱地面积的增大，旱地对流域的景观形状影响逐渐增大，而随着旱地面积增大到一定程度，对景观形状的影响也逐渐减弱。CONTAG 与 PD、ED 在前两个时期显著负相关，而在后两个时期基本不相关；说明在开发前期，随着农田的扩张，流域景观破碎化加重，景观蔓延度指数下降，而随着农田的进一步扩张，蔓延度受到的影响随之变小。LPI 与 ED、PD 在前两个时期负相关，而在第三个时期基本不相关，最后一个时期正相关，这是因为在开发前期，流域内的最大斑块多为天然景观、沼泽景观或者林地景观等，在这个阶段，随着开发的进行，天然景观逐渐减小，而随着开发程度的加深，最大斑块开始向旱地、水田景观过渡，LPI 与 ED、PD 正相关。

2）非点源负荷因子之间关系

从共同点来看，四个时期各个非点源负荷因子之间都成正相关关系；四个时期中，相对 NO_3-N，SYLD 与 Org-N 的相关性更强；相对 Sol-P 和 Sed-P，SYLD 与 Org-P 的相关性更强，再次印证了非点源负荷主要以吸附态的形式产生。

从变化趋势来看，在第一个时期，与 Org-N 和 Org-P 相比，SYLD 与 TN、TP 相关性更强，而在后面三个时期，则刚好相反，SYLD 与 Org-N 和 Org-P 的相关性相对 TN、TP 更强。这说明，在第一个时期，溶解态的非点源负荷占总负荷的比例很小，土壤侵蚀带来的非点源负荷占流域非点源负荷的大部分，决定着流域非点源负荷的大小。而随着农业大开发的进行，泥沙负荷仅仅是与吸附态的非点源污染负荷相关性更强，这说明，农业活动造成的非点源污染负荷占流域的非点源污染负荷比例在加重。

3）景观因子与非点源负荷因子之间关系

从共同点来看，首先，AGRC 和 RICE 与各类非点源负荷因子都成正相关关系，FRST 和 NDVI 与各类非点源污染负荷都成负相关关系。其次，与 Org-N 相比，NO_3-N 与 AGRC 的相关性更强，而相对 Org-P，Sol-P 与 AGRC 的相关性更强，对 RICE 也是如此。这说明农业耕作活动所产生的非点源负荷以溶解态为主。

第7章　农业开发下气温时空变化以及对全球变暖潜势的影响

作为重要的商品粮生产基地，农业生态系统对自然条件尤其是气候条件依赖程度很强，气候变化会对农业生产造成很大的影响。研究该地区气候变化为农业生产规划和粮食生产政策的制定提供了科学依据。因此，深入研究农区气温变化的时空分布特征，对趋利避害、合理调整种植结构和作物种植品种具有重要意义。同时，研究规模化农业开发下区域气候分布格局和过程变化，以及围绕农田耕作模式和农田管理措施对研究区域有机碳(SOC)和全球变暖潜势(GWP)的长期影响开展相关研究工作，不仅在区域土地利用/土地覆盖变化和气候变化领域具有代表性，而且为更大尺度的全球变化研究提供典型案例，并服务于区域发展。

7.1　农业开发下气温时空变化研究

7.1.1　气温空间插值模型

为了定量分析典型年生长季气温分布特征和经纬度、海拔、地形等因素对生长季气温分布的影响，选取两类插值模型进行对比分析。①经典的空间插值模型包括反距离加权法和普通克里金法，但是这种插值模型未引入经纬度等因素的修正。②以协同克里金法为基础，综合考虑了站点海拔、经纬度对生长季气温的影响；或者将站点气温修正为海平面气温值，再进行空间插值，然后以DEM为海拔高度数据源对空间插值结果进行修正。

1. 气温与经纬度、海拔的关系

气温的空间分布受到经纬度和海拔等因素的综合影响(谢云峰和张树文，2007)。表7-1的结果表明，黑龙江省生长季平均气温与经纬度和海拔高度显著相关。利用SPSS软件，针对三个典型年份63个气象站点的生长季平均气温与站点经纬度和海拔高度，分别进行偏相关分析(表7-2)。

表7-1　生长季平均气温与经纬度、海拔的相关系数

生长季平均气温	经度	纬度	海拔
1976年	0.117	−0.716	−0.758
2001年	−0.077	−0.699	−0.649
2008年	0.012	−0.621	−0.760

注：回归分析的显著性检验Sig值均为0.000。

表 7-2　生长季平均气温与经纬度、海拔的回归关系

生长季平均气温	回归系数			常数	复相关系数	F 检验
	经度	纬度	海拔			
1976 年	−0.160	−0.459	−0.009	60.270	0.962	226.324
2001 年	−0.308	−0.511	−0.009	83.333	0.949	170.570
2008 年	−0.215	−0.370	−0.009	64.640	0.947	172.490

注：回归分析的显著性检验 Sig 值均为 0.000。

随着海拔高度的增加，气温呈递减趋势，但递减趋势随着气候环境变化而发生改变。相关分析结果显示，生长季的气温直减率存在年际差异，1976 年、2001 年和 2008 年分别为 7.58℃/km、6.49℃/km 和 7.60℃/km，其中 2001 年生长季的气温直减率最低，1976 年和 2008 年接近。如果不考虑气温直减率的年际差异，使用统一的气温直减率，海拔每增加 1km 将会导致约 1℃的误差。为了更精确地比较三个典型年份气温分布的差异，基于 DEM 的空间插值考虑了气温直减率的年份差异。

三个典型年份生长季平均气温与经纬度的相关分析结果表明，经纬度差异对气温的影响存在年际差异。纬度与生长季平均气温的相关系数基本为 0.7 左右，均为负相关，说明纬度越高，气温呈降低趋势。气温的经度差异受到季风、地形、年际变化等多种因素的影响，2001 年经度与生长季平均气温呈负相关，而 1976 年和 2008 年则呈正相关，且相关系数均小于纬度与气温的相关系数，因此在气温空间差异的规律中，纬度的地带性大于经度的地带性。

为了综合考虑生长季平均气温和经纬度、海拔高度的关系，以生长季平均气温为因变量，以经纬度和海拔高度为自变量进行多元线性回归分析（表 7-2）。结果表明经纬度和海拔高度可以很好地拟合黑龙江省生长季的平均气温，三个典型年份的复相关系数均在 0.940 以上。

2. 经典空间插值模型

1）反距离加权插值法

反距离加权插值法（inverse distance weight，IDW）根据地理学的第一定律，即距离越近的两个事物，它们的属性就越相似，反之这种相似性随着距离的增大而减小。在 IDW 的插值计算中，以插值点与样本点的距离为权重，距离越靠近样本，权重越大，其贡献与距离成反比（林忠辉等，2002）。

$$Z = \sum_{i=1}^{n} \frac{z_i}{d_i^p} \Big/ \sum_{i=1}^{n} d_i^p \tag{7-1}$$

式中，Z 为模拟值，n 为用于插值的气象站点的数量，z_i 为样本点 i 的实测值，d_i 为插值点与第 i 个样本点之间的欧式距离，p 为距离的幂，它的选择标准是平均绝对误差最小。

2）普通克里金插值法

普通克里金法（ordinary Kriging，OK）来源于地统计学，是利用区域化变量的原始数据和变异函数的结构特点，对未采样点的区域化变量的取值进行线性无偏最优估计的一种方法。

$$Z = \sum_{i=1}^{n} \lambda Z(x_i) \tag{7-2}$$

式中，Z 为待估计的气温栅格值，λ_i 为赋予气象站点月平均气温的一组权重系数，n 为用于气温插值的气象站点数目，$Z(x_i)$ 为气象站点月平均气温值。

$$\sum_{i=1}^{n} \lambda_i = 1 \tag{7-3}$$

选取 λ_i，使 Z 的估计无偏，并且使方差 σ_e^2 小于任意观测值线性组合的方差。

根据无偏和最优的条件，λ_i 和 σ_e^2 的解为

$$\sum_{i=1}^{n} \lambda\gamma(x_i, x_i) + \Phi = \gamma(x_j, x_0)\ \forall_j \tag{7-4}$$

$$\sigma_e^2 = \sum_{i=1}^{n} \lambda\gamma(x_i, x_0) + \Phi \tag{7-5}$$

式中，Φ 是极小化处理时的拉格朗日乘数；$\lambda(x_i, x_j)$ 是随机变量 Z 在采样点 x_i 和 x_j 之间的半方差(semi-variance)；$\gamma(x_i, x_0)$ 是 Z 在采样点 x_i 和未知点 x_0 之间的半方差。这些量都可从变异函数(variogram)中得到，它是对实验变异函数的最优拟合(李新等，2003)。

3) 协同克里金插值法

克里金(Kriging)插值法作为目前最优的空间插值法，现已广泛应用于气象、土壤、环境等领域。克里金插值法以地理统计思想为基础，认为任何连续性的空间变化属性不能用简单平滑函数去模拟。克里金法以区域化变量为基础，半变异函数为分析工具，对空间分布具有随机性和结构性的变量进行空间模拟，给出空间分布数据最优、线性、无偏内插估计。与其他常规方法相比，不仅考虑了已知样点的空间相关性，而且给出了估计精度的方差(G)。克里金插值法经过不断地改进，已扩展为多种模型，如普通克里金插值法、通用克里金插值法、泛克里金插值法、协同克里金插值法(coKriging)等。其中协同克里金插值法可以考虑经纬度和海拔等因素的影响。

coKriging 插值法的基本原理与 Kriging 插值法相同，但它通过考虑一个以上变量而优化估计。本节在进行生长季气温空间插值的具体做法是，将气象站点的经纬度和海拔高度作为附加的重要变量。

coKriging 插值法包括以下过程：

(1) 确定多个观测值之间空间相关的特征；

(2) 借助于变异函数和交叉变异函数(cross-variogram)，对相关建模；

(3) 利用这些函数估计插值。

交叉变异函数是两个不同变量之间的相关随距离变化的函数，它与简单变异函数不同，前者的形式是方差，因此总为正或零；而后者的形式为协方差，因此可以为正、负或零。如果两个变量向相反的方向变化，交叉变率为负；如果两个变量的变化相独立，交叉变率为零。

实验交叉变异函数的形式为

$$\gamma^k(h) = \frac{1}{2n} \sum_{i=1}^{n} [z(x_i) - z(x_i + h)][z^k(x_i) - z^k(x_i + h)] \tag{7-6}$$

式中，$z(x_i)$ 为第 i 个气象站点的气温值，n 为用于气温插值的气象站点数目，h 为点对之

间的距离，k 为权重系数。

coKriging 插值的关键是计算实验交叉变异函数并拟合它。

3. 基于 DEM 修正的气温插值方法

当考虑海拔高度对气温的影响时，某一点的气温可以表示为

$$T = T_0 - k \times H \tag{7-7}$$

式中，T_0为修正到海平面后的气温，H 为海拔，k 为气温直减率，见表 7-3。

表 7-3 生长季气温直减率

年份	1976 年	2001 年	2008 年
气温直减率/(℃/100m)	0.758	0.649	0.760

根据黑龙江省 1976 年、2001 年和 2008 年生长季的气温直减率，分别将平均气温修正到海平面的高度。具体做法为：首先根据各气象站点的高程资料将实测生长季平均气温修正到海平面高度；然后利用 coKriging 插值法对平均气温的点状修正数据进行插值，其中 coKriging 插值法考虑了站点经纬度的影响；最后将气温场栅格数据再结合 DEM 进行地形修正，并最终生成具有地形特征的伊犁河谷温度场模拟数据，栅格分辨率均为 30m。

基于 DEM 的修正公式为

$$T_{dem} = T_{ck} - k \times H_{dem} \tag{7-8}$$

式中，T_{dem}为经过 DEM 修正后的生长季平均气温模拟结果，T_{ck}为利用 coKriging 插值法生成的插值结果，H_{dem}为 DEM 来源的海拔高度(陈冬花等，2011)。

4. 模型验证

1）精度评价方法

交叉验证(cross-validation)是气象数据空间插值应用最广泛的一种精度评价方法。交叉验证的基本原理是首先假定每一气象站点的温度值未知，利用周围已知站点通过插值算法估计，然后计算估计值与实测值的差值，所有站点的误差值的平均值就为交叉验证的结果。对不同的插值方法，交叉验证可以准确的验证不同插值方法之间的相对精度。一般情况下，在比较不同模型的模拟精度时，通常采用平均绝对误差(mean absolute error，MAE)、平均相对误差(mean relative error，MRE)和平方根误差(root mean squared error，RMSE)作为评价指标。

$$\text{MRE} = \frac{1}{n}\sum_{i=1}^{n}\left|\frac{Z_{oi} - Z_{ei}}{Z_{oi}}\right| \tag{7-9}$$

$$\text{MAE} = \frac{1}{n}\sum_{i=1}^{n}\left|Z_{oi} - Z_{ei}\right| \tag{7-10}$$

$$\text{RMSE} = \sqrt{\frac{\sum_{i=1}^{n}(Z_{oi} - Z_{ei})^2}{n}} \tag{7-11}$$

式中，Z_{oi}是第 i 个气象站点的观测值，Z_{ei}为预测值，n 为气象站点总数。

2）不同插值模型的误差分析

利用反距离加权（IDW）、普通克里金法（OK）、协同克里金法（CK）、基于 DEM 修正的协同克里金法（基于 DEM 的 CK）四种方法对黑龙江省 1976 年、2001 年和 2008 年生长季平均气温进行空间插值（表 7-4）。交叉精度验证的结果表明，四种空间插值模型中，基于 DEM 的 CK 在三个典型年份生长季平均气温的插值结果的 MRE、MAE 和 RMSE 最小，精度明显高于其他插值模型。

表 7-4　生长季气温交叉精度验证结果

	插值方法	1976 年	2001 年	2008 年
MRE	IDW	0.046	0.042	0.038
	OK	0.043	0.038	0.035
	CK	0.040	0.036	0.033
	基于 DEM 的 CK	0.021	0.022	0.020
MAE	IDW	0.698	0.706	0.635
	OK	0.653	0.656	0.586
	CK	0.613	0.625	0.559
	基于 DEM 的 CK	0.372	0.443	0.395
RMSE	IDW	0.979	0.979	0.913
	OK	1.038	1.056	0.881
	CK	0.829	0.860	0.772
	基于 DEM 的 CK	0.484	0.678	0.506

从插值结果的 MRE 来看，三个典型年份各种插值方法的精度排序一致：基于 DEM 的 CK＞CK＞OK＞IDW；从插值结果的 MAE 来看，三个典型年份各种插值方法的精度排序一致：基于 DEM 的 CK＞CK＞OK＞IDW；从插值结果的 RMSE 来看，1976 年和 2001 年各种插值方法的精度排序为：基于 DEM 的 CK＞CK＞IDW＞OK，2008 年各种插值方法的精度排序为：基于 DEM 的 CK＞CK＞OK＞IDW。可见，考虑了经纬度和海拔高度差异的协同克里金法，插值精度高于经典插值模型；基于 DEM 的 CK 插值结果优于仅考虑了站点海拔和经纬度的 CK 法。

不同年份的插值精度比较来看，IDW、OK 和 CK 的 MRE 排序均为 1976 年＞2001 年＞2008 年，MAE 的排序均为 2001 年＞1976 年＞2008 年，OK 和 CK 的 RMSE 排序为 2001 年＞1976 年＞2008 年，IDW 的 RMSE 排序为 2001 年＝1976 年＞2008 年，可见这三种插值模型，2008 年生长季气温的插值精度是最高的。综合基于 DEM 的 CK 插值法的 MRE、MAE 和 RMSE 值，三个典型年中 2001 年的插值精度最低。

7.1.2　1976 年、2001 年和 2008 年生长季气温分布

从四种插值方法模拟的黑龙江省三个典型年份的生长季平均气温分布图（图 7-1～图 7-4）可以看出，黑龙江省生长季平均气温空间分布在不同年份都呈现很明显的纬度地带性，由北向南生长季平均气温逐渐升高。从东西部生长季平均气温分布来看，西部平均气温高于东部。生长季平均气温的最高值出现在黑龙江省的西南部，最低值出现在最北

端的漠河。从海拔高度来看，海拔越高，生长季平均气温越低，山地的平均气温要低于平原地区。黑龙江省中部有小兴安岭等山脉，海拔较高，气温低于同纬度其他地区，呈现特有的地带分布特征。

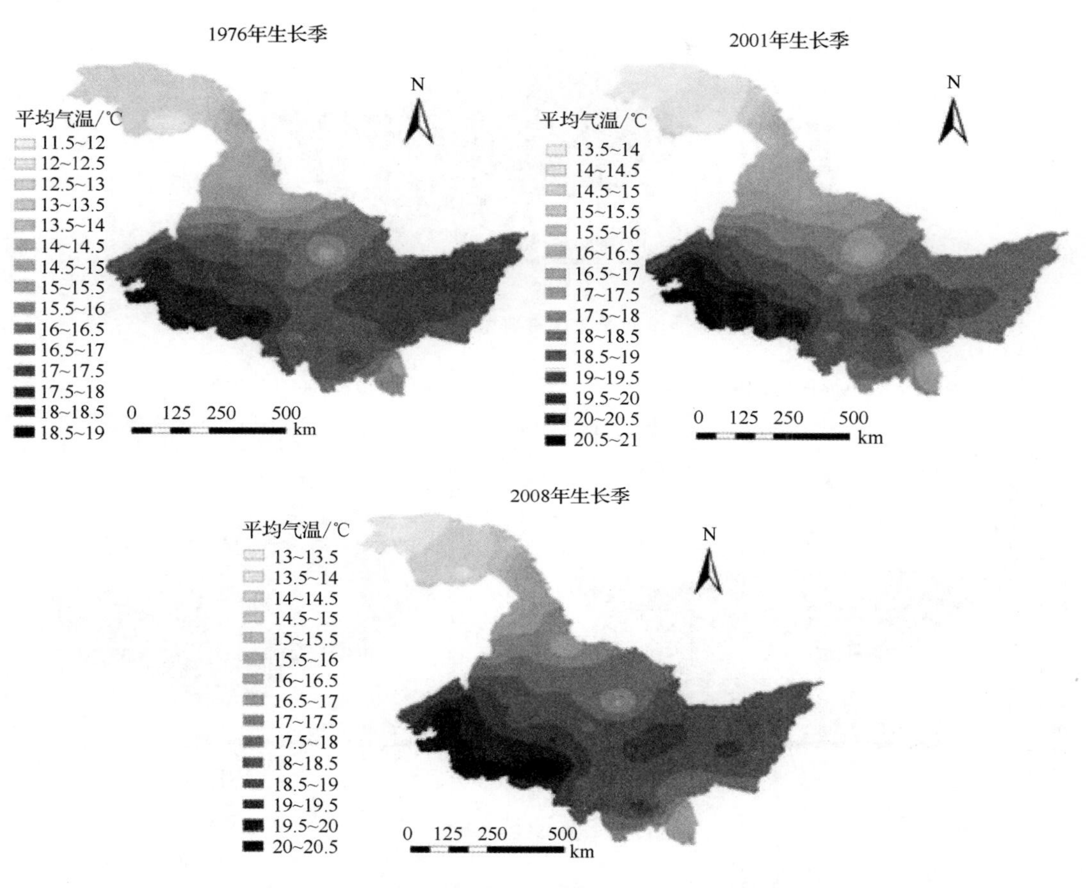

图 7-1　反距离加权插值的黑龙江省典型年生长季平均气温空间分布

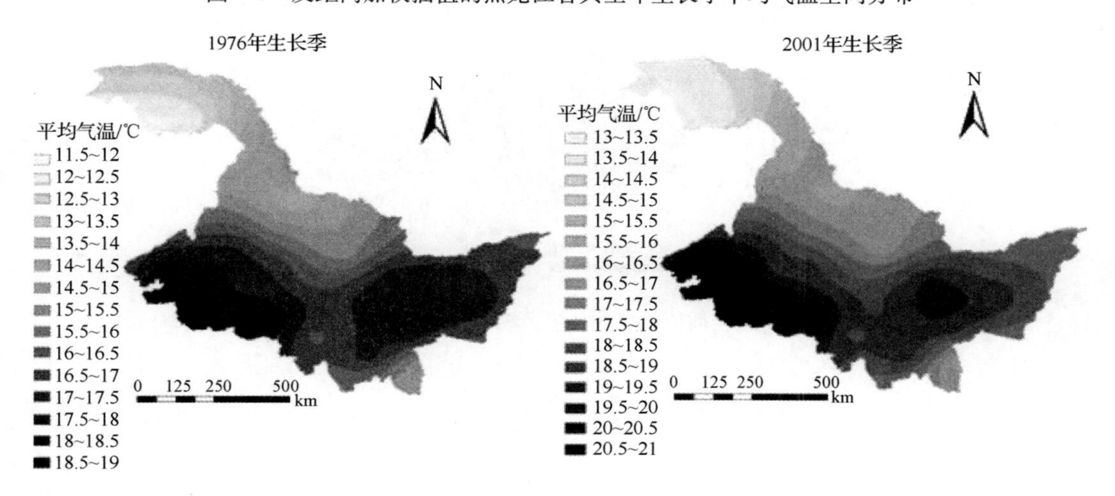

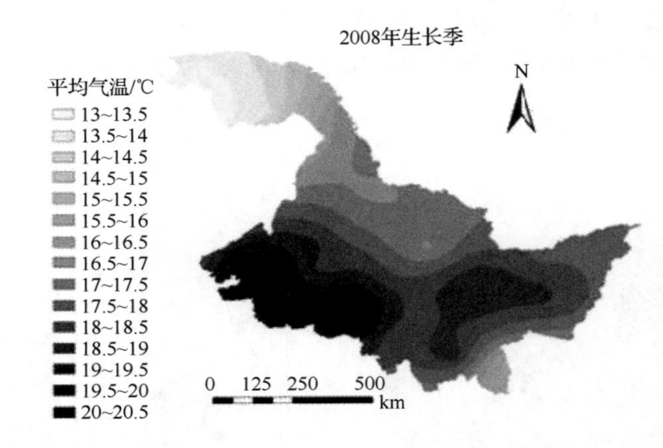

图 7-2　普通克里金插值的黑龙江省典型年生长季平均气温空间分布

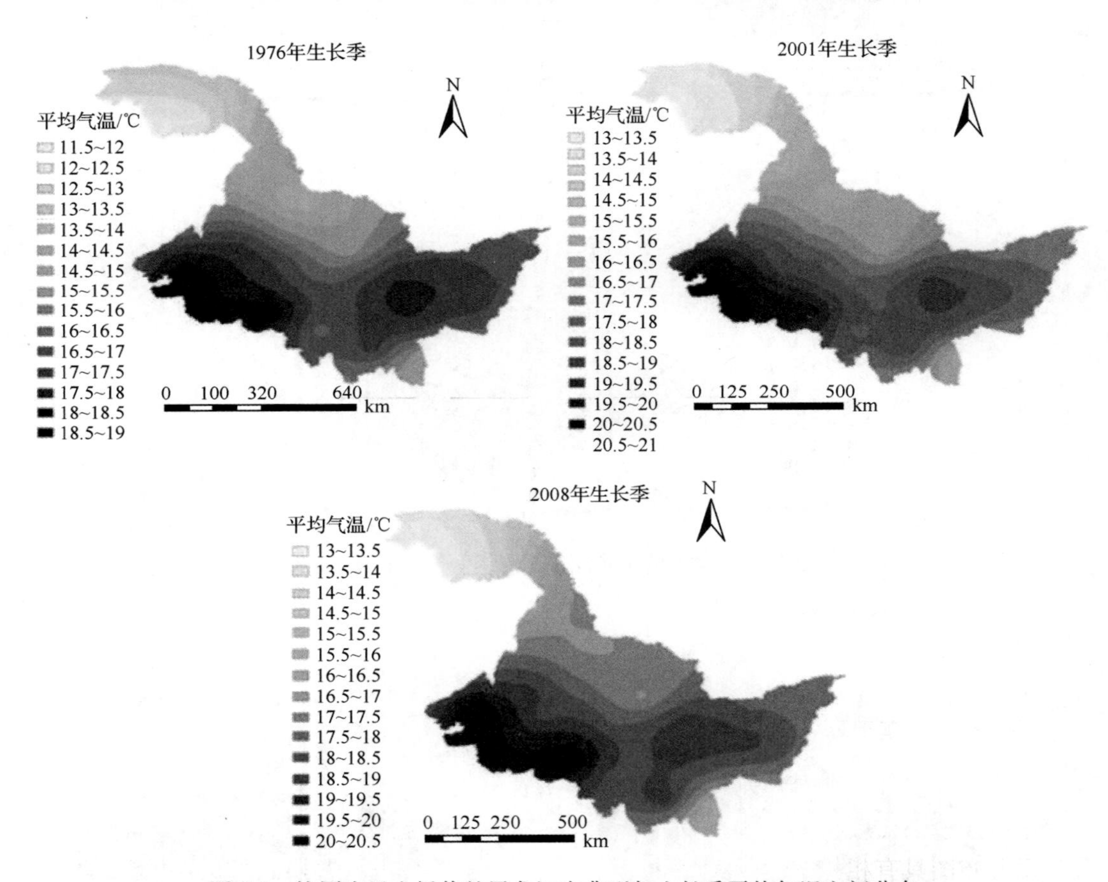

图 7-3　协同克里金插值的黑龙江省典型年生长季平均气温空间分布

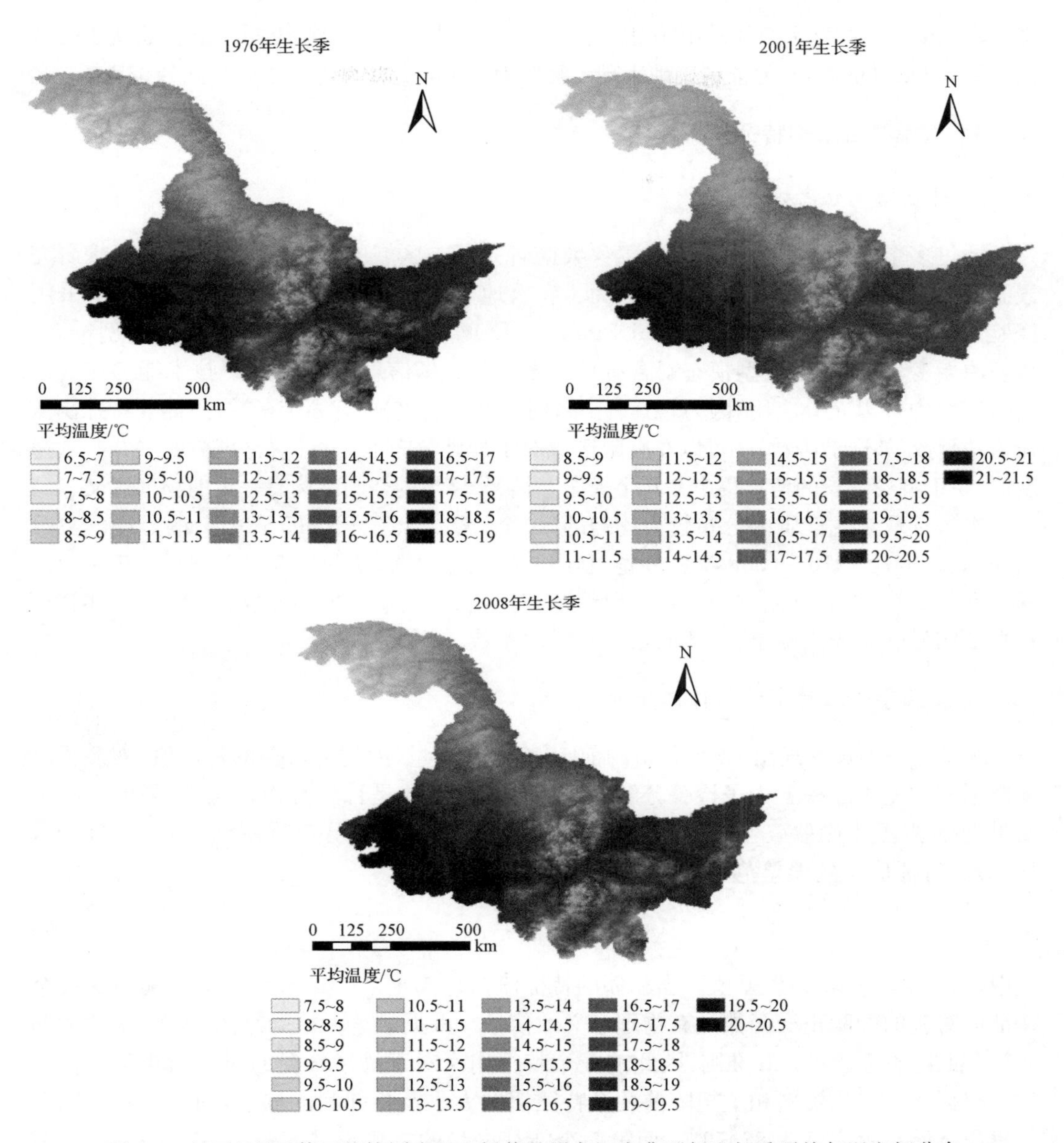

图 7-4　基于 DEM 修正的协同克里金插值的黑龙江省典型年生长季平均气温空间分布

黑龙江省气温分布的空间差异受到经纬度、海拔高度的影响显著。四种插值模型中，克里金插值法比反距离加权法具有更明显的梯度效应，其中 CK 法与 OK 法插值得到的气温分布图具有相似的地带分布特征，但是 CK 法由于考虑了站点经纬度和海拔高度的影响而具有更高的精度。基于 DEM 的 CK 法与其他插值方法相比较，由于引入了分辨率较高的 DEM 高程数据，因此更能充分体现气温分布的空间差异性特征。尤其是山地丘陵地区，气温分布与海拔高度相一致的特征比较突出，而西北部和东部平原地区的气温空间分布则体现出一定的梯度分布特征。协同克里金插值法由于可以加入具有地理学意义的附加变量经纬度和海拔的影响,比经典插值方法更具优势。在协同克里金插值法的基础上引入DEM的修正,更能精确地表现出复杂地形下黑龙江省生长季的空间分布特征。

7.1.3 气温时空结构特征分析

1. 时空结构分离方法

通过多个观测站点或网格点的气象数据研究某一区域的气温变量场,对于直接研究气温的时空变化特征存在一定困难。为了有效地分离气温变量场的时空结构,本节采用经验正交函数(empirical orthogonal function,EOF),构成较少的几个不相关典型模态,代替原始变量场,每个典型模态都含有尽量多的原始场信息。EOF分解技术能够在气候诊断研究中得以充分应用,因为它具有一系列突出优点:①没有固定函数,不需要特殊函数作为基函数,如球谐函数;②可以在有限区域对不规则分布的站点进行分解;③展开收敛速度快,易于将变量长的信息集中在几个模态上;④分离出的空间结构有一定的物理意义。

本节选取黑龙江省内分布较为均匀的31个气象站点生长季(5~9月)的月度气象数据,时间跨度从1976~2008年。首先,利用原始气温数据,整理出33年生长季(5~9月)的平均气温场;然后利用EOF时空分离技术对生长季气温的时空结构进行分离,计算出各特征向量的累积贡献率、特征向量以及时间系数。

2. 生长季气温时空结构特征分析

表7-5是生长季气温EOF分析的前10个特征向量(简记为LE)的特征值、方差贡献率及累积方差贡献率。为了检验分解出的经验正交函数是否具有物理意义,需要对特征向量进行显著性检验。本节采用North等提出的特征值误差范围法(North et al.,1982)。特征值λ_j的误差范围为

$$e_j = \lambda_j \left(\frac{2}{n}\right)^{\frac{1}{2}} \tag{7-12}$$

式中,n为样本量,e_j为误差值。当相邻的特征值λ_{j+1}满足$\lambda_j - \lambda_{j+1} \geqslant e_j$时,即可认为两个特征值对应的经验正交函数是有物理意义的信号。根据显著性检验结果,EOF函数的前5个特征向量满足North准则,因此前5个特征向量对于描述气温的时空结构是有价值的。根据气温平均资料相关矩阵前几个特征值的大小及相邻间的梯度,前4个特征向量的累积方差贡献率已达88.53%,而第5个特征向量的方差贡献率较小,仅为1.88%,前4个特征向量及其对应的时间系数就可以较好地解释气温时空变化的主要特征。因此,选择前4个特征向量来描述气温时空结构。

表7-5 生长季气温EOF分析前10个特征向量方差贡献

序号	2	4	8	26	21
特征值	1816.24	619.78	199.69	147.80	59.16
方差贡献率/%	57.77	19.71	6.35	4.70	1.88
累积方差贡献率/%	57.77	77.48	83.83	88.53	90.42

续表

序号	31	28	18	7	5
特征值	36.51	32.62	29.39	25.17	24.24
方差贡献率/%	1.16	1.04	0.94	0.80	0.77
累积方差贡献率/%	91.58	92.61	93.55	94.35	95.12

1）第一特征向量与时间系数

从表 7-5 中可以看出，第一特征向量的方差贡献率为 57.77%，特征向量区域变化见图 7-5。所有气象站的第一主分量的特征向量均为正值，表明生长季气温变化具有一定的同步性。第一特征向量的方差贡献率较高，很好地反映了黑龙江省生长季气温的空间分布的常见类型。黑龙江省属于大陆性季风气候，区域受这种大尺度天气系统的影响比较明显，气温空间分布常型位相分布一致。

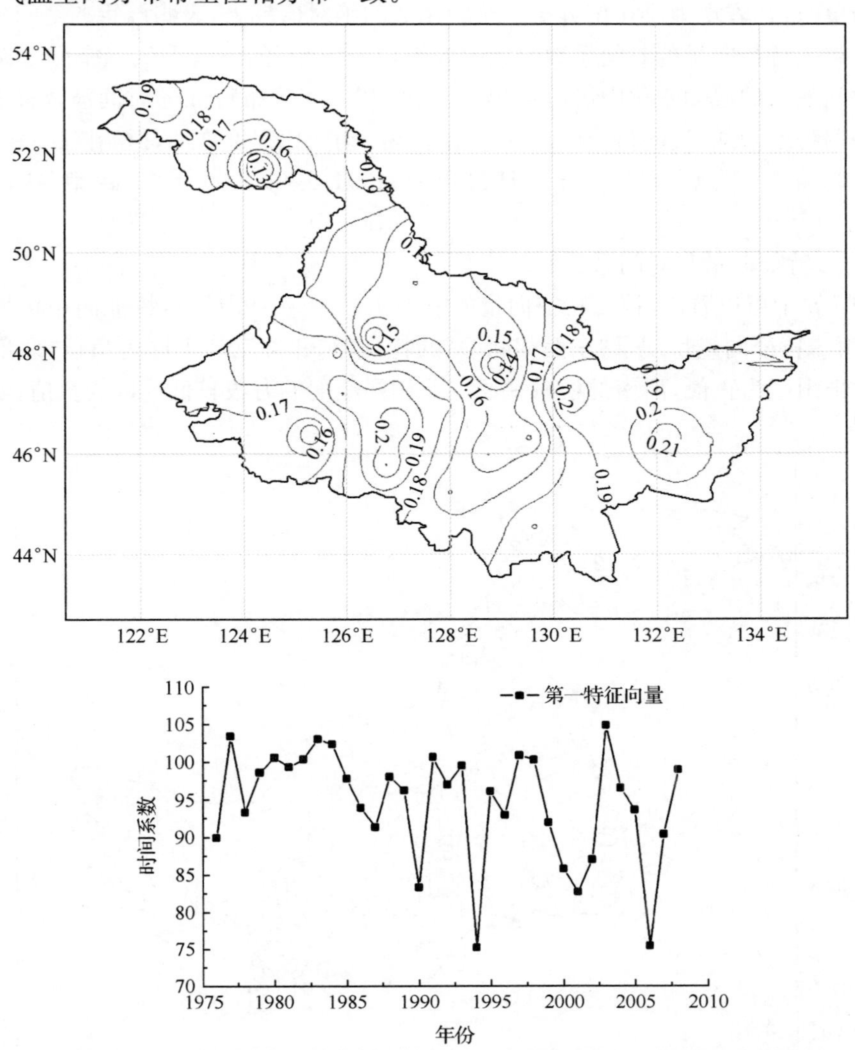

图 7-5　生长季气温第一特征向量与时间系数变化图

上图表示 1976～2008 年气温变化的空间分布。数值为正值，表明气温上升，数值越大，表明气温上升趋势越大

特征向量的数值越大，说明该地区生长季气温的变化程度越大。等值线的两个高值区分别位于地势较低的三江平原和松嫩平原，等值线的低值区主要位于西北部的大兴安岭和北部小兴安岭。东部的三江平原的等值线中心数值高于西部的松嫩平原，纬度更高的大兴安岭的等值线低值中心数值小于小兴安岭，东南一带的张广才岭、老爷岭、完达山脉的等值线数值更高。这反映了 32 年来生长季气温的主要变化结构，黑龙江省平原地区气温的年际振荡比山区明显，东部比西部更明显，南部比北部更明显。第一特性向量对应的时间系数均为正值，表明 32 年来整个区域的生长季气温持续上升。因此，平原地区的增温程度比山区大，东部比西部增温程度更明显，南部比北部增温程度更明显。

特征向量所对应的时间系数代表了研究区域生长季气温空间分布型式出现的概率和强度。时间系数的数值为正，该年表现为对应特征向量所反映的空间分布类型；反之，时间系数为负时，则表现为反相位分布。时间系数的绝对值越大，表明该年的空间分布特征越明显。第一特征向量的时间系数的数值较大，“一致型”的生长季气温空间分布型最典型。从时间系数的波动变化中可以看出，“一致型”空间分布特征随时间波动变化，90 年代以后振荡程度增加，说明整个区域的增温趋势波动变化程度增加，但始终保持气温上升趋势。2003 年“一致型”空间分布特征最典型，1994 年和 2006 年“一致型”特征较为不明显。

2）第二特征向量与时间系数

从表 7-5 中可以看出，第二特征向量的方差贡献率为 19.71%，特征向量区域变化见图 7-6。第二特征向量呈现了“东西相间型”的特征，东北部三江平原为负值，北部小兴安岭及东南部山区为正值，西南部松嫩平原以及相同经度的海拔较低地区为负值，西北部大

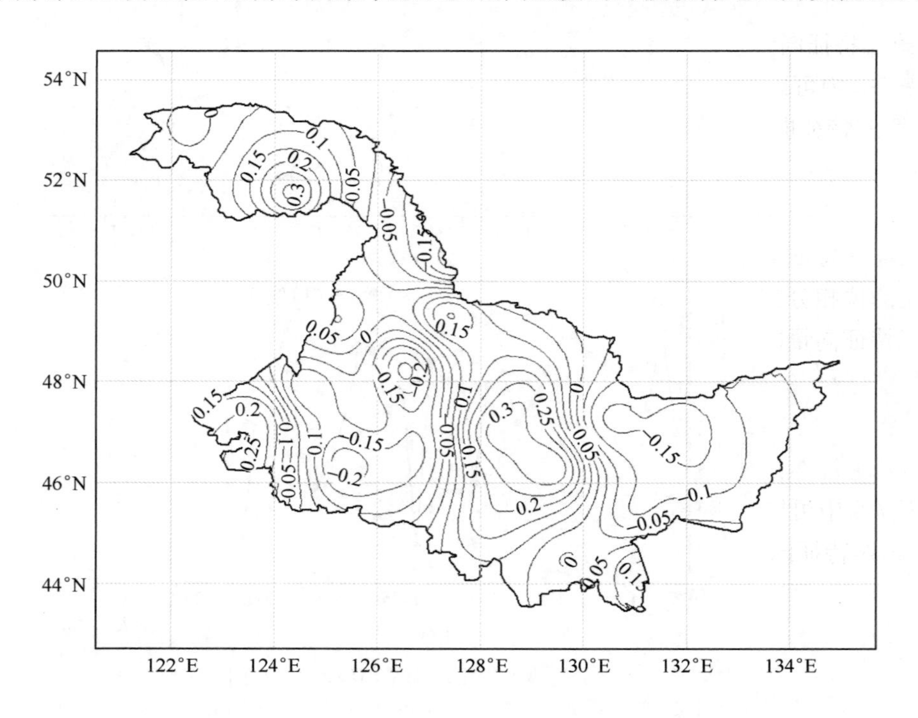

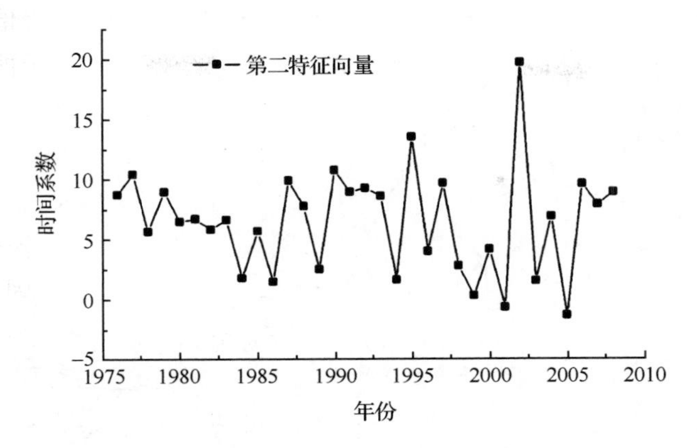

图 7-6　生长季气温第二特征向量与时间系数变化图

兴安岭地区为正值。等值线数值的负值中心位于三江平原和松嫩平原，负值的绝对值最大。等值线数值的正值中心位于西北部的大兴安岭和东南部山区。因此，第二特征向量反映了西北、北部以及东南山区生长季气温升高和三江平原、松嫩平原等海拔较低地区气温降低的分布类型，或者西北、北部以及东南山区生长季气温降低和三江平原、松嫩平原等海拔较低地区气温升高的分布类型。

除 2001 年和 2005 年外，第二特征向量的时间系数均为正值，表明绝大多数时间生长季气温呈现西北、北部以及东南山区生长季气温升高和三江平原、松嫩平原等海拔较低地区气温降低的分布类型，在 2003 年最为典型。2001 年和 2005 年则呈现相反的位相分布。

3）第三特征向量与时间系数

从表 7-5 中可以看出，第三特征向量的方差贡献率为 6.35%，特征向量区域变化见图 7-7。第三特征向量呈现了“相间复杂分布型”的特征，等值线数值呈现正负相间分布的特点。第三特征向量的等值线正值中心位于三江平原的富锦、松嫩平原的安达、小兴安岭与松嫩平原相接的北林和北安，以及大兴安岭地区的新林。东南部大部分地区和西部部分地区均有特征向量的等值线负值出现，这些地区生长季气温分布类型表现为与其他地区相反的位相分布。

第三特征向量的时间系数均为正值，表明生长季气温呈现东南部大部分地区、西部部分地区气温降低和其余地区气温升高的气温分布类型。时间系数的数值均较小，说明“相间复杂分布型”的特征不够明显。

4）第四特征向量与时间系数

从表 7-5 中可以看出，第四特征向量的方差贡献率为 4.70%，特征向量区域变化见图 7-8。第四特征向量呈现了“南北相间分布型”的特征，等值线数值呈现南北向的正负相间分布特点。西南部的松嫩平原和东南部山区的等值线数值为负值，东北部三江平原和小兴安岭南部地区为正值，西北部的小兴安岭地区和大兴安岭地区又过渡为负值，可见

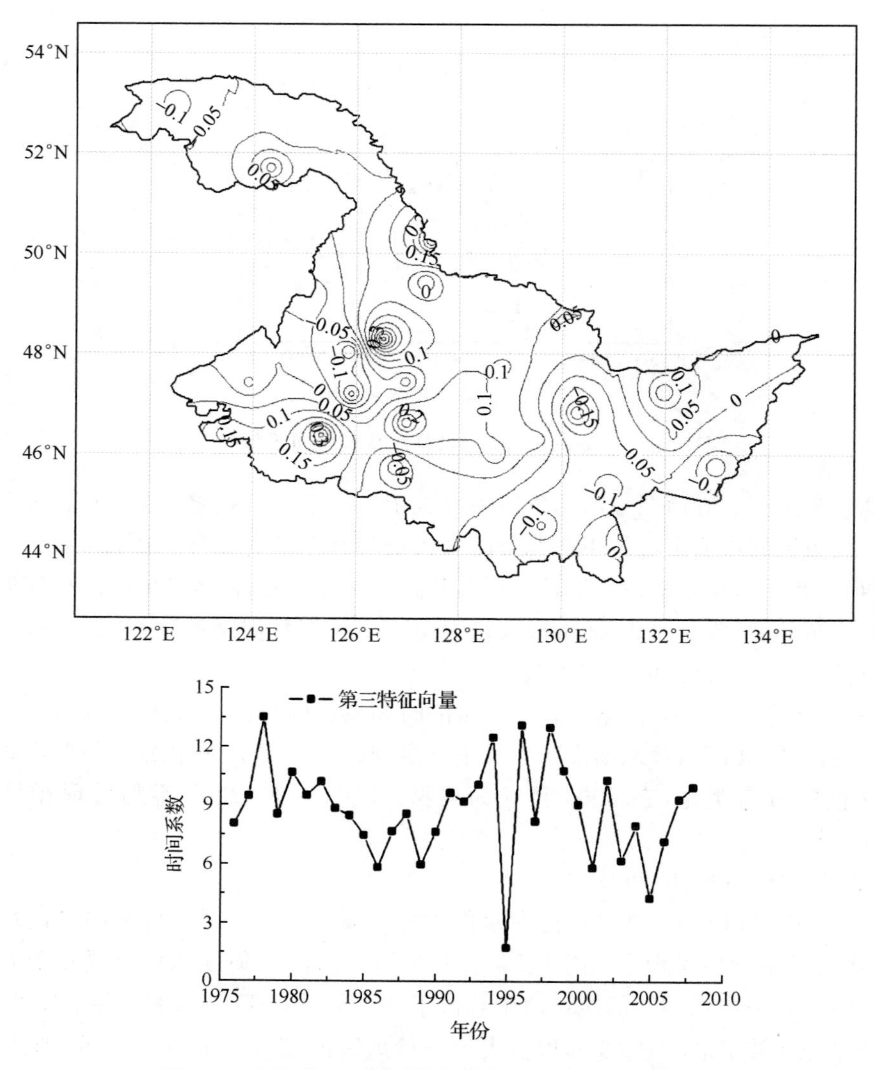

图 7-7　生长季气温第三特征向量与时间系数变化图

生长季气温变化结构呈现南北方向的相反位相相间分布的特点。可能第四特征向量的时间系数属于正负相间类型，并且大部分时间是负值，表明生长季气温呈现：1982 年以前时间系数为负值，三江平原、大兴安岭地区和小兴安岭南部生长季气温有下降趋势，其余地区生长季气温主要表现为上升；1982～2008 年时间系数正负交替变换，表现出一定的周期变化，生长季气温变化呈现周期性特征。但第四特征向量对应时间系数绝对值较小，总体上属于偏少类型。

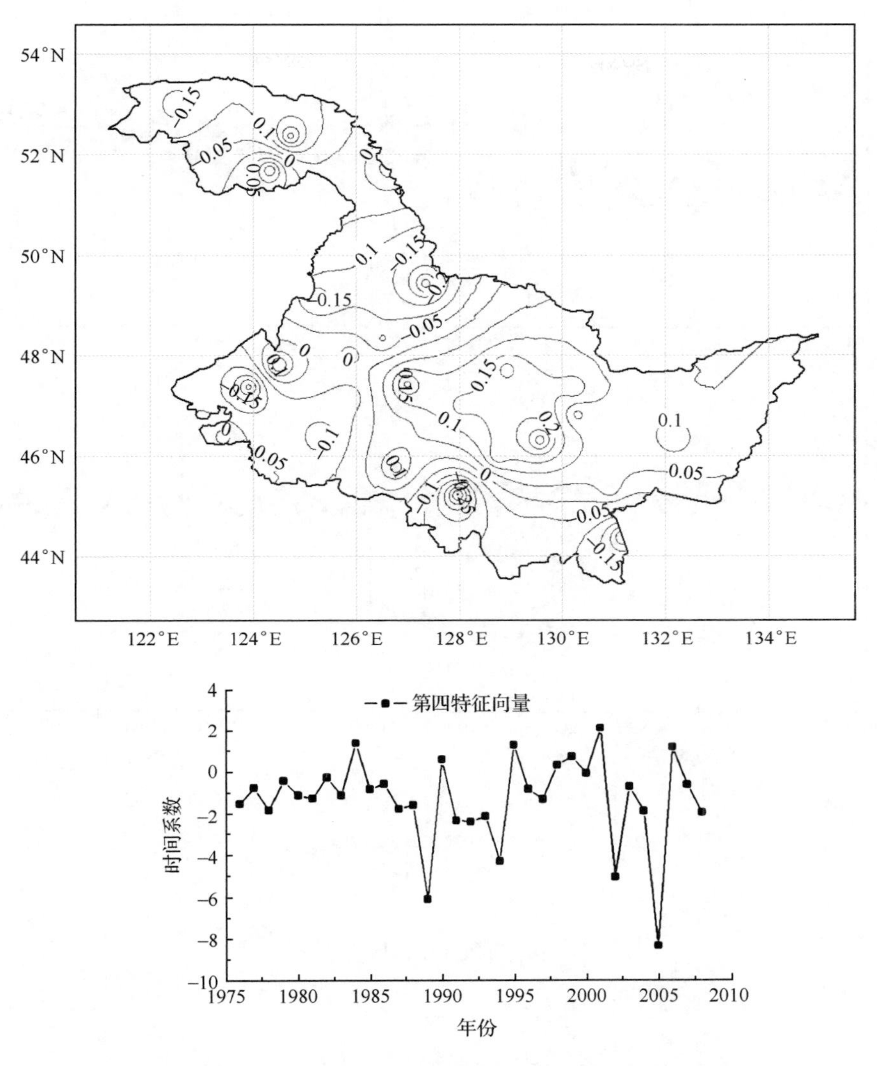

图 7-8　生长季气温第四特征向量与时间系数变化图

7.2　三江平原典型农区生长季气温与土地利用变化的关系

7.2.1　农区气温变化特征分析

1. 气温变化趋势的线性拟合分析结果

农区生长季气温的长期变化对农业产生了深远的影响，气温长期变化过程中呈现出来上升或下降的趋势，不同阶段的变化趋势不同，变化程度有差异。通常使用一次线性拟合来描述长期的气温变化趋势。图 7-9 表示了挠力河流域典型农区生长季 5～9 月份平均气温在过去 50 年中的波动曲线和一次线性拟合。

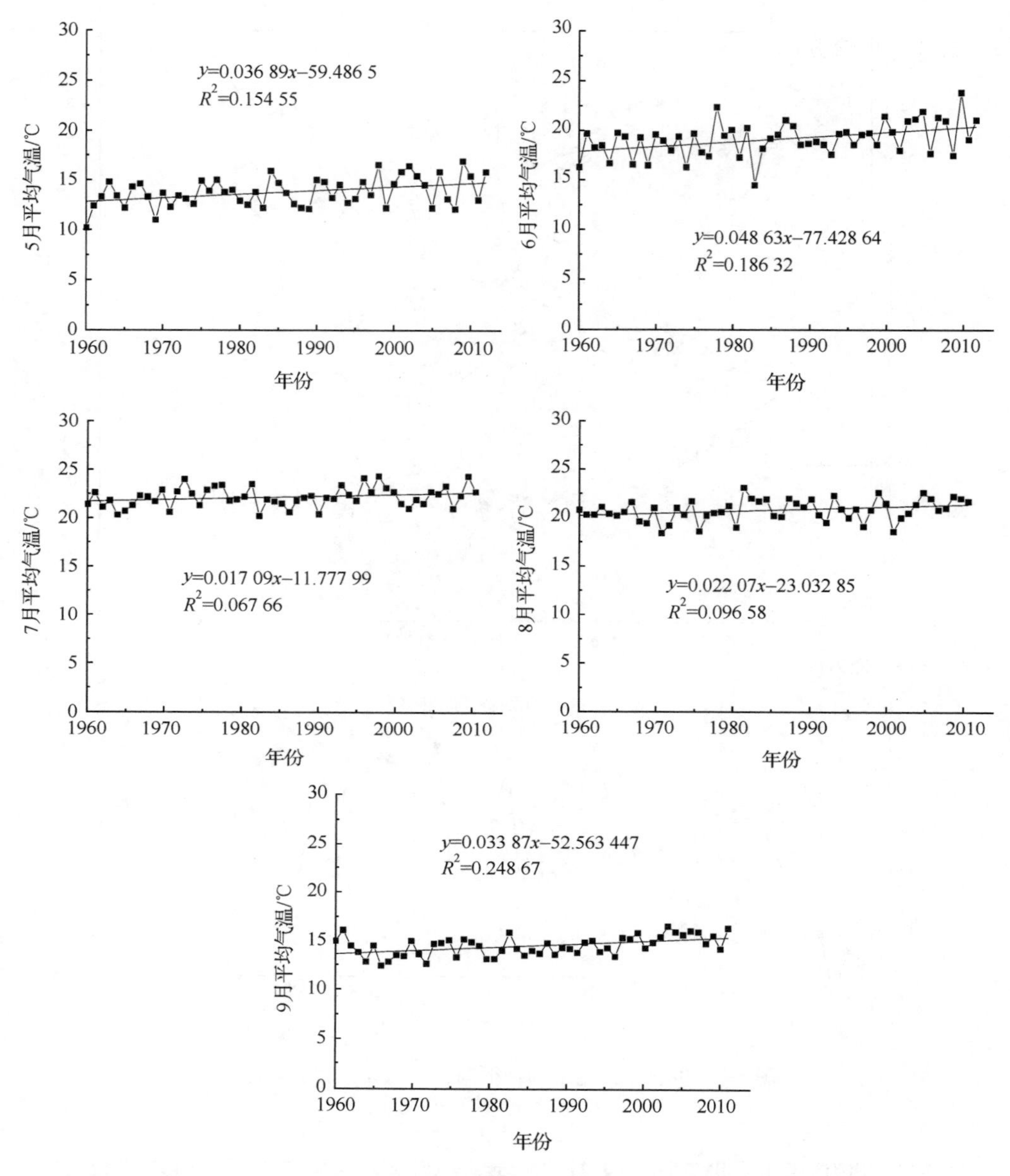

图 7-9 挠力河流域典型农区 1960～2012 年生长季各月平均气温变化

农区 5 月份平均气温的一次线性拟合结果显示，斜率为 0.036 89，R^2 为 0.154 55；6 月份的一次线性拟合结果显示，斜率为 0.048 63，R^2 为 0.186 32；7 月份的一次线性拟合结果显示，斜率为 0.017 09，R^2 为 0.067 66；8 月份的一次线性拟合结果显示，斜率为 0.022 07，R^2 为 0.096 58；9 月份的一次线性拟合结果显示，斜率为 0.033 87，R^2 为 0.248 67。从图中可看出，农区自 1960 年以来 5～9 月份平均气温一直呈波动变化状态，整体表现为上升趋势。虽然一次线性拟合简单地描述了气温的整体变化趋势，但拟合精度较低，整体变化趋势不显著。

2. 气温变化趋势的 Mann-Kendall 检验结果

为了更好地研究气温长期的变化趋势，本节采用了 Mann-Kendall 非参数检验统计方法，结果如图 7-10～图 7-14 所示。Mann-Kendall 检验的置信水平 $\alpha=0.05$，得到$U_{\alpha/2}=1.96$。

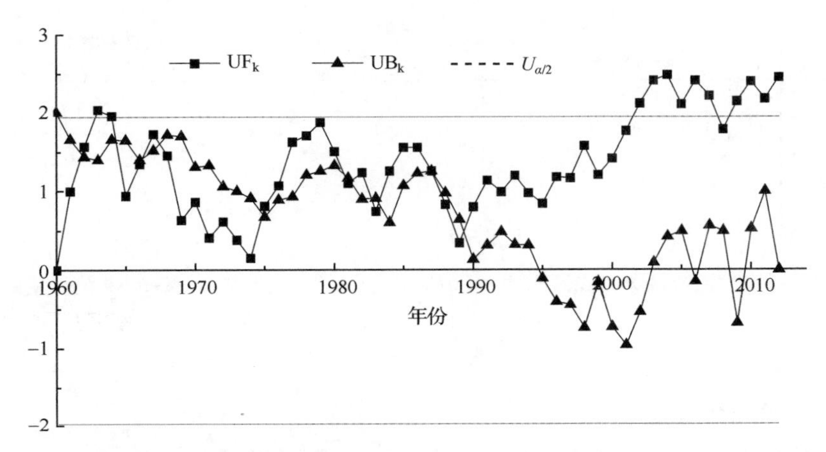

图 7-10　挠力河流域典型农区 1960～2012 年 5 月平均气温 Mann-Kendall 统计量曲线

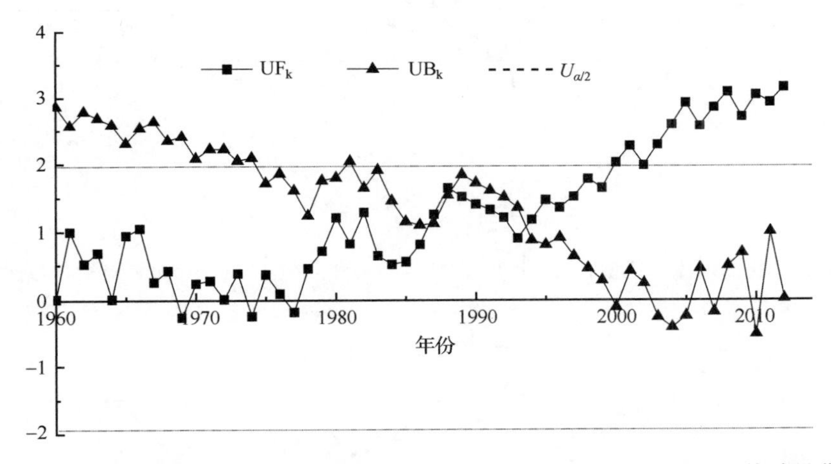

图 7-11　挠力河流域典型农区 1960～2012 年 6 月平均气温 Mann-Kendall 统计量曲线

从图 7-10 中可以看出，农区 5 月份平均气温在过去 50 年中，UF_k 都大于 0，表明一直呈上升趋势，但 2001 年以前的 UF_k 基本都小于 1.96，表明上升趋势不显著。1960～1999 年 UF_k 曲线一直处于波动变化的状态，表明气温整体上升趋势波动较大。1999～2012 年农区 5 月平均气温一直处于明显的上升趋势，其中 1999～2004 年 UF_k 曲线处于持续的上升中，表明该时间段内气温上升趋势不断增加，2004～2012 年 UF_k 曲线虽有波动变化，但气温基本上保持了较高的上升趋势。

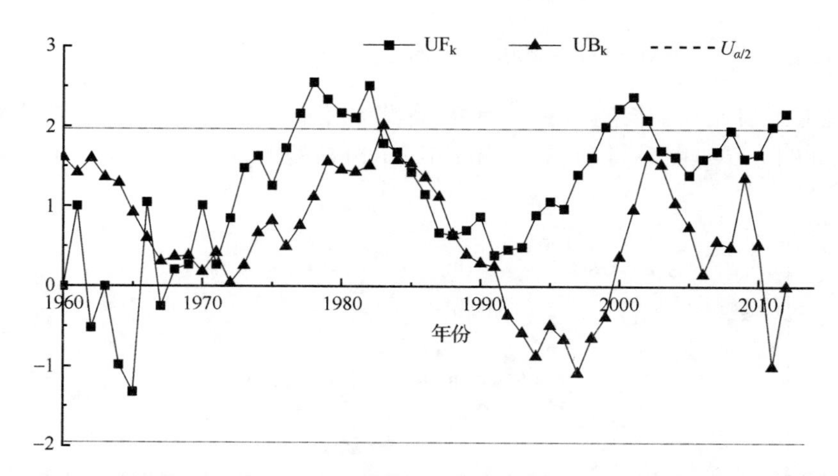

图 7-12　挠力河流域典型农区 1960～2012 年 7 月平均气温 Mann-Kendall 统计量曲线

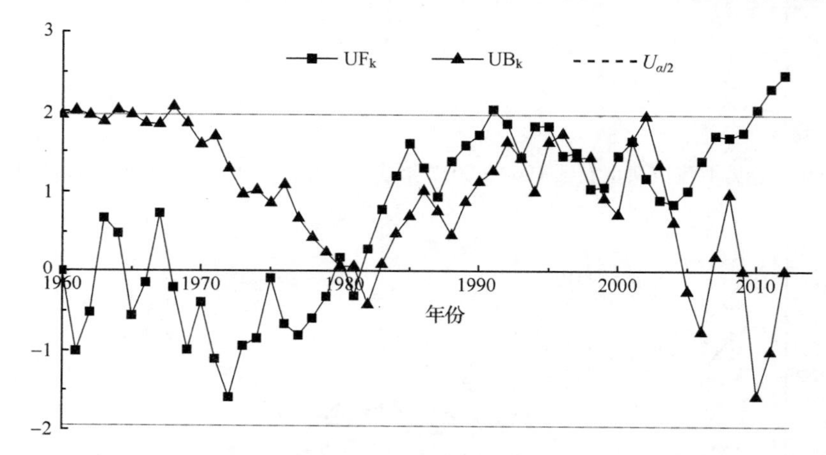

图 7-13　挠力河流域典型农区 1960～2012 年 8 月平均气温 Mann-Kendall 统计量曲线

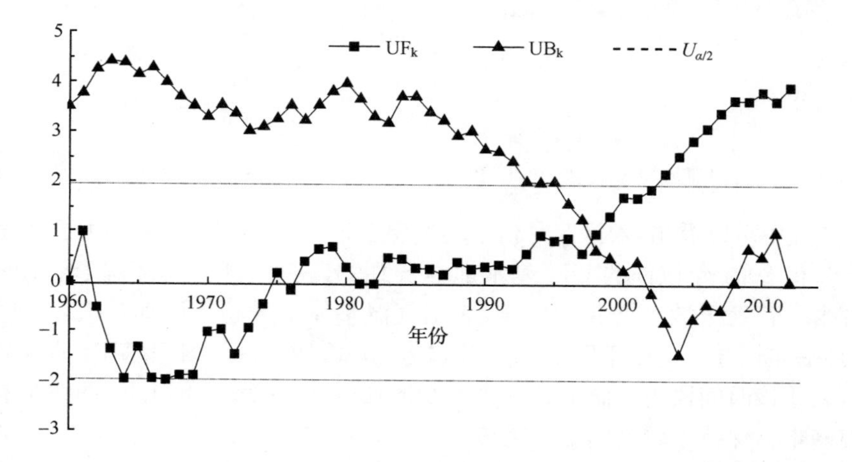

图 7-14　挠力河流域典型农区 1960～2012 年 9 月平均气温 Mann-Kendall 统计量曲线

从图 7-11 中可以看出，农区 6 月份平均气温在过去 50 年中，绝大多数时间的 UF_k 大于 0，表明气温呈一定的上升趋势，但 2000 年以前的 UF_k 基本都小于 1.96，表明上升趋势不显著。1960～1993 年 UF_k 曲线一直处于波动变化的状态，表明气温整体上升趋势存在波动。1993～2012 年 UF_k 曲线处于持续的上升中，尽管有较小的波动，表明该时间段内整体上气温上升趋势有波动变化，但整体上保持了明显的上升趋势。

从图 7-12 中可以看出，农区 7 月份平均气温在过去 50 年中，绝大多数时间的 UF_k 大于 0，表明气温呈一定的上升趋势。但除了 1980 年前后和 2000 年前后，其余时间的 UF_k 基本都小于 1.96，表明上升趋势不显著。1968 年以前的气温有下降趋势，这一时期 UF_k 曲线波动变化较大。1968～1983 年的 UF_k 曲线有波动变化，但气温基本维持了明显的上升趋势，1983 年～1991 年气温上升趋势比上一时间段明显下降，但整体气温并未出现下降趋势。1991～2000 年气温明显上升，气温上升趋势不断增加。2000～2012 年的 UF_k 曲线维持在 1.96 附近，处于波动状态。

从图 7-13 中可以看出，农区 8 月份平均气温在过去 50 年中，1960～1980 年的 UF_k 基本都小于 0，表明气温具有一定的下降趋势。1981～2012 年的 UF_k 基本都大于 0，表明气温呈上升趋势，但是绝大多数时间的 UF_k 都小于 1.96，表明气温上升趋势不显著。1982～2001 年 UF_k 曲线一直处于波动变化状态，表明气温的上升趋势波动变化较大。2001 年以后的气温上升趋势先不断下降，2004 年开始气温上升趋势不断上升，2010 年以后 UF_k 大于 1.96，气温上升趋势显著。

从图 7-14 中可以看出，农区 9 月份平均气温在过去 50 年中，1962～1974 年 UF_k 小于 0，气温呈下降趋势；其余时间的 UF_k 基本都大于 0，表明一直呈上升趋势，但 2002 年以前的 UF_k 基本都小于 1.96，表明上升趋势不显著。1975～1997 年的 UF_k 曲线一直处于波动变化的状态，表明气温整体上升趋势存在波动变化。1997～2012 年农区 9 月平均气温一直处于明显的上升趋势，该时间段内气温上升趋势不断增加，2002 年以后 UF_k 值大于 1.96，气温呈现显著上升趋势。

挠力河流域典型农区各月平均气温在过去 50 年里除了在整体上具有上升趋势和局部的波动变化外，还在个别年份表现出突变特征，即突变点前后平均气温发生陡增或陡减。在 Mann-Kendall 检验统计图中，UF_k 和 UB_k 的交点即为突变点。根据农区 5 月份的 Mann-Kendall 突变检验结果，1990 年以前 UF_k 和 UB_k 曲线波动较大，表现为有多个交点，气温突变规律比较复杂，比较有意义的 5 月气温突变点在 1990 年，气温由波动上升趋势变为上升趋势明显增强。农区 6 月份的 Mann-Kendall 突变检验结果表明，气候突变点首先在 1988 年，气温由前一时期波动上升的趋势，变为上升趋势不断下降；其次在 1993 年，气温上升趋势由不断下降，变为明显上升。农区 7 月份的 Mann-Kendall 突变检验结果表明，1969 年是气温由下降变为上升的突变点，1983 年气温上升趋势由整体上的增加，转变为不断下降，1988 年是气温上升趋势由下降进入不断增加的状态。农区 8 月份的 Mann-Kendall 突变检验结果表明，1980 年气温由下降趋势改变为上升趋势，表现为波动的上升状态，2004 年气温上升趋势由波动上升进入不断上升。农区 9 月份的 Mann-Kendall 突变检验结果表明，1998 年是仅有的气温突变点，气温上升趋势增强。

气温在 5～9 月的气候突变基本在 20 世纪 80～90 年代发生，这一时期增温趋势波动变化较大，主要是由于规模化农业开发加剧，土地利用发生了很大的变化。2000 年开始，生长季各月的增温趋势放缓，这一时期的土地利用变化以农业结构调整为主，农业开发、旱改水以及退耕还林并举，对于改善农区的小气候起到一定作用。

7.2.2 2001～2008 年间的土地利用变化

根据 2001～2008 年的主要土地利用类型以及土地利用变化，采用了更详细的土地利用分类系统，即 MODIS 土地利用的 FTP 土地分类。从图 7-15 看出，研究区域最主要的土地利用类型是谷类作物，其次是落叶阔叶林。2001 年谷类作物占研究区域总面积的 61.72%，落叶阔叶林为 25.80%，2008 年谷类作物为 66.99%，落叶阔叶林为 23.94%。阔叶作物的面积远远小于谷类作物，在 2001 年仅为 6.20%，2008 年为 6.69%。2001～2008 年间各类土地的面积变化，总体上表现为谷类作物和阔叶作物的扩张，落叶阔叶林、草地、落叶针叶林和灌木丛的缩小，常绿针叶林面积有所增加。谷类作物面积由 2001 年的 61.72%增加至 2008 年的 66.99%，而落叶阔叶林的面积由 2001 年的 25.80%减至 2008 年的 23.94%。

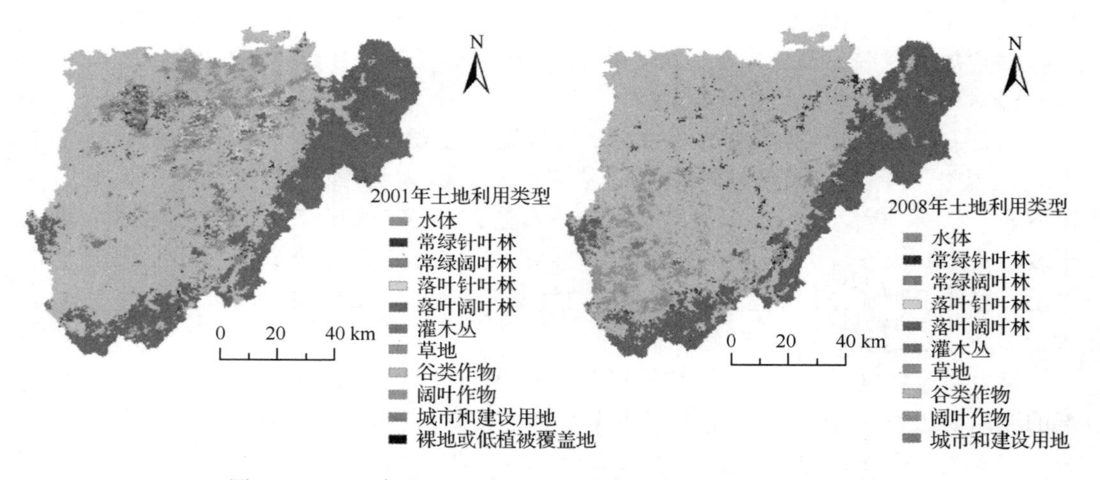

图 7-15　2001 年和 2008 年三江平原典型农区土地利用类型图

表 7-6 为各类土地的转变方向，主要是落叶阔叶林、落叶针叶林、灌木丛、草地转变为谷类作物以及谷类作物与阔叶作物的相互转变，体现了农田的扩张和种植结构的调整。这一时期，谷类作物增加 519.80km^2，新增面积主要来源于落叶阔叶林、落叶针叶林、灌木丛和草地。2001 年阔叶作物面积为 611.56km^2，到 2008 年为止，其中 579.76km^2 转化为谷类作物，而 2001 年的谷类作物种植区有 622.89km^{2}改为种植阔叶作物，阔叶作物种植区向西南方向移动。2001～2008 年间，谷类作物和阔叶作物新增面积 567.62km^2，占研究区域总面积的 5.77%，耕地面积进一步增加。

表 7-6　三江平原典型农区 2001～2008 年各类土地的转变面积矩阵（单位：km^2）

2001 年	2008 年									
	0	1	2	3	4	5	6	7	8	9
0	0	3.51	0	0	0.16	0	0.50	0.61	0	0
1	0.25	3.10	0	0.32	4.35	1.24	0.59	46.11	1.95	0.02
2	0	0.27	0	0	0.33	0	0	2.99	0	0
3	1.45	8.29	0.31	2.39	9.86	1.56	1.61	138.21	0.60	0
4	1.29	17.07	1.35	6.42	2208.96	1.75	4.38	288.55	12.88	0.16
5	1.32	6.18	0	1.76	7.38	0.83	1.31	137.51	1.39	0
6	2.55	12.36	0.01	3.79	14.21	2.92	2.08	135.39	1.98	0.08
7	1.96	52.06	0.33	4.70	114.26	3.70	9.97	5271.97	622.89	1.70
8	0.16	7.74	0.01	0.65	0.47	1.71	3.68	579.76	17.37	0.01
9	0	0	0	0	0.04	0	0	1.67	0.32	26.97
11	0.78	1.98	0	0	0	0	0	0.56	0	0

7.2.3　农业开发对农区气候的影响

1. 2001 年和 2008 年的气候时空分布

从 2001 年和 2008 年的 12 幅气温分布图(图 7-16)上可以看出，气温分布呈现出一定的地带性，气温最高值一般出现在研究区域中部，然后向边界逐渐递减。递减层次最明显的地区分布在东部边界附近地区。由于研究区域的东北地区和西南地区有山地分布，平原向山地过渡，同时植被类型由农田向林地转变，气温逐渐降低。最低气温区域通常出现在东北和西南的区域边界上，正是海拔较高的山地地区。可见，气温分布受土地利用类型影响。

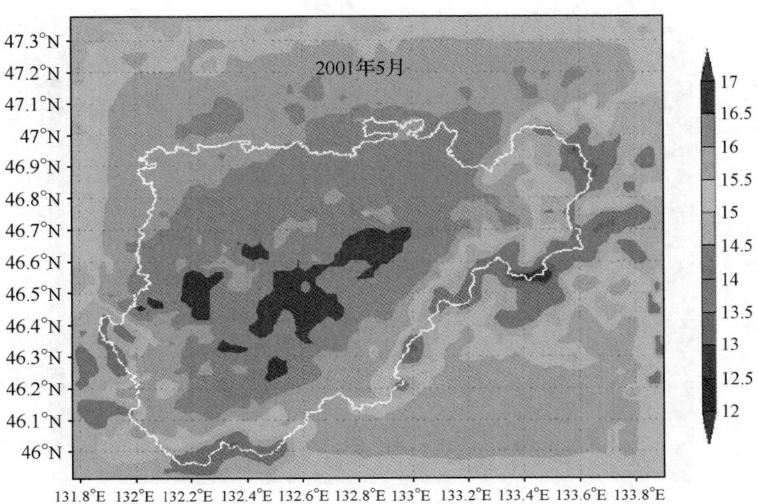

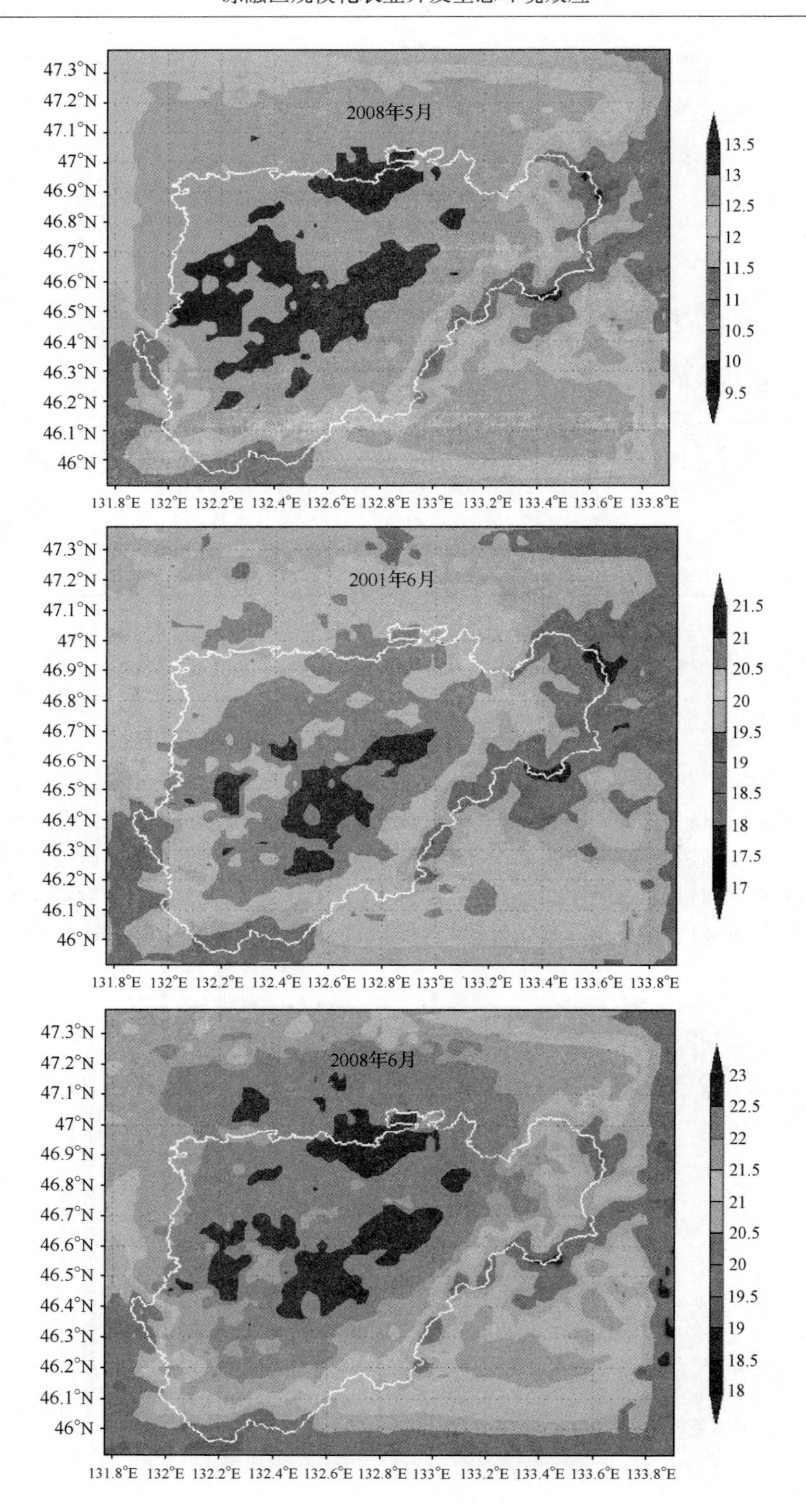
2008年5月
47.3°N
47.2°N
47.1°N
47°N
46.9°N
46.8°N
46.7°N
46.6°N
46.5°N
46.4°N
46.3°N
46.2°N
46.1°N
46°N
131.8°E 132°E 132.2°E 132.4°E 132.6°E 132.8°E 133°E 133.2°E 133.4°E 133.6°E 133.8°E
13.5
13
12.5
12
11.5
11
10.5
10
9.5
2001年6月
21.5
21
20.5
20
19.5
19
18.5
18
17.5
17
2008年6月
23
22.5
22
21.5
21
20.5
20
19.5
19
18.5
18

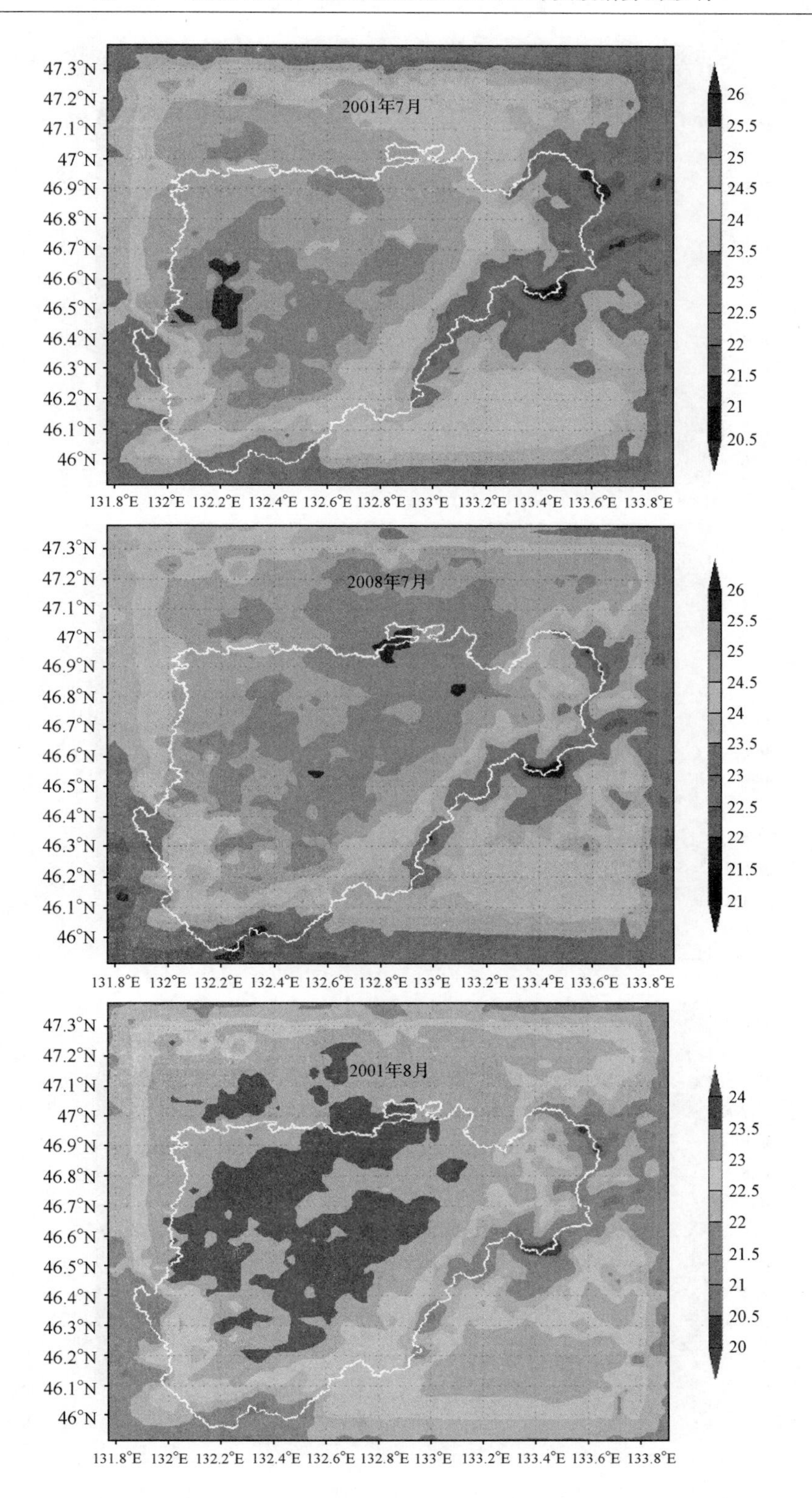
2001年7月
2008年7月
2001年8月
47.3°N
47.2°N
47.1°N
47°N
46.9°N
46.8°N
46.7°N
46.6°N
46.5°N
46.4°N
46.3°N
46.2°N
46.1°N
46°N
131.8°E 132°E 132.2°E 132.4°E 132.6°E 132.8°E 133°E 133.2°E 133.4°E 133.6°E 133.8°E
26
25.5
25
24.5
24
23.5
23
22.5
22
21.5
21
20.5
20

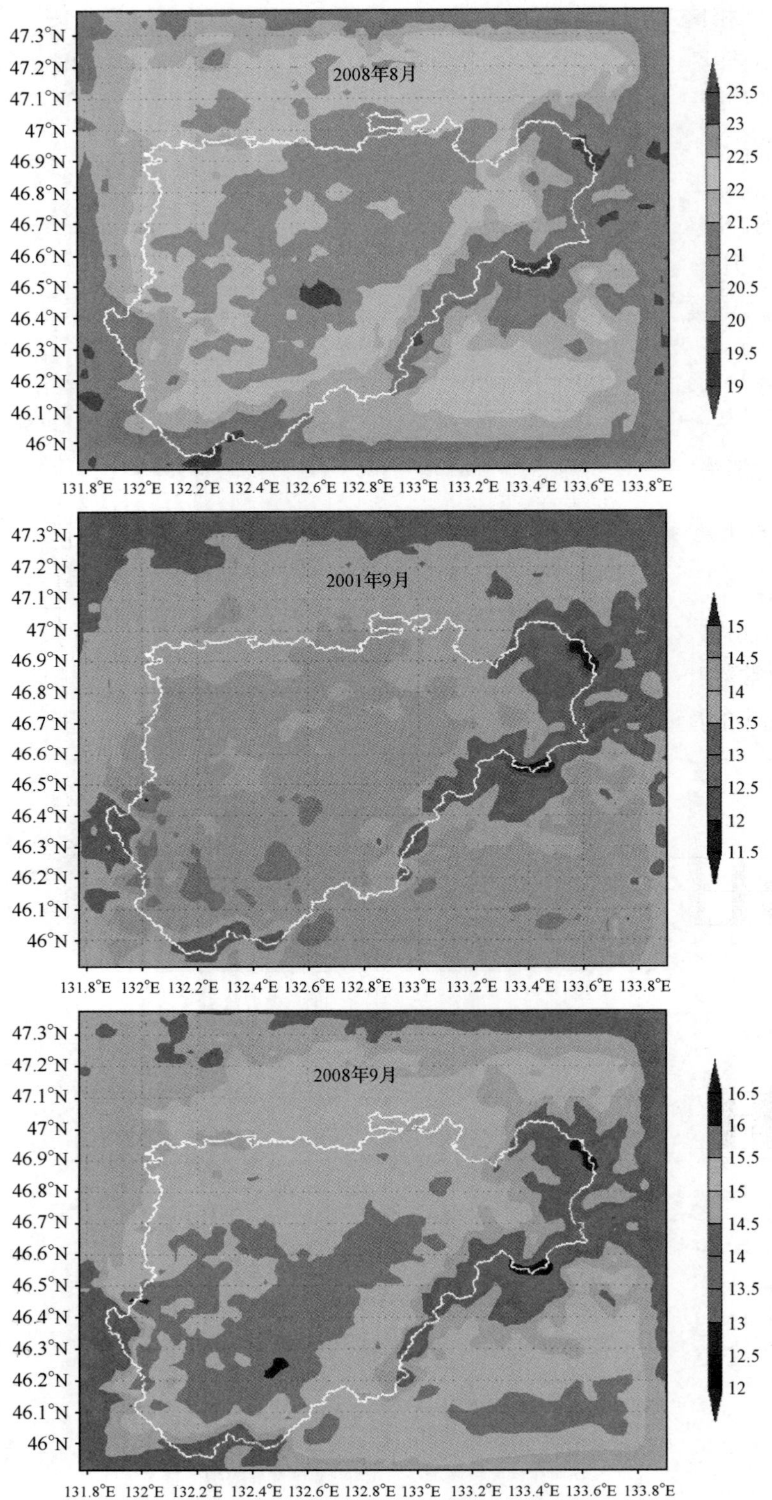

图 7-16　2001 年和 2008 年生长季月平均气温空间分布(单位:℃)

与2001年相比，2008年4月和6月气温有升高，而5月的气温显著下降。4月气温分布呈现相似性，2001年和2008年的南部地区气温普遍高于其他地区，而最高气温区域以斑块的形式出现在这一地区。5月和6月，两年的气温分布均出现差异。2001年南部气温高于北部，这是因为北部有大片的林地和草地，而南部主要是农田；2008年由于农田的扩张，北部部分土地改为农田，气温差异减小。7月气温相差不大，主要集中在21～26℃的范围内。2001年7月北部有一带状地区气温略低于周围区域，这一区域是林地和草地分布带，7月植被覆盖度较高，对降低气温起到一定作用。2001年8月气温主要分布在20.5～24.5℃，而2008年8月气温主要集中在21～23.5℃，2008年同一区域的气温均低于2001年。两年的8月气温分布图呈现一些形状相似的斑块，这可能与地形分布有关。2001年9月大部分地区气温为12.5～15℃，2008年9月大部分地区气温为13.5～16℃，同一地区2008年9月气温略高。同时，2008年的气温分布更加均匀，这与农田的扩张和林地的消失有关。

2. 气温与土地利用类型之间的关系

2008年与2001年相比，6月和9月各土地利用类型平均气温均有所升高，5月和8月各土地利用类型的气温均有所下降，7月各土地利用类型气温变化不大。10种土地利用类型中，通常落叶阔叶林气温最低(图7-17)。针对各种土地利用类型，分别计算2001年和2008年6个月逐日气温的平均值。2001年各种土地利用类型的平均气温由低到高

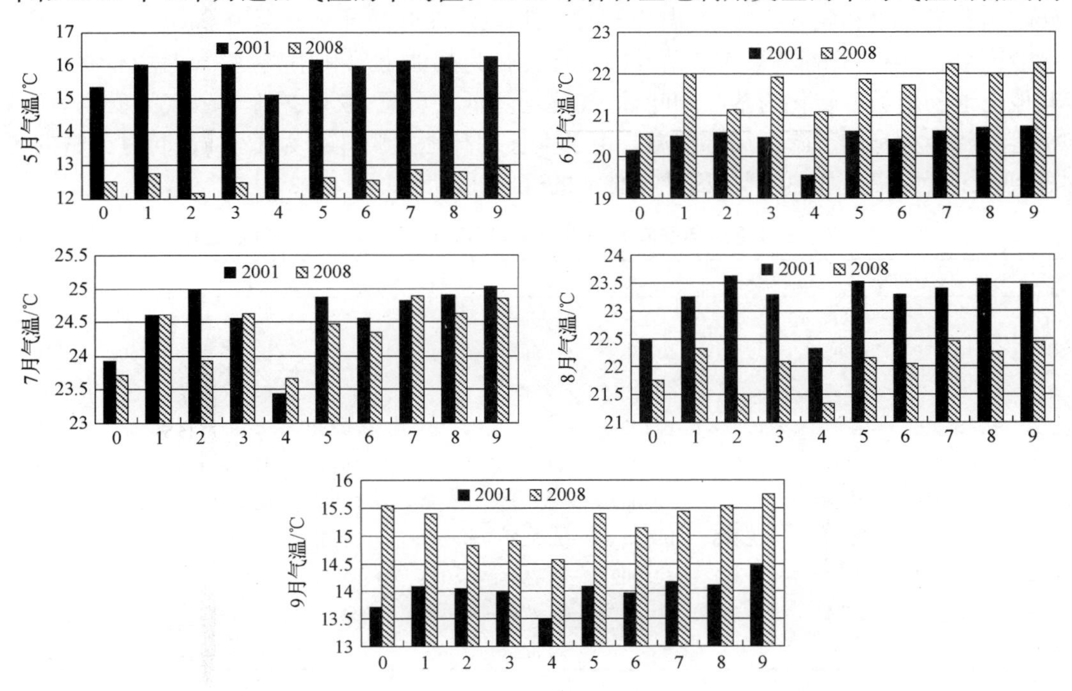

图7-17　2001年和2008年各土地利用类型的平均气温

横坐标数字代表土地利用类型，分为水体(0)、常绿针叶林(1)、常绿阔叶林(2)、落叶针叶林(3)、落叶阔叶林(4)、灌木丛(5)、草地(6)、谷类作物(7)、阔叶作物(8)、城市和建设用地(9)、裸地或低植被覆盖地(11)

依次为落叶阔叶林<水体<草地<落叶针叶林<常绿针叶林<灌木丛<谷类作物<常绿阔叶林<阔叶作物<城市和建设用地。2008年各种土地利用类型的平均气温由低到高依次为落叶阔叶林<常绿阔叶林<落叶针叶林<草地<灌木丛<常绿针叶林<谷类作物<水体<阔叶作物<城市和建设用地。落叶阔叶林的平均气温最低，而城市和建设用地的气温最高，其次是阔叶作物较低。

阔叶作物种植地区的平均气温高于谷类作物种植地区，这是由于谷类作物中水稻各个生长期的需水量较大，从5月泡田开始，插秧到返青期、分蘖期、拔节孕穗期、抽穗灌浆期以及乳熟黄熟期均需要维持一定深度的水层。灌溉使地表净辐射在潜热通量和感热通量之间的分配发生了较大的改变，潜热通量增加，感热通量减少，对地表起冷却作用；同时由于土壤湿度增加，蒸散作用增强，大气中水汽含量增加，潜热不稳定能量增加，导致对流性降水增加，均起到降低气温的作用(毛慧琴等，2011)。

为了证明2001年和2008年的气温差异是否显著，对5～9月的各土地利用类型的月平均气温进行了五组配对样本的t检验。结果表明，各月的t检验全部表现为差异显著(取$\alpha=0.05$)，即2001年和2008年5～9月的月平均气温差异显著。

3. 气温与土地利用变化的关系

2001年和2008年研究区域气温空间格局的差异与地表植被分布有直接关系。2001～2008年土地利用变化影响了各地区的平均气温分布(表7-7)。各种土地利用类型转变为谷类作物和阔叶作物，气温均有所上升，其中落叶阔叶林转变为谷类作物和阔叶作物的区域，气温上升幅度最大。落叶阔叶林转化为其他土地利用类型，气温均有所上升。其他土地利用类型转化为落叶阔叶林，气温均降低。可见，农田扩张导致气温升高，而种植落叶阔叶林有助于降低局部气温。由于生长期林地蒸腾作用大于农田，同时茂密的树冠阻碍了太阳辐射加热空气，因此在林地的气温比农田低。

表7-7 三江平原典型农区各类土地利用变化所对应的平均气温变化 (单位:℃)

类型	0	1	2	3	4	5	6	7	8	9
0		0.909			0.023		0.661	1.070		
1	−0.347	0.295		0.065	−0.592	0.193	0.046	0.455	0.360	0.566
2		0.157			−0.729			0.318		
3	−0.310	0.331	−0.307	0.102	−0.555	0.230	0.083	0.492	0.397	
4	0.526	1.167	0.529	0.938	0.281	1.066	0.919	1.328	1.232	1.439
5	−0.480	0.162		−0.067	−0.724	0.060	−0.087	0.323	0.227	
6	−0.278	0.363	−0.275	0.134	−0.523	0.262	0.115	0.524	0.428	0.635
7	−0.481	0.160	−0.477	−0.069	−0.726	0.059	−0.088	0.321	0.226	0.432
8	−0.529	0.112	−0.526	−0.117	−0.774	0.011	−0.136	0.273	0.178	0.384
9					−0.921			0.126	0.030	0.237

谷类作物和阔叶作物的新增种植区，气温变化也有所不同，不同土地利用类型来源的区域的气温变化幅度也存在差异(表7-8和表7-9)。6～9月，落叶阔叶林改种谷类作物气温增幅最大；与2001年相比，2008年5月各土地利用类型气温均下降，其中落叶阔

叶林改种谷类作物气温下降幅度最小。城市和建设用地改种谷类作物,6月和9月气温增加幅度最小,5月、7月和8月则气温下降幅度最大。各土地利用类型中,落叶阔叶林改种阔叶作物,6月、7月和9月气温增幅最大,在气温普遍降低的5月和8月气温下降幅度最小;城市和建设用地改种阔叶作物,6月和9月气温增幅最小,5月、7月气温减小幅度最大,8月气温减小幅度仅小于灌木丛。说明在9种主要的土地利用类型中,落叶阔叶林调节小气候的能力最强,气温比其他土地利用类型低,因此转化为谷类作物后温度增幅最大,在气温普遍下降的月份,气温下降幅度最小。而城市与建设用地植被覆盖最低,因此对气候的调节能力最差。

表 7-8　2001～2008 年三江平原典型农区各土地利用类型改种谷类作物的气温变化(单位:℃)

类型	土地利用类型	5月	6月	7月	8月	9月
1	常绿针叶林	−3.133	1.744	0.281	−0.804	1.347
2	常绿阔叶林	−3.259	1.653	−0.115	−1.167	1.381
3	落叶针叶林	−3.146	1.772	0.321	−0.852	1.447
4	落叶阔叶林	−2.231	2.673	1.443	0.131	1.927
5	灌木丛	−3.281	1.632	0.020	−1.064	1.343
6	草地	−3.097	1.822	0.327	−0.838	1.483
8	阔叶作物	−3.331	1.532	−0.023	−1.115	1.322
9	城市和建设用地	−3.378	1.524	−0.151	−1.003	0.976

表 7-9　2001～2008 年三江平原典型农区各土地利用类型改种阔叶作物的气温变化(单位:℃)

类型	土地利用类型	5月	6月	7月	8月	9月
1	常绿针叶林	−3.199	1.529	0.021	−0.990	1.454
3	落叶针叶林	−3.212	1.557	0.061	−1.038	1.554
4	落叶阔叶林	−2.297	2.458	1.183	−0.055	2.034
5	灌木丛	−3.347	1.417	−0.240	−1.250	1.450
6	草地	−3.163	1.607	0.067	−1.024	1.590
7	谷类作物	−3.313	1.414	−0.198	−1.126	1.366
9	城市和建设用地	−3.444	1.309	−0.411	−1.189	1.083

7.2.4　植被 NDVI 对区域气候的响应

1. 2001～2008 年生长季气象因子和 NDVI 的时空分布差异

2008年和2001年相比,区域内气温升高,南部湿度增加,北部湿度降低,除分布于北部的部分斑块降水减少,其余地区均降水增加。2001～2008年气温差异呈带状分布,从西南向东北逐渐增大。2001～2008年湿度差异也呈带状分布,由北向南逐渐变化。2001～2008年降水差异呈斑块状分布,各斑块降水差异从中心向周围降低。湿度和降水的减少主要是由于北部林地被开垦为农田(图7-18)。

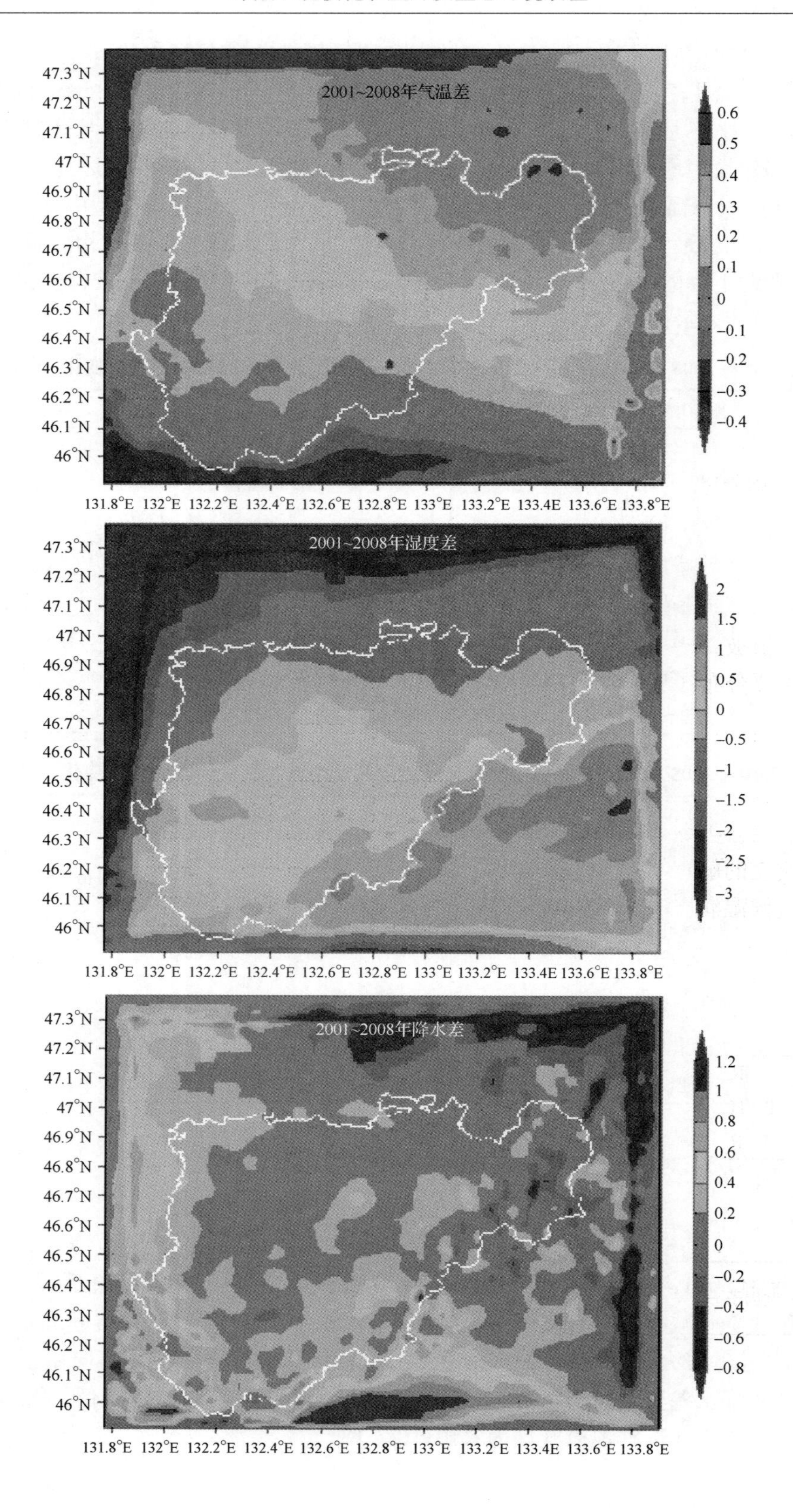
2001~2008年气温差
47.3°N
47.2°N
47.1°N
47°N
46.9°N
46.8°N
46.7°N
46.6°N
46.5°N
46.4°N
46.3°N
46.2°N
46.1°N
46°N
131.8°E 132°E 132.2°E 132.4°E 132.6°E 132.8°E 133°E 133.2°E 133.4E 133.6°E 133.8°E
0.6
0.5
0.4
0.3
0.2
0.1
0
−0.1
−0.2
−0.3
−0.4
2001~2008年湿度差
2
1.5
1
0.5
0
−0.5
−1
−1.5
−2
−2.5
−3
2001~2008年降水差
1.2
1
0.8
0.6
0.4
0.2
0
−0.2
−0.4
−0.6
−0.8

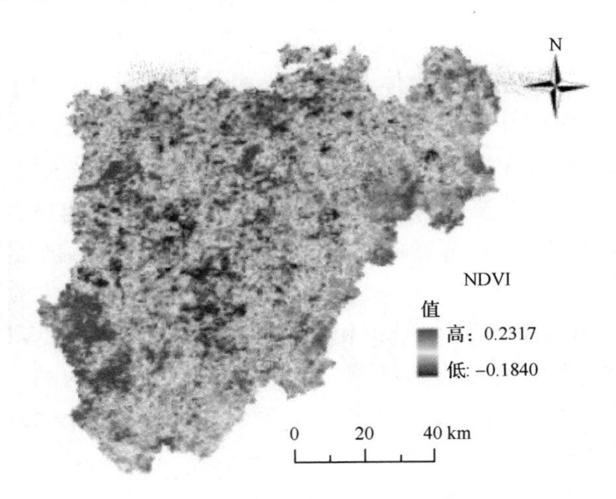

图 7-18 2001 年和 2008 年三江平原典型农区生长季气温(℃)、湿度(%)、降水(mm)和 NDVI 的空间差异

根据植物生长和 NDVI 变化规律，NDVI 的平均值反映了地表植被的生长状况。与 2001 年相比，2008 年生长季植被 NDVI 平均值除东部边缘地区和南部一些地区增加外，大部分地区植被 NDVI 下降。生长季内植被 NDVI 升高区域主要是林地，而植被 NDVI 降低区域主要分布在农田。针对植被类型的 NDVI 值与区域气候变化的关系需要进一步分析。

2. 不同植被类型 NDVI 与气象因子的偏相关分析

通过各植被类型 NDVI 与气象因子的偏相关分析(表 7-10)可知，根据植被 NDVI 对气候变化响应的敏感性程度对气象因子进行排序，依次为气温>湿度>降雨。研究区域生长季内气候湿润、降水充沛，导致热量分布成为影响植被 NDVI 的主要因素。

表 7-10 2001 年研究区各植被类型与气象因子的偏相关分析

变量因子	控制因子	植被类型									
		0	1	2	3	4	5	6	7	8	9
H	T R	0.517	0.820**	0.602	0.671*	0.404	0.527	0.383	0.875**	0.632	0.846**
R	T H	0.061	−0.480	−0.197	−0.510	−0.495	−0.372	−0.499	−0.418	−0.412	−0.065
T	H R	0.863**	0.935**	0.909**	0.939**	0.896**	0.910**	0.912**	0.929**	0.912**	0.889**

* 显著相关，0.05 水平；** 极显著相关，0.01 水平；H 表示湿度；R 表示降水；T 表示气温。

表 7-11 2008 年研究区各植被类型与气象因子的偏相关分析

变量因子	控制因子	植被类型									
		0	1	2	3	4	5	6	7	8	9
H	T R	0.763*	0.963**	0.719*	0.840**	0.695*	0.818**	0.877**	0.901**	0.896**	0.913**
R	T H	−0.183	−0.356	0.232	−0.577	−0.324	−0.370	−0.565	−0.517	−0.425	−0.319
T	H R	0.910**	0.994**	0.896**	0.962**	0.824**	0.950**	0.963**	0.969**	0.957**	0.963**

* 显著相关，0.05 水平；** 极显著相关，0.01 水平。

生长季所有植被类型 NDVI 均与气温呈极显著正相关关系($p<0.01$)。2001 年落叶针叶林对气温变化的响应最敏感,而水体与气温的相关程度最低;2008 年常绿针叶林对气温变化的响应最敏感,而落叶阔叶林对气温变化的响应程度最低。

生长季所有类型植被 NDVI 与湿度呈正相关关系。2001 年湿度对常绿针叶林、谷类作物、城市和建设用地有极显著影响($p<0.01$),对落叶针叶林影响显著($p<0.05$);2008 年湿度对水体和落叶阔叶林有显著影响($p<0.05$),对其余各植被类型的影响极显著($p<0.01$)。

2001 年生长季内除了水体与降水呈正相关外,其余植被类型 NDVI 与降水呈负相关关系,其中落叶针叶林对降水的响应最敏感,而城市和建设用地的响应程度最低。2008 年生长季内,除了常绿阔叶林与降水表现正相关关系外,落叶针叶林对降水的响应最敏感,而水体的响应程度最低。

3. 不同植被类型 NDVI 与气象因子的多元回归分析

为了进一步研究植被和气候变化之间的关系,分别对 2001 年和 2008 年生长季内所有植被类型 NDVI 与气象因子(气温、湿度和降水)进行了多元线性回归分析。由表 7-12 和表 7-13 可知,植被 NDVI 和气温、湿度、降水有着很好的相关性($R>0.85$),其中常绿针叶林和谷类作物与气象因子的相关系数较大,落叶阔叶林较小。

表 7-12　2001 年研究区各植被类型与气象因子的多元线性回归分析

类型	0	1	2	3	4	5	6	7	8	9
回归系数 R	0.923	0.968	0.944	0.961	0.922	0.940	0.932	0.972	0.945	0.967
决定系数 R^2	0.851	0.938	0.891	0.923	0.851	0.884	0.869	0.945	0.893	0.934
调整后的决定系数 R^2	0.788	0.911	0.844	0.890	0.787	0.834	0.813	0.922	0.848	0.906
F 检验	13.375	35.289	19.020	28.014	13.306	17.696	15.487	40.221	19.564	33.226
p 值	0.003	0.000	0.001	0.000	0.003	0.001	0.002	0.000	0.001	0.000

表 7-13　2008 年研究区各植被类型与气象因子的多元回归分析

类型	0	1	2	3	4	5	6	7	8	9
回归系数 R	0.940	0.995	0.912	0.968	0.874	0.961	0.972	0.977	0.972	0.977
决定系数 R^2	0.883	0.990	0.833	0.937	0.764	0.923	0.946	0.954	0.944	0.954
调整后的决定系数 R^2	0.833	0.986	0.761	0.910	0.662	0.889	0.922	0.934	0.921	0.934
F 检验	17.679	237.386	11.606	34.892	7.534	27.821	40.597	48.064	39.657	48.421
p 值	0.001	0.000	0.004	0.000	0.014	0.000	0.000	0.000	0.000	0.000

回归模型拟合程度的高低由判定系数来判断,判定系数越大则模型的拟合程度越高,反之则越低。2001 年多元回归模型的决定系数均在 0.85 以上,2008 年的决定系数均在 0.75 以上。为了消除自变量个数对拟合优度的影响,对判定系数进行调整,2001 年调整后的决定系数均在 0.75 以上,2008 年也均在 0.65 以上。说明所有植被类型 NDVI 和气象因子之间的多元线性回归模型拟合程度较高,其中谷类作物与气象因子的拟合程度

最高。

各植被类型回归模型的方差分析显示，2001 年各植被类型的 F 值均大于 13，$p<0.01$，回归模型线性极其显著；2008 年各植被类型的 F 值均在 7 以上，其中落叶阔叶林 $p<0.05$，线性关系显著，其余植被类型 $p<0.01$，回归模型线性极其显著。结果表明多元线性回归模型模拟研究区域气温、湿度、降水对植被 NDVI 的影响，可信度较高。

4. 农业开发下气象因子对植被 NDVI 的影响变化

研究区域最主要的植被类型为谷类作物、阔叶作物和落叶阔叶林。2001～2008 年最明显的植被覆盖变化就是农田面积增加、林地面积减少以及农田旱地改为水田，一定程度上影响了植被 NDVI 对气候变化的响应。

气温对落叶阔叶林的影响下降，而对谷类作物和阔叶作物的影响增大，其中谷类作物的增幅较大。与 2001 年相比，除了极少一部分地区，2008 年研究区域植被 NDVI 对湿度变化的响应普遍增强，增幅为谷类作物＞阔叶作物＞落叶阔叶林。降水影响减弱的区域主要为落叶阔叶林，谷类作物和阔叶作物对降水变化的响应增强，其中谷类作物的增幅更大。综合气温、湿度和降水的影响，落叶阔叶林对气候变化的响应减弱，而谷类作物和阔叶作物的响应增强，其中阔叶作物的变化程度更大(图 7-19)。

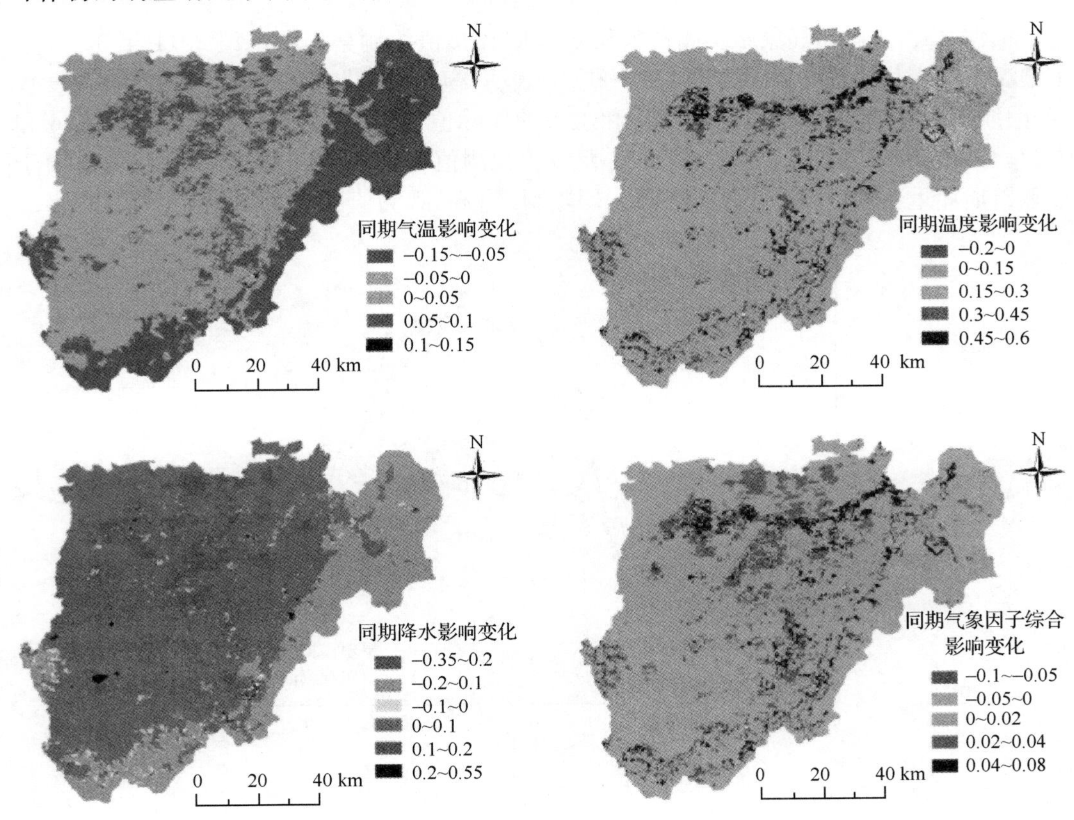

图 7-19　2001～2008 年气象因子影响程度变化

农业开发过程中，其余植被覆盖地区改为种植谷类作物，该区域植被 NDVI 对气温、湿度和降水变化的响应增强。其余植被覆盖地区改为种植阔叶作物，该区域植被 NDVI 对气温和湿度变化的响应增强。城市和建设用地、灌木丛用于种植阔叶作物，降水影响程度会增强。草地、常绿针叶林、落叶阔叶林和落叶针叶林改为种植阔叶作物，降水的影响程度均会减弱。不同的植被类型开垦为农田，导致气象因子对植被的影响产生不同程度的变化。2001～2008 年被开垦为谷类作物的区域，气温影响增强较大的植被类型为水体和落叶阔叶林，降水影响增强较大的植被类型为水体与城市和建设用地；被开垦为阔叶作物的区域，城市和建设用地与落叶阔叶林对气温变化的响应增强较大，城市和建设用地对降水变化的响应增强较大。2008 年谷类作物和阔叶作物的新增种植地区，2001 年为草地的区域对湿度变化的响应增强程度最大，其次是落叶阔叶林。综合考虑气温、湿度和降水的影响，其他植被类型转化为落叶阔叶林的区域，植被 NDVI 对气候变化的响应减弱，而转化为谷类作物和阔叶作物的响应增强，增幅最大的区域是由落叶阔叶林转化而来的。

7.3　三江平原土壤温湿度变化特征及气候响应

7.3.1　模型验证

根据 ZENO 自动气象站实测资料和 DNDC 模拟值绘制旱田和水田 2011 年 30cm 处土壤温度年变化曲线。图 7-20(a)和 7-20(b)表明，模型计算与田间观测结果拟合程度较好，曲线在变化趋势上十分接近，旱田和水田的实际值与模拟值相关系数分别为 0.96 和 0.97。水田 30cm 处土壤温度自第 300 天后的观测值与模拟值相差比较大，可能是由于传感器损坏重新埋设时土壤受到扰动，土壤温度升高，观测值比实际土壤温度高。

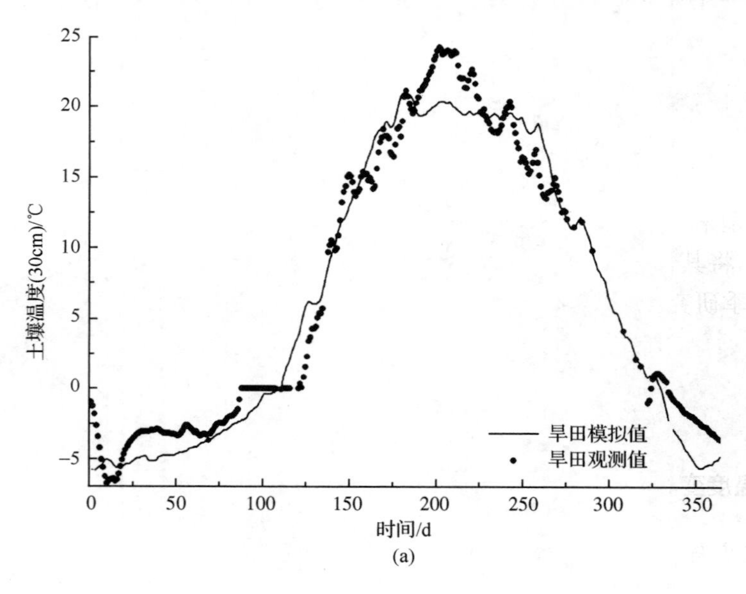

(a)

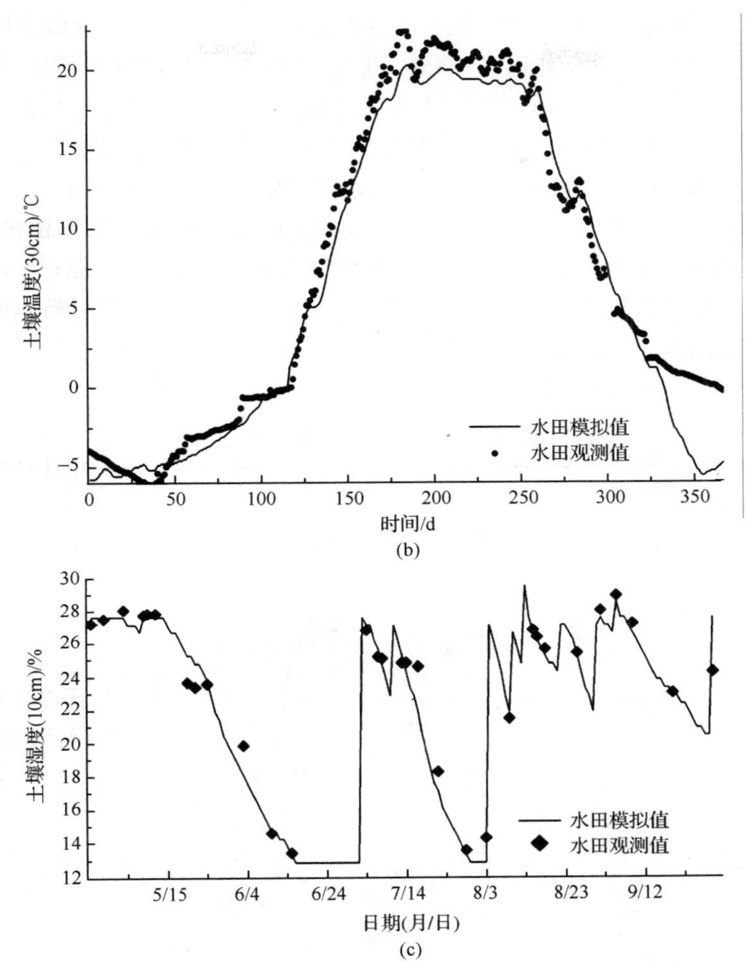

图 7-20 30cm 处土壤温度(a 旱田和 b 水田)和 10cm 处土壤湿度逐日变化(c 旱田)DNDC 模型计算值与田间观测值对比

DNDC 模型采用土壤含水孔隙率(water-filled pore space,WFPS)来表示土壤湿度,为了便于对比,将其转化为土壤体积含水量。WFPS=土壤体积含水量与总孔隙度的百分比。由于冬季研究区域被冰雪覆盖,加之 4 月、5 月份冻土融化,随后雨季到来,对土壤湿度影响较大,而水田逐日淹水深度数据难以获得,本节只对 2011 年植物生长期(5~9 月)旱田土壤湿度模拟值进行验证。通过计算,2011 年旱田 10cm 处土壤湿度模拟值与观测值的相关系数为 0.91,拟合程度较好[图 7-20(c)]。

7.3.2 土壤温度变化特征

1. 土壤温度与气温的变动联系

土壤温度是重要的土壤物理性质,土壤与大气进行着能量的交换形成了土壤温度周期性的变化,本节探讨在年际水平上土壤温度与气温的动态联系。年气温距平年代际变化(表 7-14)表明,该研究区域呈现明显的增温趋势,1964～1973 年和 1974～1983 年气温偏冷,但是期间气温已呈现上升趋势,1984～1993 年开始变暖,气候气温逐年增高,且上升幅度有增加的趋势(黄耀等,2002)。图 7-21 为研究区域 30cm 处土壤温度与气温的年际变化及其线性趋势拟合曲线。由土壤温度的年际变化曲线可知,1964～2011 年,旱田和水田土壤温度均表现为持续上升趋势,与王晓婷等(2009)的分析结果一致。比较土壤温度与气温的年际变化曲线可以发现,二者在大部分时段都是同向变化的,具有较好的一致性。土壤温度和气温为正相关关系,旱田土壤温度与气温的相关系数为 0.77,水田土壤温度与气温的相关系数为 0.73。在陆面与大气之间维持着正反馈过程,这种正反馈关系是由于地-气相互作用的各种热力过程(辐射通量传输、感热通量交换等)调整土壤温度和气温的变化,使二者保持一致。

表 7-14　年气温距平年代际变化

年份	1964～1973	1974～1983	1984～1993	1994～2003	2004～2011
气温变化	－0.70	－0.11	0.31	0.07	0.56

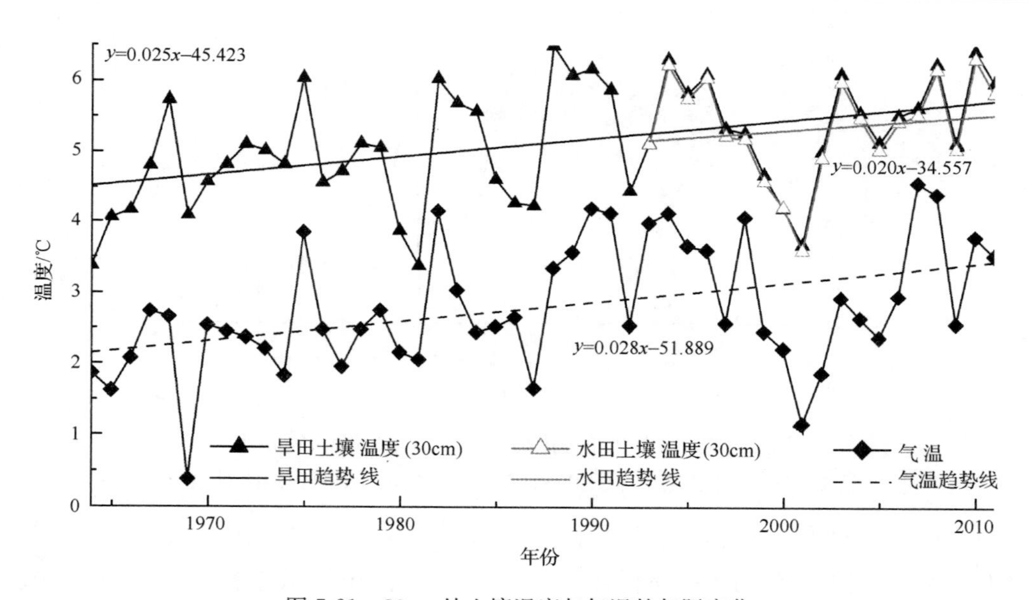

图 7-21　30cm 处土壤温度与气温的年际变化

2. 冻融期不同深度土壤温度变化规律

旱田和水田土壤温度变动趋势一致,因此,以下关于土壤温度的研究仅选择旱田。研究区域为季节性冻土分布区,本节选取季节性冻融期 2010 年 11 月 1 日～2011 年 3 月 31 日研究土壤冻融特性下浅层土壤温度的变化规律。冻融期间,0～50cm 深度内土壤温度变化如图 7-22。地表和地中 10cm 深度处土壤温度均在 12 月 14 日达到最低值,分别为－10.1℃和－8.5℃;地中 20cm、30cm 和 40cm 土壤温度分别在 12 月 18 日、19 日和 20 日达到最低值,为－6.8℃、－5.7℃和－4.9℃;地中 50cm 土壤温度在 1 月 18 日达到最低值－4.4℃。不同深度土壤温度随时间的变化趋势一致，随深度增加降低，最低温度随土壤深度增加升高，并且出现时间滞后，其原因是由于能量自下而上传递，不足以抵消上层土壤降温。冻融期 0～50cm 土壤温度最高与最低较差分别为 14℃、11.6℃、11.5℃、11.1℃、10.7℃和 10.4℃，逐渐变小。可以得出，地表温度变化幅度最大，随着土壤深度的增加，外界环境对土壤温度的影响减弱，土壤能量损失减少，温度变化幅度逐渐减小(郑秀清等，2009)。从图中还可以看出，各层土壤降温的过程较为缓慢，而升温过程迅速。这可能与降温时降雪使地表反照率增加和地表放射的长波辐射减少的负反馈过程，以及升温时积雪融化和地表反照率互相促进的正反馈过程有关(杨梅学等，2000)。

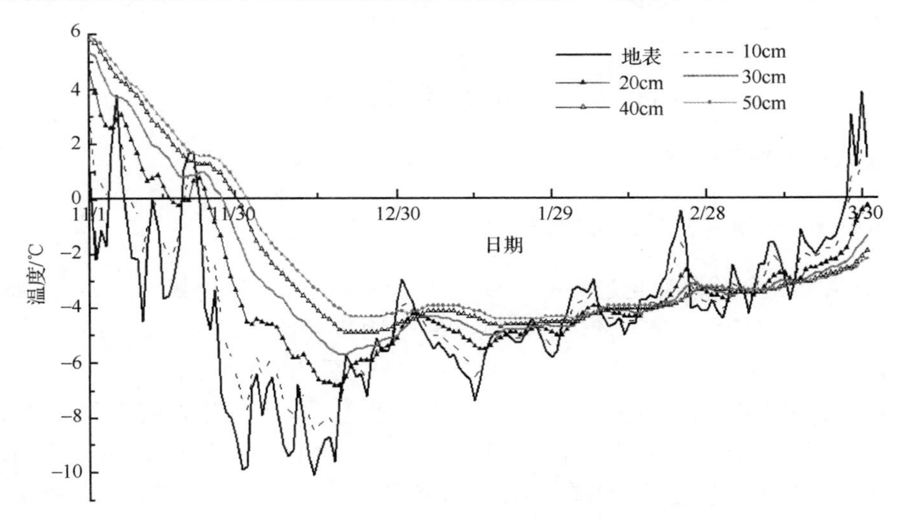

图 7-22　旱田冻融期不同深度土壤温度变化曲线

3. 土壤温度的月变化特征

根据模型模拟结果绘制 2010 年地表、10cm、20cm、30cm、40cm 和 50cm 处土壤温度的月变化曲线。由图 7-23 可以看出，各层土壤温度月变化成波形，曲线随土壤深度增加振幅减小，地表和 10cm 土壤温度最大值出现在 6 月，20～50cm 出现在 7 月；地表～20cm 土壤温度最小值出现在 12 月，30～50cm 则出现在 1 月。土壤温度变化与太阳辐射的变化相一致，并且随着土壤深度的增加，最值出现的时间越加滞后。2 月和 9 月形成了两个土壤温度过渡时期，各层土壤温度基本一致，在这一时间点上土壤温度不存在垂直方向上的能量传递，在升高重合区之前和降低重合区之后，随土壤深度的增加，土壤温度降低滞后现象越加明显(朱宝文等，2010)。对月平均气温与土壤温度直接的变化关系进行回归分析，二者之间的关系较好的符合一元二次多项式。0～50cm 土壤深度，月平均气温与土壤温度的相关系数分别为 0.893、0.887、0.873、0.859、0.847 和 0.841。随土壤深度增加，二者相关性减弱。

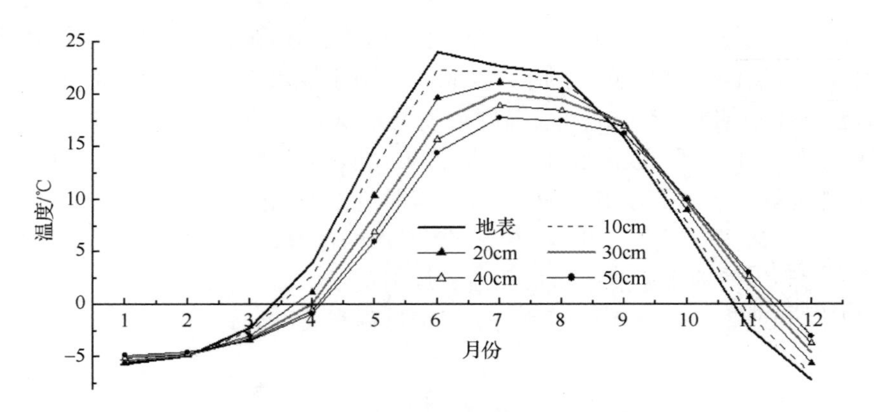

图 7-23　不同深度土壤温度月变化曲线

7.3.3　土壤湿度变化特征

1. 旱田土壤湿度与降水、气温的变动联系

该区域降水量年代际变化趋势不明显，整体上有减少的趋势，其中 1974～1983 年和 2004～2011 年降水偏少，1964～1973 年和 1984～1993 年降水较多(表 7-15)。根据旱田土壤湿度的年际变化和二阶时间趋势方程拟合曲线(图 7-24)可以得出，1964～2011 年，旱田土壤湿度的变化趋势为先升后降，不存在周期性变化，1990 年以前为上升趋势，以后有下降趋势。20 世纪 90 年代开始，旱田土壤湿度明显下降，21 世纪以来，偏干的现象开始增多，出现干化的发展趋势，与降水的减少和气温升高引起的地表蒸发增加有关。土壤湿度和降水或气温的相互作用是陆气反馈系统中的一个重要成分(苏明峰等，2007)。土壤湿度和降水之间具有很强的联系，降水的增多有利于土壤湿度的增加，而土壤湿度的增加使得地表蒸散增加，从而为后期降水的增加提供了水气，使降水进一步增加(马柱国等，2000)。旱田土壤湿度和降水的变化基本上是同向的，经计算相关系数为 0.64。土壤湿度的变化可以改变土壤内部的热容量、土壤表面的反照率和影响地表蒸散大小，从而影响土壤表层能量收支，进而对大气温度产生影响。通过计算，土壤湿度与气温相关系数为负值，但是相关系数仅为－0.15，表明二者之间可能存在弱的负反馈。

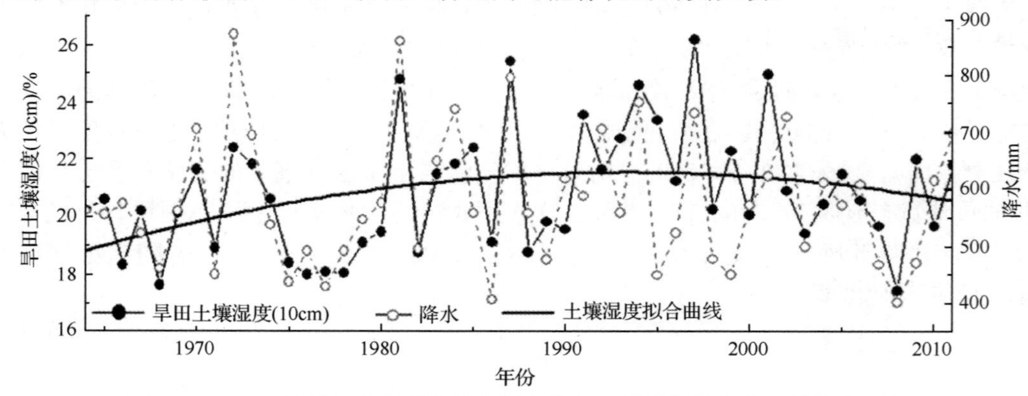

图 7-24　10cm 处旱田土壤湿度的年际变化与二阶时间趋势方程的拟合曲线

表 7-15 年降水量距平年代际变化

年份	1964～1973	1974～1983	1984～1993	1994～2003	2004～2011
年降水量变化	18.20	−26.41	22.83	3.05	−22.09

2. 旱田土壤湿度垂直分布特征

图 7-25 为 6～9 月 0～50cm 五层旱田土壤湿度垂直分布图，分析垂直分布的特征，0～10cm旱田土壤湿度较小，但垂直梯度变化大，10cm 以下，较浅层土壤湿度大，垂直梯度变化小，分布较均匀。6～7 月由于蒸发大，旱田土壤湿度减小，7 月份随着雨季到来，旱田土壤湿度有所增大，土壤含水量的最大值不在表层，而是出现在 30cm 左右。研究区域旱田土壤湿度通常呈现出上干下湿的特征，这是天气系统和农业措施共同作用的结果，上层土壤结构及其毛细管被翻耕严重破坏，经一段时间蒸发又不能得到中下层土壤水分的及时补充，除降水和灌溉外，土壤湿度就会呈现出上干下湿的特征。

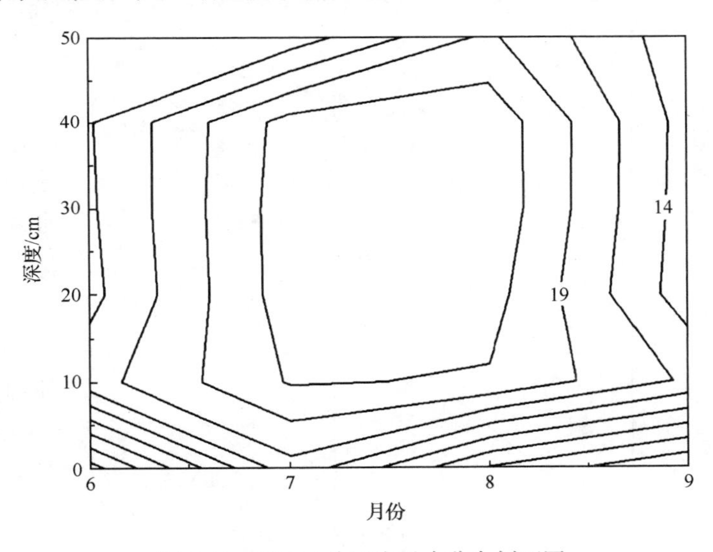

图 7-25 旱田土壤湿度垂直分布剖面图

7.3.4 土壤温度、湿度对土壤有机碳矿化的长期影响

1. 土壤温度对土壤有机碳矿化的影响

温度是控制土壤微生物活性和有机质分解速率，影响土壤有机碳矿化的重要因素，温度升高有利于增加土壤微生物的活性，提高有机碳的矿化速率(Trumbore et al.，1996)。对土壤有机碳年际变化量与各层土壤温度进行相关性分析如表 7-16，结果表明，大豆土壤有机碳年际变化量与不同深度土壤温度相关性差异较大，与 30cm 土壤温度相关度最高，与李琳等的研究结果一致。玉米土壤有机碳年际变化量与不同深度土壤温度相关性不明显，与 50cm 土壤温度较相关。未发现水田土壤有机碳年际变化量与不同深度土壤温度直接的相关性。

表 7-16 土壤有机碳年际变化量与不同深度土壤温度的相关系数

耕作模式	土壤深度/cm					
	1	10	20	30	40	50
旱田(大豆)(n=28)	0.297	0.328	0.331	0.623	0.307	0.300
旱田(玉米)(n=9)	0.346	0.382	0.431	0.430	0.447	0.458

2. 土壤湿度对土壤有机碳矿化的影响

水分是影响土壤有机碳矿化的一个重要因素。土壤湿度增加，土壤微生物增多，微生物活性增强，土壤呼吸速度增强(陈全胜等，2003)。如图 7-26 所示，从 1993～2010 年，玉米 10cm 土壤湿度介于 17.44%～21.85%之间，土壤有机碳年际变化与土壤湿度有较好的正相关性，R^2=0.746，p<0.002。相关性的原因可能是：土壤含水量高，处于湿润期，促进土壤呼吸，土壤有机碳矿化度增加。旱田大豆土壤湿度与土壤有机碳矿化的相关度不高。

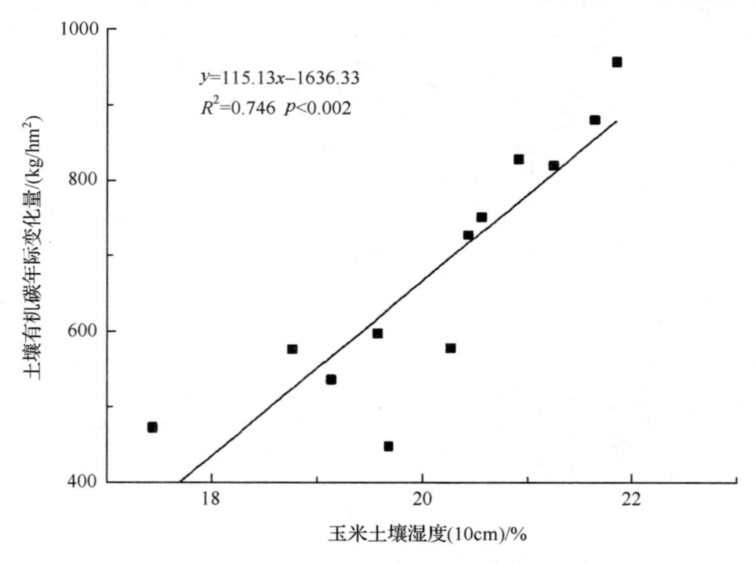

图 7-26 玉米土壤温度与有机碳年变化量的相关关系

7.4 三江平原 1964～2010 年 SOC 和 GWP 的长期动态

7.4.1 模型验证

在很多国家 DNDC 模型已经成功用于模拟不同农业系统温室气体的释放和排放量减少。例如，模拟田间大豆和冬小麦(Ludwig et al.，2011)，爱尔兰传统耕作和减耕，欧洲草地(Levy et al.，2007)温室气体的不同释放情况等。这些成功的案例为模型验证提供了良好的参考。一些研究团队已经在一系列农田生态系统田间实验验证和数据集模拟的基础上使用和扩展了 DNDC 模型，例如，张远等(2011)利用中国科学院三江平原沼泽

湿地生态试验站 CH_4 的实测值进行模型的验证，一致性较好，表明 DNDC 模型能够可靠的应用于三江平原稻田生长期内 CH_4 排放模拟(图 7-27)。

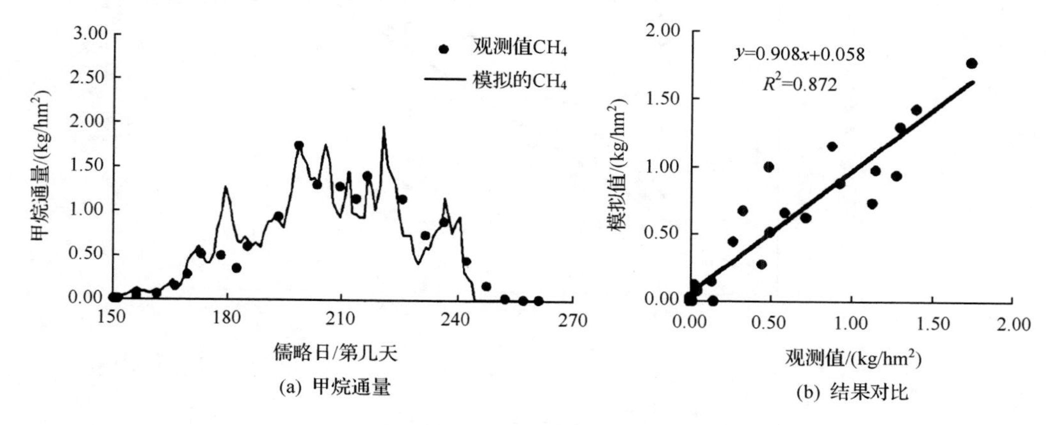

图 7-27　验证田块的甲烷排放通量观测与模拟结果对比

模型参数值基于日本、中国大陆和中国台湾地区的模型验证情况进行了重新定义(Desjardings et al.，2010)，DNDC 模型能够模拟农田土壤表层 0～20cm 的 SOC 含量、CO_2 含量、CH_4 通量和 N_2O 通量。可以获得研究区域旱田从 1974～2010 年长期土壤 SOC 的实测数据。设定模型参数值之后，模拟研究区域 1964～2010 年的 SOC 含量，并和历史实测值进行对比(表 7-17，图 7-28)。由于缺乏痕量气体的实测值，模型模拟结果与相似模型的模拟结果进行对比(Cai et al.，2003)，详细的验证情况如表 7-17。在前人研究成果和历史实测数据验证的基础上，模型较好地模拟了从 1964～2010 年间旱田和水田不同耕作模式和农田管理措施下 GHG 释放的年际动态。利用验证之后的 DNDC 模型能够评价不同耕作模式和农田管理措施对 SOC 和 GWP 的影响。

表 7-17　模拟结果的验证

指标	耕作模式	模拟结果		实测值	相对误差
		年份	值		
SOC 含量(0～20cm)/[kg C/(hm² · a)]	旱田	1974	25.60	25.63	−0.12
		1978	25.60	23.99	6.71
		1979	25.70	26.42	−2.73
		1982	23.40	24.08	−2.82
		1984	23.30	24.01	−2.96
		1989	23.40	22.56	3.72
		2010	20.20	20.79	−2.84
		平均值	变动范围	平均值	变动范围
CH_4 通量/[kg C/(hm² · a)]	旱田	−0.72	−0.84～−0.57	−0.62[a]	−0.43～−0.80[a]
	水田	37.93	16.04～82.43	71.12[b]	63.72～78.52[b]
N_2O 通量/[kg N/(hm² · a)]	旱田	4.41	0.24～20.78	3.12[b]	2.15～4.09[b]
	水田	0.09	0.01～0.59	0.87[a]	0.54～1.20[a]

a 数据引自 Hao(2005)；b 数据引自 Hernanz 和 Lopez(2002)。

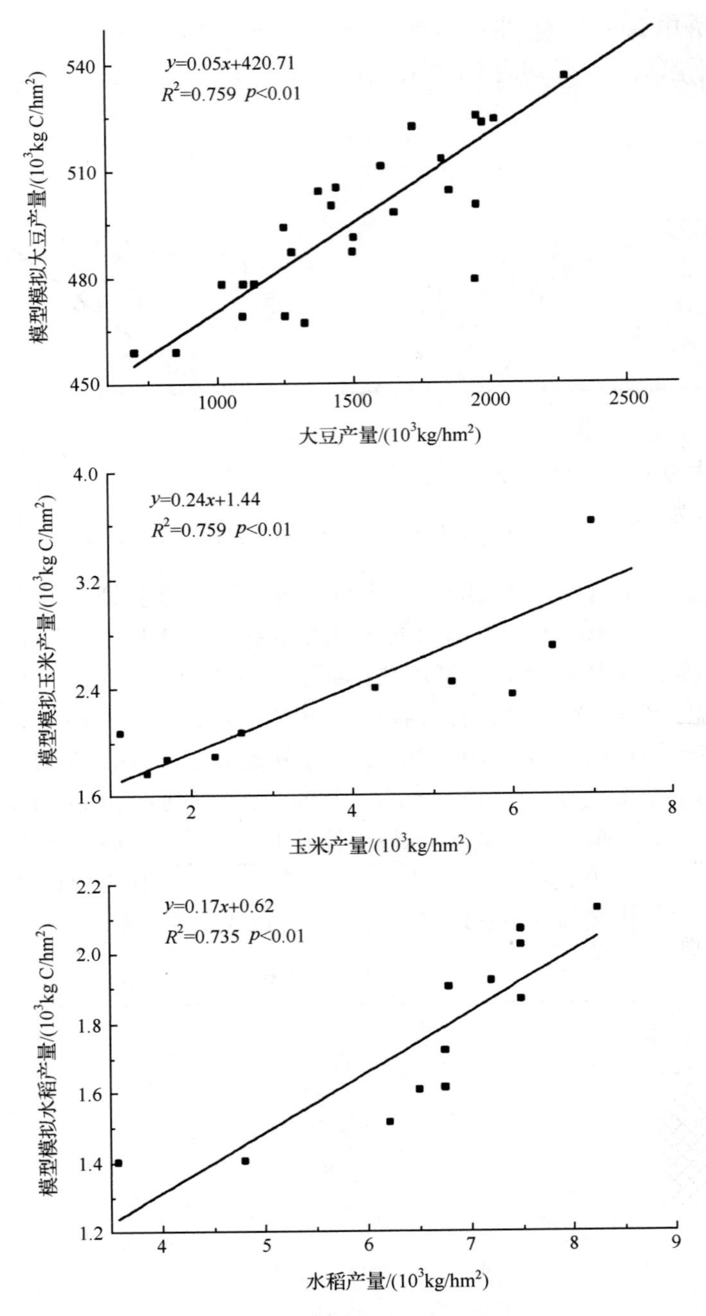

图 7-28　旱田和水田作物产量的模型模拟值与实测值的拟合度

DNDC模型模拟研究区域1964～2010年旱田(大豆和玉米)和水田(水稻)的作物产量,并与实测值相对比,如图7-28所示。作物产量实测值的单位为 kg/hm^2,而模型模拟作物产量的单位为 kgC/hm^2,并不影响趋势拟合结果的合理性。结果表明,大豆、玉米和水稻的模拟值与实测值拟合度较好,R^2 分别为0.759、0.759和0.735,p 值均小于0.01,

DNDC 模型能够用于不同耕作模式和农田管理措施下作物产量的预测。

7.4.2　农田耕作模式变化对 SOC 的影响

利用 DNDC 模型模拟从 1964～2010 年不同耕作模式下农田表层土壤(0～20cm)的 SOC 含量,如图 7-29 所示。从 1964～1979 年第一个时期旱田单一种植大豆,从第二个时期开始耕作模式变为大豆-玉米轮作。从第三个时期 1993 年开始,水田出现并且快速增加;第四个时期 2000 年开始,农田管理措施发生较大变化,施肥量显著增加。模型模拟值与历史实测值相比较,拟合程度较好,模拟结果较好地代表了农田土壤有机碳的水平。模拟结果表明在过去的 47 年中旱田 SOC 含量逐渐减少,并且在耕作模式发生变化的前三年变化比较明显,与 Jaiyeoba 等的研究成果一致(Jaiyeoba, 2003)。第一个时期,单一种植大豆 SOC 含量保持在较高水平,多于 24.3g C/kg,比 1964 年初始浓度只少了 1.3g C/kg。随着旱田大豆-玉米轮作模式的引入,SOC 含量逐渐减少,到 1992 年达到 23.1g C/kg。1992 之后,为了增加作物产量开始施用大量化肥,SOC 含量继续减少,到 2010 年,减

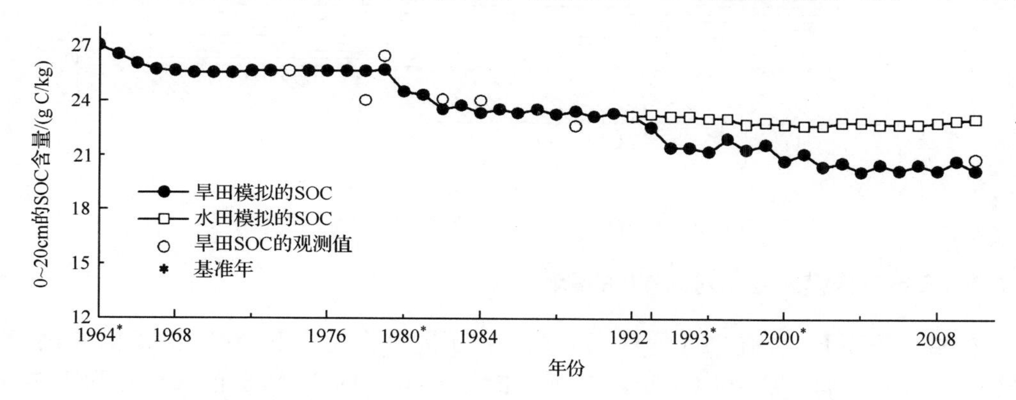

图 7-29　玉米-大豆轮作(旱田)和水田 SOC 含量的观测和模拟结果

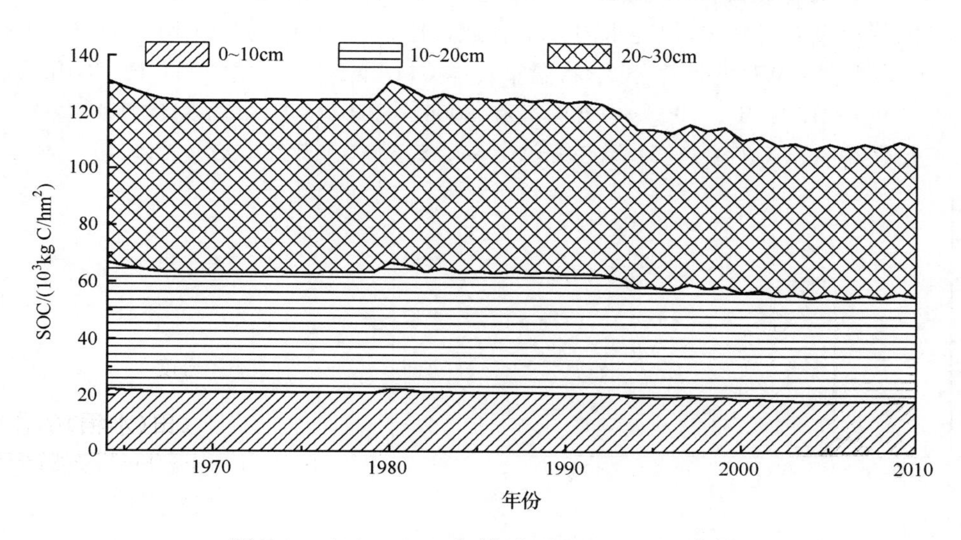

图 7-30　1964～2010 年旱田 SOC(0～30cm)含量

少到 20.8gC/kg。与旱田相比，水田 SOC 含量比较稳定，变化不明显，从 1993～2010 年水田 SOC 含量变化在 22.6～23.1gC/kg 之间。比较两种不同耕作模式下 SOC 的变化情况，可以发现水田 SOC 含量相对变化较小，甚至有缓慢上升的趋势，水田 SOC 的年均减少量是旱田的 1/4(图 7-29)。图 7-30 和图 7-31 为旱田和水田不同土壤层 0～10cm、10～20cm 和 20～30cm SOC 含量的累积情况，可以看出 20～30cm 的 SOC 的变化最大，0～10cm的 SOC 的变化最小，农田浅层土壤 SOC 的变化主要发生在 20～30cm。

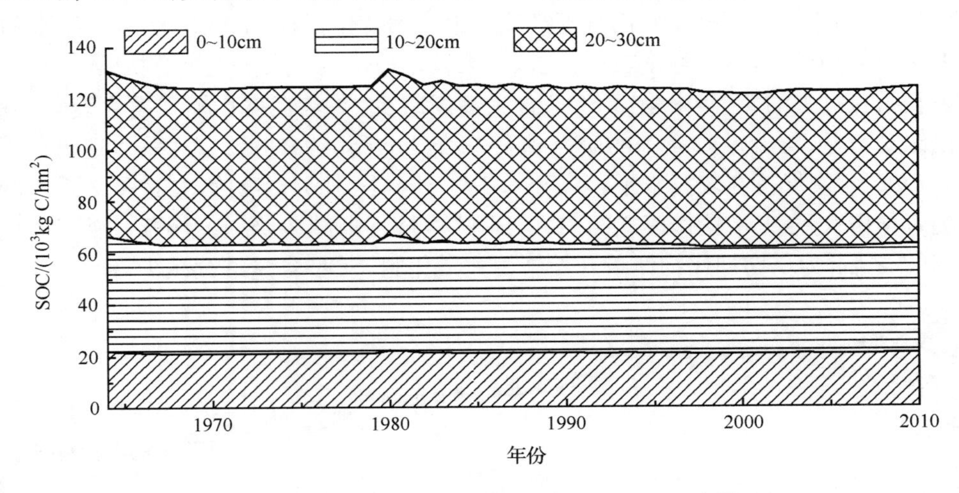

图 7-31　1964～2010 年水田 SOC(0～30cm)含量

7.4.3　农田耕作模式变化对 GWP 的影响

在相同条件下，利用 DNDC 模型模拟两种不同耕作模式下 GWP 的长期变化情况(图 7-32～图 7-34)。从 1964～2010 年四个时期 CO_2、CH_4 和 N_2O 的释放量如表 7-18。期间旱田 N_2O 的释放量先增加然后减少，范围为 0.24～8.1kgN/(hm^2 · a)。旱改水之后 N_2O 的释放量明显减少；但是水田 CH_4 释放量比较大，变化范围为 16.72～60.70kgC/(hm^2 · a)。根据 GWP 的计算公式，将温室气体 CH_4 和 N_2O 转化为 GWPs，旱田 1964～1979 年，1980～1992 年，1993～1999 年和 2000～2010 年四个时期的年均值分别为 2015.40kg CO_2-e/(hm^2 · a)、5154.34kg CO_2-e/(hm^2 · a)、7229.03kg CO_2-e/(hm^2 · a)、

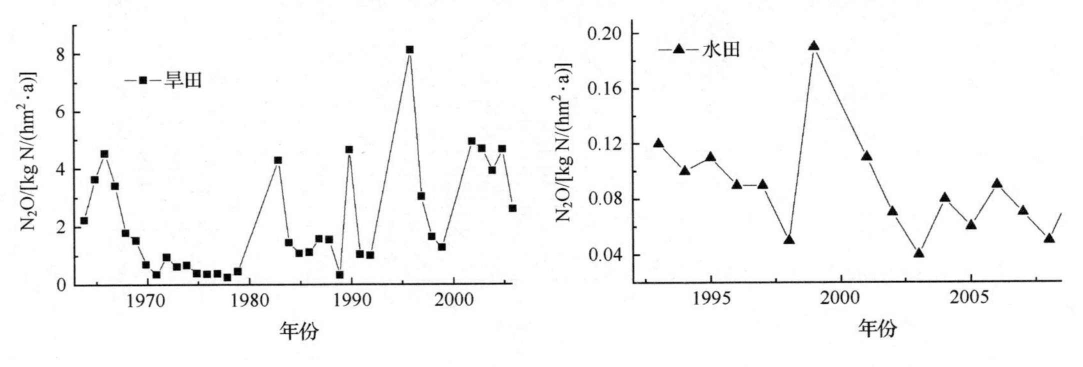

图 7-32　旱田(左)和水田(右)长期 N_2O 的年排放量

4732.35kg CO_2-e/(hm^2 · a)。经计算旱田 1964～2010 年总的年均 GWP [5876.83kgCO_2-e/(hm^2 · a)]是水田 1993～2010 年总的年均值[1636.99kgCO_2-e/(hm^2 · a)]的 3 倍多。旱改水后 GWP 的值降低，有利于减少温室效应。

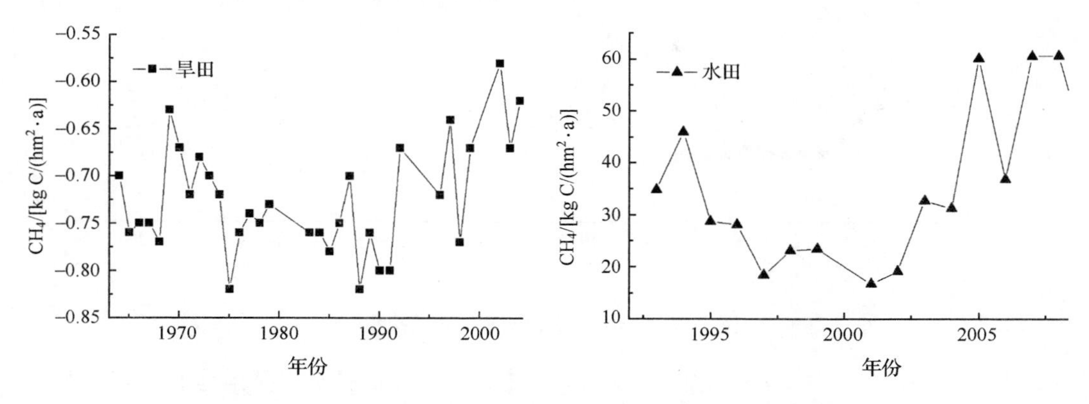

图 7-33　旱田(左)和水田(右)长期 CH_4 的年排放量

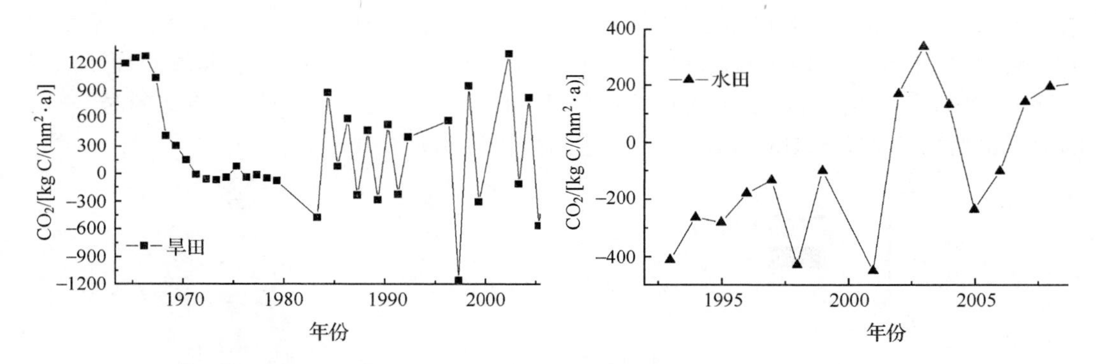

图 7-34　旱田(左)和水田(右)长期 CO_2 的年排放量

表 7-18　两种耕作模式下四个时期 GWP 的年均值

耕作模式	时期	N_2O /[kgN/(hm^2 · a)]	CH_4 /[kgC/(hm^2 · a)]	CO_2 /[kgC/(hm^2 · a)]	GWP [kgCO_2-e/(hm^2 · a)]
旱田	1964～1979 年	1.39	−0.73	371.13	2015.40
	1980～1992 年	5.06	−0.77	738.85	5154.34
	1993～1999 年	7.97	−0.72	528.55	7229.03
	2000～2010 年	5.78	−0.66	239.11	4732.35
水田	1993～1999 年	0.11	26.50	353.86	2091.55
	2000～2010 年	0.08	45.21	11.82	1347.72

旱田和水田时间尺度上 GWP 的模拟值(图 7-35)表明，GWP 结果在耕作模式发生变化时出现较大的波动。经过两年的波动之后，GWP 重新稳定下来。在第一个时期，旱田 GWP 释放量逐渐减少，第二个时期引进玉米之后逐渐增加。通过比较，三种作物中玉米的 GWP 值最高，大豆最低。分析得出，在相同时间尺度下，SOC 与 GWP 密切相关。

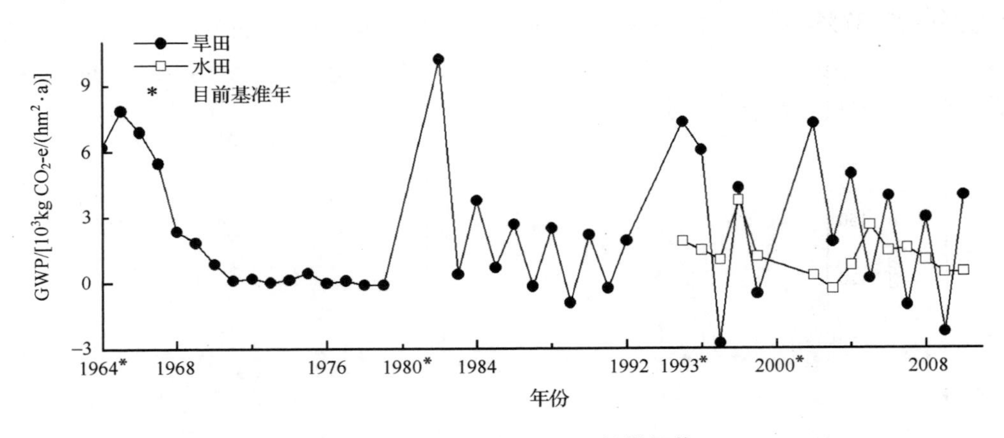

图 7-35 旱田和水田 GWP 的模拟值

从 1993～2008 年,三江平原的开发强度不断增加,大面积的沼泽湿地和天然林地被开垦为农田,农田面积的变化情况如图 7-36 所示。1993～2008 年农田面积持续增加,净增加了 459 752hm^2,1993 年和 2000 年经历两次大规模的土地开发,农田面积增加幅度较大。从 1993 年水田开始出现面积为 25 964hm^2,迅速增加到 2008 年水田的面积 267 875hm^2,增加了 9 倍多,占农田面积的比例从 14.37%增加到 41.83%。与此同时,旱田的面积也增加了 217 841hm^2,到 2008 年达到面积为 372 524hm^2。

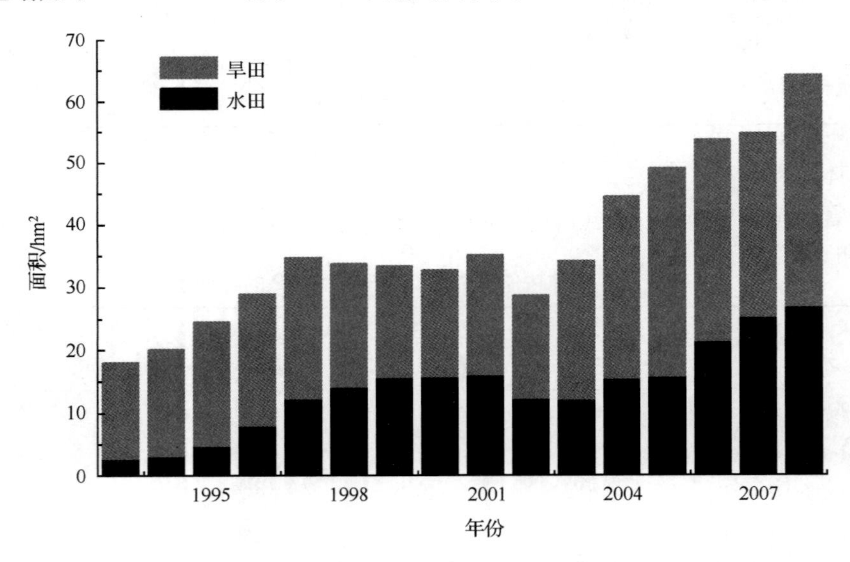

图 7-36 三江平原 1993～2008 年耕作面积动态

根据 DNDC 模型模拟得到的 GWP 的年均值,计算了三江平原 1993～2008 年农田 GWP 动态(图 7-37)。三江平原 GWP 随着农田面积的增加总体上有增加的趋势。从 1993～2008 年 GWP 最小值为 94.15×10^7kg CO_2-e/(hm^2·a),最大值为 212.39×10^7kg CO_2-e/(hm^2·a)。虽然水田面积占全部农田面积的比例增加到 41.83%,但是水田 GWP 占农田总 GWP 比例的范围为 4.63%～17.00%。旱田 GWP 贡献了农田总 GWP 的

83.00%～95.37%。

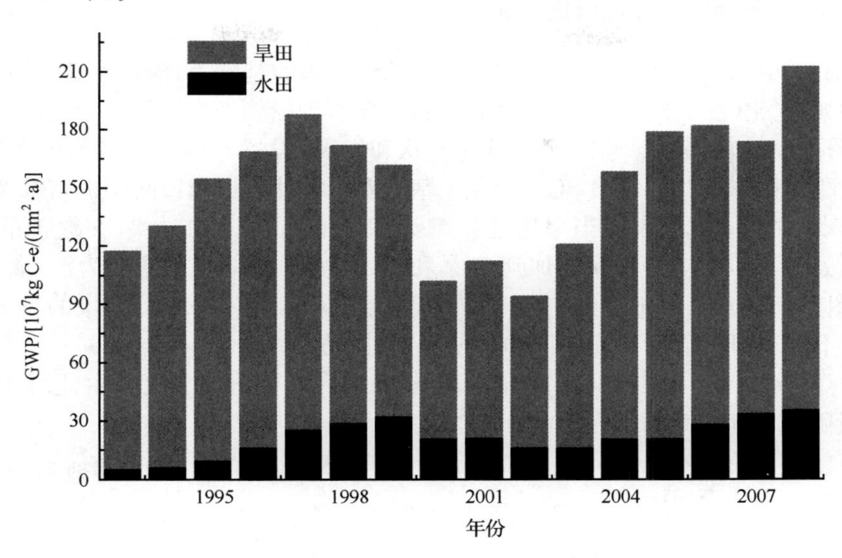

图 7-37　三江平原 1993～2008 年农田 GWP 动态

7.5　农田管理措施对 SOC 和 GWP 长期影响预测及优化

7.5.1　情景设置

模型中的农田管理措施包括施肥率、作物还田率、除草、耕作等，这些措施能够通过减少温室气体的释放量从而有效减少全球变暖影响(Hastings et al.，2010)。设置旱田和水田农田管理措施的不同情景，利用经过验证的 DNDC 模型模拟，来预测农田管理措施对 SOC 和 GWP 的长期动态影响。

选择 3 种农田管理措施设置情景(表 7-19)，来评价不同农田管理措施对 SOC 和 GWP 的可能影响。第一种农田管理措施考虑作物还田率，设置地上植物残留还田率分别为 40%，60% 和 80%(基准还田率为 25%)。有机肥施用量从 0(基准值)增加到 2000kgC/hm^2。因为在中国大部分的农业耕作区化肥的过量使用都成为显著的社会问题，氮肥的施用量设置为基准值的 50%、80%、100%(基准值)和 120%。为了强调农田管理措施的长期影响，每种情景下利用 DNDC 模型模拟 30 年。模拟过程中，2010 年的气象数据用于每个预测模拟年。

表 7-19　模型预测中农田管理措施情景设置

土地利用方式	管理措施情景	情景设置
	还田率/%	25 (基准值)、40、60、80
旱田和水田	有机肥/(kg C/hm^2)	0 (基准值)、500、1000、2000
	氮肥/(%基准值)	50、80、100、120

7.5.2 SOC对不同农田管理措施的响应

在分析旱田和水田在历史长时间尺度上SOC动态的基础上，模拟不同农田管理措施情景下SOC变化(图7-38)。第一种情景模拟农田管理措施考虑还田率变化时SOC的长期动态[图7-38(a)、(b)]。考虑生物质的现状和发展，设置还田率的基准值和其他三种情景模拟两种耕作模式的农田SOC变化。基于农场统计数据和田间调查，农田的基准还田率是25%。模拟结果表明当旱田还田率为基准值和40%的时候，在模拟的30年中SOC含量逐渐减少。当还田率增加到60%和80%的时候，SOC由源变为汇，含量有增加的趋势[图7-38(a)]。水田还田率从基准值增加到80%时，0～20cm土壤的SOC含量逐渐增加。不同还田率情景下，水田SOC含量分别增加了4.88%～30.46%，旱田SOC含量增加了0～5.95%。水田SOC含量的增加值几乎是旱田的五倍。由此可得，土壤中SOC含量随农田还田率增加而增大。

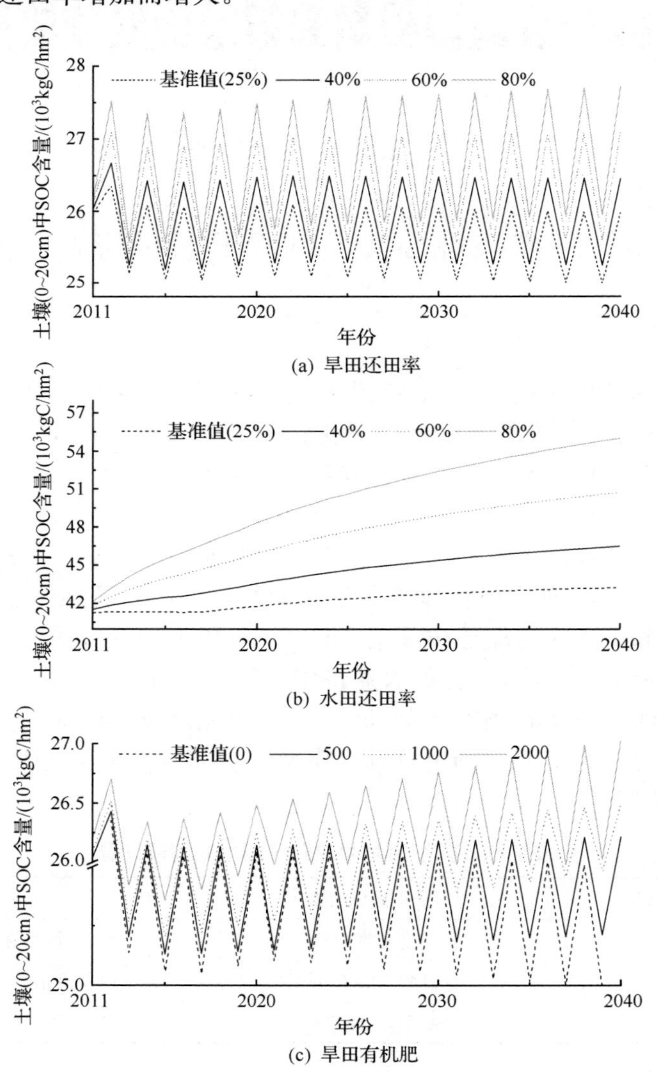

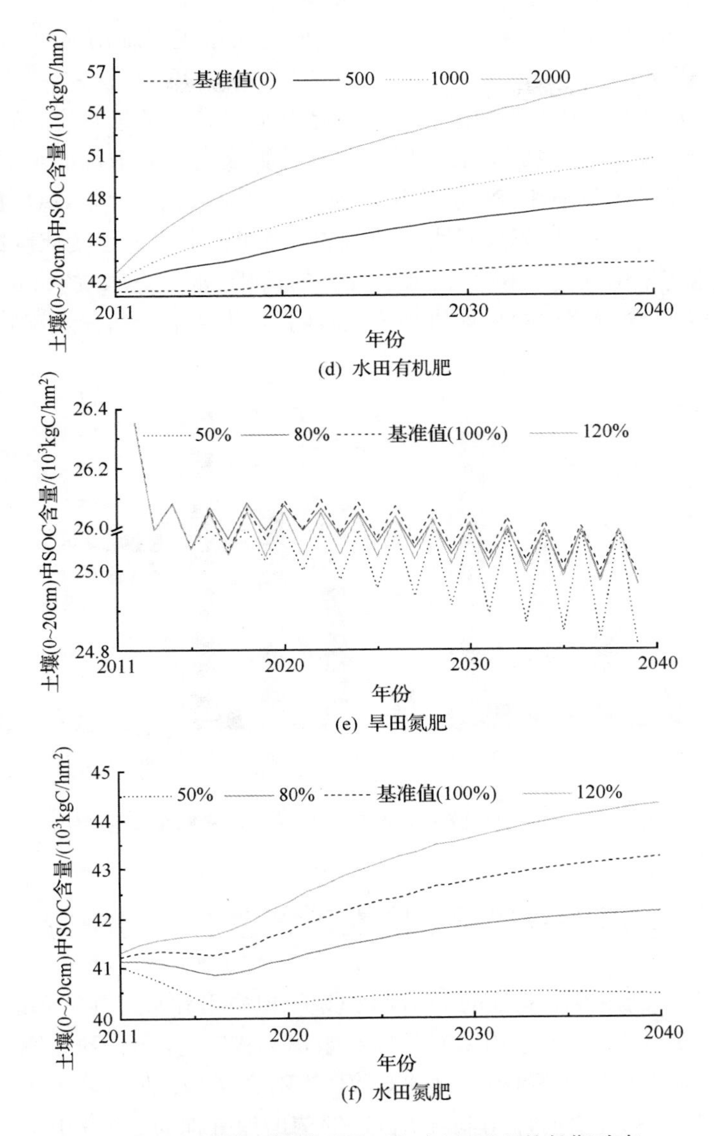

(d) 水田有机肥

(e) 旱田氮肥

(f) 水田氮肥

图 7-38　不同管理措施下旱田和水田 SOC 的长期动态

目前,研究区域有机肥施用量很少,因此设定有机肥的基准值为 0。从生态农业的角度出发,有机肥施用量会逐渐增多,因此,设置了关于有机肥的四种情景[图 7-38(c)、(d)]。与作物还田率的影响相比较,有机肥施用逐渐增加了旱田和水田的 SOC 含量。甚至在较低的有机肥施用水平下(500kgC/hm²),SOC 含量以稳定的速度增加。模拟结果表明施用有机肥是提高 SOC 含量,保持土壤肥力的一种方法。

旱田和水田氮肥施用量不同情景的模拟结果表现出不同的趋势[图 7-38(e)、(f)]。对于旱田,在氮肥施用量增加的情景下,SOC 含量仍减少。水田 SOC 含量先减少然后逐渐增加,随着氮肥施用量的增加,SOC 含量增加。当氮肥的施用量是基准值的 50%时,SOC 模拟值低于初始值。当施用量为基准值的 80%或 120%的时候,水田中 SOC 值回到初始值并继续增加。SOC 含量和 N 肥施用量之间的关系表明施用无机 N 有可能会使旱田中的 SOC 含量减少。

计算年际 SOC 含量变化的平均值，得到每种农田管理措施情景有价值的结果(图 7-39)。旱田和水田农业系统，SOC 含量随着还田率和有机肥施用量的增加而增加。比较相对应的 SOC 含量，水田对还田率和有机肥施用量的变化更为敏感。但是，氮肥施用量变化时，旱田和水田表现不同，当氮肥施用量为基准值的 80%时，水田土壤变成碳的汇，而氮肥施用量的增加不能使旱田成为碳的汇。对于所有的情景，水田 SOC 的含量都有增加的趋势。水田年际 SOC 含量变化的平均值趋势比较明显，为采取合适的农田管理措施提供了帮助。

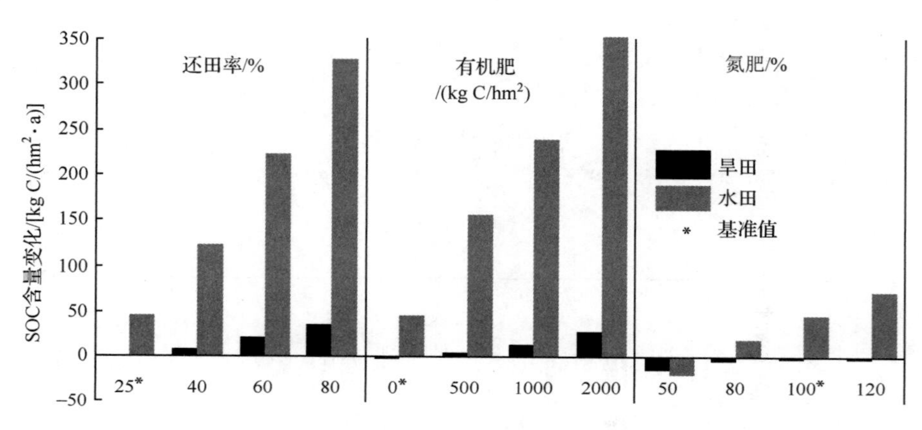

图 7-39　不同农田管理措施下旱田和水田 SOC 的年际变化

7.6　GWP 对不同农田管理措施的响应

情景设置相同，利用经过验证的 DNDC 模型模拟旱田和水田在三种农田管理措施下 GWP 的变化(图 7-40)。不同还田率对旱田和水田 GWP 的影响不同[图 7-40(a)、(b)]。由于旱田是大豆和玉米轮作，两种作物的 GWP 值不同，GWP 曲线是波动的。当大豆的还田率以 40%、60%和 80%增加时，年际平均 GWP 值增加分别为 301.74kgCO_2-e/(hm^2 · a)、705.22kgCO_2-e/(hm^2 · a)和 1137.76kgCO_2-e/(hm^2 · a)。与 25%基准值的情景相比，还田率增加到 40%、60%和 80%时，玉米的年际平均 GWP 值分别减少了 440.59kgCO_2-e/(hm^2 · a)、1020.30kgCO_2-e/(hm^2 · a)和 1597.3kgCO_2-e/(hm^2 · a)。随着还田率的增加，水田的年际平均 GWP 值逐渐减少，甚至由 GWP 的源变为汇，并趋于某个特定值。长期的模拟结果表明还田率增加能够减少 GWP 值。单一考虑对 GWP 的影响，在三江平原冻融区玉米是大豆、玉米和水稻三种作物中的优先作物。

长期预测结果表明有机肥增加会导致旱田 GWP 的增加[图 7-40(c)、(d)]。当有机肥增加到 500kgC/hm^2，1000kgC/hm^2、2000kgC/hm^2 时，GWP 的平均值在 30 年内分别比基准值增加了 1.9 倍、1.5 倍和 1.6 倍。对于水田，有机肥在前三年影响 GWP 比较大，随着时间的延长，GWP 的值增加。有机肥施用量增加会导致 GWP 逐渐变大，超过基准值较多。施用有机肥会引起旱田 GWP 增加，对于水田 GWP 减少有短期作用，但是不能保持。

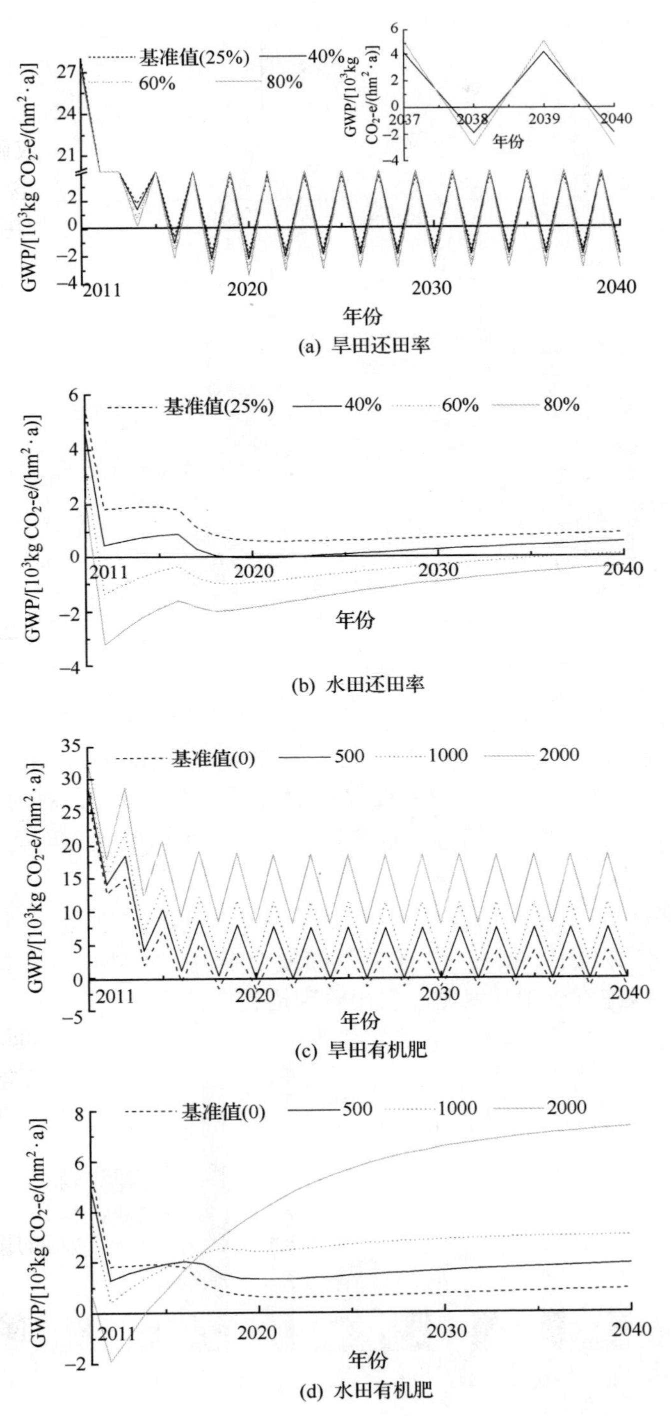

(a) 旱田还田率

(b) 水田还田率

(c) 旱田有机肥

(d) 水田有机肥

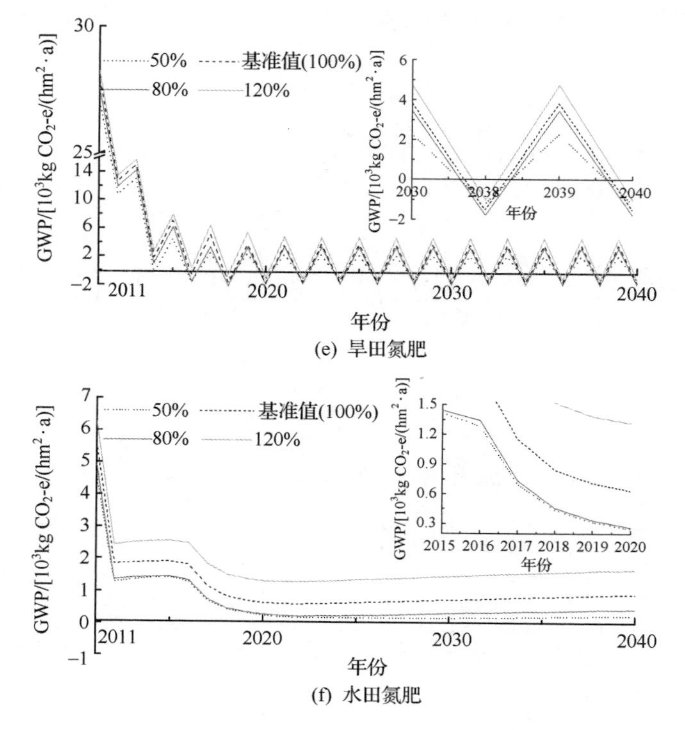

(e) 旱田氮肥

(f) 水田氮肥

图 7-40　不同管理措施下旱田和水田 GWP 的长期动态

氮肥施用量与 GWP 的关系和有机肥与 GWP 的关系相似[图 7-40(e)、(f)]。N 肥量施用量从基准值的 50%增加到 120%时，旱田 GWP 值在开始的 8 年内逐渐增加。8 年之后，不同的作物变化不同，大豆的 GWP 值保持增加的趋势。相比，玉米的 GWP 值随着氮肥施用量的增加先减少后增加，拐点是基准值的 80%。模拟结果表明当氮肥施用量增加时，水田的 GWP 增加。

因为模拟的三种农田管理措施对 GWP 的影响不同，鉴定不同农田管理措施对 GWP 减少的贡献至关重要(图 7-41)。当有机肥和氮肥施用量增加时，旱田和水田的年均 GWP 值均增加。增施有机肥和氮肥的农田管理措施能够提高 SOC 含量，增加作物产量，

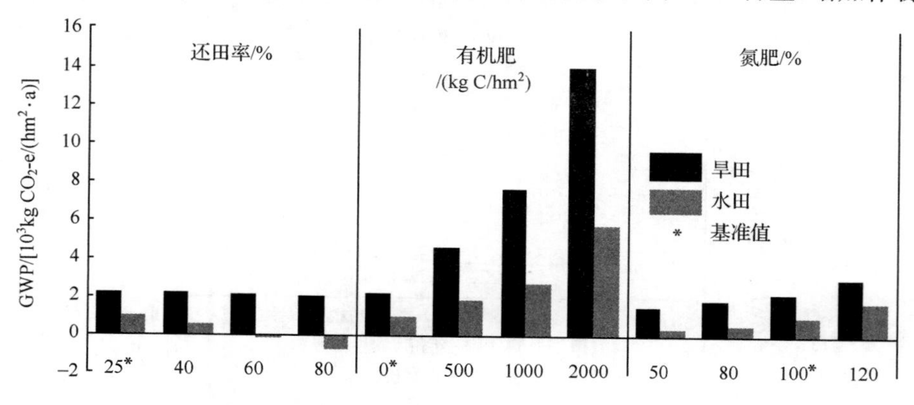

图 7-41　不同管理措施下旱田和水田 GWP 的年际变化

但同时增加GWP。对于还田措施，还田率从基准值增加到80%时，旱田GWP小幅度[173.39kgCO_2-e/(hm^2·a)]持续减少，水田的GWP减少了1807.62kgCO_2-e/(hm^2·a)。当还田率增加到60%和80%的时候，水田GWP为负值，成为温室气体的汇。分析表明还田措施是保持SOC含量和减少GWP的双赢策略。

7.7　作物产量对不同农田管理措施的响应

通过DNDC模型模拟，预测在不同情景下旱田和水田作物产量的年际变化(图7-42)。当还田率和有机肥施用量变化时，旱田作物的年际平均产量基本维持不变，在1740kgC/hm^2左右。氮肥的施用量减少到基准值的80%和增加到基准值的120%时，旱田作物的年际平均产量变化很小。氮肥的施用量减少到基准值的50%时，旱田作物的年际平均产量为1372.23kgC/hm^2，减少了大约300kgC/hm^2。结果表明，增加氮肥并不能增加旱田作物产量，旱田存在化肥施用过量的现象，可以适当减少化肥施用量。增加还田率不能增加水稻年际平均产量，还田率从基准值25%增加到80%时，水稻年际平均产量保持在1860kgC/hm^2左右。有机肥施用量从基准值增加到500kgC/hm^2，水稻年际平均产量增加了411.2kgC/hm^2，从500kgC/hm^2增加到1000kgC/hm^2时，水稻年际平均产量增加了240.4kgC/hm^2，而有机肥施用量增加到2000kgC/hm^2，水稻年际平均产量不变。氮肥施用量从基准值的50%增加到120%时，水稻年际平均产量分别增加了447.93kgC/hm^2、294.40kgC/hm^2、290.20kgC/hm^2。分析表明，增加氮肥施用量能够增加水稻产量，但氮肥施用量达到一定水平时，继续增施氮肥不能达到增加产量的目的。

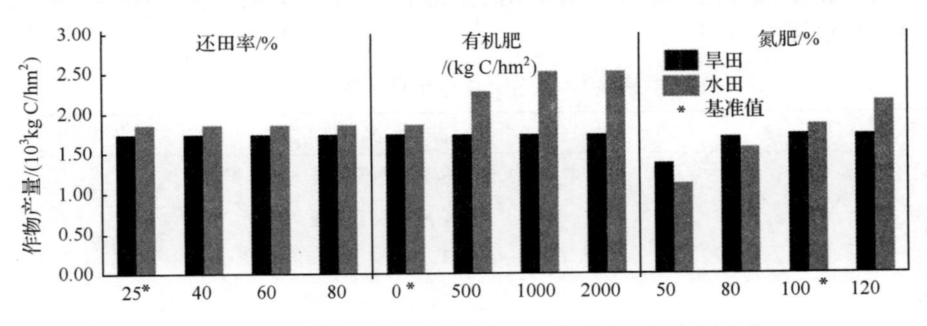

图7-42　不同管理措施下旱田和水田作物产量的年际变化

第 8 章　农业开发胁迫下的区域生态安全研究

三江平原主要从事粮食作物生产，是保障国家食物安全的生产基地。粮食安全事关国家前途。在农业活动胁迫下，本章在从宏观、流域和微观三个尺度深入探讨土地利用变化对区域生态环境安全的影响基础上，建立区域生态安全评价指标体系，对三江平原的生态安全进行综合评价，并应用 GM(1,1)模型展开生态安全预警，提出生态安全调控措施。

8.1　土地利用变化对生态系统服务价值的影响

8.1.1　研究方法

1. 土地利用数据来源和分类

研究采用的基本数据来源于 1979 年美国 Landsat MSS 以及 1992 年、1999 年和 2009 年 Landsat TM 卫星遥感影像。通过影像解译，运用 ArcGIS 9.3 软件进行数据处理，并获取 1979 年、1992 年、1999 年和 2009 年三江平原八五九农场的土地利用数据。

根据中国《土地利用现状调查技术规程》，本书是在 Costanza 等(1997a, 1997b)采用的土地分类系统的基础上，将八五九农场的土地利用划分为六类，包括林地、草地、耕地、水域、湿地和建筑用地(表 8-1)。

表 8-1　八五九农场土地利用类型

类型	定　义
林地	乔木，道路、铁路和沿海两侧的灌木和防护林
草地	天然草地和人工草地
耕地	水田、望天田、水浇地、旱地和菜地
水域	河流、溪流、池塘、水库和湖泊
湿地	主要是沼泽，潮湿的土壤
建筑用地	用于工业、商业、住宅和运输的土地

2. 生态系统服务价值的分配

根据中国的实际情况，本节采用“中国生态系统服务价值当量因子表”(表 8-2)(谢高地等，2003)，分配研究区不同土地利用类型的生态系统服务价值系数。

表 8-2　中国生态系统服务价值当量因子表

生态服务功能	森林	草地	农田	湿地	水域	难利用地
气体调节	3.50	0.80	0.50	1.80	0	0
气候调节	2.70	0.90	0.89	17.10	0.46	0
水源涵养	3.20	0.80	0.60	15.50	20.40	0.03
土壤形成与保护	3.90	1.95	1.46	1.71	0.01	0.02
废物处理	1.31	1.31	1.64	18.18	18.20	0.01
生物多样性保护	3.26	1.09	0.71	2.50	2.49	0.34
食物生产	0.10	0.30	1.0	0.30	0.10	0.01
原材料	2.60	0.05	0.10	0.07	0.01	0
娱乐文化	1.28	0.04	0.01	5.55	4.34	0.01
合计	21.85	7.24	6.91	62.71	46.01	0.42

1979～2009 年八五九农场平均粮食产量为 5696kg/hm^2(《八五九农场志》,1979～2009),粮食单价按 2009 年全国平均价格 1.55 元/kg(《2010 中国统计年鉴》)计算。由此可知,研究区单位生态系统服务价值量为 1261.26 元。在计算八五九农场不同土地利用类型单位面积的生态服务价值时按照以下原则进行分配:研究区的耕地类别对应于表 8-2 中的农田类型,林地对应森林。研究区的建设用地由于其绿化面积较小,本节中建筑用地的生态系统服务价值系数为 0。表 8-3 为研究区不同土地利用类型的单位面积生态服务价值量。

表 8-3　不同土地利用类型的生态系统服务价值系数　　[单位:元/(hm^2 · a)]

	林地	草地	耕地	水域	湿地	建筑用地
气体调节	4 414.4	1 009.0	630.6	0.0	2 270.3	0.0
气候调节	3 405.4	1 135.1	1 122.5	580.2	21 567.5	0.0
水源涵养	4 036.0	1 009.0	756.8	25 729.7	19 549.5	0.0
土壤形成与保护	4 918.9	2 459.4	1 841.4	12.6	2 156.8	0.0
废物处理	1 652.3	1 652.2	2 068.5	22 954.9	22 929.7	0.0
生物多样性保护	4 111.7	1 374.8	895.5	3 140.5	3 153.2	0.0
食物生产	126.1	378.4	1 261.3	126.1	378.4	0.0
原材料	3 279.3	63.1	126.1	12.6	88.3	0.0
娱乐文化	1 614.4	50.5	12.6	5 473.9	6 999.9	0.0
合计	27 558.5	9 131.5	8 715.3	58 030.5	79 093.6	0.0

3. 生态系统服务价值的计算

估算生态系统服务价值和单项功能价值的公式如下(Costanza et al.,1998):

$$\mathrm{ESV}_k = A_k \times \mathrm{VC}_k \tag{8-1}$$

$$\mathrm{ESV} = \sum_k A_k \times \mathrm{VC}_k \tag{8-2}$$

$$ESV_f = \sum_k A_k \times VC_{kf} \tag{8-3}$$

式中，ESV 和 ESV_f 分别表示生态系统服务价值和单项生态功能价值，元；A_k 为不同土地利用类型的面积，hm^2；VC_k 和 VC_{kf} 为单位面积的生态服务系数和第 f 项功能的服务价值系数，元/(hm^2 · a)。

本节通过敏感性指数(CS)来验证生态价值系数的准确性。其敏感性指数的计算公式如下(Kreuter et al.，2001)：

$$CS = \left| \frac{(ESV_j - ESV_i)/ESV_i}{(VC_{jk} - VC_{ik})/VC_{ik}} \right| \tag{8-4}$$

8.1.2 结果与分析

1. 生态系统服务价值的变化

根据式(8-1)、式(8-2)和式(8-3)计算八五九农场在不同时期的生态系统服务价值以及变化情况。由表 8-4 可知，1979 年、1992 年、1999 年和 2009 年八五九农场的生态系统服务价值分别为 7523.10×10^6元、6965.29×10^6元、6249.74×10^6元和 4023.59×10^6元。从 1979～1992 年，生态系统服务价值减少 557.81×10^6元。同样地，1992～1999 年和 1999～2009 年的生态服务价值也是呈现减少状态，分别减少 715.55×10^6元和 2226.15×10^6元。总体而言，研究区的生态系统服务价值在 1979～2009 年共减少了 3499.51×10^6元，年变化率达−1.55%。尽管一些土地类型的生态系统服务价值增加，但是与湿地和林地的减少值相比仍较小，其总体呈现降低的趋势。总体而言，1979～2009 年间生态系统服务价值将近减少 50%。

表 8-4 1979～2009 年八五九农场不同土地利用类型的生态系统服务价值

土地利用类型	ESV/(10^6元)				ESV 变化 (1979～2009 年)[a]		
	1979 年	1992 年	1999 年	2009 年	10^6元	%	%/a
林地	709.91	642.94	510.11	457.20	−252.71	−35.60	−1.19
草地	6.39	8.95	23.56	15.43	9.04	141.47	4.72
耕地	195.22	276.19	376.15	664.89	469.67	240.58	8.02
水域	82.40	89.37	92.85	100.39	17.99	21.83	0.73
湿地	6529.18	5947.84	5247.07	2785.68	−3743.50	−57.33	−1.91
建筑用地	0.00	0.00	0.00	0.00	0.00	—	—
合计	7523.10	6965.29	6249.74	4023.59	−3499.51	−46.52	−1.55

a 无“−”和“−”分别表示增加和减少的趋势。

由于具有较高的生态系统服务价值系数，湿地的生态系统服务价值在六类土地利用类型中的比例是最高的，占总价值的 80%左右。由图 8-1 可以看出，1979 年湿地由 61.9%的面积比例，贡献了 86.8%的生态系统服务价值，在整个生态系统中占主导地位；同时，2009 年湿地面积比例急剧下降，仅为 26.4%，而生态服务价值比例为 69.2%，其主导地位并没有改变。这说明与土地面积中所占的比例相比，湿地在总生态系统服务价值中所占的比例大得多。这种格局产生的主要原因是湿地具有很高的生态系统服务价值系数。另一方面，林地和耕地的价值系数偏低，但由于其面积约为全区总面积的 48%，它们的生态系统服务价值在总价值中占有较大的比例(林地和耕地分别为总价值的 9.5%和 7.3%)。湿地、林地、耕地和水域的生态系统服务价值约为总价值的 99%，表明这四种土地利用类型，尤其是湿地和林地，为八五九农场提供了最多的生态服务价值。

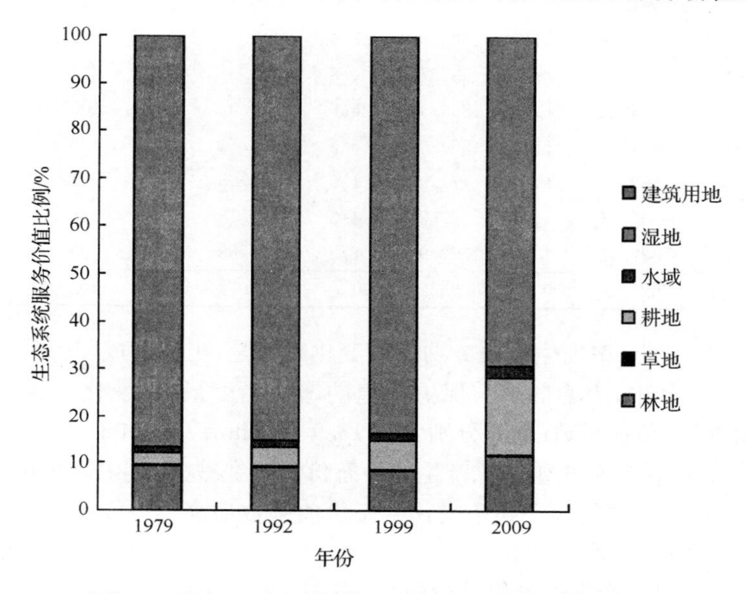

图 8-1　研究区土地利用类型的生态系统服务价值结构

30 年间，湿地和林地的生态系统服务价值量不断减少，尤以湿地减少最多，1979～2009 年的生态服务价值量损失为 3743.5×10^{6}元，占总减少量的 93.7%；而耕地、草地、水域和建筑用地的生态系统服务价值量均在增加。其中，耕地面积的大幅度增加造成生态服务价值的增加量为 469.67×10^{6}元，占总增加量的 94.6%。整个研究期间，林地面积比例减少了 6.9%，生态服务价值量减少了 252.71×10^{6}元，占总减少量的 6.3%，生态服务价值量比例由 1979 年的第 2 位下降到 2009 年的第 3 位；而耕地生态服务价值量比例由 1979 年的第 3 为上升到了 2009 年的第 2 位，成为生态服务价值量增加的主要来源。价值系数较高、但面积有限的水域，以及面积比例较高、生态服务价值系数较低的耕地，它们增加的生态系统服务价值量(ESV)远远不能弥补由于具有高价值系数的湿地和林地减少所带来的损失。湿地生态服务价值在总价值的比例最大，约为 70%。

2. 生态系统单项服务功能价值变化

八五九农场 1979～2009 年生态系统单项服务功能价值变化情况如表 8-5 所示。

表 8-5　1979～2009 年八五九农场单项生态功能价值变化

生态系统服务功能	1979 年		1992 年		1999 年		2009 年		趋势
	ESV_f/(10^6元)	%	ESV_f/(10^6元)	%	ESV_f/(10^6元)	%	ESV_f/(10^6元)	%	
气体调节	315.97	4.2	294.69	4.2	262.14	4.2	203.01	5.0	—
气候调节	1894.80	25.2	1738.9	25.0	1546.14	24.7	904.67	22.5	—
水源涵养	1771.99	23.6	1628.87	23.4	1448.05	23.2	859.45	21.4	—
土壤形成与保护	347.75	4.6	337.73	4.8	319.97	5.1	302.22	7.5	↑
废物处理	2015.51	26.8	1865.39	26.8	1682.02	26.9	1035.3	25.7	—
生物多样性保护	391.71	5.2	367.62	5.3	332.51	5.3	255.34	6.3	↓
食物生产	63.19	0.8	71.93	1.0	83.05	1.3	112.50	2.8	↑
原材料	94.65	1.3	87.23	1.3	72.18	1.2	67.26	1.7	↓
娱乐文化	627.53	8.3	572.93	8.2	503.68	8.1	283.84	7.1	↓
合计	7523.10	100	6965.29	100	6249.74	100	4023.59	100	—

由表 8-5 可以看出，单项生态服务功能的变化趋势是：土壤形成与保护和食物生产功能呈现增加趋势。其中，土壤形成与保护价值的增加幅度最大，变化率达 7.5%，其主要原因是林地和湿地的价值系数最高[分别为 4918.9 元/(hm^2 · a)和 2156.8 元/(hm^2 · a)]。生物多样性保护、原材料和娱乐文化产生的生态价值均在减少，其中娱乐文化价值变化率减少较多，为 7.1%，主要是由于娱乐文化生态价值系数最高[6999.9 元/(hm^2 · a)]的湿地面积大量减少，而生态价值系数最低[12.6 元/(hm^2 · a)]的耕地面积急剧增加造成的。其次是生物多样性保护产生态价值减少较快，为 6.3%。1979～2009 年，生物多样性保护损失的生态系统服务价值达到 136.37×10^6元，主要是因为具有最大生物多样性保护生态价值系数(4111.7×10^6元)的林地面积大量减少。同样，原材料生产生态价值减少了 27.39×10^6元，变化率为－1.7%，这同样是由于原材料生态价值系数最高(3279.3×10^6元)的林地面积减少造成的。

根据单项生态服务价值对总体生态系统服务价值的贡献(图 8-2)，不同时期具有明显的差异变化。其中，气候调节、水源涵养、废物处理和娱乐文化是构成总 ESV 的主要部分，它们在生态系统服务价值中起主导作用。1979 年、1992 年、1999 年和 2009 年，其生态价值之和在总生态系统服务价值的比例中，均超过了 75%。而生物多样性保护价值和气体调节所占比例较低，分别为 5%和 4%左右。整体来看，研究初期占主导地位的气候调节、水源涵养和废物处理价值所占 ESV 的比重均有所降低。

3. 生态系统服务价值的空间分布

八五九农场在 1979 年、1992 年、1999 年和 2009 年的生态系统服务价值空间分布如图 8-3。从中可以看出，生态服务价值大于 30 000 元/(hm^2 · a)的区域主要分布在研究区的东北部，其土地利用类型以湿地和水域为主；生态系统服务价值介于 10 000～30 000 元/(hm^2 · a)的区域主要分布在研究区西南部的林地覆被区域；生态服务价值介于 5 000～10 000 元/(hm^2 · a)的区域主要是草地和耕地的覆被区域，其中 2009 年有显著增加，其主要原因是耕地面积的大量增加；小于 5000 元/(hm^2 · a)的区域面积较少，主要是建筑用地。

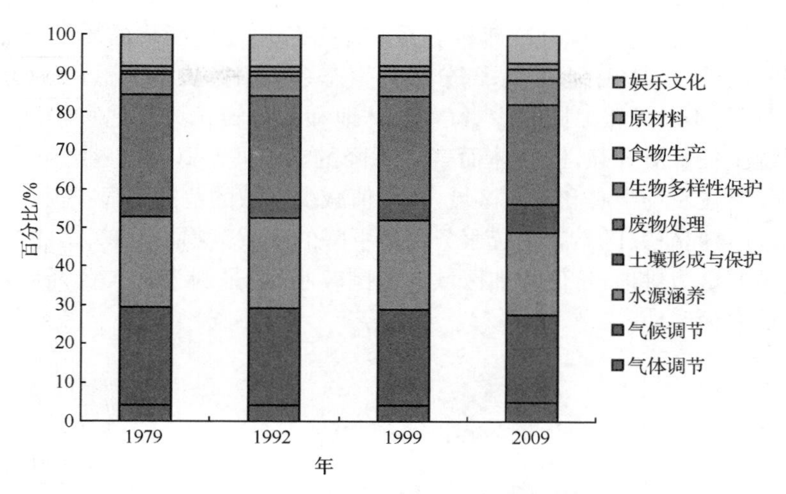

图 8-2　1979～2009 年单项生态价值的比重

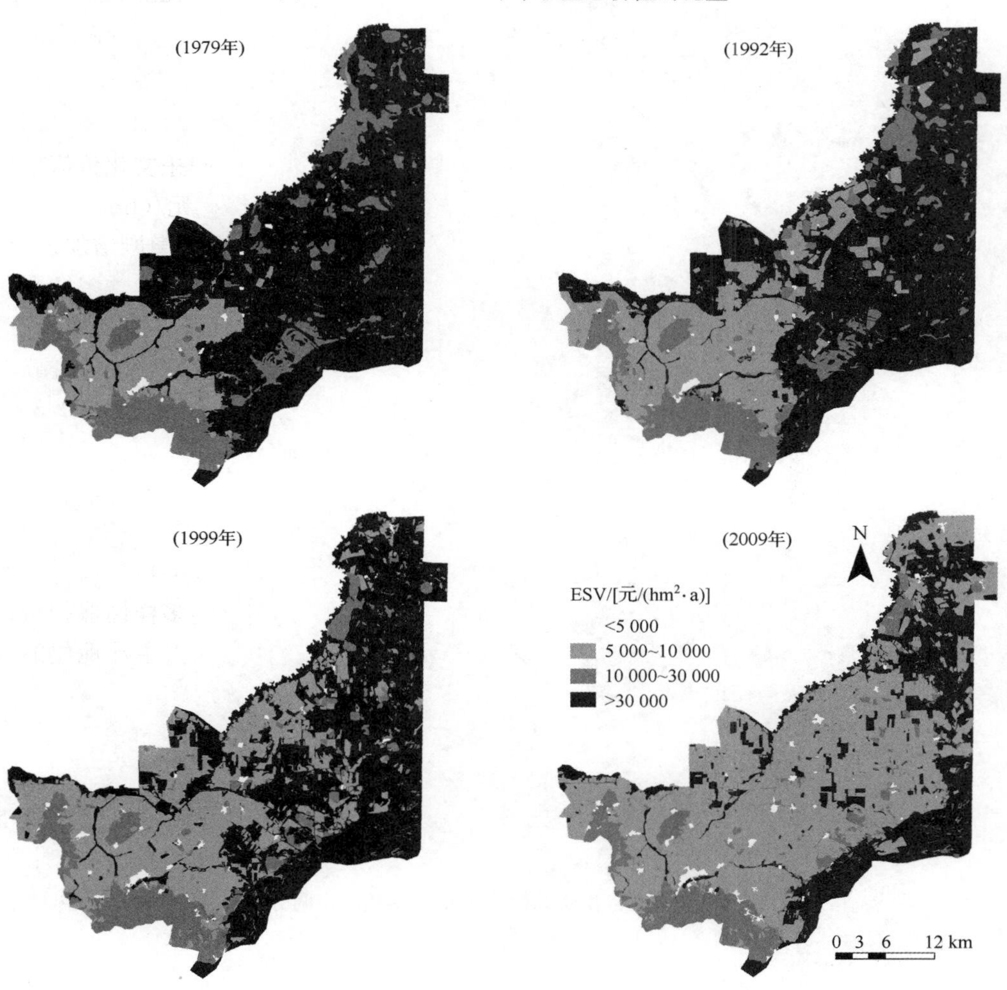

图 8-3　不同时期八五九农场生态系统服务价值的空间分布

由图 8-4 可知，在 1979～1999 年生态系统服务价值发生变化区域的分布相对较小，变化最频繁的区域以农场中心为主；部分区域生态系统服务价值降低的主要原因是农业开垦、建设用地的不断扩张。同时少量草地、林地和耕地转化为湿地和水域，导致小部分区域生态系统服务价值升高，但整体而言是下降的。1999～2009 年，生态系统服务价值的变化基本发生在农场中心和东北区域，且价值减少区域的范围明显扩大。因此，总体而言 1979～2009 年间研究区生态系统服务价值下降的区域范围不断扩大，主要是由于大量湿地和林地被开垦为耕地；价值增加区域的范围较小，这是因为在农业开垦过程中，少量的林地和水域变为湿地。

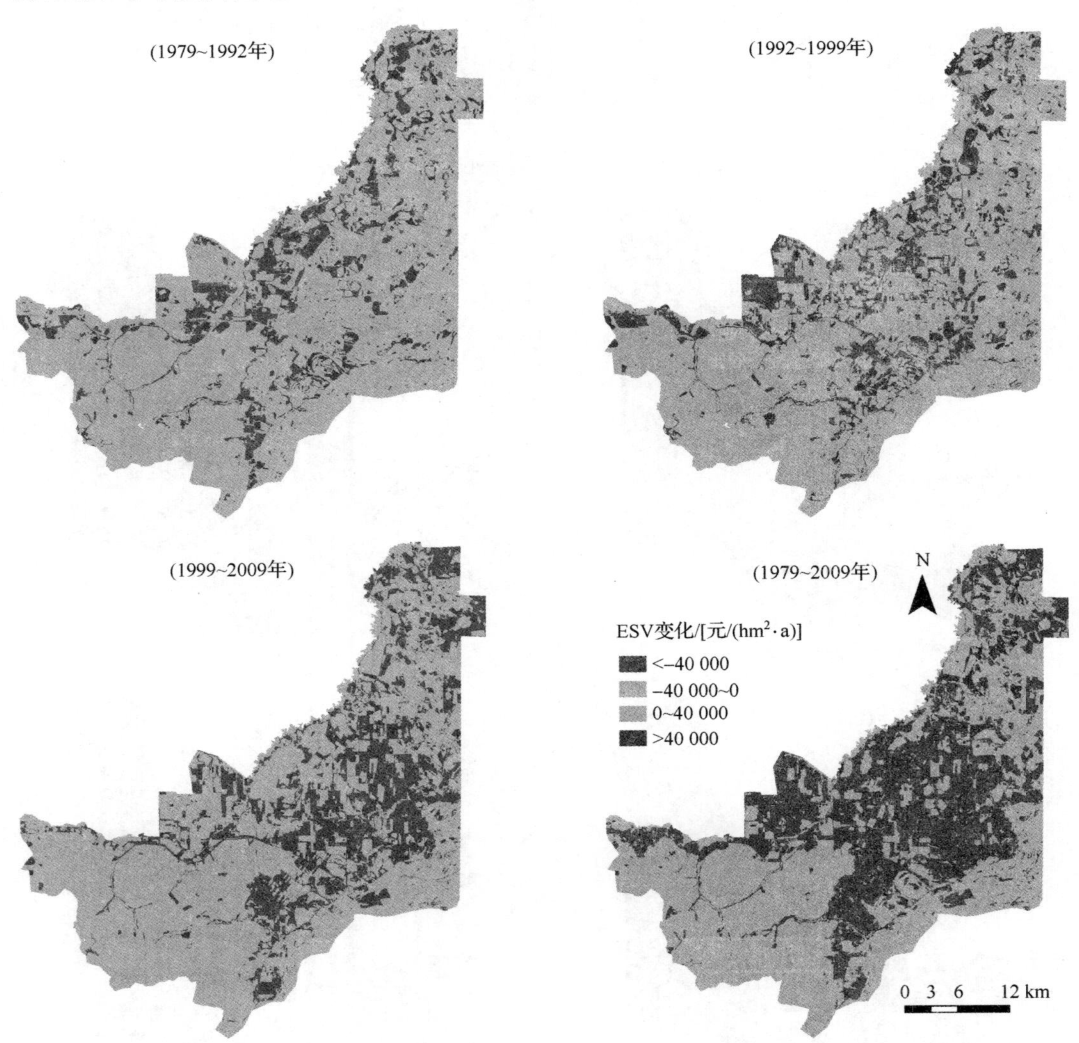

图 8-4　研究区生态系统服务价值变化的空间分布

4. 敏感性分析

在敏感性分析中,将价值系数上下各调整 50%,根据式(8-4)进行估算,结果如表 8-6 所示。根据敏感性估算结果,发现不同土地利用类型的敏感性指数均小于 1,说明研究结果可信。其中 CS 最大值为湿地,在 0.69～0.87 之间,其原因可能是八九五农场在 1979 年之前几乎全部是湿地,但在经历了几次农业开发后,农场湿地大幅度减少,耕地面积快速增加,而且湿地的生态服务功能是最高的,其生态系统服务价值系数(VC)最大。其次是耕地,其敏感性指数增加了 0.14,这说明耕地和湿地的生态系统服务价值系数对本次研究的精确性是最关键的。总体而言,湿地的 CS 最大;CS 最小值为建筑用地,其 CS 值为 0。

表 8-6　研究区生态系统服务价值的敏感性指数

价值系数调整	1979 年		1992 年		1999 年		2009 年	
	%	CS	%	CS	%	CS	%	CS
林地 VC±50%	4.72	0.09	4.62	0.09	4.08	0.08	5.68	0.11
草地 VC±50%	0.04	0.00	0.06	0.00	0.19	0.00	0.19	0.00
耕地 VC±50%	1.30	0.03	1.98	0.04	3.01	0.06	8.26	0.17
水域 VC±50%	0.55	0.01	0.64	0.01	0.74	0.01	1.25	0.03
湿地 VC±50%	43.39	0.87	42.70	0.85	41.98	0.84	34.62	0.69
建筑用地 VC±50%	0.00	0.00	0.00	0.00	0.00	0.00	0.00	0.00

8.2　三江平原生态安全评价研究

8.2.1　生态安全评价的研究框架

在研究中,通过压力-状态-响应模型(PSR 模型)和层次分析法(AHP)构建生态安全综合评价框架路线。在 PSR 模型内,可以通过 3 个不同但又联系紧密的指标类型反映区域生态安全状况。这 3 个指标类型包括压力指标、状态指标和响应指标。根据人类活动和自然条件的变化,选择生态安全的压力指标;利用状态指标来衡量生态系统的变化;响应指标表征社会为减轻环境污染和资源破坏所做出的努力。首先,从三江平原冻融条件及农业发展历史的情况出发,探讨区域存在的生态环境问题,以及区域生态安全的影响因子。其次,在 PSR 模型发展原则(Zhao et al.,2006)的基础上,通过专家咨询建立评价指标体系。最后,使用层次分析法分配指标权重,根据 PSR 模型计算区域生态安全评价结果,分析研究区 1976～2010 年的生态安全状态变化。

8.2.2　生态安全评价指标体系的构建

生态安全综合评价的最终目标是通过定性与定量分析,客观全面地反映区域生态环境的安全程度。通过对影响区域生态环境的原因进行全面分析,了解了区域生态环境综合状况的特点、动态演变规律及其主要影响因素，构建了生态安全评价指标体系的层次结构。为确保区域的可持续发展与环境资源的可持续利用提供了科学依据。

1. 生态安全评价目标

生态安全评价不仅可以定性描述，也可以通过一套指标定量地描述所处区域的安全状况（岳天祥，1998）。为了准确地开展生态安全综合评价，需要对区域生态环境状况进行全面的了解，并选择相应的技术方法实现综合分析和定量化评价。其评价目标主要包括：

（1）掌握影响区域生态环境状况形成与演变的主要因素。这些因素主要包括土地利用变化情况、区域水热状况、土壤侵蚀状况和社会经济发展政策等方面。

（2）在选择影响生态环境的主要因子后，形成生态综合评价的指标要素，采用数学方法构建指标体系，同时征求相关领域的众多专家建议，确定各个因素对于生态环境状况影响的重要性。

（3）充分运用 GIS 技术，通过数学方法对数据和信息进行定量化表达，这不仅发挥 GIS 技术的快速特点，而且有助于分析区域生态安全状况的时空变化。

（4）所形成的生态安全评价结果要符合研究区的特点，能够全面体现生态安全的动态性、空间性和区域性等特点。

2. 评价指标的选取原则

区域生态安全评价指标体系能够反映研究区生态环境系统内部之间相互关系的结构，因此指标体系具有明确的层次性。在层次结构上，生态安全评价的指标体系分为目标层、准则层和指标层。生态安全综合评价指数为目标层。准则层包括压力、状态和响应三个体系。它们表征了生态环境系统受外部压力，以及对压力的响应。指标层是生态安全综合评价指标体系的最底层，也是具体的评价内容。通过各个指标的具体数值反映出生态环境要素的安全状况。选择的所有指标相互联系，共同构成了区域生态安全评价指标体系（谢志仁和刘庄，2001）。由于控制生态安全的主导因素存在区域差异性（Ree and Wackernagel, 1996），应该通过区域特征分析构建评价指标体系。

区域生态安全评价指标体系建立的理论依据主要有可持续发展理论、自然-经济-社会复合生态系统理论和生态环境地域分异理论（马克明等，2004）。本书在土地利用变化的背景下，探讨了生态安全状况。因此，构建指标体系时遵循以下原则：

（1）区域性原则。应该尽可能地反映区域生态环境和社会经济诸多方面的内容。在本书中，研究区域在农业开发胁迫下，土地利用结构发生变化。因此，考虑选取可以反映区域土地利用变化对生态环境质量的影响因子，以及经济社会发展的协调程度，并保证评价结果的客观性和准确性。

（2）简明性原则。在建立生态安全评价指标体系的过程中，应该有针对性的选择评价指标，以说明主要问题为目的，避免由于指标过多而顾此失彼。因此，尽可能少的选取评价指标，选择较为简单的评价方法，保障数据的有效性和代表性。

（3）数据的可获取性和准确性。针对研究区域农业开发的特殊性，必须考虑到研究数据获取的难易程度，尽可能地使指标能满足生态安全评价所需要的精准性，以便于掌握评价指标要素的具体情况。

(4) 可操作性原则。生态安全评价是一个科学研究领域,同时也是向政府有关部门提供管理决策的一个依据。另外,建立评价指标体系的目的是要应用于实际中。因此,在研究区域生态安全评价时,应保证评价系统的可操作性。

3. 指标体系的层次结构

基于生态安全评价指标体系的构建原则,结合三江平原实际情况,参考国内外评价指标体系构建的经验,根据层次分析法的构造结构(Zhang et al., 2000),建立三江平原生态安全评价指标体系。生态安全指标体系的构建不仅包括层级结构的设计,也包括指标权重的定量化表达。在不同层次,将各因素按照隶属关系进行组合,根据评价目标形成多层次的评价指标体系。

本书的研究经专家咨询和参考国内外研究,对指标进行筛选,最终选择了 3 个层次,18 项评价指标,构建了生态安全综合评价指标体系,见表 8-7。该指标体系包括 3 个不同的层次,每一层次中的指标因子对于比它高一级的层次都有权重贡献。由表 8-7 可以看出,在三江平原的生态安全评价指标体系中,准则层由目标层加以反映,具体的评价指标层反映准则层。

表 8-7　三江平原生态安全评价指标体系及各指标的数据来源

目标层	准则层	指标层	单位	数据来源
三江平原生态安全指数 A(ESI)	压力指标 B_1	年平均气温 S_1	℃	统计数据
		年降水量 S_2	mm	统计数据
		人口数量 S_3	—	统计数据
		人口自然增长率 S_4	%	统计数据
		粮食产量 S_5	10^6 kg	统计数据
		国内生产总值 S_6	10^6元	统计数据
		土壤侵蚀程度 S_7	—	统计数据和专家咨询
		水土流失率 S_8	%	统计数据
	状态指标 B_2	化肥使用强度 S_9	kg/hm^2	遥感数据和统计数据
		耕地面积 S_{10}	hm^2	遥感数据
		土地利用程度 S_{11}	%	遥感数据
		未利用地面积 S_{12}	hm^2	遥感数据
		林地面积 S_{13}	hm^2	遥感数据
		草地面积 S_{14}	hm^2	遥感数据
	响应指标 B_3	国家政策 S_{15}	—	统计数据和专家咨询
		科技发展与应用 S_{16}	—	统计数据和专家咨询
		状态改进指数 S_{17}	—	统计数据和专家咨询
		环境保护投入 S_{18}	—	统计数据和专家咨询

目标层:用来衡量准则层,生态安全评价需要选择评估性指标,使其能够反映时间变

化趋势，在数量上反映影响程度，即 $A=\{B_1,B_2,B_3\}$。

准则层 B 及其包含的指标 S：

(1) 准则层 B_1，具体包括年平均气温、年降水量、人口数量、人口自然增长率、粮食产量和国内生产总值(GDP)六项指标，即 $B_1=\{S_1,S_2,S_3,S_4,S_5,S_6\}$。

(2) 准则层 B_2，包括土壤侵蚀程度、水土流失率、化肥使用强度、耕地面积、土地利用程度、未利用地面积、林地面积和草地面积八项指标，即 $B_2=\{S_7,S_8,S_9,S_{10},S_{11},S_{12},S_{13},S_{14}\}$。

(3) 准则层 B_3，包括国家政策、科技发展与应用、状态改进指数和环境保护投入四项指标，即 $B_3=\{S_{15},S_{16},S_{17},S_{18}\}$。

4. 指标说明

1) 压力指标

农业是三江平原的主要特点，农业生产与生态环境的相互作用集中在水、热、土壤以及其他环境因素方面。土地利用与土壤侵蚀由水、热、土壤过程决定，这是确定区域生态安全的最重要因素。目前，由于影响生态安全因素的基础数据不充分，而且本节所需的这些数据难以获取，基于这些考虑，选择年平均温度和年降水量(代表水热条件)，人口数量、人口自然增长率、粮食产量和GDP(代表人类活动对环境的影响)作为压力指标。

年平均气温。区域平均温度的高低，可以反映该地区热量资源的丰富程度。热量资源越丰富，越有利于植被和作物的生长，以及人类农业活动。

年降水量。降水量对植被和作物的生长具有显著的影响，同时也可以反映研究区降水对污水稀释能力的强度，以及降雨地表径流的氮磷流失量，以反映农业面源污染程度。

人口数量、人口自然增长率、粮食产量和国内生产总值，用以说明区域人口和经济的增长速率，反映对生态环境造成影响的社会经济压力。

2) 状态指标

土地利用变化引起的水土流失、土壤肥力下降等是区域生态环境面临的主要问题。由于这个原因，本节选择了土壤侵蚀强度、水土流失率、土地利用率、耕地面积、未利用地面积、林地面积和草地面积(与土地利用相关的土地类型、水土流失程度)作为表征三江平原生态环境现状的指标。同时，由于化肥和农药的使用，导致区域农业面源污染严重，因此也选择了化肥使用强度这一指标。

土壤侵蚀和水土流失，已经成为目前研究区较为严重的生态环境问题。由于研究区大规模的农业开垦，区内地质灾害频繁。采用这两项指标可以反映受灾害的程度，用以说明灾害影响下的生态环境安全性。

化肥使用强度：反映农业区受污染的状况，说明人类活动对环境造成影响的程度。化肥使用强度＝化肥使用量/耕地面积。

区域土地利用结构由土地利用率、耕地面积、未利用地面积、林地面积和草地面积加以反映。本书通过探讨土地利用变化作用下的生态环境效应，分析区域生态安全状况。因此，土地利用类型可以用来表征生态环境现状的格局。

3）响应指标

三江平原作为国家重要的商品农业基地，区域农业结构以及农业科技的发展取决于国家的政策导向和粮食需求等。例如，1763～1840 年，清政府对三江平原实行“封禁政策”，但是鸦片战争以后，清政府废除了此项政策，从而人口的大量涌入使该区的农业开发活动逐渐加强(刘兴土和马学慧，2000)。因此国家的政策对于区域生态环境的保护和发展是至关重要的。由于这个原因，相应指标包括四个方面：国家政策、科技发展与应用、状态改进指数和环境保护投入。

8.2.3　数据来源和处理

研究中所使用的数据包括卫星遥感数据，以及《黑龙江省统计年鉴》(1976～2010)。土壤侵蚀强度参考蒙吉军等(2011)的研究成果。土地利用数据从 cloud-free LANDSAT MSS image 和 cloud-free LANDSAT TM images 中获取。其他数据，包括社会经济数据、气象资料、科学技术的进步以及一些书面材料(如生态环境保护文档)的数据来自当地的统计局和《黑龙江省统计年鉴》(1976～2010)。

由于上述数据使用不同的单位进行量化，不能直接用于比较。因此，在使用指数时必须通过标准化以克服参数之间的不兼容性。根据以往的研究方法(高志强等，1999)，通过公式(8-5)来规范各种来源地数据。

$$Y = \frac{x_i - x_{\min}}{x_{\max} - x_{\min}} \times 10 \tag{8-5}$$

式中，Y 是评估指标的标准化值，x_i 为实际值，$x_{\max}$ 和 $x_{\min}$ 分别为所有实际观察值中的最大值和最小值。因此，Y 值始终介于 0～10 之间。Y 值越大，说明这一因素对环境的影响越大。

如果 Y 的概念意义与使用公式(8-5)计算的环境影响相矛盾(如土壤侵蚀强度值越大，其负面环境影响越严重)，那么 Y 的计算公式应按照修改后的公式(8-6)计算：

$$Y = 10 - \frac{x_i - x_{\min}}{x_{\max} - x_{\min}} \times 10 \tag{8-6}$$

8.2.4　权重的确定

层次分析法是分配指标权重的适当方法，并且在环境评价和环境管理中得到了广泛应用。本节通过主要特征向量法进行最大特征值以及权重的计算(Saaty and Vargas，1991)。根据专家意见，压力、状态和响应指标在标准层的权重分别是 0.4、0.3 和 0.3，然后根据指标的重要性，构建“指标层”的决策矩阵。最后运用 Matlab 软件得到权重，见表 8-8。

由于专家判断可能无法提供完全一致的配对比较，因此成对比较矩阵有一个可以接受的一致性是必需的。一致性比率(CR)用于表示随即生成的判断矩阵概率(Dai et al.，2001)。

$$\mathrm{CR} = \frac{\mathrm{CI}}{\mathrm{RI}} \tag{8-7}$$

表 8-8　生态安全评价因子的权重

	S_1	S_2	S_3	S_4	S_5	S_6	S_7	S_8	S_9	S_{10}	S_{11}	S_{12}	S_{13}	S_{14}	S_{15}	S_{16}	S_{17}	S_{18}	权重
S_1	1	1/2	1/5	1/3	1/4	1/3													0.0202
S_2	2	1	1/4	1/2	1/3	1/2													0.0314
S_3	5	4	1	3	2	3													0.1437
S_4	3	2	1/3	1	1/2	1/3													0.0459
S_5	4	3	1/2	2	1	2													0.0909
S_6	3	2	1/3	3	1/2	1													0.0679
S_7							1	3	1/4	3	6	4	5	5					0.0674
S_8							1/3	1	1/4	4	3	2	3	3					0.0414
S_9							4	4	1	5	3	3	4	4					0.1006
S_{10}							1/3	1/4	1/5	1	5	2	4	2					0.0297
S_{11}							1/6	1/3	1/3	1/5	1	1/3	1/2	1/2					0.0109
S_{12}							1/4	1/2	1/3	1/2	3	1	2	2					0.0221
S_{13}							1/5	1/3	1/4	1/4	2	1/2	1	1					0.0136
S_{14}							1/5	1/3	1/4	1/2	2	1/2	1	1					0.0144
S_{15}															1	2	1/2	1/3	0.0483
S_{16}															1/2	1	1/3	1/4	0.0288
S_{17}															2	3	1	1/2	0.0831
S_{18}															3	4	2	1	0.1397
CR			0.035							0.091						0.012			

式中，RI 是 Saaty(1977)根据矩阵的顺序所产生的一致性指标平均值，一致性指数(CI)根据式(8-8)计算：

$$\mathrm{CI}=\frac{\lambda_{\max}-n}{n-1} \tag{8-8}$$

式中，$\lambda_{\max}$ 是矩阵的最大或主要特征值，n 是矩阵的顺序。CR 小于或等于 0.10 说明一致性水平是合理的；CR 大于 0.10 时需要修改判断矩阵。

8.2.5　生态安全指数

结合 AHP 方法计算的各指标权重，根据式(8-9)计算生态安全指数(ESI)：

$$\mathrm{ESI}=\sum_{i=1}^{18} S_i F_i \tag{8-9}$$

式中，S_i 是可转化为可以比较的评价指标 i，F_i 为指数 i 的权重，$\sum F_i=1$。

为了简化对结果的理解过程，将计算所得的 ESI 结果分为几类来说明具有明显差异的生态安全水平。也就是说，采用标准化分级的方法来分析结果。本节的综合指数等于 18 个因素的数值之和，那么结果通常在[0,10]区间内随机分布。本书将生态安全指数划分为五个等级，并对应于生态安全度。区域自然、社会和经济安全的综合体现为生态安全度，也是生态风险大小的体现。一般情况下，生态风险越大，生态安全指数越小，生态安全度就越低(王清,2005)。由于在国际上没有对生态安全度给予明确的划分界定,因此在本书中,借鉴有关生态安全的判别标准,将生态安全度划分为五个档次(熊鹰,2008),见表 8-9。

表 8-9　生态安全度划分

生态安全等级	生态安全指数	生态安全度	生态环境状况
1	8～10	安全	好(轻微)
2	6～8	较安全	较好(较轻微)
3	4～6	预警	一般(中等)
4	2～4	较不安全	较差(较严重)
5	0～2	不安全	差(严重)

8.2.6　结果与分析

本书以 1976 年作为研究初期,这是因为在此之前三江平原的完整数据难以获取。因此,选取 1977～1986 年、1987～1995 年、1996～2005 年和 2006～2010 年作为研究阶段。通过计算,表 8-10 为上述四个研究阶段所有指标的生态安全指数。

表 8-10　三江平原生态安全综合评价结果

指标	不同年份的指标值					不同年份的生态安全指数				
	1976	1986	1995	2005	2010	1976	1986	1995	2005	2010
S_1	3.79	4.74	9.52	2.31	0.00	0.077	0.096	0.192	0.047	0.000
S_2	0.00	1.71	3.08	4.23	7.91	0.000	0.054	0.097	0.133	0.248
S_3	0.00	0.00	0.00	2.33	0.97	0.000	0.000	0.000	0.335	0.139
S_4	5.00	3.33	6.25	2.95	10.0	0.230	0.153	0.287	0.135	0.459
S_5	0.78	0.00	0.00	0.00	0.00	0.071	0.000	0.000	0.000	0.000
S_6	10.0	9.73	10.0	10.0	10.0	0.679	0.661	0.679	0.679	0.679
S_7	6.00	6.00	5.00	4.00	3.00	0.404	0.404	0.337	0.270	0.202
S_8	9.34	9.48	6.90	7.20	10.0	0.387	0.393	0.286	0.298	0.414
S_9	10.0	2.17	0.00	9.07	10.0	1.006	0.218	0.000	0.912	1.006
S_{10}	10.0	9.57	9.75	9.99	10.0	0.297	0.284	0.290	0.297	0.297
S_{11}	10.0	9.82	9.61	10.0	10.0	0.109	0.107	0.105	0.109	0.109
S_{12}	10.0	10.0	0.00	3.25	10.0	0.221	0.221	0.000	0.072	0.221
S_{13}	0.00	10.0	10.0	1.09	0.00	0.000	0.136	0.136	0.015	0.000
S_{14}	5.17	0.00	0.00	0.00	10.0	0.074	0.000	0.000	0.000	0.144
S_{15}	8.00	8.00	8.00	8.00	6.00	0.386	0.386	0.386	0.386	0.290
S_{16}	3.00	5.00	8.00	8.00	9.00	0.086	0.144	0.230	0.230	0.259
S_{17}	2.50	3.00	2.00	2.00	3.00	0.208	0.249	0.166	0.166	0.249
S_{18}	1.00	2.00	3.00	4.00	6.00	0.140	0.279	0.419	0.559	0.838
合计	94.58	94.55	91.11	88.42	115.88	4.375	3.785	3.610	4.643	5.554

三江平原在 1976 年、1986 年、1995 年、2005 年和 2010 年的 ESI 值分别为 4.375、3.785、3.610、4.643 和 5.554。根据生态安全度划分，1976 年三江平原处于生态安全预警状态，到 1986 年时生态安全度已经下降到较不安全状态，并一直到 1995 年保持这种状态。从 2005 年开始，生态安全度又重新恢复到预警状态，在 2005～2010 年期间生态安全指数呈现上升的趋势，说明生态安全度向着较安全的状态变化。这主要是由于政府和人们逐渐意识到经济快速发展所付出的环境代价，并通过改进农业措施和增加环境保护投入改善其生态环境。

由图 8-5 可知，1976～2010 年三江平原的压力指数逐渐增加，生态环境受到的外部压力呈现减小的趋势；状态指数在 1995 年最小，1995～2010 年再次呈现上升的趋势，说明生态环境破坏后，难以恢复到原来的状态；响应指数也逐渐增加，呈现上升的态势。

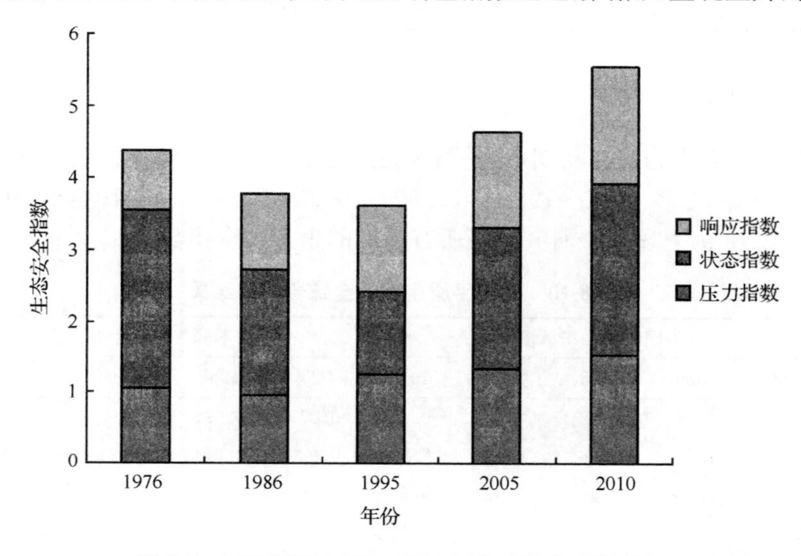

图 8-5　三江平原 1976～2010 年生态安全状况变化

由图 8-6 可以看出，1976 年三江平原生态安全处于预警状态，其主要原因是压力指数和响应指数较小。其中在压力指标中，人口数量和粮食产量生态安全指数小，由于人口的急剧增长和国家粮食产量的需求，使得三江平原生态安全压力较大。同时，由于科技发展的不发达，面对生态环境压力难以响应。人口和经济的不断增长，导致三江平原在 1986 年生态环境已经处于较不安全状态。到 1995 年时区域在社会经济发展的压力下，其生态环境状态已经呈现出被破坏的状态，这主要是因为农业活动中化肥使用强度的逐渐增加。2005 年时三江平原生态安全恢复到预警状态，这时人口增长已经得到基本控制，但区域仍然面临着粮食增长的压力，但是由于环境保护投入的增加和国家政策，政府管理部门开始重视生态环境的保护和治理。与 2005 年相比，2010 年的生态环境压力、状态和响应指数不断增加。三个指数中，压力指数最小，说明三江平原的生态环境状况有所改善，国家政府对环境治理的力度也增加，但是仍然面临着土地利用变化的压力。另外，由于区域农业开发的特殊性，流动人口较多，人口增长的压力再次凸显出来。

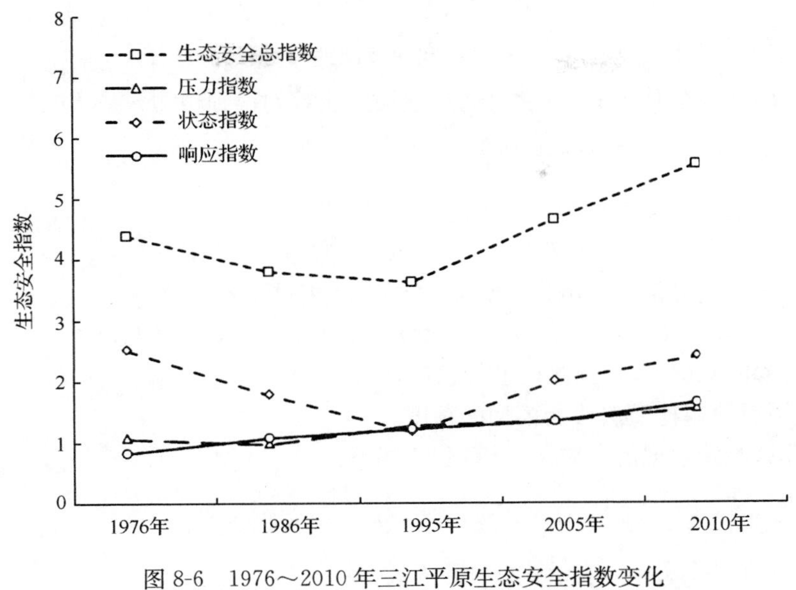

图 8-6　1976～2010 年三江平原生态安全指数变化

8.3　三江平原生态安全预警与调控研究

8.3.1　灰色预测模型 GM(1,1)

灰色预警方法中最常用的是 GM(1,1)模型。本书采用该模型对三江平原的生态安全状况进行预测。灰色预测模型 GM(1,1)属于微分回归分析(周健和刘占才,2011),通过 GM(1,1)得到无偏 GM(1,1)模型(Westing, 1989; Homerdixion, 1991),它是基于响应不变法的灰色预测模型,在研究中得到了广泛的应用(Homerdixion, 1994; Karasov, 2000)。其建模过程如下。

第一步:设有原始数列 $x^{(0)}(t)=\{x^{(1)}(1),x^{(1)}(2),\cdots,x^{(1)}(n)\}$

$$\text{其中:}\quad x^{(1)}(i)=\sum_{i=1}^{i}x^{(0)}(t) \tag{8-10}$$

$x^{(1)}(k)$ 在模型中的微分方程表达式(8-11):

$$\frac{\mathrm{d}x^{(1)}}{\mathrm{d}t}+ax^{(1)}=u \tag{8-11}$$

第二步:根据式(8-10)和式(8-11)构造累加矩阵 $\boldsymbol{H}$ 以及常数项向量 $\boldsymbol{Y}_n$,其表达式为

$$\boldsymbol{H}=\begin{bmatrix} -\frac{1}{2}(x^{(1)}(1)+x^{(1)}(2)) & 1 \\ -\frac{1}{2}(x^{(1)}(2)+x^{(1)}(3)) & 1 \\ M & 1 \\ -\frac{1}{2}(x^{(1)}(n-1)+x^{(1)}(n)) & 1 \end{bmatrix}$$

$$\boldsymbol{Y}_n = (Xt^{(0)}(2), Xt^{(0)}(3), L, Xt^{(0)}(n))^T \tag{8-12}$$

第三步：通过最小二乘法求得灰参数向量 $\hat{\boldsymbol{a}}$，$\hat{\boldsymbol{a}}=[\boldsymbol{H}^{\mathrm{T}}\boldsymbol{H}]^{-1}\boldsymbol{H}^{\mathrm{T}}\boldsymbol{Y}_n$

第四步：将灰参数代入时间函数，通过累加生成数列得到预测 $\hat{x}^{(1)}(k)$：

$$\hat{x}^{(1)}(k+1) = [x^{(0)}(1) - \frac{u}{a}]\mathrm{e}^{-ak} + \frac{u}{a} \tag{8-13}$$

第五步：求最终还原模型为

$$\hat{x}^{(0)}(k+1) = \hat{x}^{(1)}(k+1) - \hat{x}^{(1)}(k) \tag{8-14}$$

第六步：根据实测值与预测值计算 $\varepsilon^{(0)}(t)$ 以及相对误差 $e(t)$。

$$\varepsilon^{(1)}(t) = x^{(0)}(t) - \hat{x}^{(0)}(t), \quad e(t) = \varepsilon^{(0)}(t)/x^{(0)}(t) \tag{8-15}$$

第七步：诊断 GM(1,1)预测模型的精度，并进行生态安全预警。

本节采用后验差检验法诊断模型的精度。

首先，计算原始数据的离差 s_1，计算公式如下：

$$s_1^2 = \sum_{t=1}^{m}(x^{(0)}(t) - \bar{x}^{(0)}(t))^2 \tag{8-16}$$

计算 $\varepsilon^{(0)}(t)$ 的离差 s_2，表示式(8-17)为

$$s_2^2 = \frac{1}{m-1}\sum_{t=1}^{m-1}(q^{(0)}(t) - \bar{q}^{(0)}(t))^2 \tag{8-17}$$

式中，$q^{(0)}(t)$表示样本容量。

计算后验比 c 和小误差概率 p，计算公式如下：

$$c = s_1/s_2 \tag{8-18}$$

$$p = \{\,|q^{(0)}(t) - \bar{q}^{(0)}(t)| < 0.6745 s_1\,\} \tag{8-19}$$

如果实测值与预测值的均方差比值 $c<0.35$，且小误差概率 $p>0.95$，说明模型 GM(1,1)精度可以满足预测要求，对生态安全指数的预测值可信。

8.3.2 生态安全预警与分析

通过 PSR 模型计算 2001～2010 年三江平原的生态安全指数。由图 8-7 看出，三江平原生态安全指数呈现上升趋势。2001～2005 年生态安全处于较不安全状态，2006～2010 年生态安全处于预警状态。由于生态环境的破坏，生态系统功能价值下降，其生态环境受外界干扰后难以恢复。但是由于科技进步的发展和国家对生态环境的重视，三江平原的生态安全状况与 2005 年之前相比已有所改善。

1. 生态安全综合评价指数预警与分析

根据三江平原 2001～2010 年的生态安全综合评价指数，进行残差分析，并预测2011～2020 年研究区的生态安全综合指数，得到整体生态安全综合评价指数预测公式为：$x^{(1)}_{(k+1)} = 164.2707\mathrm{e}^{0.0255k} - 160.0627$。图 8-8 为评价综合指数的计算值与模拟值对比分析。

表 8-11 为 2001～2010 年生态安全综合指数的模拟结果，从中可以看出，在模型精确度的检验中，均方差比值 $c=0.2580$（很好），小误差概率 $p=1.0000$（很好），表明 GM(1,1)模型符合生态安全综合评价预测精度。

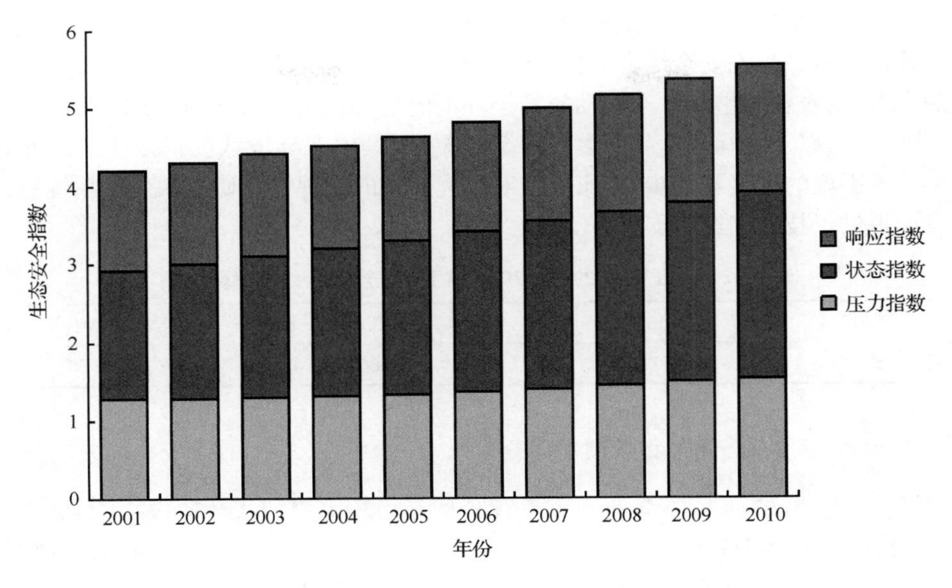

图 8-7　三江平原 2001～2010 年生态安全指数变化

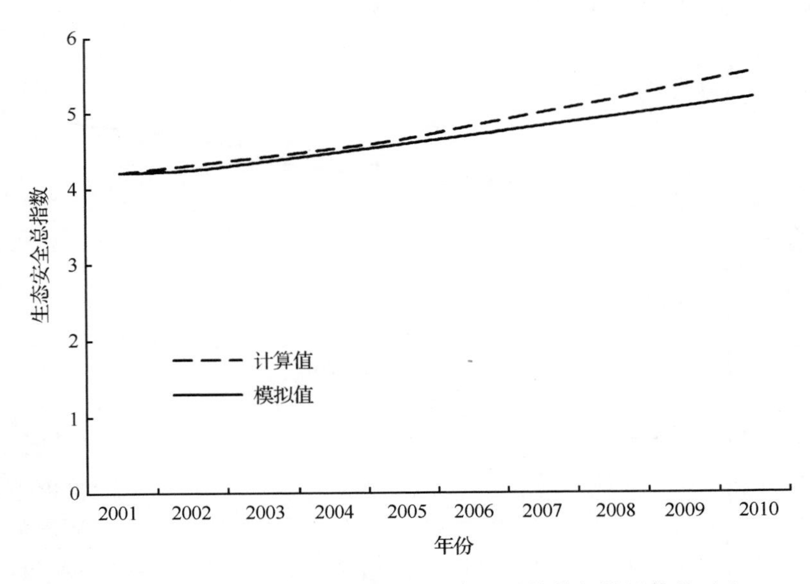

图 8-8　三江平原生态安全综合评价指数计算值与模拟值的对比

表 8-11　三江平原生态安全评价综合指数计算值与模拟值的拟合结果

年份	2001	2002	2003	2004	2005	2006	2007	2008	2009	2010
计算值	4.208	4.309	4.416	4.522	4.643	4.819	5.003	5.176	5.373	5.554
模拟值	4.208	4.243	4.352	4.465	4.580	4.698	4.820	4.944	5.072	5.203
残差	0.000	0.066	0.064	0.057	0.063	0.121	0.183	0.232	0.301	0.351
模型精度 p=1.0000　c=0.2580										

根据目标层生态安全指数的预测模型，表 8-12 为三江平原 2011～2020 年的生态安全综合评价指数。生态安全综合评价指数逐渐增加，说明尽管三江平原随着人口增加和农业的发展，由农业开垦和生产活动施加于环境的危害越来越大，但同时由于人类环保理念的不断深入，以及对绿色食品和食品安全的要求，其生态环境状况得以改善。此外，各种科学技术手段的发展与进步，国家政策对环境保护的重视也为研究区生态系统稳定、有序的发展提供了技术和经济支撑。

表 8-12　三江平原 2011～2020 年生态安全评价综合指数预测

年份	2011	2012	2013	2014	2015	2016	2017	2018	2019	2020
预测值	5.337	5.475	5.617	5.762	5.910	6.063	6.220	6.380	6.545	6.714

2. *压力层生态安全评价指数预警与分析*

将三江平原 2001～2010 年生态安全评价体系中压力层的指数值，输入 GM(1,1) 模型，经过 2 次残差序列分析，对 2011～2020 年的生态安全压力指数进行预测，其预测公式为 $x_{(k+1)}^{(1)} = 164.2707\mathrm{e}^{0.0255k} - 160.0627$，并对 2001～2010 年的生态安全压力指数计算值与模拟结果进行对比分析(图 8-9)。

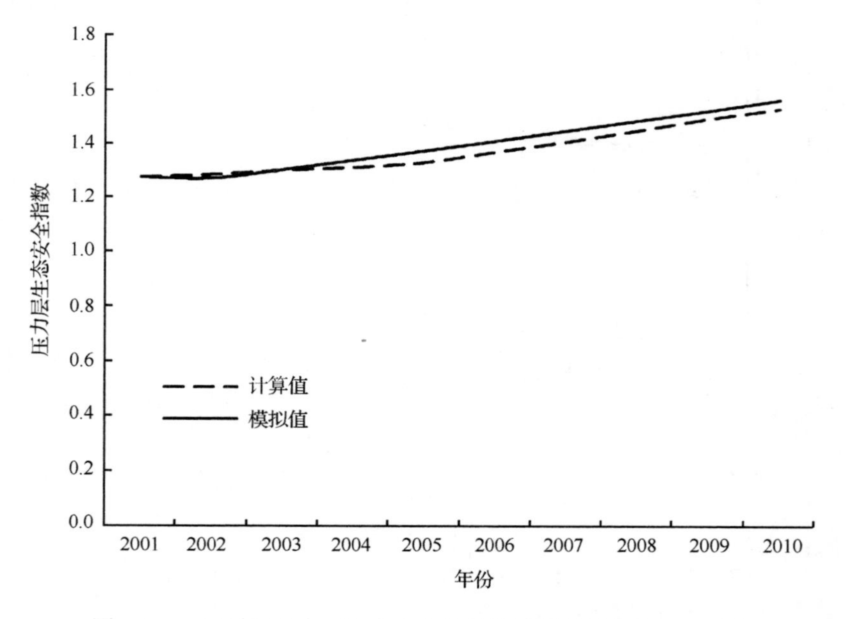

图 8-9　三江平原压力层生态安全指数计算值与模拟结果的对比

表 8-13 为根据生态安全压力层指数预测模型，得到的 2001～2010 年拟合结果。由表可以看出，在对模型进行精确度检验中，均方差比值 $c=0.2375$(很好)，小误差概率 $p=1.0000$(很好)，说明 GM(1,1) 预测模型的精度可以满足压力层生态安全指数的预测。

表 8-13　压力层生态安全评价指数 GM(1,1)模型拟合结果

年份	2001	2002	2003	2004	2005	2006	2007	2008	2009	2010
计算值	1.276	1.285	1.301	1.311	1.329	1.368	1.404	1.445	1.489	1.525
模拟值	1.276	1.271	1.303	1.337	1.371	1.406	1.443	1.480	1.517	1.557
残差	0.000	0.014	−0.002	−0.026	−0.042	−0.038	−0.039	−0.035	−0.028	−0.032
模型精度 $p=1.0000$　$c=0.2375$										

根据上述压力层预测模型计算得到 2011～2020 年生态安全压力层指数(表 8-14)，说明研究区生态环境压力逐渐增加。在生态安全状况改善的情况下，由于三江平原作为国家的重要粮食生产基地，其粮食增长的需求仍在扩大，这将为三江平原的生态环境持续带来压力。同时，在农业发展的过程中，由于农业活动需要更多的务农工人，其人口流动性较大，这对研究区的生态环境也会产生不利影响。

表 8-14　三江平原 2011～2020 年压力层生态安全评价指数预测

年份	2011	2012	2013	2014	2015	2016	2017	2018	2019	2020
预测值	1.597	1.638	1.680	1.723	1.768	1.813	1.860	1.908	1.957	2.007

3. 状态层生态安全评价指数预警与分析

将 2001～2010 年三江平原的状态层生态安全指数输入到预测模型中，经过 3 次残差序列分析，得到状态层生态安全评价指数预测公式为：$x_{(k+1)}^{(1)}=49.2469e^{0.0344k}-47.5959$。图 8-10 为状态层 2001～2010 年生态安全指数的计算值与模型预测结果的对比，从中可以看出，两者的相似度较好。

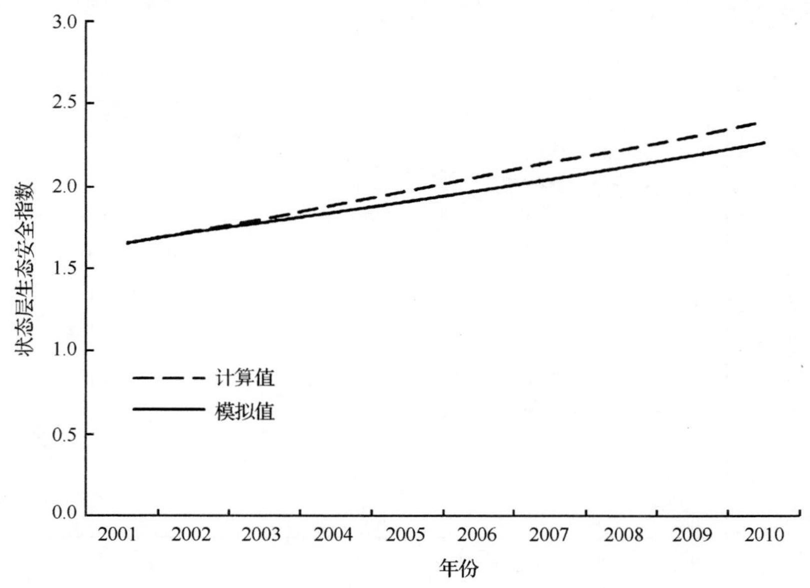

图 8-10　研究区生态安全状态层指数计算值与模拟值的对比

表 8-15 为 2001～2010 年三江平原生态安全状态层指数的拟合结果，可以看出在精确度检验中，均方差比值 $c=0.1412$（很好），且小误差概率 $p=1.0000$（很好），说明状态层生态安全指数预测模型的精度很高，符合判别要求。

表 8-15　状态层生态安全评价指数 GM(1,1)模型拟合结果

年份	2001	2002	2003	2004	2005	2006	2007	2008	2009	2010
实际值	1.651	1.729	1.805	1.890	1.973	2.059	2.148	2.221	2.303	2.393
模拟值	1.651	1.724	1.784	1.846	1.911	1.978	2.047	2.119	2.193	2.270
残差	0.000	0.005	0.021	0.044	0.062	0.081	0.101	0.102	0.110	0.123
模型精度 $p=1.0000$　$c=0.1412$										

根据状态层生态安全指数预测公式计算得到 2011～2020 年的状态指数（表 8-16），可以看出，状态指数呈现上升趋势，说明随着科技发展及生态环境的治理、研究区农业示范工程的建设，以及试验基地的建设，对改善区域生态环境状况有所成效。虽然研究区的生态安全压力不断增加，生态安全难以达到极安全状态，但是在生态环境状况不断改善的情况下，生态安全可能由预警状态向着安全的方向发展。

表 8-16　三江平原 2011～2020 年状态层生态安全评价指数预测

年份	2011	2012	2013	2014	2015	2016	2017	2018	2019	2020
预测值	2.349	2.431	2.516	2.604	2.696	2.790	2.888	2.989	3.093	3.202

4. 响应层生态安全评价指数预警与分析

将 2001～2010 年生态安全响应层评价指数输入 GM(1,1)模型，经过 1 次残差序列分析得到预测公式为：$x^{(1)}_{(k+1)}=19.397e^{0.067k}-18.0552$。通过响应层生态安全指数的计算值与预测结果对比（图 8-11）分析，发现两者的相似度极高。

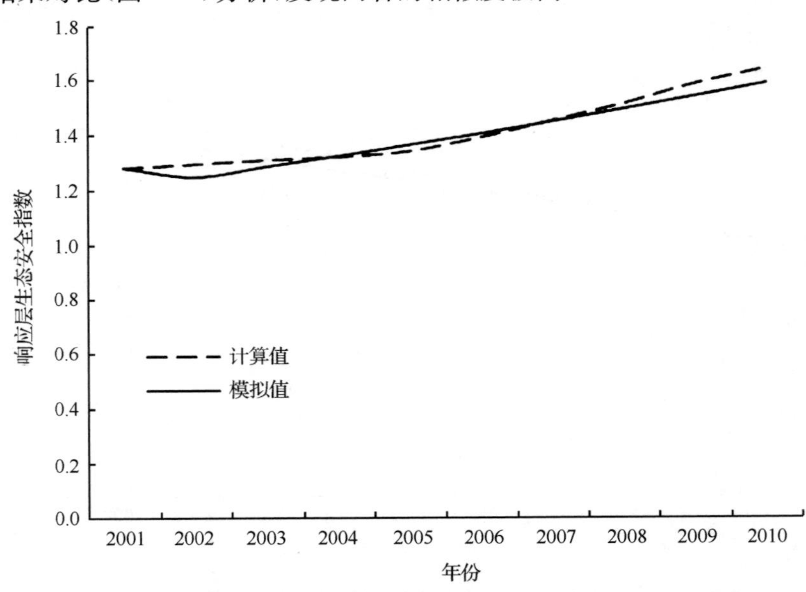

图 8-11　三江平原生态安全响应层评价指数计算值与预测结果对比分析

根据表 8-17 中三江平原 2001～2010 年生态安全响应层评价指数的拟合结果，可以看出均方差比值 $c=0.2189$，小于 0.35，且小误差概率 $p=1.0000$，大于 0.95，说明 GM(1,1)预测模型在响应层的应用精度很高，可以用于响应层生态安全指数的预测。根据模型预测公式计算，2011～2020 年生态安全响应层评价指数见表 8-18。

表 8-17　响应层生态安全评价指数 GM(1,1)模型拟合结果

年份	2001	2002	2003	2004	2005	2006	2007	2008	2009	2010
计算值	1.281	1.295	1.310	1.321	1.341	1.392	1.451	1.510	1.581	1.636
模拟值	1.281	1.249	1.287	1.325	1.365	1.406	1.448	1.492	1.537	1.583
残差	0.000	0.046	0.023	−0.004	−0.024	−0.014	0.003	0.018	0.044	0.053
模型精度 $p=1.0000$　$c=0.2189$										

表 8-18　三江平原 2011～2020 年响应层生态安全评价指数预测

年份	2011	2012	2013	2014	2015	2016	2017	2018	2019	2020
预测值	1.630	1.679	1.730	1.782	1.835	1.890	1.947	2.006	2.066	2.128

8.3.3　生态安全预警调控研究

1. 生态安全系统预警调控

以 2001～2010 年生态安全评价指数为基础，预测 2011～2020 年的生态安全状况，因此，以 2010 年 18 项评价指标为基础进行生态系统的预警调控。对于正向(越大越好)的指标分别增加 5%；而对于负向(越小越好)的指标分别减少 5%。然后设置不同的情景，计算每个情景考察下的生态安全指数敏感变化百分率。

本书中，越大越好的指标包括：S_1、S_2、S_6、S_8、S_9、S_{10}、S_{11}、S_{13}、S_{14}、S_{17} 和 S_{18}；越小越好的指标为：S_3、S_4、S_5、S_7、S_{12} 和 S_{15} 六项指标。

研究中，生态安全指数敏感变化百分率通过情景设置进行考察，其情景设置如表 8-19。

表 8-19　生态安全指数敏感变化百分率的情景设置

序号	情景设置
情景 1	改变压力子系统的 6 项评价指标
情景 2	改变状态子系统的 8 项评价指标
情景 3	改变响应子系统的 4 项评价指标
情景 4	改变压力子系统和状态子系统的 14 项评价指标
情景 5	改变压力子系统和响应子系统的 10 项评价指标
情景 6	改变状态子系统和响应子系统的 12 项评价指标
情景 7	改变生态系统压力子系统、状态子系统和响应子系统的 18 项评价指标

根据式(8-20)计算生态安全指数的敏感变化百分率。

$$S = |I - I_0| / I_0 \tag{8-20}$$

式中，S 表示生态安全指数敏感变化百分率；I_0 和 I 分别表示基年(2010 年)和情景分析的生态安全评价指数。2010 年的生态安全综合评价指数为 5.556，在此基础上计算不同情景下的敏感变化率。

由表 8-20 可知，三江平原的生态安全调控结果如下。

表 8-20　研究区生态安全系统、子系统调控结果

情景设置	压力层生态安全指数	状态层生态安全指数	响应层生态安全指数	目标层生态安全总指数	敏感度变化/%
情景 1	1.542	2.393	1.637	5.572	0.29
情景 2	1.526	2.471	1.637	5.634	1.40
情景 3	1.526	2.393	1.689	5.608	0.94
情景 4	1.542	2.471	1.637	5.650	1.69
情景 5	1.542	2.393	1.689	5.624	1.22
情景 6	1.526	2.471	1.689	5.686	2.34
情景 7	1.542	2.471	1.689	5.702	2.63

情景 1：敏感变化百分率为 0.29%，变化速度小于 1%。压力子系统对总系统生态安全的贡献率低于平均数。

情景 2：敏感度的变化为 1.40%，变化速度大于 1%，说明状态子系统对总系统生态安全的贡献率超过均值。

情景 3：敏感变化百分率为 0.94%，说明响应子系统对总系统生态安全的贡献率较小，低于平均值。

情景 4：敏感度变化百分率为 1.69%，变化速度大于 1%，说明三江平原压力子系统和状态子系统构成的组合系统对区域总体生态安全的贡献率较高。

情景 5：敏感变化百分率为 1.22%，变化速度大于 1%，表明压力子系统和响应子系统构成的综合系统对三江平原的生态安全贡献率偏高。

情景 6：敏感度变化为 2.34%，变化速率远远大于 1%，表明状态子系统和响应子系统之和对研究区整体生态安全贡献率高。

情景 7：敏感变化百分率为 2.63%，变化速度远大于 1%，说明 2010 年三江平原在生态环境约束下，生态安全变化对评价指标较敏感，即使是评价指标较小的变化可能也会给区域生态安全带来较大的变化。同时，情景 7 的结果还表明，三江平原生态系统结构比较不稳定，容易受到外部干扰。

2. 生态安全系统敏感指标调控

本书中，将权重大于 0.03 的评价指标视为生态安全系统的敏感指标，以 2010 年的 11 项敏感指标的原始数据为基准，进行敏感指标调控研究。同样，对于越大越好的敏感指标增加 5%，包括压力子系统的年降水量和 GDP，状态子系统的水土流失率和化肥使用强度，响应子系统的状态改进指数和环境保护投入。对越小越好的敏感指标减少 5%，包括压力子系统的人口数量，人口自然增长率和粮食产量，状态子系统的土壤侵蚀强度和响应子系统的国家政策。根据以下七种情景考察生态安全敏感因子(表 8-21)。

表 8-21　生态安全敏感指标调控的情景设置

序号	情景设置
情景 1	改变压力子系统的 5 项敏感指标
情景 2	改变状态子系统的 3 项敏感指标
情景 3	改变响应子系统的 3 项敏感指标
情景 4	改变压力子系统和状态子系统的 8 项敏感指标
情景 5	改变压力子系统和响应子系统的 8 项敏感指标
情景 6	改变状态子系统和响应子系统的 6 项敏感指标
情景 7	改变生态系统压力子系统、状态子系统和响应子系统的 11 项敏感指标

由表 8-22 可知，三江平原的生态安全调控结果如下。

表 8-22　三江平原生态安全系统敏感评价指标的调控结果

情景设置	压力子系统生态安全指数	状态子系统生态安全指数	响应子系统生态安全指数	研究区生态安全指数	敏感变化百分率/%
情景 1	1.542	2.393	1.637	5.572	0.29
情景 2	1.526	2.454	1.637	5.617	1.10
情景 3	1.526	2.393	1.676	5.595	0.70
情景 4	1.542	2.454	1.637	5.633	1.39
情景 5	1.542	2.393	1.676	5.611	0.99
情景 6	1.526	2.454	1.676	5.656	1.80
情景 7	1.542	2.454	1.676	5.672	2.09

情景 1：敏感度变化为 0.29%，其变化速度远小于 1%，低于平均数，说明 5 个敏感指标对压力子系统生态安全的影响较小。

情景 2：敏感变化百分率为 1.10%，变化速度大于 1%，说明状态子系统的敏感指标对区域整体生态安全的贡献率偏大，超过平均值。3 个敏感指标对状态子系统生态安全影响的贡献率为 1.10%/1.40%=78.57%。

情景 3：敏感度变化为 0.70%，变化速度小于 1%，说明响应子系统敏感评价指标对三江平原的生态安全贡献率偏小，低于平均数。

情景 4：敏感变化百分率为 1.39%，其变化速度高于 1%，说明压力子系统和状态子系统的敏感评价指标构成的综合系统对研究区生态安全的贡献率偏高，8 个敏感指标对整体生态安全的影响贡献率为 1.39%/1.69%=82.25%。

情景 5：敏感度变化为 0.99%，，变化速度接近 1%，说明压力子系统和响应子系统的敏感评价指标构成的综合系统对三江平原生态安全的贡献率与平均数相当。其 8 个敏感指标对压力子系统和响应子系统的生态安全影响的贡献率为 0.99%/1.22%=81.15%。

情景 6：敏感变化百分率为 1.80%，远远大于 1%，说明状态子系统和响应子系统的敏感指标对整体生态安全的影响较大，6 个敏感指标对两个子系统的生态安全影响贡献率为 1.80%/2.34%=76.92%。

情景 7：生态系统所有敏感评价指标改变时，敏感变化百分率为 2.09%，远大于 1%，11 个敏感评价指标对整体生态安全的影响贡献率为 79.47%，说明 2010 年三江平原生态系统敏感指标的小变化可以带来较大的生态安全变化，区域生态安全对生态系统的敏感评价指标较为敏感。

8.3.4　生态安全对策

根据研究区生态安全评价及预警调控分析，发现三江平原生态安全处于预警的状态。根据预警调控研究，其生态安全有改善的趋势，但在农业发展过程中，作为国家重要的粮食生产基地，粮食增长的压力不可避免。生态承载力难以满足经济发展的要求，生态系统处于不稳定的状态。因此，应该采取积极的措施来改善生态环境破坏的状态。本节从生态安全的相关理论和农区自身特点，提出以下生态安全调控措施。

1. 控制人口数量

根据生态安全敏感指标分析，发现人口数量及人口自然增长率是压力子系统的敏感指标。人口越多，那么人均生态承载力越小，因此，控制人口数量对于集约化农区的可持续发展是很必要的。尤其是三江平原耕地面积比例大，农业生产需要一定的体力劳动者，吸引着越来越多的外地人员，人口数量的增加对生态环境的压力对区域生态安全造成威胁。为了减缓生态环境压力，应该控制人口数量。

2. 运用生态技术，减少农药化肥使用量

我国由于人口众多而耕地有限，单位面积的土地开发强度大。但在区域可垦面积有限、土地开发强度较高的局面下，只能把化学品投入作为增加粮食产量的主要手段。化肥农药的施用不仅造成土壤肥力下降，而且也引起了农业面源等水体污染问题。因此，在农业生产中应该使用生态农业技术，根据土壤普查结果，实施配方施肥，提高肥料的利用率，加大有机肥的使用。开发利用低毒、低残留农药和农药降解剂，控制农药施用量，以减少其对生态环境的破坏。

3. 优化土地利用结构

东北集约化农区土地利用的结构性障碍在于耕地比例偏高，湿地、林地和草地比例偏低。因此，为了协调粮食生产和生态环境关系，应该以林地和湿地为基础，以耕地为中心，以草地和水域为保障的原则进行区域土地利用优化配置。加强土地整理和复垦工作，保证农业粮食产量的，同时，对水土流失和环境污染进行综合治理。从人口、资源与环境协调发展的关系出发，调整土地利用结构，科学合理地编制土地利用规划。

4. 建立集约化农区生态安全预警系统

农业活动通过增加化学品输入和改变区域土地利用结构为区域生态系统带来风险，

从而改变了研究区生态格局与过程。通过生态安全监测与预警来有效地指导生态系统管理是区域生态安全研究的一个趋势。因此，为了能够及时发现警情，建立了生态安全信息数据库和智能决策系统，确立了生态安全预警示范区。同时，借鉴瑞典建立的生态安全预警机制，分别按照行业和区域运作。在集约化农区建立以生态农业型的生态安全预警示范区，在生态良性循环的基础上，实现了农业经济的可持续发展。

参考文献

巴特尔·巴克，彭镇华，张旭东，等. 2007. 生物地球化学循环模型 DNDC 及其应用. 土壤通报，(6)：1208-1212.

白军红，欧阳华，邓伟，等. 2005. 湿地氮素传输过程研究进展. 生态学报，25(2)：326-333.

鲍士旦. 2000. 土壤农化分析. 北京：中国农业出版社.

蔡明，李怀恩，庄咏涛，等. 2004. 改进的输出系数法在流域非点源污染负荷估算中的应用. 水利学报，7(7)：40-45.

曹良元，张磊，蒋先军，等. 2009. 土壤硝化作用在团聚体中的分布以及耕作的影响. 西南大学学报（自然科学版）ISTIC，31(5).

曹宁，曲东，陈新平，等. 2006. 东北地区农田土壤氮、磷平衡及其对面源污染的贡献分析. 西北农林科技大学学报（自然科学版），(07).

曹志洪，周健民. 2008. 中国土壤质量. 北京：科学出版社.

陈春梅，谢祖彬，朱建国，等. 2007. FACE 处理的小麦秸秆还田对稻田 CH_4 排放的影响. 农业环境科学学报，26(4)：1550-1555.

陈冬花，邹陈，王苏颖，等. 2011. 基于 DEM 的伊犁河谷气温空间插值研究. 光谱学与光谱分析. (7)：1925-1929.

陈伏生，曾德慧，陈广生. 2004. 土地利用变化对沙地土壤全氮空间分布格局的影响. 应用生态学报，15(6)：953-957.

陈利顶，傅伯杰. 2000. 农田生态系统管理与非点源污染控制. 环境科学，21(002)：98-100.

陈伦寿. 1996. 应正确看待化肥利用率. 磷肥与复肥，11(4)：4-7.

陈敏鹏，陈吉宁. 2007. 中国区域土壤表观氮磷平衡清单及政策建议. 环境科学，(06).

陈全胜，李凌浩，韩兴国，等. 2003. 水分对土壤呼吸的影响及机理. 生态学报，23(5)：972-978.

陈四清，崔骁勇. 1999. 内蒙古锡林河流域大针茅草原土壤呼吸和凋落物分解的 CO_2 排放速率研究. 植物学报：英文版，41(6)：645-650.

陈同斌，徐鸿涛. 1998. 中国农用化肥氮磷钾需求比例的研究. 地理学报，53(001)：32-41.

陈同斌，曾希柏，胡清秀. 2002. 中国化肥利用率的区域分异. 地理学报，57(5)：531-538.

陈文英，毛致伟，沈万斌，等. 2005. 农业非点源污染环境影响及防治. 北方环境，30(2)：43-45.

陈志雄. 1985. 农田水量平衡. 土壤学进展，1：1-8.

程红光，岳勇，杨胜天，等. 2006. 黄河流域非点源污染负荷估算与分析. 环境科学学报，(3)：384-391.

程丽娟，薛泉宏. 2000. 微生物学实验技术. 西安：世界图书出版社：80-81.

程先富，史学正，于东升，等. 2007. 基于 GIS 的土壤全氮空间分布估算——以江西省兴国县为例. 地理研究，26(1)：110-116.

崔胜辉，洪华生，黄云风，等. 2005. 生态安全研究进展. 生态学报，25(4)：861-868.

单艳红，杨林章，颜廷梅，等. 2005. 水田土壤溶液磷氮的动态变化及潜在的环境影响. 生态学报，25(1)：115-122.

党丽娟，刘仁义，马耀光，等. 2010. 灌溉对黄土层中全氮含量淋失的试验研究. 水土保持研究，(1)：238-240.

邓美华，尹斌，张绍林，等. 2006. 不同施氮量和施氮方式对稻田氨挥发损失的影响. 土壤，38(3)：263-269.

丁长春，王兆群，丁清波. 2001. 水体富营养化污染现状及防治. 甘肃环境研究与监测，14(2)：112-113.

段华平，牛永志，李凤博，等. 2009. 耕作方式和秸秆还田对直播稻产量及稻田土壤碳固定的影响. 江苏农业学报，25(3)：706-708.

段宁. 2001. 清洁生产，生态工业和循环经济. 环境科学研究，14(6)：1-4.

段永惠，张乃明，张玉娟. 2004. 农田径流氮磷污染负荷的田间施肥控制效应. 水土保持学报，18(003)：130-132.

范拴喜，甘卓亭，李美娟，等. 2010. 土壤重金属污染评价方法进展. 中国农学通报，26(17)：310-315.

方玉东，封志明，胡业翠，等. 2007. 基于 GIS 技术的中国农田氮素养分收支平衡研究. 农业工程学报，(07).

冯朝阳，吕世海，高吉喜，等. 2008. 华北山地不同植被类型土壤呼吸特征研究. 北京林业大学学报，30(2)：20-26.

傅伯杰，郭旭东. 2001. 土地利用变化与土壤养分的变化——以河北省遵化县为例. 生态学报，21(006)：926-931.

傅靖. 2007. 我国农田生态系统养分氮磷钾平衡研究. 北京：中国农业大学硕士学位论文.

高超,张桃林,吴蔚东. 2001. 不同利用方式下农田土壤对磷的吸持与解析特性. 环境科学,22(4):67-72.

高鲁鹏,梁文举,姜勇,等. 2004. 利用 CENTURY 模型研究东北黑土有机碳的动态变化Ⅰ. 自然状态下土壤有机碳的积累. 应用生态学报,15(5):772-776.

高扬,朱波,王玉宽,等. 2006. 自然和人工模拟降雨条件下紫色土坡地的磷素迁移. 水土保持学报,20(5):34-37.

高扬,朱波,周培,等. 2008. 紫色土坡地氮素和磷素非点源输出的人工模拟研究. 农业环境科学学报,27(4):1371-1376.

高志强,刘纪远,庄大方. 1999. 基于 GIS 的中国土地资源生态环境质量同人口分布的关系研究. 遥感学报,3(1):66-70.

郭观林,周启星. 2004. 中国东北北部黑土重金属污染趋势分析. 中国科学院研究生院学报, 21(3): 386-392.

郭鸿鹏,朱静雅,杨印生. 2008. 农业非点源污染防治技术的研究现状及进展. 农业工程学报,24(4):290-295.

郭龙珠,彭世彰,王福林. 2005. 基于 ArcGIS 的三江平原地下水水文过程仿真. 农业工程科技创新与建设现代农业——2005 年中国农业工程学会学术年会论文集第三分册.

郭同德. 2004. GIS 中空间数据位置不确定性的模型与试验研究. 郑州:中国人民解放军信息工程大学博士学位论文.

郭笑笑,刘丛强,朱兆洲,等. 2011. 土壤重金属污染评价方法 . 生态学杂志,30(5): 889-896.

郭云周,刘建香,贾秋鸿,等. 2009. 不同农艺措施组合对云南红壤坡耕地氮素平衡和流失的影响. 农业环境科学学报,(04).

郭中伟. 2001. 建设国家生态安全预警系统与维护体系——面对严重的生态危机的对策. 科技导报,(1):54-56.

郝芳华,程红光,杨胜天. 2006a. 非点源污染模型——理论方法与应用. 北京:中国环境科学出版社.

郝芳华,欧阳威,李鹏,等. 2008a. 河套灌区不同灌季土壤氮素时空分布特征分析. 环境科学学报, 28(5).

郝芳华,欧阳威,岳勇,等. 2008b. 内蒙古农业灌区水循环特征及对土壤水运移影响的分析. 环境科学学报,28(5):825-831.

郝芳华,杨胜天,程红光,等. 2006b. 大尺度区域非点源污染负荷计算方法. 环境科学学报,(3):375-383.

何永祺. 1980. 试论三江平原地区合理开发与科学整治. 自然资源研究, (02): 1-7.

何振立,周启星,谢正苗. 1998. 污染及有益元素的土壤化学平衡. 北京:中国环境科学出版社.

洪瑜,方晰,田大伦. 2006. 湘中丘陵区不同土地利用方式土壤碳氮含量的特征. 中南林学院学报, 26(6): 9-16.

胡梅,樊娟,刘春光. 2007. 根据“源-流-汇”逐级控制理念治理农业非点源污染. 天津科技, 34(006): 14-16.

胡玉婷,廖千家骅,王书伟,等. 2011. 中国农田氮淋失相关因素分析及总氮淋失量估算. 土壤, (01).

黄国宏, 陈冠雄. 1999. 土壤含水量与 N_2O 产生途径. 应用生态学报, 10(1): 53-56.

黄妮,刘殿伟,王宗明,等. 2009. 1954-2005 年三江平原自然湿地分布特征研究. 湿地科学,7(1):33-39.

黄耀,刘世梁,沈其荣,等. 2002. 环境因子对农业土壤有机碳分解的影响. 应用生态学报, (6): 709-714.

黄奕龙,傅伯杰,陈利顶. 2003. 生态水文过程研究进展. 生态学报, 23(3): 580-587.

黄元仿. 1996. 区域土壤氮素行为与土壤水、氮管理. 北京:中国农业大学博士学位论文.

黄元仿,周志宇,苑小勇,等. 2004. 干旱荒漠区土壤有机质空间变异特征. 生态学报, 24(12): 2776-2781.

黄志霖,田耀武,肖文发. 2008. AGNPS 模型机理与预测偏差影响因素. 生态学杂志,27(10):1806-1813.

黄智刚,李保国,胡克林. 2006. 丘陵红壤蔗区土壤有机质的时空变异特征. 农业工程学报,(11):58-63.

黄忠良. 2000. 运用 Century 模型模拟管理对鼎湖山森林生产力的影响. 植物生态学报, 24(2): 175-179.

江长胜,郝庆菊,宋长春,等. 2010. 垦殖对沼泽湿地土壤呼吸速率的影响. 生态学报, 30(17): 4539-4548.

姜岩. 1998. 吉林省土壤肥料总站. 吉林土壤. 北京:中国农业出版社.

蒋鸿昆,高海鹰,张奇. 2006. 农业面源污染最佳管理措施 (BMPs) 在我国的应用. 农业环境与发展, 23(004): 64-67.

蒋明康,周泽江,贺苏宁. 1998. 中国湿地生物多样性的保护和持续利用. 东北师大学报 (自然科学版), 2: 79-84.

焦凤红,于海明. 2005. 美国布莱克河流域优化治理措施的评估方法. 水土保持科技情报, 3:1-3.

巨晓棠,刘学军,张福锁. 2004. 不同氮肥施用后土壤各氮库的动态研究. 中国生态农业学报,12(1):92-94.

孔祥斌,刘灵伟,秦静,等. 2007. 基于农户行为的耕地质量评价指标体系构建的理论与方法. 地理科学进展, 26(4):75-85.

孔祥斌,张凤荣,王茹,等. 2003. 基于 GIS 的城乡交错带土壤养分时空变化及格局分析. 生态学报, 23(11).

雷志栋. 1999. 叶尔羌河平原绿洲四水转化关系研究报告. 北京:清华大学图书馆:401.
李东. 2011. 基于 CENTURY 模型的高寒草甸土壤有机碳动态模拟研究. 南京:南京农业大学博士学位论文.
李贵宝,尹澄清. 2001. 非点源污染控制与管理研究的概况与展望. 农业环境保护,20(3):190-191.
李坚. 2006. 不确定性问题初探. 北京:中国社会科学院研究生院博士学位论文.
李金文,钟声,王米,等. 2009. 不同施氮水平下稻田铵态氮和硝态氮淋溶量的动态模拟. 应用生态学报,20(6):1369-1374.
李凌浩,刘先华,陈佐忠. 1998. 内蒙古锡林河流域羊草草原生态系统碳素循环研究. 植物学报,40(10):955-961.
李庆逵,于天仁,朱兆良. 1998. 中国农业持续发展中的肥料问题. 南昌:江西科学技术出版社,
李小涵,郝明德,王朝辉,等. 2008. 农田土壤有机碳的影响因素及其研究. 干旱地区农业研究,26(003):176-181.
李晓慧,何文寿,白海波,等. 2009. 宁夏向日葵不同生育期吸收氮、磷、钾养分的特点. 西北农业学报,(05).
李晓秀,陆安祥,王纪华,等. 2006. 北京地区基本农田土壤环境质量分析与评价. 农业工程学报,22(2):60-63.
李新,程国栋,卢玲. 2003. 青藏高原气温分布的空间插值方法比较. 高原气象. (6):565-573.
李鑫,巨晓棠,张丽娟,等. 2008. 不同施肥方式对土壤氨挥发和氧化亚氮排放的影响. 应用生态学报,19(1):99-105.
李志博,王起超,陈静. 2002. 农业生态系统中氮素循环研究进展. 土壤与环境,11(4):417-421.
李祚泳,丁晶,彭荔红. 2004. 环境质量评价原理与方法. 北京:化学工业出版社.
廖艳,崔军,杨忠芳,等. 2012. 三江平原典型土地利用类型土壤呼吸强度对温度的敏感性. 地质通报,31(1):164-171.
林焰,郝聚民,纪卓尚. 1999. 基于模糊优选的多目标优化遗传算法. 系统工程理论与实践,(12):31-39.
林忠辉,莫兴国,李宏轩,等. 2002. 中国陆地区域气象要素的空间插值. 地理学报. (1):47-56.
刘宝碇,彭锦. 2005. 不确定理论研究:回顾与展望. 中国南京:1-2.
刘宝元,史培军. 1998. WEPP 水蚀预报流域模型. 水土保持通报,18(5):2-6.
刘昌明. 1994. 地理水文学的研究进展与 21 世纪展望. 49:601-608.
刘芳,沈珍瑶,刘瑞民. 2009. 基于"源-汇"生态过程的长江上游农业非点源污染. 生态学报,29(006):3271-3277.
刘付程,史学正,于东升,等. 2004. 太湖流域典型地区土壤全氮的空间变异特征. 地理研究,23(1):63-70.
刘红,王慧,刘康. 2005. 我国生态安全评价方法研究述评. 环境保护,(8):34-37.
刘惠,赵平. 2009. 土地利用/覆被变化对土壤温室气体排放通量影响. 山地学报,(5):600-604.
刘惠,赵平,林永标,等. 2007. 华南丘陵区不同土地利用方式下土壤呼吸. 生态学杂志,26(12):20-21.
刘巧辉. 2005. 应用 BaPS 系统研究旱地土壤硝化-反硝化过程和呼吸作用. 南京:南京农业大学硕士学位论文.
刘瑞民,杨志峰,丁晓雯,等. 2006a. 土地利用/覆盖变化对长江上游非点源污染影响研究. 环境科学,27(12):2407-2414.
刘瑞民,杨志峰,沈珍瑶,等. 2006b. 土地利用/覆盖变化对长江流域非点源污染的影响及其信息系统建设. 长江流域资源与环境,15(3):372-377.
刘世梁,傅伯杰,刘国华,等. 2006. 我国土壤质量及其评价研究的进展. 土壤通报,37(1):137-143.
刘文祥. 1997. 人工湿地在农业面源污染控制中的应用研究. 环境科学研究,10(004):15-19.
刘兴土,马学慧. 2000. 三江平原大面积开荒对自然环境影响及区域生态环境保护. 地理科学,20(1):14-19.
刘衍君,汤庆新,白振华,等. 2009. 基于地质累积与内梅罗指数的耕地重金属污染研究. 中国农学通报,25(20):174-178.
刘义,陈劲松,尹华军,等. 2006. 川西亚高山针叶林土壤硝化作用及其影响因素. 应用与环境生物学报,(4):500-505.
刘勇,刘友兆,徐萍. 2004. 区域土地资源生态安全评价——以浙江嘉兴市为例. 资源科学,26(3):69-75.
卢树昌,陈清,张福锁,等. 2008. 河北省果园氮素投入特点及其土壤氮素负荷分析. 植物营养与肥料学报,14(5):858-865.
鲁如坤. 1998. 土壤-植物营养学原理和施肥. 北京:化学工业出版社.
鲁如坤,刘鸿翔,闻大中,等. 1996a. 我国典型地区农业生态系统养分循环和平衡研究 Ⅰ. 农田养分支出参数. 土壤通报,(04):145-150.
鲁如坤,刘鸿翔,闻大中,等. 1996b. 我国典型地区农业生态系统养分循环和平衡研究 Ⅲ. 全国和典型地区养分循环

和平衡现状. 土壤通报，27(5)：193-196.
鲁如坤，史陶均. 1982. 农业化学手册. 北京：科学出版社.
陆琦，马克明，卢涛，等. 2007. 三江平原农田渠系中氮素的时空变化. 环境科学，(07)：1560-1566.
吕光辉. 2005. 中国西部干旱区生态安全评价、预警与调控研究. 乌鲁木齐：新疆大学博士学位论文：18-22.
吕唤春. 2002. 千岛湖流域农业非点源污染及其生态郊应的研究. 杭州：浙江大学博士学位论文.
栾兆擎，宋长春，邓伟. 2003. 三江平原挠力河流域湿地不同开垦年限肥力的变化. 吉林农业大学学报，(05)：544-547.
罗春雨，倪红伟，高玉慧. 2007. 黑龙江挠力河自然保护区生物多样性分析. 国土与自然资源研究，(4)：59-61.
罗先香，何岩. 2002. 三江平原典型沼泽性河流径流演变特征及趋势分析——以挠力河为例. 资源科学，24(5)：52-57.
马骏，唐海萍. 2011. 内蒙古农牧交错区不同土地利用方式下土壤呼吸速率及其温度敏感性变化. 植物生态学报，35(2)：167-175.
马克明，傅伯杰，黎晓亚，等. 2004. 区域生态安全格局：概念与理论基础. 生态学报，24(4)：761-768.
马柱国，魏和林，符淙斌. 2000. 中国东部区域土壤湿度的变化及其与气候变率的关系. 气象学报，58(003)：278-287
毛慧琴，延晓冬，熊喆，等. 2011. 农田灌溉对印度区域气候的影响模拟. 生态学报，31(4)：1038-1045.
梅成瑞. 1991. 宁夏平原农田氮素平衡和地下水氮污染初探. 中国人口. 资源与环境，(Z1).
孟凡光，袁宏，边延辉，等. 1999. 三江平原自然灾害特点成因及防治. 现代化农业，，(01)：4-6.
倪九派，傅涛. 2002. 缓冲带在农业非点源污染防治中的应用. 环境污染与防治，24(004)：229-231.
聂晓，王毅勇，刘兴土，等. 2011. 控制灌溉下三江平原稻田耗水量和水分利用效率研究. 农业系统科学与综合研究，27(2)：228-293.
潘沛，刘凌，梁威. 2008. 非点源污染模型 ANSWERS-2000 的水文子模型研究. 水土保持研究，15(1)：103-106.
庞靖鹏. 2007. 非点源污染分布式模拟. 北京：北京师范大学博士学位论文.
彭福泉，吴介华. 1965. 水稻土的腐殖质组成. 土壤学报，2：8.
彭奎，欧阳华，朱波，等. 2004. 典型农林复合系统氮素平衡污染与管理研究. 农业环境科学学报，(03)：488-493.
彭少麟，李跃林，任海，等. 2002. 全球变化条件下的土壤呼吸效应. 地球科学进展，17(5)：705-713.
齐玉春，董云社，刘立新，等. 2010. 内蒙古锡林河流域主要针茅属草地土壤呼吸变化及其主导因子. 中国科学：D 辑，40(3)：341-351.
秦胜金，刘景双，王国平，等. 2007. 三江平原湿地土壤磷形态转化动态. 生态学报，(09)：3844-3851.
秦焱，王清，张颖，等. 2011. 基于可拓评判法的黑土肥力质量评价. 吉林大学学报（地球科学版），1.
邱建军，李虎，王立刚. 2008. 中国农田施氮水平与土壤氮平衡的模拟研究. 农业工程学报，(08).
区自清，贾良清，金海燕，等. 1999. 大孔隙和优先水流及其对污染物在土壤中迁移行为的影响. 土壤学报，36(3)：341-347.
曲格平. 2002. 关注生态安全之一：生态安全问题已成为国家安全的热门话题. 环境保护，(5)：3-8.
全为民，严力蛟. 2002. 农业面源污染对水体富营养化的影响及其防治措施. 生态学报，22(3)：291-299.
任兰增. 2003. 新疆森林的生态安全保障作用与建设. 新疆林业，(6)：5-7.
邵东国，李元红，王忠静，等. 1996. 基于神经网络的干旱内陆河流域生态环境预警方法研究. 中国农村水利水电，(6)：10-12.
沈振荣，张瑜芳. 1992. 水资源科学实验与研究. 北京：中国科学技术出版社.
施振香，柳云龙，尹骏，等. 2009. 上海城郊不同农业用地类型土壤硝化和反硝化作用. 水土保持学报，(006)：99-102.
石元春，李韵珠. 1979. 季风气候下盐渍土水盐动态及其调控. 济南：山东科学技术出版社.
史伟达，崔远来. 2009. 农业非点源污染及模型研究进展. 中国农村水利水电，(5)：60-64.
史衍玺，唐克丽. 1996. 林地开垦加速侵蚀下土训养分退化的研究. 土壤侵蚀与水土保持学报，2(004)：26-33.
宋春梅. 2004. 农作系统养分平衡的研究——以河北省曲周县为例. 北京：中国农业大学硕士学位论文.
宋豫秦，曹明兰. 2010. 基于 RS 和 GIS 的北京市景观生态安全评价. 应用生态学报，21(11)：2889-2895.
苏春华，曹志强. 1999. 可持续的生态农业是我国农业现代化道路的选择. 农业现代化研究，20(6)：325-328.
苏明峰，王会军. 2007. 全球变暖背景下中国夏季表面气温与土壤湿度的年代际共变率. 科学通报，(8)：965-971.

苏永红，冯起，朱高峰，等. 2008. 土壤呼吸与测定方法研究进展. 中国沙漠，28(1)：57-65.
孙波，张桃林. 1995. 我国东南丘陵山区土壤肥力的综合评价. 土壤学报，32(4)：362-369.
孙波，赵其国，张桃，等. 1997. 土壤质量与持续环境. 土壤，29(4)：169-175.
孙波，郑宪清，胡锋，等. 2009. 水热条件与土壤性质对农田土壤硝化作用的影响. 环境科学，30(1)：206-213.
孙璞. 1998. 农村水塘对地块氮磷流失的截留作用研究. 水资源保护，(001)：1-4.
孙绍荣. 1992. 不同氮肥施用量对土壤及小麦产量和品质的影响. 北京：中国农业科技出版社，85-88.
孙志高，刘景双，李新华. 2008. 三江平原不同土地利用方式下土壤氮库的变化特征. 农业系统科学与综合研究，(03)：270-274.
孙志高，刘景双，王金达. 2007. 三江平原典型湿地系统大气湿沉降中氮素动态及其生态效应. 水科学进展，(02)：182-192.
唐政，邱建军，邹国元，等. 2010. 有机种植条件下水肥管理对氮素淋洗和氮素平衡的影响研究. 中国土壤与肥料，(01).
田慎重，宁堂原，王瑜，等. 2010. 不同耕作方式和秸秆还田对麦田土壤有机碳含量的影响. 应用生态学报，21(2)：373-378.
瓦. A(著)，周惟道(译). 1990. 水利工程的技术与生态安全性评价方法现状. 水工建设，(9)：15-17.
汪景宽，张旭东，张继宏，等. 1994. 辽宁西丰玉米秸秆养牛生态模式中农田系统氮磷养分平衡研究简报. 土壤通报，(S1)：19-20.
王长科，罗新正，张华. 2013. 全球增温潜势和全球温变潜势对主要国家温室气体排放贡献估算的差异. 气候变化研究进展，(1)：49-54.
王春生，李贺，赵树茂，等. 2007. 库区农业污染成因分析及对策 . 农业环境与发展，24(4)：78-79.
王根绪，刘桂民，常娟. 2005. 流域尺度生态水文研究评述. 生态学报，25(4).
王庚辰，杜睿，孔琴心，等. 2004. 中国温带典型草原土壤呼吸特征的实验研究. 科学通报，49(7)：692-696.
王耕，王利，吴伟. 2007. 区域生态安全概念及评价体系的再认识. 生态学报，4.
王激清，马文奇，江荣风，等. 2007. 中国农田生态系统氮素平衡模型的建立及其应用. 农业工程学报，(08).
王吉苹，曹文志，李大朋，等. 2007. GLEAMS 模型在我国东南地区模拟硝氮淋失的检验. 水土保持通报，27(2)：61-66.
王建国，杨林章，单艳红. 2001. 模糊数学在土壤质量评价中的应用研究. 土壤学报，38(2)：176-183.
王凯荣. 1997. 我国农田镉污染现状及其治理利用对策. 农业环境保护，16(6)：274-278.
王玲杰. 2005. 农业非点源污染年负荷量估算方法研究——以淮河淮南段为例. 合肥：合肥工业大学硕士学位论文.
王鹏，高超，姚琪，等. 2006. 环太湖丘陵地区农田磷素随地表径流输出特征. 农业环境科学学报，25(1)：165-169.
王起超，麻壮伟. 2004. 某些市售化肥的重金属含量水平及环境风险. 农村生态环境，20(2)：62-64.
王清. 2005. 山东省生态安全评价研究. 济南：山东大学博士学位论文：65-69.
王淑英，路苹，王建立，等. 2008. 不同研究尺度下土壤有机质和全氮的空间变异特征——以北京市平谷区为例. 生态学报，28(10)：4957-4964.
王涛，张维理，张怀志. 2008. 滇池流域人工模拟降雨条件下农田施用有机肥对磷素流失的影响. 植物营养与肥料学报，14(6)：1092-1097.
王晓婷，郭维栋，钟中，等. 2009. 中国东部土壤温度，湿度变化的长期趋势及其与气候背景的联系. 地球科学进展，24(2)：181-191.
王晓燕，张雅帆，欧洋，等. 2009. 最佳管理措施对非点源污染控制效果的预测——以北京密云县太师屯镇为例. 环境科学学报，11(29)：2440-2450.
王洋，刘景双，王国平，等. 2007. 冻融作用与土壤理化效应的关系研究. 地理与地理信息科学，23(2)：91-96.
王宜伦，李潮海，谭金芳，等. 2010. 超高产夏玉米植株氮素积累特征及一次性施肥效果研究. 中国农业科学，43(15)：3151-3158.
王玉萍，王立立，李取生，等. 2012. 珠江河口湿地沉积物硝化作用强度及影响因素研究. 生态科学，(03)：330-334.
王占哲，王刚. 2001. 松嫩平原黑土区农业可持续发展展望与对策. 农业系统科学与综合研究，17(3)：230-232.
王中根，刘昌明，黄友波. 2003. SWAT 模型的原理，结构及应用研究. 地理科学进展，22(1)：79-86.

魏复盛,陈静生,吴燕玉,等. 1991. 中国土壤环境背景值研究. 环境科学，12(4)：12-19.
魏林宏,张斌,程训强. 2007. 水文过程对农业小流域氮素迁移的影响. 水利学报,38(9):1145-1150.
夏军. 2002. 水文非线性系统理论与方法. 武汉:武汉大学出版社.
肖笃宁,陈文波,郭福良. 2002. 论生态安全的基本概念和研究内容. 应用生态学报,13(3):354-358.
肖向. 1996. 内蒙古锡林河流域典型草原初级生产力和土壤有机质的动态及其对气候变化的反应. 植物学报，38(1)：45-52.
肖潇,段建南. 2008. 土壤有机碳及其计算机模型实现研究. 农村经济与科技,(2):75-76.
谢高地,鲁春霞,冷允法,等. 2003. 青藏高原生态资产的价值评估. 自然资源学报,18(2):189-195.
谢先红,崔远来. 2009. 典型灌溉模式下灌溉水利用效率尺度变化模拟. 武汉大学学报(工学版),(5):111-118.
谢云峰,张树文. 2007. 基于数字高程模型的复杂地形下的黑龙江平均气温空间插值. 中国农业气象. (2)：205-211.
谢志仁，刘庄. 2001. 江苏省区域生态环境综合评价研究. 中国人口、资源与环境，11(3)：85-88.
熊鹰. 2008. 湖南省生态安全综合评价研究. 长沙：湖南大学博士学位论文:125-127.
徐海根. 2000. 自然保护区生态安全设计的理论与方法. 北京:中国环境科学出版社,71-73.
徐建明,张甘霖,谢正苗,等. 2010. 土壤质量指标与评价. 北京:科学出版社,
徐泰平,朱波,汪涛,等. 2006. 秸秆还田对紫色土坡耕地养分流失的影响. 水土保持学报,20(1)：30-36.
徐昔保,杨桂山,李恒鹏. 2009. 三峡库区 1980～2005 年农业用地氮平衡时空变化研究. 环境科学，(08).
徐祥玉,黎根,袁家富,等. 2009. 不同化肥施用方式对鄂西南植烟土壤有效氮时空动态的影响. 湖北农业科学，(01).
许明祥,刘国彬,赵允格. 2005. 黄土丘陵区侵蚀土壤质量评价. 植物营养与肥料学报,11(3)：285-293.
许朋柱,秦伯强,香宝,等. 2006. 区域农业用地营养盐剩余量的长期变化研究. 地理科学，(06).
薛金凤,夏军,马彦涛. 2002. 非点源污染预测模型研究进展. 水科学进展,13(5):649-656.
薛亦峰,王晓燕. 2009. HSPF 模型及其在非点源污染研究中的应用. 首都师范大学学报:自然科学版,30(3):61-65.
严红,刘德玉,何万云. 1996. 黑龙江省农田生态系统氮磷钾盈亏平衡的研究. 东北农业大学学报，(03)：219-222.
杨斌,程巨元. 1999. 农业非点源氮磷污染对水环境的影响研究. 江苏环境科技，(03)：19-21.
杨桂莲,郝芳华,刘昌明,等. 2003. 基于 SWAT 模型的基流估算及评价——以洛河流域为例. 地理科学进展,22(5)：463-471.
杨丽霞,潘剑君. 2003. 土壤有机碳动态模型的研究进展. Journal of Forestry Research，(4)：323-330.
杨林章,孙波. 2008. 中国农田生态系统养分循环与平衡及其管理. 北京：科学出版社.
杨梅学,姚檀栋,Koike T. 2000. 藏北高原土壤温度的变化特征. 山地学报，18(001)：13-17
杨树青,杨金忠,史海滨,等. 2008. 干旱区微咸水灌溉的水-土环境效应预测研究. 水利学报,39(7):854-862.
姚洋. 2000. 集体决策下的诱导性制度变迁——中国农村地权稳定性演化的实证分析. 中国农村观察，(2)：11-19.
姚允龙,吕宪国,王蕾. 2009. 1956 年-2005 年挠力河径流演变特征及影响因素分析. 资源科学,(4):648-655.
姚志刚,鲍征宇,高璞. 2006. 洞庭湖沉积物重金属环境地球化学. 地球化学，6.
叶丽丽,王翠红,彭新华,等. 2010. 秸秆还田对土壤质量影响研究进展. 湖南农业科学，(010)：52-55.
尹春梅,谢小立. 2010. 灌溉模式对红壤稻田土壤环境及水稻产量的影响. 农业工程学报,26(6):26-32.
尹君. 2001. 土地资源可持续利用评价指标体系研究. 中国土地科学,15(2)：6-9.
于君宝,刘景双,孙志高,等. 2009. 中国东北区淡水沼泽湿地 N_2O 和 CH_4 排放通量及主导因子. 中国科学(D 集:地球科学),39(2):177-187.
于淑芳,杨力,张民,等. 2010. 控释尿素对小麦-玉米产量及土壤氮素的影响. 农业环境科学学报,(9):1744-1749.
于维坤,尹炜,叶闽,等. 2008. 面源污染模型研究进展. 人民长江,39(23):83-87.
俞海,黄季焜. 2003. 地权稳定性，土地流转与农地资源持续利用. 经济研究，9(82)：1.
宇万太，马强，沈善敏，等. 2010. 下辽河平原不同生态系统土壤呼吸动态变化. 干旱地区农业研究，28(1)：122-129.
宇万态,马强,沈善敏,等. 2010. 下辽河平原不同生态系统土壤呼吸动态变化. 干旱地区农业研究,28(1):122-129.
原杰辉. 2009. SWAT 模型在农业非点源污染研究中的应用——以石头口门水库汇水流域为例. 长春:吉林大学硕士学位论文.

苑韶峰,杨丽霞. 2010. 土壤有机碳库及其模型研究进展. 土壤通报,(3):738-743.
岳天祥. 1998. 生态环境质量评价方法研究. 水土保持学报，7(4)：33-38.
曾阿妍,郝芳华,张嘉勋,等. 2008. 内蒙古农业灌区夏,秋浇的氮磷流失变化. 环境科学学报,28(5):838-844.
曾勇,沈根样,沈发,等. 2005. 上海城市生态系统健康评价. 长江流域资源与环境,14(2):208-212.
曾昭顺. 1989. 三江平原湿地生态的特点及其合理开发利用. 生态学杂志，(03)：3-7.
张道勇,吕源澄. 1992. 农田土壤库氮素平衡研究. 土壤通报，(02)：49-51.
张殿发,郑琦宏. 2005. 冻融条件下土壤中水盐运移规律模拟研究. 地理科学进展,24(4):46-55.
张东辉,施明恒,金峰,等. 2000. 土壤有机碳转化与迁移研究概况. 土壤,(6):305-309.
张国梁,章申. 1998. 农田氮素淋失研究进展. 土壤，(06)：291-297.
张华,张甘霖. 2003. 热带低丘地区农场尺度土壤质量指标的空间变异. 土壤通报，34(4)：241-245.
张济世,康尔泗,姚进忠,等. 2004. 黑河流域水资源生态环境安全问题研究. 中国沙漠,24(4):425-430.
张建. 1995. CREAMS 模型的结构特点. 西北水资源与水工程,6(003):17-21.
张金波,宋长春. 2004. 三江平原不同土地利用方式对土壤理化性质的影响. 土壤通报，(03)：371-373.
张金屯. 1998. 全球气候变化对自然土壤碳，氮循环的影响. 地理科学，18(5)：463-471.
张苗苗. 2007. 三江平原的农业开发对区域生态环境影响的研究. 长春:吉林大学硕士学位论文:65.
张世熔,黄元仿,李保国,等. 2002. 黄淮海冲积平原区土壤有机质时空变异特征. 生态学报,(12):2014-2047.
张素君,张岫岚,刘鸿翔,等. 1994. 东北黑土地区农业中磷肥残效的研究. 土壤通报，25(4)：178-180.
张廷龙,孙睿,胡波,等. 2010. 北京西北部典型城市化地区不同土地利用类型土壤碳特征分析. 北京师范大学学报:自然科学版,(1):97-102.
张汪寿，李晓秀，黄文江，等. 2010. 不同土地利用条件下土壤质量综合评价方法. 农业工程学报，(12):311-318.
张维理,徐爱国,冀宏杰. 2004. 中国农业面源污染形势估计及控制对策Ⅲ. 中国农业面源污染控制中存在问题分析. 中国农业科学,37(7):1026-1033.
张玉斌,郑粉莉,曹宁. 2009. 近地表土壤水分条件对坡面农业非点源污染物运移的影响. 环境科学,30(2):376-384.
张玉良. 1979. 农业化学与生物圈. Water Resource Research，15：139-147.
张远,李颖,王毅勇,等. 2011. 三江平原稻田甲烷排放的模拟与估算. 农业工程学报，(8)：293-298.
张志剑,阮俊华,朱荫湄,等. 2003. 稻田层间流活性磷素的动态变化. 环境科学,24(2):46-49.
张志剑,朱荫湄,王珂,等. 2001. 浙北水稻主产区田间土-水磷素流失潜能. 环境科学,22(1):98-101.
赵海洋,王国平,刘景双,等. 2006. 三江平原湿地土壤磷的吸附与解吸研究. 生态环境，(05)：930-935.
赵军,商磊,葛翠萍,等. 2006. 基于 GIS 的黑土区土壤有机质空间变化分析. 农业系统科学与综合研究，22(4)：304-307.
赵丽惠. 2000. 国家重点基础研究发展规划项目:长江流域生物多样性变化、可持续利用与区域生态安全项目简介. 植物学报,42(8):879-880.
赵文智,程国栋. 2008. 生态水文研究前沿问题及生态水文观测试验. 地球科学进展，23(7)：671-674.
郑秀清,陈军锋,邢述彦,等. 2009. 季节性冻融期耕作层土壤温度及土壤冻融特性的试验研究. 灌溉排水学报，28(003)：65-68.
郑萱凤. 1989. 三江平原地区泥炭植物残体研究. 地理科学，(03)：283-288.
郑一,王学军. 2002. 非点源污染研究的进展与展望. 水科学进展,13(1):105-110.
周峰,陈杰,李桂林,等. 2007. 苏州城市边缘带土壤综合肥力质量时空特征. 土壤通报，38(1)：6-10.
周健，刘占才. 2011. 基于 GM(1,1)预测模型的兰州市生态安全预警与调控研究 . 干旱区资源与环境，25(1)：15-19.
周上游. 2004. 农业生态安全与评估体系研究. 长沙:中南林学院博士学位论文,21-24.
朱宝文,张得元,哈承智,等. 2010. 青海湖北岸土壤温度变化特征. 冰川冻土，(4)：844-850.
朱波,彭奎,谢红梅. 2006. 川中丘陵区典型小流域农田生态系统氮素收支探析. 中国生态农业学报，(01).
朱士江,孙爱华,张忠学. 2009. 三江平原不同灌溉模式水稻需水规律及水分利用效率试验研究. 节水灌溉. (11)：12-14.
朱伟峰,文春玉,马永胜. 2009. 基于 GIS 的三江平原蛤蟆通河流域农业非点源污染模拟研究. 东北农业大学学报，

40(6):30-35.

朱兆良. 2000. 农田中氮肥的损失与对策. 土壤与环境, 9(1): 1-6.

朱兆良. 2008. 中国土壤氮素研究. 土壤学报, 45(5): 778-783.

邹国元,张福锁,陈新平,等. 2001. 秸秆还田对旱地土壤反硝化的影响. 中国农业科技导报,(6):47-50.

Abbaspour K C, Yang J, Maximov I, et al. 2007. Modelling hydrology and water quality in the pre-alpine/alpine Thur watershed using SWAT. Journal of Hydrology, 333(2-4): 413-430.

Adolfo Campos C. 2006. Response of soil surface CO_2-C flux to land use changes in a tropical cloud forest (Mexico). Forest Ecology and Management, 234(1): 305-312.

Adriano D C. 2001. Trace elements in terrestrial environments: biogeochemistry, bioavailability, and risks of metals. Springer.

Ahuja L R, Rojas K W, Hanson J D, et al. 2000. Root zone water quality model:modelling management effects on water quality and crop production . Highlands Ranch, CO, USA:Water Resources Publications, LLC.

Al-Kaisi M M, Yin X, Licht M A. 2005. Soil carbon and nitrogen changes as influenced by tillage and cropping systems in some Iowa soils. Agriculture, Ecosystems & Environment, 105(4): 635-647.

Amador J A, Wang Y, Savin M C, et al. 2000. Fine-scale spatial variability of physical and biological soil properties in Kingston, Rhode Island. Geoderma, 98(1): 83-94.

Andrews S S, Karlen D L, Cambardella C A. The soil management assessment framework. 2004. Soil Science Society of America Journal, 68(6): 1945-1962.

Aparicio V, Costa J L, Zamora M. 2008. Nitrate leaching assessment in a long-term experiment under supplementary irrigation in humid Argentina . Agricultural Water Management, 95(12), 1361-1372.

Aref S, Wander M M. 1997. Long-term trends of corn yield and soil organic matter in different crop sequences and soil fertility treatments on the Morrow Plots. Advances in Agronomy, 62: 153-197.

Atafar Z, Mesdaghinia A, Nouri J, et al. 2010. Effect of fertilizer application on soil heavy metal concentration. Environmental Monitoring and Assessment, 160(1-4): 83-89.

Babu Y J, Li C, Frolking S, et al. 2005. Modelling of methane emissions from rice-based production systems in India with the denitrification and decomposition model: Field validation and sensitivity analysis. Current Science-Bangalore,89(11): 1904.

Bai J, Cui B, Yang Z, et al. 2010. Heavy metal contamination of cultivated wetland soils along a typical plateau lake from southwest China. Environmental Earth Sciences, 59(8): 1781-1788.

Baker J L, Laflen J M. 1983. Water quality consequences of conservation tillage. Journal of Soil and Water Conservation, 38(3), 186-193.

Bao X, Watanabe M, Wang Q, et al. 2006. Nitrogen budgets of agricultural fields of the Changjiang river basin from 1980 to 1990. Science of the Total Environment, 363(1): 136-148.

Bartell S M, Lefebvre G, Kaminski G,et al. 1999. An ecosystem model for assessing ecological risks in Quebec rivers, lakes, and reservoirs. Ecological Modelling, 124(1): 43-67.

Bennett E M, Carpenter S R, Clayton M K. 2005. Soil phosphorus variability: scale-dependence in an urbanizing agricultural landscape. Landscape Ecology, 20(4): 389-400.

Ben-Asher J, van Dam J, Feddes R A, et al. 2006. Irrigation of grapevines with saline water-II. Mathematical simulation of vine growth and yield . Agricultural Water Management, 83(1-2), 22-29.

Bertollo P. 2001. Assessing landscape health: a case study from northeastern Italy. Environmental Management, 27(3): 349-365.

Bhandari A L, Ladha J K, Pathak H, et al. 2002. Yield and soil nutrient changes in a long-term rice-wheat rotation in India. Soil Science Society of America Journal, 66(1): 162-170.

Birchak J R, Gardner C G, Hipp J E, et al. 1974. High dielectric constant microwave probes for sensing soil moisture. Proceedings of the IEEE , 62(1), 93-98.

Black T A, Gardner W R, Thurtell G W. 1969. The prediction of evaporation, drainage, and soil water storage for a bare soil1. Soil Science Society of America Journal, 33(5), 655-660.

Blake G R, Hartge K H. 1986. Bulk Density. *In*: Klute A, Ed. Methods of Soil Analysis: Part 1-Physical and Mineralogical Methods. 2nd. Soil Science Society of America, American Society of Agronomy, Madison, WI: 363-375.

Blevins R L, Frye W W. 1993. Conservation tillage: an ecological approach to soil management. Advances in Agronomy, 51: 33-78.

Boers P. 1996. Nutrient emissions from agriculture in the Netherlands, causes and remedies. Water Science and Technology, 33(4-5): 183-189.

Bonfante A, Basile A, Acutis M, et al. 2010. SWAP, CropSyst and MACRO comparison in two contrasting soils cropped with maize in Northern Italy. Agricultural Water Management, 97(7):1051-1062.

Bormann H, Breuer L, Graff T, et al. 2007. Analysing the effects of soil properties changes associated with land use changes on the simulated water balance: A comparison of three hydrological catchment models for scenario analysis. Ecological Modelling, 209(1): 29-40.

Bormann H, Diekkruger B, Renschler C. 1999. Regionalisation concept for hydrological modelling on different scales using a physically based model: Results and evaluation. Physics and Chemistry of the Earth Part B-Hydrology Oceans and Atmosphere, 24(7):799-804.

Boughton D A, Smith E R, O'Neill R V. 1999. Regional vulnerability: a conceptual framework. Ecosystem Health, 5(4): 312-322.

Bouten W. 1992. Monitoring and modelling forest hydrological processes in support of acidification research. Diss. Univ. A'dam:218.

Bouwman A, Vandrecht G W, Vanderhoek K. 2005, Global and regional surface nitrogen balances in intensive agricultural production systems for the period 1970-2030. 土壤圈：英文版,15(002): 137-155.

Bowen I S. 1926. The ratio of heat losses by conduction and by evaporation from any water surface . Physical Review 27:779-787.

Bracmort K S, Arabi M, Frankenberger J R, et al. 2006. Modeling long-term water quality impact of structural BMPs. Transactions of the ASABE, 49(2): 367-374.

Bray H R, Kurtz L T. 1945. Determination of total organic and available forms of phosphorus in soil. Soil Science, 59: 39-46.

Breuer L, Kiese R, Butterbach-Bahl K. 2002. Temperature and moisture effects on nitrification rates in tropical rainforest soils. Soil Science Society of America Journal, 66(3): 834-844.

Brown S A, Lugo A E. 1994. Rehabilitation of tropical lands: a key to sustaining development. Restoration Ecology, 15: 97-111.

Cai G X, Chen D L, Ding H, et al. 2002. Nitrogen loss from fertilizers applied to maize-wheat and rice in the North China plain. Nutrient Cycling in Agro-ecosystems, 63: 187-195.

Cai Z C, Sawamoto T, Li C S, et al. 2003. Field validation of the DNDC model for greenhouse gas emissions in East Asian cropping systems. Global Biogeochemical Cycles, 17(4):18-1-18-10.

Cambardella C A, Moorman T B, Parkin T B, et al. 1994. Field-scale variability of soil properties in central Iowa soils. Soil Science Society of America Journal, 58(5): 1501-1511.

Carpenter S R, Caraco N F, Correll D L, et al. 1998. Nonpoint pollution of surface waters with phosphorus and nitrogen. Ecological applications, 8(3): 559-568.

Cassman K G, Dobermann A, Walters D T. 2002. Agroecosystems, nitrogen-use efficiency, and nitrogen management. AMBIO: A Journal of the Human Environment, 31(2): 132-140.

Celik I. 2005. Land-use effects on organic matter and physical properties of soil in a southern Mediterranean highland of Turkey. Soil and Tillage Research, 83(2): 270-277.

Cetin M, Kirda C. 2003. Spatial and temporal changes of soil salinity in a cotton field irrigated with low-quality water.

Journal of Hydrology, 272(1):238-249.

Chai S W, Wen Y M, Zhang Y N, et al. 2003. The heavy metal content character of agriculture soil in Guangzhou suburbs. China Environmental Science, 23: 592-596.

Chen J Z, He Y Q, Chen M L. 2004. Water budget analysis of red soil in central Jiangxi Province, China. Pedosphere, 14(2):241-246.

Chen T, Liu X, Zhu M, et al. 2008. Identification of trace element sources and associated risk assessment in vegetable soils of the urban-rural transitional area of Hangzhou, China. Environmental pollution, 151: 67-78.

Cheng S. 2003. Heavy metal pollution in China: origin, pattern and control. Environmental Science and Pollution Rese arch, 10(3): 192-198.

Cheng X F, Shi X Z, Yu D S, et al. 2004. Using GIS spatial distribution to predict soil organic carbon in subtropical China. Pedosphere, 14(004):425-431.

Chien Y J, Lee D Y, Guo H Y, et al. 1997. Geostatistical analysis of soil properties of mid-west Taiwan soils. Soil Science, 162(4): 291-298.

Chowdary V M, Rao N H, Sarma P. 2004. A coupled soil water and nitrogen balance model for flooded rice fields in India. Agriculture, Ecosystems & Environment, 103(3): 425-441.

Cobo J G, Dercon G, Cadisch G. 2010. Nutrient balances in African land use systems across different spatial scales: a review of approaches, challenges and progress. Agriculture, Ecosystems & Environment, 136(1): 1-15.

Cook F J, Orchard V A. 2008. Relationships between soil respiration and soil moisture. Soil Biology and Biochemistry, 40(5): 1013-1018.

Correll D L. 1998. The role of phosphorus in the eutrophication of receiving waters: a review. Journal of Environmental Quality, 27:261-266.

Corwin D L, Loague K, Ellsworth T R. 1998. GIS-based modeling of non-point source pollutants in the vadose zone. Journal of Soil and Water Conservation, 53(1): 34-38.

Costanza R, Cumberland J, Daly H, et al. 1997a. An introduction to ecological economics. St lucie Press, Florida.

Costanza R, d'Arge R, de Groot R, et al. 1997b. The value of the world's ecosystem services and natural capital. Nature, 387(6630): 253-260.

Couto E G, Stein A, Klamt E. 1997. Large area spatial variability of soil chemical properties in central Brazil. Agriculture, Ecosystems & Environment, 66(2): 139-152.

Cullum R F, Knight S S, Cooper C M, et al. 2006. Combined effects of best management practices on water quality in oxbow lakes from agricultural watersheds. Soil and Tillage Research, 90(1-2): 212-221.

Dai F C, Lee C F, Zhang X H. 2001. GIS-aid geo-environmental evaluation for urban land-use planning: a case study. Engineering Geology, 61:257-271.

Dancer W S, Peterson L A, Chesters G. 1973. Ammonification and nitrification of N as influenced by soil pH and previous N treatments. Soil Science Society of America Journal, 37(1): 67-69.

de Bruijn A M, Grote R, Butterbach-Bahl K. 2011. An alternative modelling approach to predict emissions of N2O and NO from forest soils. European Journal of Forest Research , 130:755-773.

De Vries W, Kros J, Oenema O, et al. 2003. Uncertainties in the fate of nitrogen Ⅱ: A quantitative assessment of the uncertainties in major nitrogen fluxes in the Netherlands. Nutrient Cycling in Agroecosystems, 66(1): 71-102.

Deelstra J, Kvaerno S H, Granlund K, et al. 2009. Runoff and nutrient losses during winter periods in cold climates requirements to nutrient simulation models. Journal of Environmental Monitoring, 11(3):602-609.

Desjardins R L, Pattey E, Smith W N, et al. 2010. Multiscale estimates of N_2O emissions from agricultural lands. Agricultural and Forest Meteorology, 150(6SI): 817-824.

Di H J, Cameron K C. 2002. Nitrate leaching in temperate agroecosystems: sources, factors and mitigating strategies. Nutrient Cycling in Agroecosystems, 64(3): 237-256.

Diaz D A R, Sawyer J E, Barker D W, et al. 2010. Runoff nitrogen loss with simulated rainfall immediately following poultry manure application for corn production. Soil Science Society of America Journal, 74(1): 221-230.

Dijk J, Leneman H, van der Veen M. 1996. The nutrient flow model for dutch agriculture: a tool for environmental policy evaluation. Journal of Environmental Management, 46(1): 43-55.

Dillaha T A, Sherrard J H, Lee D. 1986. Long-term effectiveness and maintenance of vegetative filter strips. Bulletin, 153.

Dirksen C, Miller R D. 1966. Closed-system freezing of unsaturated soil. Soil Science Society of America Journal, 30(2):168-173.

Dixon R K, Brown S, Houghton R E A, et al. 1994. Carbon pools and flux of global forest ecosystems. Science(Washington),263(5144): 185-189.

Doran J W, Parkin T B. 1994. Defining and assessing soil quality. Defining Soil Quality for a Sustainable Environment, (definingsoilqua): 1-21.

Droogers P. 1999. PTF: Pedo-transfer Function Version 0. 1 . International Water Management Institute, Colombo, Sri Lanka.

Droogers P, Bastiaanssen W G M, Beyazgül M, et al. 2000. Distributed agro-hydrological modeling of an irrigation system in western Turkey. Agricultural Water Management, 43(2):183-202.

Eitzinger J, Trnka M, HöschJ, et al. 2004. Comparison of CERES, WOFOST and SWAP models in simulating soil water content during growing season under different soil conditions . Ecological Modelling, 171(3):223-246.

Eulenstein F, Werner A, Willms M, et al. 2008. Model based scenario studies to optimize the regional nitrogen balance and reduce leaching of nitrate and sulfate of an agriculturally used water catchment. Nutrient Cycling in Agroecosystems, 82(1): 33-49.

Evett S R, Schwartz R C, Casanova J J, et al. 2012. Soil water sensing for water balance, ET and WUE. Agricultural Water Management, 104: 1-9.

Facchinelli A, Sacchi E, Mallen L. 2001. Multivariate statistical and GIS-based approach to identify heavy metal sources in soils. Environmental Pollution, 114(3): 313-324.

Feddes R A, Kowalik P J,Zaradny H. 1978. Simulation of field water use and crop yield. Pudoc, Wageningen. Simulation Monographs.

Ferreras L, Gomez E, Toresani S, et al. 2006. Effect of organic amendments on some physical, chemical and biological properties in a horticultural soil. Bioresource Technology, 97(4): 635-640.

Fitzhugh R D. Driscoll C T, Groffman P M, et al. 2001. Effects of soil freezing disturbance on soil solution nitrogen, phosphorus, and carbon chemistry in a northern hardwood ecosystem. Biogeochemistry, 56(2):215-238.

Follador M, Leip A, Orlandini L. 2011. Assessing the impact of Cross Compliance measures on nitrogen fluxes from European farmlands with DNDC-EUROPE. Environmental pollution,159:3233-3242.

Frank A B, Liebig M A, Tanaka D L. 2006. Management effects on soil CO_2 efflux in northern semiarid grassland and cropland. Soil and Tillage Research, 89(1): 78-85.

Frolking S E, Mosier A R, Ojima D S, et al. 1998. Comparison of N_2O emissions from soils at three temperate agricultural sites: simulations of year-round measurements by four models. Nutrient Cycling in Agroecosystems, 52(2): 77-105.

Frolking S, Li C S, Braswell R, et al. 2004. Short- and long-term greenhouse gas and radiative forcing impacts of changing water management in Asian rice paddies. Global Change Biology, 10(7): 1180-1196.

Fumoto T, Kobayashi K, Li C, et al. 2008. Revising a process-based biogeochemistry model (DNDC) to simulate methane emission from rice paddy fields under various residue management and fertilizer regimes. Global Change Biology, 14(2): 382-402.

Galloway J N, Dentener F J, Capone D G, et al. 2004. Nitrogen cycles: past, present, and future. Biogeochemistry, 70(2): 153-226.

Galloway J N. 2000. Nitrogen mobilization in Asia. Nutrient Cycling in Agroecosystems,57(1):1-12.

Gburek W J, Sharpley A N. 1998. Hydrologic controls on phosphorus loss from upland agricultural watersheds. Journal of Environmental Quality, 27(2):267-277.

Gilliland M W, Baxter Potter W. 1987. A geographic information system to predict non-point source pollution potential. JAWRA Journal of the American Water Resources Association, 23(2): 281-291.

Gleick P H. 1999. Introduction: Studies from the water sector of the National Assessment. Journal of the American Water Resources Association, 35: 1297-1300.

Glover J D, Reganold J P, Andrews P K. 2000. Systematic method for rating soil quality of conventional, organic, and integrated apple orchards in Washington State. Agriculture, Ecosystems & Environment, 80(1): 29-45.

Gong, J Z, Liu Y S, Xia B C, Zhao G W. 2009. Urban ecological security assessment and forecasting, based on a cellular automata model: A case study of Guangzhou, China. Ecological Modelling, 220(24): 3612-3620.

Govaerts B, Sayre K D, Deckers J. 2006. A minimum data set for soil quality assessment of wheat and maize cropping in the highlands of Mexico. Soil and Tillage Research, 87(2): 163-174.

Granlund K, Rekolainen S, Grönroos J. 2000. Estimation of the impact of fertilization rate on nitrate leaching in Finland using a mathematical simulation model. Agriculture, Ecosystems & Environment, 80(1-2): 1-13.

Gray D M, Landine P G, Granger R J. 1985. Simulating infiltration into frozen prairie soils in streamflow models. Canadian Journal of Earth Sciences, 22(3): 464-472.

Gray L C, Morant P. 2003. Reconciling indigenous knowledge with scientific assessment of soil fertility changes in southwestern Burkina Faso. Geoderma, 111(3): 425-437.

Guggenberger G, Christensen B T, Zech W. 1994. Land-use effects on the composition of organic matter in particle-size separates of soil: I. Lignin and carbohydrate signature. European Journal of Soil Science, (45): 449-458.

Gulledge J, Schimel J P. 2000. Controls on soil carbon dioxide and methane fluxes in a variety of taiga forest stands in interior Alaska. Ecosystems, 3(3): 269-282.

Gurbanov E A, Mamedov G M. 2009. Loss of nitrogen, phosphorus, and humus from soils under irrigation and the erosion control . Agrokhimiya, (10): 48-52.

Gutezeit B. 2004. Yield and nitrogen balance of broccoli at different soil moisture levels. Irrigation Science, 23(1): 21-27.

Hadas A, Feigenbaum S, Feigin A, et al. 1986. Nitrification rates in profiles of differently managed soil types. Soil Science Society of America Journal, 50(3): 633-639.

Hadas A, Hadas A, Sagiv B, et al. 1999. Agricultural practices, soil fertility management modes and resultant nitrogen leaching rates under semi-arid conditions. Agricultural Water Management, 42(1): 81-95.

Hagerthey S E, Kerfoot W C. 1998. Groundwater flow influences the biomass and nutrient ratios of epibenthic algae in a north temperate seepage lake. Limnology and Oceanography, 43(6):1227-1242.

Hagopian D S, Riley J G. 1998. A closer look at the bacteriology of nitrification. Aquacultural engineering, 18(4): 223-244.

Hansson K, Simunek J, Mizoguchi M, et al. 2004. Water flow and heat transport in frozen soil: Numerical solution and freeze-thaw applications. Vadose Zone Journal, 3(2), 693-704.

Hao F H, Chen S Y, Ouyang W, et al. 2013. Temporal rainfall patterns with water partitioning impacts on maize yield in a freeze-thaw zone. Journal of Hydrology, 486(12), 412-419.

Hao F H, Lai X H, Ouyang W, et al. 2012. Effects of land use changes on the ecosystem service values of a reclamation farm in Northeast China. Environmental Management, 50(5):888-899.

Hao Q J. 2005. Effect of land-use change on greenhouse gases emissions in freshwater marshes in the Sanjiang Plain.

Harris R F, Karlen D L, Mulla D J, et al. 1996. A conceptual framework for assessment and management of soil quality and health. Methods for Assessing Soil Quality: 61-82.

Hastings A F, Wattenbach M, Eugster W, et al. 2010. Uncertainty propagation in soil greenhouse gas emission models: An experiment using the DNDC model and at the Oensingen cropland site. Agriculture Ecosystems & Eenvironment, 136(1-2): 97-110.

Haygarth P M, Jarvis S C. 1997. Soil derived phosphorus in surface runoff from grazed grassland lysimeters. Water Research, 31(1):140-148.

Henriques W, Jeffers R D, Lacher T E, Kendall R J. 1997. Agrochemical use on banana plantation in Latin American perspective on ecological risk. Environmental Toxicology and Chemistry, 16(1): 91-99.

Hernanz J L, Lopez R. 2002. Long-term effects of tillage system and rotations on soil structural stability and organic carbon stratification in semiarid central Spain. Soil & Tillage Research, 66:129-141.

Heuvelink G. 1998. Uncertainty analysis in environmental modelling under a change of spatial scale. Nutrient Cycling in Agroecosystems,50(1): 255-264.

Holloway J M, Dahlgren R A, Casey W H. 2001. Nitrogen release from rock and soil under simulated field conditions. Chemical Geology, 174(4): 403-414.

Holvoet K, Van Griensven A, Seuntjens P, et al. 2005. Sensitivity analysis for hydrology and pesticide supply towards the river in SWAT. Physics and Chemistry of the Earth, Parts A/B/C, 30(8-10): 518-526.

Homerdixion T F. 1991. On the threshold-environmental-changes as causes of acute conflict. International Security, 16(2): 76-116.

Homerdixon T F. 1994. Environmental scarcities and violent conflict-evidence from cases. International Security, 19(1): 5-40.

Houghton R A, Others. 1995. Changes in the storage of terrestrial carbon since 1850. Boca Raton:Lewis Publishers.

Huang B, Sun W, Zhao Y, et al. 2007a. Temporal and spatial variability of soil organic matter and total nitrogen in an agricultural ecosystem as affected by farming practices. Geoderma, 139(3): 336-345.

Huang S S, Liao Q L, Hua M, et al. 2007b. Survey of heavy metal pollution and assessment of agricultural soil in Yangzhong district, Jiangsu Province, China. Chemosphere, 67(11): 2148-2155.

Huggins D R,Pan L. 1993. ,Nitrogen efficiency component analysis: an evaluation of cropping system differences in productivity . Agronomy Journal,85:898-905.

Huguenin Elie O, Kirk G, Frossard E. 2003. Phosphorus uptake by rice from soil that is flooded, drained or flooded then drained. European Journal of Soil Science, 54(1): 77-90.

Hurst C, Thorburn P J,Lockington D. 2004. Sugarcane water use from shallow water tables: implications for improving irrigation water use efficiency. Agricultural Water Management, 65(1), 1-19.

Hussain I, Olson K R, Wander M M, et al. 1999. Adaptation of soil quality indices and application to three tillage systems in southern Illinois. Soil and tillage Research, 50(3): 237-249.

Högberg P, Read D J. 2006. Towards a more plant physiological perspective on soil ecology. Trends in Ecology & Evolution, 21(10): 548-554.

Inamdar S P, Mostaghimi S, Cook M N, et al. 2002. A long-term, watershed-scale, evaluation of the impacts of animal waste bmps on indicator bacteria concentrations. JAWRA Journal of the American Water Resources Association, 38(3): 819-833.

Ishizuka S, Iswandi A, Nakajima Y, et al. 2005. The variation of greenhouse gas emissions from soils of various land-use/cover types in Jambi province, Indonesia. Nutrient Cycling in Agroecosystems, 71(1): 17-32.

Izaurralde R C, Rosenberg N J, Brown R A, et al. 2003. Integrated assessment of Hadley Center (HadCM2) climate-change impacts on agricultural productivity and irrigation water supply in the conterminous United States: Part II. Regional agricultural production in 2030 and 2095. Agricultural and Forest Meteorology, 117(1): 97-122.

Jackson M L. 1979. Soil Chemical Analysis. 2nd. University of Wisconsin, Madison, WI.

Jaiyeoba I A. 2003. Changes in soil properties due to continuous cultivation in Nigerian semiarid Savannah. Soil & Tillage Research, 70(1): 91-98.

Jansen M. 1998. Prediction error through modelling concepts and uncertainty from basic data. Nutrient Cycling in Agroecosystems, 50(1): 247-253.

Janzen H H, Beauchemin K A, Bruinsma Y, et al. 2003. The fate of nitrogen in agroecosystems: An illustration using Canadian estimates. Nutrient Cycling in Agroecosystems, 67(1): 85-102.

Jeon J H, Yoon C G, Hwang H S, et al. 2006. Water quality modeling to evaluate BMPs in rice paddies. Water Science and Technology, 53(2): 253-261.

Jia H, Lei A, Lei J, et al. 2007. Effects of hydrological processes on nitrogen loss in purple soil . Agricultural Water Management, 89(1-2):89-97.

Jia L, Wang W, Li Y, Yang L. 2010. Heavy metals in soil and crops of an intensively farmed area: A case study in Yucheng City, Shandong Province, China. International journal of environmental research and public health 7: 395-412.

Jiang C, Wang Y, Hao Q, et al. 2009. Effect of land-use change on CH_4 and N_2O emissions from freshwater marsh in Northeast China. Atmospheric Environment, 43(21): 3305-3309.

Johnson M S, Coon W F, Mehta V K, et al. 2003. Application of two hydrologic models with different runoff mechanisms to a hillslope dominated watershed in the northeastern US: a comparison of HSPF and SMR. Journal of Hydrology, 284(1): 57-76.

Johnsson H, Lundin L C. 1991. Surface runoff and soil-water percolation as affected by snow and soil frost. Journal of Hydrology, 122(1-4): 141-159.

Kabata-Pendias A, Pendias H. 2001. Trace elements in soils and plants. CRC PressI Llc.

Kang M S, Park S W, Lee J J, et al. 2006. Applying SWAT for TMDL programs to a small watershed containing rice paddy fields . Agricultural Water Management, 79(1):72-92.

Kara D, Ozsavasci C, Alkan M. 1997. Investigation of suitable digestion methods for the determination of total phosphorus in soils . Talanta, 44(11), 2027-2032.

Karasov C. 2000. On a different scale-Putting China's environmental crisis in perspective. Environmental Health Perspective, 108(10): 452-459.

Karlen D, Mausbach M, Doran J, et al. 1997. Soil quality: a concept, definition, and framework for evaluation. Soil Science Society of America Journal, 61: 4-10.

Kaye J P, Mcculley R L, Burke I C. 2005. Carbon fluxes, nitrogen cycling, and soil microbial communities in adjacent urban, native and agricultural ecosystems. Global Change Biology, 11(4): 575-587.

Kelliher F M, Ross D J, Law B E, et al. 2004. Limitations to carbon mineralization in litter and mineral soil of young and old ponderosa pine forests. Forest Ecology and Management, 191(1): 201-213.

Kelly R H, Parton W J, Crocker G J, et al. 1997. Simulating trends in soil organic carbon in long-term experiments using the century model. Geoderma, 81(1): 75-90.

Kengnil L, Vachaud G, Thony J L. 1994. Field measurements of water and nitrogen losses under irrigation maize. Journal of Hydrology, 162(1-2), 23-46.

Kern J S, Johnson M G. 1993. Conservation tillage impacts on national soil and atmospheric carbon levels. Soil Science Society of America Journal, 57(1): 200-210.

Kirschbaum M U. 2000. Will changes in soil organic carbon act as a positive or negative feedback on global warming? Biogeochemistry, 48(1): 21-51.

Knisel W G. 1980. CREAMS: A field-scale model for chemicals, runoff and erosion from agricultural management systems. USDA Conservation Research Report, (26).

Knorr W, Prentice I C, House J I, et al. Long-term sensitivity of soil carbon turnover to warming. Nature, 2005, 433 (7023): 298-301.

Kohler K, Duynisveld W, Bottcher J. 2006. Nitrogen fertilization and nitrate leaching into groundwater on arable sandy soils. Journal of plant nutrition and soil science, 169(2): 185-195.

Komarov V D, Makarova T T. 1973. Effect of the ice content, temperature, cementation, and freezing depth of the soil on meltwater infiltration in a basin.

Kong X B，Zhang F R，Wei Q，et al. 2006. Influence of land use change on soil nutrients in an intensive agricultural region of North China. Soil and Tillage Research，88(1)：85-94.

Korsaeth A，Eltun R. 2000. Nitrogen mass balances in conventional，integrated and ecological cropping systems and the relationship between balance calculations and nitrogen runoff in an 8-year field experiment in Norway. Agriculture，Ecosystems & Environment，79(2-3)：199-214.

Kreuter U P，Harris H G，Matlock M D，et al. 2001. Change in ecosystem service values in the San Antonio area，Texas. Ecological Economics，39(3)：333-346.

Kroes J G，van Dam J C，Groenendijk P，et al. 2008. SWAP version 3. 2. Theory description and user manual. Wagen ingen，Alterra，Alterra Report1649，Department water resources. Alterra，Wageningen，the Netherlands：Wageningen Agricultural University.

Ladha J K，Dawe D，Pathak H，et al. 2003. How extensive are yield declines in long-term rice-wheat experiments in Asia? Field Crops Research，81(2)：159-180.

Lam Q D，Schmalz B，Fohrer N. 2010. Modelling point and diffuse source pollution of nitrate in a rural lowland catchment using the SWAT model. Agricultural Water Management，97(2)：317-325.

Lapitan R L，Parton W J. 1996. Seasonal variabilities in the distribution of the microclimatic factors and evapotranspiration in a short grass steppe . Agricultural and Forest Meteorology，79：113-130.

Larsbo M，Jarvis N. 2003. MACRO5. 0. A model of water flow and solute transport in macroporous soil，technical description：48.

Larson W E，Pierce F J. 1991. Conservation and enhancement of soil quality. Evaluation for Sustainable Land Management in the Developing World，2(12)：175-203.

Lemenih M，Itanna F. 2004. Soil carbon stocks and turnovers in various vegetation types and arable lands along an elevation gradient in southern Ethiopia. Geoderma，123(1-2)：177-188.

Lesschen J P，Stoorvogel J J，Smaling E M A，et al. A spatially explicit methodology to quantify soil nutrient balances and their uncertainties at the national level. Nutrient Cycling in Agroecosystems，2007，78(2)：111-131.

Levy P E，Mobbs D C，Jones S K，et al. 2007. Simulation of fluxes of greenhouse gases from European grasslands using the DNDC model. Agriculture Ecosystems & Eenviroment，121(1-2)：186-192.

Li C S，Aber J，Stange F. 2000. A process-oriented model of N_2O and NO emissions from forest soils. Journal of Geophysical Research，(105)：4369-4384.

Li C S，Zhuang Y H，Cao M Q，et al. 2001. Comparing a process-based agro-ecosystem model to the IPCC methodology for developing a national inventory of N(2)O emissions from arable lands in China. Nutrient Cycling in Agroecosystems，60(1-3)：159-175.

Li C，Frolking S，Crocker G J，et al. 1997. Simulating trends in soil organic carbon in long-term experiments using the DNDC model. Geoderma，81(1-2)：45-60.

Li C，Frolking S，Frolking T A. 1992. A model of nitrous oxide evolution from soil driven by rainfall events：1. Model structure and sensitivity. Journal of Geophysical Research：Atmospheres (1984-2012)，97(D9)：9759-9776.

Li C，Frolking S，Harriss R C，et al. 1994. Modeling nitrous oxide emissions from agriculture：A Florida case study. Chemosphere，28(7)：1401-1415.

Li C，Salas W，Deangelo B，et al. 2006. Assessing alternatives for mitigating net greenhouse gas emissions and increasing yields from rice production in China over the next twenty years. Journal of Environmental Quality，35(4)：1554-1565.

Li J. 2010. Effects of land-use history on soil spatial heterogeneity of macro-and trace elements in the Southern Piedmont USA. Geoderma，156(1)：60-73.

Li J C，Wang W L，Hu G Y，Wei Z H. 2010. Changes in ecosystem service values in Zoige Plateau，China. Agriculture，Ecosystems & Environment，139(4)：766-770.

Li X G，Li Y K，Li F M，et al. 2009. Changes in soil organic carbon，nutrients and aggregation after conversion of native desert soil into irrigated arable land. Soil and Tillage Research, 104(2): 263-269.

Lin S, Hsieh S, Kuo J, et al. 2006. Integrating legacy components into a software system for storm sewer simulation. Environmental Modelling & Software, 21(8): 1129-1140.

Linn D M, Doran J W. 1984. Effect of water-filled pore space on carbon dioxide and nitrous oxide production in tilled and no-ntilled soils. Soil Science Society of America Journal, 48(6): 1267-1272.

Liou R M, Huang S N, Lin C W. 2003. Methane emission from fields with differences in nitrogen fertilizers and rice varieties in Taiwan paddy soils. Chemosphere, 50(2): 237-246.

Liu C, Watanabe M, Wang Q. 2008. Changes in nitrogen budgets and nitrogen use efficiency in the agroecosystems of the Changjiang River basin between 1980 and 2000. Nutrient Cycling in Agroecosystems, 80(1): 19-37.

Liu D, Wang Z, Zhang B, et al. 2006. Spatial distribution of soil organic carbon and analysis of related factors in croplands of the black soil region, Northeast China. Agriculture, Ecosystems & Environment, 113(1): 73-81.

Loska K, Wiechuła D, Korus I. 2004. Metal contamination of farming soils affected by industry. Environment International, 30(2): 159-165.

loyd J, Taylor J A. 1994. On the temperature-dependence of soil respiration. Functional Ecology, 8: 315-323.

Lu F, Wang X, Han B, et al. 2009. Soil carbon sequestrations by nitrogen fertilizer application, straw return and no-tillage in China's cropland. Global Change Biology, 15(2): 281-305.

Lu X, Cheng G, Xiao F, et al. 2008. Modeling effects of temperature and precipitation on carbon characteristics and GHGs emissions in Abies fabric forest of subalpine. Journal of Environmental Sciences, 20(3): 339-346.

Ludwig B, Bergstermann A, Priesack E, et al. 2011. Modelling of crop yields and N_2O emissions from silty arable soils with differing tillage in two long-term experiments. Soil & Tillage Research, 112(2): 114-121.

Lundekvam H, Skoien S. 1998. Soil erosion in Norway. An overview of measurements from soil loss plots . Soil Use and Management, 14(2): 84-89.

Ma L, Hoogenboom G, Saseendran S A, et al. 2009. Effects of estimating soil hydraulic properties and root growth factor on soil water balance and crop production. Agronomy Journal, 101(3): 572-583.

Maas E V, Hoffman G J. 1977. Crop salt tolerance-current assessment . Journal of Irrigation and Drainage Division, ASCE, 103: 115-134.

Maguire R O, Sims J T. 2001. Observations on leaching and subsurface transport of phosphorus on the Delmarva Peninsula, USA. Connecting Phosphorus Transfer from Agriculture to Impacts in Surface Waters. International Phosphorus Transfer Work shop, 20.

Mallik A U, Hu D. 1997. Soil respiration following site preparation treatments in boreal mixedwood forest. Forest Ecology and Management, 97(3): 265-275.

Mark Halle. 2000. State-of-the-art review of environment, security and development co-operation. working paper of conducted on behalf of the OECD DAC working party on development and environment, 43.

Marshall I B, Hirvonen H, Wiken E. 1993. National and regional scale measures of Canada's ecosystem health. *In*: Martens D A. 2001. Nitrogen cycling under different soil management systems. Advances in Agronomy, 70: 143-192.

Matsumoto N, Paisancharoen K, Ando S. 2010. Effects of changes in agricultural activities on the nitrogen cycle in Khon Kaen Province, Thailand between 1990-1992 and 2000-2002 . Nutrient Cycling in Agroecosystems, 86(1), 79-103.

McKenzie N J, Ryan P J. 1999. Spatial prediction of soil properties using environmental correlation. Geoderma, 89(1): 67-94.

Meisinger J J, Randall G W. 1991. Estimating nitrogen budgets for soil-crop systems. *In*: Follet R F. et al. (Eds.). Managing nitrogen for groundwater quality and farm profitability. USA: SSSA, Madison, WI, 85-124.

Melillo J M, Mcguire A D, Kicklighter D W, et al. 1993. Global climate change and terrestrial net primary production. Nature, 363(6426): 234-240.

Miehle P, Livesley S J, Feikema P M, et al. 2006. Assessing productivity and carbon sequestration capacity of Eucalyptus globulus plantations using the process model Forest-DNDC: Calibration and validation. Ecological Modelling, 192(1-2): 83-94.

Migo V P, Matsumura M, Del Rosario E G, Kataoka H. 1993. Decolorization of molasses waste water using an in organic flocculant. Journal of Fermentation and Bioengineering, 75(6): 438-442.

Miró Amarante G, Cueto Santamaría M, Alazo K, et al. 2007. Validation of the STORM model used in IRI with ionosonde data. Advances in Space Research, 39(5): 681-686.

Mishra T K, Banerjee S K. 1995. Spatial variability of soil pH and organic matter under Shorea robusta in lateritic region. Indian Journal of Forestry, 18(2): 144-152.

Misra R. 2005. Soil nitrogen balance assessment and its application for sustainable agriculture and environment. 中国科学 C 辑, 48(z2).

Monreal C M, Zentner R P, Robertson J A. 1997. An analysis of soil organic matter dynamics in relation to management, erosion and yield of wheat in long-term crop rotation plots. Canadian Journal of Soil Science, 77(4): 553-563.

Moomaw W R, Birch M, Melissa B L. 2005. Cascading costs: An economic nitrogen cycle. Science in China. Ser. C Life Sciences, 48: 678-696.

Moroizumi T, Hamada H, Sukchan S, et al. 2009. Soil water content and water balance in rainfed fields in Northeast Thailand. Agricultural Water Management, 96(1):160-166.

Morris M D. 1991. Factorial sampling plans for preliminary computational experiments. Technometrics, 33(2): 161-174.

Mortvedt J J. 1996. Heavy metal contaminants in inorganic and organic fertilizers: 5-11.

Mosley M P. 1982. Subsurface flow velocities through selected forest soil, South Island, New Zealand . Journal of Hydrology, 55: 65-92.

Motavalli P P, Discekici H, Kuhn J. 2000. The impact of land clearing and agricultural practices on soil organic C fractions and CO_2 efflux in the Northern Guam aquifer. Agriculture, Ecosystems & Environment, 79(1): 17-27.

Mualem Y. 1976. A new model for predicting the hydraulic conductivity of unsaturated porous media. Water Resource Research, 12:513-522.

Muller G. 1969. Index of geoaccumulation in sediments of the Rhine River. Geojournal, 2(3): 108-118.

Nagare R M, Schincariol R A, Quinton W L, et al. 2012. Effects of freezing on soil temperature, freezing front propagation and moisture redistribution in peat: laboratory investigations . Hydrology and Earth System Sciences, 16(2): 501-515.

Nan Z, Zhao C, Li J, et al. 2002. Relations between soil properties and selected heavy metal concentrations in spring wheat (*Triticum aestivum* L.) grown in contaminated soils. Water, Air, and Soil Pollution, 133(1-4): 205-213.

Natsuki Y, Sho S. 2008. Nitrogen budget and gaseous nitrogen loss in a tropical agricultural watershed. Biogeochemistry, 87(1): 1-15.

Nestroy O. 2008. The importance of unsaturated soil zone for the regional water balance. Ecohydrology & Hydrobiology, 8(2-4):385-389.

North G R, Bell T L, Cahalan R F, et al. 1982. Sampling errors in the estimation of empirical orthogoanl functions. Monthyl Weather Review. 110(7): 699-706.

Nziguheba G, Smolders E. 2008. Inputs of trace elements in agricultural soils via phosphate fertilizers in European countries. Science of the Total Environment, 390(1): 53-57.

Oecd. 2001. OECD national soil surface nitrogen balances: Explanatory notes. Paris: Organization for Economic Coope ration and Development.

Oecd. 2001. Environmental indicators for agriculture—methods and results. Organization for Economic Cooperation and Development: 117-131.

Oenema O, Boers P, Van Eerdt M M, et al. 1998. Leaching of nitrate from agriculture to groundwater: the effect of policies and measures in the Netherlands. Environmental Pollution，102(1)：471-478.

Oenema O，Kros H，de Vries W. 2003. Approaches and uncertainties in nutrient budgets：implications for nutrient management and environmental policies. European Journal of Agronomy，20(1-2)：3-16.

Oliva S R，Espinosa A J. 2007. Monitoring of heavy metals in topsoils，atmospheric particles and plant leaves to identify possible contamination sources. Microchemical Journal，86(1)：131-139.

Parton W J，Mckeown B，Kirchner V，et al. 1992. Users guide for the CENTURY model. Colorado State University.

Parton W J，Rasmussen P E. 1994. Long-term effects of crop management in wheat-fallow：II. CENTURY model simulations. Soil Science Society of America Journal，58(2)：530-536.

Parton W J，Schimel D S，Cole C V，et al. 1987. Analysis of factors controlling soil organic matter levels in Great Plains grasslands. Soil Science Society of America Journal，51(5)：1173-1179.

Parton W J. 1996. The CENTURY model. Nato Asi Series I Global Environmental Change，38：283-294.

Pathak H，Li C，Wassmann R，et al. 2005. Greenhouse gas emissions from Indian rice fields：calibration and upscaling using the DNDC model. Biogeosciences，2(2)：113-123.

Paustian K. 2000. Modeling soil organic matter dynamics-global challenges. UK：CABI Publishing.

Pavelka M，Acosta M，Marek M V，et al. 2007. Dependence of the Q_{10} values on the depth of the soil temperature measuring point. Plant and Soil，292(1-2)：171-179.

Pepin S，Livingston N J，Hook W R. 1995. Temperature-dependent measurement errors in the time domain reflectometry determinations of soil water. Soil Science Society of America Journal，59(1)：38-43.

Petry J，Soulsby C，Malcolm I A，et al. 2002. Hydrological controls on nutrient concentrations and fluxes in agricultural catchments . Science of the Total Environment，294(1-3)：95-110.

Philip J R，de Vries D A. 1957. Moisture movement in porous materials under temperature gradient. Transactions-American Geophysical Union，38(2)：222-232.

Phillips R E，Thomas G W，Blevins R L，et al. 1980. No-tillage agriculture. Science，208(4448)：1108-1113.

Qi Y，Xu M. 2001. Separating the effects of moisture and temperature on soil CO_2 efflux in a coniferous forest in the Sierra Nevada mountains. Plant and Soil，237(1)：15-23.

Qiu J，Li C，Wang L，et al. 2009. Modeling impacts of carbon sequestration on net greenhouse gas emissions from agricultural soils in China. Global Biogeochemical Cycles，23.

Quigley T M，Haynes R W，Harm W J. 2001. Estimating ecological integrity in the Interior Columbia River Basin. Forest Ecology and Management，153(1-3)：161-178.

Raghubanshi A S. 1992. Effect of topography on selected soil properties and nitrogen mineralization in a dry tropical forest. Soil Biology and Biochemistry，24(2)：145-150.

Raghubanshi A S. 1992. Effect of topography on selected soil properties and nitrogen mineralization in a dry tropical forest. Soil Biology and Biochemistry，24(2)：145-150.

Raich J W，Schlesinger W H. 1992. The global carbon dioxide flux in soil respiration and its relationship to vegetation and climate. Tellus B，44(2)：81-99.

Rapport D J. 1993. Ecosystems not optimized：A reply. Aquatic Ecosystem Health，2(1)：57.

Rapport D J. 1998. Evaluating landscape health：integrating social goals and biophysical process. Environmental Management，3：1-15.

Rapport D J，Gaudet C，Karr J R，et al. 1998. Evaluating landscape health：integrating societal goals and biophysical process. Journal of Environmental Management，53(1)：1-15.

Rattan R K，Datta S P，Chhonkar P K，et al. 2005. Long-term impact of irrigation with sewage effluents on heavy metal content in soils，crops and groundwater—a case study. Agriculture，Ecosystems & Environment，109(3)：310-322.

Rayment M B，Jarvis P G. 2000. Temporal and spatial variation of soil CO_2 efflux in a Canadian boreal forest. Soil Biology and Biochemistry，32(1)：35-45.

Rees W E. 1992. Ecological footprints and appropriated carrying capacity: what urban economics leaves out. Environment & Urbanization, 4: 121-130.

Reeves D W. 1997. The role of soil organic matter in maintaining soil quality in continuous cropping systems. Soil and Tillage Research, 43(1): 131-167.

Refsgaard J C, Thorsen M, Jensen J B, et al. 1999. Large scale modelling of groundwater contamination from nitrate leaching. Journal of Hydrology, 221(3): 117-140.

Reicosky D C, Lindstrom M J. 1993. Fall tillage method: effect on short-term carbon dioxide flux from soil. Agronomy Journal, 85(6): 1237-1243.

Reijneveld A, van Wensem J, Oenema O. 2009. Soil organic carbon contents of agricultural land in the Netherlands between 1984 and 2004. Geoderma, 152(3-4): 231-238.

Rezaei S A, Gilkes R J, Andrews S S. 2006. A minimum data set for assessing soil quality in rangelands. Geoderma, 136(1): 229-234.

Rheinbaben W V. 1990. Nitrogen losses from agricultural soils through denitrification-a critical evaluation. Zeitschrift für Pflanzenern hrung und Bodenkunde, 153(3): 157-166.

Richards C E, Munster C L, Vietor D M, et al. 2008. Assessment of a turfgrass sod best management practice on water quality in a suburban watershed. Journal of Environmental Management, 86(1): 229-245.

Richards L A. 1931. Capillary conduction of liquids through porous medium . Physics, 1(5), 318-333.

Ritchie J T. 1998. Soil water balance and plant water stress. *In*: Tsuji G Y, Hoogenboom G, Thorton P K, eds. Under-standing Options for Agricultural Production. The Netherlands: Kluwer Academic Publishers, Dordrecht: 41-55.

Ritson D M. 2000. Gearing up for IPCC-2001. Climatic Change, 45(3-4): 471-488.

Rodda H, Scholefield D, Webb B, et al. 1995. Management model for predicting nitrate leaching from grassland catchments in the United Kingdom. 1. Model development . Hydrological Sciences Journal, 40(4): 433-451.

Rode M, Thiel E, Franko U, et al. 2009. Impact of selected agricultural management options on the reduction of nitrogen loads in three representative meso scale catchments in Central Germany . Science of the Total Environment, 407(11): 3459-3472.

Rodríguez-Blanco M L, Taboada-Castro M M, Taboada-Castro M T. 2013. Phosphorus transport into a stream draining from a mixed land use catchment in Galicia (NW Spain): Significance of runoff events . Journal of Hydrology, 481: 12-21.

Running S W, Gower S T. 1991. FOREST-BGC, a general model of forest ecosystem processes for regional applications. II. Dynamic carbon allocation and nitrogen budgets. Tree Physiology, 9(1-2): 147-160.

Russian Federation Security Council. Russian national security. www. rusiaeurope. mid. Ru / Russian Europe, 2000-07-12.

Rustad L E, Huntington T G, Boone R D. 2000. Controls on soil respiration: implications for climate change. Biogeochemistry, 48(1): 1-6.

Ryel R J, Caldwell M M, Manwaring J H. 1996. Temporal dynamics of soil spatial heterogeneity in sagebrush-wheatgrass steppe during a growing season. Plant and Soil, 184(2): 299-309.

Saaty T L. 1977. A scaling method for priorities in hierarchical structures. Journal of Mathematical Psychology, 15: 234-291.

Saaty T L ,Vargas L G. 1991. Prediction, projection and forecasting . Dordrecht: Kluwer Academic Publishers.

Saggar S, Hedley C B, Giltrap D L, et al. 2007. Measured and modelled estimates of nitrous oxide emission and methane consumption from a sheep-grazed pasture. Agriculture, Ecosystems & Environment, 122(3): 357-365.

Saleh A, Arnold J G, Gassman P W, et al. 2000. Application of SWAT for the upper North Bosque River watershed. Transactions of the ASAE, 43(5): 1077-1087.

Salo T, Turtola E. 2006. Nitrogen balance as an indicator of nitrogen leaching in Finland. Agriculture, Ecosystems &

Environment，113(1-4)：98-107.

Salonen V，Korkka-Niemi K. 2007. Influence of parent sediments on the concentration of heavy metals in urban and suburban soils in Turku，Finland. Applied Geochemistry，22(5)：906-918.

Sanchez-Martin L，Meijide A，Garcia-Torres L，et al. 2010. Combination of drip irrigation and organic fertilizer for mitigating emissions of nitrogen oxides in semiarid climate . Agricultural Ecosystems and Environment，137(1-2)：99-107.

Schepers J S，Varvel G E，Watts D G. 1995. Nitrogen and water management strategies to reduce nitrate leaching under irrigated maize. Journal of Contaminant Hydrology，20(3)：227-239.

Schlesinger W H，Andrews J A. 2000. Soil respiration and the global carbon cycle. Biogeochemistry，48(1)：7-20.

Scotti M. Bondavalli C，Bodini A. 2009. Ecological footprint as a tool for local sustainability：The municipality of Piacenza (Italy) as a case study. Environmental Impact Assessment Review，29(1)：39-50.

Secretariat O. 2001. OECD national soil surface nitrogen balance：explanatory notes.

Senesil G S，Baldassarre G，Senesi N，et al. 1999. Trace element inputs into soils by anthropogenic activities and implications for human health. Chemosphere，39(2)：343-377.

Seng V，Bell R W，Willett I R. 1999. Phosphorus nutrition of rice in relation to flooding and temporary loss of soil-water saturation in two lowland soils of Cambodia. Plant and Soil，207(2)：121-132.

Shah Z，Shah S H，Peoples M B，et al. 2003. Crop residue and fertiliser N effects on nitrogen fixation and yields of legume - cereal rotations and soil organic fertility. Field Crops Research，83(1)：1-11.

Sharpley A，Daniel T C，Sims J T，et al. 1996. Determining environmentally sound soil phosphorus levels . Journal of Soil and Water Conservation，51(2)：160-166.

Sheldrick W F，Syers J K，Lingard J. 2002. A conceptual model for conducting nutrient audits at national，regional，and global scales. Nutrient Cycling in Agroecosystems，62(1)：61-72.

Shortle J S，Abler D G，Horan R D. 1998. Research issues in nonpoint pollution control. Environmental and Resource Economics，11(3-4)：571-585.

Singh U K，Ren L，Kang S. 2010. Simulation of soil water in space and time using an agro-hydrological model and remote sensing techniques . Agricultural Water Management，97(8)：1210-1220.

Skopp J，Jawson M D，Doran J W. 1990. Steady-state aerobic microbial activity as a function of soil water content. Soil Science Society of America Journal，54(6)：1619-1625.

Smaling E，Oenema O，Fresco L O. 1999. Nutrient disequilibria in agroecosystems：concepts and case studies. Cabi Publishing.

Smil V. 1999. Nitrogen in crop production：An account of global flows. Global Biogeochemical Cycles，13(2)：647-662.

Smil V. 2000. Phosphorus in the environment：natural flows and human interferences. Annual review of energy and the environment，25(1)：53-88.

Smith W N，Grant B B，Desjardins R L，et al. 2008. Evaluation of two process-based models to estimate soil N_2O emissions in Eastern Canada. Canadian Journal of Soil Science，88(2)：251-260.

Solomon D，Fritzsche F，Lehmann J，et al. 2002. Soil organic matter dynamics in the subhumid agroecosystems of the ethiopian highlands：evidence from natural 13C Abundance and Particle-Size Fractionation. Soil Science Society of America Journal，66(3)：969-978.

Solomon D，Lehmann J，Zech W. 2000. Land use effects on soil organic matter properties of chromic luvisols in semi-arid northern Tanzania：carbon，nitrogen，lignin and carbohydrates. Agriculture Ecosystems & Environment，78(3)：203-213.

Soto B，Díaz-Fierros F. 1998. Runoff and soil erosion from areas of burnt scrub：comparison of experimental results with those predicted by the WEPP model. Catena，31(4)：257-270.

Spaans E J A，Baker J M. 1996. The soil freezing characteristic：Its measurement and similarity to the soil moisture characteristic . Soil Science Society of America Journal, 60(1): 13-19.

Spain A V. 1990. Influence of environmental conditions and some soil chemical properties on the carbon and nitrogen contents of some tropical Australian rainforest soils. Soil Research, 28(6): 825-839.

Spurgeon D J, Rowland P, Ainsworth G, et al. 2008. Geographical and pedological drivers of distribution and risks to soil fauna of seven metals (Cd, Cu, Cr, Ni, Pb, V and Zn) in British soils. Environmental Pollution, 153(2): 273-283.

Stanford G. 1982. Assessment of soil nitrogen availability. Nitrogen in agricultural soils. Agronomy Monographs, 22: 651-688.

Stange F, Butterbach-Bahl K, Papen H, et al. 2000. A process-oriented model of N_2O and NO emissions from forest soils, 2, Sensitivity analysis and validation. Journal of Geophysical Research-All series, 105(D4): 4385-4398.

Stevens D, Dragicevic S, Rothley K. 2007. A GIS-CA modelling tool for urban planning and decision making. Environmental Modelling & Software, 22(6): 761-773.

Stoorvogel J J, Smaling E. 1990. Assessment of soil nutrient depletion in Sub-Saharan Africa: 1983-2000. Winand Staring Centre Wageningen.

Stöckle C O, Nelson R. 2005. CropSyst for Windows vers. 3. 04. 08. Department of Biological Systems. Washington State University.

Su J J, van Bochove E, Theriault G, et al. 2011. Effects of snowmelt on phosphorus and sediment losses from agricultural watersheds in Eastern Canada . Agricultural Water Management, 98(5): 867-876.

Su N H, Bethune M. Mann L, et al. 2005. Simulating water and salt movement in tile-drained fields irrigated with saline water under a Serial Biological Concentration management scenario . Agricultural Water Management, 78(3): 165-180.

Supit I, Hooyer A A, van Diepen C A. 1994. System description of the WOFOST 6. 0 crop simulation model implemented in CGMS, vol. 1: Theory and algorithms, EUR publication 15956. Agricultural Series, Luxembourg : 146.

Suprayogo D M, van Noordwijk K H, Cadisch G. 2002. The inherent safety net of Uhisols: Measuring and modeling retarded leaching mineral nitrogen . European Journal of Soil Science, 2002, 53, 185-194.

Sánchez M, Boll J. 2005. The effect of flow path and mixing layer on phosphorus release: physical mechanisms and temperature effects. Journal of Environmental Quality, 34(5): 1600-1609.

Šimůnek J, van Genuchten M T, Sejna M. 2005. The HYDRUS-1D software package for simulating the one-dimensional movement of water, heat, and multiple solutes in variably-saturated media. Research Reports 240. University of California, Riverside.

Tan Z, Lal R. 2005. Carbon sequestration potential estimates with changes in land use and tillage practice in Ohio, USA. Agriculture, Ecosystems & Environment, 111(1): 140-152.

Tang J, Baldocchi D D, Xu L. 2005. Tree photosynthesis modulates soil respiration on a diurnal time scale. Global Change Biology, 11(8): 1298-1304.

Taylor S A, Ashcroft G M. 1972. Physical edaphology. San Francisco California: Freeman and Co: 434-435.

Tecimen H B, Sevgi O. 2010. Effects of fertilization on net nitrogen mineralization and nitrification rates at different land-use types: A laboratory incubation. Fresenius Environmental Bulletin, 19(6): 1165-1170.

Tilman D, Cassman K G, Matson P A, et al. 2002. Agricultural sustainability and intensive production practices. Nature, 418(6898): 671-677.

Trumbore S. 2006. Carbon respired by terrestrial ecosystems-recent progress and challenges. Global Change Biology, 12(2): 141-153.

Trumbore S E, Chadwick O A, Amundson R. 1996. Rapid exchange between soil carbon and atmospheric carbon dioxide driven by temperature change. Science, 272(5260): 393-396.

Van Beek C L, Brouwer L, Oenema O. 2003. The use of farmgate balances and soil surface balances as estimator for nitrogen leaching to surface water. Nutrient Cycling in Agroecosystems, 67(3): 233-244.

Van Dam J C, Groenendijk P, Hendriks R F A, et al. 2008. Advances of modeling water flow in variably saturated soils with SWAP . Vadose Zone Journal, 7(2): 640-653.

van Genuchten M T A. 1980. Closed-form equation for predicting the hydraulic conductivity of unsaturated soils. Soil Science Society of America Journal, 44(5):892-898.

Vanderborght J, Kasteel R, Herbst M. et al. 2005. A set of analytical benchmarks to test numerical models of flow and transport in soils . Vadose Zone Journal, 4:206-221.

Verchot L V, Franklin E C, Gilliam J W, et al. 1997. Nitrogen cycling in Piedmont vegetated filter zones. II. Subsurface nitrate removal. Journal of Environmental Quality, 26(2): 337-347.

Viklander P. 1998. Permeability and volume changes in till due to cyclic freeze/thaw . Canadian Geotechnical Journal, 35(3): 471-477.

Villa F, McLeod H. 2002. Environmental vulnerability indicators for environmental planning and decision-making: Guidelines and applications. Environmental Management, 29(3): 335-348.

Vitousek P M, Howarth R W. 1991. Nitrogen limitation on land and in the sea: how can it occur?. Biogeochemistry, 13(2): 87-115.

Vázquez N, Pardo A, Suso M L, et al. 2006. Drainage and nitrate leaching under processing tomato growth with drip irrigation and plastic mulching . Agriculture, Ecosystems & Environment, 112(4):313-323.

Wackernagel M. 1999. Why sustainability analysis must include biophysical assessment. Ecological Economics, 29: 11-14.

Walker W E, Harremo S P, Rotmans J, et al. 2003. Defining uncertainty: a conceptual basis for uncertainty management in model-based decision support. Integrated Assessment, 4(1): 5-17.

Walling D E, He Q, Whelan P A. 2003. Using 137Cs measurements to validate the application of the AGNPS and ANSWERS erosion and sediment yield models in two small Devon catchments. Soil and Tillage Research, 69(1): 27-43.

Wang D B, Cai X M. 2009. Irrigation scheduling-role of weather forecasting and farmers' behavior . Journal of Water Resources Planning and Management-Asce, 135(5):364-372.

Wang L, Qiu J, Tang H, et al. 2008. Modelling soil organic carbon dynamics in the major agricultural regions of China. Geoderma, 147(1-2): 47-55.

Wang Y, Hu C, Dong W. 2011. Relationship between soil nutrients and soil microbial biomass, structure and diversity under different tillage management in wheat-cron double-croppphing system. Fresenius Environmental Bulletin, 20(7): 1711-1718.

Wang Y, Zhang X, Huang C. 2009. Spatial variability of soil total nitrogen and soil total phosphorus under different land uses in a small watershed on the Loess Plateau, China. Geoderma, 150(1): 141-149.

Watson C A, Atkinson D. 1999. Using nitrogen budgets to indicate nitrogen use efficiency and losses from whole farm systems: a comparison of three methodological approaches. Nutrient Cycling in Agroecosystems, 53(3): 259-267.

Weber T. 2004. Landscape ecological assessment of the Chesapeake bay watershed. Environmental Monitoring and Assessment, 94(1-3): 39-53.

Wei B, Yang L. 2010. A review of heavy metal contaminations in urban soils, urban road dusts and agricultural soils from China. Microchemical Journal, 94(2): 99-107.

Wesseling J G. 1991. Meerjarige simulaties van groundwater on trekking voor verschillende bodemprofielen, groundwatertrappen en gewassen met het model SWATRE . Report 152, Winand Staring Centre, Wageningan.

Westing A H. 1989. The environmental component of comprehensive security. Bulletin of Peace Proposals, 20(2): 129-134.

Whitehead P G, Johnes P J, Butterfield D. 2002. Steady state and dynamic modelling of nitrogen in the River Kennet: impacts of land use change since the 1930s. Science of the Total Environment, 282: 417-434.

Whitford W G, Rapport D J, deSoyza, A G. 1999. Using resistance and resilience measurements for 'fitness' tests in ecosystem health. Journal of Environmental Management，57(1)：21-29.

Wildung R E，Garland T R，Buschbom R L. 1975. The interdependent effects of soil temperature and water content on soil respiration rate and plant root decomposition in arid grassland soils. Soil Biology and Biochemistry，7(6)：373-378.

Williams C H，Lipsett J. 1961. Fertility changes in soils cultivated for wheat in southern New South Wales.. Crop and Pasture Science，12(4)：612-629.

Williams J R，Jones C A，Dyke P T. 1984. A modeling approach to determining the relationship between erosion and soil productivity. Transactions of the ASAE (American Society of Agricultural Engineers)，27：129- 1441.

Woodley S,Kay J,Francis G. 1993. Ecological Integrity and the management of Ecosystems. Boca Raton，FL (USA)：St Lucie Press：117-129.

Wright N，Hayashi M,Quinton W L. 2009. Spatial and temporal variations in active layer thawing and their implication on runoff generation in peat-covered permafrost terrain. Water Resource Research，45(5).

Wu H，Guo Z，Peng C. 2003. Land use induced changes of organic carbon storage in soils of China. Global Change Biology,9(3)：305-315.

Wu S，Xia X，Lin C，et al. 2010. Levels of arsenic and heavy metals in the rural soils of Beijing and their changes over the last two decades (1985-2008). Journal of Hazardous Materials，179(1)：860-868.

Xing G X，Zhu Z L. 2000. An assessment of N loss from agricultural fields to the environment in China. Nutrient Cycling in Agroecosystems，57(1)：67-73.

Xing G X，Zhu Z L. 2001. The environmental consequences of altered nitrogen cycling resulting from industrial activity，agricultural production and population growth in China. The Scientific World，1(S2)：70-80.

Yemefack M，Jetten V G，Rossiter D G. 2006. Developing a minimum data set for characterizing soil dynamics in shifting cultivation systems. Soil and Tillage Research，86(1)：84-98.

Yoshikawa N，Shiozawa S. 2008. Nitrogen budget and gaseous nitrogen loss in a tropical agricultural watershed. Biogeochemistry，87：1-15.

Young E O,Ross D S. 2001. Phosphorus release from seasonally flooded soils：A laboratory microcosm study. Journal of Environmental Quality，30：91-101.

Young R A，Onstad C A，Bosch D D，et al. 1989. AGNPS：A nonpoint-source pollution model for evaluating agricultural watersheds. Journal of Soil and Water Conservation，44(2)：168-173.

Zang L，Tian G-M，Liang X-Q，et al. 2013. Profile distributions of dissolved and colloidal phosphorus as affected by degree of phosphorus saturation in paddy soil. Pedosphere,23(1)：128-136.

Zeng H C，Talkkari A，Peltola H，Kellomaki S. 2007. A GIS-based decision support system for risk assessment of wind damage in forest management. Environmental Modelling & Software，22(9)：1240-1249.

Zhang C，Liu G，Xue S，et al. 2011. Rhizosphere soil microbial activity under different vegetation types on the Loess Plateau，China. Geoderma,161(3)：115-125.

Zhang C，Mcgrath D. 2004. Geostatistical and GIS analyses on soil organic carbon concentrations in grassland of southeastern Ireland from two different periods. Geoderma，119(3)：261-275.

Zhang H Y，Zhao X Y，Cai Y L，et al. 2000. Human driving mechanism of regional land use change：a case study of Karst mountain areas of southwestern China. Chinese Geographical Science，10：289-295.

Zhang L，Yu D，Shi X，et al. 2009. Simulation of global warming potential (GWP) from rice fields in the Tai-Lake region，China by coupling 1：50,000 soil database with DNDC model. Atmospheric Environment，43：2737-2746.

Zhang X，Wang Q，Li L，et al. 2008. Seasonal variations in nitrogen mineralization under three land use types in a grassland landscape. acta oecologica，34(3)：322-330.

Zhang Z J，Zhu Y M，Guo P Y，et al. 2004. Potential loss of phosphorus from a rice field in Taihu Lake basin. Journal of Environmental Quality，33(4)：1403-1412.

Zhao Y F，Shi X Z，Huang B，et al. 2007. Spatial distribution of heavy metals in agricultural soils of an industry-

based peri-urban area in Wuxi，China. Pedosphere，17：44-51.
Zhao Y Z，Zou X Y，Cheng H，et al. 2006. Assessing the ecological security of the Tibetan plateau：Methodology and a case study for Lhaze County. Journal of Environmental Management，80(2)：120-131.
Zheng F L，Huang C，Norton L D. 2004. Effects of near-surface hydraulic gradients on nitrate and phosphorus losses in surface runoff . Journal of Environmental Quality，33(6)：2174-2182.
Zheng Z，Zhang F R，Ma F Y，et al. 2009. Spatiotemporal changes in soil salinity in a drip-irrigated field . Geoderma，149(3-4)：243-248.